Contraste insuffisant

NF Z 43-120-14

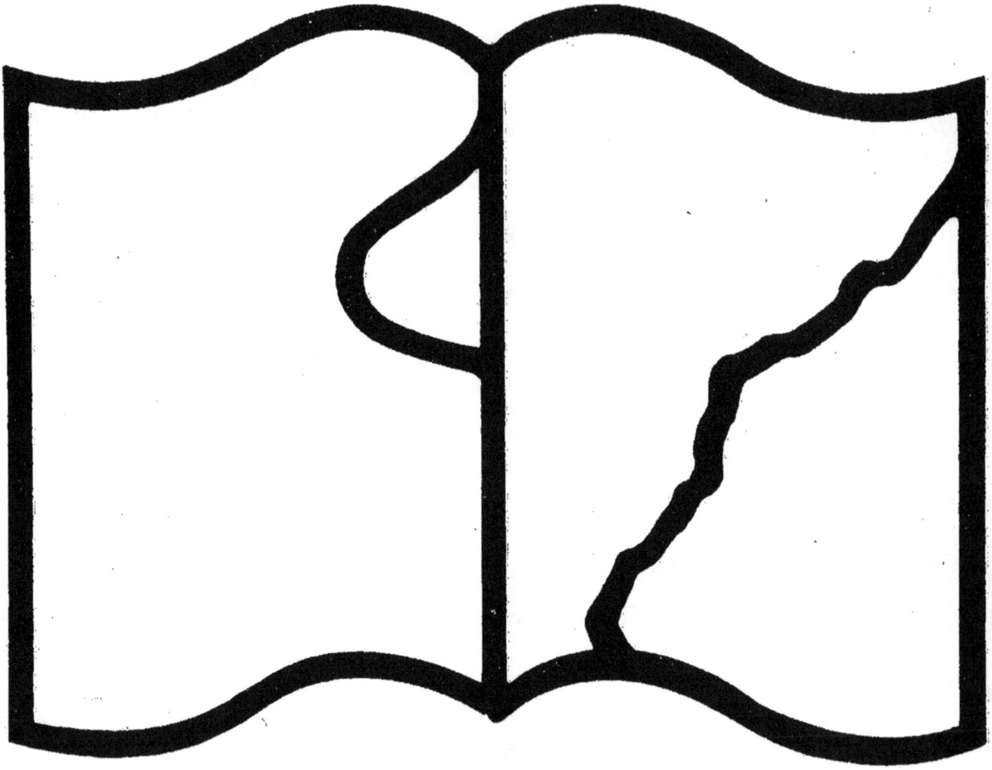

Texte détérioré — reliure défectueuse

NF Z 43-120-11

PHILOSOPHIE DE LA TECHNIE.

Ouvrages du même auteur.

Introduction à la Philosophie des Mathématiques.

Résolution générale des Équations de tous les degrés.

Réfutation de la Théorie des fonctions analytiques de Lagrange.

Philosophie de l'Infini.

Philosophie de la Technie; 1ère Section, contenant la Loi suprême des Mathématiques.

Les exemplaires authentiques de l'ouvrage présent portent le timbre ci-contre

PHILOSOPHIE DE LA TECHNIE ALGORITHMIQUE.

SECONDE SECTION,

CONTENANT

LES LOIS DES SÉRIES

COMME

PRÉPARATION A LA RÉFORME DES MATHÉMATIQUES.

PAR HOËNÉ WRONSKI.

Nous .... souhaitons que les travaux de l'auteur soient aussi fructueux pour les sciences, que les *infructueux* travaux des Lagrange et des Euler.

Moniteur du 22 Novembre 1812.

A PARIS,

DE L'IMPRIMERIE DE P. DIDOT L'AÎNÉ,

CHEVALIER DE L'ORDRE ROYAL DE SAINT-MICHEL,

IMPRIMEUR DU ROI.

1816 ET 1817.

TABLE MÉTHODIQUE.

(Voyez les Tables méthodiques, générale et particulière, dans la première Section de cette Philosophie de la Technie).

PHILOSOPHIE DE LA TECHNIE.

SECONDE SECTION.

Avec l'établissement définitif de la Loi suprême et universelle, que nous avons déduite complètement dans la première Section de cette Philosophie de la Technie, nous avons achevé tout ce qui, dans la Constitution de la Technie, concerne la fondation mathématique de sa Partie systématique (Voyez, dans la première Section, les Tables méthodiques des matières). Procédons actuellement à l'établissement des lois fondamentales des algorithmes techniques qui, dans la même Constitution de la Technie, composent sa Partie élémentaire; c'est-à-dire des algorithmes que, sous le nom d'algorithmes techniques ÉLÉMENTAIRES, nous avons déduits plus haut (pages 24—131) dans leur conception philosophique, et que, sous la rubrique de la Partie élémentaire, nous avons résumés (page 173) dans le Tableau architectonique des algorithmes techniques. Et, observant que la Loi universelle précédente, comme loi fondamentale de la Partie systématique de la Technie, est, en quelque sorte, la loi générale de toute la Technie, fixons cette Loi suprême pour principe de la déduction des autres lois techniques qu'il nous reste à découvrir; ce qui d'ailleurs est conforme à l'essence même de la loi universelle de la génération des quantités.

Commençons ici par la déduction des lois et sur-tout de la loi fondamentale de l'algorithme technique élémentaire constituant les SÉRIES; et formons-en l'objet de cette seconde Section de la Philosophie de la Technie.

Avant tout, il faut bien déterminer quels sont les développemens des fonctions qui constituent l'algorithme technique que nous appelons spécialement *Séries;* détermination qui, d'après la déduction philosophique que nous avons donnée plus haut de cet algorithme, n'a aucune difficulté. En effet, parmi les diverses formes particulières que peuvent recevoir les développemens des fonctions, suivant la forme générale de leurs développemens que présente la Loi universelle, il existe une classe qui se trouve donnée nécessairement, comme PRINCIPE DE TOUTE ÉVALUATION proprement dite des fonctions: c'est la classe des développemens qui résultent du procédé primitif et particulier qui, dans l'Introduction à la Philosophie des Mathématiques, nous a conduits à la forme (VIII) de développemens, et que, dans la Philosophie présente de la Technie, nous avons éclairci par les exemples (19)′, (19)″, etc., et généralisé sous la marque (20). Or, cette classe de développemens, prise dans la généralité absolue à laquelle nous l'avons portée sous la marque (20) que nous venons de rappeler, présente la forme ... (147)

$$\begin{aligned} Fx = A_0 &+ A_1 . \varphi(x, a, b, c, \text{etc.})^{1|\xi, \alpha, \beta, \gamma, \text{etc.}} \\ &+ A_2 . \varphi(x, a, b, c, \text{etc.})^{2|\xi, \alpha, \beta, \gamma, \text{etc.}} \\ &+ A_3 . \varphi(x, a, b, c, \text{etc.})^{3|\xi, \alpha, \beta, \gamma, \text{etc.}} \\ &+ A_4 . \varphi(x, a, b, c, \text{etc.})^{4|\xi, \alpha, \beta, \gamma, \text{etc.}} \\ &+ \text{etc., etc.;} \end{aligned}$$

dans laquelle, suivant la notation que nous avons adoptée pour nos facultés algorithmiques générales (Réfutation de Lagrange, première Note), on a :

$$\varphi(x, a, b, c, \text{etc.})^{1|\xi, \alpha, \beta, \gamma, \text{etc.}} = \varphi(x, a, b, c, \text{etc.})$$

$$\varphi(x, a, b, c, \text{etc.})^{2|\xi, \alpha, \beta, \gamma, \text{etc.}} = \varphi(x, a, b, c, \text{etc.}) \times \\ \times\ \varphi(x+\xi, a+\alpha, b+\beta, c+\gamma, \text{etc.})$$

$$\varphi(x, a, b, c, \text{etc.})^{3|\xi, \alpha, \beta, \gamma, \text{etc.}} = \varphi(x, a, b, c, \text{etc.}) \times \\ \times\ \varphi(x+\xi, a+\alpha, b+\beta, c+\gamma, \text{etc.}) \times \\ \times\ \varphi(x+2\xi, a+2\alpha, b+2\beta, c+2\gamma, \text{etc.})$$

etc., etc. ;

φ désignant une fonction quelconque, et les quantités a, b, c, etc. ainsi que les accroissemens ξ, α, β, γ, etc. étant des quantités arbitraires.

Connaissant ainsi la forme générale (147) des développemens qui constituent l'algorithme technique élémentaire que nous nommons spécialement *Séries*, on aura immédiatement, par le moyen de la Loi universelle, la loi générale de cet algorithme ; car, comme nous l'avons déjà dit plus haut, et comme cela est évident par la nature de l'expression (147), cet algorithme technique, les Séries, n'est qu'un cas particulier de la Loi suprême et universelle. Il suffira, en effet, dans l'expression générale (137) de cette Loi universelle, de donner aux fonctions arbitraires Ω_0, Ω_1, Ω_2, Ω_3, etc. les déterminations suivantes .... (147)'

$$\Omega_0 = \varphi(x, a, b, c, \text{etc.})^{0|\xi, \alpha, \beta, \gamma, \text{etc.}} = 1$$
$$\Omega_1 = \varphi(x, a, b, c, \text{etc.})^{1|\xi, \alpha, \beta, \gamma, \text{etc.}}$$
$$\Omega_2 = \varphi(x, a, b, c, \text{etc.})^{2|\xi, \alpha, \beta, \gamma, \text{etc.}}$$
$$\Omega_3 = \varphi(x, a, b, c, \text{etc.})^{3|\xi, \alpha, \beta, \gamma, \text{etc.}}$$

etc., etc. ;

et l'expression (136) du coefficient général A_μ sera immédiatement la LOI GÉNÉRALE des Séries dont il s'agit. Bien plus, en employant cette expression (136), et non simplement l'expression fondamentale (64) de la Loi universelle, on aura l'expression la plus générale que puissent recevoir les lois des Séries.

Mais, de même que pour la Loi universelle, il doit exister, pour les lois des Séries, une expression fondamentale de laquelle dépendent les diverses formes contenues dans l'expression générale dont nous venons de parler. — Voici cette expression fondamentale.

En partant de l'expression (64) de la Loi absolue (64)', et en y donnant aux fonctions arbitraires Ω_1, Ω_2, Ω_3, etc. les déterminations ... (148)

$$\Omega_1 = \varphi x, \quad \Omega_2 = \varphi x^{2|\xi}, \quad \Omega_3 = \varphi x^{3|\xi},$$
$$\Omega_4 = \varphi x^{4|\xi}, \quad \text{etc., etc.},$$

φ désignant une fonction quelconque, et ξ un accroissement arbitraire; cette loi (64)' prendra la forme ... (148)'

$$Fx = A_0 + A_1 . \varphi x + A_2 . \varphi x^{2|\xi} + A_3 . \varphi x^{3|\xi} + \text{etc.},$$

qui est le CAS PRINCIPAL ou FONDAMENTAL de la forme générale (147) des Séries, comme nous le verrons dans la suite où nous ramènerons à ce cas fondamental tous les autres cas de l'expression générale (147). Or, si la valeur arbitraire mais déterminée $\dot{x}$ qu'il faut donner à la variable x dans l'expression (64), est celle qui résulte de la relation $\varphi\dot{x} = 0$, et si les différences Δ qui entrent dans cette expression (64), sont prises, suivant la voie régressive, par rapport au même accroissement ξ dont dépendent les facultés $\varphi x^{1|\xi}$, $\varphi x^{2|\xi}$, $\varphi x^{3|\xi}$, etc., la formule générale (142) que, dans ce cas, nous avons déduite de la Loi universelle (64)', donnera, en y faisant l'indice ϖ égal à zéro, pour la Série (148)', l'expression ... (149)

$$Fx = \dot{\Xi}_0 + \dot{\Xi}_1 . \varphi x + \dot{\Xi}_2 . \varphi x^{2|\xi} + \dot{\Xi}_3 . \varphi x^{3|\xi} + \dot{\Xi}_4 . \varphi x^{4|\xi} + \text{etc., etc.};$$

les coefficiens Ξ_0, Ξ_1, Ξ_2, etc., en vertu de $(141)'$, ayant généralement, pour un indice quelconque μ, la valeur ... $(149)'$

$$\dot{\Xi}_\mu = \frac{\mathfrak{W}[\Delta^0 \varphi\dot{x}^{0|\xi} . \Delta^1 \varphi\dot{x}^{1|\xi} . \Delta^2 \varphi\dot{x}^{2|\xi} \dots \Delta^{\mu-1} \varphi\dot{x}^{(\mu-1)|\xi} . \Delta^\mu F\dot{x}]}{\mathfrak{W}[\Delta^0 \varphi\dot{x}^{0|\xi} . \Delta^1 \varphi\dot{x}^{1|\xi} . \Delta^2 \varphi\dot{x}^{2|\xi} \dots \Delta^{\mu-1} \varphi\dot{x}^{(\mu-1)|\xi} . \Delta^\mu \varphi\dot{x}^{\mu|\xi}]},$$

dans laquelle le point placé sur les lettres marque toujours la valeur déterminée $\dot{x}$ qui résulte de la relation $\varphi\dot{x} = 0$. Et comme, pour cette valeur déterminée $\dot{x}$, on a évidemment

$$\mathfrak{W}[\Delta^0 \varphi\dot{x}^{0|\xi} . \Delta^1 \varphi\dot{x}^{1|\xi} . \Delta^2 \varphi\dot{x}^{2|\xi} \dots \Delta^{\mu-1} \varphi\dot{x}^{(\mu-1)|\xi} . \Delta^\mu \varphi\dot{x}^{\mu|\xi}] =$$
$$= \Delta^0 \varphi\dot{x}^{0|\xi} . \Delta^1 \varphi\dot{x}^{1|\xi} . \Delta^2 \varphi\dot{x}^{2|\xi} \dots \Delta^{\mu-1} \varphi\dot{x}^{(\mu-1)|\xi} . \Delta^\mu \varphi\dot{x}^{\mu|\xi},$$

l'expression $(149)'$ sera simplement ... $(149)''$

$$\dot{\Xi}_\mu = \frac{\mathfrak{W}[\Delta^0 \varphi\dot{x}^{0|\xi} . \Delta^1 \varphi\dot{x}^{1|\xi} . \Delta^2 \varphi\dot{x}^{2|\xi} \dots \Delta^{\mu-1} \varphi\dot{x}^{(\mu-1)|\xi} . \Delta^\mu F\dot{x}]}{\Delta^0 \varphi\dot{x}^{0|\xi} . \Delta^1 \varphi\dot{x}^{1|\xi} . \Delta^2 \varphi\dot{x}^{2|\xi} \dots \Delta^{\mu-1} \varphi\dot{x}^{(\mu-1)|\xi} . \Delta^\mu \varphi\dot{x}^{\mu|\xi}};$$

et elle donnera, pour les coefficiens de la Série générale (149), les valeurs suivantes ... $(149)'''$

$$\dot{\Xi}_0 = F\dot{x}$$

$$\dot{\Xi}_1 = \frac{\Delta F\dot{x}}{\Delta\varphi\dot{x}}$$

$$\dot{\Xi}_2 = \frac{\mathfrak{W}[\Delta^1 \varphi\dot{x} . \Delta^2 F\dot{x}]}{\Delta\varphi\dot{x} . \Delta^2 \varphi\dot{x}^{2|\xi}}$$

$$\dot{\Xi}_3 = \frac{\mathfrak{W}[\Delta^1 \varphi\dot{x} . \Delta^2 \varphi\dot{x}^{2|\xi} . \Delta^3 F\dot{x}]}{\Delta\varphi\dot{x} . \Delta^2 \varphi\dot{x}^{2|\xi} . \Delta^3 \varphi\dot{x}^{3|\xi}}$$

$$\dot{\Xi}_4 = \frac{\mathfrak{W}[\Delta^1 \varphi\dot{x} . \Delta^2 \varphi\dot{x}^{2|\xi} . \Delta^3 \varphi\dot{x}^{3|\xi} . \Delta^4 F\dot{x}]}{\Delta\varphi\dot{x} . \Delta^2 \varphi\dot{x}^{2|\xi} . \Delta^3 \varphi\dot{x}^{3|\xi} . \Delta^4 \varphi\dot{x}^{4|\xi}}$$

etc., etc.

Telle est donc l'expression fondamentale de la Série générale (149), et par conséquent, dans son origine, la LOI FONDAMENTALE des Séries, relative au cas principal que constitue la forme (149) parmi les divers cas possibles qui sont contenus dans la forme générale (147) des développemens nommés séries. — C'est cette loi fondamentale des Séries que nous avons déjà présentée, par anticipation, dans la *Réfutation de Lagrange* où elle sert de principe à nos argumens, comme on le voit sur-tout dans le troisième Mémoire de notre *Philosophie de l'Infini.* En y donnant (dans la troisième des Notes attachées à la Réfutation) la déduction algorithmique ou la démonstration de cette loi, nous avons observé (page 133) que, dans un système complet de Philosophie des Mathématiques, cette démonstration, quelque rigoureuse et simple qu'elle fût, n'était pas encore suffisante; et que, dans un pareil système, il fallait que la loi fondamentale des Séries dérivât, comme un cas particulier, de la Loi suprême et universelle de la génération des quantités. Or, c'est cette grande déduction ou cette démonstration philosophique que nous venons de donner (*); et c'est ici le lieu de reconnaître que la formule ou la loi connue pour la résolution des équations linéaires ou du premier degré, formule qui sert de principe à la démonstration donnée pour la loi générale des

(*) Nous devons, à cette occasion, faire admirer le tact mathématique de MM. Legendre et Arago, commissaires de l'Institut de France pour faire le rapport sur notre Réfutation de Lagrange. Ces Messieurs disent, dans leur savant rapport (Voyez le troisième Mémoire de cette Réfutation de la Théorie des fonctions analytiques) « QU'A FORCE DE GÉNÉRALISER SES FORMULES, L'AUTEUR N'EST PLUS EN ÉTAT DE LES « DÉMONTRER ». — On peut pardonner une pareille inconsidération à M. Arago, qui paraît encore trop jeune pour se douter du grand but de la vérité. Mais M. Legendre, qui a déjà passé sa vie aux dépens de la science et qui paraît ne plus en avoir besoin, devrait, ce nous semble, au moins vers la fin de sa carrière, se pénétrer du respect qui est dû à la vérité, et s'apercevoir de sa haute destination.

Séries dans la Réfutation de Lagrange, dérive effectivement elle-même de la Loi suprême et universelle, comme nous y avons déjà reconnu (page 134) la nécessité de cette dérivation. Pour cela, soit le système suivant d'équations linéaires ou du premier degré ... (150)

$$F^{(0)} = A_0 . \Omega_0^{(0)} + A_1 . \Omega_1^{(0)} + A_2 . \Omega_2^{(0)} + A_3 . \Omega_3^{(0)} \dots + A_\rho . \Omega_\rho^{(0)}$$
$$F^{(1)} = A_0 . \Omega_0^{(1)} + A_1 . \Omega_1^{(1)} + A_2 . \Omega_2^{(1)} + A_3 . \Omega_3^{(1)} \dots + A_\rho . \Omega_\rho^{(1)}$$
$$F^{(2)} = A_0 . \Omega_0^{(2)} + A_1 . \Omega_1^{(2)} + A_2 . \Omega_2^{(2)} + A_3 . \Omega_3^{(2)} \dots + A_\rho . \Omega_\rho^{(2)}$$
$$F^{(3)} = A_0 . \Omega_0^{(3)} + A_1 . \Omega_1^{(3)} + A_2 . \Omega_2^{(3)} + A_3 . \Omega_3^{(3)} \dots + A_\rho . \Omega_\rho^{(3)}$$
$$\dots\dots\dots\dots\dots\dots\dots\dots\dots\dots$$
$$F^{(\rho)} = A_0 . \Omega_0^{(\rho)} + A_1 . \Omega_1^{(\rho)} + A_2 . \Omega_2^{(\rho)} + A_3 . \Omega_3^{(\rho)} \dots + A_\rho . \Omega_\rho^{(\rho)};$$

dans lesquelles équations les $(\rho + 1)$ quantités A_0, A_1, A_2, A_3, ... A_ρ sont considérées comme inconnues, et leurs coefficiens Ω_0, Ω_1, Ω_2, Ω_3, ... Ω_ρ, ainsi que les termes isolés $F^{(0)}$, $F^{(1)}$, $F^{(2)}$, $F^{(3)}$, ... $F^{(\rho)}$, comme des quantités connues ou données. Or, si on conçoit une fonction quelconque Fx d'une variable x, et $(\rho + 1)$ fonctions Ω_0, Ω_1, Ω_2, Ω_3, ... Ω_ρ de la même variable, telles qu'on ait ... (151)

$$Fx = A_0 . \Omega_0 + A_1 . \Omega_1 + A_2 . \Omega_2 + A_3 . \Omega_3 \dots + A_\rho . \Omega_\rho,$$

les coefficiens A_0, A_1, A_2, A_3, ... A_ρ étant indépendans de la variable x; et, si l'on prend successivement les différences sur les deux membres de cette dernière expression, on obtiendra le système infini d'équations que voici ... (151)'

$$\Delta^0 Fx = A_0 . \Delta^0 \Omega_0 + A_1 . \Delta^0 \Omega_1 + A_2 . \Delta^0 \Omega_2 \dots + A_\rho . \Delta^0 \Omega_\rho$$
$$\Delta Fx = A_0 . \Delta\Omega_0 + A_1 . \Delta\Omega_1 + A_2 . \Delta\Omega_2 \dots + A_\rho . \Delta\Omega_\rho$$
$$\Delta^2 Fx = A_0 . \Delta^2 \Omega_0 + A_1 . \Delta^2 \Omega_1 + A_2 . \Delta^2 \Omega_2 \dots + A_\rho . \Delta^2 \Omega_\rho$$
$$\Delta^3 Fx = A_0 . \Delta^3 \Omega_0 + A_1 . \Delta^3 \Omega_1 + A_2 . \Delta^3 \Omega_2 \dots + A_\rho . \Delta^3 \Omega_\rho$$

. . . .

$$\Delta^{\rho} Fx = A_0 . \Delta^{\rho}\Omega_0 + A_1 . \Delta^{\rho}\Omega_1 + A_2 . \Delta^{\rho}\Omega_2 \ldots + A_{\rho} . \Delta^{\rho}\Omega_{\rho}$$

$$\Delta^{\rho+1} Fx = A_0 . \Delta^{\rho+1}\Omega_0 + A_1 . \Delta^{\rho+1}\Omega_1 + A_2 . \Delta^{\rho+1}\Omega_2 \ldots + A_{\rho} . \Delta^{\rho+1}\Omega_{\rho}$$

etc., etc.

Ainsi, donnant à la variable x une valeur quelconque déterminée, et désignant cet état par un point placé sur les lettres, si on compare les $(\rho+1)$ premières des équations hypothétiques (151)′ avec les équations proposées (150), on aura ... (152)

$$\overset{0}{\Delta} \dot{F}x = F^{(0)}, \quad \Delta \dot{F}x = F^{(1)}, \quad \overset{2}{\Delta} \dot{F}x = F^{(2)}, \; \ldots \; \overset{\rho}{\Delta} \dot{F}x = F^{(\rho)}$$

$$\overset{0}{\Delta} \dot{\Omega}_0 = \Omega_0^{(0)}, \quad \Delta\dot{\Omega}_0 = \Omega_0^{(1)}, \quad \overset{2}{\Delta} \dot{\Omega}_0 = \Omega_0^{(2)}, \; \ldots \; \overset{\rho}{\Delta} \dot{\Omega}_0 = \Omega_0^{(\rho)}$$

$$\overset{0}{\Delta} \dot{\Omega}_1 = \Omega_1^{(0)}, \quad \Delta\dot{\Omega}_1 = \Omega_1^{(1)}, \quad \overset{2}{\Delta} \dot{\Omega}_1 = \Omega_1^{(2)}, \; \ldots \; \overset{\rho}{\Delta} \dot{\Omega}_1 = \Omega_1^{(\rho)}$$

$$\overset{0}{\Delta} \dot{\Omega}_2 = \Omega_2^{(0)}, \quad \Delta\dot{\Omega}_2 = \Omega_2^{(1)}, \quad \overset{2}{\Delta} \dot{\Omega}_2 = \Omega_2^{(2)}, \; \ldots \; \overset{\rho}{\Delta} \dot{\Omega}_2 = \Omega_2^{(\rho)}$$

. . . .

$$\overset{0}{\Delta} \dot{\Omega}_{\rho} = \Omega_{\rho}^{(0)}, \quad \Delta\dot{\Omega}_{\rho} = \Omega^{(1)}, \quad \overset{2}{\Delta} \dot{\Omega}_{\rho} = \Omega_{\rho}^{(2)}; \; \ldots \; \overset{\rho}{\Delta} \dot{\Omega}_{\rho} = \Omega_{\rho}^{(\rho)}.$$

Donc, appliquant l'expression (64) de la Loi universelle (64)′ au développement hypothétique (151), et substituant les valeurs précédentes (152) dans les expressions auxiliaires (59) et (61), ou (60), (60)′ et (62), (62)′, cette expression fondamentale (64) donnera, pour le développement hypothétique (151) et, par conséquent, pour les équations proposées (150), la valeur de A_{μ}, c'est-à-dire, la valeur générale correspondante à un indice quelconque μ des quantités inconnues A_0, A_1, A_2, A_3, ... A_{ρ} dont il s'agit de découvrir la détermination. Et, pour avoir définitivement cette détermination précise, il suffit de remarquer qu'on a ici $\Omega_{\varkappa} = 0$, et par conséquent, en vertu de l'expression auxiliaire (61), $\Phi(\varkappa)_{\omega} = 0$, toutes les fois que l'indice $\varkappa$ est plus grand que ρ; de sorte que, dans les expressions auxiliaires (63), les quantités $\Psi(\mu)_{\nu}$ sont zéro lorsque la somme $(\mu+\nu)$, des indices μ et ν est plus grande que ρ. — Ainsi, l'expression (64) de la Loi universelle donnera, pour les $(\rho + 1)$ inconnues A_0, A_1, A_2, A_3, ... A_ρ des équations proposées (150), l'expression générale ... (153)

$$A_\mu = \Xi_\mu + \Psi(\mu)_1 . \Xi_{\mu+1} + \Psi(\mu)_2 . \Xi_{\mu+2}$$
$$+ \Psi(\mu)_3 . \Xi_{\mu+3} \dots + \Psi(\mu)_{\rho-\mu} . \Xi_\rho ;$$

en construisant généralement, avec les indices quelconques m et n, les fonctions ... (153)′

$$\Xi_m = \frac{\mathfrak{W}[\Omega_0^{(0)} . \Omega_1^{(1)} . \Omega_2^{(2)} . \Omega_3^{(3)} \dots \Omega_{m-1}^{(m-1)} . F^{(m)}]}{\mathfrak{W}[\Omega_0^{(0)} . \Omega_1^{(1)} . \Omega_2^{(2)} . \Omega_3^{(3)} \dots \Omega_{m-1}^{(m-1)} . \Omega_m^{(m)}]},$$

$$\Phi(n)_m = \frac{\mathfrak{W}[\Omega_0^{(0)} . \Omega_1^{(1)} . \Omega_2^{(2)} . \Omega_3^{(3)} \dots \Omega_{m-1}^{(m-1)} . \Omega_n^{(m)}]}{\mathfrak{W}[\Omega_0^{(0)} . \Omega_1^{(1)} . \Omega_2^{(2)} . \Omega_3^{(3)} \dots \Omega_{m-1}^{(m-1)} . \Omega_m^{(m)}]},$$

et en formant, avec les dernières de ces fonctions, les quantités $\Psi(\mu)_1$, $\Psi(\mu)_2$, $\Psi(\mu)_3$, ... $\Psi(\mu)_{\rho-\mu}$ d'après les expressions auxiliaires suivantes ... (153)″

$$\Psi(\mu)_1 = - \Phi(\mu+1)_\mu .$$
$$\Psi(\mu)_2 = - \Phi(\mu+2)_\mu - \Psi(\mu)_1 . \Phi(\mu+2)_{\mu+1}$$
$$\Psi(\mu)_3 = - \Phi(\mu+3)_\mu - \Psi(\mu)_1 . \Phi(\mu+3)_{\mu+1} - \Psi(\mu)_2 . \Phi(\mu+3)_{\mu+2}$$
$$\dots\dots\dots\dots\dots\dots\dots\dots$$
$$\Psi(\mu)_{\rho-\mu} = - \Phi(\rho)_\mu - \Psi(\mu)_1 . \Phi(\rho)_{\mu+1} - \Psi(\mu)_2 . \Phi(\rho)_{\mu+2}$$
$$- \Psi(\mu)_3 . \Phi(\rho)_{\mu+3} \dots - \Psi(\mu)_{\rho-\mu-1} . \Phi(\rho)_{\rho-1} .$$

Bien plus, l'expression générale (153) donnera toujours $(\rho + 1)$ systèmes de formules différentes pour la résolution des équations du premier degré (150), contenant $(\rho + 1)$ inconnues; comme nous allons le voir. — D'abord, lorsque, dans l'expression (153), l'indice μ est ρ, cette expression donne ... (154)

$$A_\rho = \Xi_\rho = \frac{\mathfrak{W}[\Omega_0^{(0)} . \Omega_1^{(1)} . \Omega_2^{(2)} . \Omega_3^{(3)} \dots \Omega_{\rho-1}^{(\rho-1)} . F^{(\rho)}]}{\mathfrak{W}[\Omega_0^{(0)} . \Omega_1^{(1)} . \Omega_2^{(2)} . \Omega_3^{(3)} \dots \Omega_{\rho-1}^{(\rho-1)} . \Omega_\rho^{(\rho)}]}.$$

Mais, la transposition des termes dans les équations proposées (150), ne pouvant nullement changer ces équations, il est évident que si l'on met, à la place de leurs derniers termes $\mathcal{A}_\rho . \Omega_\rho$, tout autre terme $\mathcal{A}_\lambda . \Omega_\lambda$, l'expression précédente (154), en y changeant Ω_ρ en Ω_λ, donnera la valeur de la quantité $\mathcal{A}_\lambda$. Et, ayant égard au changement des signes qui, en vertu de la construction des fonctions schins, aura lieu pour les termes composant le dénominateur de l'expression (154), on verra que cette expression donne ... (154)'

$$\mathcal{A}_0 = (-1)^\rho . \frac{\Psi[\Omega_1^{(0)} . \Omega_2^{(1)} . \Omega_3^{(2)} \ldots \Omega_{\rho-1}^{(\rho-2)} . \Omega_\rho^{(\rho-1)} . F^{(\rho)}]}{\Psi[\Omega_0^{(0)} . \Omega_1^{(1)} . \Omega_2^{(2)} \ldots \Omega_{\rho-2}^{(\rho-2)} . \Omega_{\rho-1}^{(\rho-1)} . \Omega_\rho^{(\rho)}]}$$

$$\mathcal{A}_1 = (-1)^{\rho-1} . \frac{\Psi[\Omega_0^{(0)} . \Omega_2^{(1)} . \Omega_3^{(2)} \ldots \Omega_{\rho-1}^{(\rho-2)} . \Omega_\rho^{(\rho-1)} . F^{(\rho)}]}{\Psi[\Omega_0^{(0)} . \Omega_1^{(1)} . \Omega_2^{(2)} \ldots \Omega_{\rho-2}^{(\rho-2)} . \Omega_{\rho-1}^{(\rho-1)} . \Omega_\rho^{(\rho)}]}$$

$$\mathcal{A}_2 = (-1)^{\rho-2} . \frac{\Psi[\Omega_0^{(0)} . \Omega_1^{(1)} . \Omega_3^{(2)} \ldots \Omega_{\rho-1}^{(\rho-2)} . \Omega_\rho^{(\rho-1)} . F^{(\rho)}]}{\Psi[\Omega_0^{(0)} . \Omega_1^{(1)} . \Omega_2^{(2)} \ldots \Omega_{\rho-2}^{(\rho-2)} . \Omega_{\rho-1}^{(\rho-1)} . \Omega_\rho^{(\rho)}]}$$

. . . .

$$\mathcal{A}_{\rho-1} = (-1)^1 . \frac{\Psi[\Omega_0^{(0)} . \Omega_1^{(1)} . \Omega_2^{(2)} \ldots \Omega_{\rho-2}^{(\rho-2)} . \Omega_\rho^{(\rho-1)} . F^{(\rho)}]}{\Psi[\Omega_0^{(0)} . \Omega_1^{(1)} . \Omega_2^{(2)} \ldots \Omega_{\rho-2}^{(\rho-2)} . \Omega_{\rho-1}^{(\rho-1)} . \Omega_\rho^{(\rho)}]}$$

$$\mathcal{A}_\rho = (-1)^0 . \frac{\Psi[\Omega_0^{(0)} . \Omega_1^{(1)} . \Omega_2^{(2)} \ldots \Omega_{\rho-2}^{(\rho-2)} . \Omega_{\rho-1}^{(\rho-1)} . F^{(\rho)}]}{\Psi[\Omega_0^{(0)} . \Omega_1^{(1)} . \Omega_2^{(2)} \ldots \Omega_{\rho-2}^{(\rho-2)} . \Omega_{\rho-1}^{(\rho-1)} . \Omega_\rho^{(\rho)}]};$$

expressions dans lesquelles les fonctions schins, suivant leur dérivation, dépendent de la permutation des indices (0), (1), (2), (3), ... (ρ) placés en exposans.

C'est là (154)' le système des formules connues pour la résolution des équations linéaires ou du premier degré (150). Et, notre Loi universelle dont dérive immédiatement ce système, fournit ainsi la première démonstration générale de ces formules ; car, comme nous l'avons observé dans la dernière des Notes attachées à la Réfutation de Lagrange, ce que Vandermonde a prouvé sur cette résolution dans son Mémoire sur l'élimination (*Mém. de l'Acad. de Paris*, 1772, 2e *partie*), n'est qu'une vérification générale des formules en question, et non une véritable démonstration, qui, comme dans notre déduction précédente, doit indiquer le principe de ces formules.

En second lieu, lorsque, dans l'expression (153), l'indice μ est $(\rho - 1)$, cette expression donne la valeur ... (155)

$$A_{\rho-1} = \Xi_{\rho-1} + \Psi(\rho-1)_1 . \Xi_\rho ,$$

c'est-à-dire, en vertu des expressions auxiliaires (153)′ et (153)″, la valeur ... (155)′

$$A_{\rho-1} = \frac{\mathfrak{W}[\Omega_0^{(0)} . \Omega_1^{(1)} . \Omega_2^{(2)} \ldots \Omega_{\rho-2}^{(\rho-2)} . F^{(\rho-1)}]}{\mathfrak{W}[\Omega_0^{(0)} . \Omega_1^{(1)} . \Omega_2^{(2)} \ldots \Omega_{\rho-2}^{(\rho-2)} . \Omega_{\rho-1}^{(\rho-1)}]}$$
$$- \frac{\mathfrak{W}[\Omega_0^{(0)} . \Omega_1^{(1)} . \Omega_2^{(2)} \ldots \Omega_{\rho-3}^{(\rho-3)} . \Omega_{\rho-2}^{(\rho-2)} . \Omega_\rho^{(\rho-1)}]}{\mathfrak{W}[\Omega_0^{(0)} . \Omega_1^{(1)} . \Omega_2^{(2)} \ldots \Omega_{\rho-3}^{(\rho-3)} . \Omega_{\rho-2}^{(\rho-2)} . \Omega_{\rho-1}^{(\rho-1)}]} \times$$
$$\times \frac{\mathfrak{W}[\Omega_0^{(0)} . \Omega_1^{(1)} . \Omega_2^{(2)} \ldots \Omega_{\rho-2}^{(\rho-2)} . \Omega_{\rho-1}^{(\rho-1)} . F^{(\rho)}]}{\mathfrak{W}[\Omega_0^{(0)} . \Omega_1^{(1)} . \Omega_2^{(2)} \ldots \Omega_{\rho-2}^{(\rho-2)} . \Omega_{\rho-1}^{(\rho-1)} . \Omega_\rho^{(\rho)}]} .$$

Or, faisant attention à la possibilité de transposer les termes des équations proposées (150), sans détruire ces équations, et au changement des signes dans les fonctions schins, comme nous l'avons fait pour passer de l'expression (154) aux expressions (154)′, la formule précédente (155)′ donnera un système de formules pour toutes les inconnues A_0, A_1, A_2, A_3, ... A_ρ des équations (150); et ce sera là le second des $(\rho + 1)$ systèmes de formules que donne l'expression générale (153) pour la résolution des équations linéaires (150) dont il est question.

En troisième lieu, lorsque, dans cette expression générale (153), l'indice μ est $(\rho-2)$, il vient ... (156)

$$A_{\rho-2} = \Xi_{\rho-2} + \Psi(\rho-2)_1 \cdot \Xi_{\rho-1} + \Psi(\rho-2)_2 \cdot \Xi_{\rho};$$

et, après y avoir substitué les valeurs que donnent les expressions auxiliaires (153)' et (153)'', on aura une formule générale qui, en faisant attention à la transposition possible des termes dans les équations proposées (150) et au changement des signes dans les fonctions schins, donnera un troisième système de formules pour toutes les inconnues $A_0, A_1, A_2, \ldots A_\rho$ des équations (150).

Et, donnant ainsi successivement à l'indice μ dans l'expression générale (153), les valeurs $(\rho-3)$, $(\rho-4)$, $(\rho-5)$, etc., jusqu'à zéro, on obtiendra autant de formules générales qui, par la transposition des termes dans les équations proposées (150), conduiront à autant de systèmes de formules pour toutes les inconnues $A_0, A_1, A_2, A_3, \ldots A_\rho$ de ces équations. — On aura donc, par le moyen de la Loi universelle et nommément par le moyen de l'expression générale (153), non seulement le système connu (154)', mais généralement $(\rho+1)$ systèmes de formules différentes pour la résolution des équations du premier degré (150), contenant $(\rho+1)$ inconnues (*). Et, suivant ces mêmes principes, qui sont évidemment les véritables principes de la résolution des équations linéaires ou du premier degré, on pourra encore déduire immédiatement l'équation de condition à laquelle

(*) Comme tous ces systèmes de formules donnent les mêmes quantités $A_0, A_1, A_2, A_3, \ldots A_\rho$, si l'on compare celles qui sont identiques, on pourra tirer de ces relations une infinité de théorèmes pour les fonctions schins; ou plutôt toute la théorie de ces fonctions, dans le cas simple où les quantités qui entrent dans leur construction ne sont pas considérées comme étant elles-mêmes fonctions d'autres quantités, toute cette théorie, disons-nous, se trouve contenue dans les relations que nous venons d'indiquer. Ainsi, par exemple, en comparant l'expression (155)' de

doivent satisfaire certaines quantités F et Ω_0, Ω_1, Ω_2, Ω_3, ... Ω_ρ qui entrent dans une équation ... (157)

$$F = A_0 . \Omega_0 + A_1 . \Omega_1 + A_2 . \Omega_2 + A_3 . \Omega_3 \dots + A_\rho . \Omega_\rho,$$

contenant les mêmes inconnues A_0, A_1, A_2, A_3, ... A_ρ. En effet, cette équation, pour être possible, doit correspondre à l'une ou simplement à la première des équations qui, dans le système infini d'équations (151)', se trouvent après les $(\rho + 1)$ premières équations; lesquelles $(\rho + 1)$ premières équations correspondent aux équations proposées (150) qui servent à déterminer les $(\rho + 1)$ quantités inconnues A_0, A_1, A_2, A_3, ... A_ρ. Or, si l'on ajoute à l'expression achevée (151), le terme suivant $A_{\rho+1} . \Omega_{\rho+1}$, en supposant que la fonction $\Omega_{\rho+1}$ soit zéro, le coefficient $A_{\rho+1}$ sera nécessairement une quantité absolument indéterminée; et, puisque l'expression générale (153) ou plutôt l'expression primitive (64), donne ici, pour $\mu = \rho + 1$, la valeur

$$A_{\rho+1} = \Xi_{\rho+1} = \frac{\mathfrak{W}[\Omega_0^{(0)} . \Omega_1^{(1)} . \Omega_2^{(2)} \dots \Omega_\rho^{(\rho)} . F^{(\rho+1)}]}{\mathfrak{W}[\Omega_0^{(0)} . \Omega_1^{(1)} . \Omega_2^{(2)} \dots \Omega_\rho^{(\rho)} . \Omega_{\rho+1}^{(\rho+1)}]},$$

et que le dénominateur de cette valeur est zéro, à cause de $\Omega_{\rho+1} = 0$, le numérateur doit aussi être zéro; et l'on aura ... (157)'

$$0 = \mathfrak{W}[\Omega_0^{(0)} . \Omega_1^{(1)} . \Omega_2^{(2)} . \Omega_3^{(3)} \dots \Omega_\rho^{(\rho)} . F^{(\rho+1)}].$$

$A_{\rho-1}$ avec l'expression de la même quantité $A_{\rho-1}$, prise dans le système (154)', on obtiendra le théorème suivant

$$\mathfrak{W}[\Omega_0^{(0)} . \Omega_1^{(1)} . \Omega_2^{(2)} . \Omega_3^{(3)} \dots \Omega_{\rho-2}^{(\rho-2)} . \Omega_{\rho-1}^{(\rho-1)} . F^{(\rho)}] \times$$
$$\times \mathfrak{W}[\Omega_0^{(0)} . \Omega_1^{(1)} . \Omega_2^{(2)} . \Omega_3^{(3)} \dots \Omega_{\rho-3}^{(\rho-3)} . \Omega_{\rho-2}^{(\rho-2)} . \Omega_\rho^{(\rho-1)}] =$$
$$= \mathfrak{W}[\Omega_0^{(0)} . \Omega_1^{(1)} . \Omega_2^{(2)} \dots \Omega_\rho^{(\rho)}] \times \mathfrak{W}[\Omega_0^{(0)} . \Omega_1^{(1)} . \Omega_2^{(2)} \dots \Omega_{\rho-2}^{(\rho-2)} . F^{(\rho-1)}]$$
$$+ \mathfrak{W}[\Omega_0^{(0)} . \Omega_1^{(1)} . \Omega_2^{(2)} \dots \Omega_{\rho-1}^{(\rho-1)}] \times \mathfrak{W}[\Omega_0^{(0)} . \Omega_1^{(1)} . \Omega_2^{(2)} \dots \Omega_{\rho-2}^{(\rho-2)} . \Omega_\rho^{(\rho-1)} . F^{(\rho)}].$$

Ce sera là l'équation de condition pour la possibilité de l'équation nouvelle (157), pourvu que, dans cette équation de condition, on remplace les quantités $F^{(\rho+1)}$ et $\Omega_0^{(\rho+1)}$, $\Omega_1^{(\rho+1)}$, $\Omega_2^{(\rho+1)}$, $\Omega_3^{(\rho+1)}$, ... $\Omega_\rho^{(\rho+1)}$ par les quantités F et Ω_0, Ω_1, Ω_2, Ω_3, ... Ω_ρ qui entrent dans l'équation en question (157). Et, telle est aussi l'équation de condition qu'on déduirait médiatement de l'équation nouvelle et problématique (157), en y substituant les valeurs des quantités A_0, A_1, A_2, A_3, ... A_ρ, données par les équations primitives (150), et spécialement, pour plus de simplicité, en substituant les valeurs que présente le système (154)'.

Il est donc avéré que la loi pour la résolution des équations linéaires ou du premier degré, sur laquelle nous avons fondé la démonstration provisoire que, dans la Réfutation de Lagrange, nous avons donnée de la loi fondamentale des Séries, dérive immédiatement de la Loi suprême et universelle de la génération des quantités, comme en dérive la loi fondamentale elle-même des Séries, suivant la déduction péremptoire et très simple que nous venons d'en donner dans l'ouvrage présent. — C'est ici le lieu de constater ce que, dans le même endroit de notre Réfutation, nous avons avancé sur la nature de la déduction algorithmique ou de la démonstration de la Loi suprême et universelle. Nous y avons dit « que cette Loi absolue, pour être la « loi suprême de l'Algorithmie, doit recevoir sa démonstration d'une « manière indépendante de toute autre loi algorithmique ». Or, telle est effectivement la déduction ou la démonstration que nous avons donnée de cette loi dans la première Section de cette Philosophie de la Technie : nous ne nous sommes servis expressément, pour cette démonstration, non seulement d'aucune loi algorithmique connue, mais même d'aucune loi en général. Il est vrai que la proposition auxiliaire que nous avons employée sous la marque (69), pour avoir le développement de la différence $\Delta^m(Fx \,.\, fx)$, se trouve être la loi fondamentale de la Théorie des différences ; mais, de la manière dont cette proposition entre dans notre démonstration, elle n'est proprement, comme toutes les autres propositions de cette démonstration, qu'une simple PROPOSITION D'IDENTITÉ. Aussi, en nous rapportant, pour cette proposition, à la déduction algorithmique que nous en avons donnée dans l'Introduction à la Philosophie des Mathématiques (pages 41—43), ne faisons-nous qu'établir l'identité de cette proposition; parce que la déduction que nous venons de citer, n'est évidemment qu'une transformation successive et générale de la proposition identique

$$\Delta^{\circ}(Fx.fx) = Fx.fx.$$

Il ne sera pas hors de propos de faire remarquer ici, en outre, que toutes les déductions mathématiques ou démonstrations que nous avons données des diverses lois fondamentales de l'Algorithmie, sont indépendantes de toutes autres propositions algorithmiques; de sorte que, de cette manière, comme cela doit être, chaque branche distincte de l'Algorithmie se trouve fondée en elle-même et indépendamment de toutes les autres branches. Et, ce n'est que pour l'universalité dans la science, c'est-à-dire, pour la nécessité d'un principe unique, que toutes ces diverses branches de l'Algorithmie se rattachent à la Loi universelle, qui, comme nous le savons, est la loi suprême, et dans laquelle, par conséquent, doivent être contenues les lois fondamentales de toutes les branches distinctes que nous venons de nommer. — Il résulte de cet examen de la nature de la démonstration ou de la déduction mathématique donnée dans la Philosophie présente pour la Loi universelle, que cette démonstration ou déduction n'est qu'un système de propositions identiques; comme cela est d'ailleurs évident immédiatement par la proposition générale (91) sur laquelle se fonde cette démonstration, proposition qui n'est manifestement qu'une proposition d'identité. Aussi, pouvait-on prévoir à priori que, puisque le principe absolument premier des Mathématiques est la proposition d'identité

$$A = A,$$

la Loi universelle des Mathématiques ne devait faire autre chose que DIVERSIFIER A L'INFINI cette identité primitive et absolue; et telle est effectivement la nature de la Loi universelle et suprême que nous avons apprise aux géomètres dans la première Section de cette Philosophie de la Technie.

Revenons à notre objet actuel, c'est-à-dire, à la loi fondamentale des Séries, que nous avons déduite sous la marque (149). — Mais, avant tout, remarquons que si, au lieu d'employer, dans les expressions (149)' etc. des coefficiens des Séries, les différences prises suivant la voie régressive, on voulait employer les différences prises suivant la voie progressive, il suffirait de changer le signe de l'accroissement ξ et celui des différences de l'ordre impair (Voyez la seconde des Notes attachées à la Réfutation de Lagrange). On aurait ainsi, pour la forme fondamentale des Séries, l'expression ... (158)

$$Fx = A_0 + A_1 . \varphi x + A_2 . \varphi x^{2|-\xi} + A_3 . \varphi x^{3|-\xi} + A_4 . \varphi x^{4|-\xi} + \text{etc., etc.};$$

et pour les coefficiens A_0, A_1, A_2, etc., en distinguant ici par $'\Delta$ les différences prises suivant la voie progressive, les valeurs ... (158)'

$$A_0 = F\dot{x}$$

$$A_1 = \frac{'\Delta F\dot{x}}{'\Delta \varphi \dot{x}}$$

$$A_2 = \frac{\mathfrak{W}[{'\Delta^1} \varphi\dot{x} . {'\Delta^2} F\dot{x}]}{\mathfrak{W}[{'\Delta^1} \varphi\dot{x} . {'\Delta^2} \varphi\dot{x}^{2|-\xi}]}$$

$$A_3 = \frac{\mathfrak{W}[{'\Delta^1} \varphi\dot{x} . {'\Delta^2} \varphi\dot{x}^{2|-\xi} . {'\Delta^3} F\dot{x}]}{\mathfrak{W}[{'\Delta^1} \varphi\dot{x} . {'\Delta^2} \varphi\dot{x}^{2|-\xi} . {'\Delta^3} \varphi\dot{x}^{3|-\xi}]}$$

etc., etc.,

le point placé sur x marquant toujours la valeur de cette variable, déterminée par la relation $\varphi\dot{x} = 0$. — Nous prévenons ici que, vu cette facilité de la transition du cas correspondant aux différences régressives, à celui correspondant aux différences progressives, nous ne considérerons dorénavant généralement que le premier de ces deux cas, savoir, celui auquel correspondent les différences prises suivant la voie régressive, comme étant plus simple et plus proche des principes de la science.

Or, partant de la loi fondamentale (149) des Séries, on verra bientôt, comme nous l'avons déjà observé dans la Réfutation de Lagrange (pages 17 et suiv.), que, puisque $\Delta^{\pi}(\varphi x)^{\varpi|\xi} = 0$, toutes les fois que l'exposant ϖ de la faculté est plus grand que l'exposant π de la différence, les valeurs $(149)'''$ ou généralement la valeur $(149)''$ des coefficiens des Séries, ne se trouvent pas encore amenées à leur plus simple expression; parce que, par la relation avec zéro que nous venons d'alléguer, la plus grande partie des termes composant ces valeurs des coefficiens, deviennent zéro. Ayant déjà enseigné cette réduction dans l'ouvrage que nous venons de citer et dans l'Errata de la Philosophie de l'Infini, nous nous bornerons ici, pour compléter l'ouvrage présent, à transcrire les résultats que nous avons obtenus par anticipation dans les ouvrages que nous venons de nommer. Mais, pour éviter l'équivoque que pourrait présenter la notation M_{μ}, $M_{\mu-1}$, $M_{\mu-2}$, etc., et N_{μ}, $N_{\mu-1}$, $N_{\mu-2}$, etc., que nous avons employée dans les formules (5), (6) et (16) de la Réfutation et dans la formule $(6)'$ de l'Errata annexé à la Philosophie de l'Infini, nous changerons ici M_{μ} en $M(\mu)_0$, $M_{\mu-1}$ en $M(\mu)_1$, $M_{\mu-2}$ en $M(\mu)_2$, etc., de même N_{μ} en $N(\mu)_0$, $N_{\mu-1}$ en $N(\mu)_1$, $N_{\mu-2}$ en $N(\mu)_2$, etc., et généralement $M_{\mu-\nu}$ en $M(\mu)_{\nu}$ et $N_{\mu-\nu}$ en $N(\mu)_{\nu}$. Ainsi, la forme fondamentale des Séries étant ... (159)

$$Fx = A_0 + A_1 . \varphi x + A_2 . \varphi x^{2|\xi} + A_3 . \varphi x^{3|\xi} + A_4 . \varphi x^{4|\xi} + \text{etc., etc.},$$

si l'on prend la quantité $\dot{x}$ qui rend $\varphi\dot{x} = 0$, on aura immédiatement $A_0 = F\dot{x}$, et l'expression du coefficient général A_μ, donnant la détermination des quantités A_1, A_2, A_3, etc. et constituant ainsi la LOI FONDAMENTALE de cet algorithme technique, sera d'abord ... (160)

$$A_\mu = \frac{1}{\Delta^\mu \varphi x^{\mu|\xi}} . \left\{ \Delta^\mu Fx - \Delta^{\mu-1} Fx . \frac{\Delta^\mu \varphi x^{(\mu-1)|\xi}}{\Delta^{\mu-1} \varphi x^{(\mu-1)|\xi}} \right.$$

$$+ \Delta^{\mu-2} Fx . \frac{\Psi[\Delta^{\mu-1} \varphi x^{(\mu-2)|\xi} . \Delta^\mu \varphi x^{(\mu-1)|\xi}]}{\Delta^{\mu-2} \varphi x^{(\mu-2)|\xi} . \Delta^{\mu-1} \varphi x^{(\mu-1)|\xi}}$$

$$- \Delta^{\mu-3} Fx . \frac{\Psi[\Delta^{\mu-2} \varphi x^{(\mu-3)|\xi} . \Delta^{\mu-1} \varphi x^{(\mu-2)|\xi} . \Delta^\mu \varphi x^{(\mu-1)|\xi}]}{\Delta^{\mu-3} \varphi x^{(\mu-3)|\xi} . \Delta^{\mu-2} \varphi x^{(\mu-2)|\xi} . \Delta^{\mu-1} \varphi x^{(\mu-1)|\xi}}$$

$$\cdots\cdots\cdots\cdots\cdots\cdots\cdots\cdots$$

$$\left. (-1)^{\mu-1} . \Delta Fx . \frac{\Psi[\Delta^2 \varphi x . \Delta^3 \varphi x^{2|\xi} . \Delta^4 \varphi x^{3|\xi} \ldots \Delta^\mu \varphi x^{(\mu-1)|\xi}]}{\Delta \varphi x . \Delta^2 \varphi x^{2|\xi} . \Delta^3 \varphi x^{3|\xi} \ldots \Delta^{\mu-1} \varphi x^{(\mu-1)|\xi}} \right\};$$

en observant qu'il faut faire égal à ξ l'accroissement dont dépendent les différences, et donner, après avoir pris ces différences, à la variable x la valeur déterminée $\dot{x}$ provenant de la relation $\varphi\dot{x} = 0$. — Ensuite, développant les fonctions schins qui entrent dans l'expression précédente, d'après le procédé d'exclusion des termes superflus, que nous avons indiqué dans l'Errata annexé à la Philosophie de l'Infini, on aura définitivement, pour la loi fondamentale dont il est question, l'expression ... (161)

$$A_\mu = \frac{1}{\Delta^\mu \varphi x^{\mu|\xi}} . \left\{ (-1)^0 . (M(\mu)_0 - N(\mu)_0) . \Delta^\mu Fx \right.$$

$$(-1)^1 . (M(\mu)_1 - N(\mu)_1) . \Delta^{\mu-1} Fx$$

$$(-1)^2 . (M(\mu)_2 - N(\mu)_2) . \Delta^{\mu-2} Fx$$

$$(-1)^3 . (M(\mu)_3 - N(\mu)_3) . \Delta^{\mu-3} Fx$$

$$\cdots\cdots\cdots\cdots\cdots\cdots$$

$$\left. (-1)^{\mu-1} . (M(\mu)_{\mu-1} - N(\mu)_{\mu-1}) . \Delta Fx \right\};$$

dans laquelle les quantités M et N ont les valeurs suivantes ... (161)'

$$M(\mu)_0 = 1$$

$$M(\mu)_1 = \frac{\Delta^{\mu}\varphi x^{(\mu-1)}|\xi}{\Delta^{\mu-1}\varphi x^{(\mu-1)}|\xi}$$

$$M(\mu)_2 = M(\mu)_1 \cdot \frac{{}'\varpi\,[\Delta^{\mu-1}\varphi x^{(\mu-2)}|\xi]}{\Delta^{\mu-2}\varphi x^{(\mu-2)}|\xi} = M(\mu)_1 \cdot \frac{\Delta^{\mu-1}\varphi x^{(\mu-2)}|\xi}{\Delta^{\mu-2}\varphi x^{(\mu-2)}|\xi}$$

$$M(\mu)_3 = M(\mu)_1 \cdot \frac{{}'\varpi\,[\Delta^{\mu-2}\varphi x^{(\mu-3)}|\xi \,.\, \Delta^{\mu-1}\varphi x^{(\mu-2)}|\xi]}{\Delta^{\mu-2}\varphi x^{(\mu-2)}|\xi \,.\, \Delta^{\mu-3}\varphi x^{(\mu-3)}|\xi}$$

$$M(\mu)_4 = M(\mu)_1 \cdot \frac{{}'\varpi\,[\Delta^{\mu-3}\varphi x^{(\mu-4)}|\xi \,.\, \Delta^{\mu-2}\varphi x^{(\mu-3)}|\xi \,.\, \Delta^{\mu-1}\varphi x^{(\mu-2)}|\xi]}{\Delta^{\mu-2}\varphi x^{(\mu-2)}|\xi \,.\, \Delta^{\mu-3}\varphi x^{(\mu-3)}|\xi \,.\, \Delta^{\mu-4}\varphi x^{(\mu-4)}|\xi}$$

. . . .

$$M(\mu)_\nu = M(\mu)_1 \cdot \frac{{}'\varpi\,[\Delta^{\mu-\nu+1}\varphi x^{(\mu-\nu)}|\xi \,.\, \Delta^{\mu-\nu+2}\varphi x^{(\mu-\nu+1)}|\xi \ldots \Delta^{\mu-1}\varphi x^{(\mu-2)}|\xi]}{\Delta^{\mu-2}\varphi x^{(\mu-2)}|\xi \,.\, \Delta^{\mu-3}\varphi x^{(\mu-3)}|\xi \ldots \Delta^{\mu-\nu}\varphi x^{(\mu-\nu)}|\xi};$$

$$N(\mu)_0 = 0, \qquad N(\mu)_1 = 0,$$

$$N(\mu)_2 = \frac{{}'\varpi\,[\Delta^{\mu}\varphi x^{(\mu-2)}|\xi]}{\Delta^{\mu-2}\varphi x^{(\mu-2)}|\xi} = \frac{\Delta^{\mu}\varphi x^{(\mu-2)}|\xi}{\Delta^{\mu-2}\varphi x^{(\mu-2)}|\xi}$$

$$N(\mu)_3 = \frac{{}'\varpi\,[\Delta^{\mu-2}\varphi x^{(\mu-3)}|\xi \,.\, \Delta^{\mu}\varphi x^{(\mu-2)}|\xi]}{\Delta^{\mu-2}\varphi x^{(\mu-2)}|\xi \,.\, \Delta^{\mu-3}\varphi x^{(\mu-3)}|\xi}$$

$$N(\mu)_4 = \frac{{}'\varpi\,[\Delta^{\mu-3}\varphi x^{(\mu-4)}|\xi \,.\, \Delta^{\mu-2}\varphi x^{(\mu-3)}|\xi \,.\, \Delta^{\mu}\varphi x^{(\mu-2)}|\xi]}{\Delta^{\mu-2}\varphi x^{(\mu-2)}|\xi \,.\, \Delta^{\mu-3}\varphi x^{(\mu-3)}|\xi \,.\, \Delta^{\mu-4}\varphi x^{(\mu-4)}|\xi}$$

. . . .

$$N(\mu)_\nu = \frac{{}'\varpi\,[\Delta^{\mu-\nu+1}\varphi x^{(\mu-\nu)}|\xi \,.\, \Delta^{\mu-\nu+2}\varphi x^{(\mu-\nu+1)}|\xi \ldots \Delta^{\mu-2}\varphi x^{(\mu-3)}|\xi \,.\, \Delta^{\mu}\varphi x^{(\mu-2)}|\xi]}{\Delta^{\mu-2}\varphi x^{(\mu-2)}|\xi \,.\, \Delta^{\mu-3}\varphi x^{(\mu-3)}|\xi \ldots \Delta^{\mu-\nu}\varphi x^{(\mu-\nu)}|\xi};$$

en dénotant ici par $'\varpi$ les fonctions schins qu'il faut développer par le procédé d'exclusion indiqué dans l'Errata de la Philosophie de l'Infini, d'où nous tirons ces formules, et en ayant toujours soin de donner, après les opérations, à la variable x la valeur $\dot{x}$ qui résulte de la relation $\varphi\dot{x} = 0$. — Quant au premier coefficient A_0, c'est-à-dire, quant au coefficient de $\varphi x^{0|\xi}$ dans la Série (159), qui est immédiatement $= F\dot{x}$, nous l'avons détaché des expressions générales (160) et (161), pour simplifier par là ces expressions, comme cela est clair par la formule $(149)''$.

Dans cette expression définitive (161), il n'entre plus que les termes isolés construits avec les différences de la fonction Fx et des facultés φx, $\varphi x^{2|\xi}$, $\varphi x^{3|\xi}$, etc., et formant ainsi les élémens mêmes de la loi fondamentale dont il s'agit. C'est donc là le dernier développement de cette loi, et, par conséquent, la réduction définitive de l'expression de la loi fondamentale des Séries. — Or, suivant ce que nous avons reconnu dans l'Errata attaché à la Philosophie de l'Infini, le développement par exclusion des fonctions ϖ qui entrent dans les quantités auxiliaires $M(\mu)_\nu$ et $N(\mu)_\nu$, donne $2^{\nu-2}$ termes distincts pour chacune de ces quantités, depuis $M(\mu)_2$ et $N(\mu)_2$ inclusivement. Ainsi, le nombre total des termes distincts dont est composée l'expression (161) du coefficient général A_μ, est simplement

$$2 + 2(2^0 + 2^1 + 2^2 + 2^3 \dots + 2^{\mu-3}) = 2^{\mu-1};$$

tandis que le développement de l'expression non-réduite $(149)''$ donnerait $1^{\mu|1}$ termes pour le même coefficient général A_μ.

L'expression réduite (161) que nous venons de déduire, donne immédiatement les quantités A_1, A_2, A_3, A_4, etc. considérées indépendamment les unes des autres; et c'est là, d'après ce que nous venons de voir, leur forme générale la plus simple, tant que la fonction φx, servant de mesure algorithmique, se trouve considérée dans toute sa généralité. — Lorsque cette mesure algorithmique ou la fonction φx sera donnée, on pourra simplifier davantage l'expression (161) des coefficiens A_1, A_2, A_3, etc. dont il est question : le moyen général de cette simplification est celui que nous avons indiqué plus haut sous les marques (58) et (58)$'$, en observant que la valeur du rapport (58) de fonctions schins, est une des inconnues de certaines équations linéaires ou du premier degré (58)$'$. En effet, reprenant ici l'expression générale (149)$'$ du coefficient $\dot{\Xi}_\mu$ ou A_μ de la série (149), et observant qu'on a $\varphi x^{0|\xi} = 1$, il viendra ... (162)

$$A_\mu = \frac{\text{Ш}[\Delta^1\varphi\dot{x} . \Delta^2\varphi\dot{x}^{2|\xi} . \Delta^3\varphi\dot{x}^{3|\xi} \ldots \Delta^{\mu-1}\varphi\dot{x}^{(\mu-1)|\xi} . \Delta^\mu F\dot{x}]}{\text{Ш}[\Delta^1\varphi\dot{x} . \Delta^2\varphi\dot{x}^{2|\xi} . \Delta^3\varphi\dot{x}^{3|\xi} \ldots \Delta^{\mu-1}\varphi\dot{x}^{(\mu-1)|\xi} . \Delta^\mu\varphi\dot{x}^{\mu|\xi}]};$$

de plus, observant comme plus haut (139) qu'on a $\Delta^\pi\varphi x^{\varpi|\xi} = 0$ toutes les fois que l'exposant ϖ de la faculté est plus grand que l'exposant π de la différence, et comparant l'expression précédente (162) avec le rapport (58), les équations correspondantes (58)$'$ donneront, pour la détermination de la quantité A_μ, les équations particulières suivantes ... (162)$'$

$$\Delta F\dot{x} = Y_1 . \Delta\varphi\dot{x}$$

$$\Delta^2 F\dot{x} = Y_1 . \Delta^2\varphi\dot{x} + Y_2 . \Delta^2\varphi\dot{x}^{2|\xi}$$

$$\Delta^3 F\dot{x} = Y_1 . \Delta^3\varphi\dot{x} + Y_2 . \Delta^3\varphi\dot{x}^{2|\xi} + Y_3 . \Delta^3\varphi\dot{x}^{3|\xi}$$

$$\ldots\ldots\ldots\ldots\ldots\ldots\ldots\ldots$$

$$\Delta^\mu F\dot{x} = Y_1 . \Delta^\mu\varphi\dot{x} + Y_2 . \Delta^\mu\varphi\dot{x}^{2|\xi} + Y_3 . \Delta^\mu\varphi\dot{x}^{3|\xi} + Y_4 . \Delta^\mu\varphi\dot{x}^{4|\xi} \ldots\ldots + Y_{\mu-1} . \Delta^\mu\varphi\dot{x}^{(\mu-1)|\xi} + A_\mu . \Delta^\mu\varphi\dot{x}^{\mu|\xi};$$

dans lesquelles les quantités Y_1, Y_2, Y_3, ... $Y_{\mu-1}$ sont des inconnues auxiliaires qui ne servent que pour compléter le nombre des équations nécessaires pour la détermination de la quantité A_μ en question qui se trouve donnée par la dernière de ces équations. Or, la fonction φx étant connue, tout ce qui pourra simplifier l'élimination de ces inconnues auxiliaires Y_1, Y_2, Y_3, ... $Y_{\mu-1}$, ou la détermination de la quantité A_μ moyennant les équations précédentes (162)', servira évidemment à simplifier la détermination que reçoit par là la valeur (162) du coefficient A_μ dont il est question.

Mais, en examinant la manière dont se forment ainsi les quantités successives A_1, A_2, A_3, etc., correspondantes aux indices particuliers $\mu = 1$, $\mu = 2$, $\mu = 3$, etc., on verra facilement que, dans le cas présent, les inconnues complémentaires Y_1, Y_2, Y_3, etc. des équations précédentes (162)', se trouvent être elles-mêmes les quantités A_1, A_2, A_3, etc.; de sorte que, dans ce cas, on a les équations ... (163)

$$\Delta F\dot{x} = A_1 . \Delta\varphi\dot{x}$$
$$\Delta^2 F\dot{x} = A_1 . \Delta^2\varphi\dot{x} + A_2 . \Delta^2\varphi\dot{x}^{2|\xi}$$
$$\Delta^3 F\dot{x} = A_1 . \Delta^3\varphi\dot{x} + A_2 . \Delta^3\varphi\dot{x}^{2|\xi} + A_3 . \Delta^3\varphi\dot{x}^{3|\xi}$$
$$\Delta^4 F\dot{x} = A_1 . \Delta^4\varphi\dot{x} + A_2 . \Delta^4\varphi\dot{x}^{2|\xi} + A_3 . \Delta^4\varphi\dot{x}^{3|\xi} + A_4 . \Delta^4\varphi\dot{x}^{4|\xi}$$

etc., etc.;

qui donnent ... (163)'

$$A_1 = \frac{1}{\Delta\varphi\dot{x}} . \Delta F\dot{x}$$

$$A_2 = \frac{1}{\Delta^2\varphi\dot{x}^{2|\xi}} . \left\{ \Delta^2 F\dot{x} - A_1 . \Delta^2\varphi\dot{x} \right\}$$

$$A_3 = \frac{1}{\Delta^3\varphi\dot{x}^{3|\xi}} . \left\{ \Delta^3 F\dot{x} - A_1 . \Delta^3\varphi\dot{x} - A_2 . \Delta^3\varphi\dot{x}^{2|\xi} \right\}$$

$$A_4 = \frac{1}{\Delta^4\varphi\dot{x}^{4|\xi}} . \left\{ \Delta^4 F\dot{x} - A_1 . \Delta^4\varphi\dot{x} - A_2 . \Delta^4\varphi\dot{x}^{2|\xi} - A_3 . \Delta^4\varphi\dot{x}^{3|\xi} \right\}$$

etc., etc.

Ces expressions éminemment simples servent à calculer, les uns moyennant les autres, les coefficiens A_1, A_2, A_3, A_4, etc. de la Série principale (148)' ou (159) dont il s'agit. — Nous avons donc actuellement, dans les formules (149)', (160) et définitivement (161), les expressions IMMÉDIATES des quantités A_1, A_2, A_3, etc. en question, c'est-à-dire, les expressions qui donnent ces quantités indépendamment les unes des autres; et nous avons de plus, dans les dernières formules (163)', les expressions MÉDIATES des mêmes quantités, c'est-à-dire, les expressions qui donnent ces quantités les unes moyennant les autres.

Telle est donc définitivement, sous tous les aspects, la LOI FONDAMENTALE DES SÉRIES, relative au cas principal (148)' ou (159) de ce premier algorithme technique élémentaire. — Il n'appartient plus à la Philosophie, mais bien à l'Algorithmie elle-même, de s'occuper des divers cas particuliers correspondans à des fonctions déterminées φx, employées pour cette mesure algorithmique : il ne lui appartient plus que le cas en quelque sorte primitif où l'accroissement ξ est indéfiniment petit, et où, par conséquent, les différences qui entrent dans les expressions précédentes, sont des différentielles. Cependant, avant de nous occuper de ce cas primitif, nous allons, par anticipation sur l'Algorithmie et spécialement sur la Technie elle-même, déduire, des formules précédentes, au moins le cas le plus simple qui a lieu lorsque

$$\varphi x = a + x;$$

a étant une quantité arbitraire. Dans ce cas, on a évidemment

$$\Delta^{\gamma} \varphi x^{\beta|\xi} = \Delta^{\gamma} (a + x)^{\beta|\xi} = 0,$$

toutes les fois que l'exposant γ de la différence est plus grand que l'exposant β de la faculté. Ainsi, l'expression générale (149)' se réduira ici à

$$A_\mu = \frac{\Delta^0 \varphi \dot{x}^{0|\xi} . \Delta^1 \varphi \dot{x}^{1|\xi} . \Delta^2 \varphi \dot{x}^{2|\xi} \ldots \Delta^{\mu-1} \varphi \dot{x}^{(\mu-1)|\xi} . \Delta^\mu F\dot{x}}{\Delta^0 \varphi \dot{x}^{0|\xi} . \Delta^1 \varphi \dot{x}^{1|\xi} . \Delta^2 \varphi \dot{x}^{2|\xi} \ldots \Delta^{\mu-1} \varphi \dot{x}^{(\mu-1)|\xi} . \Delta^\mu \varphi \dot{x}^{\mu|\xi}} =$$

$$= \frac{\Delta^\mu F\dot{x}}{\Delta^\mu \varphi \dot{x}^{\mu|\xi}};$$

c'est-à-dire, à

$$A_\mu = \frac{\Delta^\mu F\dot{x}}{\Delta^\mu (a+\dot{x})^{\mu|\xi}};$$

$\dot{x}$ désignant la valeur $(-a)$ de x, qui réduit à zéro la fonction ou mesure algorithmique présente $(a+x)$. Or, on a généralement

$$\Delta^\mu (a+x)^{\mu|\xi} = 1^{\mu|1} . \xi^\mu .$$

On aura donc

$$A_\mu = \frac{\Delta^\mu F\dot{x}}{1^{\mu|1} . \xi^\mu};$$

et cette Série la plus simple, dont il est question, sera ... (164)

$$Fx = F\dot{x} + \frac{\Delta F\dot{x}}{1 . \xi} . (a+x) + \frac{\Delta^2 F\dot{x}}{1^{2|1} . \xi^2} . (a+x)^{2|\xi}$$
$$+ \frac{\Delta^3 F\dot{x}}{1^{3|1} . \xi^3} . (a+x)^{3|\xi} + \text{etc., etc.};$$

$\dot{x}$ marquant toujours la valeur déterminée $(-a)$. — Lorsqu'on fait

$$-a = y, \quad \text{et} \quad x = y + z,$$

la Série précédente (164) reçoit la forme ... (165)

$$F(y+z) = Fy + \frac{\Delta Fy}{1 . \xi} . z + \frac{\Delta^2 Fy}{1^{2|1} . \xi^2} . z^{2|\xi} + \frac{\Delta^3 Fy}{1^{3|1} . \xi^3} . z^{3|\xi} + \text{etc., etc.};$$

ξ étant l'accroissement de la variable y dans les différences ΔFy, $\Delta^2 Fy$, $\Delta^3 Fy$, etc., et de la variable z dans les facultés $z^{2|\xi}$, $z^{3|\xi}$, etc. En y faisant $y = 0$, on aura le porisme que, pour éclaircir la déduction technique des Séries, nous avons obtenu plus haut sous la marque $(19)^{IV}$.

Voici un exemple du développement que présente la Série (165). — Soit la fonction $F(y+z)$ la faculté $(y+z)^{m|\xi}$, m étant un exposant quelconque, et ξ l'accroissement de l'une des deux quantités y ou z indistinctement. Prenant les différences régressives par rapport au même accroissement ξ, on obtiendra facilement

$$\Delta(y^{m|\xi}) = m\xi \,.\, y^{(m-1)|\xi}$$
$$\Delta^2(y^{m|\xi}) = m(m-1)\xi^2 \,.\, y^{(m-2)|\xi}$$
$$\Delta^3(y^{m|\xi}) = m(m-1)(m-2)\xi^3 \,.\, y^{(m-3)|\xi}$$
$$\cdots\cdots\cdots\cdots\cdots\cdots\cdots$$
$$\Delta^\mu(y^{m|\xi}) = m^{\mu|-1} \,.\, \xi^\mu \,.\, y^{(m-\mu)|\xi};$$

et la Série (165) donnera ... (165)'

$$(y+z)^{m|\xi} = y^{m|\xi} + \frac{m}{1} \,.\, y^{(m-1)|\xi} \,.\, z + \frac{m(m-1)}{1.2} \,.\, y^{(m-2)|\xi} \,.\, z^{2|\xi}$$
$$+ \frac{m(m-1)(m-2)}{1.2.3} \,.\, y^{(m-3)|\xi} \,.\, z^{3|\xi} + \text{etc., etc.}$$

C'est le binome de Vandermonde que nous avons déjà déduit dans la Réfutation de Lagrange sous la marque (85).

Procédons actuellement au cas en quelque sorte primitif de la loi fondamentale des Séries, lorsque, dans leur forme principale (148)' ou (159), l'accroissement ξ est indéfiniment petit, et lorsque, par conséquent, dans les expressions (149)', (160), (161) et (163)' qui donnent cette loi, les différences deviennent des différentielles. — Dans ce cas, la suite des facultés

$$\varphi x, \quad \varphi x^{2|\xi}, \quad \varphi x^{3|\xi}, \quad \varphi x^{4|\xi}, \text{ etc.}$$

deviendra la suite des puissances ordinaires

$$\varphi x, \quad (\varphi x)^2, \quad (\varphi x)^3, \quad (\varphi x)^4, \quad \text{etc.};$$

et la forme principale (148)' ou (159) des Séries, se réduira à celle-ci ... (166)

$$Fx = A_0 + A_1 \,.\, \varphi x + A_2 \,.\, (\varphi x)^2 + A_3 \,.\, (\varphi x)^3 + \text{etc., etc.,}$$

qui est la forme du développement d'une fonction Fx par rapport aux puissances progressives d'une fonction arbitraire φx prise pour la mesure algorithmique. — C'est là proprement le principe de toute ÉVALUATION des fonctions, par le moyen de la mesure arbitraire φx qui peut toujours rendre possible cette évaluation.

Or, prenant les différentielles à la place des différences, l'expression (149)' de $\dot{\Xi}_\mu$, c'est-à-dire, du coefficient général A_μ, sera ... (166)'

$$A_\mu = \frac{\mathfrak{W}[d^0\varphi\dot{x}^0 . d^1\varphi\dot{x}^1 . d^2\varphi\dot{x}^2 . d^3\varphi\dot{x}^3 \dots d^{\mu-1}\varphi\dot{x}^{\mu-1} . d^\mu F\dot{x}]}{\mathfrak{W}[d^0\varphi\dot{x}^0 . d^1\varphi\dot{x}^1 . d^2\varphi\dot{x}^2 . d^3\varphi\dot{x}^3 \dots d^{\mu-1}\varphi\dot{x}^{\mu-1} . d^\mu\varphi\dot{x}^\mu]},$$

$\dot{x}$ étant toujours la valeur de x qui résulte de la relation $\varphi\dot{x} = 0$. Et, comme on a alors

$$\mathfrak{W}[d^0\varphi\dot{x}^0 . d^1\varphi\dot{x} . d^2\varphi\dot{x}^2 . d^3\varphi\dot{x}^3 \dots d^{\mu-1}\varphi\dot{x}^{\mu-1} . d^\mu\varphi\dot{x}^\mu] =$$

$$= d^0\varphi\dot{x}^0 . d\varphi\dot{x} . d^2\varphi\dot{x}^2 . d^3\varphi\dot{x}^3 \dots d^{\mu-1}\varphi\dot{x}^{\mu-1} . d^\mu\varphi\dot{x}^\mu =$$

$$= 1^0| . (1) . (1.2)(1.2.3) \dots (1.2.3\dots(\mu-1)) . (1.2.3\dots\mu) . (d\varphi\dot{x})^{0+1+2+3\dots+\mu} =$$

$$= 1^{0|1} . 1^{1|1} . 1^{2|1} . 1^{3|1} \dots 1^{(\mu-1)|1} . 1^{\mu|1} . (d\varphi\dot{x})^{\frac{\mu(\mu+1)}{2}};$$

l'expression générale précédente (166)' se réduira à celle-ci ... (166)''

$$A_\mu = \frac{\mathfrak{W}[d^0\varphi\dot{x}^0 . d^1\varphi\dot{x} . d^2\varphi\dot{x}^2 . d^3\varphi\dot{x}^3 \dots d^{\mu-1}\varphi\dot{x}^{\mu-1} . d^\mu F\dot{x}]}{(1^{0|1} . 1^{1|1} . 1^{2|1} . 1^{3|1} \dots 1^{\mu|1}) . (d\varphi\dot{x})^{\frac{\mu(\mu+1)}{2}}},$$

qui donnera, pour les coefficiens particuliers A_0, A_1, A_2, A_3, etc., les valeurs suivantes ... (166)'''

$$A_0 = F\dot{x}$$

$$A_1 = \frac{\mathfrak{W}[dF\dot{x}]}{1 . d\varphi\dot{x}} = \frac{dF\dot{x}}{d\varphi\dot{x}}$$

$$A_2 = \frac{\mathfrak{W}[d^1\varphi\dot{x}.d^2F\dot{x}]}{1.(1.2).(d\varphi\dot{x})^3}$$

$$A_3 = \frac{\mathfrak{W}[d^1\varphi\dot{x}.d^2\varphi\dot{x}^2.d^3F\dot{x}]}{1.(1.2).(1.2.3).(d\varphi\dot{x})^6}$$

$$A_4 = \frac{\mathfrak{W}[d^1\varphi\dot{x}.d^2\varphi\dot{x}^2.d^3\varphi\dot{x}^3.d^4F\dot{x}]}{1.(1.2).(1.2.3).(1.2.3.4).(d\varphi\dot{x})^{10}}$$

etc., etc. . . . .

Mais, comme nous l'avons déjà remarqué plus haut à l'occasion du cas général $(149)'$, $(149)''$ et $(149)'''$, ces dernières formules $(166)''$ et $(166)'''$ ne se trouvent pas encore réduites à leur plus simple expression. Pour y parvenir immédiatement, il faut évidemment employer l'expression générale définitive (161). Alors, en faisant abstraction du premier coefficient A_0 qui est simplement $= F\dot{x}$, on obtiendra, pour les autres coefficiens A_1, A_2, A_3, etc. de la Série présente (166), l'expression générale . . . (167)

$$\begin{aligned} A_\mu = \frac{1}{1^{\mu|1}.(d\varphi\dot{x})^\mu}.\Big\{ & (-1)^0.\big(M(\mu)_0 - N(\mu)_0\big).d^\mu F\dot{x} \\ & (-1)^1.\big(M(\mu)_1 - N(\mu)_1\big).d^{\mu-1}F\dot{x} \\ & (-1)^2.\big(M(\mu)_2 - N(\mu)_2\big).d^{\mu-2}F\dot{x} \\ & (-1)^3.\big(M(\mu)_3 - N(\mu)_3\big).d^{\mu-3}F\dot{x} \\ & \dots\dots\dots\dots \\ & (-1)^{\mu-1}.\big(M(\mu)_{\mu-1} - N(\mu)_{\mu-1}\big).dF\dot{x} \Big\}; \end{aligned}$$

dans laquelle les quantités auxiliaires M et N seront . . . $(167)'$

$$M(\mu)_0 = 1,$$

$$M(\mu)_1 = \frac{d^\mu\varphi x^{\mu-1}}{1^{(\mu-1)|1}.(d\varphi x)^{\mu-1}}$$

$$M(\mu)_2 = M(\mu)_1 \cdot \frac{'\mathfrak{W}\,[d^{\mu-1}\varphi x^{\mu-2}]}{1^{(\mu-2)|1} \cdot (d\varphi x)^{\mu-2}} = M(\mu)_1 \cdot \frac{d^{\mu-1}\varphi x^{\mu-2}}{1^{(\mu-2)|1} \cdot (d\varphi x)^{\mu-2}}$$

$$M(\mu)_3 = M(\mu)_1 \cdot \frac{'\mathfrak{W}\,[d^{\mu-2}\varphi x^{\mu-3} \cdot d^{\mu-1}\varphi x^{\mu-2}]}{1^{(\mu-2)|1} \cdot 1^{(\mu-3)|1} \cdot (d\varphi x)^{2\mu-2-3}}$$

$$M(\mu)_4 = M(\mu)_1 \cdot \frac{'\mathfrak{W}\,[d^{\mu-3}\varphi x^{\mu-4} \cdot d^{\mu-2}\varphi x^{\mu-3} \cdot d^{\mu-1}\varphi x^{\mu-2}]}{1^{(\mu-2)|1} \cdot 1^{(\mu-3)|1} \cdot 1^{(\mu-4)|1} \cdot (d\varphi x)^{3\mu-2-3-4}}$$

. . . .

$$M(\mu)_\nu = M(\mu)_1 \cdot \frac{'\mathfrak{W}\,[d^{\mu-\nu+1}\varphi x^{\mu-\nu} \cdot d^{\mu-\nu+2}\varphi x^{\mu-\nu+1} \ldots d^{\mu-1}\varphi x^{\mu-2}]}{1^{(\mu-2)|1} \cdot 1^{(\mu-3)|1} \cdot 1^{(\mu-4)|1} \ldots 1^{(\mu-\nu)|1} \cdot (d\varphi x)^{(\nu-1)\mu - \frac{(\nu-1)(\nu+2)}{2}}};$$

$$N(\mu)_0 = 0, \qquad N(\mu)_1 = 0,$$

$$N(\mu)_2 = \frac{'\mathfrak{W}\,[d^{\mu}\varphi x^{\mu-2}]}{1^{(\mu-2)|1} \cdot (d\varphi x)^{\mu-2}} = \frac{d^{\mu}\varphi x^{\mu-2}}{1^{(\mu-2)|1} \cdot (d\varphi x)^{\mu-2}}$$

$$N(\mu)_3 = \frac{'\mathfrak{W}\,[d^{\mu-2}\varphi x^{\mu-3} \cdot d^{\mu}\varphi x^{\mu-2}]}{1^{(\mu-2)|1} \cdot 1^{(\mu-3)|1} \cdot (d\varphi x)^{2\mu-2-3}}$$

$$N(\mu)_4 = \frac{'\mathfrak{W}\,[d^{\mu-3}\varphi x^{\mu-4} \cdot d^{\mu-2}\varphi x^{\mu-3} \cdot d^{\mu}\varphi x^{\mu-2}]}{1^{(\mu-2)|1} \cdot 1^{(\mu-3)|1} \cdot 1^{(\mu-4)|1} \cdot (d\varphi x)^{3\mu-2-3-4}}$$

. . . .

$$N(\mu)_\nu = \frac{'\mathfrak{W}\,[d^{\mu-\nu+1}\varphi x^{\mu-\nu} \cdot d^{\mu-\nu+2}\varphi x^{\mu-\nu+1} \ldots d^{\mu-2}\varphi x^{\mu-3} \cdot d^{\mu}\varphi x^{\mu-2}]}{1^{(\mu-2)|1} \cdot 1^{(\mu-3)|1} \cdot 1^{(\mu-4)|1} \ldots 1^{(\mu-\nu)|1} \cdot (d\varphi x)^{(\nu-1)\mu - \frac{(\nu-1)(\nu+2)}{2}}}$$

en marquant toujours par $'\mathfrak{W}$ les fonctions schins qu'il faut développer suivant le procédé d'exolusion des termes superflus, dont nous avons parlé plus haut à l'occasion des expressions (161)$'$, et en ayant soin de substituer, dans ces dernières expressions (167)$'$, après les différentiations, à la place de la variable x la valeur déterminée $\dot{x}$ provenant de la relation $\varphi\dot{x} = 0$.

Enfin, voulant avoir, les uns par les autres, les coefficiens A_1, A_2, A_3, etc. de la Série présente (166), il suffira que l'on prenne les différentielles à la place des différences dans les formules (163)'; et l'on obtiendra ainsi les expressions particulières suivantes ... (168)

$$A_1 = \frac{1}{1 \,.\, d\varphi\dot{x}} \,.\, dF\dot{x}$$

$$A_2 = \frac{1}{1^{2|1} \,.\, (d\varphi\dot{x})^2} \,.\, \left\{ d^2F\dot{x} - A_1 \,.\, d^2\varphi\dot{x} \right\}$$

$$A_3 = \frac{1}{1^{3|1} \,.\, (d\varphi\dot{x})^3} \,.\, \left\{ d^3F\dot{x} - A_1 \,.\, d^3\varphi\dot{x} - A_2 \,.\, d^3\varphi\dot{x}^2 \right\}$$

$$A_4 = \frac{1}{1^{4|1} \,.\, (d\varphi\dot{x})^4} \,.\, \left\{ d^4F\dot{x} - A_1 \,.\, d^4\varphi\dot{x} - A_2 \,.\, d^4\varphi\dot{x}^2 - A_3 \,.\, d^4\varphi\dot{x}^3 \right\}$$

etc., etc.

Telles (166)'', (167) et (168) sont donc les expressions de la loi fondamentale des Séries dans le cas en quelque sorte primitif de cet algorithme technique élémentaire, c'est-à-dire, dans le cas où, suivant la forme (166) pour laquelle nous avons déterminé ces expressions, la Série procède par rapport aux simples puissances de la fonction φx prise pour la mesure algorithmique de la fonction proposée Fx. Et, de même que plus haut dans le cas général (148)' ou (159) des Séries, les formules (166)'' et (167) donnent, pour le cas présent (166), les expressions IMMÉDIATES des coefficiens A_1, A_2, A_3, etc. de la Série, c'est-à-dire, les expressions qui déterminent ces quantités indépendamment les unes des autres, et les formules (168) donnent, pour ce même cas (166), les expressions MÉDIATES des coefficiens A_1, A_2, A_3, etc. en question, c'est-à-dire, les expressions qui déterminent ces quantités les unes moyennant les autres.

Mais, ce qui est sur-tout remarquable ici, c'est que les expressions (166)'' et (167), formant la loi fondamentale de la Série primitive (166), donnent sur-le-champ les DERNIERS TERMES ou les ÉLÉMENS mêmes dont se trouvent engendrées les quantités A_1, A_2, A_3, etc. qu'elles servent à déterminer, et que, de cette manière, ces formules constituent réellement les expressions absolument FINALES de cette loi fondamentale. Cette remarque est de la plus haute importance, parce que l'on peut avoir, et l'on a déjà trouvé effectivement, pour les coefficiens A_1, A_2, A_3, etc. de la Série primitive (166), des formules indiquant une suite d'opérations algorithmiques propres à arriver à la détermination de ces coefficiens ; formules qui, ne donnant ainsi que le moyen d'arriver à la détermination dont il est question, et non les derniers termes mêmes dont se compose cette détermination, ne sont en quelque sorte que les expressions INITIALES de la loi fondamentale particulière dont il s'agit. — Voici le fait.

Partant toujours de la Série en quelque sorte primitive (166), savoir, ... (169)

$$Fx = A_0 + A_1 \cdot \varphi x + A_2 \cdot (\varphi x)^2 + A_3 \cdot (\varphi x)^3 + \text{etc., etc.};$$

et comparant cette série avec la Loi universelle (92)', on aura, pour les fonctions Ω_1, Ω_2, Ω_3, etc. les déterminations particulières ... (169)'

$$\Omega_1 = \varphi x, \quad \Omega_2 = (\varphi x)^2, \quad \Omega_3 = (\varphi x)^3, \quad \ldots\ldots \quad \Omega_\rho = (\varphi x)^\rho.$$

Ainsi, prenant les différentielles à la place des différences qui entrent dans les expressions (93), on obtiendra les valeurs suivantes ... (169)''

$$\Omega(1)_2 = 2 \cdot \varphi x, \quad \Omega(1)_3 = 3 \cdot (\varphi x)^2, \quad \ldots\ldots \quad \Omega(1)_\rho = \rho \cdot (\varphi x)^{\rho-1}$$

$$\Omega(2)_3 = \frac{2.3}{1.2} \cdot \varphi x, \quad \Omega(2)_4 = \frac{3.4}{1.2} \cdot (\varphi x)^2, \quad \ldots\ldots \quad \Omega(2)_\rho = \frac{\rho(\rho-1)}{1.2} \cdot (\varphi x)^{\rho-2}$$

$$\Omega(3)_4 = \frac{2.3.4}{1.2.3} \cdot \varphi x, \quad \Omega(3)_5 = \frac{3.4.5}{1.2.3} \cdot (\varphi x)^2, \quad \ldots \quad \Omega(3)_\rho = \frac{\rho(\rho-1)(\rho-2)}{1.2.3} \cdot (\varphi x)^{\rho-3}$$

etc., etc.; et en général

$$\Omega(\mu)_\rho = \frac{\rho^{\mu|-1}}{1^{\mu|1}} \cdot (\varphi x)^{\rho-\mu}.$$

De cette manière, les expressions (94) donneront

$$F(1) = \frac{dFx}{d\varphi x}, \quad F(2) = \frac{1}{2}\cdot\frac{dF(1)}{d\varphi x}, \quad F(3) = \frac{1}{3}\cdot\frac{dF(2)}{d\varphi x}, \quad \text{etc., etc.,}$$

et en général

$$F(\mu) = \frac{1}{\mu}\cdot\frac{dF(\mu-1)}{d\varphi x};$$

c'est-à-dire, ... (169)'''.

$$F(1) = \frac{1}{1}\cdot\frac{dFx}{d\varphi x}$$

$$F(2) = \frac{1}{1.2}\cdot\frac{1}{d\varphi x}\cdot d\left(\frac{dFx}{d\varphi x}\right)$$

$$F(3) = \frac{1}{1.2.3}\cdot\frac{1}{d\varphi x}\cdot d\left(\frac{1}{d\varphi x}\cdot d\left(\frac{dFx}{d\varphi x}\right)\right)$$

$$F(4) = \frac{1}{1.2.3.4}\cdot\frac{1}{d\varphi x}\cdot d\left(\frac{1}{d\varphi x}\cdot d\left(\frac{1}{d\varphi x}\cdot d\left(\frac{dFx}{d\varphi x}\right)\right)\right)$$

. . . .

$$F(\mu) = \frac{1}{1^{\mu|1}}\cdot\frac{1}{d\varphi x}\cdot d_\mu\left(\frac{1}{d\varphi x}\cdot d_{\mu-1}\left(\frac{1}{d\varphi x}\cdot d_{\mu-2}\left(\ldots d_3\left(\frac{1}{d\varphi x}\cdot d_2\left(\frac{d_1 Fx}{d\varphi x}\right)\right)\ldots\right)\right)\right),$$

en dénotant, dans la dernière de ces expressions, par d_1, d_2, d_3, ... $d_{\mu-2}$, $d_{\mu-1}$, d_μ tout simplement les différentielles comme par la seule lettre d, et en ne marquant par les indices 1, 2, 3, ... $(\mu-1)$, μ, attachés à cette lettre, que le rang et le nombre des différentielles à prendre. — Ainsi, comparant cette dernière des expressions précédentes avec l'expression générale (117), on obtiendra le théorème très remarquable que voici ... (170)

$$\frac{1}{1^{\mu|1}}\cdot\frac{1}{d\varphi x}\cdot d_\mu\left(\frac{1}{d\varphi x}\cdot d_{\mu-1}\left(\frac{1}{d\varphi x}\cdot d_{\mu-2}\left(\ldots d_3\left(\frac{1}{d\varphi x}\cdot d_2\left(\frac{d_1 Fx}{d\varphi x}\right)\right)\ldots\right)\right)\right) =$$

$$= \frac{\mathfrak{W}[d^1\varphi x . d^2\varphi x^2 . d^3\varphi x^3 \ldots . d^{\mu-1}\varphi x^{\mu-1} . d^\mu Fx]}{\mathfrak{W}[d^1\varphi x . d^2\varphi x^2 . d^3\varphi x^3 \ldots . d^{\mu-1}\varphi x^{\mu-1} . d^\mu \varphi x^\mu]};$$

quelles que soient les fonctions Fx et φx, et quel que soit l'indice μ, depuis $\mu = 1$ inclusivement. — Ce théorème consiste évidemment en ce que, dans le second membre, composé de $1^{\mu|1}$ termes au numérateur et au dénominateur, il présente définitivement l'exécution ou les résultats des opérations successives et nommément des différentiations successives indiquées dans le premier membre; et cela parce que le second membre de ce théorème donne immédiatement les derniers termes dont se compose le résultat définitif des opérations qu'il faut faire suivant le premier membre (*).

Or, vu l'expression (166)′ du coefficient général A_μ de la Série

(*) C'est ici l'à-propos de faire reconnaître aux géomètres la vraie signification des fonctions nouvelles que nous employons sous le nom de fonctions *schins*, et qui forment le second membre du théorème précédent (170). — Ces fonctions n'indiquent point certaines opérations algorithmiques; et encore moins ne sont-elles pas l'expression de quelque algorithme indépendant, comme le sont les puissances, les logarithmes, les sinus, les différences, etc., et même nos fonctions alephs. Les fonctions schins en question sont tout simplement des expressions en quelque sorte tabulaires (à l'instar de tables) d'une somme de termes distincts et achevés dans leurs opérations respectives. Et, comme telles, ces fonctions schins sont indispensables à l'Algorithmie; parce qu'il faut très souvent embrasser l'ensemble, c'est-à-dire, se former une idée algorithmique générale d'une somme ou d'un agrégat de termes distincts et indépendans de tout algorithme ultérieur, comme on a déjà essayé de le faire méthodiquement dans ce qu'on nomme *Analyse combinatoire*. Or, c'est proprement cette idée algorithmique générale ou l'expression de la LOI QUI LIE UNE SOMME OU UN AGRÉGAT DE TERMES DISTINCTS ET INDÉPENDANS, qui est la véritable signification des fonctions schins dont il s'agit; et c'est à ces fonctions que doit être ramenée toute l'Analyse combinatoire, comme nous le verrons ailleurs. — Ici, il nous suffira de retrouver cette signification des fonctions schins dans l'expression de la Loi suprême et universelle, dont elles font une partie essentielle, et par conséquent dans l'expression des lois des Séries, qui dérivent immédiatement de cette Loi absolue et dont il s'agit actuellement.

primitive (166) ou (169), et faisant abstraction du premier coefficient A_0, le théorème présent (170) fait voir que, dans l'origine de leur détermination, les coefficiens A_1, A_2, A_3, etc. de cette série, sont ... (171)

$$A_1 = \frac{1}{1} \cdot \frac{dF\dot{x}}{d\varphi\dot{x}}$$

$$A_2 = \frac{1}{1.2} \cdot \frac{1}{d\varphi\dot{x}} \cdot d\left(\frac{dF\dot{x}}{d\varphi\dot{x}}\right)$$

$$A_3 = \frac{1}{1.2.3} \cdot \frac{1}{d\varphi\dot{x}} \cdot d\left(\frac{1}{d\varphi\dot{x}} \cdot d\left(\frac{dF\dot{x}}{d\varphi\dot{x}}\right)\right)$$

$$A_4 = \frac{1}{1.2.3.4} \cdot \frac{1}{d\varphi\dot{x}} \cdot d\left(\frac{1}{d\varphi\dot{x}} \cdot d\left(\frac{1}{d\varphi\dot{x}} \cdot d\left(\frac{dF\dot{x}}{d\varphi\dot{x}}\right)\right)\right)$$

etc., etc.;

c'est-à-dire, ... (171)'

$$\dot{A}_1 = \frac{1}{1} \cdot \frac{dF\dot{x}}{d\varphi\dot{x}}, \quad \dot{A}_2 = \frac{1}{2} \cdot \frac{d\dot{A}_1}{d\varphi\dot{x}}, \quad \dot{A}_3 = \frac{1}{3} \cdot \frac{d\dot{A}_2}{d\varphi\dot{x}},$$

$$\dot{A}_4 = \frac{1}{4} \cdot \frac{d\dot{A}_3}{d\varphi\dot{x}}, \quad \text{etc., etc.;}$$

en marquant par le point placé sur les lettres, l'état des fonctions correspondant à la valeur déterminée $\dot{x}$ de la variable x, qui résulte de la relation $\varphi\dot{x} = 0$.

Ce sont là les expressions INITIALES qu'on peut obtenir pour les coefficiens de la Série primitive (166) ou (169). On voit, en effet, par la signification du théorème précédent (170) et même immédiatement, que ces expressions n'indiquent que les moyens de la détermination des quantités A_1, A_2, A_3, A_4, etc., et qu'elles ne donnent point encore cette détermination elle-même, comme le font les expressions FINALES (166)'' et (167) qui présentent immédiatement les derniers termes de la détermination en question (*). On peut même s'expliquer facilement cet état purement initial des expressions précédentes (171) ou (171)', en reconnaissant qu'elles se trouvent données à l'origine même de la détermination de la Loi universelle. En effet, revenant à l'expression (104) qui est manifestement l'origine de cette dernière et grande détermination, on verra que, si on donne aux fonctions Ω_1, Ω_2, Ω_3, etc. les déterminations particulières (169)' qui correspondent à la Série primitive (169) dont il s'agit, et si on donne de plus à la variable x la valeur $\dot{x}$ qui rend zéro la fonction φx, l'expression (104) se réduit à son premier terme, savoir ... (171)''

$$A_\mu = F(\mu);$$

parce que, dans ce cas, les quantités $\Psi(\mu)_1$, $\Psi(\mu)_2$, $\Psi(\mu)_3$, etc., données par les expressions auxiliaires (105), sont toutes zéro, vu que, dans ce même cas, les formules présentes (169)'' donnent généralement $\dot{\Omega}(\mu)_\rho = 0$, tant que l'indice ρ est plus grand que l'indice μ, comme cela a lieu dans les expressions (105). Or, cette valeur (171)'' du coefficient général A_μ, telle qu'elle se trouve donnée par les expressions (169)''' de $F(\mu)$, est précisément identique avec les formules (171) ou (171)' dont il est question; et, comme nous l'avons observé (page 229) après avoir donné la déduction de l'expression (104), cette expression originelle ne présentait encore que le moyen de la détermination de la quantité générale A_μ, et non cette détermination elle-même, laquelle, à proprement parler, n'a été opérée

(*) Nous nommerons dorénavant généralement *expressions initiales* les formules qui, en indiquant des opérations algorithmiques à exécuter, ne donnent que le moyen de la détermination des quantités; et *expressions finales* les formules qui, en présentant les derniers termes dont se compose la génération algorithmique, donnent immédiatement la détermination elle-même des quantités.

qu'après tout ce qui nous avait conduits à cette expression originelle ou initiale (104).

Il faut observer ici, pour l'Histoire de la science, que le porisme de Paoli que nous avons déduit au commencement de la Philosophie présente de la Technie, sous la marque (6)', n'est rien autre que cet état initial de la Série primitive (166), correspondant aux expressions imparfaites (171) ou (171)' dont nous venons de reconnaître le non-achèvement. Bien plus, sous cette forme imparfaite, ce porisme de Paoli n'est proprement encore qu'un simple corollaire du porisme de Taylor ou de Maclaurin; ainsi que nous l'avons montré en déduisant immédiatement, COMME SIMPLE COROLLAIRE, du porisme (5)' de Taylor, le porisme (6) et définitivement le porisme (6)' de Paoli. Ce dernier porisme ne saurait donc être considéré comme une véritable EXTENSION donnée à la science depuis Taylor; et l'on voit de plus que, pour opérer cette extension, il aurait fallu découvrir le théorème précédent (170) qui, du porisme de Paoli ou de ce corollaire du porisme de Taylor, aurait conduit aux expressions parfaites ou achevées (166)'' et (167) de la loi que suit la Série primitive, expressions qui, comme le porisme de Taylor, donnent la détermination des coefficiens de la série moyennant les derniers termes ou les élémens mêmes qui entrent dans cette détermination. — Il est vrai qu'il entre encore, dans les expressions (166)'' et (167), les différentielles des puissances de la fonction φx, savoir, les différentielles de la forme $d^p(\varphi x)^m$, et non simplement les différentielles immédiates $d\varphi x$, $d^2\varphi x$, $d^3\varphi x$, etc. constituant les véritables derniers termes ou élémens dont il s'agit; mais, cela n'est ainsi que pour abréger ces expressions finales, car, la loi qui donne les différentielles $d^p(\varphi x)^m$ moyennant les différentielles élémentaires $d\varphi x$, $d^2\varphi x$, $d^3\varphi x$, etc., est connue. En effet, par le polynome des différentielles (Introd. à la Philosoph. des Mathém. pages 46 et 47), on a ... (167)''

$$d^{\rho}(\varphi x)^m = 1^{\rho|1} \,.\, Agr. \left\{ \frac{d^{\nu 1}\varphi x \,.\, d^{\nu 2}\varphi x \,.\, d^{\nu 3}\varphi x \ldots d^{\nu m}\varphi x}{1^{\nu 1|1} \,.\, 1^{\nu 2|1} \,.\, 1^{\nu 3|1} \ldots 1^{\nu m|1}} \right\},$$

l'abréviation *Agr.* désignant l'agrégat des termes correspondans à toutes les valeurs entières des exposans $\nu 1$, $\nu 2$, $\nu 3$, ... νm, données par l'équation indéterminée ... $(167)'''$

$$\rho = \nu 1 + \nu 2 + \nu 3 \ldots + \nu m.$$

Et de plus, comme il faut, après les différentiations, donner à la variable x la valeur qui réduit à zéro la fonction φx, il est clair, par l'expression précédente $(167)''$, que, pour négliger immédiatement, dans l'expression finale (167), les termes affectés de cette fonction φx, il suffit, dans la solution de l'équation indéterminée $(167)'''$, de ne prendre, pour les exposans $\nu 1$, $\nu 2$, $\nu 3$, ... νm, que les nombres entiers positifs et plus grands que zéro; ce qui d'ailleurs est très facile et méthodique moyennant le procédé de Hindenbourg (*Infinitinom. dignitates*).

Mais, revenons à l'expression imparfaite (171) ou $(171)'$ des coefficiens du porisme de Paoli, et voyons encore comment, sans avoir pu développer définitivement cette expression, pour avoir sa construction élémentaire et absolue, telle que la donnent les formules $(166)''$ et (167), on a pu, au moins provisoirement, par anticipation sur cette génération ABSOLUE, amener l'expression imparfaite (171) à une génération RELATIVE, dépendante des différentielles de la fonction proposée Fx, et des différentielles des puissances d'une certaine fonction auxiliaire Θ, formée avec la fonction arbitraire φx servant ici de mesure algorithmique. — Cette anticipation technique doit nous intéresser d'autant plus qu'elle appartient à la Philosophie même de la Technie, en ce que, par le moyen de cette génération relative de l'expression (171), on peut faire dépendre les derniers termes ou les élémens qui entrent dans la génération absolue (166)'' et (167), de la considération des coefficiens dans le développement de certaines fonctions. En effet, lorsque, dans la Série générale (166) ou (169), la mesure algorithmique φx est simplement x, les différentes expressions que nous avons trouvées pour les coefficiens de cette Série, étant appliquées à la fonction $F(y+x)$, donnent toutes immédiatement ... (172)

$$F(y+x) = Fy + \frac{dFy}{dy}\cdot\frac{x}{1} + \frac{d^2Fy}{dy^2}\cdot\frac{x^2}{1.2} + \frac{d^3Fy}{dy^3}\cdot\frac{x^3}{1.2.3} + \text{etc., etc.};$$

c'est-à-dire, le porisme (5) de Taylor, où l'on voit que les coefficiens de ce développement de la fonction $F(y+x)$ sont simplement les différentielles de cette fonction, et, par conséquent, que, dans la génération relative dont nous venons de parler, les différentielles des puissances de la fonction auxiliaire Θ sont, quant à leurs valeurs, identiques avec les coefficiens des mêmes puissances prises sur le développement de cette fonction Θ. — C'est cette anticipation provisoire sur la génération absolue (166)'' et (167) de l'expression encore imparfaite (171) de la Série générale (166), qui est l'un des deux objets généraux des procédés algorithmiques que, dans ces derniers tems, on a produits sous le nom de *Calculs des dérivations*; et l'on voit ainsi que, par rapport à l'objet général que nous venons d'indiquer, ces procédés ne sont qu'un moyen provisoire et contingent de calculer les différentielles compliquées qui entrent dans les expressions (166)'' et (167) des coefficiens de la Série générale (166), tout comme, avant la découverte du Calcul différentiel, la *Méthode des coefficiens indéterminés* était un moyen provisoire de calculer les différentielles simples qui forment les coefficiens de la Série particulière (172) de Taylor. C'est là évidemment toute la valeur scientifique des procédés constituant les Calculs des dérivations, du moins par rapport à celui de leurs deux objets généraux duquel nous venons de parler; et ce n'est que parce que ces procédés servent à découvrir la liaison qui se trouve entre les coefficiens de la Série générale (166) ou généralement de tout autre développement des fonctions, et les coefficiens des puissances de certains polynomes, ce n'est que par cela, disons-nous, que les procédés formant les Calculs des dérivations, appartiennent *contingemment* à la Philosophie même de la Technie de l'Algorithmie, et que, pour cette raison, nous allons en exposer ici les véritables principes.

Avant tout, pour nous former une idée exacte de cette question incidente dans la Philosophie de la Technie, fixons, avec précision, les deux objets généraux constituant l'essence des Calculs des dérivations. — Pour cela, soit toujours Fx une fonction quelconque de la variable x, et soit cette variable elle-même une autre fonction quelconque ψy d'une autre variable y; c'est-à-dire, soit ... (173)

$$x = \psi y; \quad \text{et par conséquent} \quad Fx = F(\psi y).$$

Et, supposons que la relation d'égalité $x = \psi y$, donne ... (173)'

$$y = \varphi x,$$

en dénotant par φx la fonction réciproque de ψy. Nous aurons ainsi les trois fonctions ... (174)

$$Fx, \quad \psi y, \quad \text{et} \quad \varphi x,$$

dont les variables x et y se trouvent liées par les équations identiques ... (174)'

$$x = \psi y, \quad \text{ou} \quad y = \varphi x,$$

qui donnent respectivement, pour les dérivées différentielles de la fonction x, les valeurs suivantes ... (174)''

$$\left(\frac{dx}{dy}\right) = \psi' y; \quad \left(\frac{d^2 x}{dy^2}\right) = \psi'' y, \quad \left(\frac{d^3 x}{dy^3}\right) = \psi''' y, \quad \text{etc., etc.};$$

$$\left(\frac{dx}{dy}\right) = \frac{1}{\varphi'x}, \quad \left(\frac{d^2x}{dy^2}\right) = -\frac{\varphi''x}{(\varphi'x)^3}, \quad \left(\frac{d^3x}{dy^3}\right) = \frac{3(\varphi''x)^2 - \varphi'x.\varphi'''x}{(\varphi'x)^5},$$

etc., etc.;

en désignant par les accens $'$, $''$, $'''$, etc. les dérivées différentielles des fonctions ψy et φx, prises simplement par rapport à leurs variables respectives y et x. Mais, x étant une fonction de y, on a ... (175)

$$\left(\frac{dFx}{dy}\right) = \left(\frac{dFx}{dx}\right).\left(\frac{dx}{dy}\right)$$

$$\left(\frac{d^2Fx}{dy^2}\right) = \left(\frac{d^2Fx}{dx^2}\right).\left(\frac{dx}{dy}\right)^2 + \left(\frac{dFx}{dx}\right).\left(\frac{d^2x}{dy^2}\right)$$

$$\left(\frac{d^3Fx}{dy^3}\right) = \left(\frac{d^3Fx}{dx^3}\right).\left(\frac{dx}{dy}\right)^3 + 3\left(\frac{d^2Fx}{dx^2}\right).\left(\frac{dx}{dy}\right).\left(\frac{d^2x}{dy^2}\right) + \left(\frac{dFx}{dx}\right).\left(\frac{d^3x}{dy^3}\right)$$

etc., etc.

Ainsi, substituant, dans ces dernières expressions (175), d'abord le premier système des valeurs (174)$''$ des dérivées différentielles de la fonction x, on aura ... (175)$'$

$$\left(\frac{dFx}{dy}\right) = \left(\frac{dFx}{dx}\right).\psi'y$$

$$\left(\frac{d^2Fx}{dy^2}\right) = \left(\frac{d^2Fx}{dx^2}\right).(\psi'y)^2 + \left(\frac{dFx}{dx}\right).\psi''y$$

$$\left(\frac{d^3Fx}{dy^3}\right) = \left(\frac{d^3Fx}{dx^3}\right).(\psi'y)^3 + 3\left(\frac{d^2Fx}{dx^2}\right).\psi'y.\psi''y + \left(\frac{dFx}{dx}\right).\psi'''y$$

etc., etc.

Et, substituant, dans les mêmes expressions (175), le second système des valeurs (174)$''$ des dérivées différentielles de la fonction x, on aura ... (175)$''$

$$\left(\frac{dFx}{dy}\right) = \left(\frac{dFx}{dx}\right).\frac{1}{\varphi'x}$$

$$\left(\frac{d^2 Fx}{dy^2}\right) = \left(\frac{d^2 Fx}{dx^2}\right) \cdot \frac{1}{(\varphi' x)^2} - \left(\frac{dFx}{dx}\right) \cdot \frac{\varphi'' x}{(\varphi' x)^3}$$

$$\left(\frac{d^3 Fx}{dy^3}\right) = \left(\frac{d^3 Fx}{dx^3}\right) \cdot \frac{1}{(\varphi' x)^3} - 3\left(\frac{d^2 Fx}{dx^2}\right) \cdot \frac{\varphi'' x}{(\varphi' x)^4} + $$

$$+ \left(\frac{dFx}{dx}\right) \cdot \frac{3(\varphi'' x)^2 - \varphi' x \cdot \varphi''' x}{(\varphi' x)^5}$$

etc., etc.

Or, ces deux systèmes d'expressions $(175)'$ et $(175)''$ pour les dérivées différentielles d'une fonction Fx, prises par rapport à la variable y dont x se trouve fonction, constituent manifestement deux problèmes du Calcul différentiel; et c'est la solution générale de ces deux problèmes, c'est-à-dire, la détermination des lois que suivent respectivement ces deux systèmes d'expressions, qui, jointe à l'application de ces lois aux développemens des fonctions en Séries, présente les deux objets formant les deux objets généraux des procédés nommés *Calculs des dérivations* (*). En effet, ce qui appartient proprement à ces Calculs, et ce qui, dans leur emploi ou application, n'appartient pas déjà essentiellement au développement des fonctions en Séries et, par conséquent, à la Technie de l'Algorithmie, se réduit manifestement aux deux objets généraux que nous venons de fixer, savoir, à la détermination des deux lois que suivent les dérivées différentielles d'une fonction Fx, prises par rapport à la variable y dont x

(*) Nous ne parlons ici que des véritables Calculs des dérivations, comme ceux d'Arbogast et de Kramp; et nullement de la Théorie des fonctions analytiques de Lagrange, qui, avec ses *dérivées*, a usurpé le même nom et qui, comme on le voit maintenant avec évidence, n'atteint pas à la hauteur des Calculs des dérivations. Cette prétendue Théorie de Lagrange, lorsque son application conduit à quelques résultats, n'est au fond que la Méthode des coefficiens indéterminés; et elle forme ainsi une véritable rétrogradation dans la science.

est fonction, lorsqu'il s'agit d'exprimer ces dérivées différentielles, d'une part, moyennant les dérivées différentielles de la fonction directe ψy qui constitue la variable x, et, de l'autre part, moyennant les dérivées différentielles de la fonction réciproque φx que donne l'équation $x = \psi y$. Aussi, considérés dans cette réduction, c'est-à-dire, dans ce qu'ils ont réellement de propre, les Calculs des dérivations sont-ils de véritables THÉORIES; et, suivant la nature de leur objet, ils font partie de la Théorie du Calcul différentiel. Ce n'est que dans leur application au développement des fonctions en Séries, qu'ils cessent d'être des théories, et qu'ils usurpent la place de la Technie, ou du moins qu'ils rentrent dans cette dernière partie de l'Algorithmie; comme cela est actuellement d'une évidence irrécusable. Mais, ce qu'il y a eu de surprenant dans la production de ces Calculs, c'est que là précisément où ils cessaient d'être des théories, c'est-à-dire, dans leur application au développement des fonctions en Séries, on a cru voir la THÉORIE du Calcul différentiel, ou mieux encore la MÉTAPHYSIQUE même de ce dernier Calcul. Nous avons déjà redressé cette étrange erreur dans la Réfutation de la Théorie des fonctions analytiques et dans la Philosophie de l'Infini; et, après avoir ici ramené les procédés algorithmiques dont il s'agit, aux deux objets généraux $(175)'$ et $(175)''$ qui leur sont propres, nous allons maintenant en présenter les vrais principes, parce que, comme nous l'avons déjà remarqué plus haut, et comme nous le verrons mieux dans la suite, les Calculs en question et nommément les lois des deux systèmes d'expressions $(175)'$ et $(175)''$ rentrent, pour leur application, dans la Philosophie de la Technie.

Il est d'abord clair que les deux systèmes d'expressions $(175)'$ et $(175)''$ doivent dépendre d'un seul principe, parce qu'il suffit de substituer, dans l'un de ces systèmes, à la place des dérivées différentielles de la fonction correspondante ψy ou φx, les dérivées différentielles de la fonction φx ou ψy correspondante à l'autre système, pour ramener ainsi immédiatement l'un à l'autre ces deux systèmes d'expressions. Et, en effet, il existe un théorème fondamental, appartenant au Calcul différentiel et fixant certaines relations des dérivées différentielles, duquel découlent l'un et l'autre des deux systèmes d'expressions dont il s'agit. — C'est donc là le véritable principe premier des Calculs des dérivations. — Nous allons déduire ce théorème de la loi fondamentale elle-même du Calcul différentiel.

Soit fx une fonction quelconque de la variable x, et soit z une autre variable indépendante; désignons par Θ la fonction de ces deux variables indépendantes, formant le quotient de la division par z de la différence progressive de la fonction fx, prise par rapport à l'accroissement z de la variable x, c'est-à-dire, faisons ... (176)

$$\Theta = \frac{f(x+z) - fx}{z} = \frac{\Delta_z fx}{z},$$

en dénotant par Δ_z cette différence progressive. Nous aurons ainsi ... (176)′

$$\Theta = \frac{dfx}{dx} + \frac{d^2fx}{dx^2}\cdot\frac{z}{2} + \frac{d^3fx}{dx^3}\cdot\frac{z^2}{2.3} + \frac{d^4fx}{dx^4}\cdot\frac{z^3}{2.3.4} + \text{etc., etc.} =$$
$$= \Sigma_\mu\left\{\frac{1}{1^{\mu|1}}\cdot\frac{d^\mu fx}{dx^\mu}\cdot z^{\mu-1}\right\},$$

en dénotant par Σ_μ la somme des termes correspondans à toutes les valeurs entières et positives de l'indice μ, depuis $\mu = 1$ inclusivement; et, par conséquent, nous aurons aussi ... (176)″

$$\left(\frac{d\Theta}{dz}\right) = \Sigma_\mu\left\{\frac{\mu-1}{1^{\mu|1}}\cdot\frac{d^\mu fx}{dx^\mu}\cdot z^{\mu-2}\right\}$$
$$\left(\frac{d^2\Theta}{dz^2}\right) = \Sigma_\mu\left\{\frac{(\mu-1)^{2|-1}}{1^{\mu|1}}\cdot\frac{d^\mu fx}{dx^\mu}\cdot z^{\mu-3}\right\}$$

$$\left(\frac{d^3\dot{\Theta}}{dz^3}\right) = \Sigma_\mu \left\{ \frac{(\mu-1)^{3|-1}}{1^{\mu|1}} \cdot \frac{d^\mu fx}{dx^\mu} \cdot z^{\mu-4} \right\}.$$

. . . .

$$\left(\frac{d^\lambda\dot{\Theta}}{dz^\lambda}\right) = \Sigma_\mu \left\{ \frac{(\mu-1)^{\lambda|-1}}{1^{\mu|1}} \cdot \frac{d^\mu fx}{dx^\mu} \cdot z^{\mu-\lambda-1} \right\};$$

λ étant un exposant quelconque. Mais, faisant $z=0$, les sommes précédentes dénotées par Σ_μ se réduiront au seul terme qui correspond à $\mu=(\lambda+1)$; et l'on aura alors en général ... (177)

$$\left(\frac{d^\lambda\dot{\Theta}}{dz^\lambda}\right) = \frac{\lambda^{\lambda|-1}}{1^{(\lambda+1)|1}} \cdot \frac{d^{\lambda+1}fx}{dx^{\lambda+1}} = \frac{1}{\lambda+1} \cdot \frac{d^{\lambda+1}fx}{dx^{\lambda+1}};$$

en marquant par le point placé sur Θ la circonstance de ce que la variable z doit être faite zéro, après avoir pris les différentielles par rapport à cette variable. — Or, si l'on a la fonction

$$\frac{n}{m} \cdot \left(\frac{d^m\dot{\Theta}^n}{dz^m}\right),$$

m et n étant deux nombres quelconques; et si, après avoir décomposé la puissance Θ^n en deux facteurs Θ et Θ^{n-1}, l'on applique au développement de cette fonction la loi fondamentale du Calcul différentiel (Introd. à la Philosop. des Mathém. page 44, marque (l)), on obtiendra

$$\frac{n}{m} \cdot \left(\frac{d^m\dot{\Theta}^n}{dz^m}\right) = \frac{n}{m} \cdot \left(\frac{d^m(\Theta \cdot \Theta^{n-1})}{dz^m}\right) =$$

$$= \frac{n}{m} \cdot \left\{ \Theta \cdot \left(\frac{d^m\Theta^{n-1}}{dz^m}\right) + \frac{m}{1} \cdot \left(\frac{d\Theta}{dz}\right) \cdot \left(\frac{d^{m-1}\Theta^{n-1}}{dz^{m-1}}\right) + \right.$$

$$+ \frac{m(m-1)}{1.2} \cdot \left(\frac{d^2\Theta}{dz^2}\right) \cdot \left(\frac{d^{m-2}\Theta^{n-1}}{dz^{m-2}}\right) +$$

$$\left. + \frac{m(m-1)(m-2)}{1.2.3} \cdot \left(\frac{d^3\Theta}{dz^3}\right) \cdot \left(\frac{d^{m-3}\Theta^{n-1}}{dz^{m-3}}\right) + \text{etc., etc.} \right\}.$$

Ainsi, faisant $z=0$, et substituant les valeurs que donne la formule (177), l'on aura

$$\frac{n}{m}\cdot\left(\frac{d^m\dot{\Theta}^n}{dz^m}\right)=\frac{n}{m}\cdot\left\{\frac{dfx}{dx}\cdot\left(\frac{d^m\dot{\Theta}^{n-1}}{dz^m}\right)+\frac{m}{2}\cdot\frac{d^2fx}{dx^2}\cdot\left(\frac{d^{m-1}\dot{\Theta}^{n-1}}{dz^{m-1}}\right)+\right.$$
$$+\frac{m(m-1)}{2.3}\cdot\frac{d^3fx}{dx^3}\cdot\left(\frac{d^{m-2}\dot{\Theta}^{n-1}}{dz^{m-2}}\right)+$$
$$\left.+\frac{m(m-1)(m-2)}{2.3.4}\cdot\frac{d^4fx}{dx^4}\cdot\left(\frac{d^{m-3}\dot{\Theta}^{n-1}}{dz^{m-3}}\right)+\text{etc., etc.}\right\};$$

d'où l'on tire

$$\frac{n}{m}\cdot\left\{\left(\frac{d^m\dot{\Theta}^n}{dz^m}\right)-\frac{dfx}{dx}\cdot\left(\frac{d^m\dot{\Theta}^{n-1}}{dz^m}\right)\right\}=$$
$$=n\cdot\left\{\frac{1}{2}\cdot\frac{d^2fx}{dx^2}\cdot\left(\frac{d^{m-1}\dot{\Theta}^{n-1}}{dz^{m-1}}\right)+\frac{m-1}{2}\cdot\frac{1}{3}\cdot\frac{d^3fx}{dx^3}\cdot\left(\frac{d^{m-2}\dot{\Theta}^{n-1}}{dz^{m-2}}\right)+\right.$$
$$\left.+\frac{(m-1)(m-2)}{2.3}\cdot\frac{1}{4}\cdot\frac{d^4fx}{dx^4}\cdot\left(\frac{d^{m-3}\dot{\Theta}^{n-1}}{dz^{m-3}}\right)+\text{etc., etc.}\right\},$$

ou bien ... (178)

$$\frac{n}{m}\cdot\left\{\left(\frac{d^m\dot{\Theta}^n}{dz^m}\right)-\frac{dfx}{dx}\cdot\left(\frac{d^m\dot{\Theta}^{n-1}}{dz^m}\right)\right\}=$$
$$=n.\Sigma_\mu\left\{\frac{(m-1)^{(\mu-1)|-1}}{1^{\mu|1}}\cdot\frac{1}{\mu+1}\cdot\frac{d^{\mu+1}fx}{dx^{\mu+1}}\cdot\left(\frac{d^{m-\mu}\dot{\Theta}^{n-1}}{dz^{m-\mu}}\right)\right\},$$

en dénotant toujours par Σ_μ la somme des termes correspondans à toutes les valeurs entières et positives de l'indice μ, depuis $\mu=1$ inclusivement.

Développons encore, au moyen de la loi fondamentale du Calcul différentiel, la fonction suivante

$$\left(\frac{d^m\Theta^n}{dz^m}\right)=\left(\frac{d^{m-1}\left(\frac{d\Theta^n}{dz}\right)}{dz^{m-1}}\right)=n.\left(\frac{d^{m-1}\left(\Theta^{n-1}.\left(\frac{d\Theta}{dz}\right)\right)}{dz^{m-1}}\right);$$

et nous obtiendrons

$$\left(\frac{d^m \Theta^n}{dz^m}\right) = n.\left\{\left(\frac{d\Theta}{dz}\right).\left(\frac{d^{m-1}\Theta^{n-1}}{dz^{m-1}}\right) + \frac{m-1}{1}.\left(\frac{d^2\Theta}{dz^2}\right).\left(\frac{d^{m-2}\Theta^{n-1}}{dz^{m-2}}\right) + \right.$$
$$\left. + \frac{(m-1)(m-2)}{1.2}.\left(\frac{d^3\Theta}{dz^3}\right).\left(\frac{d^{m-3}\Theta^{n-1}}{dz^{m-3}}\right) + \text{etc., etc.}\right\}.$$

Faisons maintenant $z = 0$; et, substituant les valeurs que donne la formule (177), nous aurons

$$\left(\frac{d^m \dot{\Theta}^n}{dz^m}\right) = n.\left\{\frac{1}{2}.\frac{d^2 fx}{dx^2}.\left(\frac{d^{m-1}\dot{\Theta}^{n-1}}{dz^{m-1}}\right) + \frac{m-1}{1}.\frac{1}{3}.\frac{d^3 fx}{dx^3}.\left(\frac{d^{m-2}\dot{\Theta}^{n-1}}{dz^{m-2}}\right) + \right.$$
$$\left. + \frac{(m-1)(m-2)}{1.2}.\frac{1}{4}.\frac{d^4 fx}{dx^4}.\left(\frac{d^{m-3}\dot{\Theta}^{n-1}}{dz^{m-3}}\right) + \text{etc., etc.}\right\};$$

ou bien ... (178)′

$$\left(\frac{d^m \dot{\Theta}^n}{dz^m}\right) = n.\Sigma_\mu\left\{\frac{(m-1)^{(\mu-1)|-1}}{1^{(\mu-1)|1}}.\frac{1}{\mu+1}.\frac{d^{\mu+1} fx}{dx^{\mu+1}}.\left(\frac{d^{m-\mu}\dot{\Theta}^{n-1}}{dz^{m-\mu}}\right)\right\},$$

en donnant encore à la caractéristique Σ_μ la signification que nous lui àvons attachée plus haut.

Ainsi, ajoutant ensemble les deux membres respectifs des égalités (178) et (178)′, on aura

$$\left(\frac{d^m \dot{\Theta}^n}{dz^m}\right) + \frac{n}{m}.\left\{\left(\frac{d^m \dot{\Theta}^n}{dz^m}\right) - \frac{dfx}{dx}.\left(\frac{d^m \dot{\Theta}^{n-1}}{dz^m}\right)\right\} =$$
$$= n.\Sigma_\mu\left\{\left(\frac{1}{1^{(\mu-1)|1}} + \frac{1}{1^{\mu|1}}\right).\frac{(m-1)^{(\mu-1)|-1}}{\mu+1} \times \right.$$
$$\left. \times \frac{d^{\mu+1} fx}{dx^{\mu+1}}.\left(\frac{d^{m-\mu}\dot{\Theta}^{n-1}}{dz^{m-\mu}}\right)\right\}.$$

Et, puisque

$$\left(\frac{1}{1^{(\mu-1)|1}} + \frac{1}{1^{\mu|1}}\right).\frac{1}{\mu+1} = \left(\frac{\mu}{1^{\mu|1}} + \frac{1}{1^{\mu|1}}\right).\frac{1}{\mu+1} = \frac{1}{1^{\mu|1}};$$

on aura définitivement ... (179)

$$\frac{m+n}{m}\cdot\left(\frac{d^m\Theta^n}{dz^m}\right)-\frac{n}{m}\cdot\frac{dfx}{dx}\cdot\left(\frac{d^m\dot{\Theta}^{n-1}}{dz^m}\right)=$$

$$=n\,.\,\Sigma_\mu\left\{\frac{(m-1)^{(\mu-1)|-1}}{1^{\mu|1}}\cdot\frac{d^{\mu+1}fx}{dx^{\mu+1}}\cdot\left(\frac{d^{m-\mu}\dot{\Theta}^{n-1}}{dz^{m-\mu}}\right)\right\}.$$

Or, en reprenant l'expression (176)′ de Θ, savoir,

$$\Theta=\Sigma_\mu\left\{\frac{1}{1^{\mu|1}}\cdot\frac{d^\mu fx}{dx^\mu}\cdot z^{\mu-1}\right\};$$

nous aurons

$$\left(\frac{d\Theta}{dx}\right)=\Sigma_\mu\left\{\frac{1}{1^{\mu|1}}\cdot\frac{d^{\mu+1}fx}{dx^{\mu+1}}\cdot z^{\mu-1}\right\};$$

et de plus

$$\left(\frac{d^2\Theta}{dx\,.\,dz}\right)=\Sigma_\mu\left\{\frac{\mu-1}{1^{\mu|1}}\cdot\frac{d^{\mu+1}fx}{dx^{\mu+1}}\cdot z^{\mu-2}\right\}.$$

$$\left(\frac{d^3\Theta}{dx\,.\,dz^2}\right)=\Sigma_\mu\left\{\frac{(\mu-1)^{2|-1}}{1^{\mu|1}}\cdot\frac{d^{\mu+1}fx}{dx^{\mu+1}}\cdot z^{\mu-3}\right\}$$

. . . .

$$\left(\frac{d^{\lambda+1}\Theta}{dx\,.\,dz^\lambda}\right)=\Sigma_\mu\left\{\frac{(\mu-1)^{\lambda|-1}}{1^{\mu|1}}\cdot\frac{d^{\mu+1}fx}{dx^{\mu+1}}\cdot z^{\mu-\lambda-1}\right\};$$

valeurs qui, dans le cas où $z=0$, se réduisent au seul terme correspondant à $\mu=(\lambda+1)$, savoir, à ... (180)

$$\left(\frac{d^{\lambda+1}\dot{\Theta}}{dx\,.\,dz^\lambda}\right)=\frac{\lambda^{\lambda|-1}}{1^{(\lambda+1)|1}}\cdot\frac{d^{\lambda+2}fx}{dx^{\lambda+2}}=\frac{1}{\lambda+1}\cdot\frac{d^{\lambda+2}fx}{dx^{\lambda+2}};$$

comme on aurait pu aussi le déduire immédiatement des expressions (176)″ et (177). Maintenant, observons que

$$\left(\frac{d\Theta^n}{dx}\right)=n\,.\left(\Theta^{n-1}\,.\left(\frac{d\Theta}{dx}\right)\right);$$

et, appliquant au développement de cette fonction la loi fondamentale du Calcul différentiel, nous obtiendrons

$$\left(\frac{d^m\Theta^n}{dx.dz^{m-1}}\right) = n.\left\{\left(\frac{d\Theta}{dx}\right).\left(\frac{d^{m-1}\Theta^{n-1}}{dz^{m-1}}\right) + \frac{m-1}{1}.\left(\frac{d^2\Theta}{dx.dz}\right).\left(\frac{d^{m-2}\Theta^{n-1}}{dz^{m-2}}\right) + \right.$$
$$\left. + \frac{(m-1)(m-2)}{1.2}.\left(\frac{d^3\Theta}{dx.dz^2}\right).\left(\frac{d^{m-3}\Theta^{n-1}}{dz^{m-3}}\right) + \text{etc., etc.}\right\}.$$

Ainsi, faisant $z=0$, et substituant les valeurs que donne la formule (180), nous aurons

$$\left(\frac{d^m\dot{\Theta}^n}{dx.dz^{m-1}}\right) = n.\left\{\frac{d^2fx}{dx^2}.\left(\frac{d^{m-1}\dot{\Theta}^{n-1}}{dz^{m-1}}\right) + \frac{m-1}{1}.\frac{1}{2}.\frac{d^3fx}{dx^3}.\left(\frac{d^{m-2}\dot{\Theta}^{n-1}}{dz^{m-2}}\right) + \right.$$
$$\left. + \frac{(m-1)(m-2)}{1.2}.\frac{1}{3}.\frac{d^4fx}{dx^4}.\left(\frac{d^{m-3}\dot{\Theta}^{n-1}}{dz^{m-3}}\right) + \text{etc., etc.}\right\};$$

ou bien ... (181)

$$\left(\frac{d^m\dot{\Theta}^n}{dx.dz^{m-1}}\right) = n.\Sigma_\mu\left\{\frac{(m-1)^{(\mu-1)|-1}}{1^{\mu|1}}.\frac{d^{\mu+1}fx}{dx^{\mu+1}}.\left(\frac{d^{m-\mu}\dot{\Theta}^{n-1}}{dz^{m-\mu}}\right)\right\}.$$

Comparant donc cette dernière valeur (181) avec celle que nous avons obtenue sous la marque (179), nous découvrirons le théorème ... (182)

$$\left(\frac{d^m\dot{\Theta}^n}{dx.dz^{m-1}}\right) = \frac{m+n}{m}.\left(\frac{d^m\dot{\Theta}^n}{dz^m}\right) - \frac{n}{m}.\frac{dfx}{dx}.\left(\frac{d^m\dot{\Theta}^{n-1}}{dz^m}\right).$$

C'est là le théorème fondamental dont dépendent les deux systèmes d'expressions (175)′ et (175)″, formant les deux objets généraux des Calculs des dérivations, c'est-à-dire, c'est là le principe premier de ces Calculs. — Mais remarquons, en passant, que, comme nous l'avons promis, ce théorème qui appartient manifestement à la théorie du Calcul différentiel, se trouve ici déduit de la seule loi fondamentale de ce dernier Calcul; ce qui nous assure que nous avons reconnu ses véritables principes.

Procédons actuellement à la déduction respective des deux systèmes d'expressions (175)' et (175)'' dont il s'agit; et, commençons par le second (175)'' de ces deux systèmes, comme étant celui dont la loi que nous allons trouver, donne, par anticipation sur la génération absolue (170), une génération relative de l'expression imparfaite (171) des coefficiens dans le porisme de Paoli, génération relative qui précisément nous a portés à fixer ici les vrais principes des Calculs des dérivations.

Or, en faisant d'abord $n = -m$ dans le théorème précédent (182), nous aurons le théorème particulier ... (183)

$$\frac{dx}{dfx} \cdot \left(\frac{d^m \dot{\Theta}^{-m}}{dx \, . \, dz^{m-1}}\right) = \left(\frac{d^m \dot{\Theta}^{-m-1}}{dz^m}\right).$$

Ensuite, soit $F(x+z)$ une fonction quelconque de la somme des deux variables indépendantes x et z, on aura généralement

$$\left(\frac{d^\lambda F(x+z)}{dx^\alpha \, . \, dz^\beta}\right) = \left(\frac{d^\lambda F(x+z)}{dx^\beta \, . \, dz^\alpha}\right),$$

α et β étant deux nombres quelconques tels que $\alpha + \beta = \lambda$; c'est-à-dire, que les dérivées différentielles de la fonction $F(x+z)$, prises indistinctement par rapport à l'une ou à l'autre des deux variables x et z, sont identiques. Nous ferons donc généralement

$$\left(\frac{d^\lambda F(x+z)}{dx^\alpha \, . \, dz^\beta}\right) = F(x+z)^{(\lambda)},$$

en dénotant par l'exposant (λ) l'ordre de cette dérivée différentielle. — Maintenant, considérons la fonction différentielle

$$\left(\frac{d^{r-1}\left[\Theta^{-r} \, . \, F(x+z)^{(1)}\right]}{dz^{r-1}}\right);$$

et, appliquant à son développement la loi fondamentale du Calcul différentiel, nous obtiendrons

$$\left(\frac{d^{r-1}\left[\Theta^{-r}.F(x+z)^{(1)}\right]}{dz^{r-1}}\right) =$$

$$= \left(\frac{d^{r-1}\Theta^{-r}}{dz^{r-1}}\right).F(x+z)^{(1)} + \frac{r-1}{1}.\left(\frac{d^{r-2}\Theta^{-r}}{dz^{r-2}}\right).F(x+z)^{(2)} +$$

$$+ \frac{(r-1)(r-2)}{1.2}.\left(\frac{d^{r-3}\Theta^{-r}}{dz^{r-3}}\right).F(x+z)^{(3)} + \text{etc., etc.}$$

Ainsi, prenant, des deux membres de cette égalité, la dérivée différentielle relativement à la variable x, et divisant par $\frac{dfx}{dx}$, nous aurons

$$\frac{dx}{dfx}.\left(\frac{d^{r}\left[\Theta^{-r}.F(x+z)^{(1)}\right]}{dx.dz^{r-1}}\right) = \frac{dx}{dfx}.\left\{\left(\frac{d^{r}\Theta^{-r}}{dx.dz^{r-1}}\right).F(x+z)^{(1)} +\right.$$

$$+ \left[\left(\frac{d^{r-1}\Theta^{-r}}{dz^{r-1}}\right) + \frac{r-1}{1}.\left(\frac{d^{r-1}\Theta^{-r}}{dx.dz^{r-2}}\right)\right].F(x+z)^{(2)} +$$

$$+ \frac{r-1}{1}.\left[\left(\frac{d^{r-2}\Theta^{-r}}{dz^{r-2}}\right) + \frac{r-2}{2}.\left(\frac{d^{r-2}\Theta^{-r}}{dx.dz^{r-3}}\right)\right].F(x+z)^{(3)} +$$

$$\left. + \frac{(r-1)(r-2)}{1.2}.\left[\left(\frac{d^{r-3}\Theta^{-r}}{dz^{r-3}}\right) + \frac{r-3}{3}.\left(\frac{d^{r-3}\Theta^{-r}}{dx.dz^{r-4}}\right)\right].F(x+z)^{(4)} + \text{etc., etc.}\right\};$$

ou bien ... (184)

$$\frac{dx}{dfx}.\left(\frac{d^{r}\left[\Theta^{-r}.F(x+z)^{(1)}\right]}{dx.dz^{r-1}}\right) = \frac{dx}{dfx}.\left(\frac{d^{r}\Theta^{-r}}{dx.dz^{r-1}}\right).F(x+z)^{(1)}$$

$$+ \frac{dx}{dfx}.\Sigma_{\mu}\left\{\frac{(r-1)^{(\mu-1)|-1}.F(x+z)^{(\mu+1)}}{1^{(\mu-1)|1}} \times\right.$$

$$\left. \times \left[\left(\frac{d^{r-\mu}\Theta^{-r}}{dz^{r-\mu}}\right) + \frac{r-\mu}{\mu}.\left(\frac{d^{r-\mu}\Theta^{-r}}{dx.dz^{r-\mu-1}}\right)\right]\right\},$$

en dénotant, comme plus haut, par Σ_{μ} la somme des termes correspondans à toutes les valeurs entières et positives de l'indice μ, depuis $\mu = 1$ inclusivement.

Or, dans le cas particulier où, après avoir pris les différentielles, la variable z devient zéro, on a, en vertu du théorème particulier (183), l'égalité ... (183)'

$$\frac{dx}{dfx}\cdot\left(\frac{d^r\dot{\Theta}^{-r}}{dx\,.\,dz^{r-1}}\right).F(x+\dot{z})^{(1)} = \left(\frac{d^r\dot{\Theta}^{-r-1}}{dz^r}\right).F(x+\dot{z})^{(1)};$$

en dénotant toujours par le point placé sur les lettres l'état de $z=0$. De plus, faisant $n=-r$, et $m=r-\mu$, dans le théorème fondamental (182), ce théorème prendra la forme ... (182)'

$$\left(\frac{d^{r-\mu}\dot{\Theta}^{-r}}{dx\,.\,dz^{r-\mu-1}}\right) =$$

$$= -\frac{\mu}{r-\mu}\cdot\left\{\left(\frac{d^{r-\mu}\dot{\Theta}^{-r}}{dz^{r-\mu}}\right) - \frac{r}{\mu}\cdot\frac{dfx}{dx}\cdot\left(\frac{d^{r-\mu}\dot{\Theta}^{-r-1}}{dz^{r-\mu}}\right)\right\};$$

et il donnera ... (182)''

$$\left(\frac{d^{r-\mu}\dot{\Theta}^{-r}}{dz^{r-\mu}}\right) + \frac{r-\mu}{\mu}\cdot\left(\frac{d^{r-\mu}\dot{\Theta}^{-r}}{dx\,.\,dz^{r-\mu-1}}\right) =$$

$$= \frac{r}{\mu}\cdot\frac{dfx}{dx}\cdot\left(\frac{d^{r-\mu}\dot{\Theta}^{-r-1}}{dz^{r-\mu}}\right).$$

Donc, supposant $z=0$ dans l'expression (184), et substituant dans cette expression les valeurs (183)' et (182)'', on aura ... (185)

$$\frac{dx}{dfx}\cdot\left(\frac{d^r[\dot{\Theta}^{-r}.F(x+\dot{z})^{(1)}]}{dx\,.\,dz^{r-1}}\right) = \left(\frac{d^r\dot{\Theta}^{-r-1}}{dz^r}\right).F(x+\dot{z})^{(1)} +$$

$$+ \Sigma_\mu\left\{\frac{F(x+\dot{z})^{(\mu+1)}\,.\,r^{\mu|-1}}{1^{\mu|1}}\cdot\left(\frac{d^{r-\mu}\dot{\Theta}^{-r-1}}{dz^{r-\mu}}\right)\right\}.$$

Mais, en vertu de la loi fondamentale du Calcul différentiel, on a aussi ... (185)'

$$\left(\frac{d^r[\Theta^{-r-1}.F(x+z)^{(1)}]}{dz^r}\right) =$$

$$= \left(\frac{d^r\Theta^{-r-1}}{dz^r}\right).F(x+z)^{(1)} + \frac{r}{1}.\left(\frac{d^{r-1}\Theta^{-r-1}}{dz^{r-1}}\right).F(x+z)^{(2)} +$$

$$+ \frac{r(r-1)}{1.2}.\left(\frac{d^{r-2}\Theta^{-r-1}}{dz^{r-2}}\right).F(x+z)^{(3)} + \text{etc., etc.} =$$

$$= \left(\frac{d^r\Theta^{-r-1}}{dz^r}\right).F(x+z)^{(1)} +$$

$$+ \Sigma_\mu\left\{\frac{F(x+z)^{(\mu+1)}.r^{\mu|-1}}{1^{\mu|1}}.\left(\frac{d^{r-\mu}\Theta^{-r-1}}{dz^{r-\mu}}\right)\right\}.$$

Ainsi, faisant $z=0$, et comparant cette dernière valeur $(185)'$ avec l'expression précédente (185), on obtiendra définitivement ... (186)

$$\frac{dx}{dfx}.\left(\frac{d^r[\Theta^{-r}.F(x+z)^{(1)}]}{dx.dz^{r-1}}\right) = \left(\frac{d^r[\Theta^{-r-1}.F(x+z)^{(1)}]}{dz^r}\right).$$

C'est là le théorème spécial servant à certains égards de principe au second des deux systèmes d'expressions $(175)'$ et $(175)''$ dont il s'agit. — En effet, voici la loi, du moins relative, qu'il donne pour ce second système $(175)''$.

Partant de la première des expressions qui forment ce second système, si l'on en prend successivement les dérivées différentielles par rapport à la variable y, et si l'on observe qu'en vertu des expressions $(174)''$ on a

$$\left(\frac{dx}{dy}\right) = \frac{1}{\varphi'x} = \frac{dx}{d\varphi x},$$

on aura immédiatement ... (187)

$$\left(\frac{dFx}{dy}\right) = \left(\frac{dFx}{dx}\right).\left(\frac{dx}{dy}\right) = \frac{dFx}{d\varphi x}$$

$$\left(\frac{d^2Fx}{dy^2}\right) = \left(\frac{d\left(\frac{dFx}{dy}\right)}{dx}\right).\left(\frac{dx}{dy}\right) = \frac{1}{d\varphi x}.d\left(\frac{dFx}{d\varphi x}\right)$$

$$\left(\frac{d^3 Fx}{dy^3}\right) = \left(\frac{d\left(\frac{d^2 Fx}{dy^2}\right)}{dx}\right) \cdot \left(\frac{dx}{dy}\right) = \frac{1}{d\varphi x} \cdot d\left(\frac{1}{d\varphi x} \cdot d\left(\frac{dFx}{d\varphi x}\right)\right)$$

$$\left(\frac{d^4 Fx}{dy^4}\right) = \left(\frac{d\left(\frac{d^3 Fx}{dy^3}\right)}{dx}\right) \cdot \left(\frac{dx}{dy}\right) = \frac{1}{d\varphi x} \cdot d\left(\frac{1}{d\varphi x} \cdot d\left(\frac{1}{d\varphi x} \cdot d\left(\frac{dFx}{d\varphi x}\right)\right)\right)$$

etc., etc.

Or, si la fonction fx qui entre dans le théorème (186), est la fonction réciproque φx dont il s'agit dans les dérivées différentielles précédentes (187), et si l'on observe que, par l'expression (176)′, on a

$$\Theta = \frac{d\varphi x}{dx} + \frac{1}{2} \cdot \frac{d^2 \varphi x}{dx^2} \cdot z + \frac{1}{2.3} \cdot \frac{d^3 \varphi x}{dx^3} \cdot z^2 + \text{etc.},$$

on verra que, lorsque $z = 0$, on a immédiatement ... (188)

$$\left(\frac{dFx}{dy}\right) = \frac{dx}{d\varphi x} \cdot \frac{dFx}{dx} = \dot{\Theta}^{-1} \cdot F(x + \dot{z})^{(1)}.$$

Mais, les expressions précédentes (187) donnent

$$\left(\frac{d^2 Fx}{dy^2}\right) = \frac{dx}{d\varphi x} \cdot \left(\frac{d\left(\frac{dFx}{dy}\right)}{dx}\right);$$

donc, par (188), on aura

$$\left(\frac{d^2 Fx}{dy^2}\right) = \frac{dx}{d\varphi x} \cdot \left(\frac{d\left[\dot{\Theta}^{-1} \cdot F(x + \dot{z})^{(1)}\right]}{dx}\right);$$

et le théorème (186), en y faisant $r = 1$, donnera ... (188)′

$$\left(\frac{d^2 Fx}{dy^2}\right) = \left(\frac{d\left[\dot{\Theta}^{-2} \cdot F(x + \dot{z})^{(1)}\right]}{d\dot{z}}\right).$$

De plus, les expressions (187) donnent

$$\left(\frac{d^3 Fx}{dy^3}\right) = \frac{dx}{d\varphi x} \cdot \left(\frac{d\left(\frac{d^2 Fx}{dy^2}\right)}{dx}\right);$$

donc, par (188)', on aura

$$\left(\frac{d^3 Fx}{dy^3}\right) = \frac{dx}{d\varphi x}\cdot\left(\frac{d^2\left[\dot{\Theta}^{-2}.F(x+\dot{z})^{(1)}\right]}{dx.dz}\right);$$

et le théorème (186), en y faisant $r=2$, donnera ... (188)''

$$\left(\frac{d^3 Fx}{dy^3}\right) = \left(\frac{d^2\left[\dot{\Theta}^{-3}.F(x+\dot{z})^{(1)}\right]}{dz^2}\right).$$

Les expressions (187) donnent encore

$$\left(\frac{d^4 Fx}{dy^4}\right) = \frac{dx}{d\varphi x}\cdot\left(\frac{d\left(\frac{d^3 Fx}{dy^3}\right)}{dx}\right);$$

donc, par (188)'', on aura de nouveau

$$\left(\frac{d^4 Fx}{dy^4}\right) = \frac{dx}{d\varphi x}\cdot\left(\frac{d^3\left[\dot{\Theta}^{-3}.F(x+\dot{z})^{(1)}\right]}{dx.dz^2}\right);$$

et le théorème (186), en y faisant $r=3$, donnera ... (188)'''

$$\left(\frac{d^4 Fx}{dy^4}\right) = \left(\frac{d^3\left[\dot{\Theta}^{-4}.F(x+\dot{z})^{(1)}\right]}{dz^3}\right).$$

Et, poursuivant ces transformations, on obtiendra évidemment, non par induction, mais par la construction même de ces quantités, pour la dérivée différentielle de l'ordre général μ, l'expression ... (189)

$$\left(\frac{d^\mu Fx}{dy^\mu}\right) = \left(\frac{d^{\mu-1}\left[\dot{\Theta}^{-\mu}.F(x+\dot{z})^{(1)}\right]}{dz^{\mu-1}}\right);$$

dans laquelle Θ est la fonction déterminée sous la marque (176), savoir,

$$\Theta = \frac{\varphi(x+z)-\varphi x}{z} = \frac{\Delta_z\varphi x}{z};$$

et dans laquelle, de plus, le point placé sur les lettres marque qu'après avoir pris les différentielles par rapport à la variable z, il faut rendre cette variable égale à zéro.

C'est là l'expression générale des dérivées différentielles d'une fonction Fx, prises par rapport à une autre variable y dont x est fonction, en vertu de l'équation $y = \varphi x$; du moins, c'est là l'expression générale relative, à laquelle reviennent les résultats correspondans des Calculs des dérivations. Et, c'est aussi là l'expression générale du second des deux systèmes $(175)'$ et $(175)''$, dont les Calculs des dérivations obtiennent indirectement les lois respectives. Car, si on observe qu'on a généralement

$$F(x+\dot{z})^{(\rho)} = \frac{d^\rho Fx}{dx^\rho},$$

et si, moyennant la loi fondamentale du Calcul différentiel, on développe l'expression générale (189) dont il est question, on aura ... $(189)'$

$$\left(\frac{d^\mu Fx}{dy^\mu}\right) = \frac{d^\mu Fx}{dx^\mu}.\dot{\Theta}^{-\mu} + \frac{\mu-1}{1}.\frac{d^{\mu-1}Fx}{dx^{\mu-1}}.\left(\frac{d\dot{\Theta}^{-\mu}}{dz}\right)$$
$$+ \frac{(\mu-1)(\mu-2)}{1.2}.\frac{d^{\mu-2}Fx}{dx^{\mu-2}}.\left(\frac{d^2\dot{\Theta}^{-\mu}}{dz^2}\right) + \text{etc., etc.};$$

développement qui constitue la loi relative, à laquelle se réduisent en principe les résultats indirects que les Calculs des dérivations obtiennent, à leur insu, pour le second des deux systèmes d'expressions $(175)'$ et $(175)''$, formant le second des deux objets généraux de ces Calculs.

Or, si l'on compare l'expression générale (189) avec les expressions (187), on obtiendra les théorèmes ... (190)

$$\frac{dFx}{d\varphi x} = [\dot{\Theta}^{-1}.F(x+\dot{z})^{(1)}]$$
$$\frac{1}{2}.\frac{1}{d\varphi x}.d\left(\frac{dFx}{d\varphi x}\right) = \frac{1}{2}.\left(\frac{d[\dot{\Theta}^{-2}.F(x+\dot{z})^{(1)}]}{dz}\right);$$

$$\frac{1}{2.3}\cdot\frac{1}{d\varphi x}\cdot d\left(\frac{1}{d\varphi x}\cdot d\left(\frac{dFx}{d\varphi x}\right)\right)=\frac{1}{2.3}\cdot\left(\frac{d^{2}\left[\dot{\Theta}^{-3}\cdot F(x+\dot{z})^{(1)}\right]}{dz^{2}}\right)$$

etc., etc.; et généralement ... (190)′

$$\frac{1}{1^{\mu|1}}\cdot\frac{1}{d\varphi x}\cdot d_{\mu}\left(\frac{1}{d\varphi x}\cdot d_{\mu-1}\left(\frac{1}{d\varphi x}\cdot d_{\mu-2}\left(\ldots d_{3}\left(\frac{1}{d\varphi x}\cdot d_{2}\left(\frac{d_{1}Fx}{d\varphi x}\right)\right)\ldots\right)\right)\right)=$$

$$=\frac{1}{1^{\mu|1}}\cdot\left(\frac{d^{\mu-1}\left[\dot{\Theta}^{-\mu}\cdot F(x+\dot{z})^{(1)}\right]}{dz^{\mu-1}}\right),$$

en dénotant ici par d_1, d_2, d_3, ... $d_{\mu-1}$, d_μ tout simplement les différentielles, comme plus haut dans le théorème absolu (170). Et, comme le premier membre dans ces derniers théorèmes (190), constitue l'expression (171) des coefficiens dans le porisme initial de Paoli, on voit que ces théorèmes donnent la génération de ces coefficiens, lorsque sur-tout, comme sous la marque (189)′, on développe le second membre de ces mêmes théorèmes. De plus, en observant que, dans les expressions (171) ou (171)′, la variable x reçoit une certaine valeur déterminée, après qu'on a pris les différentielles par rapport à cette variable, on peut, pour ce cas, simplifier davantage le théorème précédent (190)′, en le rendant indépendant de la variable auxiliaire z. En effet, si, après les différentiations, on donne à la variable z la valeur zéro, et à la variable x une valeur déterminée que nous désignerons par a, on aura évidemment ... (191)

$$\left(\frac{d^{\rho}\Theta^{n}}{dz^{\rho}}\right)=\left(\frac{d^{\rho}\left(\frac{\varphi(x+z)-\varphi x}{z}\right)^{n}}{dz^{\rho}}\right)=\left(\frac{d^{\rho}\left(\frac{\varphi x-\varphi a}{x-a}\right)^{n}}{dx^{\rho}}\right);$$

et le théorème précédent (190)′ deviendra ... (192)

$$\frac{1}{1^{\mu|1}}\cdot\left\{\frac{1}{d\varphi x}\cdot d_{\mu}\left(\frac{1}{d\varphi x}\cdot d_{\mu-1}\left(\ldots d_{3}\left(\frac{1}{d\varphi x}\cdot d_{2}\left(\frac{d_{1}Fx}{d\varphi x}\right)\right)\ldots\right)\right)\right\}_{(x=a)}=$$

$$=\frac{1}{1^{\mu|1}}\cdot\left\{\left(\frac{d^{\mu-1}\left[\left(\frac{x-a}{\varphi x-\varphi a}\right)^{\mu}\cdot\frac{dFx}{dx}\right]}{dx^{\mu-1}}\right)\right\}_{(x=a)};$$

en marquant par l'indice $(x=a)$ attaché aux accolades que, dans les fonctions différentielles comprises entre ces accolades, il faut, après les différentiations achevées, faire $x=a$. Enfin, lorsque la valeur déterminée a sera telle que la fonction φa se réduise à zéro, comme cela a lieu dans les coefficiens (171) du porisme de Paoli, ces coefficiens deviendront ... (193)

$$A_0 = \left\{Fx\right\}_{(x=a)}$$

$$A_1 = \left\{\frac{dFx}{d\varphi x}\right\}_{(x=a)} = \left\{\frac{x-a}{\varphi x}\cdot\frac{dFx}{dx}\right\}_{(x=a)}$$

$$A_2 = \frac{1}{2}\cdot\left\{\frac{1}{d\varphi x}\cdot d\left(\frac{dFx}{d\varphi x}\right)\right\}_{(x=a)} = \frac{1}{2}\cdot\left\{\frac{d\left[\left(\frac{x-a}{\varphi x}\right)^2\cdot\frac{dFx}{dx}\right]}{dx}\right\}_{(x=a)}$$

$$A_3 = \frac{1}{2.3}\cdot\left\{\frac{1}{d\varphi x}\cdot d\left(\frac{1}{d\varphi x}\cdot d\left(\frac{dFx}{d\varphi x}\right)\right)\right\}_{(x=a)} =$$

$$= \frac{1}{2.3}\cdot\left\{\frac{d^2\left[\left(\frac{x-a}{\varphi x}\right)^3\cdot\frac{dFx}{dx}\right]}{dx^2}\right\}_{(x=a)}$$

etc., etc.;

et la Série générale et en quelque sorte primitive (166) ou (169) sera ... (193)'

$$Fx = \left\{Fx\right\}_{(x=a)} + \frac{\varphi x}{1}\cdot\left\{\frac{x-a}{\varphi x}\cdot\frac{dFx}{dx}\right\}_{(x=a)}$$

$$+ \frac{(\varphi x)^2}{1.2}\cdot\left\{\frac{d\left[\left(\frac{x-a}{\varphi x}\right)^2\cdot\frac{dFx}{dx}\right]}{dx}\right\}_{(x=a)}$$

$$+ \frac{(\varphi x)^3}{1.2.3}\cdot\left\{\frac{d^2\left[\left(\frac{x-a}{\varphi x}\right)^3\cdot\frac{dFx}{dx}\right]}{dx^2}\right\}_{(x=a)}$$

+ etc., etc.;

a étant la quantité que donne la relation $\varphi a = 0$, et φx étant une fonction quelconque. — Lorsqu'on peut choisir cette fonction φx, génératrice de la Série ou mesure algorithmique de la fonction Fx, on peut éviter la difficulté attachée à la détermination de la quantité a qui rend $\varphi a = 0$, en prenant, pour cette mesure, la fonction $(fx - fa)$ dans laquelle f dénote une fonction quelconque et a une quantité arbitraire. Alors, la Série générale (193)′ deviendra ... (193)″

$$Fx = \left\{Fx\right\}_{(x=a)} + \frac{fx - fa}{1} \cdot \left\{\frac{x-a}{fx-fa} \cdot \frac{dFx}{dx}\right\}_{(x=a)}$$
$$+ \frac{(fx-fa)^2}{1.2} \cdot \left\{\frac{d\left[\left(\frac{x-a}{fx-fa}\right)^2 \cdot \frac{dFx}{dx}\right]}{dx}\right\}_{(x=a)}$$
$$+ \frac{(fx-fa)^3}{1.2.3} \cdot \left\{\frac{d^2\left[\left(\frac{x-a}{fx-fa}\right)^3 \cdot \frac{dFx}{dx}\right]}{dx^2}\right\}_{(x=a)}$$
$$+ \text{etc., etc.}$$

C'est là le beau porisme de Burman; et c'est tout ce qu'on a fait pour développer les expressions initiales et imparfaites (171) du porisme de Paoli. Mais, comme nous en avons déjà prévenu, ce n'est encore qu'une anticipation provisoire sur le développement définitif que présentent les expressions (166)″ et (167); car, les coefficiens (193) de Burman ne donnent encore qu'une génération relative des coefficiens imparfaits (171), et non, comme les expressions (166)″, la génération absolue même de ces coefficiens. En effet, développant, par le moyen de la loi fondamentale du Calcul différentiel, les coefficiens (193) de Burman, on aura généralement ... (194)

$$A_\mu = \frac{1}{1^{\mu|1}} \cdot \left\{ \frac{d^{\mu-1}\left[\left(\frac{x-a}{\varphi x}\right)^\mu \cdot \frac{dFx}{dx}\right]}{dx^{\mu-1}} \right\}_{(x=a)} =$$

$$= \frac{1}{1^{\mu|1}} \cdot \left\{ \frac{d^\mu Fx}{dx^\mu} \cdot \left(\frac{x-a}{\varphi x}\right)^\mu + \frac{\mu-1}{1} \cdot \frac{d^{\mu-1} Fx}{dx^{\mu-1}} \cdot \frac{d\left(\frac{x-a}{\varphi x}\right)^\mu}{dx} + \right.$$

$$\left. + \frac{(\mu-1)(\mu-2)}{1.2} \cdot \frac{d^{\mu-2} Fx}{dx^{\mu-2}} \cdot \frac{d^2\left(\frac{x-a}{\varphi x}\right)^\mu}{dx^2} + \text{etc., etc.} \right\}_{(x=a)};$$

expression qui présente à la vérité un développement des expressions imparfaites ou initiales (171) dont il est question; mais, ce développement ne donne encore qu'une génération relative de ces coefficiens imparfaits (171), parce qu'il fait dépendre cette génération de la fonction auxiliaire $\frac{x-a}{\varphi x}$, et qu'il ne présente ainsi, en derniers résultats, que les élémens ou les différentielles de la fonction Fx et de la fonction auxiliaire $\frac{x-a}{\varphi x}$. Pour arriver à la génération absolue, c'est-à-dire, pour n'avoir plus, dans ce développement (194), que les derniers termes ou les vrais élémens de la génération en question, c'est-à-dire, les différentielles immédiates des seules fonctions Fx et φx dont il s'agit dans cette génération, il faut encore développer les différentielles ... (194)'

$$d\left(\frac{x-a}{\varphi x}\right)^\mu, \quad d^2\left(\frac{x-a}{\varphi x}\right)^\mu, \quad d^3\left(\frac{x-a}{\varphi x}\right)^\mu, \quad \text{etc.};$$

développemens qui dépendent de celui de la différentielle générale

$$d^\rho\left(\frac{x-a}{\varphi x}\right), \quad \text{ou définitivement} \quad d^\rho\left(\frac{1}{\varphi x}\right),$$

dont la loi, qui indiquerait les derniers termes ou élémens $d\varphi x$, $d^2\varphi x$, $d^3\varphi x$, etc., n'est point donnée. Bien plus, et ce n'est pas le moindre inconvénient, après avoir obtenu les résultats irréguliers de ces différentielles non-achevées $(194)'$, on aura, pour $x=a$, des valeurs indéterminées $\frac{0}{0}$; et il faudra encore, par des différentiations réitérées des numérateurs et des dénominateurs, ou par la décomposition de la fonction φx, chercher de nouveaux résultats contenant enfin les derniers termes ou les élémens $d\varphi x$, $d^2\varphi x$, $d^3\varphi x$, etc., résultats dont on ne voit nullement la loi. Il n'en est pas de même des expressions $(166)''$ et (167) qui, donnant immédiatement ces derniers termes ou élémens, présentent réellement la génération absolue des coefficiens dont il est question. On peut même, par le moyen de ces expressions absolues $(166)''$ et (167), découvrir la loi de la génération des différentielles non-achevées $(194)'$ auxquelles se réduit le développement (194) des coefficiens de Burman : la voici. Le développement de la fonction schin dans l'expression $(166)''$, donnera d'abord ... (195)

$$
\begin{aligned}
A_\mu = \frac{1}{1^{\mu|1}}\cdot\Bigg\{ & \frac{d^\mu Fx}{dx^\mu}\cdot\frac{dx^\mu}{(d\varphi x)^\mu} - \frac{d^{\mu-1}Fx}{dx^{\mu-1}}\cdot\frac{d^\mu\varphi x^{\mu-1}\cdot dx^{\mu-1}}{1^{(\mu-1)|1}\cdot(d\varphi x)^{2\mu-1}} \\
& + \frac{d^{\mu-2}Fx}{dx^{\mu-2}}\cdot\frac{\text{Ш}[d^{\mu-1}\varphi x^{\mu-2}\cdot d^\mu\varphi x^{\mu-1}]\cdot dx^{\mu-2}}{1^{(\mu-1)|1}\cdot 1^{(\mu-2)|1}\cdot(d\varphi x)^{3\mu-1-2}} \\
& - \frac{d^{\mu-3}Fx}{dx^{\mu-3}}\cdot\frac{\text{Ш}[d^{\mu-2}\varphi x^{\mu-3}\cdot d^{\mu-1}\varphi x^{\mu-2}\cdot d^\mu\varphi x^{\mu-1}]\cdot dx^{\mu-3}}{1^{(\mu-1)|1}\cdot 1^{(\mu-2)|1}\cdot 1^{(\mu-3)|1}\cdot(d\varphi x)^{4\mu-1-2-3}} \\
& \cdots\cdots\cdots\cdots\cdots\cdots\cdots\cdots \\
& (-1)^{\mu-1}\cdot\frac{dFx}{dx}\cdot\frac{\text{Ш}[d^2\varphi x\cdot d^3\varphi x^2\cdot d^4\varphi x^3\ldots\ldots d^\mu\varphi x^{\mu-1}]\cdot dx}{1^{(\mu-1)|1}\cdot 1^{(\mu-2)|1}\cdot 1^{(\mu-3)|1}\ldots\ldots 1^{2|1}\cdot 1^{1|1}\cdot(d\varphi x)^{\frac{\mu(\mu+1)}{2}}}\Bigg\}_{(x=a)}.
\end{aligned}
$$

Ainsi, comparant ce développement définitif avec le développement non-achevé (194), on découvrira les théorèmes suivans ... $(195)'$

$$\left(\frac{x-a}{\varphi x}\right)^{\mu} = +\frac{dx^{\mu}}{(d\varphi x)^{\mu}}$$

$$\frac{\mu-1}{1}\cdot\frac{d\left(\frac{x-a}{\varphi x}\right)^{\mu}}{dx} = -\frac{\mathfrak{W}[d^{\mu}\varphi x^{\mu-1}].dx^{\mu-1}}{1^{(\mu-1)|1}.(d\varphi x)^{2\mu-1}} = -\frac{d^{\mu}\varphi x^{\mu-1}.dx^{\mu-1}}{1^{(\mu-1)|1}.(d\varphi x)^{2\mu-1}}$$

$$\frac{(\mu-1)^{2|-1}}{1^{2|1}}\cdot\frac{d^{2}\left(\frac{x-a}{\varphi x}\right)^{\mu}}{dx^{2}} = +\frac{\mathfrak{W}[d^{\mu-1}\varphi x^{\mu-2}.d^{\mu}\varphi x^{\mu-1}].dx^{\mu-2}}{1^{(\mu-1)|1}.1^{(\mu-2)|1}.(d\varphi x)^{3\mu-1-2}}$$

$$\frac{(\mu-1)^{3|-1}}{1^{3|1}}\cdot\frac{d^{3}\left(\frac{x-a}{\varphi x}\right)^{\mu}}{dx^{3}} = -\frac{\mathfrak{W}[d^{\mu-2}\varphi x^{\mu-3}.d^{\mu-1}\varphi x^{\mu-2}.d^{\mu}\varphi x^{\mu-1}].dx^{\mu-3}}{1^{(\mu-1)|1}.1^{(\mu-2)|1}.1^{(\mu-3)|1}.(d\varphi x)^{4\mu-1-2-3}}$$

. . . .

$$\frac{(\mu-1)^{(\mu-1)|1}}{1^{(\mu-1)|1}}\cdot\frac{d^{\mu-1}\left(\frac{x-a}{\varphi x}\right)^{\mu}}{dx^{\mu-1}} = (-1)^{\mu-1}\cdot\frac{\mathfrak{W}[d^{2}\varphi x.d^{3}\varphi x^{2}.d^{4}\varphi x^{3}\ldots d^{\mu}\varphi x^{\mu-1}].dx}{1^{(\mu-1)|1}.1^{(\mu-2)|1}\ldots 1^{1|1}.(d\varphi x)^{\frac{\mu(\mu+1)}{2}}};$$

dans lesquels la variable x reçoit, après les différentiations, la valeur a qui rend $\varphi a = 0$. Mais, comme nous l'avons déjà remarqué plus haut à l'occasion des expressions $(166)''$ et $(166)'''$, les développemens des fonctions schins qui entrent dans les théorèmes précédens $(195)'$, contiennent des termes qui, devenant zéro, sont en quelque sorte superflus. Ainsi, prenant leur réduction que présente l'expression générale (167), et comparant cette expression avec le développement (194), on obtiendra les théorèmes réduits ... $(195)''$

$$\left(\frac{x-a}{\varphi x}\right)^{\mu} = (-1)^{0}\cdot\frac{(M(\mu)_{0}-N(\mu)_{0}).dx^{\mu}}{(d\varphi x)^{\mu}}$$

$$\frac{\mu-1}{1}\cdot\frac{d\left(\frac{x-a}{\varphi x}\right)^{\mu}}{dx} = (-1)^{1}\cdot\frac{(M(\mu)_{1}-N(\mu)_{1}).dx^{\mu-1}}{(d\varphi x)^{\mu}}$$

$$\frac{(\mu-1)^{2|-1}}{1^{2|1}} \cdot \frac{d^2\left(\frac{x-a}{\varphi x}\right)^\mu}{dx^2} = (-1)^2 \cdot \frac{(M(\mu)_2 - N(\mu)_2) \cdot dx^{\mu-2}}{(d\varphi x)^\mu}$$

. . . .

$$\frac{(\mu-1)^{(\mu-1)|-1}}{1^{(\mu-1)|1}} \cdot \frac{d^{\mu-1}\left(\frac{x-a}{\varphi x}\right)^\mu}{dx^{\mu-1}} = (-1)^{\mu-1} \cdot \frac{(M(\mu)_{\mu-1} - N(\mu)_{\mu-1}) \cdot dx}{(d\varphi x)^\mu};$$

dans lesquels la variable x reçoit toujours, après les différentiations, la valeur déterminée a qui rend $\varphi a = 0$. Et, en effet, les quantités $M(\mu)_1$, $M(\mu)_2$, $M(\mu)_3$, etc. et $N(\mu)_1$, $N(\mu)_2$, $N(\mu)_3$, etc., qui sont données par les expressions (167)', ne contiennent plus, comme nous le savons déjà, aucun terme superflu, pourvu qu'on développe les fonctions schins par le procédé d'exclusion que nous y marquons par l'accent attaché à leur caractéristique ϖ.

On voit donc ici que, partant des expressions déjà perfectionnées de Burman (193), pour arriver aux expressions définitives (166)'' et (167) que donne notre Loi universelle, il aurait fallu découvrir les théorèmes précédens (195)' et (195)''. — On serait ainsi parvenu à la solution complète de la question dont il s'agit, en donnant, pour les coefficiens de la Série générale (166), la génération absolue de ces quantités, moyennant les derniers termes ou les élémens mêmes qui entrent dans leur construction. Et, comme cela est clair, ce n'est qu'alors qu'on aurait eu définitivement, à l'instar du porisme de Taylor, le porisme parfait que présente la Série générale (166) moyennant les expressions absolues (166)'' et (167). Nous pensons donc que, malgré le perfectionnement qu'apporte, aux expressions initiales (171) de Paoli, le développement (193) et (194) de Burman, ce développement, qui ne donne encore qu'une génération relative et non la génération absolue des coefficiens de la Série générale (166), ne saurait être considéré que comme une détermination provisoire, et non comme la détermination définitive de cette Série; de sorte que, ayant égard uniquement aux résultats définitifs et péremptoires, la science en restait toujours au seul porisme de Taylor.

Mais, revenons aux Calculs des dérivations et observons que, quelque peu satisfaisans que soient encore, sous l'aspect absolu, les résultats du premier des deux objets généraux de ces Calculs, tels que nous venons de les déduire, et nommément l'expression générale (189) donnant la loi des dérivées différentielles d'une fonction Fx, prises par rapport à une autre variable y, et sur-tout les théorèmes (190) donnant une génération relative et provisoire des expressions initiales (171), quelque peu satisfaisans, disons-nous, que soient ces résultats sous l'aspect absolu, ils sont néanmoins d'une perfection complète en les considérant par rapport au but purement relatif des Calculs des dérivations, savoir, comme nous l'avons déjà reconnu plus haut, par rapport au but de faire dépendre, des coefficiens de certains polynomes, les coefficiens de la Série générale (166). — Nous montrerons cette perfection après que nous aurons déduit, du théorème fondamental (182) des Calculs des dérivations, le second objet général de ces Calculs, c'est-à-dire, la loi du premier des deux systèmes d'expressions $(175)'$ et $(175)''$, lesquels, comme nous l'avons avancé, constituent les deux objets généraux propres aux Calculs dont il est question.

Soient toujours Fx, ψy et φx les fonctions dont il s'agit dans les deux systèmes de différentielles $(175)'$ et $(175)''$, Fx étant la fonction proposée, et les fonctions ψy et φx, ainsi que les variables x et y, étant liées par les équations identiques $(174)'$, savoir,

$$x = \psi y, \quad \text{et} \quad y = \varphi x.$$

Mais si, à la place de la fonction fx qui entre dans le théorème fondamental (182), on prend la fonction ψy, et si, avec cette fonction, on construit, suivant la formule (176), la fonction Θ qui entre également dans ce théorème fondamental, c'est-à-dire, si l'on fait... (196)

$$\Theta = \frac{\psi(y+z) - \psi y}{z} = \frac{\Delta_z \psi y}{z},$$

en dénotant par Δ_z la différence progressive, prise ici par rapport à l'accroissement z de la variable y, le théorème fondamental (182) sera ... (197)

$$\left(\frac{d^m \dot{\Theta}^n}{dy \,.\, dz^{m-1}}\right) = \frac{m+n}{m} \cdot \left(\frac{d^m \dot{\Theta}^n}{dz^m}\right) - \frac{n}{m} \cdot \frac{d\psi y}{dy} \cdot \left(\frac{d^m \dot{\Theta}^{n-1}}{dz^m}\right);$$

en marquant toujours par le point placé sur les lettres, l'état de $z=0$ après les opérations différentielles. — Or, en vertu de ce théorème, les dérivées différentielles de la fonction Fx, prises par rapport à la variable y dont x est fonction, savoir, $x = \psi y$, et exprimées moyennant cette fonction directe ψy, comme dans le premier des deux systèmes (175)' et (175)'' dont il s'agit, auront pour loi l'expression ... (198)

$$\left(\frac{d^m Fx}{dy^m}\right) = \frac{m}{1} \cdot \frac{dFx}{dx} \cdot \left(\frac{d^{m-1} \dot{\Theta}}{dz^{m-1}}\right) + \frac{m(m-1)}{1\,.\,2} \cdot \frac{d^2 Fx}{dx^2} \cdot \left(\frac{d^{m-2} \dot{\Theta}^2}{dz^{m-2}}\right)$$
$$+ \frac{m(m-1)(m-2)}{1\,.\,2\,.\,3} \cdot \frac{d^3 Fx}{dx^3} \cdot \left(\frac{d^{m-3} \dot{\Theta}^3}{dz^{m-3}}\right) + \text{etc., etc.};$$

comme nous allons le prouver. Prenant, des deux membres de cette égalité hypothétique, la dérivée différentielle par rapport à la variable y, et observant que, pour un exposant quelconque ϖ, on a

$$\left(\frac{d^{\varpi+1} Fx}{dx^{\varpi} \,.\, dy}\right) = \left(\frac{d^{\varpi+1} Fx}{dx^{\varpi+1}}\right) \cdot \left(\frac{dx}{dy}\right) = \frac{d^{\varpi+1} Fx}{dx^{\varpi+1}} \cdot \frac{d\psi y}{dy};$$

on aurait ... (199)

$$\left(\frac{d^{m+1}Fx}{dy^{m+1}}\right) = \frac{m}{1}\cdot\frac{dFx}{dx}\cdot\left(\frac{d^m\dot{\Theta}}{dy\,.\,dz^{m-1}}\right) +$$

$$+ \frac{d^2Fx}{dx^2}\cdot\left\{\left(\frac{d^{m-1}\dot{\Theta}}{dz^{m-1}}\right)\cdot\frac{d\psi y}{dy} + \frac{m-1}{2}\cdot\left(\frac{d^{m-1}\dot{\Theta}^2}{dy\,.\,dz^{m-2}}\right)\right\}\cdot\frac{m}{1}$$

$$+ \frac{d^3Fx}{dx^3}\cdot\left\{\left(\frac{d^{m-2}\dot{\Theta}^2}{dz^{m-2}}\right)\cdot\frac{d\psi y}{dy} + \frac{m-2}{3}\cdot\left(\frac{d^{m-2}\dot{\Theta}^3}{dy\,.\,dz^{m-3}}\right)\right\}\cdot\frac{m(m-1)}{1\,.\,2}$$

$$+ \text{etc., etc.;}$$

ou bien ... (199)′

$$\left(\frac{d^{m+1}Fx}{dy^{m+1}}\right) = \frac{m}{1}\cdot\frac{dFx}{dx}\cdot\left(\frac{d^m\dot{\Theta}}{dy\,.\,dz^{m-1}}\right) +$$

$$+ \Sigma_\mu\left\{\frac{d^{\mu+1}Fx}{dx^{\mu+1}}\cdot\left\{\left(\frac{d^{m-\mu}\dot{\Theta}^\mu}{dz^{m-\mu}}\right)\cdot\frac{d\psi y}{dy} + \frac{m-\mu}{\mu+1}\cdot\left(\frac{d^{m-\mu}\dot{\Theta}^{\mu+1}}{dy\,.\,dz^{m-\mu-1}}\right)\right\}\cdot\frac{m^{\mu|-1}}{1^{\mu|1}}\right\},$$

en désignant par Σ_μ la somme des termes correspondans à toutes les valeurs entières et positives de μ, depuis $\mu = 1$ inclusivement. Mais puisque, suivant la construction (196) de la fonction Θ, on a ici, comme sous la marque (176)′, le développement ... (196)′

$$\Theta = \frac{d\psi y}{dy} + \frac{d^2\psi y}{dy^2}\cdot\frac{z}{2} + \frac{d^3\psi y}{dy^3}\cdot\frac{z^2}{2\,.\,3} + \frac{d^4\psi y}{dy^4}\cdot\frac{z^3}{2\,.\,3\,.\,4} + \text{etc.};$$

on aura, comme sous les marques (177) et (180), les valeurs suivantes

$$\left(\frac{d^\lambda\dot{\Theta}}{dz^\lambda}\right) = \frac{1}{\lambda+1}\cdot\frac{d^{\lambda+1}\psi y}{dy^{\lambda+1}}$$

$$\left(\frac{d^{\lambda+1}\dot{\Theta}}{dy\,.\,dz^\lambda}\right) = \frac{1}{\lambda+1}\cdot\frac{d^{\lambda+2}\psi y}{dy^{\lambda+2}}.$$

Et, mettant ϖ à la place de λ dans la première de ces valeurs, et $(\varpi - 1)$ à la place de λ dans la seconde de ces valeurs, on en tirera ... (199)″

$$\varpi\cdot\left(\frac{d^\varpi\dot{\Theta}}{dy\,.\,dz^{\varpi-1}}\right) = (\varpi+1)\cdot\left(\frac{d^\varpi\dot{\Theta}}{dz^\varpi}\right).$$

De plus, mettant, dans le théorème fondamental (197), $(m-\mu)$ à la place de m, et $(\mu+1)$ à la place de n, ce théorème donnera ... $(199)'''$

$$\frac{m-\mu}{\mu+1}\cdot\left(\frac{d^{m-\mu}\dot{\Theta}^{\mu+1}}{dy.dz^{m-\mu-1}}\right)+\frac{d\psi y}{dy}\cdot\left(\frac{d^{m-\mu}\dot{\Theta}^{\mu}}{dz^{m-\mu}}\right)=$$
$$=\frac{m+1}{\mu+1}\cdot\left(\frac{d^{m-\mu}\dot{\Theta}^{\mu+1}}{dz^{m-\mu}}\right).$$

Ainsi, substituant, dans l'égalité hypothétique $(199)'$, les valeurs $(199)''$ et $(199)'''$, on aurait

$$\left(\frac{d^{m+1}Fx}{dy^{m+1}}\right)=\frac{m+1}{1}\cdot\frac{dFx}{dx}\cdot\left(\frac{d^{m}\dot{\Theta}}{dz^{m}}\right)+$$
$$+\Sigma_{\mu}\left\{\frac{(m+1)^{(\mu+1)|-1}}{1^{(\mu+1)|1}}\cdot\frac{d^{\mu+1}Fx}{dx^{\mu+1}}\cdot\left(\frac{d^{m-\mu}\dot{\Theta}^{\mu+1}}{dz^{m-\mu}}\right)\right\};$$

c'est-à-dire,

$$\left(\frac{d^{m+1}Fx}{dy^{m+1}}\right)=\frac{m+1}{1}\cdot\frac{dFx}{dx}\cdot\left(\frac{d^{m}\dot{\Theta}}{dz^{m}}\right)+\frac{(m+1)m}{1.2}\cdot\frac{d^{2}Fx}{dx^{2}}\cdot\left(\frac{d^{m-1}\dot{\Theta}^{2}}{dz^{m-1}}\right)+$$
$$+\frac{(m+1).m(m-1)}{1.2.3}\cdot\frac{d^{3}Fx}{dx^{3}}\cdot\left(\frac{d^{m-2}\dot{\Theta}^{3}}{dz^{m-2}}\right)+\text{etc.; etc.};$$

et c'est aussi ce que donnerait immédiatement l'expression (198), en y passant de l'exposant m à l'exposant suivant $(m+1)$. Donc, il suffit que l'expression (198) se vérifie dans un seul cas, pour être vraie dans tous les autres; et elle se vérifie effectivement dans le cas de $m=1$, dans lequel, suivant le développement $(196)'$, elle donne

$$\left(\frac{dFx}{dy}\right)=\frac{dFx}{dx}\cdot\dot{\Theta}=\frac{dFx}{dx}\cdot\frac{d\psi y}{dy}.$$

Nous avons ainsi, dans l'expression (198), la loi pour le premier des deux systèmes de différentielles $(175)'$ et $(175)''$ faisant les deux objets généraux propres aux Calculs des dérivations; et, sous la forme sous laquelle se trouve cette expression (198), elle a, pour le but relatif de ces Calculs, c'est-à-dire, pour la liaison des différentielles avec les coefficiens de certains polynomes, la même perfection que celle que nous avons annoncée plus haut pour l'expression (189) et les théorèmes (190), correspondans au second des deux systèmes (175)' et (175)'' dont il est question. Bien plus, considérée absolument, l'expression ou la loi (198) dont il s'agit présentement, est déjà proche de sa dernière perfection, parce que, comme les expressions finales (166)'' et (167), elle peut être donnée moyennant ses derniers termes ou les élémens mêmes de cette loi, c'est-à-dire, moyennant les différentielles immédiates des fonctions Fx et ψy; car, les différentielles de la fonction auxiliaire Θ, qui entrent dans l'expression (198), sont ici liées immédiatement avec les différentielles élémentaires de la fonction ψy, et cela par la loi fondamentale elle-même du Calcul différentiel, comme nous allons le voir.

En vertu du développement de cette loi fondamentale du Calcul différentiel, constituant le polynome des différentielles qui se trouve donné dans notre Introduction à la Philosophie des Mathématiques sous la marque (o), page 46, on a ... (200)

$$\left(\frac{d^{\mu}\dot{\Theta}^{\varpi}}{dz^{\mu}}\right) =$$

$$= 1^{\mu|1} \cdot Agr. \left\{ \frac{\left(\frac{d^{p1}\dot{\Theta}}{dz^{p1}}\right)\left(\frac{d^{p2}\dot{\Theta}}{dz^{p2}}\right)\left(\frac{d^{p3}\dot{\Theta}}{dz^{p3}}\right)\cdots\left(\frac{d^{p\varpi}\dot{\Theta}}{dz^{p\varpi}}\right)}{1^{p1|1} \cdot 1^{p2|1} \cdot 1^{p3|1} \cdots 1^{p\varpi|1}} \right\};$$

l'abréviation *Agr.* dénotant l'agrégat des termes correspondans à toutes les valeurs entières et positives, y compris zéro, que peuvent recevoir les quantités $p1$, $p2$, $p3$, ... $p\varpi$ pour satisfaire à l'équation indéterminée ... (200)'

$$\mu = p1 + p2 + p3 \ldots + p\varpi.$$

De plus, pour déduire la relation $(199)''$, nous avons remarqué qu'on a

$$\left(\frac{d^\lambda \dot{\Theta}}{dz^\lambda}\right) = \frac{1}{\lambda+1} \cdot \frac{d^{\lambda+1} \psi y}{dy^{\lambda+1}}.$$

Ainsi, substituant cette valeur dans l'expression précédente (200), on aura ... $(200)''$

$$\left(\frac{d^\mu \dot{\Theta}^\varpi}{dz^\mu}\right) =$$
$$= 1^{\mu|1} \cdot Agr. \left\{ \frac{\left(\frac{d^{1+p1} \psi y}{dy^{1+p1}}\right) \left(\frac{d^{1+p2} \psi y}{dy^{1+p2}}\right) \left(\frac{d^{1+p3} \psi y}{dy^{1+p3}}\right) \cdots \left(\frac{d^{1+p\varpi} \psi y}{dy^{1+p\varpi}}\right)}{1^{(1+p1)|1} \cdot 1^{(1+p2)|1} \cdot 1^{(1+p3)|1} \cdots 1^{(1+p\varpi)|1}} \right\};$$

ou bien, si, pour abréger les expressions, on représente cet agrégat de termes simplement par $A[\mu, \varpi]$, en désignant par ϖ le nombre des quantités $p1$, $p2$, $p3$, ... $p\varpi$, et par μ leur somme dans l'équation indéterminée $(200)'$, on aura ... $(200)'''$

$$\left(\frac{d^\mu \dot{\Theta}^\varpi}{dz^\mu}\right) = 1^{\mu|1} \cdot A[\mu, \varpi].$$

Donc, remplaçant dans l'expression (198) dont il est question, les différentielles des puissances progressives de la fonction Θ, par les valeurs élémentaires que donne la formule précédente $(200)'''$, on obtiendra définitivement ... (201)

$$\left(\frac{d^m Fx}{dy^m}\right) = 1^{m|1} \cdot \left\{ \frac{dFx}{dx} \cdot A[(m-1), 1] + \frac{1}{2} \cdot \frac{d^2 Fx}{dx^2} \cdot A[(m-2), 2] + \right.$$
$$\left. + \frac{1}{2.3} \cdot \frac{d^3 Fx}{dx^3} \cdot A[(m-3); 3] \cdots + \frac{1}{1^{m|1}} \cdot \frac{d^m Fx}{dx^m} \cdot A[0, m] \right\};$$

ou bien ... $(201)'$

$$\left(\frac{d^m Fx}{dy^m}\right) = m^{(m-1)|-1}.A\left[(m-1), 1\right].\frac{dFx}{dx}$$
$$+ m^{(m-2)|-1}.A\left[(m-2), 2\right].\frac{d^2 Fx}{dx^2}$$
$$+ m^{(m-3)|-1}.A\left[(m-3), 3\right].\frac{d^3 Fx}{dx^3}$$
$$\cdots\cdots\cdots\cdots\cdots$$
$$+ m^{0|-1}.A\left[0, m\right].\frac{d^m Fx}{dx^m};$$

et telle est, pour une différentielle quelconque de la fonction Fx, prise par rapport à une autre variable y, l'expression absolue de la loi que suit le premier des deux systèmes de différentielles (175)′ et (175)″, formant les deux objets généraux des Calculs des dérivations.

Après avoir posé ces fondemens théoriques des procédés algorithmiques nommés Calculs des dérivations, voyons maintenant quelles en sont les applications techniques, constituant la prétendue essence de ces procédés. — Nous avons déjà dit que les véritables objets des Calculs des dérivations, sont les lois que suivent les deux systèmes d'expressions différentielles (175)′ et (175)″, et que, dans cette réduction, c'est-à-dire, dans ce que les Calculs des dérivations ont de réellement propre, ces Calculs appartiennent tout bonnement à la Théorie du Calcul différentiel. Mais, d'une autre part, les formes respectives (189) et (198), sous lesquelles on obtient les lois des deux systèmes de différentielles (175)′ et (175)″, rendent ces lois propres à des applications techniques, et nommément à la liaison du développement des fonctions en général avec le développement des puissances des polynomes. Et, ce sont ces applications techniques, dans lesquelles les Calculs des dérivations n'ont précisément rien de propre et dans lesquelles ils ne sont que des modifications contingentes de la Technie, ce sont, disons-nous, ces applications techniques que l'on a prises pour l'unique objet et pour la véritable essence de ces Calculs. Il faudrait donc, pour retenir les Calculs des dérivations dans l'étendue entière qu'on a voulu leur assigner, distinguer, dans ces Calculs, deux choses tout-à-fait hétérogènes, savoir, leurs MOYENS et leur BUT: les moyens des Calculs des dérivations seraient les lois que suivent les deux systèmes d'expressions différentielles (175)' et (175)'', qui sont les véritables principes de ces Calculs et qui, rentrant évidemment dans la théorie du Calcul différentiel, rattacheraient les Calculs en question à la Théorie de l'Algorithmie; et le but des Calculs des dérivations serait l'application des lois précédentes à la détermination de la liaison qui se trouve entre le développement des fonctions en général et le développement des puissances des polynomes, application qui, étant évidemment fondée sur les principes du développement général des fonctions et nommément sur les principes des Séries, rentre entièrement dans la Technie de l'Algorithmie, et rattacherait par conséquent à cette Technie les Calculs dont il est question. Mais, cet amalgame de la Théorie avec la Technie de l'Algorithmie, qui, dans les Calculs des dérivations, a été une suite naturelle de la confusion générale dans laquelle la science est restée jusqu'à ce jour, ne peut plus être tolérée aujourd'hui où, par suite de la réforme que notre Philosophie des Mathématiques apporte à la science, la distinction essentielle en Mathématiques pures consiste dans la différence entre la Théorie et la Technie; et cette distinction donne, pour premiers fruits, les résultats importans que nous apprenons aux géomètres dans la Philosophie présente de la Technie. Les Calculs des dérivations ne peuvent donc plus occuper une place que dans l'Histoire de la science; et cela nommément pour les trois faits suivans: 1°. comme ayant été une anticipation sur la TECHNIE, pour ramener au développement des puissances des polynomes le développement des fonctions en général; 2°. comme ayant fourni à la THÉORIE un moyen indirect de calculer les dérivées différentielles secondaires, formant les deux systèmes (175)′ et (175)″; et enfin 3°., comme étant le monument de la plus grande erreur qui ait été commise dans la PHILOSOPHIE des Mathématiques, savoir, la prétention incompréhensible de faire cesser la considération des différentielles, de ces véritables élémens de la science.

Nous avons déjà, comme on le sait, fait apprécier la dernière de ces trois parties constituantes historiques des Calculs des dérivations, dans la Réfutation de la Théorie des fonctions analytiques et définitivement dans la Philosophie de l'Infini; et, pour ce qui concerne les deux premières parties, nous en avons déjà dit assez, dans la Philosophie présente, pour qu'on puisse s'en former une idée exacte. Cependant, comme ces deux premières parties constituantes des Calculs des dérivations donnent des résultats positifs, et sur-tout, comme la toute première de ces parties rentre dans la Technie et même dans la Philosophie de la Technie, ainsi que nous l'avons déjà remarqué plus haut, nous devons ici fixer mieux ces deux parties positives des Calculs des dérivations, pour arrêter ce qui doit les remplacer péremptoirement dans la science.

D'abord, pour ce qui concerne les dérivées différentielles secondaires, formant les deux systèmes (175)′ et (175)″, qui sont les principes et, en résumé, les véritables objets des Calculs des dérivations, nous avons vu, dans le fait, et il est même manifeste immédiatement que ces dérivées différentielles secondaires, ou les lois qu'elles suivent, appartiennent exclusivement à la théorie du Calcul différentiel. Aussi, pour ramener à ses véritables principes la question que présentent les deux systèmes de différentielles (175)′ et (175)″, avons-nous déduit leurs lois respectives (189) ou (189)′ et (198) ou (201) de la seule loi fondamentale du Calcul différentiel. Nous en avons déjà fait la remarque après avoir déduit le théorème fondamental (182) duquel dépendent les lois dont il s'agit; et il est manifeste que, pour dériver de ce théorème fondamental les lois en question, nous n'avons employé non plus que la seule loi fondamentale du Calcul différentiel. On aura donc, d'une manière directe, sans avoir nullement besoin des procédés indirects des Calculs des dérivations, les lois que suivent les deux systèmes de différentielles (175)′ et (175)″, et nommément les lois des différentielles des fonctions dont les variables sont elles-mêmes fonctions d'autres variables. Et, ce qui n'est pas moins essentiel, ces lois se trouveront rattachées à leurs principes premiers; de sorte que, dans ce point, la science est achevée, et elle n'a plus besoin d'aucun secours étranger, quelles qu'en soient la dénomination et les prétentions. — C'est par anticipation sur notre Philosophie du Calcul différentiel (*), que nous avons inséré, dans la Philosophie présente de la Technie, cette déduction en quelque sorte philosophique des lois (189) ou (189)′ et (198) ou (201) que suivent respectivement les deux systèmes (175)′ et (175)″ de différentielles secondaires; et cela parce que ces principes ou lois théoriques, que donne d'avance le Calcul différentiel, sont nécessaires, comme moyens auxiliaires, à la Technie de l'Algorithmie qui, pour arriver à ses fins, n'a et ne peut avoir, pour moyens, que les algorithmes que lui fournit la Théorie de l'Algorithmie. Nous disons que les lois des deux systèmes de différentielles secondaires dont il est question, sont nécessaires à la Technie: en effet, la loi (189) ou (190) du second de ces deux systèmes nous a déjà servi à la déduction du porisme de Burman (193)′ ou (193)″, dont elle est le véritable principe théorique, et nous en verrons bientôt encore d'autres usages; et la loi (198) ou définitivement (201) du

(*) Cette Philosophie du Calcul différentiel et intégral fera l'objet de l'un de nos ouvrages suivans.

premier des deux systèmes dont il s'agit, nous fournit évidemment le moyen d'étendre les formules de la Technie à des fonctions dont les variables sont elles-mêmes fonctions d'autres variables qui, à leur tour, peuvent être fonctions encore d'autres variables, et ainsi de suite. Il suffit, dans le cas de cette dépendance de plusieurs variables, de substituer, dans les diverses formules ou lois techniques, à la place des différentielles simples ou primaires qui entrent dans ces formules, les différentielles composées ou secondaires que donne la loi (201) qui régit cette dépendance de plusieurs variables, comme nous en verrons également des exemples ci-après.

En second lieu, pour ce qui concerne la première des trois parties constituantes susdites des Calculs des dérivations, c'est-à-dire, l'anticipation sur la Technie pour ramener au développement des puissances des polynomes le développement des fonctions en général, c'est là proprement la partie des Calculs des dérivations qui rentre dans la Technie de l'Algorithmie et même dans la Philosophie de cette Technie, comme nous l'avons remarqué plus haut, en commençant à nous occuper de ces Calculs. — Voyons ici quelle est la véritable signification de cette liaison qui se trouve entre le développement des puissances des polynomes et le développement des fonctions en général, et nommément entre les coefficiens de ces développemens respectifs. — Nous avons déjà remarqué, en déduisant, sous la marque (172), le porisme de Taylor, constituant le cas le plus simple des Séries, savoir, ... (202)

$$f(x+i) = fx + \frac{dfx}{dx}\cdot\frac{i}{1} + \frac{d^2fx}{dx^2}\cdot\frac{i^2}{1.2} + \frac{d^3fx}{dx^3}\cdot\frac{i^3}{1.2.3} + \text{etc.},$$

que les coefficiens de ce développement de la fonction $f(x+i)$, dans laquelle x peut être une quantité quelconque, sont, en vertu des principes mêmes des Séries, les différentielles simples et consécutives de cette fonction. Or, nous savons que les derniers élémens qui entrent dans l'expression de la Loi suprême et universelle, et nommément dans l'expression fondamentale (64) de cette Loi, en y considérant immédiatement les différences comme des différentielles, sont les différentielles mêmes de la fonction Fx dont cette Loi absolue donne la génération, et les différentielles mêmes des fonctions Ω_0, Ω_1, Ω_2, Ω_3, etc. moyennant lesquelles s'opère cette génération. Ainsi, désignant ces dernières fonctions par $\Omega_0 x$, $\Omega_1 x$, $\Omega_2 x$, $\Omega_3 x$, etc., comme nous l'avons déjà fait plus haut pour l'expression (126), et substituant $(x+i)$ à la place de x, puisqu'en vertu du porisme précédent (202), on a les développemens ... (202)'

$$F(x+i) = Fx + \frac{dFx}{dx}\cdot\frac{i}{1} + \frac{d^2Fx}{dx^2}\cdot\frac{i^2}{1.2} + \text{etc.}$$

$$\Omega_0(x+i) = \Omega_0 x + \frac{d\Omega_0 x}{dx}\cdot\frac{i}{1} + \frac{d^2\Omega_0 x}{dx^2}\cdot\frac{i^2}{1.2} + \text{etc.}$$

$$\Omega_1(x+i) = \Omega_1 x + \frac{d\Omega_1 x}{dx}\cdot\frac{i}{1} + \frac{d^2\Omega_1 x}{dx^2}\cdot\frac{i^2}{1.2} + \text{etc.}$$

$$\Omega_2(x+i) = \Omega_2 x + \frac{d\Omega_2 x}{dx}\cdot\frac{i}{1} + \frac{d^2\Omega_2 x}{dx^2}\cdot\frac{i^2}{1.2} + \text{etc.}$$

etc., etc.,

dont les coefficiens sont les différentielles des fonctions Fx et $\Omega_0 x$, $\Omega_1 x$, $\Omega_2 x$, etc., ces coefficiens SE TROUVERONT ÊTRE IDENTIQUES avec les élémens de la Loi suprême et universelle, et par conséquent avec les derniers élémens de toute l'Algorithmie; et ces COEFFICIENS du développement des fonctions pourront, par là même, remplacer ces derniers et véritables ÉLÉMENS algorithmiques (les différentielles). Mais cette identité est purement CONTINGENTE; car, elle n'a évidemment aucune autre raison que le fait même qui la constitue; circonstance qui est notoirement le CARACTÈRE DE LA CONTINGENCE en général. Il est vrai que, si l'on remonte à l'origine de l'existence même des Séries, les coefficiens des développemens précédens (202)' sont NÉCESSAIREMENT les différentielles des fonctions développées; parce que, comme nous l'avons prouvé dans la Réfutation de Lagrange et sur-tout dans la Philosophie de l'Infini (3e. Mém.), sans attacher cette signification expresse aux coefficiens en question, les développemens (202)' ne signifieraient absolument rien et ne sauraient, d'aucune autre manière, recevoir une loi pour leur détermination, c'est-à-dire, le principe de leur existence. Ce n'est qu'autant que les développemens des fonctions peuvent être considérés d'ailleurs comme donnés d'une manière indépendante des différentielles de ces fonctions, ainsi que cela arrive pour les développemens des puissances des polynomes, qui sont donnés immédiatement par la multiplication ou la division de ces polynomes, ce n'est, disons-nous, qu'autant que cette considération peut avoir lieu, que l'identité entre les coefficiens de ces développemens et les différentielles des fonctions développées, présente, dans la Technie, une véritable contingence. Mais, pour mieux pénétrer dans la nature de cette question, nous allons remonter à des principes plus élevés.

En donnant, au commencement de cette Philosophie de la Technie, la déduction entièrement théorique du porisme de Taylor (5), savoir, du porisme .... (203)

$$f(x+i) = fx + \frac{dfx}{dx}\cdot\frac{i}{1} + \frac{d^2fx}{dx^2}\cdot\frac{i^2}{1.2} + \frac{d^3fx}{dx^3}\cdot\frac{i^3}{1.2.3} + \text{etc.}$$

qui, par cette déduction même, devenait alors un véritable théorème, nous avons reconnu « que ce porisme ou théorème n'est rien autre « que l'expression de la génération PAR SOMMATION de la quantité ou « de la fonction $f(x+i)$, moyennant les accroissemens successifs et « indéfiniment petits formant la suite infinie des quantités

fx, $f(x+dx)$, $f(x+2dx)$, $f(x+3dx)$, $f(x+4dx)$, etc. *à l'infini;*

« c'est-à-dire, l'expression de la génération de la fonction $f(x+i)$
« moyennant la sommation discontinue des accroissemens indéfini-
« ment petits ou des élémens de cette fonction ». Mais, immédiatement après, nous avons remarqué que toute fonction $f(x+i)$ implique nécessairement la GRADUATION, c'est-à-dire, l'algorithme théorique et élémentaire des puissances dont l'influence, dans la génération des quantités, constitue précisément l'objet de la considération d'une *fonction* algorithmique. Et, en effet, toute fonction fz d'une quantité z, n'est rien autre que l'expression de cette influence de la graduation dans la sommation par laquelle dernière cette quantité élémentaire z de la fonction est censée immédiatement engendrée; et cette influence a lieu, ou d'une manière en quelque sorte ébauchée, comme dans la multiplication et la division, ou d'une manière achevée, comme dans les puissances elles-mêmes ou dans les autres algorithmes théoriques élémentaires (la numération, les facultés, les logarithmes et les sinus) qui se réduisent tous aux puissances, comme nous l'avons vu dans l'Introduction à la Philosophie des Mathématiques, où nous avons donné, moyennant les seules puissances, l'expression de tous ces algorithmes théoriques. Ainsi, mettant $(x+i)$ à la place de z dans une fonction quelconque fz, la fonction $f(x+i)$ pourra être développée d'une manière purement théorique, en la réduisant d'abord à la considération des puissances et en appliquant ensuite, au développement de ces dernières, leur loi théorique fondamentale, c'est-à-dire, le binome de Newton. — Pour distinguer ces développemens purement théoriques des fonctions, qui se trouvent fondés sur l'influence de la graduation dans la génération des quantités, c'est-à-dire, sur le principe théorique lui-même qui donne lieu à la considération de ce qu'on appèle *fonction* algorithmique, nous

marquerons, à la manière de Hindenbourg, les coefficiens de ces développemens théoriques, par la lettre gothique $\mathfrak{f}$ placée après la fonction; de sorte que les coefficiens successifs du développement théorique d'une fonction Z seront ... (204)

$$Z\mathfrak{f}1, \quad Z\mathfrak{f}2, \quad Z\mathfrak{f}3, \quad Z\mathfrak{f}4, \quad \text{etc.}$$

De cette manière, le développement théorique de la fonction $f(x+i)$, opéré par l'application de la seule loi fondamentale de l'algorithme des puissances, auquel se réduisent tous les algorithmes théoriques élémentaires ultérieurs, ce développement, disons-nous, sera ... (205)

$$f(x+i) = f(x+i)\mathfrak{f}1 + f(x+i)\mathfrak{f}2 \, . \, i + f(x+i)\mathfrak{f}3 \, . \, i^2 + f(x+i)\mathfrak{f}4 \, . \, i^3 + \text{etc., etc.}$$

Or, en comparant les deux développemens précédens (203) et (205) de la même fonction $f(x+i)$, et en observant qu'ils ont été obtenus par des moyens tout-à-fait différens et même hétérogènes, on conçoit que l'identité qui se trouve entre les coefficiens respectifs de ces développemens, savoir, que l'identité générale ... (206)

$$f(x+i)\mathfrak{f}(1+\mu) = \frac{1}{1^{\mu|1}} \cdot \frac{d^\mu fx}{dx^\mu},$$

est une véritable CONTINGENCE ALGORITHMIQUE. Pour bien sentir cette importante vérité, il suffit évidemment de reconnaître l'hétérogénéité des procédés qui conduisent, d'une part, au développement technique (203) et, de l'autre part, au développement théorique (205); et cela n'a aucune difficulté. En effet, suivant ce que nous avons dit respectivement de chacun de ces développemens, il est clair que les procédés qui conduisent au développement (203), sont fondés sur l'algorithme théorique et primitif de la SOMMATION, et que les procédés qui conduisent au développement (205), sont au contraire fondés sur l'algorithme théorique et primitif de la GRADUATION; algorithmes qui, formant en quelque sorte les deux poles opposés de la science, sont essentiellement HÉTÉROGÈNES, comme nous l'avons reconnu dans l'Introduction à la Philosophie des Mathématiques.

Cette double origine même des développemens (203) et (205) dont il s'agit, établit néanmoins entre eux un rang ou une subordination, en tant que le premier (203) de ces développemens doit être considéré comme primaire, et le second (205) purement comme secondaire; parce que la sommation qui est le principe du premier développement, est le CONTENU même (la matière) de toute génération algorithmique, et que la graduation qui est le principe du second développement, n'est que la FORME de cette génération, forme qui n'est possible que moyennant la sommation qu'elle implique nécessairement. Et, de là vient, comme nous l'avons dit plus haut, que, si l'on remonte jusqu'à l'origine de l'existence des Séries, les coefficiens des développemens doivent être considérés comme étant les différentielles des fonctions développées; parce que, suivant ce que nous venons de dire sur le contenu et sur la forme de la génération algorithmique, il est clair que, dans l'identité précédente (206), le second membre, savoir,

$$\frac{1}{1^{\mu|1}} \cdot \frac{d^{\mu} fx}{dx^{\mu}},$$

qui est un résultat immédiat de l'algorithme de la sommation et par conséquent le contenu même de cette génération algorithmique, donne très expressément la signification absolue du premier membre de cette identité, savoir, de

$$f(x+i) . \mathfrak{F}(1+\mu),$$

qui, par lui-même, n'a qu'une signification relative, celle d'être le résultat de certaines opérations de l'algorithme de la graduation, c'est-à-dire, un simple résultat de la forme de cette génération algorithmique; de sorte que, sans remonter au second membre de l'identité (206), qui est évidemment le principe premier de la génération et par conséquent de l'existence de la quantité $f(x+i)\,\mathfrak{f}(1+\mu)$ formant le premier membre de cette identité, on ne saurait, d'aucune manière, obtenir une loi pour la détermination de cette quantité prise dans toute sa généralité, c'est-à-dire que, sans remonter jusqu'à la différentielle $\frac{d^{\mu}fx}{dx^{\mu}}$ qui entre dans le second membre de l'identité (206), on ne saurait reconnaître ni par conséquent légitimer l'existence générale de la quantité $f(x+i)\,\mathfrak{f}(1+\mu)$ en question (*). Mais, cette subordination du premier au second des deux membres de l'identité (206), c'est-à-dire, la subordination des coefficiens du déve-

(*) On voit ici les raisons philosophiques ou les principes supérieurs et absolus de ce que nous avons déjà prouvé, d'une manière algorithmique, dans la Réfutation de Lagrange et sur-tout dans le 3e. Mémoire de la Philosophie de l'Infini, c'est-à-dire, de ce que, sans la considération expresse des différentielles des fonctions développées, il est impossible d'assigner la loi de la génération des coefficiens des développemens en Séries. Et, l'on voit ainsi, dans toute sa monstruosité, l'erreur attachée aux soi-disant *Théories des dérivations* qui, voulant ramener la considération des différentielles des fonctions à la considération des coefficiens dans le développement de ces fonctions, prétendaient ainsi pouvoir expliquer ces élémens de la science. Cette erreur se trouvera encore plus énorme lorsqu'on remarquera que, quand même on admettrait, dans l'identité (206), que le premier membre contient la signification du second membre, c'est-à-dire, que les coefficiens des développemens expliquent les différentielles (supposition qui, suivant ce que nous venons de reconnaître, serait une véritable perversion de la Raison), lorsqu'on remarquera, disons-nous, que cette supposition ne ferait nullement éviter l'idée de l'infini, laquelle précisément est ce qui, dans la considération des différentielles, offusque tant certains géomètres; car, nous venons de voir que ce premier membre $f(x+i)\,\mathfrak{f}(1+\mu)$ de l'identité (206) ne peut, à son tour, être conçu que par l'algorithme de la graduation, qui, lorsque l'exposant de la puissance n'est pas un nombre entier, implique nécessairement l'idée de l'infini.

loppement théorique (205) aux coefficiens du développement technique (203), quelque fondée et évidente qu'elle soit, ne découvre absolument aucune liaison entre ces deux membres de l'identité (206); de sorte que, comme nous l'avons avancé, cette identité est une véritable contingence algorithmique. Et, en effet, la subordination dont nous venons de parler, pouvait être reconnue, parce que, comme nous venons de le voir, elle dépend manifestement de la subordination de la graduation à la sommation, ou de la forme au contenu dans la génération algorithmique, c'est-à-dire, pour remonter à la source transcendantale, elle dépend de la subordination de la fonction purement régulative de la Raison, qui consiste ici précisément dans la graduation, à la fonction constitutive de l'Entendement, qui est ici la sommation; mais, l'unité ou la liaison entre ces deux fonctions intellectuelles, qui se manifeste dans la concordance de leurs résultats respectifs, et qui précisément constitue ici l'identité (206) dont il est question, dépend déjà des lois supérieures qui régissent l'essence intime elle-même de ces deux facultés primordiales, de l'Entendement et de la Raison, et elle s'échappe ainsi des régions intellectuelles où peuvent atteindre les Mathématiques : cette unité ou cette liaison n'est plus, dans ces dernières régions, qu'une FINALITÉ (τελείωσις) DU MONDE; et, de cette manière, l'identité (206) qui en est l'objet, se trouve être, dans les régions des Mathématiques, une simple CONTINGENCE ALGORITHMIQUE.

On sentira mieux encore la vérité de cette contingence technique, lorsqu'on la comparera avec une contingence pareille qui a lieu dans la Théorie de l'Algorithmie, et nommément dans la Théorie des Nombres. — En traitant de cette dernière théorie dans l'Introduction à la Philosophie des Mathématiques, nous avons reconnu (pages 63 et 64), après avoir posé la triple génération élémentaire d'un nombre μ, savoir, ... (207)

$$\mu = P + Q, \quad \mu = M \times N, \quad \mu = R^s,$$

et après en avoir déduit la triple relation de cette génération, savoir, ... (207)'

$$P + Q = M \times N, \quad M \times N = R^s, \quad P + Q = R^s,$$

nous avons reconnu, disons-nous, que la dernière de ces relations, savoir, $P + Q = R^s$, ne saurait avoir des lois, et par conséquent que, lorsqu'elle a lieu, elle est purement contingente; et cela parce que les deux algorithmes primitifs, la sommation et la graduation, qui sont les deux membres de cette relation, sont opposés et absolument hétérogènes. Il est vrai que les deux autres relations ... (207)''

$$P + Q = M \times N, \quad \text{et} \quad M \times N = R^s,$$

qui forment, du moins la première, le véritable objet de la Théorie des Nombres, sont aussi, dans leurs résultats, de simples contingences algorithmiques, parce que, dans ces résultats, elles présentent également une réunion ou une espèce de concordance entre les deux algorithmes essentiellement hétérogènes dont nous venons de parler; mais, dans ces relations (207)'', l'algorithme primitif de reproduction, par sa participation aux deux autres algorithmes primitifs, contient une unité de liaison entre ces deux algorithmes opposés et hétérogènes, et il donne ainsi lieu à la possibilité des lois pour les deux relations (207)'' qui, de cette manière, ne sont plus que des contingences RELATIVES et non des contingences ABSOLUES, comme l'est la relation $P + Q = R^s$ où il n'existe point la même possibilité pour des lois. Et, de là vient que les résultats de la Théorie des Nombres sont à la vérité contingens et font ainsi partie de la FINALITÉ DU MONDE, mais cette contingence n'est point absolue, parce que, comme nous venons de le voir, il existe, pour ces résultats qui sont toujours les relations (207)'', la possibilité de lois; possibilité qui est précisément le fondement de ce que les faits concernant les nombres entiers et rationnels soient soumis à une théorie (*). — Or, en comparant l'identité (206) qui forme la contingence technique, avec ce que nous venons de dire des trois relations (207)' formant des contingences théoriques, on verra facilement que cette identité (206) revient à celle que présente la dernière des relations (207)', savoir, à l'identité

$$R^s = P + Q,$$

car, dans l'une et dans l'autre de ces identités, il s'agit évidemment de l'unité ou de la liaison entre les deux algorithmes primitifs essentiellement hétérogènes, la graduation et la sommation; et, par conséquent, on verra que l'identité (206) est une véritable contingence algorithmique ABSOLUE. Il s'ensuit que, n'ayant point de lois, cette identité (206), c'est-à-dire, la réduction des différentielles des fonctions aux coefficiens de leurs développemens, ne saurait, dans la Technie de l'Algorithmie, former l'objet d'une branche distincte, comme, par exemple, les deux premières relations contingentes (207)'' qui, par la possibilité de lois, forment, dans la Théorie de l'Algorithmie, l'objet d'une branche spéciale, c'est-à-dire, de la Théorie des Nombres. Ainsi, les Calculs des dérivations qui, dans leurs derniers résultats, n'avaient proprement pour objet que cette réduction des différentielles des fonctions aux coefficiens de leurs développemens en Séries, ne sauraient évidemment exister par eux-mêmes: ces Calculs n'ont existé qu'aux dépens de la Théorie ou de la Technie de l'Algorithmie, ou même de la Philosophie des Mathématiques, comme nous l'avons indiqué plus haut en avançant qu'ils ne sauraient plus trouver place que dans l'Histoire de la science.

(*) Nous développerons ce caractère de la finalité algorithmique dans notre Philosophie de la Théorie des Nombres, qui suivra l'ouvrage présent.

La Technie n'a donc besoin d'aucun secours étranger pour opérer, par le moyen de l'identité (206) qui est un fait algorithmique établi péremptoirement par la Philosophie des Mathématiques à laquelle il appartient exclusivement, pour opérer, disons-nous, la réduction des coefficiens du développement des fonctions en général, aux coefficiens du développement des puissances de certains polynomes; coefficiens qui, en vertu précisément de la Technie, se trouvent être, les uns et les autres, des différentielles des fonctions. Ce besoin de secours étrangers à la Technie, existe d'autant moins que l'identité (206) sur laquelle ces secours se trouveraient fondés, n'est qu'un FAIT UNIQUE donné immédiatement, et dans tous les cas possibles, par cette identité philosophique elle-même; au point que, s'il n'était question que de transformer, dans les diverses expressions techniques, les différentielles des fonctions qui entrent dans ces expressions, en coefficiens du développement de ces fonctions elles-mêmes, cette transformation, à cause de sa simplicité, ne saurait même pas devenir l'objet d'une considération spéciale. — Mais, les lois (189) et (198) des deux systèmes $(175)'$ et $(175)''$ de différentielles secondaires, contiennent les différentielles des puissances de certaines fonctions auxiliaires, ou plutôt se réduisent aux différentielles des puissances de ces fonctions auxiliaires; de sorte que les développemens des fonctions en général, dans lesquels entrent de pareilles différentielles secondaires $(175)'$ et $(175)''$, c'est-à-dire, des différentielles des fonctions dont les variables sont elles-mêmes fonctions d'autres variables, ces développemens, disons-nous, peuvent, en vertu des lois (189) et (198), et en vertu de la contingence technique (206), être réduits aux développemens des puissances des fonctions auxiliaires en question, ou, ce qui est la même chose, aux développemens des puissances de certains polynomes. C'est là l'unique objet digne d'une considération spéciale, auquel conduit, dans la Technie de l'Algorithmie, la contingence philosophique (206), par l'entremise des lois (189) et (198) que suivent les deux systèmes $(175)'$ et $(175)''$ des différentielles secondaires d'une fonction: c'est aussi là l'explication de la possibilité de ramener les développemens des fonctions en général aux développemens des puissances de polynomes; explication qui, suivant ce que nous venons de voir, appartient réellement à la Philosophie de la Technie, comme nous l'avons annoncé plus haut, en commençant à nous occuper des Calculs des dérivations. — On comprendra aussi actuellement que les Calculs des dérivations dont les derniers résultats portaient sur cette dépendance entre les développemens des fonctions en général et les développemens des puissances de polynomes, se réduisaient, en principe, aux deux objets généraux que présentent les deux systèmes $(175)'$ et $(175)''$ des différentielles secondaires d'une fonction, comme nous l'avons également dit plus haut.

Nous allons maintenant appliquer aux formules ou lois de la Technie, ce concours de la contingence philosophique (206) et des lois théoriques (189) et (198), que nous venons de reconnaître pour principe de la réduction des développemens des fonctions en général aux développemens des puissances de polynomes; et cela, nous le ferons pour déduire les lois de cette réduction et, par là même, les lois du SYSTÈME D'EXPRESSIONS TECHNIQUES CONTINGENTES dont on a obtenu quelques fragmens par le moyen des Calculs des dérivations.

Commençons par l'application contingente de la loi (189) du second des deux systèmes $(175)'$ et $(175)''$ de différentielles secondaires. — Cette loi (189) est ... (208)

$$\left(\frac{d^\mu Fx}{dy^\mu}\right) = \left\{\frac{d^{\mu-1}\left(\Theta^{-\mu}\cdot\frac{dF(x+z)}{dz}\right)}{dz^{\mu-1}}\right\}_{(z=0)};$$

la fonction auxiliaire Θ, en vertu de l'expression (176), étant

$$\Theta = \frac{\varphi(x+z) - \varphi x}{z} = \frac{\Delta_z \varphi x}{z};$$

de plus, la fonction φx formant la fonction réciproque qui donne la variable y, savoir, $y = \varphi x$; et enfin l'indice $(z=0)$ attaché aux accolades, désignant la valeur zéro de la variable auxiliaire z. Or, si l'on développe les deux fonctions Θ et $\frac{dF(x+z)}{dz}$ qui entrent dans la loi précédente, on aura ... (208)'

$$\Theta = \frac{d\varphi x}{dx} + \frac{d^2\varphi x}{dx^2}.\frac{z}{2} + \frac{d^3\varphi x}{dx^3}.\frac{z^2}{2.3} + \frac{d^4\varphi x}{dx^4}.\frac{z^3}{2.3.4} + \text{etc.}$$

$$F^{(1)} = \frac{dFx}{dx} + \frac{d^2Fx}{dx^2}.\frac{z}{1} + \frac{d^3Fx}{dx^3}.\frac{z^2}{1.2} + \frac{d^4Fx}{dx^4}.\frac{z^3}{1.2.3} + \text{etc.},$$

en faisant, pour abréger, $\frac{dF(x+z)}{dz} = F^{(1)}$; et si, après avoir pris une puissance quelconque m sur le polynome formant le premier des développemens précédens, on multiplie cette puissance développée par le second de ces développemens, on aura ... (208)''

$$\Theta^m . F^{(1)} = (\Theta^m . F^{(1)})\mathfrak{f}1 + (\Theta^m . F^{(1)})\mathfrak{f}2 . z + (\Theta^m . F^{(1)})\mathfrak{f}3 . z^2$$
$$+ (\Theta^m . F^{(1)})\mathfrak{f}4 . z^3 + \text{etc., etc.};$$

en employant, pour les coefficiens, la notation (204) de Hindenbourg. Mais, en vertu de la contingence technique (206), on aura, pour ce dernier développement (208)'', l'identité ... (208)'''

$$(\Theta^m . F^{(1)})\mathfrak{f}\mu = \frac{1}{1^{(\mu-1)|1}} . \left\{ \frac{d^{\mu-1}(\Theta^m . F^{(1)})}{dz^{\mu-1}} \right\}_{(z=0)}.$$

Donc, comparant cette expression (208)''' avec la loi (208) dont il est question, on trouvera, pour cette même loi, l'expression contingente ... (209)

$$\left(\frac{d^\mu Fx}{dy^\mu}\right) = 1^{(\mu-1)|1} . (\Theta^{-\mu} . F^{(1)})\mathfrak{f}\mu.$$

Ainsi, en observant que $y = \varphi x$, on aura, en vertu des expressions (187), les théorèmes ... (209)'

$$\frac{dFx}{d\varphi x} = (\Theta^{-1}.F^{(1)})\mathfrak{f}1$$

$$\frac{1}{d\varphi x}.d\left(\frac{dFx}{d\varphi x}\right) = 1.(\Theta^{-2}.F^{(1)})\mathfrak{f}2$$

$$\frac{1}{d\varphi x}.d\left(\frac{1}{d\varphi x}.d\left(\frac{dFx}{d\varphi x}\right)\right) = 1.2.(\Theta^{-3}.F^{(1)})\mathfrak{f}3$$

$$\frac{1}{d\varphi x}.d\left(\frac{1}{d\varphi x}.d\left(\frac{1}{d\varphi x}.d\left(\frac{dFx}{d\varphi x}\right)\right)\right) = 1.2.3.(\Theta^{-4}.F^{(1)})\mathfrak{f}4$$

etc., etc.

C'est là le principe des expressions techniques contingentes qui dépendent de l'influence des différentielles secondaires d'une fonction Fx, c'est-à-dire, des différentielles prises par rapport à une autre variable y dont x est fonction moyennant la relation $y = \varphi x$. — Voici d'abord l'application de ce principe à la Série générale (166) ou (169), savoir, à la Série

$$Fx = A_0 + A_1.\varphi x + A_2.(\varphi x)^2 + A_3.(\varphi x)^3 + \text{etc.}$$

Comparant les expressions initiales (171) des coefficiens de cette Série avec les théorèmes précédens (209)', on trouvera ... (210)

$$A_1 = \frac{1}{1}.(\dot{\Theta}^{-1}.\dot{F}^{(1)})\mathfrak{f}1$$

$$A_2 = \frac{1}{2}.(\dot{\Theta}^{-2}.\dot{F}^{(1)})\mathfrak{f}2$$

$$A_3 = \frac{1}{3}.(\dot{\Theta}^{-3}.\dot{F}^{(1)})\mathfrak{f}3$$

etc., etc.;

et la Série générale en question sera ... (210)'

$$\begin{aligned} Fx = F\dot{x} &+ \frac{1}{1}.\left(\dot{\Theta}^{-1}.\dot{F}^{(1)}\right)\mathfrak{f}1.\varphi x \\ &+ \frac{1}{2}.\left(\dot{\Theta}^{-2}.\dot{F}^{(1)}\right)\mathfrak{f}2.(\varphi x)^2 \\ &+ \frac{1}{3}.\left(\dot{\Theta}^{-3}.\dot{F}^{(1)}\right)\mathfrak{f}3.(\varphi x)^3 \\ &+ \text{etc., etc.}; \end{aligned}$$

en marquant toujours par le point placé sur les lettres la valeur de x que donne la relation $\varphi x = 0$. Et lorsque, pour éviter la difficulté attachée à la détermination de cette valeur $\dot{x}$, on peut choisir la mesure algorithmique φx, et qu'on prend, pour cette fonction, la fonction $(fx - fa)$ dans laquelle f dénote une fonction quelconque et a une quantité arbitraire, comme plus haut dans le porisme de Burman (193)'', on aura ... (210)''

$$\begin{aligned} Fx = Fa &+ \frac{1}{1}.\left(\Theta^{-1}.F^{(1)}\right)\mathfrak{f}1.(fx - fa) \\ &+ \frac{1}{2}.\left(\Theta^{-2}.F^{(1)}\right)\mathfrak{f}2.(fx - fa)^2 \\ &+ \frac{1}{3}.\left(\Theta^{-3}.F^{(1)}\right)\mathfrak{f}3.(fx - fa)^3 \\ &+ \text{etc., etc.}; \end{aligned}$$

les polynomes Θ et $F^{(1)}$ étant ici ... (210)'''

$$\Theta = \frac{dfa}{da} + \frac{d^2fa}{da^2}.\frac{z}{2} + \frac{d^3fa}{da^3}.\frac{z^2}{2.3} + \text{etc.}$$

$$F^{(1)} = \frac{dFa}{da} + \frac{d^2Fa}{da^2}.\frac{z}{1} + \frac{d^3Fa}{da^3}.\frac{z^2}{1.2} + \text{etc.}$$

C'est là le porisme de Kramp ou d'Arbogast. — Nous plaçons ici Kramp à côté d'Arbogast et même avant ce géomètre, quoique la découverte de ce dernier porisme (210)'' paraisse appartenir originairement à Arbogast; parce que Kramp l'a amené définitivement à la forme significative sous laquelle nous venons ici de le déduire de notre Loi universelle, c'est-à-dire, à la forme de contingence technique ou de coefficiens des puissances de polynomes, tandis que la forme sous laquelle Arbogast a donné le même porisme, n'a encore aucune signification absolue, n'étant proprement qu'un artifice algorithmique fondé, en principe, sur la contingence technique qui est la forme précédente et qui, comme nous l'avons reconnu, est le terme absolu dans cette question spéciale. — Voici, au reste, la réduction de la forme absolue de Kramp à la forme relative ou artificielle d'Arbogast.

En dénotant, suivant Arbogast, par $D^{\mu}\Phi x$ la dérivée différentielle de l'ordre μ d'une fonction Φx, et de plus par $\underset{c}{D}^{\mu}\Phi x$ cette même dérivée divisée par la factorielle $1^{\mu|1}$, c'est-à-dire, en faisant ... (211)

$$\frac{1}{1^{\mu|1}}\cdot\frac{d^{\mu}\Phi x}{dx^{\mu}} = \underset{c}{D}^{\mu}\Phi x;$$

on aura d'abord, en vertu de la contingence technique (206), l'expression ... (211)'

$$\underset{c}{D}^{\mu}\Phi x = (\Phi(x+i))\,\mathfrak{t}(\mu+1);$$

c'est-à-dire que c'est là la vraie signification de l'expression $\underset{c}{D}^{\mu}\Phi x$ d'Arbogast, signification dans laquelle $(\Phi(x+i))\,\mathfrak{t}(\mu+1)$ marque le coefficient du $(\mu+1)^{\text{ème}}$ terme du développement de la fonction $\Phi(x+i)$ par rapport aux puissances de i. Ensuite, étendant cette notation d'Arbogast aux produits de fonctions, savoir, prenant deux fonctions Φx et Ψx, et faisant ... (212)

$$\underset{c}{D}^{\mu}(\Phi x.\Psi x) = \underset{c}{D}^{\mu}\Phi x.\Psi x + \underset{c}{D}^{\mu-1}\Phi x.\underset{c}{D}\Psi x + \underset{c}{D}^{\mu-2}\Phi x.\underset{c}{D}^{2}\Psi x$$
$$+ \underset{c}{D}^{\mu-3}\Phi x.\underset{c}{D}^{3}\Psi x \ldots\ldots + \Phi x.\underset{c}{D}^{\mu}\Psi x;$$

on aura, en vertu de (211), la valeur correspondante ... (212)'

$$\underset{c}{\mathrm{D}}^{\mu}(\Phi x.\Psi x) = \frac{1}{1^{\mu|1}}.\frac{d^{\mu}\Phi x}{dx^{\mu}}.\Psi x + \frac{1}{1^{(\mu-1)|1}.1^{1|1}}.\frac{d^{\mu-1}\Phi x}{dx^{\mu-1}}.\frac{d\Psi x}{dx} +$$

$$+ \frac{1}{1^{(\mu-2)|1}.1^{2|1}}.\frac{d^{\mu-2}\Phi x}{dx^{\mu-2}}.\frac{d^{2}\Psi x}{dx^{2}} \ldots\ldots + \frac{1}{1^{\mu|1}}.\Phi x.\frac{d^{\mu}\Psi x}{dx^{\mu}}.$$

Mais, comme on a généralement

$$\frac{1^{\mu|1}}{1^{(\mu-\rho)|1}} = (\mu-\rho+1)^{\rho|1} = \mu^{\rho|-1};$$

cette valeur $(212)'$ sera

$$\underset{c}{\mathrm{D}}^{\mu}(\Phi x.\Psi x) = \frac{1}{1^{\mu|1}}.\left\{\frac{d^{\mu}\Phi x}{dx^{\mu}}.\Psi x + \frac{\mu}{1}.\frac{d^{\mu-1}\Phi x}{dx^{\mu-1}}.\frac{d\Psi x}{dx} + \right.$$

$$\left. + \frac{\mu(\mu-1)}{1.2}.\frac{d^{\mu-2}\Phi x}{dx^{\mu-2}}.\frac{d^{2}\Psi x}{dx^{2}} \ldots\ldots + \Phi x.\frac{d^{\mu}\Psi x}{dx^{\mu}}\right\};$$

et, en vertu de la loi fondamentale du Calcul différentiel, elle se réduira à ... $(212)''$

$$\underset{c}{\mathrm{D}}^{\mu}(\Phi x.\Psi x) = \frac{1}{1^{\mu|1}}.\frac{d^{\mu}(\Phi x.\Psi x)}{dx^{\mu}}.$$

Comparant cette expression $(212)''$ avec la contingence technique (206), on trouvera ... (213)

$$\underset{c}{\mathrm{D}}^{\mu}(\Phi x.\Psi x) = (\Phi(x+i).\Psi(x+i))\,\mathfrak{f}(\mu+1);$$

c'est-à-dire que c'est encore là la vraie signification ou la signification fondamentale de l'expression $\underset{c}{\mathrm{D}}^{\mu}(\Phi x.\Psi x)$ d'Arbogast, signification dans laquelle $(\Phi(x+i).\Psi(x+i))\,\mathfrak{f}(\mu+1)$ marque de nouveau le coefficient du $(\mu+1)^{\text{ème}}$ terme du développement de la fonction $\Phi(x+i) \times \Psi(x+i)$ par rapport aux puissances de i. Et, procédant de la même manière, et nommément, faisant successivement

$$\Psi x = \Phi_1 x.\Psi_1 x, \quad \Psi_1 x = \Phi_2 x.\Psi_2 x, \quad \Psi_2 x = \Phi_3 x.\Psi_3 x, \quad \text{etc.},$$

on trouvera avec facilité, pour la *dérivée* du produit d'un nombre quelconque ω de fonctions $\Phi_1 x$, $\Phi_2 x$, $\Phi_3 x$, ... $\Phi_\omega x$, la valeur ... (214)

$$\underset{c}{D}^{\mu}(\Phi_1 x . \Phi_2 x . \Phi_3 x \ldots \Phi_\omega x) =$$
$$= \big(\Phi_1(x+i) . \Phi_2(x+i) . \Phi_3(x+i) \ldots \Phi_\omega(x+i)\big) \mathfrak{f}(\mu+1),$$

qui, d'après ce que nous avons reconnu, est la SIGNIFICATION FONDAMENTALE de l'expression d'Arbogast formant ici le premier membre, signification dans laquelle le second membre marque le coefficient du $(\mu+1)^{\text{ème}}$ terme du développement, par rapport aux puissances de i, de la fonction formée par le produit des fonctions $\Phi_1(x+i)$, $\Phi_2(x+i)$, $\Phi_3(x+i)$, ... $\Phi_\omega(x+i)$.

Or, si l'on dénote de plus, suivant le même géomètre, les polynomes ou développemens des fonctions par leurs premiers termes respectifs, on aura, dans le porisme $(210)''$, les expressions abrégées

$$\theta = \frac{dfa}{da} = Dfa,$$
$$F^{(1)} = \frac{dFa}{da} = DFa;$$

et, en vertu de la valeur générale (214) ou de la valeur particulière (213), le porisme $(210)''$ prendra la forme ... (215)

$$Fx = Fa + \frac{1}{1} . \underset{c}{D}^{0}\big((Dfa)^{-1} . DFa\big) . (fx - fa)$$
$$+ \frac{1}{2} . \underset{c}{D}^{1}\big((Dfa)^{-2} . DFa\big) . (fx - fa)^2$$
$$+ \frac{1}{3} . \underset{c}{D}^{2}\big((Dfa)^{-3} . DFa\big) . (fx - fa)^3$$
$$+ \text{etc., etc.,}$$

qui est la forme artificielle ou purement relative sous laquelle Arbogast a donné le porisme $(210)''$ dont il est question.

Il faut ici relever une erreur majeure commise par Arbogast, erreur qui paraît prouver que, malgré que ce géomètre se soit occupé presque exclusivement du développement des fonctions en Séries, il n'avait pas cependant une idée exacte de ces développemens ou des Séries. En effet, supposant $fa = 0$ dans le porisme précédent (215) et observant qu'alors la quantité a sera une des racines de l'équation $fx = 0$, Arbogast (*Calcul des dérivations*, n° 288) tire du porisme (215) le porisme suivant ... (215)'

$$\begin{aligned} Fx = Fa &+ \frac{1}{1} \cdot \underset{c}{D}^{0}\left((Dfa)^{-1} \cdot DFa\right) \cdot fx \\ &+ \frac{1}{2} \cdot \underset{c}{D}^{1}\left((Dfa)^{-2} \cdot DFa\right) \cdot (fx)^{2} \\ &+ \frac{1}{3} \cdot \underset{c}{D}^{2}\left((Dfa)^{-3} \cdot DFa\right) \cdot (fx)^{3} \\ &+ \text{etc., etc.;} \end{aligned}$$

et il dit expressément « qu'on aura autant de ces Séries que l'équation « $fx = 0$ a de racines ». Nous avons reconnu plus haut, dans la première Section, en examinant les conditions de l'impossibilité du développement des fonctions, et nommément le cas de l'impossibilité absolue de ces développemens, sous les marques (125) et suivantes, nous avons reconnu, disons-nous, que, lorsque dans le développement précédent (215)' la fonction fx par rapport à laquelle procède ce développement, est telle que l'équation $fx = 0$ donne plusieurs valeurs différentes pour x, le développement (215)' dont il s'agit ici, est absolument impossible ou absurde, en considérant la fonction développée Fx en général; car, il n'existe alors d'exception que pour des fonctions Fx d'une nature toute spéciale que nous ferons connaître dans la suite de nos ouvrages. Pour s'en convaincre par le fait, il n'y a qu'à faire $fx = (x^2 - a^2)$, et appliquer le porisme précédent (215)' au développement des fonctions $Fx = x$, et $Fx = \text{Log.}\, x$: on trouverait, pour $Fx = x$, les deux Séries ... (215)''

$$x = +a + \frac{1}{2a}.(x^2 - a^2) - \frac{1}{1.2}.\frac{1}{2^2 a^3}.(x^2 - a^2)^2 + \frac{1.3}{1.2.3}.\frac{1}{2^3 a^5}.(x^2 - a^2)^3 - \text{etc.},$$

$$x = -a - \frac{1}{2a}.(x^2 - a^2) + \frac{1}{1.2}.\frac{1}{2^2 a^3}.(x^2 - a^2)^2 - \frac{1.3}{1.2.3}.\frac{1}{2^3 a^5}.(x^2 - a^2)^3 + \text{etc.},$$

correspondantes aux deux racines $(+a)$ et $(-a)$ de l'équation $(x^2 - a^2) = 0$; et, pour $Fx = \text{Log}.\,x$, on trouverait les deux Séries ... $(215)'''$

$$\text{Log}.\,x = \text{Log}.(+a) + \frac{1}{1}.\frac{1}{2a^2}.(x^2 - a^2) - \frac{1}{2}.\frac{1}{2a^4}.(x^2 - a^2)^2 + $$
$$+ \frac{1}{3}.\frac{1}{2a^6}.(x^2 - a^2)^3 - \text{etc.},$$

$$\text{Log}.\,x = \text{Log}.(-a) + \frac{1}{1}.\frac{1}{2a^2}.(x^2 - a^2) - \frac{1}{2}.\frac{1}{2a^4}.(x^2 - a^2)^2 + $$
$$+ \frac{1}{3}.\frac{1}{2a^6}.(x^2 - a^2)^3 - \text{etc.},$$

correspondantes également aux deux racines de l'équation $(x^2 - a^2) = 0$. Or, comparant ces Séries respectives, on en tirerait ... $(215)^{\text{IV}}$

$$+1 = -1, \quad \text{et} \quad \text{Log}.(+a) = \text{Log}.(-a);$$

relations qui sont des absurdités. — Cette inexactitude des idées d'Arbogast sur les développemens ou sur les Séries, se manifeste encore dans la subordination logique qu'il établit dans ses propositions, et nommément, pour donner ici un exemple, dans la subordination des propositions formant le *Cinquième Article* de son *Calcul des dérivations*, où il place à la tête un théorème qui n'est évidemment qu'un corollaire très immédiat du porisme (215), lequel porisme est le véritable principe logique de tout cet *Article*, et lequel porisme de plus est, en résumé, tout ce que ce géomètre a trouvé sur le développement d'une fonction Fx d'une forme quelconque, par rapport aux puissances progressives d'une autre fonction fx; également d'une forme quelconque. En effet, si l'on prend, pour les fonctions Fx et fx, les Séries suivantes ... (216)

$$Fx = \mathfrak{A}_0 + \mathfrak{A}_1 . x + \mathfrak{A}_2 . x^2 + \mathfrak{A}_3 . x^3 + \text{etc.},$$

$$fx = x(\mathfrak{a}_0 + \mathfrak{a}_1 . x + \mathfrak{a}_2 . x^2 + \mathfrak{a}_3 . x^3 + \text{etc.})^m;$$

et si, pour abréger les expressions, on fait ... (216)'

$$(\mathfrak{a}_0 + \mathfrak{a}_1 . x + \mathfrak{a}_2 . x^2 + \mathfrak{a}_3 . x^3 + \text{etc.}) = \psi x;$$

la question formant le prétendu théorème fondamental d'Arbogast, se réduira à développer la première de ces deux Séries (216) ou cette fonction particulière Fx, par rapport aux puissances de la fonction $x(\psi x)^m$; et cette question ne sera évidemment qu'un cas particulier du porisme (215) ou (210)'', en y faisant $a = 0$. Or, en vertu de la loi fondamentale du Calcul différentiel, on a généralement

$$\frac{d^\rho(x(\psi x)^m)}{dx^\rho} = x . \frac{d^\rho(\psi x)^m}{dx^\rho} + \rho . \frac{d^{\rho-1}(\psi x)^m}{dx^{\rho-1}};$$

expression qui, lorsque $x = 0$, ce que nous marquerons par $\dot{x}$, donne

$$\frac{d^\rho(\dot{x} . (\psi \dot{x})^m)}{d\dot{x}^\rho} = \rho . \frac{d^{\rho-1}(\psi \dot{x})^m}{d\dot{x}^{\rho-1}}.$$

Et, la première des deux Séries (216) donne immédiatement

$$\frac{d^\rho F\dot{x}}{d\dot{x}^\rho} = 1^{\rho|1} . \mathfrak{A}_\rho .$$

Ainsi, substituant ces valeurs à la place de $\frac{d^\rho fa}{da^\rho}$ et de $\frac{d^\rho Fa}{da^\rho}$ dans les deux polynomes (210)''', on aura ici ... (216)''

$$\Theta = (\psi \dot{x})^m + \frac{d(\psi \dot{x})^m}{dx} . \frac{z}{1} + \frac{d^2(\psi \dot{x})^m}{dx^2} . \frac{z^2}{1.2} + \text{etc.} =$$

$$= (\psi z)^m = (\mathfrak{a}_0 + \mathfrak{a}_1 . z + \mathfrak{a}_2 . z^2 + \mathfrak{a}_3 . z^3 + \text{etc.})^m,$$

$$F^{(1)} = \mathfrak{A}_1 + 2\mathfrak{A}_2 . z + 3\mathfrak{A}_3 . z^2 + 4\mathfrak{A}_4 . z^3 + \text{etc.} =$$
$$= \frac{dFz}{dz} = d(\mathfrak{A}_0 + \mathfrak{A}_1 . z + \mathfrak{A}_2 . z^2 + \mathfrak{A}_3 . z^3 + \text{etc.}) . \frac{1}{dz};$$

et tels seront les polynomes particuliers Θ et $F^{(1)}$ qui, employés dans le porisme général (210)'', après y avoir fait $a = 0$, donneront le prétendu théorème fondamental d'Arbogast, que voici ... (217)

$$\mathfrak{A}_0 + \mathfrak{A}_1 . x + \mathfrak{A}_2 . x^2 + \mathfrak{A}_3 . x^3 + \text{etc.} =$$
$$= \mathfrak{A}_0 + \frac{1}{1} . (\Theta^{-1} . F^{(1)}) \mathfrak{f}1 . x(\mathfrak{a}_0 + \mathfrak{a}_1 . x + \mathfrak{a}_2 . x^2 + \text{etc.})^m$$
$$+ \frac{1}{2} . (\Theta^{-2} . F^{(1)}) \mathfrak{f}2 . x^2(\mathfrak{a}_0 + \mathfrak{a}_1 . x + \mathfrak{a}_2 . x^2 + \text{etc.})^{2m}$$
$$+ \frac{1}{3} . (\Theta^{-3} . F^{(1)}) \mathfrak{f}3 . x^3(\mathfrak{a}_0 + \mathfrak{a}_1 . x + \mathfrak{a}_2 . x^2 + \text{etc.})^{3m}$$
$$+ \text{etc., etc.}$$

Et, voulant employer les *dérivées* elles-mêmes d'Arbogast, si, d'après la manière de ce géomètre, on ne prend que les premiers termes des séries (216)'' pour les polynomes Θ et $F^{(1)}$, savoir, $(\mathfrak{a}_0)^m$ et $\mathrm{D}\mathfrak{A}_0$, et si on fait attention à la valeur (213), on aura ... (217)'

$$\mathfrak{A}_0 + \mathfrak{A}_1 . x + \mathfrak{A}_2 . x^2 + \mathfrak{A}_3 . x^3 + \text{etc.} =$$
$$= \mathfrak{A}_0 + \frac{1}{1} . \underset{c}{\mathrm{D}}^0 ((\mathfrak{a}_0)^{-m} . \mathrm{D}\mathfrak{A}_0) . x(\mathfrak{a}_0 + \mathfrak{a}_1 x + \mathfrak{a}_2 x^2 + \text{etc.})^m$$
$$+ \frac{1}{2} . \underset{c}{\mathrm{D}}^1 ((\mathfrak{a}_0)^{-2m} . \mathrm{D}\mathfrak{A}_0) . x^2(\mathfrak{a}_0 + \mathfrak{a}_1 x + \mathfrak{a}_2 x^2 + \text{etc.})^{2m}$$
$$+ \frac{1}{3} . \underset{c}{\mathrm{D}}^2 ((\mathfrak{a}_0)^{-3m} . \mathrm{D}\mathfrak{A}_0) . x^3(\mathfrak{a}_0 + \mathfrak{a}_1 x + \mathfrak{a}_2 x^2 + \text{etc.})^{3m}$$
$$+ \text{etc., etc.};$$

qui est la forme même du porisme qu'Arbogast prend pour le théorème fondamental, et qui, comme nous venons de le voir, n'est qu'un corollaire très immédiat de son porisme $(210)''$ ou (215).

Mais, sans avoir besoin des secours de la contingence sur laquelle se trouve fondé le développement précédent (217) ou $(217)'$, on peut y arriver immédiatement en procédant par la voie nécessaire que présente le porisme $(193)'$. Il suffit, en effet, d'y faire

$$Fx = \mathfrak{A}_0 + \mathfrak{A}_1 . x + \mathfrak{A}_2 . x^2 + \mathfrak{A}_3 . x^3 + \text{etc.},$$

$$\varphi x = x(\mathfrak{a}_0 + \mathfrak{a}_1 x + \mathfrak{a}_2 x^2 + \mathfrak{a}_3 x^3 + \text{etc.})^m = x.(\psi x)^m,$$

et par conséquent $a = 0$; et l'on aura immédiatement ... (218)

$$Fx = \mathfrak{A}_0 + \left((\psi\dot{x})^{-m} . \frac{dF\dot{x}}{dx}\right) . \frac{x}{1} . (\mathfrak{a}_0 + \mathfrak{a}_1 x + \mathfrak{a}_2 x^2 + \text{etc.})^m$$

$$+ \frac{d\left((\psi\dot{x})^{-2m} . \frac{dF\dot{x}}{dx}\right)}{dx} . \frac{x^2}{1.2} . (\mathfrak{a}_0 + \mathfrak{a}_1 x + \mathfrak{a}_2 x^2 + \text{etc.})^{2m}$$

$$+ \frac{d^2\left((\psi\dot{x})^{-3m} . \frac{dF\dot{x}}{dx}\right)}{dx^2} . \frac{x^3}{1.2.3} . (\mathfrak{a}_0 + \mathfrak{a}_1 x + \mathfrak{a}_2 x^2 + \text{etc.})^{3m}$$

$$+ \text{etc., etc.};$$

en marquant par $\dot{x}$ la valeur zéro de la variable x. Et, substituant maintenant, pour les coefficiens de ce développement, ce que donne la contingence philosophique (206), on aurait immédiatement le porisme précédent (217) ou $(217)'$ formant le soi-disant théorème fondamental d'Arbogast. — Bien plus, nous pouvons, par le moyen de nos formules, nous élever jusqu'à l'expression absolue du développement particulier (217) dont il s'agit, et découvrir ainsi la LOI ELLE-MÊME qui le régit. En effet, pour arriver à la première des expressions $(216)''$, nous avons vu que

$$\frac{d^\rho(\dot{x}.(\psi\dot{x})^m)}{dx^\rho} = \rho . \frac{d^{\rho-1}(\psi\dot{x})^m}{dx^{\rho-1}};$$

et, appliquant de même la loi fondamentale du Calcul différentiel, on verra généralement que ... (219)

$$\frac{d^{\rho}(\dot{x}.(\psi\dot{x})^{m})^{\varpi}}{dx^{\rho}} = \rho^{\varpi|-1} . \frac{d^{\rho-\varpi}(\psi\dot{x})^{\varpi m}}{dx^{\rho-\varpi}} .$$

Ainsi, substituant ces valeurs à la place des différentielles $d\phi x$, $d(\phi x)^2$, $d(\phi x)^3$, etc., etc. dans l'expression absolue (166)'', on obtiendra, pour le coefficient général A_{μ} du développement (218) dont il est question, la loi ... (219)'

$$A_{\mu} = \frac{\varpi\left\{\begin{array}{l}\dfrac{d^{\nu 1-1}(\psi\dot{x})^{m}}{1^{(\nu 1-1)|1}} . \dfrac{d^{\nu 2-2}(\psi\dot{x})^{2m}}{1^{(\nu 2-2)|1}} . \dfrac{d^{\nu 3-3}(\psi\dot{x})^{3m}}{1^{(\nu 3-3)|1}} \ldots\ldots \\ \ldots\ldots \dfrac{d^{\nu(\mu-1)-(\mu-1)}(\psi\dot{x})^{(\mu-1)m}}{1^{(\nu(\mu-1)-(\mu-1))|1}} . \dfrac{d^{\nu\mu}F\dot{x}}{1^{\nu\mu|1}}\end{array}\right\}}{(\psi\dot{x})^{\frac{\mu(\mu+1)m}{2}} . (dx)^{\mu}} ;$$

la fonction ϖ portant ici sur la permutation des quantités $\nu 1$, $\nu 2$, $\nu 3$, ... $\nu\mu$, dont les valeurs sont ... (219)''

$$\nu 1 = 1, \quad \nu 2 = 2, \quad \nu 3 = 3, \quad \ldots \quad \nu\mu = \mu .$$

Et, cette loi donnera les valeurs particulières suivantes ... (219)'''

$$A_1 = \frac{\varpi\left\{\dfrac{d^{\nu 1}F\dot{x}}{1^{\nu 1|1}}\right\}}{dx . (\psi\dot{x})^{m}} = \frac{dF\dot{x}}{dx . (\psi\dot{x})^{m}}$$

$$A_2 = \frac{\varpi\left\{\dfrac{d^{\nu 1-1}(\psi\dot{x})^{m}}{1^{(\nu 1-1)|1}} . \dfrac{d^{\nu 2}F\dot{x}}{1^{\nu 2|1}}\right\}}{dx^2 . (\psi\dot{x})^{3m}}$$

$$A_3 = \frac{\varpi\left\{\dfrac{d^{\nu 1-1}(\psi\dot{x})^{m}}{1^{(\nu 1-1)|1}} . \dfrac{d^{\nu 2-2}(\psi\dot{x})^{2m}}{1^{(\nu 2-2)|1}} . \dfrac{d^{\nu 3}F\dot{x}}{1^{\nu 3|1}}\right\}}{dx^3 . (\psi\dot{x})^{6m}}$$

etc., etc. ;

qui seront les valeurs primitives ou élémentaires des coefficiens de la Série (218), savoir, de la Série ... (219)^{IV}

$$\begin{aligned} Fx = Fx &+ A_1 . x(a_0 + a_1 x + a_2 x^2 + \text{etc.})^m \\ &+ A_2 . x^2 (a_0 + a_1 x + a_2 x^2 + \text{etc.})^{2m} \\ &+ A_3 . x^3 (a_0 + a_1 x + a_2 x^2 + \text{etc.})^{3m} \\ &+ \text{etc., etc.} \end{aligned}$$

La dernière expression générale (219)$'$ du coefficient A_μ, qui, suivant ce que nous avons reconnu plus haut concernant la nature des fonctions schins, donne immédiatement les derniers termes ou les élémens mêmes de la construction de ce coefficient, est l'expression ABSOLUE et, par conséquent, la LOI même du développement (219)^{IV} dont il s'agit. La formule précédente (218), et nommément l'expression du coefficient général de cette formule, savoir, ... (218)$'$

$$A_\mu = \frac{1}{1^{\mu|1}} \cdot \frac{d^{\mu-1}\left((\psi x)^{-\mu m} \cdot \frac{dFx}{dx}\right)}{dx^{\mu-1}},$$

n'est que RELATIVE, lorsque l'exposant m est considéré généralement comme positif; parce que, comme nous l'avons déjà remarqué plus haut à l'occasion du porisme (193)$'$ ou (193)$''$ de Burman, elle ne donne pas alors immédiatement les derniers termes ou élémens de la génération de cette quantité. Toutefois, ayant égard à ce que nous avons dit plus haut concernant l'impossibilité du développement (215)$'$, lorsque la fonction fx par rapport à laquelle procède ce développement, est telle que la relation $fx = 0$ donne plusieurs valeurs pour x, on verra que lorsque, dans le développement (218) ou (219)^{IV} dont il s'agit actuellement, le polynome

$$\psi x = a_0 + a_1 x + a_2 x^2 + \text{etc.}$$

est fini, ce développement n'est généralement possible que lorsque l'exposant m est négatif; et alors, l'expression précédente $(218)'$ présente déjà les derniers termes ou les élémens de la construction du coefficient général A_μ, et elle forme ainsi, dans ce cas particulier, l'expression absolue même de la valeur de ce coefficient.

La comparaison des expressions précédentes $(219)'$ et $(218)'$, considérées sous l'aspect de leurs états absolu et relatif, va nous conduire à la découverte d'un système de théorèmes, auquel il aurait fallu parvenir pour pouvoir élever le porisme contingent $(210)''$ de Kramp ou d'Arbogast à l'état absolu et, par conséquent, à la valeur de loi fondamentale de la Série générale (166). — En développant l'expression $(218)'$ par le moyen de la loi fondamentale du Calcul différentiel, on aura ... (220)

$$A_\mu = \frac{1}{1^{\mu|1} . dx^\mu} . \Big\{ d^{\mu-1}(\psi x)^{-\mu m} . dFx + \frac{\mu-1}{1} . d^{\mu-2}(\psi x)^{-\mu m} . d^2 Fx + \\ + \frac{(\mu-1)(\mu-2)}{1.2} . d^{\mu-3}(\psi x)^{-\mu m} . d^3 Fx + \text{etc.} \Big\};$$

et si, pour abréger les expressions, on emploie les coefficiens des développemens à la place des différentielles, l'expression précédente (220), en vertu de l'identité (206), sera ... $(220)'$

$$A_\mu = \frac{1}{\mu} . \Big\{ \big((\psi x)^{-\mu m}\big)\mathfrak{f}\mu . (Fx)\mathfrak{f}2 + 2\big((\psi x)^{-\mu m}\big)\mathfrak{f}(\mu-1) . (Fx)\mathfrak{f}3 + \\ + 3\big((\psi x)^{-\mu m}\big)\mathfrak{f}(\mu-2) . (Fx)\mathfrak{f}4 \ldots . + \mu\big((\psi x)^{-\mu m}\big)\mathfrak{f}1 . (Fx)\mathfrak{f}(\mu+1) \Big\}.$$

Employant de même les coefficiens des développemens à la place des différentielles, l'expression $(219)'$, en vertu de l'identité (206), sera ... $(220)''$

$$A_\mu = \frac{\varpi \left\{ \begin{array}{l} (\psi x)^m \mathfrak{f}\nu 1 . (\psi x)^{2m} \mathfrak{f}(\nu 2 - 1) . (\psi x)^{3m} \mathfrak{f}(\nu 3 - 2) \ldots\ldots \\ \qquad (\psi x)^{(\mu-1)m} \mathfrak{f}(\nu(\mu-1) - (\mu-2)) . (Fx)\mathfrak{f}(\nu\mu+1) \end{array} \right\}}{(\psi x)^{\frac{\mu(\mu+1)m}{2}}};$$

la fonction ϖ portant toujours sur la permutation des indices $\nu 1$, $\nu 2$, $\nu 3$, ... $\nu\mu$ dont les valeurs sont données sous la marque $(219)''$. Et, appliquant au développement de cette fonction ϖ la formule (56), on aura ... $(220)'''$

$$A_\mu = \frac{(-1)^{\mu+1}}{(\psi x)^{\frac{\mu(\mu+1)m}{2}}} \cdot \left\{ \begin{array}{l} (-1)^0 \, . \, (Fx) \, \mathfrak{f}2 \, . \, B_1 \\ (-1)^1 \, . \, (Fx) \, \mathfrak{f}3 \, . \, B_2 \\ (-1)^2 \, . \, (Fx) \, \mathfrak{f}4 \, . \, B_3 \\ \cdots\cdots\cdots \\ (-1)^{\mu-1} \, . \, (Fx) \, \mathfrak{f}(\mu+1) \, . \, B_\mu \end{array} \right\};$$

en faisant ... $(220)^{\text{IV}}$

$$B_1 = \varpi \left\{ \begin{array}{r} (\psi x)^m \, \mathfrak{f}\nu 2 \, . \, (\psi x)^{2m} \, \mathfrak{f}(\nu 3 - 1) \, . \, (\psi x)^{3m} \, \mathfrak{f}(\nu 4 - 2) \; \ldots \\ \ldots \; (\psi x)^{(\mu-1)m} \, \mathfrak{f}(\nu\mu - (\mu - 2)) \end{array} \right\}$$

$$B_2 = \varpi \left\{ \begin{array}{r} (\psi x)^m \, \mathfrak{f}\nu 1 \, . \, (\psi x)^{2m} \, \mathfrak{f}(\nu 3 - 1) \, . \, (\psi x)^{3m} \, \mathfrak{f}(\nu 4 - 2) \; \ldots \\ \ldots\ldots \; (\psi x)^{(\mu-1)m} \, \mathfrak{f}(\nu\mu - (\mu - 2)) \end{array} \right\}$$

$$B_3 = \varpi \left\{ \begin{array}{r} (\psi x)^m \, \mathfrak{f}\nu 1 \, . \, (\psi x)^{2m} \, \mathfrak{f}(\nu 2 - 1) \, . \, (\psi x)^{3m} \, \mathfrak{f}(\nu 4 - 2) \; \ldots \\ \ldots\ldots \; (\psi x)^{(\mu-1)m} \, \mathfrak{f}(\nu\mu - (\mu - 2)) \end{array} \right\}$$

. . . .

$$B_\mu = \varpi \left\{ \begin{array}{r} (\psi x)^m \, \mathfrak{f}\nu 1 \, . \, (\psi x)^{2m} \, \mathfrak{f}(\nu 2 - 1) \, . \, (\psi x)^{3m} \, \mathfrak{f}(\nu 3 - 2) \; \ldots\ldots \\ \ldots\ldots \; (\psi x)^{(\mu-1)m} \, \mathfrak{f}(\nu(\mu - 1) - (\mu - 2)) \end{array} \right\}.$$

Or, en comparant les développemens $(220)'$ et $(220)'''$, on trouvera le système de théorèmes ... (221)

$$\left((\psi x)^{-\mu m}\right) \mathfrak{f}\mu = (-1)^{\mu+1} \cdot \frac{\mu B_1}{1 \cdot (\psi x)^{\frac{\mu(\mu+1)m}{2}}}$$

$$\left((\psi x)^{-\mu m}\right) \mathfrak{f}(\mu-1) = (-1)^{\mu} \cdot \frac{\mu B_2}{2 \cdot (\psi x)^{\frac{\mu(\mu+1)m}{2}}}$$

$$\left((\psi x)^{-\mu m}\right) \mathfrak{f}(\mu-2) = (-1)^{\mu-1} \cdot \frac{\mu B_3}{3 \cdot (\psi x)^{\frac{\mu(\mu+1)m}{2}}}$$

. . . .

$$\left((\psi x)^{-\mu m}\right) \mathfrak{f}1 = (-1)^{2} \cdot \frac{\mu B_\mu}{\mu \cdot (\psi x)^{\frac{\mu(\mu+1)m}{2}}} .$$

Et, dans le cas particulier où $m = 1$, et où la fonction ψx est considérée comme formant un polynome ... (222)

$$\psi x = a_0 + a_1 . x + a_2 . x^2 + a_3 . x^3 + \text{etc.},$$

polynome que nous désignerons par Θ, on aura ... (222)′

$$(\psi x)^{\frac{\mu(\mu+1)m}{2}} = a_0^{\frac{\mu(\mu+1)}{2}} ;$$

et le système général (221) donnera le système particulier de théorèmes que voici ... (222)″

$$(\Theta^{-\mu}) \mathfrak{f}\mu = \frac{\mu . (-1)^{\mu+1}}{1 . a_0^{\frac{\mu(\mu+1)}{2}}} . \mathfrak{W} \left\{ \begin{array}{l} \Theta \mathfrak{f}\nu 2 . \Theta^2 \mathfrak{f}(\nu 3 - 1) . \Theta^3 \mathfrak{f}(\nu 4 - 2) \ldots \\ \qquad \ldots . \Theta^{\mu-1} \mathfrak{f}(\nu\mu - (\mu-2)) \end{array} \right\}$$

$$(\Theta^{-\mu}) \mathfrak{f}(\mu-1) = \frac{\mu . (-1)^{\mu}}{2 . a_0^{\frac{\mu(\mu+1)}{2}}} . \mathfrak{W} \left\{ \begin{array}{l} \Theta \mathfrak{f}\nu 1 . \Theta^2 \mathfrak{f}(\nu 3 - 1) . \Theta^3 \mathfrak{f}(\nu 4 - 2) \ldots \\ \qquad \ldots . \Theta^{\mu-1} \mathfrak{f}(\nu\mu - (\mu-2)) \end{array} \right\}$$

$$(\Theta^{-\mu})\mathfrak{f}(\mu-2) = \frac{\mu.(-1)^{\mu-1}}{3.a_0^{\frac{\mu(\mu+1)}{2}}}.\mathfrak{W}\left\{\begin{matrix}\Theta\mathfrak{f}\nu 1.\Theta^2\mathfrak{f}(\nu 2-1).\Theta^3\mathfrak{f}(\nu 4-2)\ \ldots \\ \ldots\ldots\ \Theta^{\mu-1}\mathfrak{f}(\nu\mu-(\mu-2))\end{matrix}\right\}$$

. . . .

$$(\Theta^{-\mu})\mathfrak{f}1 = \frac{\mu.(-1)^{2}}{\mu.a_0^{\frac{\mu(\mu+1)}{2}}}.\mathfrak{W}\left\{\begin{matrix}\Theta\mathfrak{f}\nu 1.\Theta^2\mathfrak{f}(\nu 2-1).\Theta^3\mathfrak{f}(\nu 3-2)\ \ldots \\ \ldots\ldots\ \Theta^{\mu-1}\mathfrak{f}(\nu(\mu-1)-(\mu-2))\end{matrix}\right\};$$

les fonctions $\mathfrak{W}$ portant ici toujours sur la permutation des indices $\nu 1$, $\nu 2$, $\nu 3$, ... $\nu\mu$ dont les valeurs sont

$$\nu 1 = 1, \quad \nu 2 = 2, \quad \nu 3 = 3, \quad \ldots\ldots \quad \nu\mu = \mu.$$

C'est là (222)'' le système de théorèmes qu'il aurait fallu découvrir pour porter le porisme (210)'' de Kramp ou d'Arbogast à l'état d'expression absolue et, par conséquent, à l'état de véritable loi de la Série générale (166). En effet, le coefficient général de ce porisme, savoir,

$$A_\mu = \frac{1}{\mu}.(\Theta^{-\mu}.F^{(1)})\,\mathfrak{f}\mu;$$

étant développé, donne ... (223)

$$A_\mu = \frac{1}{\mu}.\Big\{(\Theta^{-\mu})\mathfrak{f}\mu.F^{(1)}\mathfrak{f}1 + (\Theta^{-\mu})\mathfrak{f}(\mu-1).F^{(1)}\mathfrak{f}2 + $$
$$+ (\Theta^{-\mu})\mathfrak{f}(\mu-2).F^{(1)}\mathfrak{f}3\ \ldots\ldots + (\Theta^{-\mu})\mathfrak{f}1.F^{(1)}\mathfrak{f}\mu\Big\};$$

de sorte que, si l'on connaissait la loi de la génération des quantités ... (223)'

$$(\Theta^{-\mu})\mathfrak{f}\mu, \quad (\Theta^{-\mu})\mathfrak{f}(\mu-1), \quad (\Theta^{-\mu})\mathfrak{f}(\mu-2), \quad \ldots\ldots \quad (\Theta^{-\mu})\mathfrak{f}1,$$

l'expression précédente (223) présenterait la loi même de la génération des coefficiens de la Série générale (166) dont il s'agit. Et, cette loi de la génération des dernières quantités (223)' se trouve évidemment donnée par le système de théorèmes (222)''. Car, comme nous l'avons déjà remarqué plus haut (167)'', les quantités

$$\Theta^\rho \mathfrak{f}\varpi = \frac{1}{1^{(\varpi-1)|1}} \left(\frac{d^{\varpi-1}\Theta^\rho}{dx^{\varpi-1}}\right)_{(x=0)},$$

dans lesquelles l'exposant ρ est positif, quantités qui sont les élémens des théorèmes (222)'', sont données immédiatement par la loi ... (223)''

$$\frac{d^{\varpi-1}\Theta^\rho}{dx^{\varpi-1}} = 1^{(\varpi-1)|1} . Agr. \left\{ \frac{d^{r1}\Theta . d^{r2}\Theta . d^{r3}\Theta \ldots d^{r\rho}\Theta}{1^{r1|1} . 1^{r2|1} . 1^{r3|1} \ldots 1^{r\rho|1}} \right\},$$

dans laquelle l'abréviation *Agr.* dénote l'agrégat des termes correspondans aux valeurs entières des indices $r1$, $r2$, $r3$, ... $r\rho$ qui satisfont à l'équation ... (223)'''

$$(\varpi - 1) = r1 + r2 + r3 \ldots + r\rho;$$

de sorte que, vu le polynome (222), savoir,

$$\Theta = a_0 + a_1 . x + a_2 . x^2 + a_3 . x^3 + \text{etc.},$$

on aura généralement ... (223)^{IV}

$$\Theta^\rho \mathfrak{f}\varpi = Agr. \left\{ a_{r1} . a_{r2} . a_{r3} \ldots a_{r\rho} \right\}.$$

Et, l'on voit effectivement que, de cette manière, les théorèmes (222)'' donnent les quantités (223)' moyennant leurs derniers termes ou leurs véritables élémens, qui sont les différentielles immédiates $d\Theta$, $d^2\Theta$, $d^3\Theta$, etc. ou les coefficiens a_1, a_2, a_3, etc. du polynome (222) représentant ici le premier des deux polynomes (210)''', dans lequel les coefficiens sont les différentielles immédiates de la fonction *fx* par rapport à laquelle procède la Série générale (210)''.

Mais, revenons encore un instant au théorème prétendu fondamental d'Arbogast (217) ou (217)', et déterminons aussi les expressions initiales de ses coefficiens, correspondantes à celles de Paoli

(171), pour compléter le système d'expressions possibles de ce cas particulier. — Il suffit, pour cela, de substituer dans les expressions initiales (171) de Paoli, à la place de la fonction générale φx par rapport à laquelle procède la Série générale (166), la fonction particulière $x(\psi x)^m$ par rapport à laquelle procède le développement prétendu fondamental (217) ou (217)' d'Arbogast. On aura ainsi, pour les coefficiens de ce développement particulier, les expressions ... (224)

$$A_0 = F\dot{x}$$

$$A_1 = \frac{1}{1} \cdot \frac{dF\dot{x}}{d(\dot{x}(\psi\dot{x})^m)}$$

$$A_2 = \frac{1}{1.2} \cdot \frac{1}{d(\dot{x}(\psi\dot{x})^m)} \cdot d\left(\frac{dF\dot{x}}{d(\dot{x}(\psi\dot{x})^m)}\right)$$

$$A_3 = \frac{1}{1.2.3} \cdot \frac{1}{d(\dot{x}(\psi\dot{x})^m)} \cdot d\left(\frac{1}{d(\dot{x}(\psi\dot{x})^m)} \cdot d\left(\frac{dF\dot{x}}{d(\dot{x}(\psi\dot{x})^m)}\right)\right)$$

etc., etc.;

en marquant toujours par $\dot{x}$ la valeur zéro de la variable x. Mais, pour cette valeur, nous avons vu, sous la marque (219), qu'on a généralement

$$\frac{d^\rho(\dot{x}(\psi\dot{x})^m)^\varpi}{dx^\rho} = \rho^{\varpi|-1} \cdot \frac{d^{\rho-\varpi}(\psi\dot{x})^{\varpi m}}{dx^{\rho-\varpi}};$$

et par conséquent, lorsque $\varpi = 1$, qu'on a ... (224)'

$$\frac{d^\rho(\dot{x}(\psi\dot{x})^m)}{dx^\rho} = \rho \cdot \frac{d^{\rho-1}(\psi\dot{x})^m}{dx^{\rho-1}}.$$

Ainsi, il faudra substituer, dans les expressions précédentes (224), à la place des différentielles de l'ordre ρ de la fonction $(x(\psi x)^m)$, les différentielles immédiatement inférieures ou de l'ordre $(\rho-1)$ de la fonction simple $(\psi x)^m$, multipliées par l'exposant ρ. Il suffit donc de prendre immédiatement les différentielles de la fonction intégrale $\int(\psi x)^m$ à la place de celles de la fonction $(x(\psi x)^m)$, pourvu qu'on les multiplie par leurs exposans respectifs; et, de cette manière, les expressions (224) deviendront ... (224)''

$$A_0 = F\dot{x}$$

$$A_1 = \frac{1}{1}\cdot\frac{dF\dot{x}}{(\psi\dot{x})^m}\cdot\frac{1}{dx}$$

$$A_2 = \frac{1}{1.2}\cdot\frac{1}{(\psi\dot{x})^m}\cdot d'\left(\frac{dF\dot{x}}{(\psi\dot{x})^m}\right)\cdot\frac{1}{dx^2}$$

$$A_3 = \frac{1}{1.2.3}\cdot\frac{1}{(\psi\dot{x})^m}\cdot d'\left(\frac{1}{(\psi\dot{x})^m}\cdot d'\left(\frac{dF\dot{x}}{(\psi\dot{x})^m}\right)\right)\cdot\frac{1}{dx^3}$$

etc., etc.;

en marquant par l'accent attaché à la caractéristique d des différentielles, que, dans le développement de ces expressions, les différentielles de la fonction $(\psi x)^m$ doivent être multipliées par leurs exposans augmentés d'une unité.

Comparant ces résultats avec les coefficiens de la formule (218), et prenant à la place de la dérivée différentielle $\frac{dFx}{dx}$, une fonction quelconque fx, on aura, entre deux fonctions fx et ψx, le système nouveau de théorèmes ... (225)

$$d\left(\frac{fx}{(\psi x)^{2m}}\right) = \frac{1}{(\psi x)^m}\cdot d'\left(\frac{fx}{(\psi x)^m}\right)$$

$$d^2\left(\frac{fx}{(\psi x)^{3m}}\right) = \frac{1}{(\psi x)^m}\cdot d'\left(\frac{1}{(\psi x)^m}\cdot d'\left(\frac{fx}{(\psi x)^m}\right)\right)$$

$$d^3\left(\frac{fx}{(\psi x)^{4m}}\right)=\frac{1}{(\psi x)^m}\cdot d'\left(\frac{1}{(\psi x)^m}\cdot d'\left(\frac{1}{(\psi x)^m}\cdot d'\left(\frac{fx}{(\psi x)^m}\right)\right)\right)$$

etc., etc.;

l'accent de la caractéristique d' marquant toujours que les différentielles de la fonction $(\psi x)^m$ doivent être multipliées par leurs exposans respectifs augmentés d'une unité. Et, dans le cas particulier où $fx = x^0 = 1$, on aura les théorèmes ... (225)$'$

$$d\left(\frac{1}{(\psi x)^{2m}}\right)=\frac{1}{(\psi x)^m}\cdot d'\left(\frac{1}{(\psi x)^m}\right)$$

$$d^2\left(\frac{1}{(\psi x)^{3m}}\right)=\frac{1}{(\psi x)^m}\cdot d'\left(\frac{1}{(\psi x)^m}\cdot d'\left(\frac{1}{(\psi x)^m}\right)\right)$$

$$d^3\left(\frac{1}{(\psi x)^{4m}}\right)=\frac{1}{(\psi x)^m}\cdot d'\left(\frac{1}{(\psi x)^m}\cdot d'\left(\frac{1}{(\psi x)^m}\cdot d'\left(\frac{1}{(\psi x)^m}\right)\right)\right)$$

etc., etc.

Ces théorèmes (225) et (225)$'$ ont évidemment lieu pour toute valeur de m, positive ou négative, pourvu qu'on attache toujours la vraie signification à la caractéristique d'; de sorte que, lorsqu'on aura $m = -n$, ce seront les différentielles de la fonction $\frac{1}{(\psi x)^n}$, et non immédiatement celles de la fonction $(\psi x)^n$, qu'il faudra multiplier par leurs exposans respectifs augmentés d'une unité. Et, c'est là évidemment le vrai sens des théorèmes qu'Arbogast présente, dans les N°s. 346 et 347 de son *Calcul des dérivations*, et qu'il tire également des expressions initiales de son théorème prétendu fondamental, correspondantes aux expressions initiales précédentes (224)$''$. On aura ainsi, dans les relations différentielles (225) et (225)$'$, la signification absolue et les véritables principes de ces théorèmes d'Arbogast, qui sont purement artificiels ou déguisés par ses insignifiantes dérivations.

Nous ne nous étendrons pas à d'autres cas particuliers de la Série générale (166) : ces applications appartiennent déjà à l'Algorithmie elle-même, et non à la Philosophie de la science. Nous ne nous sommes même occupés ici du cas particulier (216) formant le soi-disant théorème fondamental d'Arbogast, que parce que, comme nous le verrons dans la suite, il présente le procédé le plus simple pour opérer la convergence des Séries.

Résumons maintenant les diverses expressions que nous avons reconnues pouvoir exister pour la Série générale (166) dont nous nous sommes occupés jusqu'ici; et, pour abréger ce résumé, et sur-tout pour découvrir mieux la relation dans laquelle se trouvent ces diverses expressions, réunissons-les dans le tableau philosophique suivant ... (226).

TABLEAU ARCHITECTONIQUE
DES EXPRESSIONS DE LA SÉRIE GÉNÉRALE (166).

Série générale (166) $Fx = A_0 + A_1 . \varphi x + A_2 . (\varphi x)^2 + \text{etc.}$

- Expression *initiale.* = PORISME DE PAOLI (171). (*)
- Expressions *finales* :
  - Expression *relative.* = PORISME DE BURMAN; (193)′ ou (193)″.
  - Expressions *absolues* ;
    - *contingente.* = PORISME DE KRAMP OU D'ARBOGAST; (210)′ ou (215).
    - *nécessaire.* = LOI FONDAMENTALE; (166)″ ou (167).

(*) Suivant l'usage, nous attribuons ici à Paoli ce porisme particulier, quoiqu'on en ait fait usage indirectement bien avant ce géomètre. D'ailleurs, la loi de ce porisme

---

Nous avons déduit plus haut, de principes à priori, cette détermination architectonique ou cette relation philosophique des diverses expressions possibles pour la Série générale (166) : il ne nous reste ici qu'à observer que l'expression CONTINGENTE que constitue le porisme de Kramp ou d'Arbogast, présente déjà une véritable expression ABSOLUE, parce que, par le moyen du développement des puissances des polynomes (210)''' qui s'y rattachent, ce porisme peut donner les derniers termes ou les élémens mêmes de la génération des coefficiens de la Série, comme le fait notre expression ABSOLUE et NÉCESSAIRE (166)'' ou (167). De cette manière, la science a reçu un nouvel avancement, en s'acheminant, de plus en plus, vers le but définitif de la question que présente la Série générale (166) dont il s'agit. Mais, la LOI FONDAMENTALE de cette Série, laquelle constitue précisément et évidemment ce but définitif, n'était pas encore donnée ; car, les derniers termes ou les élémens que peut présenter ce porisme de Kramp ou d'Arbogast, ne s'y trouvent que comme résultats ANALYTIQUES et n'y sont par conséquent donnés que dans un assemblage de termes ISOLÉS dont aucune loi n'indique la RÉUNION, comme cela a lieu manifestement dans nos expressions (166)'' ou (167) qui présentent immédiatement la génération SYNTHÉTIQUE même des quantités en question moyennant leurs élémens ou moyennant ces derniers termes dont nous parlons. Et, généralement, pour passer des diverses expressions

---

paraît lui appartenir. — Nous n'ignorons pas que, dans un ouvrage publié en France, il conviendrait de citer des noms français, de préférence à des noms tels que Taylor, Paoli, Arbogast, Kramp, etc. ; mais, il nous a été impossible de nous conformer à cette convenance.

connues pour la Série générale (166) à sa Loi fondamentale (166)″ ou (167), il aurait fallu, comme nous l'avons remarqué à l'occasion de chacune de ces expressions, découvrir les théorèmes respectifs qui conduisent de ces expressions à la Loi fondamentale; et nommément, 1°. pour passer de l'expression initiale de Paoli (171) à la Loi fondamentale (166)″, il aurait fallu découvrir l'important théorème (170); 2°. pour passer de l'expression relative de Burman (193)′ ou (193)″ à la Loi fondamentale (166)″, il aurait fallu découvrir le système de théorèmes (195)′; et 3°. enfin, pour passer de l'expression contingente (210) ou (215) de Kramp ou d'Arbogast, à la Loi fondamentale (166)″, il aurait fallu découvrir le système de théorèmes (222)″. — C'est pourquoi, dans la Conclusion de notre Introduction à la Philosophie des Mathématiques, en nous fondant sur ce que nous avions déjà fait connaître à l'Institut de France, nous disons (page 260) que « LA LOI DE LA FORME PLUS GÉNÉRALE (X) DES SÉRIES, ..., N'ÉTAIT « PAS CONNUE ». — Au reste, les diverses expressions qui sont possibles pour la Série générale (166) dont il est question, et qui se trouvent résumées dans le tableau architectonique précédent (226), ne sont toutes, comme on vient de le voir dans cet ouvrage, autres choses que des CAS PARTICULIERS de notre Loi suprême et universelle, fruit de notre Philosophie des Mathématiques.

Avant de quitter cette Série générale (166) dont nous nous sommes occupés jusqu'ici, nous allons encore, pour terminer complètement tout ce qui concerne la philosophie de cette Série, faire disparaître, de sa Loi fondamentale, une difficulté majeure provenant de ce que, dans cette loi, il faut connaître la quantité $\dot{x}$ donnée par la relation $\varphi\dot{x} = 0$. Cette difficulté, qui se trouve dans toutes les expressions résumées dans le tableau précédent (226), n'est évidemment qu'une INDÉTERMINATION qui reste encore impliquée dans la Loi fondamentale dont il s'agit. Il faut donc, pour déterminer complètement cette loi, y faire disparaître cette dernière indétermination ; et c'est ce qui se trouve opéré immédiatement par notre Loi suprême et universelle, lorsqu'au lieu d'y donner à la variable x la valeur indéterminée $\dot{x}$ qui résulte de la relation $\varphi\dot{x} = 0$, comme nous l'avons fait jusqu'ici, on y donne à cette variable x une valeur quelconque déterminée, comme nous allons le faire.

En prenant, pour les fonctions Ω_1, Ω_2, Ω_3, etc. par rapport auxquelles procède la génération algorithmique universelle constituant la Loi suprême (64), la suite des puissances φx, $(\varphi x)^2$, $(\varphi x)^3$, etc., comme cela a lieu dans le cas particulier de cette génération, formant la Série générale (166) dont il s'agit, nous avons vu, sous la marque (169)'', qu'on a généralement

$$\Omega(\mu)_\rho = \frac{\rho^{\mu|-1}}{1^{\mu|1}} \cdot (\varphi x)^{\rho-\mu}.$$

Ainsi, suivant la notation (118), nous aurons ... (227)

$$\Phi(\rho)_\omega = \Omega(\omega)_\rho = \frac{\rho^{\omega|-1}}{1^{\omega|1}} \cdot (\varphi x)^{\rho-\omega};$$

et, substituant cette valeur dans les expressions (63), nous obtiendrons ... (227)'

$$\Psi(\mu)_1 = -\frac{\mu+1}{1} \cdot \varphi x$$

$$\Psi(\mu)_2 = +\frac{(\mu+1)(\mu+2)}{1.2} \cdot (\varphi x)^2$$

$$\Psi(\mu)_3 = -\frac{(\mu+1)(\mu+2)(\mu+3)}{1.2.3} \cdot (\varphi x)^3$$

$$\Psi(\mu)_4 = +\frac{(\mu+1)(\mu+2)(\mu+3)(\mu+4)}{1.2.3.4} \cdot (\varphi x)^4$$

etc., etc.; et généralement

$$\Psi(\mu)_\nu = (-1)^\nu \cdot \frac{(\mu+1)^{\nu|1}}{1^{\nu|1}} \cdot (\varphi x)^\nu.$$

De l'autre part, pour ce qui concerne les quantités Ξ_0, Ξ_1, Ξ_2, Ξ_3, etc., formant également des parties constituantes de l'expression fondamentale (64) de la Loi universelle, nous aurons ici, en vertu de la formule (149)$'$, en y supposant l'accroissement ξ infiniment petit, l'expression générale ... (228)

$$\Xi_\mu = \frac{\mho[d^0\varphi x^0 . d^1\varphi x . d^2\varphi x^2 . d^3\varphi x^3 \ldots . d^{\mu-1}\varphi x^{\mu-1} . d^\mu Fx]}{\mho[d^0\varphi x^0 . d^1\varphi x . d^2\varphi x^2 . d^3\varphi x^3 \ldots . d^{\mu-1}\varphi x^{\mu-1} . d^\mu\varphi x^\mu]}.$$

Mais si, dans le numérateur de cette expression, on développe la fonction $\mho$ par rapport aux différentielles successives $d^\mu Fx$, $d^{\mu-1}Fx$, $d^{\mu-2}Fx$, etc. de la fonction Fx, en vertu de la formule (56) du développement des fonctions schins, le terme de l'expression précédente (228), correspondant à $d^\mu Fx$, sera ... (228)$'$

$$\frac{\mho[d^0\varphi x^0 . d^1\varphi x . d^2\varphi x^2 . d^3\varphi x^3 \ldots . d^{\mu-1}\varphi x^{\mu-1}]}{\mho[d^0\varphi x^0 . d^1\varphi x . d^2\varphi x^2 . d^3\varphi x^3 \ldots . d^{\mu-1}\varphi x^{\mu-1} . d^\mu\varphi x^\mu]} . d^\mu Fx.$$

Et, considérant le premier membre du théorème (170) qui lie les expressions initiales (171) de Paoli avec notre loi fondamentale (166)$''$, si l'on n'y prend également que le terme correspondant à $d^\mu Fx$, on aura ... (228)$''$

$$\frac{1}{1^{\mu|1} . (d\varphi x)^\mu} . d^\mu Fx.$$

Donc, comparant les deux expressions précédentes (228)$'$ et (228)$''$ qui, en vertu de ce théorème (170), doivent être identiques, on aura l'égalité

$$\frac{\mho[d^0\varphi x^0 . d^1\varphi x . d^2\varphi x^2 . d^3\varphi x^3 \ldots . d^{\mu-1}\varphi x^{\mu-1} . d^\mu\varphi x^\mu]}{\mho[d^0\varphi x^0 . d^1\varphi x . d^2\varphi x^2 . d^3\varphi x^3 \ldots . d^{\mu-1}\varphi x^{\mu-1}]} = 1^{\mu|1} . (d\varphi x)^\mu;$$

égalité qui ne peut évidemment avoir lieu pour tout indice μ, qu'autant qu'on a généralement ... (229)

$$\mho[d^0\varphi x^0 . d^1\varphi x . d^2\varphi x^2 . d^3\varphi x^3 \ldots . d^\omega\varphi x^\omega] =$$
$$= (1^{0|1} . 1^{1|1} . 1^{2|1} . 1^{3|1} \ldots . 1^{\omega|1}) . (d\varphi x)^{(0+1+2+3\ldots+\omega)},$$

quelles que soient la fonction φx et la valeur de la variable x. — Ainsi, substituant cette quantité (229) dans le dénominateur de l'expression générale (228), il viendra ... (230)

$$z_\mu = \frac{\mho[d^0\varphi x^0 . d^1\varphi x . d^2\varphi x^2 . d^3\varphi x^3 \ldots . d^{\mu-1}\varphi x^{\mu-1} . d^\mu Fx]}{(1^{0|1} . 1^{1|1} . 1^{2|1} . 1^{3|1} \ldots . 1^{\mu|1}) . (d\varphi x)^{\frac{\mu(\mu+1)}{2}}}.$$

Si l'on prend donc, pour la variable x, une valeur arbitraire quelconque a, et que l'on forme, d'une part, avec les expressions $(227)'$, les quantités ... (231)

$$\Psi(\mu)_1 = -\frac{\mu+1}{1} . \varphi a$$

$$\Psi(\mu)_2 = +\frac{(\mu+1)(\mu+2)}{1.2} . (\varphi a)^2$$

$$\Psi(\mu)_3 = -\frac{(\mu+1)(\mu+2)(\mu+3)}{1.2.3} . (\varphi a)^3$$

$$\Psi(\mu)_4 = +\frac{(\mu+1)(\mu+2)(\mu+3)(\mu+4)}{1.2.3.4} . (\varphi a)^4$$

+ etc., etc.;

et, de l'autre part, avec l'expression générale (230), les quantités ... $(231)'$

$$z_0 = Fa$$

$$z_1 = \frac{\mho[dFa]}{1 . d\varphi a} = \frac{dFa}{d\varphi a}$$

$$z_2 = \frac{\mho[d^1\varphi a . d^2 Fa]}{1^{1|1} . 1^{2|1} . (d\varphi a)^{1+2}}$$

$$z_3 = \frac{\mho[d^1\varphi a . d^2\varphi a^2 . d^3 Fa]}{1^{1|1} . 1^{2|1} . 1^{3|1} . (d\varphi a)^{1+2+3}}$$

etc., etc.;

ce seront là les quantités qui, substituées dans l'expression fondamentale (64), donneront, avec une détermination complète et définitive, les coefficiens de la Série générale (166) dont il s'agit. — Ces substitutions étant opérées, du moins avec les quantités (231), on aura ... (232)

$$A_0 = \Xi_0 - \Xi_1 . \varphi a + \Xi_2 . (\varphi a)^2 - \Xi_3 . (\varphi a)^3 + \text{etc.},$$

$$A_1 = \Xi_1 - 2\Xi_2 . \varphi a + 3\Xi_3 . (\varphi a)^2 - 4\Xi_4 . (\varphi a)^3 + \text{etc.},$$

$$A_2 = \Xi_2 - 3\Xi_3 . \varphi a + 6\Xi_4 . (\varphi a)^2 - 10\Xi_5 . (\varphi a)^3 + \text{etc.},$$

$$A_3 = \Xi_3 - 4\Xi_4 . \varphi a + 10\Xi_5 . (\varphi a)^2 - 20\Xi_6 . (\varphi a)^3 + \text{etc.},$$

. . . .

$$A_\mu = \Xi_\mu - \frac{\mu+1}{1} . \Xi_{\mu+1} . \varphi a + \frac{(\mu+1)^{2|1}}{1^{2|1}} . \Xi_{\mu+2} . (\varphi a)^2$$
$$- \frac{(\mu+1)^{3|1}}{1^{3|1}} . \Xi_{\mu+3} . (\varphi a)^3 + \frac{(\mu+1)^{4|1}}{1^{4|1}} . \Xi_{\mu+4} . (\varphi a)^4 - \text{etc.};$$

et tels seront définitivement les coefficiens complètement déterminés de la Série générale dont il est question, savoir, de la Série ... (232)'

$$Fx = A_0 + A_1 . \varphi x + A_2 . (\varphi x)^2 + A_3 . (\varphi x)^3 + \text{etc.}$$

Ces expressions définitives seront en même tems les expressions ABSOLUES et NÉCESSAIRES; car, c'est ce que doit donner immédiatement la Loi suprême, et c'est aussi ce que nous avons reconnu devoir constituer, en Algorithmie, l'état absolu et nécessaire. Et si, au lieu des valeurs (231)' des quantités Ξ_0, Ξ_1, Ξ_2, Ξ_3, etc., on prend, d'abord, en vertu du théorème (170), les coefficiens (171) du porisme de Paoli, ensuite, en vertu des théorèmes (190), les coefficiens (192) du porisme de Burman, et enfin, en vertu des théorèmes (209)', les coefficiens (210) du porisme de Kramp ou d'Arbogast, on aura successivement, pour les expressions définitives (232), leurs états INITIAL,

RELATIF et CONTINGENT. Ces substitutions étant immédiates et n'ayant besoin d'aucune réduction ultérieure, nous pouvons nous dispenser de les opérer ici nous-mêmes, ou plutôt nous pouvons les considérer comme se trouvant données réellement.

A l'occasion des expressions nouvelles ou générales (232), il faut remarquer que, puisque les coefficiens A_0, A_1, A_2, A_3, etc. de la Série générale (166) ou (232)' sont invariables, les expressions encore indéterminées que nous avons trouvées plus haut pour ces coefficiens, doivent, quant à leur valeur, être identiques avec les expressions déterminées (232) que nous venons d'obtenir définitivement. Ainsi, puisque, dans ces diverses expressions encore indéterminées, le premier coefficient A_0 est toujours $= F\dot{x}$, en désignant par $\dot{x}$ la valeur que donne la relation $\varphi\dot{x} = 0$, il est évident que la première des expressions déterminées (232) donnera la génération technique d'une fonction quelconque Fx de la quantité x déterminée par l'équation $\varphi x = 0$. Si l'on a donc une équation quelconque ... (232)''

$$0 = \varphi x;$$

on aura, pour toute fonction Fx de l'inconnue x de cette équation, la génération technique suivante ... (232)'''

$$\begin{aligned} Fx = Fa - \varphi a \cdot \frac{dFa}{d\varphi a} \\ + (\varphi a)^2 \cdot \frac{\mathfrak{W}[d^1\varphi a . d^2 Fa]}{1^{2|1} \cdot (d\varphi a)^{1+2}} \\ - (\varphi a)^3 \cdot \frac{\mathfrak{W}[d^1\varphi a . d^2\varphi a^2 . d^3 Fa]}{1^{2|1} \cdot 1^{3|1} \cdot (d\varphi a)^{1+2+3}} \\ + \text{etc., etc.}; \end{aligned}$$

dans laquelle a sera une quantité arbitraire, de sorte que plus la quantité φa sera proche de zéro, plus cette génération sera convergente. Et, dans le cas particulier où la fonction demandée Fx est simplement l'inconnue même x, il viendra ... $(232)^{\text{IV}}$

$$x = a - \varphi a \cdot \frac{da}{d\varphi a} - (\varphi a)^2 \cdot \frac{d^2\varphi a \cdot da}{2 \cdot (d\varphi a)^{1+2}}$$

$$- (\varphi a)^3 \cdot \frac{\mathfrak{W}[d^2\varphi a \cdot d^3\varphi a^2] \cdot da}{1^{2|1} \cdot 1^{3|1} \cdot (d\varphi a)^{1+2+3}}$$

$$- (\varphi a)^4 \cdot \frac{\mathfrak{W}[d^2\varphi a \cdot d^3\varphi a^2 \cdot d^4\varphi a^3] \cdot da}{1^{2|1} \cdot 1^{3|1} \cdot 1^{4|1} \cdot (d\varphi a)^{1+2+3+4}}$$

$$- \text{etc., etc.}$$

On aura donc, dans l'expression générale $(232)'''$, la solution absolue et nécessaire de l'important problème technique où l'on demande, pour une quantité x donnée par une équation quelconque $0 = \varphi x$, la génération de toute fonction Fx, procédant par rapport aux puissances de la fonction d'équation φa. Cette solution, disons-nous, est absolue et nécessaire, comme notre Loi fondamentale des Séries, parce que, comme cette loi, elle présente immédiatement la génération synthétique de la quantité dont il est question, moyennant ses élémens ou moyennant les derniers termes qui entrent dans sa construction (*). — Mais, cette solution technique appartient déjà à la partie logique de la Technie, c'est-à-dire, à la Comparaison technique des quantités, où nous la traiterons en plus grand détail, avec toutes les autres solutions techniques des équations, et sur-tout avec la Résolution univer-

(*) Si l'on voulait avoir toutes les autres solutions possibles de ce problème technique, il suffirait de considérer la première des expressions (232), qui donne ces solutions, sous sa forme générale, savoir, ... (A)

$$Fx = \mathfrak{Z}_0 - \mathfrak{Z}_1 \cdot \varphi a + \mathfrak{Z}_2 \cdot (\varphi a)^2 - \mathfrak{Z}_3 \cdot (\varphi a)^3 + \text{etc.},$$

et d'y substituer, en vertu de nos théorèmes, les différentes déterminations succes-

selle des Équations formant notre Problème universel (53). Nous ne nous en sommes occupés ici que pour laisser entrevoir, par anticipa-

---

sives des coefficiens z_0, z_1, z_2, z_3, etc. Ainsi, par exemple, confrontant l'expression générale (228) avec le théorème (170), on aurait ... (B)

$$z_0 = Fa$$

$$z_1 = \frac{1}{1} \cdot \frac{dFa}{d\varphi a}$$

$$z_2 = \frac{1}{1.2} \cdot \frac{1}{d\varphi a} \cdot d\left(\frac{dFa}{d\varphi a}\right)$$

$$z_3 = \frac{1}{1.2.3} \cdot \frac{1}{d\varphi a} \cdot d\left(\frac{1}{d\varphi a} \cdot d\left(\frac{dFa}{d\varphi a}\right)\right)$$

etc., etc.

Et, ce serait là la détermination purement INITIALE des coefficiens z dont il est question; coefficiens qui, de cette manière, suivant les expressions (187), ne sont évidemment autre chose que les valeurs des différentielles secondaires de la fonction Fa, prises par rapport à une autre variable y dont a est fonction en vertu de la relation $y = \varphi a$, c'est-à-dire, ... (C)

$$z_1 = \frac{1}{1} \cdot \left(\frac{dFa}{dy}\right), \quad z_2 = \frac{1}{1.2} \cdot \left(\frac{d^2 Fa}{dy^2}\right),$$

$$z_3 = \frac{1}{1.2.3} \cdot \left(\frac{d^3 Fa}{dy^3}\right), \quad \text{etc., etc.}$$

Ces dernières expressions (C) des coefficiens z qui donnent la solution du problème (A) dont il s'agit, appartiennent à Euler, du moins dans le cas le plus simple de la fonction Fx; et la détermination précédente (B) de ces mêmes coefficiens constitue proprement le véritable porisme de Paoli, dont nous tirons la juste part qui revient à ce géomètre dans la question importante du développement des fonctions en Séries. En effet, par la comparaison de ces expressions (B) et (C), on voit immédiatement que les premières (B) ne diffèrent des secondes (C) qu'en ce qu'elles présentent une détermination initiale des différentielles secondaires que forment ces expressions (C) d'Euler, de sorte que le travail de Paoli se réduit évidemment à cette détermination

tion, comment notre Loi suprême peut donner immédiatement toutes ces diverses solutions, et spécialement la Résolution universelle des Équations que nous avons déjà fait connaître aux géomètres dans le premier Mémoire de la Réfutation de Lagrange (pages 30 et suiv.). On peut ici remarquer que, suivant la nature des fonctions schins avec lesquelles nous avons résolu ce Problème universel, cette résolution, comme tous les résultats que nous tirons de la Loi suprême, est ABSOLUE et NÉCESSAIRE, parce qu'elle présente aussi la génération synthétique des quantités en question moyennant leurs derniers élémens; de sorte qu'à cet égard, comme pour tout le reste de la Technie, la science est enfin achevée. — Mais, revenons aux expressions définitives (232) de la Série générale (232)' dont nous nous occupons actuellement.

Il ne nous reste, pour compléter la philosophie de ces expressions définitives, qu'à indiquer l'origine logique des quantités Ξ_0, Ξ_1, Ξ_2, Ξ_3, etc. qui en forment les parties constituantes principales. Pour cela, observons que, si l'on fait abstraction de la première Ξ_0 de ces quantités, qui est $= Fa$, on a, pour les autres Ξ_1, Ξ_2, Ξ_3, etc., en vertu de la formule (228), l'expression générale ... (233)

$$\Xi_\mu = \frac{\mathfrak{W}[d^1\varphi a . d^2\varphi a^2 . d^3\varphi a^3 \dots d^{\mu-1}\varphi a^{\mu-1} . d^\mu Fa]}{\mathfrak{W}[d^1\varphi a . d^2\varphi a^2 . d^3\varphi a^3 \dots d^{\mu-1}\varphi a^{\mu-1} . d^\mu \varphi a^\mu]};$$

et, suivant ce que, dans la première Section, sous les marques (58) et (58)', nous avons observé sur les quantités formant de pareils rapports de fonctions $\mathfrak{W}$, on verra que la quantité générale Ξ_μ se trouve donnée par le système d'équations ... (233)'

---

purement initiale; et c'est pourquoi, en ramenant tout aux principes de la science, nous attribuons à Paoli les expressions initiales (171) ou, ce qui est la même chose, le porisme (6)' exposé déjà au commencement de cette Philosophie de la Technie, comme simple corollaire du porisme de Taylor.

$$dFa = Y_1 . d\varphi a + Y_2 . d\varphi a^2 \ldots + Y_{\mu-1} . d\varphi a^{\mu-1} + \Xi_\mu . d\varphi a^\mu$$
$$d^2 Fa = Y_1 . d^2\varphi a + Y_2 . d^2\varphi a^2 \ldots + Y_{\mu-1} . d^2\varphi a^{\mu-1} + \Xi_\mu . d^2\varphi a^\mu$$
$$d^3 Fa = Y_1 . d^3\varphi a + Y_2 . d^3\varphi a^2 \ldots + Y_{\mu-1} . d^3\varphi a^{\mu-1} + \Xi_\mu . d^3\varphi a^\mu$$
$$\cdots\cdots\cdots\cdots\cdots\cdots\cdots\cdots$$
$$d^\mu Fa = Y_1 . d^\mu\varphi a + Y_2 . d^\mu\varphi a^2 \ldots + Y_{\mu-1} . d^\mu\varphi a^{\mu-1} + \Xi_\mu . d^\mu\varphi a^\mu,$$

où les quantités Y_1, Y_2, Y_3, ... $Y_{\mu-1}$ sont des inconnues auxiliaires, qui ne servent que pour compléter le nombre μ des équations nécessaires à la détermination de la quantité Ξ_μ. Cette origine des quantités Ξ_1, Ξ_2, Ξ_3, etc., qui se trouve évidemment donnée par la COMPARAISON ou la simple RELATION des quantités, forme, comme nous l'avons annoncé, l'origine LOGIQUE des quantités Ξ_1, Ξ_2, Ξ_3, etc. dont il est question; et, en cela, elle diffère de l'origine TRANSCENDANTALE des mêmes quantités, laquelle se trouve donnée par la nature des algorithmes qui, dans l'expression précédente (233), forment la CONSTITUTION ou la GÉNÉRATION même de ces quantités. — La propriété de cette origine logique (233)' des quantités Ξ_μ, consiste à indiquer ce qui peut particulariser et, par conséquent, simplifier la détermination de ces quantités; car, tout ce qui peut particulariser la résolution des équations (233)' pour la détermination de la quantité Ξ_μ, servira évidemment à simplifier cette détermination elle-même. Par exemple, lorsque la fonction φa est simplement $(a-m)$, où m est une quantité quelconque, la dernière des équations (233)', qui est alors

$$d^\mu Fa = \Xi_\mu . d^\mu(a-m)^\mu, \quad \text{ou} \quad d^\mu Fa = \Xi_\mu . 1^{\mu|1} . da^\mu,$$

suffit pour la détermination de la quantité Ξ_μ; et elle donne ainsi ... (234)

$$\Xi_\mu = \frac{1}{1^{\mu|1}} . \frac{d^\mu Fa}{da^\mu}.$$

Dans ce cas le plus simple, les expressions (232) deviennent... (234)'

$$A_0 = Fa - \frac{dFa}{da}.(a-m) + \frac{d^2Fa}{2.da^2}.(a-m)^2 - \frac{d^3Fa}{2.3.da^3}.(a-m)^3 + \text{etc.}$$

$$A_1 = \frac{dFa}{da} - \frac{d^2Fa}{da^2}.(a-m) + \frac{d^3Fa}{2.da^3}.(a-m)^2 - \frac{d^4Fa}{2.3.da^4}.(a-m)^3 + \text{etc.}$$

$$A_2 = \frac{d^2Fa}{2.da^2} - \frac{3.d^3Fa}{2.3.da^3}.(a-m) + \frac{6.d^4Fa}{2.3.4.da^4}.(a-m)^2 - \text{etc.}$$

etc., etc.;

et la Série générale (232)' se réduit à ... (234)''

$$Fx = A_0 + A_1.(x-m) + A_2.(x-m)^2 + A_3.(x-m)^3 + \text{etc.};$$

de sorte que, si l'on fait $a = m$, les coefficiens de cette Série deviendront ... (234)'''

$$A_0 = Fm, \quad A_1 = \frac{dFm}{dm}, \quad A_2 = \frac{1}{2}.\frac{d^2Fm}{dm^2},$$
$$A_3 = \frac{1}{2.3}.\frac{d^3Fm}{dm^3}, \quad \text{etc., etc.}$$

Prenant ici une nouvelle quantité arbitraire z, et faisant $m = x(1-z)$, la Série précédente la plus simple (234)'', qui revient à celle de Taylor, fournira le porisme ... (235)

$$Fx = F(x-xz) + \frac{xz}{1}.F'(x-xz) + \frac{x^2z^2}{1.2}.F''(x-xz)$$
$$+ \frac{x^3z^3}{1.2.3}.F'''(x-xz) + \text{etc., etc.};$$

en dénotant par les accens les dérivées différentielles de la fonction Fx. — C'est là (235) la formule de développement à laquelle Lagrange est parvenu dans sa Théorie des fonctions analytiques (n°. 45 de la 1ère. édition, et n°. 33 de la 2e. édit.); et c'est, dans toute cette prétendue Théorie, la formule la plus générale qu'on y trouve pour le développement immédiat des fonctions (*).

En terminant ici la philosophie des coefficiens de la Série générale (166) ou (232)', nous devons observer que, jusqu'ici, nous n'avons examiné que le cas SIMPLE et en quelque sorte fondamental, où la quantité donnée Fx est immédiatement fonction d'une variable indépendante x. Le cas COMPOSÉ où la variable x est elle-même fonction d'une autre variable y, celle-ci d'une troisième z, et ainsi de suite, se range immédiatement sous les lois que nous venons de fixer pour le cas simple ou fondamental : il suffit évidemment, dans ces cas composés, de substituer, dans les lois simples que nous venons de nommer, à la place des différentielles de la fonction Fx, les expressions de ces différentielles données par la loi (198) ou (201) des différentielles secondaires. Ces substitutions qui sont immédiates et qui, par conséquent, ne présentent plus en elles-mêmes aucune considération philosophique, appartiennent déjà à la Technie, et non à la Philosophie de cette branche de l'Algorithmie; et, ce sont les résultats de ces

(*) Il faut ici remarquer que c'est en alléguant les travaux de Lagrange sur le développement des fonctions que l'on prétendait, dans l'Institut de France, que « LE « PROBLÈME DU DÉVELOPPEMENT DES FONCTIONS EN SÉRIES EST COMPLÈTEMENT RÉSOLU « DANS L'ÉTAT ACTUEL DE L'ANALYSE ». — Voyez un Rapport de M. Poisson, lu à la Classe des sciences de cet Institut le 29 juin 1812, publié dans le *Moniteur* le 9 juillet 1812, et approuvé, en toutes formes, par cette Classe savante.

Peut-être l'Institut de France prétendait-il alléguer, dans les travaux de Lagrange, la solution du cas le plus simple (51)ᵢ de notre Problème universel (51) exposé dans la 1ère. Section de cette Philosophie de la Technie ; Problème dont la solution générale et absolue, telle que nous l'avons publiée en 1812 dans la Réfutation de Lagrange, sous les marques (13), (14), (15) et (16), fut, déjà en 1810, communiquée à ce même Corps savant dans notre Mémoire sur la Technie? — Mais, dans ce cas le plus simple $(51)_1$, cité dans la 1ère. Section comme exemple du Problème universel

substitutions qui forment évidemment celui des deux objets généraux des Calculs des dérivations, qui correspond au premier des deux systèmes (175)' et (175)'' des différentielles secondaires. — Voici, toutefois, les lois que suivent ces résultats; lois qui, étant considérées comme l'expression générale des substitutions dont il est question, se rattachent encore, comme corollaires, à la philosophie de la Série générale (166) ou définitivement (232)'.

---

(51), il ne s'agit évidemment d'autre chose que de développer une fonction Fx par rapport aux puissances de la fonction

$$\varphi x = x_1 = -\frac{x-a}{f_1 x},$$

que donne immédiatement l'équation très particulière $(51)_2$ de Lagrange

$$0 = (x-a) + x_1 . f_1 x;$$

et, dans ce cas, le porisme (193)' de Burman donne sur-le-champ la solution ou le soi-disant théorème de Lagrange $(51)_3$, savoir,

$$\begin{aligned} Fx = Fa &- \frac{x_1}{1}.\left(f_1 a . \frac{dFa}{da}\right) \\ &+ \frac{x_1^2}{1.2}.\frac{d\left(f_1^2 a . \frac{dFa}{da}\right)}{da} \\ &- \frac{x_1^3}{1.2.3}.\frac{d^2\left(f_1^3 a . \frac{dFa}{da}\right)}{da^2} \\ &+ \text{etc., etc.} \end{aligned}$$

Ainsi, si c'était là ce que l'Institut de France voulait alléguer des travaux de Lagrange, on verrait que ce théorème revient, dans le fond, au porisme de Burman, et que, par suite du résumé philosophique que présente le tableau architectonique (226), les travaux de Lagrange sur le développement des fonctions en Séries, étaient manifestement ENCORE TRÈS LOIN DU BUT DÉFINITIF DE LA SCIENCE.

Soit la quantité Fx, formant une fonction d'une variable x qui elle-même est une fonction d'une autre variable y, savoir, $x = \psi y$; comme dans les expressions (198) et (201), constituant la loi des différentielles de cette fonction Fx, prises par rapport à la variable indépendante y. — En vertu de la Série générale (166), le développement de la fonction Fx, procédant par rapport aux puissances d'une fonction quelconque φy de la variable y, aura la forme ... (236)

$$Fx = A_0 + A_1 . \varphi y + A_2 . (\varphi y)^2 + A_3 . (\varphi y)^3 + \text{etc.};$$

et les coefficiens A_0, A_1, A_2, A_3, etc. de ce développement seront donnés par les diverses expressions que nous avons trouvées pour la Série générale (166) ou (232)$'$, pourvu que, moyennant la loi (198) ou (201) que suivent les différentielles secondaires, on substitue, dans ces diverses expressions, à la place des différentielles $\left(\frac{dFx}{dy}\right)$, $\left(\frac{d^2Fx}{dy^2}\right)$, $\left(\frac{d^3Fx}{dy^3}\right)$, etc., leurs valeurs données en différentielles immédiates $\left(\frac{dFx}{dx}\right)$, $\left(\frac{d^2Fx}{dx^2}\right)$, $\left(\frac{d^3Fx}{dx^3}\right)$, etc. et $\left(\frac{d\psi y}{dy}\right)$, $\left(\frac{d^2\psi y}{dy^2}\right)$, $\left(\frac{d^3\psi y}{dy^3}\right)$, etc. des fonctions proposées Fx et ψy. — Pour ne pas nous étendre ici inutilement, nous nous bornerons, dans ces substitutions, à celles qui donnent les expressions absolues et qui, présentant ainsi la loi du développement (236), se rattachent seules à la philosophie que nous traitons. — Or, prenant le développement (195) de l'expression absolue (166)$''$, observons que, pour l'appliquer au cas présent (236), il faut, dans cette formule (195), mettre la variable y à la place de x, à l'exception de la seule fonction Fx qui reste ici fonction de x; et, substituant alors, dans cette nouvelle formule (195), à la place des différentielles

$$\left(\frac{d^\mu Fx}{dy^\mu}\right), \quad \left(\frac{d^{\mu-1}Fx}{dy^{\mu-1}}\right), \quad \left(\frac{d^{\mu-2}Fx}{dy^{\mu-2}}\right), \ldots \left(\frac{dFx}{dy}\right),$$

leurs valeurs données par la loi (201), nous obtiendrons, pour les coefficiens A_1, A_2, A_3, etc. de la Série (236), l'expression générale ... (237)

$$A_\mu = \frac{B_1}{1} \cdot \frac{dFx}{dx} + \frac{B_2}{1.2} \cdot \frac{d^2Fx}{dx^2} + \frac{B_3}{1.2.3} \cdot \frac{d^3Fx}{dx^3}$$

$$+ \frac{B_4}{1.2.3.4} \cdot \frac{d^4Fx}{dx^4} \dots + \frac{B_\mu}{1^{\mu|1}} \cdot \frac{d^\mu Fx}{dx^\mu};$$

en faisant généralement ... (237)′

$$B_\rho = \frac{dy^\mu}{(d\varphi y)^\mu} \cdot A[(\mu-\rho),\rho] - \frac{d^\mu\varphi y^{\mu-1} \cdot dy^{\mu-1}}{1^{\mu|1} \cdot (d\varphi y)^{2\mu-1}} \cdot A[(\mu-\rho-1),\rho]$$

$$+ \frac{\mathfrak{W}[d^{\mu-1}\varphi y^{\mu-2} \cdot d^\mu\varphi y^{\mu-1}] \cdot dy^{\mu-2}}{1^{\mu|1} \cdot 1^{(\mu-1)|1} \cdot (d\varphi y)^{3\mu-1-2}} \cdot A[(\mu-\rho-2),\rho]$$

$$- \frac{\mathfrak{W}[d^{\mu-2}\varphi y^{\mu-3} \cdot d^{\mu-1}\varphi y^{\mu-2} \cdot d^\mu\varphi y^{\mu-1}] \cdot dy^{\mu-3}}{1^{\mu|1} \cdot 1^{(\mu-1)|1} \cdot 1^{(\mu-2)|1} \cdot (d\varphi y)^{4\mu-1-2-3}} \cdot A[(\mu-\rho-3),\rho]$$

. . . .

$$(-1)^{\mu-\rho} \cdot \frac{\mathfrak{W}[d^{\rho+1}\varphi y^\rho \cdot d^{\rho+2}\varphi y^{\rho+1} \cdot d^{\rho+3}\varphi y^{\rho+2} \dots d^\mu\varphi y^{\mu-1}] \cdot dy}{1^{\mu|1} \cdot 1^{(\mu-1)|1} \cdot 1^{(\mu-2)|1} \dots 1^{(\rho+1)|1} \cdot (d\varphi y)^{\frac{(\mu+\rho)(\mu+1-\rho)}{2}}} \cdot A[0,\rho].$$

Mais, vu l'origine des expressions précédentes (237) et (237)′, il faut y donner à y la valeur a qui résulte de la relation $\varphi a = 0$, et à x la valeur ψa. De cette manière, le coefficient A_0 dans la Série (236), que pour abréger nous avons détaché de l'expression générale (237), sera ... (237)″

$$A_0 = F(\psi a).$$

Quant aux quantités $A[(\mu-\rho),\rho]$, $A[(\mu-\rho-1),\rho]$, etc. qui entrent dans les expressions auxiliaires (237)′, elles se trouvent données par les expressions (200)‴ et (200)″, suivant lesquelles on a généralement ... (237)‴

$$A[m, \rho] =$$

$$= Agr. \left\{ \frac{\left(\frac{d^{1+p1}\psi y}{dy^{1+p1}}\right)\left(\frac{d^{1+p2}\psi y}{dy^{1+p2}}\right)\left(\frac{d^{1+p3}\psi y}{dy^{1+p3}}\right)\cdots\left(\frac{d^{1+p\rho}\psi y}{dy^{1+p\rho}}\right)}{1^{(1+p1)|1} \cdot 1^{(1+p2)|1} \cdot 1^{(1+p3)|1} \cdots 1^{(1+p\rho)|1}} \right\},$$

l'abréviation *Agr.* désignant l'agrégat des termes correspondans à toutes les valeurs entières positives, y compris zéro, que peuvent recevoir les quantités $p1$, $p2$, $p3$, ... $p\rho$ pour satisfaire à l'équation indéterminée ... $(237)^{\text{IV}}$

$$m = p1 + p2 + p3 \ldots + p\rho.$$

Il faut encore remarquer que, pour négliger immédiatement les termes en quelque sorte superflus dans les fonctions ϖ de l'expression auxiliaire $(237)'$, il faut développer ces fonctions par le procédé d'exclusion indiqué dans l'Errata de notre Philosophie de l'Infini, dont nous avons fait usage plus haut, en réduisant l'expression absolue $(166)''$ à la forme définitive (167); forme que, si l'on veut, on peut introduire ici pour réduire définitivement à sa dernière simplicité l'expression $(237)'$.

Telle (237) est donc la Loi fondamentale de la Série générale (236) où la variable x de la fonction développée Fx est elle-même une fonction ψy d'une autre variable y. — Et, c'est cette loi qui, à elle seule, sert à fonder, jusques dans leurs derniers élémens, la totalité des résultats que, pour le développement des fonctions en Séries, on a obtenus par les Calculs des dérivations. En effet, si l'on suppose, d'abord, que la fonction secondaire ψy est simplement la variable même y, l'expression $(237)'''$ n'aura de valeur que lorsque les quantités $p1$, $p2$, $p3$, ... $p\rho$ seront toutes égales à zéro, et, par suite de l'équation $(237)^{\text{IV}}$, lorsque, dans les quantités $A[m, \rho]$, l'indice m sera zéro; de sorte que, ne prenant alors, dans l'expression $(237)'$, que le terme qui correspond à $A[0, \rho]$, et substituant ces valeurs de B_ρ dans l'expression générale (237) des coefficiens de la Série, on retrouvera nécessairement, pour ces coefficiens, le développement (195) de l'expression absolue (166)'', laquelle, comme nous l'avons reconnu plus haut, est la Loi fondamentale du développement d'une fonction Fx ou Fy par rapport aux puissances d'une fonction arbitraire φx ou φy; développement qui est l'un des deux résultats généraux obtenus par les Calculs des dérivations. Et si, en second lieu, on suppose que la fonction φy est de même la simple variable y, l'expression auxiliaire (237)' se réduira à son premier terme, et l'expression générale (237) fournira alors, pour les coefficiens de la Série (236), la Loi du développement d'une fonction Fx par rapport aux puissances d'une variable y dont x est considérée comme fonction; développement qui est l'autre des deux résultats généraux obtenus par les Calculs des dérivations. — Voici, pour ce dernier développement, la Loi fondamentale particulière que donne la formule générale (237).

En supposant que, dans la Série (236), la fonction φy est simplement $(y-a)$, où a est une quantité quelconque, on aura généralement $d^\alpha(\varphi y)^\beta = d^\alpha(y-a)^\beta = 0$, lorsque l'exposant α sera plus grand que l'exposant β; et alors, l'expression auxiliaire (237)' se réduira à ... (238)

$$B_\rho = A\left[(\mu-\rho), \rho\right].$$

Ainsi, substituant cette valeur réduite dans l'expression (237), il viendra ... (238)'

$$\begin{aligned} A_\mu = & \frac{dFx}{dx} \cdot A\left[(\mu-1), 1\right] \cdot \frac{1}{1} \\ & + \frac{d^2Fx}{dx^2} \cdot A\left[(\mu-2), 2\right] \cdot \frac{1}{1.2} \\ & + \frac{d^3Fx}{dx^3} \cdot A\left[(\mu-3), 3\right] \cdot \frac{1}{1.2.3} \end{aligned}$$

. . . .

$$+ \frac{d^{\mu} Fx}{dx^{\mu}} . A[0, \mu] . \frac{1}{1^{\mu|1}};$$

les quantités $A[(\mu - 1), 1]$, $A[(\mu - 2), 2]$, ... $A[0, \mu]$ formant ici généralement l'agrégat ... (238)''

$$A[m, \rho] =$$

$$= Agr. \left\{ \frac{\left(\frac{d^{1+p1} \psi a}{da^{1+p1}}\right) \left(\frac{d^{1+p2} \psi a}{da^{1+p2}}\right) \left(\frac{d^{1+p3} \psi a}{da^{1+p3}}\right) \cdots \left(\frac{d^{1+p\rho} \psi a}{da^{1+p\rho}}\right)}{1^{(1+p1)|1} . 1^{(1+p2)|1} . 1^{(1+p3)|1} \cdots 1^{(1+p\rho)|1}} \right\},$$

dont les termes dépendent de l'équation

$$m = p1 + p2 + p3 \cdots + p\rho,$$

dans laquelle les quantités $p1$, $p2$, $p3$, ... $p\rho$ peuvent recevoir toutes les valeurs entières positives, y compris zéro. Et, telle (238)' sera l'expression générale des coefficiens de la Série ... (239)

$$Fx = F(\psi a) + A_1 . (y - a) + A_2 . (y - a)^2 +$$
$$+ A_3 . (y - a)^3 + \text{etc.}$$

C'est là, en faisant $a = 0$, la Loi fondamentale du développement d'une fonction Fx, procédant par rapport aux puissances d'une variable secondaire y dont la variable x est considérée comme formant une fonction ψy; et, par conséquent, c'est aussi là la Loi fondamentale de cette partie des résultats obtenus par les Calculs des dérivations, qui portent sur de pareils développemens. — Il est vrai que ce n'est là que le cas le plus simple de ces développemens, parce qu'on peut avoir une fonction $F(x_1, x_2, x_3, \text{etc.})$ de plusieurs variables x_1, x_2, x_3, etc. dont chacune peut être considérée comme formant une fonction de plusieurs variables indépendantes y_1, y_2, y_3, etc., savoir, ... (240)

$$
\begin{aligned}
x_1 &= \psi_1(y_1, y_2, y_3, \text{etc.}) \\
x_2 &= \psi_2(y_1, y_2, y_3, \text{etc.}) \\
x_3 &= \psi_3(y_1, y_2, y_3, \text{etc.}) \\
&\text{etc., etc.;}
\end{aligned}
$$

en dénotant par ψ_1, ψ_2, ψ_3, etc. ces fonctions respectives; et l'on peut demander le développement de la fonction $F(x_1, x_2, x_3, \text{etc.})$, procédant par rapport aux puissances des variables indépendantes y_1, y_2, y_3, etc. Mais, ces cas composés se trouvent tous contenus implicitement dans la loi (239), comme cela résulte de la remarque générale que, dans la première Section de cette Philosophie, nous avons faite sur les développemens des fonctions de plusieurs variables, et comme nous allons le voir ici en particulier pour les cas composés présens.

Suivant ces principes que nous avons exposés dans la première Section pour les développemens des fonctions de plusieurs variables, si l'on développe la fonction $F(x_1, x_2, x_3, \text{etc.})$ par rapport aux puissances des variables indépendantes y_1, y_2, y_3, etc. dont les variables x_1, x_2, x_3, etc. sont considérées comme étant les fonctions (240), c'est-à-dire, si l'on donne au développement de la fonction $F(x_1, x_2, x_3, \text{etc.})$ la forme possible suivante ... (241)

$$
\begin{aligned}
F(x_1, x_2, x_3, \text{etc.}) &= \\
= A_{0,0,0,\text{etc.}} &+ y_1 \cdot A_{1,0,0,\text{etc.}} + y_1^2 \cdot A_{2,0,0,\text{etc.}} + \text{etc., etc.;} \\
&+ y_2 \cdot A_{0,1,0,\text{etc.}} + y_1 y_2 \cdot A_{1,1,0,\text{etc.}} \\
&+ y_3 \cdot A_{0,0,1,\text{etc.}} + y_1 y_3 \cdot A_{1,0,1,\text{etc.}} \\
&+ \text{etc.} \qquad\quad + y_2^2 \cdot A_{0,2,0,\text{etc.}} \\
&\qquad\qquad\qquad + y_2 y_3 \cdot A_{0,1,1,\text{etc.}} \\
&\qquad\qquad\qquad + y_3^2 \cdot A_{0,0,2,\text{etc.}} \\
&\qquad\qquad\qquad + \text{etc.}
\end{aligned}
$$

les coefficiens de ce développement auront évidemment, pour leurs valeurs, l'expression générale ... (241)'

$$A_{\alpha,\,\beta,\,\gamma,\,\text{etc.}} =$$

$$= \frac{1}{1^{\alpha|1} \cdot 1^{\beta|1} \cdot 1^{\gamma|1} \cdot \text{etc.}} \cdot \left(\frac{d^{\alpha+\beta+\gamma+\text{etc.}} F(x_1, x_2, x_3, \text{etc.})}{dy_1^{\alpha} \cdot dy_2^{\beta} \cdot dy_3^{\gamma} \cdot \text{etc.}} \right);$$

en observant de donner aux variables x_1, x_2, x_3, etc. les valeurs qui répondent à $y_1 = 0$, $y_2 = 0$, $y_3 = 0$, etc. Et, si cette fonction F ne portait que sur une seule variable x_1 liée avec une seule variable indépendante y_1, ce développement composé (241) se réduirait à la forme simple .... (242)

$$F(x_1) = A_0 + A_1 . y_1 + A_2 . y_1^2 + A_3 . y_1^3 + \text{etc.};$$

les coefficiens étant ici ... (242)'

$$A_{\alpha} = \frac{1}{1^{\alpha|1}} \cdot \left(\frac{d^{\alpha} F(x_1)}{dy_1^{\alpha}} \right).$$

Or, l'expression composée (241)' ne diffère de l'expression simple (242)' qu'en ce qu'elle porte sur plusieurs variables; car, pour ce qui concerne la nature particulière des différentielles qui entrent dans ces expressions, elle est évidemment la même de part et d'autre, parce que, dans l'expression composée (241)' comme dans l'expression simple (242)', il ne s'agit que de différentielles secondaires, c'est-à-dire, de différentielles prises, moyennant certaines variables x_1, x_2, x_3, etc., par rapport à des variables indépendantes y_1, y_2, y_3, etc. Ainsi, ayant la génération de la différentielle secondaire simple (242)', on aura par là même la génération de la différentielle secondaire composée (241)'. Mais, l'expression (238)' des coefficiens de la Série simple (239), présente effectivement cette génération de la différentielle simple (242)'. Donc, la Série (239) sert réellement à fonder les développemens composés (241); et il est vrai, comme nous l'avons avancé, que cette Série (239) constitue la Loi fondamentale des développemens (241) procédant par rapport aux puissances de plusieurs variables secondaires et indépendantes. — Voici les faits mêmes de ce que nous venons de reconnaître dans sa généralité.

En faisant

$$q1 = 1 + p1, \quad q2 = 1 + p2, \quad q3 = 1 + p3, \quad \ldots\ldots \quad q\rho = 1 + p\rho,$$

et en formant l'agrégat ... (243)

$$A[m, \rho] =$$
$$= Agr. \left\{ \frac{\left(\frac{d^{q1}\psi y}{dy^{q1}}\right)\left(\frac{d^{q2}\psi y}{dy^{q2}}\right)\left(\frac{d^{q3}\psi y}{dy^{q3}}\right)\ldots\ldots\left(\frac{d^{q\rho}\psi y}{dy^{q\rho}}\right)}{1^{q1|1}.1^{q2|1}.1^{q3|1}\ldots\ldots1^{q\rho|1}} \right\};$$

dont les termes dépendent de l'équation ... (243)'

$$m + \rho = q1 + q2 + q3 \ldots\ldots + q\rho,$$

dans laquelle les quantités $q1$, $q2$, $q3$, ... $q\rho$ peuvent recevoir toutes les valeurs positives entières, depuis l'unité inclusivement; l'expression générale (238)' des coefficiens de la Série fondamentale (239), donnera, en vertu de l'expression (242)', pour la différentielle $\left(\frac{d^\mu F(x_1)}{dy_1^\mu}\right)$, la génération suivante ... (244)

$$\left(\frac{d^\mu Fx}{dy^\mu}\right) = 1^{\mu|1}.\left\{\frac{dFx}{dx}.A[(\mu-1), 1] + \frac{1}{2}.\frac{d^2Fx}{dx^2}.A[(\mu-2), 2] + \right.$$
$$\left. + \frac{1}{2.3}.\frac{d^3Fx}{dx^3}.A[(\mu-3), 3] \ldots\ldots + \frac{1}{1^{\mu|1}}.\frac{d^\mu Fx}{dx^\mu}.A[0, \mu]\right\}.$$

Ce n'est là au reste que la génération de cette différentielle secondaire que, plus haut à la marque (201), nous avons déduite de la loi fondamentale du Calcul différentiel, et qui précisément nous a servi de principe pour arriver à l'expression (237) des coefficiens de la Série générale (236). — Pour abréger les expressions, nous résumerons cette génération sous la forme suivante ... (244)'

$$\left(\frac{d^\mu Fx}{dy^\mu}\right) = 1^{\mu|1} . \Sigma_\alpha \left\{ \frac{1}{1^{\alpha|1}} . \frac{d^\alpha Fx}{dx^\alpha} . A\left[(\mu-\alpha), \alpha\right] \right\},$$

en dénotant par Σ_α la somme des termes correspondans aux indices α, et compris entre les limites de $\alpha = 1$ et $\alpha = \mu$ inclusivement.

Or, si l'on considère d'abord une fonction $F(x_1, x_2)$ des deux variables x_1 et x_2, et si l'on dénote par d_1 et d_2 les différentielles respectives prises séparément par rapport aux variables x_1 et x_2, on a généralement, en vertu du principe (bh) exposé dans notre Introduction à la Philosophie des Mathématiques (page 116) (*), l'expression ... (245)

$$d^m F(x_1, x_2) = d_1^m F(x_1, x_2) + \frac{m}{1} . d_1^{m-1} d_2 F(x_1, x_2) +$$
$$+ \frac{m(m-1)}{1.2} . d_1^{m-2} d_2^2 F(x_1, x_2) + \frac{m(m-1)(m-2)}{1.2.3} . d_1^{m-3} d_2^3 F(x_1, x_2) + \text{etc.};$$

ou bien ... (245)'

$$d^m F(x_1, x_2) = 1^{m|1} . \Sigma_\rho \left\{ \frac{d_2^\rho d_1^{m-\rho} F(x_1, x_2)}{1^{\rho|1} . 1^{(m-\rho)|1}} \right\},$$

Σ_ρ dénotant la somme des termes correspondans aux indices ρ, depuis $\rho = 0$ inclusivement. Ainsi, lorsque les variables x_1 et x_2 sont deux fonctions $\psi_1 y$ et $\psi_2 y$ d'une variable indépendante y, il suffit de substituer, dans l'expression (245) ou (245)', les différentielles prises relativement à l'une de ces variables et données par la formule (244)', et de prendre ensuite, par le moyen de la même formule (244)', les différentielles relatives à l'autre variable. Pour cela, considérant d'abord la variable x_1, la formule (244)' donnera

$$\left(\frac{d_1^\mu F(x_1, x_2)}{dy^\mu}\right) =$$
$$= 1^{\mu|1} . \Sigma_\alpha \left\{ \frac{1}{1^{\alpha|1}} . A\left[(\mu-\alpha), \alpha\right]_1 . \left(\frac{d^\alpha F(x_1, x_2)}{dx_1^\alpha}\right) \right\},$$

(*) Voyez la Note à la fin de l'ouvrage présent.

en distinguant par $A[(\mu-\alpha),\alpha]_1$ l'agrégat (243) relatif à la fonction $\psi_1 y$; et, substituant cette valeur dans (245)', il viendra ... (245)''

$$\left(\frac{d^m F(x_1,x_2)}{dy^m}\right)=$$

$$=1^{m|1}.\Sigma_\rho\left\{\frac{d_2^\rho\Sigma_\alpha\left\{\frac{1}{1^{\alpha|1}}.A[(m-\rho-\alpha),\alpha]_1.\left(\frac{d^\alpha F(x_1,x_2)}{dx_1^\alpha}\right)\right\}}{1^{\rho|1}.dy^\rho}\right\}=$$

$$=1^{m|1}.\Sigma_{\rho,\alpha}\left\{\frac{A[(m-\rho-\alpha),\alpha]_1}{1^{\rho|1}.1^{\alpha|1}}.\left(\frac{d_2^\rho\left(\frac{d^\alpha F(x_1,x_2)}{dx_1^\alpha}\right)}{dy^\rho}\right)\right\},$$

en dénotant par $\Sigma_{\rho,\alpha}$ la somme double des termes correspondans aux indices ρ et α, entre les limites inclusives de $\rho=0$ et $\alpha=0$ d'une part, et de $(\rho+\alpha)=m$ de l'autre part. Considérant ensuite la variable x_2, la formule (244)' donnera

$$\left(\frac{d_2^\mu F(x_1,x_2)}{dy^\mu}\right)=$$

$$=1^{\mu|1}.\Sigma_\beta\left\{\frac{1}{1^{\beta|1}}.A[(\mu-\beta),\beta]_2.\left(\frac{d^\beta F(x_1,x_2)}{dx_2^\beta}\right)\right\},$$

en dénotant par Σ_β la somme des termes correspondans aux indices β, et compris entre les limites de $\beta=1$ et $\beta=\mu$ inclusivement, et en distinguant ici par $A[(\mu-\beta),\beta]_2$ l'agrégat (243) relatif à la fonction $\psi_2 y$. Et, cette dernière valeur étant substituée dans l'expression précédente (245)'', on aura définitivement ... (246)

$$\left(\frac{d^m F(x_1,x_2)}{dy^m}\right)=$$

$$=1^{m|1}.\Sigma_{\rho,\alpha,\beta}\left\{\frac{A[(m-\rho-\alpha),\alpha]_1.A[(\rho-\beta),\beta]_2}{1^{\alpha|1}.1^{\beta|1}}.\left(\frac{d^{\alpha+\beta}F(x_1,x_2)}{dx_1^\alpha.dx_2^\beta}\right)\right\},$$

en dénotant par $\Sigma_{\rho,\alpha,\beta}$ la somme triple des termes correspondans aux indices ρ, α, β, entre les limites inclusives de $\rho = 0$, $\alpha = 0$, $\beta = 0$ d'une part, et $(\rho + \alpha) = m$, $\beta = \rho$ de l'autre part, et en observant qu'on a généralement ... $(246)'$

$$A[\varrho, 0] = 1, \quad \text{et} \quad A[\mu, 0] = 0.$$

Quant à ces dernières valeurs singulières $(246)'$ de l'agrégat (243), qui résultent de l'expression $(200)'''$, elles proviennent visiblement du terme correspondant à $\frac{d^0 Fx}{dx^0}$ dans la loi (201) ou originairement (198); terme qu'on y a négligé pour abréger les expressions, et auquel il faut ici avoir égard pour leur généralité.

On peut encore mettre l'expression définitive (246) que nous venons de trouver, sous la forme plus régulière que voici ... (247)

$$\left(\frac{d^m F(x_1, x_2)}{dy^m}\right) =$$

$$= 1^{m|1} \cdot \Sigma_{\alpha,\beta} \left\{ \frac{Agr.^{(\rho)} \left\{ A[(\rho_1 - \alpha), \alpha]_1 \cdot A[(\rho_2 - \beta), \beta]_2 \right\}}{1^{\alpha|1} \cdot 1^{\beta|1}} \cdot \left(\frac{d^{\alpha+\beta} F(x_1, x_2)}{dx_1^\alpha \cdot dx_2^\beta}\right) \right\};$$

en marquant par l'abréviation $Agr.^{(\rho)}$ l'agrégat des termes correspondans aux valeurs entières positives, y compris zéro, des indices ρ_1 et ρ_2 donnés par l'équation ... $(247)'$

$$m = \rho_1 + \rho_2,$$

et en désignant par $\Sigma_{\alpha,\beta}$ la somme double des termes correspondans aux indices α et β, entre les limites inclusives de $\alpha = 0$ et $\beta = 0$ d'une part, et de $\alpha = \rho_1$ et $\beta = \rho_2$ de l'autre part; et en faisant toujours attention aux valeurs singulières $(246)'$.

Or, eu égard à la nature de cette dernière expression (247) et au procédé qui nous y a conduits, on reconnaîtra facilement, non par induction, mais par la génération même de ces quantités, que, si l'on a une fonction $F(x_1, x_2, x_3, \ldots x_\omega)$ de ω variables $x_1, x_2, x_3, \ldots x_\omega$

formant autant de fonctions d'une variable indépendante y, savoir,

$$x_1 = \psi_1 y, \quad x_2 = \psi_2 y, \quad x_3 = \psi_3 y, \quad \ldots . \quad x_\omega = \psi_\omega y;$$

et si l'on distingue généralement par $A\,[m, \rho]_\mu$ l'agrégat (243) formé avec la fonction $\psi_\mu y$; l'expresssion générale de la différentielle d'un ordre quelconque m, prise sur la fonction $F(x_1, x_2, x_3, \ldots x_\omega)$ par rapport à la variable y, sera ... (248)

$$\left(\frac{d^m F(x_1, x_2, x_3, \ldots x_\omega)}{dy^m}\right) =$$

$$= 1^{m|1}.\Sigma_\alpha \left\{ \begin{array}{c} \dfrac{Agr.^{(\rho)} \left\{ \begin{array}{l} A\left[(\rho_1-\alpha_1), \alpha_1\right]_1 . A\left[(\rho_2-\alpha_2), \alpha_2\right]_2 . A\left[(\rho_3-\alpha_3), \alpha_3\right]_3 \ldots . \\ \ldots .. \; A\left[(\rho_{\omega-1}-\alpha_{\omega-1}), \alpha_{\omega-1}\right]_{\omega-1} . A\left[(\rho_\omega-\alpha_\omega), \alpha_\omega\right]_\omega \end{array} \right\}}{1^{\alpha_1|1}.1^{\alpha_2|1}.1^{\alpha_3|1} \ldots . 1^{\alpha_\omega|1}} \times \\ \times \left(\dfrac{d^{\alpha_1+\alpha_2+\alpha_3 \ldots + \alpha_\omega} F(x_1, x_2, x_3, \ldots x_\omega)}{dx_1^{\alpha_1}.dx_2^{\alpha_2}.dx_3^{\alpha_3} \ldots dx_\omega^{\alpha_\omega}}\right) \end{array} \right\};$$

en dénotant ici par l'abréviation $Agr.^{(\rho)}$ l'agrégat des termes correspondans aux indices $\rho_1, \rho_2, \rho_3, \ldots \rho_\omega$ dont les valeurs entières positives, y compris zéro, sont données par l'équation ... (248)'

$$m = \rho_1 + \rho_2 + \rho_3 \ldots + \rho_\omega,$$

et en désignant, de plus, par Σ_α la somme des termes correspondans aux divers indices $\alpha_1, \alpha_2, \alpha_3, \ldots \alpha_\omega$ dont les valeurs entières sont contenues entre les limites inclusives, d'une part, de

$$\alpha_1 = 0, \quad \alpha_2 = 0, \quad \alpha_3 = 0, \quad \ldots . \quad \alpha_\omega = 0,$$

et, de l'autre part, de

$$\alpha_1 = \rho_1, \quad \alpha_2 = \rho_2, \quad \alpha_3 = \rho_3, \quad \ldots . \quad \alpha_\omega = \rho_\omega;$$

pourvu qu'on fasse toujours attention aux valeurs singulières (246)'. — Car, si l'on distingue par $d_1, d_2, d_3, \ldots d_\omega$ les différentielles respectives prises séparément par rapport aux variables $x_1, x_2, x_3, \ldots x_\omega$, on a, en vertu du principe allégué pour l'expression particulière (245), l'expression générale ... (249)

$$d^m F(x_1, x_2, x_3, \ldots x_\omega) =$$
$$= 1^{m|1} . Agr.^{(\rho)} \left\{ \frac{d_1^{\rho_1} d_2^{\rho_2} d_3^{\rho_3} \ldots d_\omega^{\rho_\omega} F(x_1, x_2, x_3, \ldots x_\omega)}{1^{\rho_1|1} . 1^{\rho_2|1} . 1^{\rho_3|1} \ldots 1^{\rho_\omega|1}} \right\};$$

en désignant, comme nous sommes convenus, par $Agr.^{(\rho)}$ l'agrégat des termes correspondans aux indices $\rho_1, \rho_2, \rho_3, \ldots \rho_\omega$ dont les valeurs entières, y compris zéro, sont données par l'équation

$$m = \rho_1 + \rho_2 + \rho_3 \ldots + \rho_\omega.$$

Mais, la formule $(244)'$ donne d'abord

$$\left(\frac{d_1^{\rho_1} F(x_1, x_2, x_3, \ldots x_\omega)}{dy^{\rho_1}}\right) =$$
$$= 1^{\rho_1|1} . \Sigma_\alpha \left\{ \frac{A[(\rho_1 - \alpha_1), \alpha_1]_1}{1^{\alpha_1|1}} . \left(\frac{d^{\alpha_1} F(x_1, x_2, x_3, \ldots x_\omega)}{dx_1^{\alpha_1}}\right) \right\};$$

en employant la notation de l'expression (248) en question. Ainsi, substituant cette première valeur dans (249), il viendra ... $(249)'$

$$\left(\frac{d^m F(x_1, x_2, x_3, \ldots x_\omega)}{dy^m}\right) =$$
$$= 1^{m|1} . \Sigma_\alpha \left\{ \frac{Agr.^{(\rho)} \left\{ \begin{array}{c} \dfrac{A[(\rho_1 - \alpha_1), \alpha_1]_1}{1^{\rho_2|1} . 1^{\rho_3|1} . 1^{\rho_4|1} \ldots 1^{\rho_\omega|1}} \times \\ \times \dfrac{d_2^{\rho_2} d_3^{\rho_3} \ldots d_\omega^{\rho_\omega}}{dy^{\rho_2 + \rho_3 \ldots + \rho_\omega}} . \left(\dfrac{d^{\alpha_1} F(x_1, x_2, x_3, \ldots x_\omega)}{dx_1^{\alpha_1}}\right) \end{array} \right\}}{1^{\alpha_1|1}} \right\}.$$

En second lieu, la formule $(244)'$ donne

$$\left(\frac{d_2^{\rho_2}\left(\frac{d^{\alpha_1} F(x_1, x_2, x_3, \ldots x_\omega)}{dx_1^{\alpha_1}}\right)}{dy^{\rho_2}}\right) =$$

$$= 1^{\rho_2|1} . \Sigma_\alpha \left\{ \frac{A\left[(\rho_2 - \alpha_2), \alpha_2\right]_2}{1^{\alpha_2|1}} . \left(\frac{d^{\alpha_1+\alpha_2} F(x_1, x_2, x_3, \ldots x_\omega)}{dx_1^{\alpha_1} . dx_2^{\alpha_2}}\right) \right\};$$

en employant toujours la notation de l'expression (248) dont il est question. Ainsi, substituant cette seconde valeur dans (249)', il viendra ... (249)''

$$\left(\frac{d^m F(x_1, x_2, x_3, \ldots x_\omega)}{dy^m}\right) =$$

$$= 1^{m|1} . \Sigma_\alpha \left\{ \frac{Agr.^{(\rho)} \left\{ \begin{array}{l} \dfrac{A\left[(\rho_1 - \alpha_1), \alpha_1\right]_1 . A\left[(\rho_2 - \alpha_2), \alpha_2\right]_2}{1^{\rho_3|1} . 1^{\rho_4|1} \ldots 1^{\rho_\omega|1}} \times \\ \times \dfrac{d_3^{\rho_3} d_4^{\rho_4} \ldots d_\omega^{\rho_\omega}}{dy^{\rho_3+\rho_4 \cdots + \rho_\omega}} . \left(\dfrac{d^{\alpha_1+\alpha_2} F(x_1, x_2, x_3, \ldots x_\omega)}{dx_1^{\alpha_1} . dx_2^{\alpha_2}}\right) \end{array} \right\}}{1^{\alpha_1|1} . 1^{\alpha_2|1}} \right\}.$$

En troisième lieu, la formule (244)' donne

$$\left(\frac{d_3^{\rho_3}\left(\frac{d^{\alpha_1+\alpha_2} F(x_1, x_2, x_3, \ldots x_\omega)}{dx_1^{\alpha_1} . dx_2^{\alpha_2}}\right)}{dy^{\rho_3}}\right) =$$

$$= 1^{\rho_3|1} . \Sigma_\alpha \left\{ \frac{A\left[(\rho_3 - \alpha_3), \alpha_3\right]_3}{1^{\alpha_3|1}} . \left(\frac{d^{\alpha_1+\alpha_2+\alpha_3} F(x_1, x_2, x_3, \ldots x_\omega)}{dx_1^{\alpha_1} . dx_2^{\alpha_2} . dx_3^{\alpha_3}}\right) \right\};$$

et substituant cette troisième valeur dans (249)'', il viendra ... (249)'''

$$\left(\frac{d^m F(x_1, x_2, x_3, \ldots x_\omega)}{dy^m}\right) =$$

$$= 1^{m|1} . \Sigma_\alpha \left\{ \frac{Agr.^{(\rho)} \left\{ \begin{array}{l} \dfrac{A\left[(\rho_1 - \alpha_1), \alpha_1\right]_1 . A\left[(\rho_2 - \alpha_2), \alpha_2\right]_2 . A\left[(\rho_3 - \alpha_3), \alpha_3\right]_3}{1^{\rho_4|1} . 1^{\rho_5|1} \ldots 1^{\rho_\omega|1}} \times \\ \times \dfrac{d_4^{\rho_4} d_5^{\rho_5} \ldots d_\omega^{\rho_\omega}}{dy^{\rho_4+\rho_5 \cdots + \rho_\omega}} . \left(\dfrac{d^{\alpha_1+\alpha_2+\alpha_3} F(x_1, x_2, x_3, \ldots x_\omega)}{dx_1^{\alpha_1} . dx_2^{\alpha_2} . dx_3^{\alpha_3}}\right) \end{array} \right\}}{1^{\alpha_1|1} . 1^{\alpha_2|1} . 1^{\alpha_3|1}} \right\}.$$

Et, procédant ainsi aux substitutions successives, on arrivera évidemment à l'expression définitive

$$\left(\frac{d^m F(x_1, x_2, x_3, \ldots x_\omega)}{dy^m}\right) =$$

$$= 1^{m|1} . \Sigma_\alpha \left\{ \begin{array}{c} \dfrac{Agr.^{(\rho)} \left\{ \begin{array}{l} A\left[(\rho_1-\alpha_1), \alpha_1\right]_1 . A\left[(\rho_2-\alpha_2), \alpha_2\right]_2 . A\left[(\rho_3-\alpha_3), \alpha_3\right]_3 \ldots . \\ \ldots . . A\left[(\rho_{\omega-1}-\alpha_{\omega-1}), \alpha_{\omega-1}\right]_{\omega-1} . A\left[(\rho_\omega-\alpha_\omega), \alpha_\omega\right]_\omega \end{array} \right\}}{1^{\alpha_1|1} . 1^{\alpha_2|1} . 1^{\alpha_3|1} \ldots 1^{\alpha_\omega|1}} \times \\ \times \left(\dfrac{d^{\alpha_1+\alpha_2+\alpha_3 \ldots + \alpha_\omega} F(x_1, x_2, x_3, \ldots x_\omega)}{dx_1^{\alpha_1} . dx_2^{\alpha_2} . dx_3^{\alpha_3} \ldots dx_\omega^{\alpha_\omega}}\right) \end{array} \right\};$$

qui est l'expression composée (248) qu'il s'agissait de déduire de l'expression simple (244) ou (244)'.

Nous pouvons encore donner à l'expression générale (248) la forme plus précise suivante. — Puisque les valeurs des indices $\rho_1, \rho_2, \rho_3, \ldots \rho_\omega$ sont telles qu'on a

$$\rho_1 + \rho_2 + \rho_3 \ldots + \rho_\omega = m;$$

on aura

$$(\rho_1-\alpha_1) + (\rho_2-\alpha_2) + (\rho_3-\alpha_3) \ldots . + (\rho_\omega-\alpha_\omega) =$$
$$= m - (\alpha_1+\alpha_2+\alpha_3 \ldots . + \alpha_\omega).$$

Ainsi, faisant

$$\rho_1 - \alpha_1 = \beta_1, \quad \rho_2 - \alpha_2 = \beta_2, \quad \rho_3 - \alpha_3 = \beta_3, \quad \ldots . \quad \rho_\omega - \alpha_\omega = \beta_\omega;$$

l'expression générale (248) prendra la forme ... (250)

$$\left(\frac{d^m F(x_1, x_2, x_3, \ldots x_\omega)}{dy^m}\right) =$$

$$= 1^{m|1} . \Sigma_\alpha \left\{ \begin{array}{c} \dfrac{Agr.^{(\beta)} \left\{ A\left[\beta_1, \alpha_1\right]_1 . A\left[\beta_2, \alpha_2\right]_2 . A\left[\beta_3, \alpha_3\right]_3 \ldots . A\left[\beta_\omega, \alpha_\omega\right]_\omega \right\}}{1^{\alpha_1|1} . 1^{\alpha_2|1} . 1^{\alpha_3|1} \ldots . 1^{\alpha_\omega|1}} \times \\ \times \left(\dfrac{d^{\alpha_1+\alpha_2+\alpha_3 \ldots + \alpha_\omega} F(x_1, x_2, x_3, \ldots x_\omega)}{dx_1^{\alpha_1} . dx_2^{\alpha_2} . dx_3^{\alpha_3} \ldots dx_\omega^{\alpha_\omega}}\right) \end{array} \right\};$$

en dénotant par $Agr.^{(\beta)}$ l'agrégat des termes correspondans aux indices $\beta_1, \beta_2, \beta_3, \ldots \beta_\omega$ dont les valeurs entières positives, y compris zéro, sont données par l'équation ... (250)'

$$\beta_1 + \beta_2 + \beta_3 \ldots + \beta_\omega = m - (\alpha_1 + \alpha_2 + \alpha_3 \ldots + \alpha_\omega),$$

et en désignant, de plus, par Σ_α la somme des termes correspondans aux indices $\alpha_1, \alpha_2, \alpha_3, \ldots \alpha_\omega$ dont les valeurs entières respectives sont comprises généralement entre les limites zéro et m inclusivement; pourvu qu'on observe qu'en vertu de l'expression (200)''', on a, pour des nombres quelconques β et α, les valeurs singulières ... (250)''

$$A[-\beta, \alpha] = 0, \quad A[+\beta, 0] = 0, \quad A[0, 0] = 1.$$

Et, cette dernière expression (250) peut même prendre encore la forme plus régulière que voici ... (250)'''

$$\left(\frac{d^m F(x_1, x_2, x_3, \ldots x_\omega)}{dy^m}\right) =$$

$$= 1^{m|1}.\Sigma_\rho.Agr.^{(\alpha)}\left\{\begin{array}{c}\dfrac{Agr.^{(\beta)}\left\{A[\beta_1,\alpha_1]_1.A[\beta_2,\alpha_2]_2.A[\beta_3,\alpha_3]_3\ldots A[\beta_\omega,\alpha_\omega]_\omega\right\}}{1^{\alpha_1|1}.1^{\alpha_2|1}.1^{\alpha_3|1}\ldots 1^{\alpha_\omega|1}} \times \\ \times\left(\dfrac{d^\rho F(x_1, x_2, x_3, \ldots x_\omega)}{dx_1^{\alpha_1}.dx_2^{\alpha_2}.dx_3^{\alpha_3}\ldots dx_\omega^{\alpha_\omega}}\right)\end{array}\right\};$$

en dénotant par Σ_ρ la somme des termes correspondans aux valeurs entières de l'indice ρ, depuis $\rho = 1$ jusqu'à $\rho = m$ inclusivement; par $Agr.^{(\alpha)}$ l'agrégat des termes correspondans aux valeurs entières positives, y compris zéro, des indices $\alpha_1, \alpha_2, \alpha_3, \ldots \alpha_\omega$, qui, pour chaque valeur de ρ, satisfont à l'équation ... (250)^{IV}

$$\rho = \alpha_1 + \alpha_2 + \alpha_3 \ldots + \alpha_\omega;$$

et enfin par $Agr.^{(\beta)}$ l'agrégat des termes correspondans de même aux valeurs entières positives, y compris zéro, des indices $\beta_1, \beta_2, \beta_3, \ldots \beta_\omega$, qui satisfont à l'équation ... (250)^{V}

$$m - \rho = \beta_1 + \beta_2 + \beta_3 \ldots + \beta_\omega;$$

pourvu qu'on fasse toujours attention aux valeurs précédentes $(250)''$ des agrégats singuliers $A[-\beta, \alpha]$, $A[+\beta, 0]$, et $A[0, 0]$.

Sous cette forme (250) ou $(250)'''$, on a déjà l'expression absolue elle-même; parce qu'elle présente immédiatement les derniers termes ou les élémens de la génération de cette quantité, comme l'expression (201) pour le cas simple d'une seule variable. — Mais, si l'on ne voulait avoir qu'une expression en quelque sorte relative, telle que l'expression (198) dans le cas d'une seule variable, on obtiendrait la forme plus simple encore que nous allons déduire. — Suivant l'expression (196), si l'on construit, avec les fonctions $\psi_1 y$, $\psi_2 y$, $\psi_3 y$, ... $\psi_\omega y$, les quantités ... (251)

$$\Theta_1 = \frac{\psi_1(y+z) - \psi_1 y}{z} = \frac{\Delta_z \psi_1 y}{z},$$

$$\Theta_2 = \frac{\psi_2(y+z) - \psi_2 y}{z} = \frac{\Delta_z \psi_2 y}{z},$$

$$\Theta_3 = \frac{\psi_3(y+z) - \psi_3 y}{z} = \frac{\Delta_z \psi_3 y}{z},$$

$$\cdots\cdots\cdots\cdots\cdots$$

$$\Theta_\omega = \frac{\psi_\omega(y+z) - \psi_\omega y}{z} = \frac{\Delta_z \psi_\omega y}{z};$$

on aura, en vertu de l'expression $(200)'''$, les valeurs ... $(251)'$

$$A[\beta_1, \alpha_1]_1 = \frac{1}{1^{\beta_1|1}} \cdot \left(\frac{d^{\beta_1} \dot{\Theta}_1^{\alpha_1}}{dz^{\beta_1}}\right)$$

$$A[\beta_2, \alpha_2]_2 = \frac{1}{1^{\beta_2|1}} \cdot \left(\frac{d^{\beta_2} \dot{\Theta}_2^{\alpha_2}}{dz^{\beta_2}}\right)$$

$$A[\beta_3, \alpha_3]_3 = \frac{1}{1^{\beta_3|1}} \cdot \left(\frac{d^{\beta_3} \dot{\Theta}_3^{\alpha_3}}{dz^{\beta_3}}\right)$$

$$\cdots\cdots\cdots\cdots\cdots$$

$$A[\beta_\omega, \alpha_\omega]_\omega = \frac{1}{1^{\beta_\omega|1}} \cdot \left(\frac{d^{\beta_\omega} \dot{\Theta}_\omega^{\alpha_\omega}}{dz^{\beta_\omega}}\right);$$

en marquant par le point placé sur Θ la valeur zéro de la variable z. Ainsi, l'agrégat désigné par $Agr.^{(\beta)}$, qui entre dans l'expression générale (250) ou (250)''', sera ... (251)''

$$Agr.^{(\beta)}\left\{A[\beta_1,\alpha_1]_1 . A[\beta_2,\alpha_2]_2 . A[\beta_3,\alpha_3]_3 \ldots . A[\beta_\omega,\alpha_\omega]_\omega\right\} =$$

$$= Agr.^{(\beta)}\left\{\frac{\left(\frac{d^{\beta_1}\dot{\Theta}_1^{\alpha_1}}{dz^{\beta_1}}\right)\left(\frac{d^{\beta_2}\dot{\Theta}_2^{\alpha_2}}{dz^{\beta_2}}\right)\left(\frac{d^{\beta_3}\dot{\Theta}_3^{\alpha_3}}{dz^{\beta_3}}\right)\cdots\left(\frac{d^{\beta_\omega}\dot{\Theta}_\omega^{\alpha_\omega}}{dz^{\beta_\omega}}\right)}{1^{\beta_1|1}.1^{\beta_2|1}.1^{\beta_3|1}\ldots 1^{\beta_\omega|1}}\right\} =$$

$$= \left(\frac{d^{\beta_1+\beta_2+\beta_3\ldots+\beta_\omega}\left\{\dot{\Theta}_1^{\alpha_1}\dot{\Theta}_2^{\alpha_2}\dot{\Theta}_3^{\alpha_3}\ldots\dot{\Theta}_\omega^{\alpha_\omega}\right\}}{dz^{\beta_1+\beta_2+\beta_3\ldots+\beta_\omega}}\right).\frac{1}{1^{(\beta_1+\beta_2+\beta_3\ldots+\beta_\omega)|1}} =$$

$$= \frac{1}{1^{(m-\rho)|1}}.\left(\frac{d^{m-\rho}\left\{\dot{\Theta}_1^{\alpha_1}\dot{\Theta}_2^{\alpha_2}\dot{\Theta}_3^{\alpha_3}\ldots\dot{\Theta}_\omega^{\alpha_\omega}\right\}}{dz^{m-\rho}}\right);$$

en faisant, comme plus haut (250)^{IV},

$$\alpha_1 + \alpha_2 + \alpha_3 \ldots + \alpha_\omega = \rho.$$

Donc, substituant cette valeur (251)'' dans l'expression générale (250) ou (250)''', cette expression prendra la forme relative très simple que voici ... (252)

$$\left(\frac{d^m F(x_1,x_2,x_3,\ldots x_\omega)}{dy^m}\right) =$$

$$= 1^{m|1}.\Sigma_\rho.Agr.^{(\alpha)}\left\{\begin{array}{c}\dfrac{\left(\dfrac{d^{m-\rho}\left\{\dot{\Theta}_1^{\alpha_1}\dot{\Theta}_2^{\alpha_2}\dot{\Theta}_3^{\alpha_3}\ldots\dot{\Theta}_\omega^{\alpha_\omega}\right\}}{dz^{m-\rho}}\right)}{1^{(m-\rho)|1}}\times\\[2ex] \times\dfrac{\left(\dfrac{d^\rho F(x_1,x_2,x_3,\ldots x_\omega)}{dx_1^{\alpha_1}.dx_2^{\alpha_2}.dx_3^{\alpha_3}\ldots dx_\omega^{\alpha_\omega}}\right)}{1^{\alpha_1|1}.1^{\alpha_2|1}.1^{\alpha_3|1}\ldots 1^{\alpha_\omega|1}}\end{array}\right\};$$

en dénotant toujours par Σ_ρ la somme des termes correspondans aux valeurs entières des indices ρ, depuis $\rho = 1$ jusqu'à $\rho = m$ inclusivement, et par $Agr.^{(\alpha)}$ l'agrégat des termes correspondans, pour chaque valeur de ρ, aux indices α_1, α_2, α_3, ... α_ω dont les valeurs entières positives, y compris zéro, sont données par l'équation $(250)^{IV}$, savoir,

$$\rho = \alpha_1 + \alpha_2 + \alpha_3 \ldots + \alpha_\omega.$$

Telle (250) ou (252) est donc la Loi de la génération de la différentielle d'un ordre quelconque m, prise sur une fonction $F(x_1, x_2, x_3, \ldots x_\omega)$ d'un nombre quelconque ω de variables, relativement à une variable indépendante y dont les variables x_1, x_2, x_3, ... x_ω sont considérées comme étant des fonctions. Et, suivant la déduction que nous venons d'en donner, cette Loi résulte évidemment de l'expression $(244)'$ ou (244) du cas simple d'une seule variable; de sorte que cette expression du cas simple constitue proprement la Loi fondamentale des différentielles secondaires dont il s'agit: et de là vient aussi, comme nous le verrons mieux encore dans la suite, que, d'après ce que nous avons avancé plus haut, la Série simple (239), qui se trouve précisément fondée sur l'expression (244), constitue la Loi fondamentale des développemens composés (241).

Avant d'examiner dans la Loi (250) ou (252) les cas où il y entre plusieurs variables indépendantes y_1, y_2, y_3, etc., nous allons appliquer cette loi aux développemens (241) dans le cas d'une seule variable indépendante y, c'est-à-dire, aux développemens d'une fonction $F(x_1, x_2, x_3, \ldots x_\omega)$ d'un nombre quelconque ω de variables, procédant par rapport aux puissances de la variable indépendante y dont les variables x_1, x_2, x_3, ... x_ω sont considérées comme étant des fonctions. — Or, dans ce cas, la formule générale (241) donne ... (253)

$$F(x_1, x_2, x_3, \ldots x_\omega) =$$
$$= A_0 + A_1 . y + A_2 . y^2 + A_3 . y^3 + \text{etc.};$$

et la formule correspondante $(241)'$ présente, pour les coefficiens A_1, A_2, A_3, etc. de ce développement, l'expression générale ... $(253)'$

$$A_\mu = \frac{1}{1^{\mu|1}} \cdot \left(\frac{d^\mu F(x_1, x_2, x_3, \ldots x_\omega)}{dy^m} \right);$$

où il faut donner aux variables x_1, x_2, x_3, ... x_ω les valeurs qui résultent de $y = 0$, c'est-à-dire, les valeurs ... $(253)''$

$$\dot{x}_1 = \psi_1(0), \quad \dot{x}_2 = \psi_2(0), \quad \dot{x}_3 = \psi_3(0), \quad \ldots \quad \dot{x}_\omega = \psi_\omega(0);$$

en supposant, comme plus haut (240), que les fonctions de y, formant respectivement les variables x_1, x_2, x_3, ... x_ω, sont $\psi_1 y$, $\psi_2 y$, $\psi_3 y$, ... $\psi_\omega y$. Quant au premier coefficient A_0, on aura évidemment ... $(253)'''$

$$A_0 = F(\dot{x}_1, \dot{x}_2, \dot{x}_3, \ldots \dot{x}_\omega).$$

Ainsi, substituant dans $(253)'$ la valeur de cette différentielle secondaire, donnée respectivement par l'expression absolue (250) et par l'expression relative (252), on aura, pour les coefficiens A_1, A_2, A_3, etc. de la Série présente (253), les deux expressions générales ... (254)

$$A_\mu = \Sigma_\alpha \left\{ \begin{array}{c} \dfrac{Agr.^{(\beta)} \left\{ \begin{array}{l} A[\beta_1, \alpha_1]_1 . A[\beta_2, \alpha_2]_2 . A[\beta_3, \alpha_3]_3 \ldots \\ \quad \ldots A[\beta_{\omega-1}, \alpha_{\omega-1}]_{\omega-1} . A[\beta_\omega, \alpha_\omega]_\omega \end{array} \right\}}{1^{\alpha_1|1} . 1^{\alpha_2|1} . 1^{\alpha_3|1} \ldots 1^{\alpha_\omega|1}} \times \\ \times \left(\dfrac{d^{\alpha_1+\alpha_2+\alpha_3 \ldots + \alpha_\omega} F(x_1, x_2, x_3, \ldots x_\omega)}{dx_1^{\alpha_1} . dx_2^{\alpha_2} . dx_3^{\alpha_3} \ldots dx_\omega^{\alpha_\omega}} \right) \end{array} \right\}_{(y=0)}$$

$$A_\mu = \Sigma_\rho . Agr.^{(\alpha)} \left\{ \begin{array}{c} \dfrac{\left(\dfrac{d^{\mu-\rho} \{ \dot{\Theta}_1^{\alpha_1} \dot{\Theta}_2^{\alpha_2} \dot{\Theta}_3^{\alpha_3} \ldots \dot{\Theta}_\omega^{\alpha_\omega} \}}{dz^{\mu-\rho}} \right)}{1^{(\mu-\rho)|1}} \times \\ \times \dfrac{\left(\dfrac{d^\rho F(x_1, x_2, x_3, \ldots x_\omega)}{dx_1^{\alpha_1} . dx_2^{\alpha_2} . dx_3^{\alpha_3} \ldots dx_\omega^{\alpha_\omega}} \right)}{1^{\alpha_1|1} . 1^{\alpha_2|1} . 1^{\alpha_3|1} \ldots 1^{\alpha_\omega|1}} \end{array} \right\}_{(y=0)};$$

dont la première, présentant immédiatement les derniers termes, sera ici l'expression ABSOLUE de ces coefficiens, et la seconde, dépendant des fonctions auxiliaires Θ_1, Θ_2, Θ_3, ... Θ_ω, sera l'expression RELATIVE des mêmes coefficiens. — Quant au point placé sur Θ dans la dernière de ces expressions, il marque, comme dans la loi (252), la valeur zéro de la variable auxiliaire z; en observant d'ailleurs que, dans ces deux expressions (254), on doit, après les opérations, faire $y = 0$, comme le marque l'indice $(y = 0)$ attaché aux accolades.

On aura ainsi, dans sa plus grande généralité et dans ses derniers détails, la solution complète du problème du développement d'une fonction d'un nombre quelconque de variables dont chacune forme une fonction déterminée d'une autre variable indépendante, par rapport aux puissances de laquelle doit procéder ce développement. — Et de plus, si, en vertu de l'identité philosophique (206), on ramène les expressions générales précédentes (254) à l'état de contingence technique, en les faisant dépendre des coefficiens des puissances de polynomes, on aura de même, dans sa plus grande généralité et dans ses derniers détails, la solution complète du problème dont on a obtenu quelques fragmens par les Calculs des dérivations, en donnant, sous cette forme contingente, la Série (253) pour les cas particuliers d'une, de deux, et de là par induction pour celui de trois variables. — Voici ces derniers résultats.

En supposant que les fonctions $\psi_1 y$, $\psi_2 y$, $\psi_3 y$, ... $\psi_\omega y$ que forment les variables x_1, x_2, x_3, ... x_ω, soient développées et qu'elles donnent les séries ... (255)

$$x_1 = \psi_1 y = a_1 + b_1 . y + c_1 . y^2 + d_1 . y^3 + \text{etc.}$$
$$x_2 = \psi_2 y = a_2 + b_2 . y + c_2 . y^2 + d_2 . y^3 + \text{etc.}$$
$$x_3 = \psi_3 y = a_3 + b_3 . y + c_3 . y^2 + d_3 . y^3 + \text{etc.}$$
$$\cdots\cdots\cdots\cdots\cdots\cdots$$
$$x_\omega = \psi_\omega y = a_\omega + b_\omega . y + c_\omega . y^2 + d_\omega . y^3 + \text{etc.};$$

alors, les fonctions auxiliaires Θ_1, Θ_2, Θ_3, ... Θ_ω, données par les expressions (251), formeront, pour la valeur de $y = 0$, les polynomes ... (256)

$$\begin{aligned}
\Theta_1 &= b_1 + c_1 . z + d_1 . z^2 + e_1 . z^3 + \text{etc.} \\
\Theta_2 &= b_2 + c_2 . z + d_2 . z^2 + e_2 . z^3 + \text{etc.} \\
\Theta_3 &= b_3 + c_3 . z + d_3 . z^2 + e_3 . z^3 + \text{etc.} \\
&\ldots\ldots\ldots\ldots\ldots\ldots\ldots\ldots \\
\Theta_\omega &= b_\omega + c_\omega . z + d_\omega . z^2 + e_\omega . z^3 + \text{etc.}
\end{aligned}$$

Ainsi, suivant l'expression philosophique (206) de la contingence technique, nous aurons généralement ... (256)'

$$\frac{1}{1^{(\mu-\rho)|1}} . \left(\frac{d^{\mu-\rho} \{ \dot{\Theta}_1^{\alpha_1} \dot{\Theta}_2^{\alpha_2} \dot{\Theta}_3^{\alpha_3} \ldots \dot{\Theta}_\omega^{\alpha_\omega} \}}{dz^{\mu-\rho}} \right) =$$

$$= (\Theta_1^{\alpha_1} \Theta_2^{\alpha_2} \Theta_3^{\alpha_3} \ldots \Theta_\omega^{\alpha_\omega}) \mathfrak{f}(1 + \mu - \rho) ;$$

en marquant toujours, comme plus haut (204), par la caractéristique $\mathfrak{f}(1+\mu-\rho)$ le coefficient de $z^{\mu-\rho}$ dans le développement du produit de polynomes $(\Theta_1^{\alpha_1} . \Theta_2^{\alpha_2} . \Theta_3^{\alpha_3} \ldots \Theta_\omega^{\alpha_\omega})$ auquel cette caractéristique se trouve appliquée. De plus, si l'on étend cette notation (204) de Hindenbourg aux polynomes de plusieurs variables indépendantes, et si, Z étant une fonction de plusieurs telles variables z_1, z_2, z_3, etc., on fait ... (257)

$$\begin{aligned}
Z = Z\mathfrak{f}1_{0,0,0,\text{etc.}} &+ z_1 . Z\mathfrak{f}2_{1,0,0,\text{etc.}} &&+ z_1^2 . Z\mathfrak{f}3_{2,0,0,\text{etc.}} + \text{etc., etc.;} \\
&+ z_2 . Z\mathfrak{f}2_{0,1,0,\text{etc.}} &&+ z_1 z_2 . Z\mathfrak{f}3_{1,1,0,\text{etc.}} \\
&+ z_3 . Z\mathfrak{f}2_{0,0,1,\text{etc.}} &&+ z_1 z_3 . Z\mathfrak{f}3_{1,0,1,\text{etc.}} \\
&+ \text{etc.} &&+ z_2^2 . Z\mathfrak{f}3_{0,2,0,\text{etc.}} \\
& &&+ z_2 z_3 . Z\mathfrak{f}3_{0,1,1,\text{etc.}} \\
& &&+ z_3^2 . Z\mathfrak{f}3_{0,0,2,\text{etc.}} \\
& &&+ \text{etc.}
\end{aligned}$$

on aura évidemment, par extension à plusieurs variables de la contingence technique (206), l'identité philosophique générale ... (257)'

$$\frac{\left(\frac{d^{\rho} F(x_1, x_2, x_3, \ldots x_\omega)}{dx_1^{\alpha_1} . dx_2^{\alpha_2} . dx_3^{\alpha_3} \ldots dx_\omega^{\alpha_\omega}}\right)}{1^{\alpha_1|1} . 1^{\alpha_2|1} . 1^{\alpha_3|1} \ldots 1^{\alpha_\omega|1}} =$$

$$= F(x_1 + z_1, x_2 + z_2, x_3 + z_3, \ldots x_\omega + z_\omega) \mathfrak{f}(1+\rho)_{\alpha_1, \alpha_2, \alpha_3, \ldots \alpha_\omega};$$

en faisant $(\alpha_1 + \alpha_2 + \alpha_3 \ldots + \alpha_\omega) = \rho$. Donc, substituant ces valeurs (256)' et (257)' dans la seconde des deux expressions générales (254), on obtiendra, pour les coefficiens A_1, A_2, A_3, etc. de la Série (253) dont il est question, l'expression CONTINGENTE générale que voici ... (258)

$$A_\mu =$$

$$= \Sigma_\rho . Agr.^{(\alpha)} \left\{ \begin{array}{c} (\Theta_1^{\alpha_1} . \Theta_2^{\alpha_2} . \Theta_3^{\alpha_3} \ldots \Theta_\omega^{\alpha_\omega}) \mathfrak{f}(1+\mu-\rho) \times \\ \times F(a_1 + z_1, a_2 + z_2, a_3 + z_3, \ldots a_\omega + z_\omega) \mathfrak{f}(1+\rho)_{\alpha_1, \alpha_2, \alpha_3, \ldots \alpha_\omega} \end{array} \right\};$$

en dénotant toujours par Σ_ρ la somme des termes correspondans aux valeurs entières de l'indice ρ, depuis $\rho = 1$ jusqu'à $\rho = \mu$ inclusivement, et par $Agr.^{(\alpha)}$ l'agrégat des termes correspondans, pour chaque valeur de ρ, aux indices α_1, α_2, α_3, ... α_ω dont les valeurs entières positives, y compris zéro, doivent satisfaire à l'équation ... (258)'

$$\rho = \alpha_1 + \alpha_2 + \alpha_3 \ldots + \alpha_\omega.$$

Pour donner à cette expression contingente (258) la forme artificielle sous laquelle elle constitue la Loi du petit nombre de résultats particuliers qu'a obtenus Arbogast dans la même question, il suffit d'observer que, d'après la notation adoptée dans le Calcul des dérivations de ce géomètre, on aurait ... (259)

$$\frac{1}{1^{(\mu-\rho)|1}} . \left(\frac{d^{\mu-\rho} \{ \dot{\Theta}_1^{\alpha_1} \dot{\Theta}_2^{\alpha_2} \dot{\Theta}_3^{\alpha_3} \ldots \dot{\Theta}_\omega^{\alpha_\omega} \}}{dz^{\mu-\rho}}\right) =$$

$$= \mathfrak{D}^{\mu-\rho} (b_1^{\alpha_1} . b_2^{\alpha_2} . b_3^{\alpha_3} \ldots b_\omega^{\alpha_\omega}),$$

$$\frac{\left(\frac{d^{\alpha_1+\alpha_2+\alpha_3\ldots+\alpha_\omega}F(x_1, x_2, x_3, \ldots x_\omega)}{dx_1^{\alpha_1}.dx_2^{\alpha_2}.dx_3^{\alpha_3}\ldots dx_\omega^{\alpha_\omega}}\right)}{1^{\alpha_1|1}.1^{\alpha_2|1}.1^{\alpha_3|1}\ldots 1^{\alpha_\omega|1}} =$$

$$= \underset{c}{\mathrm{D}}^{\alpha_1, \alpha_2, \alpha_3, \ldots \alpha_\omega} F(a_1, a_2, a_3, \ldots a_\omega);$$

en prenant, dans ces expressions, pour les polynomes Θ_1, Θ_2, Θ_3, ... Θ_ω, leurs premiers termes b_1, b_2, b_3, ... b_ω, et pour les polynomes x_1, x_2, x_3, ... x_ω, leurs premiers termes a_1, a_2, a_3, ... a_ω. On aurait ainsi, à la place de l'expression contingente (258), l'expression pareille mais moins significative ou plutôt insignifiante que voici ... (259)'

$$A_\mu = \Sigma_\rho . Agr.^{(\alpha)} \left\{ \begin{array}{c} \underset{c}{\mathrm{D}}^{\mu-\rho}(b_1^{\alpha_1}.b_2^{\alpha_2}.b_3^{\alpha_3}\ldots b_\omega^{\alpha_\omega}) \times \\ \times \underset{c}{\mathrm{D}}^{\alpha_1, \alpha_2, \alpha_3, \ldots \alpha_\omega} F(a_1, a_2, a_3, \ldots a_\omega) \end{array} \right\}.$$

Quant au premier coefficient A_0 de la Série (253) dont il s'agit, on aura, en vertu de l'expression (253)''', dans l'un et dans l'autre des deux cas précédens (258) et (259)', la valeur ... (260)

$$A_0 = F(a_1, a_2, a_3, \ldots a_\omega).$$

Telles (258) ou (259)' sont donc les expressions contingentes générales, formant les Lois du petit nombre de résultats particuliers que, par les Calculs des dérivations, on a obtenus, dans cet état contingent, pour le développement ou pour la Série générale (253). — Les voici.

D'abord, dans le cas le plus simple où il n'y a qu'une seule variable x_1, cas qui est l'objet immédiat de la Série (239) en y faisant $a = 0$, l'expression (258) donnera ... (261)

$$A_\mu = \Sigma_\rho \left\{ \Theta_1^\rho \mathfrak{f}(1+\mu-\rho) \times F(a_1+z_1)\mathfrak{f}(1+\rho) \right\};$$

c'est-à-dire, en développant la somme Σ_ρ, ... (261)'

$$\begin{aligned} A_\mu = {} & \Theta_1 \mathfrak{f}(\mu) . F(a_1+z_1)\mathfrak{f}2 \\ & + \Theta_1^2 \mathfrak{f}(\mu-1) . F(a_1+z_1)\mathfrak{f}3 \\ & + \Theta_1^3 \mathfrak{f}(\mu-2) . F(a_1+z_1)\mathfrak{f}4 \\ & \ldots\ldots\ldots\ldots \\ & + \Theta_1^\mu \mathfrak{f}(1) . F(a_1+z_1)\mathfrak{f}(1+\mu); \end{aligned}$$

et telle sera la valeur générale des coefficiens de la Série ... (262)

$$F(x_1) = F(a_1) + A_1 . y + A_2 . y^2 + A_3 . y^3 + \text{etc.};$$

en observant que, dans cette fonction développée $F(x_1)$, la variable x_1 est considérée comme formant la Série

$$x_1 = a_1 + b_1 . y + c_1 . y^2 + d_1 . y^3 + \text{etc.},$$

et que, dans l'expression générale $(261)'$, la quantité auxiliaire Θ_1 est le polynome

$$\Theta_1 = b_1 + c_1 . z + d_1 . z^2 + e_1 . z^3 + \text{etc.}$$

C'est là $(261)'$ le porisme de Kramp que ce géomètre a fait connaître, quoique sous une forme différente, déjà en 1796; et, vu l'importance de la Série (262) qui répond au cas fondamental que constitue la Série générale (239), ce porisme de Kramp doit être considéré, non seulement comme l'initiative dans cette branche de recherches techniques pour lesquelles nous venons de donner la Loi générale (258), mais encore, pour cette même raison, comme la découverte principale de ce savant géomètre. — Si, au lieu d'employer l'expression générale (258) que nous venons de nommer, on emploie, pour le même cas, l'expression moins significative $(259)'$, on trouve, pour les coefficiens de la même Série (262), l'expression ... $(262)'$

$$A_\mu = \Sigma_\rho \left\{ \underset{c}{D}^{\mu-\rho}(b_1^\rho) \times \underset{c}{D}^\rho F(a_1) \right\};$$

c'est-à-dire, en développant la somme Σ_ρ, ... $(262)''$

$$\begin{aligned} A_\mu = & \underset{c}{D}^{\mu-1}(b_1) . \underset{c}{D} F(a_1) \\ & + \underset{c}{D}^{\mu-2}(b_1^2) . \underset{c}{D}^2 F(a_1) \\ & + \underset{c}{D}^{\mu-3}(b_1^3) . \underset{c}{D}^3 F(a_1) \\ & \cdots\cdots\cdots \\ & + \underset{c}{D}^0(b_1^\mu) . \underset{c}{D}^\mu F(a_1). \end{aligned}$$

C'est la forme sous laquelle Arbogast a reproduit le porisme précédent de Kramp, en y joignant toutefois des développemens et des procédés qui lui sont propres; procédés qui rentrent évidemment dans le domaine du Calcul différentiel, et qui se trouvent donnés, dans leurs derniers détails, par notre Loi (254) de ce genre de développemens des fonctions en Séries. En effet, pour le cas présent, la première des deux expressions générales (254), donne ... (263)

$$A_\mu = \Sigma_\alpha \left\{ A\left[(\mu-\alpha), \alpha\right] . \frac{d^\alpha Fx}{1^{\alpha|1} . dx^\alpha} \right\}_{(y=0)};$$

c'est-à-dire, ... (263)'

$$\begin{aligned} A_\mu = \Big\{ & \frac{1}{1} . A\left[(\mu-1), 1\right] . \frac{dFx}{dx} \\ & + \frac{1}{1.2} . A\left[(\mu-2), 2\right] . \frac{d^2 Fx}{dx^2} \\ & + \frac{1}{1.2.3} . A\left[(\mu-3), 3\right] . \frac{d^3 Fx}{dx^3} \\ & \cdots\cdots\cdots\cdots \\ & + \frac{1}{1^{\mu|1}} . A\left[0, \mu\right] . \frac{d^\mu Fx}{dx^\mu} \Big\}_{(y=0)}; \end{aligned}$$

valeur dans laquelle, d'après l'expression (243), on a généralement ... (263)''

$$A\left[m, \rho\right] = Agr. \left\{ \frac{\left(\frac{d^{q1}\psi y}{dy^{q1}}\right) . \left(\frac{d^{q2}\psi y}{dy^{q2}}\right) \cdots \left(\frac{d^{q\rho}\psi y}{dy^{q\rho}}\right)}{1^{q1|1} . 1^{q2|1} \cdots 1^{q\rho|1}} \right\},$$

en construisant cet agrégat moyennant l'équation

$$m + \rho = q1 + q2 + q3 \ldots + q\rho.$$

Ainsi, lorsque la fonction ψy forme la série

$$\psi y = \psi^{(0)} + \psi^{(1)}.y + \psi^{(2)}.y^2 + \psi^{(3)}.y^3 + \text{etc.},$$

et lorsque, par conséquent, on a généralement

$$\frac{1}{1^{m|1}}.\left(\frac{d^m\psi y}{dy^m}\right)_{(y=0)} = \psi^{(m)};$$

l'agrégat (263)'', employé dans l'expression (263)', sera simplement ... (263)'''

$$A[(\mu-\rho),\rho] = Agr.\{\psi^{(q1)}.\psi^{(q2)}.\psi^{(q3)}\ldots.\psi^{(q\rho)}\},$$

les termes dont il est composé dépendant des valeurs entières, depuis l'unité inclusivement, des indices $q1$, $q2$, $q3$, ... $q\rho$ donnés par l'équation ... (263)^{IV}

$$\mu = q1 + q2 + q3 \ldots + q\rho.$$

De cette manière, on aura manifestement, dans leurs derniers détails, les principes et les résultats de tous les procédés qu'on peut employer pour la détermination particulière de l'expression générale (263)' des coefficiens de la Série spéciale dont il s'agit. Bien plus, suivant la méthode de Hindenbourg pour la résolution de l'équation indéterminée (263)^{IV}, on parviendra à la détermination des quantités $A[(\mu-1),1]$, $A[(\mu-2),2]$, $A[(\mu-3),3]$, ... $A[0,\mu]$ qui entrent dans cette expression générale (263)', avec autant et peut-être avec plus de promptitude qu'on n'en aurait en copiant ces mêmes quantités, si elles se trouvaient déjà calculées et données dans quelque ouvrage. — Par exemple, voulant avoir le coefficient A_{10}, on aurait, pour l'expression générale (263)', les dix équations et leurs solutions méthodiques suivantes ... (263)^{V}

$$q1 = 10;$$

10

$$q1 + q2 = 10;$$

1, 9
2, 8
3, 7
4, 6
5, 5

$$q1 + q2 + q3 = 10;$$

1, 1, 8
1, 2, 7
1, 3, 6
1, 4, 5
2, 2, 6
2, 3, 5
2, 4, 4
3, 3, 4

$$q1 + q2 + q3 + q4 = 10;$$

1, 1, 1, 7
1, 1, 2, 6
1, 1, 3, 5
1, 1, 4, 4
1, 2, 2, 5
1, 2, 3, 4
1, 3, 3, 3
2, 2, 2, 4
2, 2, 3, 3

$$q1 + q2 + q3 + q4 + q5 = 10;$$

1, 1, 1, 1, 6
1, 1, 1, 2, 5
1, 1, 1, 3, 4
1, 1, 2, 2, 4
1, 1, 2, 3, 3
1, 2, 2, 2, 3
2, 2, 2, 2, 2

$$q1 + q2 + q3 + q4 + q5 + q6 = 10;$$

1, 1, 1, 1, 1, 5
1, 1, 1, 1, 2, 4
1, 1, 1, 1, 3, 3
1, 1, 1, 2, 2, 3
1, 1, 2, 2, 2, 2.

$$q1+q2+q3+q4+q5+q6+q7 = 10;$$

1, 1, 1, 1, 1, 1, 4
1, 1, 1, 1, 1, 2, 3
1, 1, 1, 1, 2, 2, 2

$$q1+q2+q3+q4+q5+q6+q7+q8 = 10;$$

1, 1, 1, 1, 1, 1, 1, 3
1, 1, 1, 1, 1, 1, 2, 2

$$q1 + q2 + q3 + q4 + q5 + q6 + q7 + q8 + q9 = 10;$$

1, 1, 1, 1, 1, 1, 1, 1, 2

$$q1 + q2 + q3 + q4 + q5 + q6 + q7 + q8 + q9 + q10 = 10;$$

1, 1, 1, 1, 1, 1, 1, 1, 1, 1

de sorte que, multipliant ces solutions respectives par le nombre des permutations de leurs termes, qui donneraient des solutions pareilles, on aura, en vertu des expressions $(263)'''$ et $(263)'$, la valeur ... $(263)^{\text{vi}}$

$$A_{10} =$$

$$= \frac{dF\dot{x}}{dx}.\psi^{(10)}$$

$$+ \frac{d^2F\dot{x}}{dx^2}.\left\{\psi^{(1)}\psi^{(9)} + \psi^{(2)}\psi^{(8)} + \psi^{(3)}\psi^{(7)} + \psi^{(4)}\psi^{(6)} + \frac{(\psi^{(5)})^2}{1^{2|1}}\right\}$$

$$+ \frac{d^3F\dot{x}}{dx^3}.\left\{\frac{(\psi^{(1)})^2.\psi^{(8)}}{1^{2|1}} + \psi^{(1)}\psi^{(2)}\psi^{(7)} + \psi^{(1)}\psi^{(3)}\psi^{(6)} + \psi^{(1)}\psi^{(4)}\psi^{(5)} + \frac{(\psi^{(2)})^2.\psi^{(6)}}{1^{2|1}}\right.$$

$$\left. + \psi^{(2)}\psi^{(3)}\psi^{(5)} + \frac{\psi^{(2)}.(\psi^{(4)})^2}{1^{2|1}} + \frac{(\psi^{(3)})^2.\psi^{(4)}}{1^{2|1}}\right\}$$

$$+ \frac{d^4F\dot{x}}{dx^4}.\left\{\frac{(\psi^{(1)})^3.\psi^{(7)}}{1^{3|1}} + \frac{(\psi^{(1)})^2.\psi^{(2)}\psi^{(6)}}{1^{2|1}} + \frac{(\psi^{(1)})^2.\psi^{(3)}\psi^{(5)}}{1^{2|1}} + \frac{(\psi^{(1)})^2.(\psi^{(4)})^2}{1^{2|1}.1^{2|1}}\right.$$

$$+ \frac{\psi^{(1)}.(\psi^{(2)})^2.\psi^{(5)}}{1^{2|1}} + \psi^{(1)}\psi^{(2)}\psi^{(3)}\psi^{(4)} + \frac{\psi^{(1)}.(\psi^{(3)})^3}{1^{3|1}} + \frac{(\psi^{(2)})^3.\psi^{(4)}}{1^{3|1}}$$

$$\left. + \frac{(\psi^{(2)})^2.(\psi^{(3)})^2}{1^{2|1}.1^{2|1}}\right\}$$

$$+ \frac{d^5F\dot{x}}{dx^5}.\left\{\frac{(\psi^{(1)})^4.\psi^{(6)}}{1^{4|1}} + \frac{(\psi^{(1)})^3.\psi^{(2)}\psi^{(5)}}{1^{3|1}} + \frac{(\psi^{(1)})^3.\psi^{(3)}\psi^{(4)}}{1^{3|1}} + \frac{(\psi^{(1)})^2.(\psi^{(2)})^2.\psi^{(4)}}{1^{2|1}.1^{2|1}}\right.$$

$$\left. + \frac{(\psi^{(1)})^2.\psi^{(2)}.(\psi^{(3)})^2}{1^{2|1}.1^{2|1}} + \frac{\psi^{(1)}.(\psi^{(2)})^3.\psi^{(3)}}{1^{3|1}} + \frac{(\psi^{(2)})^5}{1^{5|1}}\right\}.$$

$$+ \frac{d^6F\dot{x}}{dx^6}.\left\{\frac{(\psi^{(1)})^5.\psi^{(5)}}{1^{5|1}} + \frac{(\psi^{(1)})^4.\psi^{(2)}\psi^{(4)}}{1^{4|1}} + \frac{(\psi^{(1)})^4.(\psi^{(3)})^2}{1^{4|1}.1^{2|1}} +\right.$$

$$\left. + \frac{(\psi^{(1)})^3.(\psi^{(2)})^2.\psi^{(3)}}{1^{3|1}.1^{2|1}} + \frac{(\psi^{(1)})^2.(\psi^{(2)})^4}{1^{2|1}.1^{4|1}}\right\}$$

$$+ \frac{d^7F\dot{x}}{dx^7}.\left\{\frac{(\psi^{(1)})^6.\psi^{(4)}}{1^{6|1}} + \frac{(\psi^{(1)})^5.\psi^{(2)}\psi^{(3)}}{1^{5|1}} + \frac{(\psi^{(1)})^4.(\psi^{(2)})^3}{1^{4|1}.1^{3|1}}\right\}$$

$$+ \frac{d^8F\dot{x}}{dx^8}.\left\{\frac{(\psi^{(1)})^7.\psi^{(3)}}{1^{7|1}} + \frac{(\psi^{(1)})^6.(\psi^{(2)})^2}{1^{6|1}.1^{2|1}}\right\}$$

$$+ \frac{d^9F\dot{x}}{dx^9}.\frac{(\psi^{(1)})^8.\psi^{(2)}}{1^{8|1}}$$

$$+ \frac{d^{10}F\dot{x}}{dx^{10}}.\frac{(\psi^{(1)})^{10}}{1^{10|1}};$$

en marquant par $\dot{x}$ la valeur de x correspondante à $y = 0$, c'est-à-dire, la valeur $\psi^{(0)}$. — Et, l'on voit que si, au lieu d'écrire séparément les équations auxiliaires et leurs solutions méthodiques $(263)^{v}$, que nous n'avons exposées ici que pour mieux éclaircir la question, on se fût borné à opérer immédiatement ces solutions dans l'expression définitive $(263)^{vi}$, ce qui est facile moyennant les indices attachés à ψ, on serait effectivement parvenu à cette expression définitive avec autant et peut-être, à cause de sa régularité, avec plus de promptitude qu'on n'en aurait eu en copiant cette même expression dans le Calcul des dérivations d'Arbogast (n°. 33) où ce géomètre a pris la peine de calculer les dix premiers coefficiens de la Série (262).

En second lieu, lorsque, dans le développement général (253), la fonction développée F contient les deux variables x_1 et x_2, l'expression contingente (258) donnera ... (264)

$$A_\mu = \Sigma_\rho . Agr.^{(\alpha)} \left\{ \begin{array}{c} (\Theta_1^{\alpha_1} . \Theta_2^{\alpha_2}) \mathfrak{f}(1+\mu-\rho) \times \\ \times F(a_1+z_1, a_2+z_2) \mathfrak{f}(1+\rho)_{\alpha_1, \alpha_2} \end{array} \right\};$$

c'est-à-dire, en développant la somme Σ_ρ, ... $(264)'$

$$\begin{aligned} A_\mu = & \\ = & Agr.^{(\alpha)_1} \left\{ (\Theta_1^{\alpha_1} . \Theta_2^{\alpha_2}) \mathfrak{f}(\mu) . F(a_1+z_1, a_2+z_2) \mathfrak{f}2_{\alpha_1, \alpha_2} \right\} \\ + & Agr.^{(\alpha)_2} \left\{ (\Theta_1^{\alpha_1} . \Theta_2^{\alpha_2}) \mathfrak{f}(\mu-1) . F(a_1+z_1, a_2+z_2) \mathfrak{f}3_{\alpha_1, \alpha_2} \right\} \\ + & Agr.^{(\alpha)_3} \left\{ (\Theta_1^{\alpha_1} . \Theta_2^{\alpha_2}) \mathfrak{f}(\mu-2) . F(a_1+z_1, a_2+z_2) \mathfrak{f}4_{\alpha_1, \alpha_2} \right\} \\ & \cdots\cdots\cdots\cdots\cdots\cdots\cdots\cdots \\ + & Agr.^{(\alpha)_\mu} \left\{ (\Theta_1^{\alpha_1} . \Theta_2^{\alpha_2}) \mathfrak{f}(1) . F(a_1+z_1, a_2+z_2) \mathfrak{f}(1+\mu)_{\alpha_1, \alpha_2} \right\}; \end{aligned}$$

expression dans laquelle $Agr.^{(\alpha)_\rho}$ désigne généralement l'agrégat des termes correspondans aux indices α_1 et α_2 dont les valeurs entières positives, y compris zéro, sont données par l'équation

$$\rho = \alpha_1 + \alpha_2.$$

Et, telle sera la valeur générale des coefficiens de la Série ... $(264)''$

$$F(x_1, x_2) = F(a_1, a_2) + A_1 . y + A_2 . y^2 + A_3 . y^3 + \text{etc.};$$

en observant que les fonctions $\psi_1 y$ et $\psi_2 y$ qui constituent les variables x_1 et x_2, sont ici

$$x_1 = \psi_1 y = a_1 + b_1 . y + c_1 . y^2 + d_1 . y^3 + \text{etc.},$$
$$x_2 = \psi_2 y = a_2 + b_2 . y + c_2 . y^2 + d_2 . y^3 + \text{etc.};$$

et que les polynomes Θ_1 et Θ_2 qui entrent dans l'expression générale (264) ou $(264)'$, sont

$$\Theta_1 = b_1 + c_1 . z + d_1 . z^2 + e_1 . z^3 + \text{etc.}$$
$$\Theta_2 = b_2 + c_2 . z + d_2 . z^2 + e_2 . z^3 + \text{etc.}$$

C'est là (264) ou $(264)'$ l'expression contingente parfaite pour le développement $(264)''$ d'une fonction $F(x_1, x_2)$ de deux variables ; et c'est cette expression que les Calculs des dérivations auraient dû donner pour attacher une signification définitive à leurs résultats, parce que c'est là la vraie signification (la réduction des différentielles aux coefficiens des puissances de polynomes) de cette partie spéciale de la Technie qui porte sur la contingence algorithmique, et qui, comme nous l'avons vu plus haut, était précisément le domaine sur lequel s'exerçaient les Calculs des dérivations. — Voici, pour la même Série $(264)''$, l'expression moins significative qui résulte de la Loi générale $(259)'$ et qui se trouve être celle à laquelle est parvenu Arbogast par le moyen artificiel de ses dérivations.

En ne supposant, dans la fonction à développer F, que les deux premières variables x_1 et x_2, on aura $\omega = 2$ dans l'expression insignifiante $(259)'$ que nous venons de nommer ; et cette expression générale donnera, pour le cas présent, l'expression particulière ... (265)

$$A_\mu = \Sigma_\rho . Agr.^{(\alpha)} \left\{ \underset{c}{\mathrm{D}}^{\mu-\rho}(b_1^{\alpha_1} . b_2^{\alpha_2}) . \underset{c}{\mathrm{D}}^{\alpha_1, \alpha_2} F(a_1, a_2) \right\} .$$

Ainsi, développant d'abord la somme Σ_ρ, il viendra ... (265)'

$$
\begin{aligned}
A_\mu = {} & Agr.^{(\alpha)1} \left\{ \underset{c}{D}^{\mu-1}(b_1^{\alpha_1}.b_2^{\alpha_2}).\underset{c}{D}^{\alpha_1,\alpha_2} F(a_1, a_2) \right\} \\
& + Agr.^{(\alpha)2} \left\{ \underset{c}{D}^{\mu-2}(b_1^{\alpha_1}.b_2^{\alpha_2}).\underset{c}{D}^{\alpha_1,\alpha_2} F(a_1, a_2) \right\} \\
& + Agr.^{(\alpha)3} \left\{ \underset{c}{D}^{\mu-3}(b_1^{\alpha_1}.b_2^{\alpha_2}).\underset{c}{D}^{\alpha_1,\alpha_2} F(a_1, a_2) \right\} \\
& \cdots\cdots\cdots\cdots\cdots\cdots\cdots\cdots \\
& + Agr.^{(\alpha)\mu} \left\{ \underset{c}{D}^{0}(b_1^{\alpha_1}.b_2^{\alpha_2}).\underset{c}{D}^{\alpha_1,\alpha_2} F(a_1, a_2) \right\};
\end{aligned}
$$

et, développant de plus les agrégats $Agr.^{(\alpha)1}$, $Agr.^{(\alpha)2}$, $Agr.^{(\alpha)3}$, ... $Agr.^{(\alpha)\mu}$ qui ont ici la même signification que dans l'expression (264)', il viendra définitivement ... (265)''

$$
\begin{aligned}
& A_\mu = \\
= {} & \underset{c}{D}^{\mu-1}(b_1).\underset{c}{D}^{1,0} F(a_1, a_2) + \underset{c}{D}^{\mu-1}(b_2).\underset{c}{D}^{0,1} F(a_1, a_2) \\
& + \underset{c}{D}^{\mu-2}(b_1^2).\underset{c}{D}^{2,0} F(a_1, a_2) + \underset{c}{D}^{\mu-2}(b_1 b_2).\underset{c}{D}^{1,1} F(a_1, a_2) \\
& \qquad + \underset{c}{D}^{\mu-2}(b_2^2).\underset{c}{D}^{0,2} F(a_1, a_2) \\
& + \underset{c}{D}^{\mu-3}(b_1^3).\underset{c}{D}^{3,0} F(a_1, a_2) + \underset{c}{D}^{\mu-3}(b_1^2 b_2).\underset{c}{D}^{2,1} F(a_1, a_2) \\
& \qquad + \underset{c}{D}^{\mu-3}(b_1 b_2^2).\underset{c}{D}^{1,2} F(a_1, a_2) + \underset{c}{D}^{\mu-3}(b_2^3).\underset{c}{D}^{0,3} F(a_1, a_2) \\
& \cdots\cdots\cdots\cdots\cdots\cdots\cdots\cdots \\
& + b_1^\mu.\underset{c}{D}^{\mu,0} F(a_1, a_2) + (b_1^{\mu-1}.b_2).\underset{c}{D}^{\mu-1,1} F(a_1, a_2) \\
& \qquad + (b_1^{\mu-2}.b_2^2).\underset{c}{D}^{\mu-2,2} F(a_1, a_2) \ldots + b_2^\mu.\underset{c}{D}^{0,\mu} F(a_1, a_2).
\end{aligned}
$$

C'est là, pour le développement (264)'' d'une fonction de deux variables, le porisme auquel est parvenu Arbogast dans le n°. 115 de son Calcul des dérivations. — Mais, pour en venir immédiatement aux derniers termes que donnent ces dérivations artificielles, il faut remonter à l'expression générale (254) qui est la véritable Loi de la génération de ces quantités. Or, cette Loi donne, pour le cas présent, l'expression particulière ... (266)

$$A_\mu = \Sigma_\alpha \left\{ \begin{array}{c} \dfrac{Agr.^{(\beta)} \left\{ A[\beta_1, \alpha_1]_1 . A[\beta_2, \alpha_2]_2 \right\}}{1^{\alpha_1|1} . 1^{\alpha_2|1}} \times \\ \times \left(\dfrac{d^{\alpha_1 + \alpha_2} F(x_1, x_2)}{dx_1^{\alpha_1} . dx_2^{\alpha_2}} \right) \end{array} \right\}_{(y=0)} ;$$

l'agrégat $Agr.^{(\beta)}$ dépendant de l'équation

$$\beta_1 + \beta_2 = \mu - (\alpha_1 + \alpha_2);$$

et les termes de la somme Σ_α dépendant des valeurs entières positives, y compris zéro, des indices α_1 et α_2. Ainsi, en développant d'abord les termes de cette somme, et en faisant attention aux valeurs singulières (250)'', on aura ... (266)'

$$A_\mu =$$

$$= \left\{ \left(\frac{dF}{dx_1}\right) . A[(\mu - 1), 1]_1 + \left(\frac{dF}{dx_2}\right) . A[(\mu - 1), 1]_2 \right\}_{(y=0)}$$

$$+ \frac{1}{2} . \left\{ \left(\frac{d^2F}{dx_1^2}\right) . A[(\mu - 2), 2]_1 + 2 . \left(\frac{d^2F}{dx_1 . dx_2}\right) . Agr.^{(\beta)_2} \left\{ A[\beta_1, 1]_1 . A[\beta_2, 1]_2 \right\} \right.$$

$$\left. + \left(\frac{d^2F}{dx_2^2}\right) . A[(\mu - 2), 2]_2 \right\}_{(y=0)}$$

$$+ \frac{1}{2.3} . \left\{ \left(\frac{d^3F}{dx_1^3}\right) . A[(\mu - 3), 3]_1 + 3 . \left(\frac{d^3F}{dx_1^2 . dx_2}\right) . Agr.^{(\beta)_3} \left\{ A[\beta_1, 2]_1 . A[\beta_2, 1]_2 \right\} \right.$$

$$\left. + 3 . \left(\frac{d^3F}{dx_1 . dx_2^2}\right) . Agr.^{(\beta)_3} \left\{ A[\beta_1, 1]_1 . A[\beta_2, 2]_2 \right\} + \left(\frac{d^3F}{dx_2^3}\right) . A[(\mu - 3), 3]_2 \right\}_{(y=0)}$$

. . . .

$$+ \frac{1}{1^{\mu|1}} . \left\{ \left(\frac{d^\mu F}{dx_1^\mu}\right) . A[0, \mu]_1 + \frac{\mu}{1} . \left(\frac{d^\mu F}{dx_1^{\mu-1} . dx_2}\right) . Agr.^{(\beta)_\mu} \left\{ A[\beta_1, \mu - 1]_1 . A[\beta_2, 1]_2 \right\} \right.$$

$$+ \frac{\mu(\mu - 1)}{1.2} . \left(\frac{d^\mu F}{dx_1^{\mu-2} . dx_2^2}\right) . Agr.^{(\beta)_\mu} \left\{ A[\beta_1, \mu - 2]_1 . A[\beta_2, 2]_2 \right\}$$

$$+ \frac{\mu(\mu - 1)(\mu - 2)}{1.2.3} . \left(\frac{d^\mu F}{dx_1^{\mu-3} . dx_2^3}\right) . Agr.^{(\beta)_\mu} \left\{ A[\beta_1, \mu - 3]_1 . A[\beta_2, 3]_2 \right\}$$

$$\left. + \ldots + \left(\frac{d^\mu F}{dx_2^\mu}\right) . A[0, \mu]_2 \right\}_{(y=0)} ;$$

en dénotant simplement par F la fonction $F(x_1, x_2)$, et généralement par $Agr.^{(\beta)\rho}$ l'agrégat des termes correspondans aux indices β_1 et β_2 dont les valeurs entières positives, y compris zéro, sont données par l'équation ... (266)''

$$\beta_1 + \beta_2 = \mu - \rho.$$

Quant aux quantités $A[\beta_1, \alpha_1]_1$ et $A[\beta_2, \alpha_2]_2$ qui entrent dans cette dernière expression, si les fonctions $\psi_1 y$ et $\psi_2 y$, qui constituent les variables x_1 et x_2, forment les séries ... (266)'''

$$x_1 = \psi_1 y = \psi_1^{(0)} + \psi_1^{(1)}.y + \psi_1^{(2)}.y^2 + \psi_1^{(3)}.y^3 + \text{etc.}$$
$$x_2 = \psi_2 y = \psi_2^{(0)} + \psi_2^{(1)}.y + \psi_2^{(2)}.y^2 + \psi_2^{(3)}.y^3 + \text{etc.},$$

on trouvera ici, en vertu de l'agrégat général (243), comme plus haut à la marque (263)''', les agrégats particuliers suivans ... (266)^{IV}

$$A[\beta_1, \alpha]_1 = Agr.\left\{\psi_1^{(q1)}.\psi_1^{(q2)}.\psi_1^{(q3)}\ldots.\psi_1^{(q\alpha)}\right\}$$
$$A[\beta_2, \alpha]_2 = Agr.\left\{\psi_2^{(q1)}.\psi_2^{(q2)}.\psi_2^{(q3)}\ldots.\psi_2^{(q\alpha)}\right\},$$

dont les termes composans dépendent des valeurs entières, depuis l'unité inclusivement, des indices $q1, q2, q3, \ldots q\alpha$ donnés par les équations respectives ... (266)^{V}

$$\beta_1 + \alpha = q1 + q2 + q3 \ldots + q\alpha$$
$$\beta_2 + \alpha = q1 + q2 + q3 \ldots + q\alpha.$$

Ainsi, en appliquant à la solution des équations (266)'' et (266)^{V} le procédé méthodique de Hindenbourg, on parviendra encore ici, comme plus haut pour la Série (262), avec le maximum possible de promptitude, à la détermination particulière de l'expression générale (266)' des coefficiens de la Série (264)''. — Par exemple, si l'on veut avoir le coefficient A_5 de cette Série, l'expression générale (266)' donnera, moyennant l'équation (266)'', savoir, moyennant

$$\beta_1 + \beta_2 = 5 - \rho,$$

l'expression particulière que voici ... (267)

$$A_5 =$$

$$= \left\{ \left(\frac{dF}{dx_1}\right) . A[4,1]_1 + \left(\frac{dF}{dx_2}\right) . A[4,1]_2 \right\}_{(y=0)}$$

$$+ \frac{1}{2} . \left\{ \left(\frac{d^2 F}{dx_1^2}\right) . A[3,2]_1 + 2 . \left(\frac{d^2 F}{dx_1 . dx_2}\right) . \left(A[3,1]_1 . A[0,1]_2 + \right.\right.$$

$$\left. + A[2,1]_1 . A[1,1]_2 + A[1,1]_1 . A[2,1]_2 + A[0,1]_1 . A[3,1]_2 \right)$$

$$\left. + \left(\frac{d^2 F}{dx_2^2}\right) . A[3,2]_2 \right\}_{(y=0)}$$

$$+ \frac{1}{2.3} . \left\{ \left(\frac{d^3 F}{dx_1^3}\right) . A[2,3]_1 + 3 . \left(\frac{d^3 F}{dx_1^2 . dx_2}\right) . \left(A[2,2]_1 . A[0,1]_2 + \right.\right.$$

$$\left. + A[1,2]_1 . A[1,1]_2 + A[0,2]_1 . A[2,1]_2 \right) + 3 . \left(\frac{d^3 F}{dx_1 . dx_2^2}\right) \times$$

$$\times \left(A[2,1]_1 . A[0,2]_2 + A[1,1]_1 . A[1,2]_2 + A[0,1]_1 . A[2,2]_2 \right)$$

$$\left. + \left(\frac{d^3 F}{dx_2^3}\right) . A[2,3]_2 \right\}_{(y=0)}$$

$$+ \frac{1}{2.3.4} . \left\{ \left(\frac{d^4 F}{dx_1^4}\right) . A[1,4]_1 + 4 . \left(\frac{d^4 F}{dx_1^3 . dx_2}\right) . \left(A[1,3]_1 . A[0,1]_2 + \right.\right.$$

$$\left. + A[0,3]_1 . A[1,1]_2 \right) + 6 . \left(\frac{d^4 F}{dx_1^2 . dx_2^2}\right) . \left(A[1,2]_1 . A[0,2]_2 + \right.$$

$$\left. + A[0,2]_1 . A[1,2]_2 \right) + 4 . \left(\frac{d^4 F}{dx_1 . dx_2^3}\right) . \left(A[1,1]_1 . A[0,3]_2 + \right.$$

$$\left.\left. + A[0,1]_1 . A[1,3]_2 \right) + \left(\frac{d^4 F}{dx_2^4}\right) . A[1,4]_2 \right\}_{(y=0)}$$

$$+ \frac{1}{2.3.4.5} . \left\{ \left(\frac{d^5 F}{dx_1^5}\right) . A[0,5]_1 + 5 . \left(\frac{d^5 F}{dx_1^4 . dx_2}\right) . A[0,4]_1 . A[0,1]_2 + \right.$$

$$+ 10 . \left(\frac{d^5 F}{dx_1^3 . dx_2^2}\right) . A[0,3]_1 . A[0,2]_2 + 10 . \left(\frac{d^5 F}{dx_1^2 . dx_2^3}\right) . A[0,2]_1 . A[0,3]_2$$

$$\left. + 5 . \left(\frac{d^5 F}{dx_1 . dx_2^4}\right) . A[0,1]_1 . A[0,4]_2 + \left(\frac{d^5 F}{dx_2^5}\right) . A[0,5]_2 \right\}_{(y=0)} ;$$

et les formules $(266)^{\text{IV}}$ donneront, moyennant les équations $(266)^{\text{V}}$, les valeurs générales ... $(267)'$

$$
\begin{array}{ll}
A[4,1] = \psi^{(5)} & A[3,2] = 2\psi^{(1)}\psi^{(4)} + 2\psi^{(2)}\psi^{(3)} \\
A[3,1] = \psi^{(4)} & A[2,2] = 2\psi^{(1)}\psi^{(3)} + (\psi^{(2)})^2 \\
A[2,1] = \psi^{(3)} & A[1,2] = 2\psi^{(1)}\psi^{(2)} \\
A[1,1] = \psi^{(2)} & A[0,2] = (\psi^{(1)})^2 \\
A[0,1] = \psi^{(1)} & \\
A[2,3] = 3(\psi^{(1)})^2.\psi^{(3)} + 3\psi^{(1)}.(\psi^{(2)})^2 & A[1,4] = 4(\psi^{(1)})^3.\psi^{(2)} \\
A[1,3] = 3(\psi^{(1)})^2.\psi^{(2)} & A[0,4] = (\psi^{(1)})^4 \\
A[0,3] = (\psi^{(1)})^3 & A[0,5] = (\psi^{(1)})^5.
\end{array}
$$

Ainsi, particularisant ces valeurs avec les indices 1 et 2, et les substituant ensuite dans l'expression précédente (267), on aura, avec le maximum de promptitude possible, la valeur du coefficient A_5 dont il est question; valeur qui est la même que celle donnée par Arbogast dans le n°. 117 de son Calcul des dérivations, où ce géomètre a pris la peine de calculer, par le moyen artificiel de ses dérivées, les cinq premiers termes de la Série $(264)''$.

On voit actuellement que si, au lieu de prendre une seule variable x_1, ou deux variables x_1 et x_2, comme nous venons de le faire dans les développemens particuliers (262) et $(264)''$, on prend trois, quatre, ou un nombre quelconque des variables x_1, x_2, x_3, x_4, etc. dans le développement général (253), on parviendra toujours et avec la même facilité, d'abord, aux expressions CONTINGENTES particulières dont les expressions générales (258) et $(259)'$ constituent les lois, et, de plus, aux expressions NÉCESSAIRES particulières dont les expressions générales (254) sont les lois. Et, l'on aura ainsi, pour tous les cas particuliers du développement général (253), d'une part, les expressions contingentes dont les Calculs des dérivations ont trouvé quelques fragmens, et, de l'autre part, les expressions nécessaires qui donneront immédiatement, avec le maximum possible de promptitude, les derniers termes composant les quantités qui forment les coefficiens de ces développemens en Séries.

Revenons maintenant à la Loi (250) et (252) de la génération des différentielles secondaires d'une fonction $F(x_1, x_2, x_3, \ldots x_\omega)$ d'un nombre quelconque ω de variables, et examinons les cas ultérieurs où ces variables x_1, x_2, x_3, ... x_ω sont fonctions, non d'une seule variable y, mais d'un nombre quelconque η de variables indépendantes y_1, y_2, y_3, ... y_η. — Pour cela, désignons par Ψ_1, Ψ_2, Ψ_3, ... Ψ_ω les fonctions respectives qui constituent les variables x_1, x_2, x_3, ... x_ω, c'est-à-dire, faisons ... (268)

$$\begin{aligned} x_1 &= \Psi_1(y_1, y_2, y_3, \ldots y_\eta) \\ x_2 &= \Psi_2(y_1, y_2, y_3, \ldots y_\eta) \\ x_3 &= \Psi_3(y_1, y_2, y_3, \ldots y_\eta) \\ &\ldots\ldots\ldots\ldots \\ x_\omega &= \Psi_\omega(y_1, y_2, y_3, \ldots y_\eta). \end{aligned}$$

Mais, pour procéder d'abord avec plus de simplicité, commençons par examiner le cas où il n'y a que deux y_1 et y_2 de ces variables indépendantes, savoir, le cas où ... (268)'

$$x_1 = \Psi_1(y_1, y_2), \quad x_2 = \Psi_2(y_1, y_2), \quad x_3 = \Psi_3(y_1, y_2), \quad \ldots$$
$$\ldots\ldots \quad x_\omega = \Psi_\omega(y_1, y_2).$$

Or, quelque indépendantes que soient entre elles les deux variables y_1 et y_2, on peut toujours les faire dépendre d'une autre variable accessoire y, en faisant ... (269)

$$y_1 = a_1 y; \quad \text{et} \quad y_2 = a_2 y;$$

pourvu que les quantités a_1 et a_2 restent indéterminées. De cette manière, en substituant les expressions (269) dans les fonctions (268)', les quantités x_1, x_2, x_3, ... x_ω pourront être considérées comme étant fonctions de la variable accessoire y; et l'on pourra prendre les dérivées différentielles des quantités x_1, x_2, x_3, ... x_ω par rapport à cette variable accessoire y. Alors, pour une quelconque x de ces quantités, en la considérant comme fonction immédiate des variables y_1 et y_2, c'est-à-dire, en supposant $x = \Psi(y_1, y_2)$, on aura ... (269)'

$$\left(\frac{d\Psi(y_1, y_2)}{dy}\right) = \left(\frac{d\Psi(y_1, y_2)}{dy_1}\right) . a_1 + \left(\frac{d\Psi(y_1, y_2)}{dy_2}\right) . a_2$$

$$\left(\frac{d^2\Psi(y_1, y_2)}{dy^2}\right) = \left(\frac{d^2\Psi(y_1, y_2)}{dy_1^2}\right) . a_1^2 + 2 . \left(\frac{d^2\Psi(y_1, y_2)}{dy_1 . dy_2}\right) . a_1 a_2 + $$
$$+ \left(\frac{d^2\Psi(y_1, y_2)}{dy_2^2}\right) . a_2^2$$

etc., etc.;

et généralement, en vertu du principe allégué plus haut pour l'expression (245), ayant toujours égard aux expressions auxiliaires (269), on aura ... (269)''

$$\left(\frac{d^\mu\Psi(y_1, y_2)}{dy^\mu}\right) = \left(\frac{d^\mu\Psi(y_1, y_2)}{dy_1^\mu}\right) . a_1^\mu + \frac{\mu}{1} . \left(\frac{d^\mu\Psi(y_1, y_2)}{dy_1^{\mu-1} . dy_2}\right) . a_1^{\mu-1} . a_2$$
$$+ \frac{\mu(\mu-1)}{1.2} . \left(\frac{d^\mu\Psi(y_1, y_2)}{dy_1^{\mu-2} . dy_2^2}\right) . a_1^{\mu-2} . a_2^2 + \frac{\mu^{3|-1}}{1^{3|1}} . \left(\frac{d^\mu\Psi(y_1, y_2)}{dy_1^{\mu-3} . dy_2^3}\right) . a_1^{\mu-3} . a_2^3$$

+ etc., etc.;

ou bien ... (269)'''

$$\left(\frac{d^\mu\Psi(y_1, y_2)}{dy^\mu}\right) = \Sigma_\nu \left\{ \frac{\mu^{\nu|-1}}{1^{\nu|1}} . \left(\frac{d^\mu\Psi(y_1, y_2)}{dy_1^{\mu-\nu} . dy_2^\nu}\right) . a_1^{\mu-\nu} . a_2^\nu \right\},$$

en dénotant par Σ_ν la somme des termes correspondans aux valeurs entières de l'indice ν, depuis $\nu = 0$ jusqu'à $\nu = \mu$ inclusivement. Mais, puisque

$$\frac{\mu^{\nu|-1}}{1^{\nu|1}} = \frac{1^{\mu|1}}{1^{\nu|1} \cdot 1^{(\mu-\nu)|1}},$$

il conviendra mieux à notre but de mettre l'expression précédente $(269)''$ ou $(269)'''$ sous la forme plus régulière que voici ... $(269)^{\text{IV}}$

$$\left(\frac{d^{\mu}\Psi(y_1, y_2)}{dy^{\mu}}\right) = 1^{\mu|1} \cdot Agr.^{(\mu)} \left\{ \left(\frac{d^{\mu}\Psi(y_1, y_2)}{dy_1^{\mu 1} \cdot dy_2^{\mu 2}}\right) \cdot \frac{a_1^{\mu 1} \cdot a_2^{\mu 2}}{1^{\mu 1|1} \cdot 1^{\mu 2|1}} \right\};$$

en dénotant par $Agr.^{(\mu)}$ l'agrégat des termes correspondans à toutes les valeurs entières des indices $\mu 1$ et $\mu 2$ qui satisfont à l'équation $\mu = (\mu 1 + \mu 2)$. Or, ayant pour l'exposant total μ des exposans différens $q1$, $q2$, $q3$, ... qn, si, pour distinguer les exposans partiels $\mu 1$ et $\mu 2$, correspondans à chacun de ces exposans totaux $q1$, $q2$, $q3$, ... qn, on fait:

Pour l'exposant total	$q1$,	les exposans partiels	$(\mu 1, 1)$	et	$(\mu 2, 1)$
. . . .	$q2$,	. . . .	$(\mu 1, 2)$	et	$(\mu 2, 2)$
. . . .	$q3$,	. . . .	$(\mu 1, 3)$	et	$(\mu 2, 3)$
. . . .	. . .	. . . .	. . .	. .	. . .
. . . .	qn,	. . . .	$(\mu 1, n)$	et	$(\mu 2, n)$;

l'expression $(269)^{\text{IV}}$ sera généralement ... $(269)^{\text{V}}$

$$\left(\frac{d^{q\nu}\Psi(y_1, y_2)}{dy^{q\nu}}\right) = 1^{q\nu|1} \cdot Agr.^{(\mu)} \left\{ \left(\frac{d^{q\nu}\Psi(y_1, y_2)}{dy_1^{(\mu 1, \nu)} \cdot dy_2^{(\mu 2, \nu)}}\right) \cdot \frac{a_1^{(\mu 1, \nu)} \cdot a_2^{(\mu 2, \nu)}}{1^{(\mu 1, \nu)|1} \cdot 1^{(\mu 2, \nu)|1}} \right\},$$

l'abréviation $Agr.^{(\mu)}$ désignant toujours l'agrégat des termes correspondans aux valeurs entières des indices $(\mu 1, \nu)$ et $(\mu 2, \nu)$, qui satisfont à l'équation ... $(269)^{\text{VI}}$

$$q\nu = (\mu 1, \nu) + (\mu 2, \nu).$$

Ainsi, substituant dans l'agrégat général (243) les valeurs que donne cette dernière expression $(269)^{\text{V}}$, on aura, pour le cas présent, le nouvel agrégat général ... (270)

$$A[m,n] = Agr.\left\{(Q1 . Q2 . Q3 \ldots Qn).(a_1^{m1} . a_2^{m2})\right\};$$

en faisant... (270)′

$$Q1 = \left(\frac{d^{q1}\Psi(y_1, y_2)}{dy_1^{(\mu 1, 1)} . dy_2^{(\mu 2, 1)}}\right) . \frac{1}{1^{(\mu 1, 1)|1} . 1^{(\mu 2, 1)|1}}$$

$$Q2 = \left(\frac{d^{q2}\Psi(y_1, y_2)}{dy_1^{(\mu 1, 2)} . dy_2^{(\mu 2, 2)}}\right) . \frac{1}{1^{(\mu 1, 2)|1} . 1^{(\mu 2, 2)|1}}$$

$$Q3 = \left(\frac{d^{q3}\Psi(y_1, y_2)}{dy_1^{(\mu 1, 3)} . dy_2^{(\mu 2, 3)}}\right) . \frac{1}{1^{(\mu 1, 3)|1} . 1^{(\mu 2, 3)|1}}$$

. . . .

$$Qn = \left(\frac{d^{qn}\Psi(y_1, y_2)}{dy_1^{(\mu 1, n)} . dy_2^{(\mu 2, n)}}\right) . \frac{1}{1^{(\mu 1, n)|1} . 1^{(\mu 2, n)|1}},$$

et en désignant ici par l'abréviation *Agr.* l'agrégat des termes correspondans aux valeurs entières positives des indices

$$(\mu 1, 1), \quad (\mu 1, 2), \quad (\mu 1, 3), \quad \ldots \quad (\mu 1, n),$$
$$(\mu 2, 1), \quad (\mu 2, 2), \quad (\mu 2, 3), \quad \ldots \quad (\mu 2, n),$$

qui satisfont aux équations ... (270)″

$$m1 = (\mu 1, 1) + (\mu 1, 2) + (\mu 1, 3) \ldots + (\mu 1, n)$$
$$m2 = (\mu 2, 1) + (\mu 2, 2) + (\mu 2, 3) \ldots + (\mu 2, n),$$

dans lesquelles les quantités $m1$ et $m2$ sont tous les nombres entiers positifs, y compris zéro, qui à leur tour satisfont à l'équation auxiliaire ... (270)‴

$$m1 + m2 = m + n;$$

pourvu que les sommes respectives

$$\big((\mu 1, 1) + (\mu 2, 1)\big), \quad \big((\mu 1, 2) + (\mu 2, 2)\big), \quad \big((\mu 1, 3) + (\mu 2, 3)\big), \quad \ldots\ldots$$
$$\ldots\ldots \quad \big((\mu 1, n) + (\mu 2, n)\big),$$

qui, dans l'agrégat présent (270), forment les exposans totaux $q1$, $q2$, $q3$, ... qn, ne soient jamais zéro, c'est-à-dire, pourvu que les exposans partiels respectifs

$$(\mu 1, 1) \text{ et } (\mu 2, 1), \quad (\mu 1, 2) \text{ et } (\mu 2, 2), \quad (\mu 1, 3) \text{ et } (\mu 2, 3), \quad \ldots \quad (\mu 1, n) \text{ et } (\mu 2, n)$$

ne soient pas zéro en même tems.

Connaissant donc l'expression (270) de l'agrégat général $A[m, n]$, on connaîtra celles des agrégats particuliers

$$A[\beta_1, \alpha_1]_1, \quad A[\beta_2, \alpha_2]_2, \quad A[\beta_3, \alpha_3]_3, \quad \ldots \quad A[\beta_\omega, \alpha_\omega]_\omega$$

qui entrent dans l'expression générale (250) ou (250)''' de la dérivée différentielle de la fonction $F(x_1, x_2, x_3, \ldots x_\omega)$, et qui dépendent des fonctions particulières (268)', savoir, de $\Psi_1(y_1, y_2)$, $\Psi_2(y_1, y_2)$, $\Psi 3(y_1, y_2)$, ... $\Psi_\omega(y_1, y_2)$. Pour distinguer les expressions de ces agrégats particuliers, nous distinguerons les indices généraux

$$\begin{array}{llllll} q1, & q2, & q3, & \ldots & qn, & \text{et} \\ (\mu 1, 1), & (\mu 1, 2), & (\mu 1, 3), & \ldots & (\mu 1, n), & \\ (\mu 2, 1), & (\mu 2, 2), & (\mu 2, 3), & \ldots & (\mu 2, n), & \end{array}$$

de la manière suivante ... (270)^{IV}

$$\begin{array}{llllll} (q1, \nu), & (q2, \nu), & (q3, \nu), & \ldots & (qn, \nu), & \text{et} \\ (\mu 1, 1, \nu), & (\mu 1, 2, \nu), & (\mu 1, 3, \nu), & \ldots & (\mu 1, n, \nu), & \\ (\mu 2, 1, \nu), & (\mu 2, 2, \nu), & (\mu 2, 3, \nu), & \ldots & (\mu 2, n, \nu); & \end{array}$$

ν étant l'indice de la fonction $\Psi_\nu(y_1, y_2)$. De plus, d'après cette distinction, nous spécifierons les expressions générales (270)' de la même manière, que voici ... (270)^{V}

$$Q(1, \nu) = \left(\frac{d^{(q1, \nu)} \Psi_\nu(y_1, y_2)}{dy_1^{(\mu 1, 1, \nu)} . dy_2^{(\mu 2, 1, \nu)}} \right) . \frac{1}{1^{(\mu 1, 1, \nu)|1} . 1^{(\mu 2, 1, \nu)|1}}$$

$$Q(2, \nu) = \left(\frac{d^{(q2, \nu)} \Psi_\nu(y_1, y_2)}{dy_1^{(\mu 1, 2, \nu)} . dy_2^{(\mu 2, 2, \nu)}} \right) . \frac{1}{1^{(\mu 1, 2, \nu)|1} . 1^{(\mu 2, 2, \nu)|1}}$$

$$Q(3,\nu) = \left(\frac{d^{(q3,\nu)}\Psi_\nu(y_1, y_2)}{dy_1^{(\mu 1, 3, \nu)} \cdot dy_2^{(\mu 2, 3, \nu)}}\right) \cdot \frac{1}{1^{(\mu 1, 3, \nu)|1} \cdot 1^{(\mu 2, 3, \nu)|1}}$$

. . . .)

$$Q(n,\nu) = \left(\frac{d^{(qn,\nu)}\Psi_\nu(y_1, y_2)}{dy_1^{(\mu 1, n, \nu)} \cdot dy_2^{(\mu 2, n, \nu)}}\right) \cdot \frac{1}{1^{(\mu 1, n, \nu)|1} \cdot 1^{(\mu 2, n, \nu)|1}}.$$

Alors, substituant dans l'expression générale (250) ou (250)''' les valeurs que donne la formule présente (270), on obtiendra, pour les dérivées différentielles de la fonction $F(x_1, x_2, x_3, \ldots x_\omega)$, prises relativement à la variable auxiliaire y, l'expression ... (271)

$$\left(\frac{d^m F(x_1, x_2, x_3, \ldots x_\omega)}{dy^m}\right) =$$

$$= 1^{m|1} \cdot \Sigma_\rho \cdot Agr.^{(\alpha)} \left\{ \begin{array}{l} \dfrac{\left(\dfrac{d^\rho F(x_1, x_2, x_3, \ldots x_\omega)}{dx_1^{\alpha_1} \cdot dx_2^{\alpha_2} \cdot dx_3^{\alpha_3} \ldots dx_\omega^{\alpha_\omega}}\right)}{1^{\alpha_1|1} \cdot 1^{\alpha_2|1} \cdot 1^{\alpha_3|1} \ldots \cdot 1^{\alpha_\omega|1}} \times \\ \times Agr.^{(m)} \left\{ (a_1^{m1} \cdot a_2^{m2}) \cdot Agr.^{(\mu)} \cdot \Pi_\nu \left[\begin{array}{l} Q(1,\nu) \cdot Q(2,\nu) \cdot Q(3,\nu) \ldots \\ \ldots \cdot Q(\alpha_\nu, \nu) \end{array} \right] \right\} \end{array} \right\};$$

dans laquelle Σ_ρ dénote la somme des termes correspondans aux valeurs entières de l'indice ρ, depuis $\rho = 1$ jusqu'à $\rho = m$ inclusivement; $Agr.^{(\alpha)}$ dénote l'agrégat des termes correspondans aux valeurs entières, y compris zéro, des indices α_1, α_2, α_3, ... α_ω, qui, pour chaque valeur de ρ, satisfont à l'équation ... (271)'

$$\rho = \alpha_1 + \alpha_2 + \alpha_3 \ldots + \alpha_\omega;$$

$Agr.^{(m)}$ dénote de même l'agrégat des termes correspondans aux valeurs entières positives, y compris zéro, des exposans $m1$ et $m2$, qui satisfont à l'équation ... (271)''

$$m = m1 + m2;$$

Π_ν dénote le produit d'autant de facteurs pareils correspondans aux valeurs entières de l'indice ν, depuis $\nu = 1$ jusqu'à $\nu = \omega$ inclusivement; et enfin, $Agr.^{(\mu)}$ dénote l'agrégat des termes correspondans aux valeurs entières, y compris zéro, des indices $(\mu 1, 1, \nu)$, $(\mu 1, 2, \nu)$, $(\mu 1, 3, \nu)$, etc. et $(\mu 2, 1, \nu)$, $(\mu 2, 2, \nu)$, $(\mu 2, 3, \nu)$, etc., qui satisfont aux équations ... $(271)'''$

$$\left\{\begin{array}{l} (\mu 1, 1, 1) + (\mu 1, 2, 1) + (\mu 1, 3, 1) \ldots + (\mu 1, \alpha_1, 1) \\ (\mu 1, 1, 2) + (\mu 1, 2, 2) + (\mu 1, 3, 2) \ldots + (\mu 1, \alpha_2, 2) \\ (\mu 1, 1, 3) + (\mu 1, 2, 3) + (\mu 1, 3, 3) \ldots + (\mu 1, \alpha_3, 3) \\ \ldots\ldots\ldots\ldots\ldots\ldots\ldots\ldots\ldots \\ (\mu 1, 1, \omega) + (\mu 1, 2, \omega) + (\mu 1, 3, \omega) \ldots + (\mu 1, \alpha_\omega, \omega) \end{array}\right\} = m1,$$

$$\left\{\begin{array}{l} (\mu 2, 1, 1) + (\mu 2, 2, 1) + (\mu 2, 3, 1) \ldots + (\mu 2, \alpha_1, 1) \\ (\mu 2, 1, 2) + (\mu 2, 2, 2) + (\mu 2, 3, 2) \ldots + (\mu 2, \alpha_2, 2) \\ (\mu 2, 1, 3) + (\mu 2, 2, 3) + (\mu 2, 3, 3) \ldots + (\mu 2, \alpha_3, 3) \\ \ldots\ldots\ldots\ldots\ldots\ldots\ldots\ldots\ldots \\ (\mu 2, 1, \omega) + (\mu 2, 2, \omega) + (\mu 2, 3, \omega) \ldots + (\mu 2, \alpha_\omega, \omega) \end{array}\right\} = m2;$$

pourvu que les sommes respectives

$$\big((\mu 1, 1, \nu) + (\mu 2, 1, \nu)\big), \quad \big((\mu 1, 2, \nu) + (\mu 2, 2, \nu)\big), \quad \big((\mu 1, 3, \nu) + (\mu 2, 3, \nu)\big),$$
$$\ldots\ldots \big((\mu 1, \alpha_\nu, \nu) + (\mu 2, \alpha_\nu, \nu)\big),$$

formant, dans l'expression (271), les exposans totaux $(q1, \nu)$, $(q2, \nu)$, $(q3, \nu)$, ... $(q\alpha_\nu, \nu)$, ne soient jamais zéro, c'est-à-dire, pourvu que les exposans partiels respectifs

$$(\mu 1, 1, \nu) \text{ et } (\mu 2, 1, \nu), \quad (\mu 1, 2, \nu) \text{ et } (\mu 2, 2, \nu),$$
$$(\mu 1, 3, \nu) \text{ et } (\mu 2, 3, \nu), \quad \ldots\ldots \quad (\mu 1, \alpha_\nu, \nu) \text{ et } (\mu 2, \alpha_\nu, \nu)$$

ne soient pas zéro en même tems.

Mais, si l'on considère les variables x_1, x_2, x_3, ... x_ω comme formant les fonctions $(268)'$ des deux autres variables y_1 et y_2 qui elles-mêmes, suivant (269), dépendent d'une autre variable accessoire y, savoir,

$$y_1 = a_1 y \quad \text{et} \quad y_2 = a_2 y;$$

et si l'on observe que ces deux dernières relations donnent

$$\frac{dy_1}{dy} = a_1, \quad \frac{d^2 y_1}{dy^2} = 0, \quad \frac{d^3 y_1}{dy^3} = 0, \quad \text{etc.} = 0,$$

$$\frac{dy_2}{dy} = a_2, \quad \frac{d^2 y_2}{dy^2} = 0, \quad \frac{d^3 y_2}{dy^3} = 0, \quad \text{etc.} = 0;$$

on verra qu'en vertu du principe allégué plus haut pour l'expression (245), on a, pour les dérivées différentielles de la fonction $F(x_1, x_2, x_3, \ldots x_\omega)$, prises relativement à la variable accessoire y, l'expression ... (272)

$$\left(\frac{d^m F(x_1, x_2, x_3, \ldots x_\omega)}{dy^m}\right) =$$

$$= \left(\frac{d^m F(x_1, x_2, x_3, \ldots x_\omega)}{dy_1^m}\right) . a_1^m + \frac{m}{1} . \left(\frac{d^m F(x_1, x_2, x_3, \ldots x_\omega)}{dy_1^{m-1} . dy_2}\right) . a_1^{m-1} . a_2$$

$$+ \frac{m(m-1)}{1.2} . \left(\frac{d^m F(x_1, x_2, x_3, \ldots x_\omega)}{dy_1^{m-2} . dy_2^2}\right) . a_1^{m-2} . a_2^2$$

$$+ \frac{m(m-1)(m-2)}{1.2.3} . \left(\frac{d^m F(x_1, x_2, x_3, \ldots x_\omega)}{dy_1^{m-3} . dy_2^3}\right) . a_1^{m-3} . a_2^3 + \text{etc., etc.};$$

ou bien .... (272)'

$$\left(\frac{d^m F(x_1, x_2, x_3, \ldots x_\omega)}{dy^m}\right) =$$

$$= 1^{m|1} . Agr.^{(m)} \left\{ \left(\frac{d^m F(x_1, x_2, x_3, \ldots x_\omega)}{dy_1^{m1} . dy_2^{m2}}\right) . \frac{a_1^{m1} . a_2^{m2}}{1^{m1|1} . 1^{m2|1}} \right\},$$

en dénotant par $Agr.^{(m)}$ l'agrégat des termes correspondans aux valeurs entières positives, y compris zéro, des exposans $m1$ et $m2$, qui satisfont à l'équation ... (272)''

$$m = m1 + m2.$$

Ainsi, comparant les deux expressions (271) et (272)' des dérivées différentielles de la même fonction $F(x_1, x_2, x_3, \ldots x_\omega)$, et observant que, puisque les quantités a_1 et a_2 sont indéterminées, les termes respectifs de ces deux expressions, qui se trouvent affectés des mêmes puissances $(a_1^{m1} . a_2^{m2})$ de ces indéterminées, sont nécessairement égaux; on verra qu'on a généralement ... (273)

$$\left(\frac{d^m F(x_1, x_2, x_3, \ldots x_\omega)}{dy_1^{m1} . dy_2^{m2}}\right) =$$

$$= \left(1^{m1|1} . 1^{m2|1}\right) . \Sigma_\rho . Agr.^{(\alpha)} \left\{ \begin{array}{c} \dfrac{\left(\dfrac{d^\rho F(x_1, x_2, x_3, \ldots x_\omega)}{dx_1^{\alpha_1} . dx_2^{\alpha_2} . dx_3^{\alpha_3} \ldots dx_\omega^{\alpha_\omega}}\right)}{1^{\alpha_1|1} . 1^{\alpha_2|1} . 1^{\alpha_3|1} \ldots 1^{\alpha_\omega|1}} \times \\ \times Agr.^{(\mu)} . \Pi_\nu \left[Q(1, \nu) . Q(2, \nu) . Q(3, \nu) \ldots Q(\alpha_\nu, \nu)\right] \end{array} \right\};$$

les caractéristiques Σ_ρ, $Agr.^{(\alpha)}$, $Agr.^{(\mu)}$ et Π_ν ayant la même signification que dans l'expression (271), seulement il faut remarquer que, dans l'expression présente, les quantités $m1$ et $m2$, qui entrent dans les équations (271)''', sont données. — Il faut aussi ne pas perdre de vue que, suivant la déduction que nous venons de donner de l'expression (273), aucun des exposans totaux $(q1, \nu)$, $(q2, \nu)$; $(q3, \nu)$, ... $(q\alpha_\nu, \nu)$ ne peut être zéro, c'est-à-dire que les termes dans lesquels ces exposans sont zéro, sont eux-mêmes zéro.

Telle (273) est donc, pour une fonction F d'un nombre quelconque de variables $x_1, x_2, x_3, \ldots x_\omega$ qui elles-mêmes sont fonctions de deux variables indépendantes y_1 et y_2, telle est, disons-nous, la Loi de la génération des différentielles partielles de cette fonction, prises par rapport aux variables indépendantes y_1 et y_2. Et, c'est là, d'abord, la solution du cas particulier le plus simple de la question générale que nous nous sommes proposée en dernier lieu, savoir, de fixer, dans la Loi (250) ou (252) de la génération des différentielles secondaires de la fonction $F(x_1, x_2, x_3, \ldots x_\omega)$, les déterminations que reçoit cette loi dans les cas où les variables $x_1, x_2, x_3, \ldots x_\omega$ sont fonctions de plusieurs variables indépendantes y_1, y_2, y_3, etc.

Venons actuellement à la solution générale de cette importante question, en considérant les variables $x_1, x_2, x_3, \ldots x_\omega$ comme étant fonctions d'un nombre quelconque n de variables indépendantes y_1, $y_2, y_3, \ldots y_n$. Mais, observons que cette solution générale peut s'obtenir avec la même facilité que la solution particulière précédente (273), en suivant littéralement les argumentations qui nous y ont conduits; comme nous allons le faire effectivement.

Considérant les variables $x_1, x_2, x_3, \ldots x_\omega$ comme étant les fonctions (268), savoir, ... (274)

$$x_1 = \Psi_1(y_1, y_2, y_3, \ldots y_n)$$
$$x_2 = \Psi_2(y_1, y_2, y_3, \ldots y_n)$$
$$\ldots\ldots\ldots\ldots$$
$$x_\omega = \Psi_\omega(y_1, y_2, y_3, \ldots y_n),$$

remarquons que, quelque indépendantes que soient entre elles les variables $y_1, y_2, y_3, \ldots y_n$, on peut les faire dépendre d'une variable accessoire y, en faisant ... (274)'

$$y_1 = a_1 y, \quad y_2 = a_2 y, \quad y_3 = a_3 y, \quad \ldots \quad y_n = a_n y;$$

pourvu que les quantités $a_1, a_2, a_3, \ldots a_n$ restent indéterminées. Ainsi, en substituant les expressions (274)' dans les fonctions (274), les quantités $x_1, x_2, x_3, \ldots x_\omega$ pourront être considérées comme étant fonctions de la variable accessoire y; et prenant, par rapport à cette variable accessoire y, les dérivées différentielles des quantités x_1, x_2, $x_3, \ldots x_\omega$, on aura, en vertu du principe philosophique allégué plus haut pour l'expression (245), en ayant ici égard aux fonctions (274)', on aura, disons-nous, pour une quelconque x ou $\Psi(y_1, y_2, y_3, \ldots y_n)$ des quantités $x_1, x_2, x_3, \ldots x_\omega$, et pour un ordre quelconque μ de leur dérivation différentielle, l'expression .... $(274)''$

$$\left(\frac{d^\mu \Psi(y_1, y_2, y_3, \ldots y_n)}{dy^\mu}\right) =$$

$$= 1^{\mu|1} . Agr.^{(\mu)} \left\{ \begin{array}{l} \left(\dfrac{d^\mu \Psi(y_1, y_2, y_3, \ldots y_n)}{dy_1^{\mu 1} . dy_2^{\mu 2} . dy_3^{\mu 3} \ldots dy_n^{\mu n}}\right) \times \\ \times \dfrac{a_1^{\mu 1} . a_2^{\mu 2} . a_3^{\mu 3} \ldots a_n^{\mu n}}{1^{\mu 1|1} . 1^{\mu 2|1} . 1^{\mu 3|1} \ldots 1^{\mu n|1}} \end{array} \right\};$$

en dénotant par $Agr.^{(\mu)}$ l'agrégat des termes correspondans à toutes les valeurs entières, y compris zéro, des indices $\mu 1$, $\mu 2$, $\mu 3$, ... μn, qui satisfont à l'équation

$$\mu = \mu 1 + \mu 2 + \mu 3 \ldots + \mu n.$$

Ayant donc, pour l'exposant total μ, des exposans différens $q1$, $q2$, $q3$, ... qn, si, pour distinguer les exposans partiels $\mu 1$, $\mu 2$, $\mu 3$, ... μn, correspondans respectivement à chacun de ces exposans totaux $q1$, $q2$, $q3$, ... qn, on fait:

Pour l'exposant total	les exposans partiels				
. . . . $q1$,	... $(\mu 1, 1)$,	$(\mu 2, 1)$,	$(\mu 3, 1)$,	...	$(\mu n, 1)$
. . . . $q2$,	... $(\mu 1, 2)$,	$(\mu 2, 2)$,	$(\mu 3, 2)$,	...	$(\mu n, 2)$
. . . . $q3$,	... $(\mu 1, 3)$,	$(\mu 2, 3)$,	$(\mu 3, 3)$,	...	$(\mu n, 3)$
. . . .	. . . .	. . . .	. . . .	. . .	. . . .
. . . . qn,	... $(\mu 1, n)$,	$(\mu 2, n)$,	$(\mu 3, n)$,	...	$(\mu n, n)$;

l'expression $(274)''$ sera généralement ... $(274)'''$

$$\left(\frac{d^{q\nu}\Psi(y_1, y_2, y_3, \ldots y_n)}{dy^{q\nu}}\right) =$$

$$= 1^{q\nu|1} . Agr.^{(\mu)} \left\{ \begin{array}{l} \left(\frac{d^{q\nu}\Psi(y_1, y_2, y_3, \ldots y_n)}{dy_1^{(\mu1,\nu)} . dy_2^{(\mu2,\nu)} . dy_3^{(\mu3,\nu)} \ldots dy_n^{(\mu n,\nu)}}\right) \times \\ \times \frac{a_1^{(\mu1,\nu)} . a_2^{(\mu2,\nu)} . a_3^{(\mu3,\nu)} \ldots a_n^{(\mu n,\nu)}}{1^{(\mu1,\nu)|1} . 1^{(\mu2,\nu)|1} . 1^{(\mu3,\nu)|1} \ldots 1^{(\mu n,\nu)|1}} \end{array} \right\},$$

la caractéristique $Agr.^{(\mu)}$ désignant toujours l'agrégat des termes correspondans aux valeurs entières des indices $(\mu 1, \nu)$, $(\mu 2, \nu)$, $(\mu 3, \nu)$, ... $(\mu n, \nu)$, qui satisfont à l'équation ... $(274)^{\text{IV}}$

$$q\nu = (\mu 1, \nu) + (\mu 2, \nu) + (\mu 3, \nu) \ldots + (\mu n, \nu).$$

Ainsi, faisant ici ... (275)

$$Q1 = \frac{\left(\frac{d^{q1}\Psi(y_1, y_2, y_3, \ldots y_n)}{dy_1^{(\mu1,1)} . dy_2^{(\mu2,1)} . dy_3^{(\mu3,1)} \ldots dy_n^{(\mu n,1)}}\right)}{1^{(\mu1,1)|1} . 1^{(\mu2,1)|1} . 1^{(\mu3,1)|1} \ldots 1^{(\mu n,1)|1}}$$

$$Q2 = \frac{\left(\frac{d^{q2}\Psi(y_1, y_2, y_3, \ldots y_n)}{dy_1^{(\mu1,2)} . dy_2^{(\mu2,2)} . dy_3^{(\mu3,2)} \ldots dy_n^{(\mu n,2)}}\right)}{1^{(\mu1,2)|1} . 1^{(\mu2,2)|1} . 1^{(\mu3,2)|1} \ldots 1^{(\mu n,2)|1}}$$

$$Q3 = \frac{\left(\frac{d^{q3}\Psi(y_1, y_2, y_3, \ldots y_n)}{dy_1^{(\mu1,3)} . dy_2^{(\mu2,3)} . dy_3^{(\mu3,3)} \ldots dy_n^{(\mu n,3)}}\right)}{1^{(\mu1,3)|1} . 1^{(\mu2,3)|1} . 1^{(\mu3,3)|1} \ldots 1^{(\mu n,3)|1}}$$

. . . .

$$Qn = \frac{\left(\frac{d^{qn}\Psi(y_1, y_2, y_3, \ldots y_n)}{dy_1^{(\mu1,n)} . dy_2^{(\mu2,n)} . dy_3^{(\mu3,n)} \ldots dy_n^{(\mu n,n)}}\right)}{1^{(\mu1,n)|1} . 1^{(\mu2,n)|1} . 1^{(\mu3,n)|1} \ldots 1^{(\mu n,n)|1}};$$

et substituant dans l'agrégat (243) les valeurs que donne la dernière expression $(274)'''$, on aura; pour le cas général présent, l'expression nouvelle ... $(275)'$

$$A[m,n]' = Agr. \left\{ \begin{array}{l} (Q1 \,.\, Q2 \,.\, Q3 \ldots Qn) \times \\ \times \left(a_1^{m1} \,.\, a_2^{m2} \,.\, a_3^{m3} \ldots a_n^{mn}\right) \end{array} \right\};$$

l'abréviation *Agr.* désignant ici l'agrégat des termes correspondans aux valeurs entières positives des indices marqués par μ, qui satisfont aux équations ... $(275)''$

$$\begin{aligned} m1 &= (\mu1,1) + (\mu1,2) + (\mu1,3) \ldots + (\mu1,n) \\ m2 &= (\mu2,1) + (\mu2,2) + (\mu2,3) \ldots + (\mu2,n) \\ m3 &= (\mu3,1) + (\mu3,2) + (\mu3,3) \ldots + (\mu3,n) \\ &\ldots\ldots\ldots\ldots\ldots\ldots \\ mn &= (\mu n,1) + (\mu n,2) + (\mu n,3) \ldots + (\mu n,n), \end{aligned}$$

dans lesquelles les quantités $m1$, $m2$, $m3$, ... mn sont tous les nombres entiers positifs, y compris zéro, qui à leur tour satisfont à l'équation auxiliaire ... $(275)'''$

$$m + n = m1 + m2 + m3 \ldots + mn;$$

pourvu que les sommes respectives ... $(275)^{\text{IV}}$

$$\begin{aligned} (\mu1,1) + (\mu2,1) + (\mu3,1) \ldots + (\mu n,1) &= q1 \\ (\mu1,2) + (\mu2,2) + (\mu3,2) \ldots + (\mu n,2) &= q2 \\ (\mu1,3) + (\mu2,3) + (\mu3,3) \ldots + (\mu n,3) &= q3 \\ \ldots\ldots\ldots\ldots\ldots\ldots& \\ (\mu1,n) + (\mu2,n) + (\mu3,n) \ldots + (\mu n,n) &= qn \end{aligned}$$

qui forment les exposans totaux dans les expressions auxiliaires (275), ne soient jamais zéro, c'est-à-dire, pourvu que ces exposans totaux $q1$, $q2$, $q3$, ... qn soient toujours plus grands que zéro.

Ayant donc l'expression $(275)'$ de l'agrégat général $A[m,n]$, on aura celles des agrégats particuliers

$$A[\beta_1,\alpha_1]_1, \quad A[\beta_2,\alpha_2]_2, \quad A[\beta_3,\alpha_3]_3, \quad \ldots \quad A[\beta_\omega,\alpha_\omega]_\omega,$$

lesquels entrent dans l'expression générale (250) ou $(250)'''$ des dérivées différentielles de la fonction $F(x_1, x_2, x_3, \ldots x_\omega)$, et dépendent des fonctions particulières (268) ou (274), savoir, des fonctions marquées par $\Psi_1, \Psi_2, \Psi_3, \ldots \Psi_\omega$. Nous distinguerons les expressions de ces agrégats particuliers, en distinguant les indices généraux

$$\begin{array}{lllll}
q1, & q2, & q3, & \ldots & qn, \quad \text{et} \\
(\mu 1, 1), & (\mu 1, 2), & (\mu 1, 3), & \ldots & (\mu 1, n) \\
(\mu 2, 1), & (\mu 2, 2), & (\mu 2, 3), & \ldots & (\mu 2, n) \\
(\mu 3, 1), & (\mu 3, 2), & (\mu 3, 3), & \ldots & (\mu 3, n) \\
\cdots & \cdots & \cdots & \cdots & \cdots \\
(\mu n, 1), & (\mu n, 2), & (\mu n, 3), & \ldots & (\mu n, n),
\end{array}$$

de la manière suivante ... $(275)^{\mathrm{v}}$

$$\begin{array}{lllll}
(q1, \nu), & (q2, \nu), & (q3, \nu), & \ldots & (qn, \nu), \quad \text{et} \\
(\mu 1, 1, \nu), & (\mu 1, 2, \nu), & (\mu 1, 3, \nu), & \ldots & (\mu 1, n, \nu) \\
(\mu 2, 1, \nu), & (\mu 2, 2, \nu), & (\mu 2, 3, \nu), & \ldots & (\mu 2, n, \nu) \\
(\mu 3, 1, \nu), & (\mu 3, 2, \nu), & (\mu 3, 3, \nu), & \ldots & (\mu 3, n, \nu) \\
\cdots & \cdots & \cdots & \cdots & \cdots \\
(\mu n, 1, \nu), & (\mu n, 2, \nu), & (\mu n, 3, \nu), & \ldots & (\mu n, n, \nu);
\end{array}$$

ν étant l'indice de la fonction $\Psi_\nu(y_1, y_2, y_3, \ldots y_n)$. Et, d'après cette distinction, nous spécifierons de la même manière les expressions auxiliaires générales (275), en faisant ... $(275)^{\mathrm{VI}}$

$$Q(1,\nu) = \frac{\left(\dfrac{d^{(q1,\nu)}\Psi_\nu(y_1, y_2, y_3, \ldots y_n)}{dy_1^{(\mu 1,1,\nu)} \cdot dy_2^{(\mu 2,1,\nu)} \cdot dy_3^{(\mu 3,1,\nu)} \ldots dy_n^{(\mu n,1,\nu)}}\right)}{1^{(\mu 1,1,\nu)|1} \cdot 1^{(\mu 2,1,\nu)|1} \cdot 1^{(\mu 3,1,\nu)|1} \ldots 1^{(\mu n,1,\nu)|1}}$$

$$Q(2,\nu) = \frac{\left(\dfrac{d^{(q2,\nu)}\Psi_\nu(y_1, y_2, y_3, \ldots y_n)}{dy_1^{(\mu 1,2,\nu)} \cdot dy_2^{(\mu 2,2,\nu)} \cdot dy_3^{(\mu 3,2,\nu)} \ldots dy_n^{(\mu n,2,\nu)}}\right)}{1^{(\mu 1,2,\nu)|1} \cdot 1^{(\mu 2,2,\nu)|1} \cdot 1^{(\mu 3,2,\nu)|1} \ldots 1^{(\mu n,2,\nu)|1}}$$

$$Q(3,\nu) = \frac{\left(\frac{d^{(q3,\nu)}\Psi_\nu(y_1, y_2, y_3, \ldots y_n)}{dy_1^{(\mu 1,3,\nu)} . dy_2^{(\mu 2,3,\nu)} . dy_3^{(\mu 3,3,\nu)} \ldots dy_n^{(\mu n,3,\nu)}}\right)}{1^{(\mu 1,3,\nu)|1} . 1^{(\mu 2,3,\nu)|1} . 1^{(\mu 3,3,\nu)|1} \ldots 1^{(\mu n,3,\nu)|1}}$$

. . . .

$$Q(n,\nu) = \frac{\left(\frac{d^{(qn,\nu)}\Psi_\nu(y_1, y_2, y_3, \ldots y_n)}{dy_1^{(\mu 1,n,\nu)} . dy_2^{(\mu 2,n,\nu)} . dy_3^{(\mu 3,n,\nu)} \ldots dy_n^{(\mu n,n,\nu)}}\right)}{1^{(\mu 1,n,\nu)|1} . 1^{(\mu 2,n,\nu)|1} . 1^{(\mu 3,n,\nu)|1} \ldots 1^{(\mu n,n,\nu)|1}}.$$

Substituant alors, dans l'expression générale (250) ou (250)''', les valeurs que donne la formule actuelle (275)' modifiée par la notation (275)^{V} et (275)^{VI}, on obtiendra, pour les dérivées différentielles de la fonction $F(x_1, x_2, x_3, \ldots x_\omega)$, prises relativement à la variable auxiliaire y, l'expression suivante ... (276)

$$\left(\frac{d^m F(x_1, x_2, x_3, \ldots x_\omega)}{dy^m}\right) =$$

$$= 1^{m|1} . \Sigma_\rho . Agr.^{(\alpha)} \left\{ \begin{array}{c} \frac{\left(\frac{d^\rho F(x_1, x_2, x_3, \ldots x_\omega)}{dx_1^{\alpha_1} . dx_2^{\alpha_2} . dx_3^{\alpha_3} \ldots dx_\omega^{\alpha_\omega}}\right)}{1^{\alpha_1|1} . 1^{\alpha_2|1} . 1^{\alpha_3|1} \ldots 1^{\alpha_\omega|1}} \times \\ \times\, Agr.^{(m)} \left\{ \begin{array}{c} (a_1^{m1} . a_2^{m2} . a_3^{m3} \ldots a_n^{mn}) \times \\ \times\, Agr.^{(\mu)} \Pi_\nu \left[\begin{array}{r} Q(1,\nu) . Q(2,\nu) . Q(3,\nu) \ldots \\ \ldots . Q(\alpha_\nu,\nu) \end{array} \right] \end{array} \right\} \end{array} \right\};$$

dans laquelle Σ_ρ dénote la somme des termes correspondans aux valeurs entières de l'indice ρ, depuis $\rho = 1$ jusqu'à $\rho = m$ inclusivement; $Agr.^{(\alpha)}$ dénote l'agrégat des termes correspondans aux valeurs entières, y compris zéro, des indices $\alpha_1, \alpha_2, \alpha_3, \ldots \alpha_\omega$, qui satisfont à l'équation ... (276)'

$$\rho = \alpha_1 + \alpha_2 + \alpha_3 \ldots + \alpha_\omega;$$

$Agr.^{(m)}$ dénote de même l'agrégat des termes correspondans aux valeurs entières positives, y compris zéro, des exposans $m1$, $m2$, $m3$, ... mn, qui satisfont à l'équation ... (276)''

$$m = m1 + m2 + m3 \ldots + mn;$$

Π_ν dénote le produit d'autant de facteurs pareils correspondans aux valeurs entières de l'indice ν, depuis $\nu = 1$ jusqu'à $\nu = \omega$ inclusivement; et enfin, $Agr.^{(\mu)}$ dénote l'agrégat des termes correspondans aux valeurs entières, y compris zéro, des indices marqués par μ, qui satisfont respectivement aux équations suivantes ... (276)'''

$$\left\{\begin{array}{l}
(\mu 1, 1, 1) + (\mu 1, 2, 1) + (\mu 1, 3, 1) \ldots + (\mu 1, \alpha_1, 1) \\
(\mu 1, 1, 2) + (\mu 1, 2, 2) + (\mu 1, 3, 2) \ldots + (\mu 1, \alpha_2, 2) \\
(\mu 1, 1, 3) + (\mu 1, 2, 3) + (\mu 1, 3, 3) \ldots + (\mu 1, \alpha_3, 3) \\
\ldots\ldots\ldots\ldots\ldots\ldots\ldots\ldots\ldots \\
(\mu 1, 1, \omega) + (\mu 1, 2, \omega) + (\mu 1, 3, \omega) \ldots + (\mu 1, \alpha_\omega, \omega)
\end{array}\right\} = m1$$

$$\left\{\begin{array}{l}
(\mu 2, 1, 1) + (\mu 2, 2, 1) + (\mu 2, 3, 1) \ldots + (\mu 2, \alpha_1, 1) \\
(\mu 2, 1, 2) + (\mu 2, 2, 2) + (\mu 2, 3, 2) \ldots + (\mu 2, \alpha_2, 2) \\
(\mu 2, 1, 3) + (\mu 2, 2, 3) + (\mu 2, 3, 3) \ldots + (\mu 2, \alpha_3, 3) \\
\ldots\ldots\ldots\ldots\ldots\ldots\ldots\ldots\ldots \\
(\mu 2, 1, \omega) + (\mu 2, 2, \omega) + (\mu 2, 3, \omega) \ldots + (\mu 2, \alpha_\omega, \omega)
\end{array}\right\} = m2$$

$$\left\{\begin{array}{l}
(\mu 3, 1, 1) + (\mu 3, 2, 1) + (\mu 3, 3, 1) \ldots + (\mu 3, \alpha_1, 1) \\
(\mu 3, 1, 2) + (\mu 3, 2, 2) + (\mu 3, 3, 2) \ldots + (\mu 3, \alpha_2, 2) \\
(\mu 3, 1, 3) + (\mu 3, 2, 3) + (\mu 3, 3, 3) \ldots + (\mu 3, \alpha_3, 3) \\
\ldots\ldots\ldots\ldots\ldots\ldots\ldots\ldots\ldots \\
(\mu 3, 1, \omega) + (\mu 3, 2, \omega) + (\mu 3, 3, \omega) \ldots + (\mu 3, \alpha_\omega, \omega)
\end{array}\right\} = m3$$

. . . .

. . . .

. . . .

$$\left\{\begin{array}{l}
(\mu n, 1, 1) + (\mu n, 2, 1) + (\mu n, 3, 1) \ldots + (\mu n, \alpha_1, 1) \\
(\mu n, 1, 2) + (\mu n, 2, 2) + (\mu n, 3, 2) \ldots + (\mu n, \alpha_2, 2) \\
(\mu n, 1, 3) + (\mu n, 2, 3) + (\mu n, 3, 3) \ldots + (\mu n, \alpha_3, 3) \\
\ldots\ldots\ldots\ldots\ldots\ldots\ldots\ldots\ldots \\
(\mu n, 1, \omega) + (\mu n, 2, \omega) + (\mu n, 3, \omega) \ldots + (\mu n, \alpha_\omega, \omega)
\end{array}\right\} = mn;$$

pourvu que les sommes respectives ... $(276)^{IV}$

$$(\mu 1, 1, \nu) + (\mu 2, 1, \nu) + (\mu 3, 1, \nu) \ldots + (\mu n, 1, \nu) = (q1, \nu)$$
$$(\mu 1, 2, \nu) + (\mu 2, 2, \nu) + (\mu 3, 2, \nu) \ldots + (\mu n, 2, \nu) = (q2, \nu)$$
$$(\mu 1, 3, \nu) + (\mu 2, 3, \nu) + (\mu 3, 3, \nu) \ldots + (\mu n, 3, \nu) = (q3, \nu)$$
$$\ldots\ldots\ldots\ldots\ldots\ldots\ldots\ldots\ldots\ldots$$
$$(\mu 1, n, \nu) + (\mu 2, n, \nu) + (\mu 3, n, \nu) \ldots + (\mu n, n, \nu) = (qn, \nu),$$

qui forment les exposans totaux dans l'expression (276), ne soient jamais zéro, c'est-à-dire, pourvu que ces exposans totaux $(q1, \nu)$, $(q2, \nu)$, $(q3, \nu)$, ... (qn, ν) soient toujours plus grands que zéro.

Or, si l'on considère les variables x_1, x_2, x_3, ... x_ω comme formant les fonctions (274) des variables y_1, y_2, y_3, ... y_n qui elles-mêmes, suivant $(274)'$, dépendent d'une autre variable accessoire y, savoir,

$$y_1 = a_1 y, \quad y_2 = a_2 y, \quad y_3 = a_3 y, \ldots \quad y_n = a_n y;$$

et si l'on observe que ces dernières relations donnent

$$\frac{dy_1}{dy} = a_1, \quad \frac{d^2 y_1}{dy^2} = 0, \quad \frac{d^3 y_1}{dy^3} = 0, \quad \text{etc.} = 0,$$
$$\frac{dy_2}{dy} = a_2, \quad \frac{d^2 y_2}{dy^2} = 0, \quad \frac{d^3 y_2}{dy^3} = 0, \quad \text{etc.} = 0,$$
$$\frac{dy_3}{dy} = a_3, \quad \frac{d^2 y_3}{dy^2} = 0, \quad \frac{d^3 y_3}{dy^3} = 0, \quad \text{etc.} = 0,$$
$$\ldots\ldots\ldots\ldots\ldots\ldots\ldots\ldots\ldots\ldots$$
$$\frac{dy_n}{dy} = a_n, \quad \frac{d^2 y_n}{dy^2} = 0, \quad \frac{d^3 y_n}{dy^3} = 0, \quad \text{etc.} = 0;$$

on verra que, suivant toujours le principe allégué pour l'expression (245), on a, pour les dérivées différentielles de la fonction $F(x_1, x_2, x_3, \ldots x_\omega)$, prises relativement à la variable accessoire y, l'expression ... (277)

$$\left(\frac{d^m F(x_1, x_2, x_3, \ldots x_\omega)}{dy^m}\right) =$$

$$= 1^{m|1} \cdot Agr.^{(m)} \left\{ \begin{array}{c} \dfrac{\left(\dfrac{d^m F(x_1, x_2, x_3, \ldots x_\omega)}{dy_1^{m1} \cdot dy_2^{m2} \cdot dy_3^{m3} \ldots dy_\eta^{m\eta}}\right)}{1^{m1|1} \cdot 1^{m2|1} \cdot 1^{m3|1} \ldots 1^{m\eta|1}} \times \\ \times \left(a_1^{m1} \cdot a_2^{m2} \cdot a_3^{m3} \ldots a_\eta^{m\eta}\right) \end{array} \right\};$$

en dénotant toujours par $Agr.^{(m)}$ l'agrégat des termes correspondans aux valeurs entières positives, y compris zéro, des exposans $m1$, $m2$, $m3$, ... $m\eta$, qui satisfont à l'équation ... (277)'

$$m = m1 + m2 + m3 \ldots + m\eta.$$

Donc, comparant les deux expressions (276) et (277) des dérivées différentielles de la même fonction $F(x_1, x_2, x_3, \ldots x_\omega)$, et observant que, puisque les quantités a_1, a_2, a_3, ... a_η sont indéterminées, les termes respectifs de ces deux expressions, qui se trouvent affectés des mêmes puissances $(a_1^{m1} \cdot a_2^{m2} \cdot a_3^{m3} \ldots a_\eta^{m\eta})$ de ces indéterminées, sont nécessairement égaux; on verra qu'on a généralement ... (278)

$$\left(\frac{d^m F(x_1, x_2, x_3, \ldots x_\omega)}{dy_1^{m1} \cdot dy_2^{m2} \cdot dy_3^{m3} \ldots dy_\eta^{m\eta}}\right) =$$

$$= \left(1^{m1|1} \cdot 1^{m2|1} \cdot 1^{m3|1} \ldots 1^{m\eta|1}\right) \times$$

$$\times \Sigma_\rho \cdot Agr.^{(\alpha)} \left\{ \begin{array}{c} \dfrac{\left(\dfrac{d^\rho F(x_1, x_2, x_3, \ldots x_\omega)}{dx_1^{\alpha_1} \cdot dx_2^{\alpha_2} \cdot dx_3^{\alpha_3} \ldots dx_\omega^{\alpha_\omega}}\right)}{1^{\alpha_1|1} \cdot 1^{\alpha_2|1} \cdot 1^{\alpha_3|1} \ldots 1^{\alpha_\omega|1}} \times \\ \times\ Agr.^{(\mu)} \cdot \Pi_\nu \left[Q(1, \nu) \cdot Q(2, \nu) \cdot Q(3, \nu) \ldots Q(\alpha_\nu, \nu)\right] \end{array} \right\};$$

les caractéristiques Σ_ρ, $Agr.^{(\alpha)}$, $Agr.^{(\mu)}$, et Π_ν ayant la même signification que dans l'expression (276), en remarquant seulement que, dans l'expression présente (278), les quantités ou exposans $m1$, $m2$

$m3, \ldots m\nu$ sont données. — Il faut aussi ne pas perdre de vue que, suivant la déduction que nous venons de donner de l'expression générale (278), aucun des exposans totaux $(q1, \nu)$, $(q2, \nu)$, $(q3, \nu)$, ... $(q\alpha_\nu, \nu)$, qui entrent dans les expressions auxiliaires $(275)^{\text{VI}}$, ne peut être zéro, c'est-à-dire, que les termes où ces exposans sont zéro, doivent être rejetés ou considérés comme zéro.

Telle (278) est donc définitivement, pour une fonction F d'un nombre quelconque ω des variables $x_1, x_2, x_3, \ldots x_\omega$ qui elles-mêmes sont fonctions d'un nombre quelconque ν de variables indépendantes $y_1, y_2, y_3, \ldots y_\nu$, telle est, disons-nous, dans sa généralité absolue, la loi de la génération des différentielles partielles de cette fonction, prises par rapport aux variables indépendantes $y_1, y_2, y_3, \ldots y_\nu$. — Cette loi, qui est le développement total de la loi (198) ou (201) que suit le premier des deux systèmes $(175)'$ et $(175)''$ de différentielles secondaires, appartient naturellement à la Philosophie de la Théorie des différences et différentielles; et, de même que plus haut les lois (189) ou $(189)'$ et (198) ou (201) qui régissent les deux systèmes $(175)'$ et $(175)''$, cette loi la plus générale (278) se trouve ici donnée par anticipation sur notre Philosophie du Calcul différentiel et intégral, pour pouvoir compléter, dès à présent, la Philosophie de la Technie qui est notre objet actuel. Mais, ce qu'il importe sur-tout de remarquer à cette occasion, c'est que cette loi en quelque sorte universelle pour tout le Calcul différentiel, se trouve déduite de notre seule loi fondamentale de la Théorie des différentielles : en effet, suivant la déduction précédente, cette loi universelle (278) du Calcul différentiel résulte d'abord évidemment, comme corollaire, de l'expression (250) ou $(250)'''$ constituant la même loi dans le cas simple où il n'y a qu'une seule des variables indépendantes y_1, y_2, y_3, etc.; et, comme nous l'avons déjà remarqué plus haut, cette expression (250) ou $(250)'''$ résulte de nouveau de l'expression $(244)'$ ou (244) constituant la même loi dans le cas le plus simple où il n'existe qu'une seule des variables indépendantes y_1, y_2, y_3, etc. et qu'une seule des variables relatives x_1, x_2, x_3, etc.; et enfin, cette dernière expression (244)′ ou (244) qui est la même que l'expression (201) formant la loi du premier des deux systèmes (175)′ et (175)″ de différentielles secondaires, se trouve déduite, en vertu de la loi fondamentale du Calcul différentiel, du théorème fondamental (182) qui, comme nous l'avons déjà observé à l'occasion de ce théorème, se trouve lui-même déduit uniquement de notre loi fondamentale du Calcul différentiel, de laquelle il s'agit. Cette origine philosophique de la loi (278) que nous venons de découvrir, nous garantit la certitude de ce que nous avons reconnu ses véritables principes; et l'indépendance de cette origine fournit en même tems la preuve de ce que, sur ce point (le Calcul différentiel), la science, sans avoir besoin d'aucun autre secours, se trouve achevée, et dans ses résultats, par la découverte présente de la loi définitive (278), et dans ses principes, par l'établissement de notre loi fondamentale du Calcul différentiel, de laquelle nous avons déduit cette loi définitive et que nous avons signalée aux géomètres dans l'Introduction à la Philosophie des Mathématiques (pages 36 et 44). Nous disons que, pour ce qui concerne le Calcul différentiel, la science se trouve ici achevée par la loi définitive et en quelque sorte universelle (278); car, les cas ultérieurs où les quantités y_1, y_2, y_3, etc., au lieu d'être des variables indépendantes, se trouveraient de nouveau être fonctions d'autres variables z_1, z_2, z_3, etc., qui à leur tour seraient fonctions encore d'autres variables, et ainsi de suite jusqu'aux dernières variables considérées comme indépendantes, ces cas ultérieurs, disons-nous, sont tous régis par cette loi (278). En effet, si, par exemple, dans cette succession, les variables z_1, z_2, z_3, etc. étaient considérées comme indépendantes, c'est-à-dire, s'il s'agissait d'avoir la différentielle partielle de la fonction

$F(x_1, x_2, x_3, \dots x_\omega)$ relativement aux variables indépendantes z_1, z_2, z_3, etc., en supposant que les variables immédiates $x_1, x_2, x_3, \dots x_\omega$ de cette fonction F sont, d'abord, fonctions d'autres variables y_1, y_2, $y_3, \dots y_n$ qui, ensuite, sont fonctions des variables indépendantes z_1, z_2, z_3, etc., il suffirait, en appliquant la loi (278) à la détermination de cette différentielle partielle, de considérer les fonctions dénotées par $\Psi_1, \Psi_2, \Psi_3, \dots \Psi_\omega$ et constituant les variables $x_1, x_2, x_3, \dots x_\omega$, comme étant des fonctions des variables indépendantes z_1, z_2, z_3, etc. : car, de cette manière, l'application de la loi (278) donnerait, pour premier résultat, une expression qui contiendrait des différentielles partielles de la forme générale que voici

$$\left(\frac{d^n \Psi_\nu(y_1, y_2, y_3, \dots y_n)}{dz_1^\alpha . dz_2^\beta . dz_3^\gamma \dots, \text{etc.}}\right);$$

de sorte qu'appliquant de nouveau la même loi (278) à la détermination ou au développement de ces dernières différentielles partielles, on obtiendrait définitivement l'expression achevée de la différentielle partielle demandée, prise sur la fonction proposée $F(x_1, x_2, x_3, \dots x_\omega)$ relativement aux variables indépendantes z_1, z_2, z_3, etc.

Mais, dans l'expression (278) de cette loi universelle pour le Calcul différentiel, il se trouve un inconvénient provenant de ce que les indices marqués par μ qui doivent satisfaire aux équations $(276)'''$, sont soumis aux conditions $(276)^{\text{IV}}$ qui empêchent que ces indices n'aient généralement des valeurs quelconques données par les équations $(276)'''$. Cet inconvénient peut être levé facilement, en observant que, suivant ces conditions $(276)^{\text{IV}}$, il se réduit à ce que les exposans totaux

$$(q1, \nu), \quad (q2, \nu), \quad (q3, \nu), \quad \dots \quad (q\alpha_\nu, \nu)$$

des expressions auxiliaires $(275)^{\text{VI}}$, ne soient jamais zéro. Il suffit, en effet, de mettre d'abord dans l'expression définitive (278), à la place des fonctions dénotées généralement par $\Psi_\nu(y_1, y_2, y_3, \ldots y_n)$, leur différence totale ... (279)

$$\left\{ \begin{array}{l} \Psi_\nu(y_1 + z_1, y_2 + z_2, y_3 + z_3, \ldots y_n + z_n) \\ \quad - \Psi_\nu(y_1, y_2, y_3, \ldots y_n) \end{array} \right\} =$$
$$= \Delta_z \Psi_\nu(y_1, y_2, y_3, \ldots y_n),$$

en désignant par la caractéristique Δ_z la différence progressive relativement aux accroissemens respectifs $z_1, z_2, z_3, \ldots z_n$ des variables y_1, $y_2, y_3, \ldots y_n$; et de prendre ensuite les différentielles partielles dénotées par les caractéristiques

$$d^{(q1,\nu)}, \quad d^{(q2,\nu)}, \quad d^{(q3,\nu)}, \quad \ldots \quad d^{(qn,\nu)},$$

non par rapport aux variables $y_1, y_2, y_3, \ldots y_n$, mais bien par rapport à leurs accroissemens $z_1, z_2, z_3, \ldots z_n$; car, faisant à la fin

$$z_1 = 0, \quad z_2 = 0, \quad z_3 = 0, \quad \ldots\ldots \quad z_n = 0,$$

l'expression définitive (278), modifiée de la manière que nous venons de le prescrire, donnera évidemment, avec exclusion des conditions $(276)^{\text{IV}}$, le même résultat que donne cette expression (278) elle-même, avec l'influence de ces conditions non convenables $(276)^{\text{IV}}$. — Si l'on fait donc ... (280)

$$Z(1,\nu) = \frac{\left(\dfrac{d^{(q1,\nu)} \Delta_z \Psi_\nu(y_1, y_2, y_3, \ldots y_n)}{dz_1^{(\mu1,1,\nu)} . dz_2^{(\mu2,1,\nu)} . dz_3^{(\mu3,1,\nu)} \ldots dz_n^{(\mu n,1,\nu)}} \right)}{1^{(\mu1,1,\nu)|1} . 1^{(\mu2,1,\nu)|1} . 1^{(\mu3,1,\nu)|1} \ldots 1^{(\mu n,1,\nu)|1}}$$

$$Z(2,\nu) = \frac{\left(\dfrac{d^{(q2,\nu)} \Delta_z \Psi_\nu(y_1, y_2, y_3, \ldots y_n)}{dz_1^{(\mu1,2,\nu)} . dz_2^{(\mu2,2,\nu)} . dz_3^{(\mu3,2,\nu)} \ldots dz_n^{(\mu n,2,\nu)}} \right)}{1^{(\mu1,2,\nu)|1} . 1^{(\mu2,2,\nu)|1} . 1^{(\mu3,2,\nu)|1} \ldots 1^{(\mu n,2,\nu)|1}}$$

$$Z(3,\nu) = \frac{\left(\dfrac{d^{(q3,\nu)} \Delta_z \Psi_\nu(y_1, y_2, y_3, \ldots y_n)}{dz_1^{(\mu1,3,\nu)} . dz_2^{(\mu2,3,\nu)} . dz_3^{(\mu3,3,\nu)} \ldots dz_n^{(\mu n,3,\nu)}} \right)}{1^{(\mu1,3,\nu)|1} . 1^{(\mu2,3,\nu)|1} . 1^{(\mu3,3,\nu)|1} \ldots 1^{(\mu n,3,\nu)|1}}$$

. . . .

$$Z(n, \nu) = \frac{\left(\dfrac{d^{(qn,\nu)} \Delta_z \Psi_\nu(y_1, y_2, y_3, \ldots y_n)}{dz_1^{(\mu 1, n, \nu)} . dz_2^{(\mu 2, n, \nu)} . dz_3^{(\mu 3, n, \nu)} \ldots dz_n^{(\mu n, n, \nu)}}\right)}{1^{(\mu 1, n, \nu)|1} . 1^{(\mu 2, n, \nu)|1} . 1^{(\mu 3, n, \nu)|1} \ldots 1^{(\mu n, n, \nu)|1}};$$

on aura finalement, pour l'expression parfaite de la loi en quelque sorte universelle du Calcul différentiel, la forme suivante ... (280)'

$$\left(\frac{d^m F(x_1, x_2, x_3, \ldots x_\omega)}{dy_1^{m1} . dy_2^{m2} . dy_3^{m3} \ldots dy_n^{mn}}\right) =$$

$$= \left(1^{m1|1} . 1^{m2|1} . 1^{m3|1} \ldots 1^{mn|1}\right) \times$$

$$\times\ \Sigma_\rho . Agr.^{(\alpha)} \left\{ \begin{array}{c} \dfrac{\left(\dfrac{d^\rho F(x_1, x_2, x_3, \ldots x_\omega)}{dx_1^{\alpha_1} . dx_2^{\alpha_2} . dx_3^{\alpha_3} \ldots dx_\omega^{\alpha_\omega}}\right)}{1^{\alpha_1|1} . 1^{\alpha_2|1} . 1^{\alpha_3|1} \ldots 1^{\alpha_\omega|1}} \times \\ \times\ Agr.^{(\mu)} . \Pi_\nu \left[Z(1, \nu) . Z(2, \nu) . Z(3, \nu) \ldots Z(\alpha_\nu, \nu) \right] \end{array} \right\}_{(z=0)};$$

les caractéristiques Σ_ρ, $Agr.^{(\alpha)}$, Π_ν et $Agr.^{(\mu)}$ ayant toujours la même signification que dans l'expression (276), sans qu'il soit besoin d'avoir égard aux conditions $(276)^{\text{IV}}$, pourvu qu'après les opérations on fasse zéro les variables auxiliaires $z_1, z_2, z_3, \ldots z_n$, comme le marque l'indice $(z=0)$ attaché aux accolades.

Sous cette forme, l'expression finale (280)' ou même (278) se trouve déjà dans son état ABSOLU, parce que, comme l'expression (250) ou (250)''' formant la loi particulière pour une seule variable indépendante, elle présente déjà les derniers termes ou les élémens de la génération des différentielles partielles de toute fonction $F(x_1, x_2, x_3, \ldots x_\omega)$. — Mais, ne voulant aussi avoir qu'une expression RELATIVE, telle que l'est l'expression (252) pour le cas d'une seule variable indépendante, on obtiendrait une forme beaucoup plus simple, que nous allons exposer.

Si l'on considère séparément une quelconque des variables auxiliaires z_1, z_2, z_3, ... z_n qui entrent dans l'expression absolue $(280)'$, et si l'on désigne cette variable distincte par z_ρ, on verra facilement, par le moyen des équations $(276)'''$ qui donnent les valeurs des indices marqués par μ, que tout ce qui concerne cette variable séparée z_ρ dans l'expression définitive $(280)'$, et spécialement tout ce qui s'y trouve entre les crochets affectés des caractéristiques $Agr.^{(\mu)}$ et Π_ν, en y joignant le facteur $1^{m\rho|1}$ qui entre dans la même expression $(280)'$, n'est rien autre que la dérivée différentielle de l'ordre $m\rho$ prise, par rapport à cette variable auxiliaire z_ρ, sur le produit des fonctions que voici ... (281)

$$\begin{array}{l}
\left(\Delta_z\Psi_1(y_1, y_2, y_3, \dots y_n)\right)^{\alpha_1} \times \\
\left(\Delta_z\Psi_2(y_1, y_2, y_3, \dots y_n)\right)^{\alpha_2} \times \\
\left(\Delta_z\Psi_3(y_1, y_2, y_3, \dots y_n)\right)^{\alpha_3} \times \\
\dots\dots\dots\dots\dots \times \\
\left(\Delta_z\Psi_\omega(y_1, y_2, y_3, \dots y_n)\right)^{\alpha_\omega}.
\end{array}$$

Ainsi, considérant conjointement toutes les variables auxiliaires z_1, z_2, z_3, ... z_n, on verra par là même que, dans l'expression absolue $(280)'$ dont il est question, tout ce qui est contenu entre les crochets affectés des caractéristiques $Agr.^{(\mu)}$ et Π_ν, en y joignant le facteur $(1^{m1|1} . 1^{m2|1} . 1^{m3|1} \dots 1^{mn|1})$ qui entre dans la même expression $(280)'$, n'est rien autre que la dérivée différentielle de l'ordre

$$m = m1 + m2 + m3 \dots + mn,$$

prise, sur le produit (281), partiellement par rapport aux variables auxiliaires z_1, z_2, z_3, ... z_n, les ordres de ces différentielles partielles étant respectivement $m1$, $m2$, $m3$, ... mn. Donc, si, pour abréger les expressions, l'on fait ... $(281)'$

$$\begin{aligned}
Z_1 &= \Delta_z \Psi_1 (y_1, y_2, y_3, \ldots y_n) \\
Z_2 &= \Delta_z \Psi_2 (y_1, y_2, y_3, \ldots y_n) \\
Z_3 &= \Delta_z \Psi_3 (y_1, y_2, y_3, \ldots y_n) \\
&\ldots\ldots\ldots\ldots \\
Z_\omega &= \Delta_z \Psi_\omega (y_1, y_2, y_3, \ldots y_n);
\end{aligned}$$

c'est-à-dire, suivant la formule (279), si l'on fait ... (281)″

$$\begin{aligned}
Z_1 = {} & \Psi_1 (y_1 + z_1,\ y_2 + z_2,\ y_3 + z_3, \ldots y_n + z_n) \\
& - \Psi_1 (y_1, y_2, y_3, \ldots y_n) \\
Z_2 = {} & \Psi_2 (y_1 + z_1,\ y_2 + z_2,\ y_3 + z_3, \ldots y_n + z_n) \\
& - \Psi_2 (y_1, y_2, y_3, \ldots y_n) \\
Z_3 = {} & \Psi_3 (y_1 + z_1,\ y_2 + z_2,\ y_3 + z_3, \ldots y_n + z_n) \\
& - \Psi_3 (y_1, y_2, y_3, \ldots y_n) \\
& \ldots\ldots\ldots\ldots\ldots\ldots \\
Z_\omega = {} & \Psi_\omega (y_1 + z_1,\ y_2 + z_2,\ y_3 + z_3, \ldots y_n + z_n) \\
& - \Psi_\omega (y_1, y_2, y_3, \ldots y_n);
\end{aligned}$$

l'expression absolue (280)′ donnera, pour la génération des différentielles partielles d'une fonction $F(x_1, x_2, x_3, \ldots x_\omega)$, prises par rapport aux variables indépendantes $y_1, y_2, y_3, \ldots y_n$, l'expression relative très simple que voici ... (282)

$$\left(\frac{d^m F(x_1, x_2, x_3, \ldots x_\omega)}{dy_1^{m1} \cdot dy_2^{m2} \cdot dy_3^{m3} \ldots dy_n^{mn}}\right) =$$

$$= \Sigma_\rho \cdot Agr.^{(\alpha)} \left\{ \begin{array}{l} \left(\dfrac{d^m (Z_1^{\alpha_1} \cdot Z_2^{\alpha_2} \cdot Z_3^{\alpha_3} \ldots Z_\omega^{\alpha_\omega})}{dz_1^{m1} \cdot dz_2^{m2} \cdot dz_3^{m3} \ldots dz_n^{mn}}\right) \times \\[2ex] \times \quad \dfrac{\left(\dfrac{d^\rho F(x_1, x_2, x_3, \ldots x_\omega)}{dx_1^{\alpha_1} \cdot dx_2^{\alpha_2} \cdot dx_3^{\alpha_3} \ldots dx_\omega^{\alpha_\omega}}\right)}{1^{\alpha_1|1} \cdot 1^{\alpha_2|1} \cdot 1^{\alpha_3|1} \ldots 1^{\alpha_\omega|1}} \end{array} \right\}_{(z=0)}$$

en dénotant par Σ_ρ la somme des termes correspondans à toutes les valeurs entières de l'indice ρ, depuis $\rho = 1$ jusqu'à $\rho = m$ inclusivement, et par $Agr.^{(\alpha)}$ l'agrégat des termes correspondans, pour chaque valeur de ρ, aux indices $\alpha_1, \alpha_2, \alpha_3, \ldots \alpha_\omega$ dont les valeurs entières positives, y compris zéro, sont données par l'équation ... (282)'

$$\rho = \alpha_1 + \alpha_2 + \alpha_3 \ldots + \alpha_\omega;$$

et en observant d'ailleurs, après les opérations, de faire zéro les variables auxiliaires $z_1, z_2, z_3, \ldots z_n$, comme le marque toujours l'indice $(z = 0)$ attaché à cette expression.

Dans le cas le plus simple où il n'y a qu'une seule des variables indépendantes y_1, y_2, y_3, etc., la Loi générale précédente (282) prend la forme ... (283)

$$\left(\frac{d^m F(x_1, x_2, x_3, \ldots x_\omega)}{dy^m}\right) =$$

$$= \Sigma_\rho . Agr.^{(\alpha)} \left\{ \begin{array}{l} \left(\dfrac{d^m (Z_1^{\alpha_1} . Z_2^{\alpha_2} . Z_3^{\alpha_3} \ldots Z_\omega^{\alpha_\omega})}{dz^m}\right) \times \\ \\ \times \dfrac{\left(\dfrac{d^\rho F(x_1, x_2, x_3, \ldots x_\omega)}{dx_1^{\alpha_1} . dx_2^{\alpha_2} . dx_3^{\alpha_3} \ldots dx_\omega^{\alpha_\omega}}\right)}{1^{\alpha_1|1} . 1^{\alpha_2|1} . 1^{\alpha_3|1} \ldots 1^{\alpha_\omega|1}} \end{array} \right\}_{(z=0)};$$

en dénotant simplement par y la seule variable indépendante qui entre dans cette expression, et par z son accroissement auxiliaire. Mais, dans ce cas simple, les expressions (281)'' donneront

$$\begin{array}{l} Z_1 = \Psi_1(y+z) - \Psi_1 y = b_1 . z + c_1 . z^2 + d_1 . z^3 + e_1 . z^4 + \text{etc.} \\ Z_2 = \Psi_2(y+z) - \Psi_2 y = b_2 . z + c_2 . z^2 + d_2 . z^3 + e_2 . z^4 + \text{etc.} \\ Z_3 = \Psi_3(y+z) - \Psi_3 y = b_3 . z + c_3 . z^2 + d_3 . z^3 + e_3 . z^4 + \text{etc.} \\ \ldots\ldots\ldots\ldots\ldots\ldots\ldots\ldots\ldots\ldots \\ Z_\omega = \Psi_\omega(y+z) - \Psi_\omega y = b_\omega . z + c_\omega . z^2 + d_\omega . z^3 + e_\omega . z^4 + \text{etc.}; \end{array}$$

en désignant généralement par b, c, d, e, etc. les coefficiens du développement en séries de ces différences. Ainsi, prenant respectivement les puissances α_1, α_2, α_3, ... α_ω de ces quantités, et observant qu'on a

$$\alpha_1 + \alpha_2 + \alpha_3 \ldots + \alpha_\omega = \rho,$$

on trouvera la forme de développement ... (283)′

$$(Z_1^{\alpha_1} . Z_2^{\alpha_2} . Z_3^{\alpha_3} \ldots Z_\omega^{\alpha_\omega}) =$$
$$= A_0 . z^\rho + A_1 . z^{\rho+1} + A_2 . z^{\rho+2} + A_3 . z^{\rho+3} + \text{etc.};$$

d'où l'on tire immédiatement ... (283)″

$$1^{m|1} . A_{m-\rho} = \left\{ \frac{d^m (Z_1^{\alpha_1} . Z_2^{\alpha_2} . Z_3^{\alpha_3} \ldots Z_\omega^{\alpha_\omega})}{dz^m} \right\}_{(z=0)}.$$

De plus, le développement (283)′ donne

$$\frac{Z_1^{\alpha_1} . Z_2^{\alpha_2} . Z_3^{\alpha_3} \ldots Z_\omega^{\alpha_\omega}}{z^\rho} =$$
$$= A_0 + A_1 . z + A_2 . z^2 + A_3 . z^3 + \text{etc.};$$

d'où l'on tire ... (283)‴

$$1^{(m-\rho)|1} . A_{m-\rho} = \left\{ \frac{d^{m-\rho} \left(\frac{Z_1^{\alpha_1} . Z_2^{\alpha_2} . Z_3^{\alpha_3} \ldots Z_\omega^{\alpha_\omega}}{z^\rho} \right)}{dz^{m-\rho}} \right\}_{(z=0)}.$$

Ainsi, comparant les valeurs (283)″ et (283)‴, on aura ... (283)^{IV}

$$\left\{ \frac{d^m (Z_1^{\alpha_1} . Z_2^{\alpha_2} . Z_3^{\alpha_3} \ldots Z_\omega^{\alpha_\omega})}{dz^m} \right\}_{(z=0)} =$$
$$= \frac{1^{m|1}}{1^{(m-\rho)|1}} . \left\{ \frac{d^{m-\rho} \left(\frac{Z_1^{\alpha_1} . Z_2^{\alpha_2} . Z_3^{\alpha_3} \ldots Z_\omega^{\alpha_\omega}}{z^\rho} \right)}{dz^{m-\rho}} \right\}_{(z=0)}.$$

Et, comme l'on a

$$\frac{Z_1^{\alpha_1}.Z_2^{\alpha_2}.Z_3^{\alpha_3}\dots Z_\omega^{\alpha_\omega}}{z^\rho} =$$

$$= \left(\frac{Z_1}{z}\right)^{\alpha_1}.\left(\frac{Z_2}{z}\right)^{\alpha_2}.\left(\frac{Z_3}{z}\right)^{\alpha_3}\dots\left(\frac{Z_\omega}{z}\right)^{\alpha_\omega};$$

si l'on fait ... (284)

$$\Theta_1 = \frac{Z_1}{z} = \frac{\Psi_1(y+z) - \Psi_1 y}{z}$$

$$\Theta_2 = \frac{Z_2}{z} = \frac{\Psi_2(y+z) - \Psi_2 y}{z}$$

$$\Theta_3 = \frac{Z_3}{z} = \frac{\Psi_3(y+z) - \Psi_3 y}{z}$$

$$\dots\dots\dots\dots$$

$$\Theta_\omega = \frac{Z_\omega}{z} = \frac{\Psi_\omega(y+z) - \Psi_\omega y}{z};$$

il viendra ... (284)'

$$\left\{\frac{d^m\left(Z_1^{\alpha_1}.Z_2^{\alpha_2}.Z_3^{\alpha_3}\dots Z_\omega^{\alpha_\omega}\right)}{dz^m}\right\}_{(z=0)} =$$

$$= \frac{1^{m|1}}{1^{(m-\rho)|1}}.\left\{\frac{d^{m-\rho}\left(\Theta_1^{\alpha_1}.\Theta_2^{\alpha_2}.\Theta_3^{\alpha_3}\dots\Theta_\omega^{\alpha_\omega}\right)}{dz^{m-\rho}}\right\}_{(z=0)}.$$

Donc, substituant cette dernière valeur (284)' dans l'expression (283), on obtiendra l'expression plus simple ... (285)

$$\left(\frac{d^m F(x_1, x_2, x_3, \dots x_\omega)}{dy^m}\right) =$$

$$= 1^{m|1}.\Sigma_\rho.Agr.^{(\alpha)}\left\{\begin{matrix}\dfrac{\left(\dfrac{d^{m-\rho}\left(\Theta_1^{\alpha_1}.\Theta_2^{\alpha_2}.\Theta_3^{\alpha_3}\dots\Theta_\omega^{\alpha_\omega}\right)}{dz^{m-\rho}}\right)}{1^{(m-\rho)|1}} \times \\ \times\ \dfrac{\left(\dfrac{d^\rho F(x_1, x_2, x_3, \dots x_\omega)}{dx_1^{\alpha_1}.dx_2^{\alpha_2}.dx_3^{\alpha_3}\dots dx_\omega^{\alpha_\omega}}\right)}{1^{\alpha_1|1}.1^{\alpha_2|1}.1^{\alpha_3|1}\dots 1^{\alpha_\omega|1}}\end{matrix}\right\}_{(z=0)};$$

et telle est aussi l'expression que plus haut, à la marque (252), nous avons trouvée pour ce même cas le plus simple, où il n'y a qu'une seule variable indépendante y. — On voit, dans la déduction précédente, la raison de la simplification que reçoit l'expression (283) dans ce cas le plus simple dont il est question ; et l'on voit, en même tems, que cette simplification ne saurait s'étendre au delà de ce dernier cas, et qu'elle ne trouve nullement lieu dans l'expression générale (280)' ou (282).

Venons maintenant à l'application des Lois (280)' et (282) au développement composé (241) qui, dans une généralité absolue, constitue le système spécial complet de développemens des fonctions en Séries, duquel les Calculs des dérivations ont obtenu quelques fragmens sous la seconde espèce de leurs résultats, c'est-à-dire, parmi ceux de leurs résultats qui dépendent du premier des deux systèmes (175)' et (175)'' des différentielles secondaires. — Soit donc ... (286)

$$F(x_1, x_2, x_3, \ldots x_\omega).$$

la fonction d'un nombre quelconque ω des variables $x_1, x_2, x_3, \ldots x_\omega$ qui elles-mêmes, suivant les expressions (274) ou (268), forment les fonctions ... (286)'

$$\begin{aligned} x_1 &= \Psi_1(y_1, y_2, y_3, \ldots y_n) \\ x_2 &= \Psi_2(y_1, y_2, y_3, \ldots y_n) \\ x_3 &= \Psi_3(y_1, y_2, y_3, \ldots y_n) \\ & \ldots\ldots\ldots\ldots \\ x_\omega &= \Psi_\omega(y_1, y_2, y_3, \ldots y_n) \end{aligned}$$

d'un nombre quelconque n de variables indépendantes $y_1, y_2, y_3, \ldots y_n$; et soit proposé de développer en Série la fonction $F(x_1, x_2, x_3, \ldots x_\omega)$ par rapport aux puissances progressives des quantités indépendantes $y_1, y_2, y_3, \ldots y_n$, suivant la forme (241) constituant le système spécial de développemens dont il est question, c'est-à-dire, suivant la forme ... (287)

$$F(x_1, x_2, x_3, \ldots x_\omega) =$$

$$\begin{aligned}
= A(0,0,0,\text{etc.}) &+ A(1,0,0,\text{etc.}).y_1 + A(2,0,0,\text{etc.}).y_1^2 + \text{etc., etc.} \\
&+ A(0,1,0,\text{etc.}).y_2 + A(1,1,0,\text{etc.}).y_1 y_2 \\
&+ A(0,0,1,\text{etc.}).y_3 + A(0,2,0,\text{etc.}).y_2^2 \\
&+ \text{etc.} \qquad\quad + A(1,0,1,\text{etc.}).y_1 y_3 \\
&\qquad\qquad\quad + A(0,1,1,\text{etc.}).y_2 y_3 \\
&\qquad\qquad\quad + A(0,0,2,\text{etc.}).y_3^2 \\
&\qquad\qquad\quad + \text{etc.}
\end{aligned}$$

Or, d'après l'expression (241)′, si l'on désigne par $m1, m2, m3, \ldots m\nu$ les indices dont dépendent les coefficiens de ce développement, l'expression générale pour le coefficient du terme contenant les puissances

$$(y_1^{m1} . y_2^{m2} . y_3^{m3} \ldots y_\nu^{m\nu})$$

dans le développement présent (287), sera ... (287)′

$$A(m1, m2, m3, \ldots m\nu) =$$

$$= \frac{\left(\dfrac{d^{m1+m2+m3\ldots+m\nu} F(x_1, x_2, x_3, \ldots x_\omega)}{dy_1^{m1} . dy_2^{m2} . dy_3^{m3} \ldots dy_\nu^{m\nu}}\right)_{(y=0)}}{1^{m1|1} . 1^{m2|1} . 1^{m3|1} \ldots 1^{m\nu|1}};$$

en marquant par l'indice $(y=0)$ attaché à cette formule, qu'il faut donner aux variables $x_1, x_2, x_3, \ldots x_\omega$ les valeurs qui répondent à

$$y_1 = 0, \quad y_2 = 0, \quad y_3 = 0, \quad \ldots \quad y_\nu = 0.$$

Ainsi, il suffira de substituer, à la place de la dérivée différentielle générale qui entre dans cette expression, sa valeur absolue ou relative, donnée par la Loi (278) ou (282); et l'on aura sur-le-champ, dans les expressions absolue et relative qui en résulteront, la solution rigoureuse du problème de ce développement le plus général des fonctions. — D'abord, substituant dans l'expression présente (287)$'$ la valeur absolue que donne la Loi (278), on aura ... (288)

$$A(m1, m2, m3, \ldots mn) =$$

$$= \Sigma_\rho . Agr.^{(\alpha)} \left\{ \begin{array}{c} \dfrac{\left(\dfrac{d^\rho F(x_1, x_2, x_3, \ldots x_\omega)}{dx_1^{\alpha_1} . dx_2^{\alpha_2} . dx_3^{\alpha_3} \ldots dx_\omega^{\alpha_\omega}}\right)}{1^{\alpha_1|1} . 1^{\alpha_2|1} . 1^{\alpha_3|1} \ldots 1^{\alpha_\omega|1}} \times \\ Agr.^{(\mu)} \Pi_\nu \left[Q(1, \nu) . Q(2, \nu) . Q(3, \nu) \ldots Q(\alpha_\nu, \nu) \right] \end{array} \right\}_{(y=0)} ;$$

et ce sera là évidemment l'expression ABSOLUE de la valeur des coefficiens de la Série la plus générale (287), parce qu'elle donne les derniers termes ou les élémens mêmes de la génération de ces quantités. Ensuite, substituant dans la même expression actuelle (287)$'$ la valeur que donne la Loi relative (282), on aura ... (289)

$$A(m1, m2, m3, \ldots mn) =$$

$$= \Sigma_\rho . Agr.^{(\alpha)} \left\{ \begin{array}{c} \dfrac{\left(\dfrac{d^m (Z_1^{\alpha_1} . Z_2^{\alpha_2} . Z_3^{\alpha_3} \ldots Z_\omega^{\alpha_\omega})}{dz_1^{m1} . dz_2^{m2} . dz_3^{m3} \ldots dz_n^{mn}}\right)}{1^{m1|1} . 1^{m2|1} . 1^{m3|1} \ldots 1^{mn|1}} \times \\ \times \dfrac{\left(\dfrac{d^\rho F(x_1, x_2, x_3, \ldots x_\omega)}{dx_1^{\alpha_1} . dx_2^{\alpha_2} . dx_3^{\alpha_3} \ldots dx_\omega^{\alpha_\omega}}\right)}{1^{\alpha_1|1} . 1^{\alpha_2|1} . 1^{\alpha_3|1} \ldots 1^{\alpha_\omega|1}} \end{array} \right\}_{\binom{z=0}{y=0}} ;$$

et ce sera là l'expression RELATIVE de la même valeur des coefficiens de la Série générale (287), en observant ici que l'indice double $\binom{z=0}{y=0}$ attaché à cette formule, marque qu'après les opérations il faut faire $z = 0$ et $y_1 = 0$, $y_2 = 0$, $y_3 = 0$, ... $y_n = 0$. — On aura donc, dans ces deux expressions (288) et (289), comme nous l'avons déjà dit, la solution rigoureuse du problème du développement le plus général des fonctions en Séries suivant la forme (287). — Et de plus, ayant égard à l'identité philosophique (206) ou généralement (257)', on pourra encore ramener la dernière (289) de ces expressions à l'état de simple contingence technique, en la faisant dépendre des coefficiens des puissances de polynomes; et l'on aura ainsi la Loi pour ce genre de résultats techniques qui impliquent cette contingence ou finalité algorithmique, et dont les Calculs des dérivations ont obtenu quelques petits fragmens. En effet, en vertu de l'identité philosophique générale (257)', on a ... (290)

$$\frac{\left(\dfrac{d^{\rho} F(x_1, x_2, x_3, \ldots x_\omega)}{dx_1^{\alpha_1} . dx_2^{\alpha_2} . dx_3^{\alpha_3} \ldots dx_\omega^{\alpha_\omega}}\right)}{1^{\alpha_1|1} . 1^{\alpha_2|1} . 1^{\alpha_3|1} \ldots 1^{\alpha_\omega|1}} =$$

$$= F(x_1 + \zeta_1, x_2 + \zeta_2, x_3 + \zeta_3, \ldots x_\omega + \zeta_\omega)\, \mathfrak{k}(1+\rho)_{\alpha_1, \alpha_2, \alpha_3, \ldots \alpha_\omega},$$

$$\frac{\left(\dfrac{d^{m}(Z_1^{\alpha_1} . Z_2^{\alpha_2} . Z_3^{\alpha_3} \ldots Z_\omega^{\alpha_\omega})}{dz_1^{m1} . dz_2^{m2} . dz_3^{m3} \ldots dz_\aleph^{m\aleph}}\right)}{1^{m1|1} . 1^{m2|1} . 1^{m3|1} \ldots 1^{m\aleph|1}} =$$

$$= (Z_1^{\alpha_1} . Z_2^{\alpha_2} . Z_3^{\alpha_3} \ldots Z_\omega^{\alpha_\omega})\, \mathfrak{k}(1+m)_{m1, m2, m3, \ldots m\aleph};$$

de sorte que, substituant ces identités philosophiques dans l'expression relative (289), on aura ... (291)

$$A(m1, m2, m3, \ldots m\aleph) =$$

$$= \Sigma_\rho . \mathit{Agr.}^{(\alpha)} \left\{ \begin{array}{c} (Z_1^{\alpha_1} . Z_2^{\alpha_2} . Z_3^{\alpha_3} \ldots Z_\omega^{\alpha_\omega})\, \mathfrak{k}(1+m)_{m1, m2, m3, \ldots m\aleph} \times \\ \times F(x_1+\zeta_1, x_2+\zeta_2, x_3+\zeta_3, \ldots x_\omega+\zeta_\omega)\, \mathfrak{k}(1+\rho)_{\alpha_1, \alpha_2, \alpha_3, \ldots \alpha_\omega} \end{array} \right\}_{(y=0)};$$

et ce sera là l'expression CONTINGENTE de la valeur des coefficiens de la Série primitive la plus générale (287) dont il est question.

Nous aurons donc, dans les trois expressions précédentes (288), (289) et (291), qui présentent respectivement l'état absolu, l'état relatif et l'état contingent de la valeur que reçoivent les coefficiens de la Série (287), nous aurons, disons-nous, dans sa plus grande étendue et dans ses derniers détails, la solution complète du problème technique général du développement en Série d'une fonction d'un nombre quelconque de variables dont chacune forme une fonction déterminée d'un autre nombre quelconque de variables indépendantes, par rapport aux puissances desquelles doit procéder ce développement général. — Et, avec cette solution définitive, nous terminons ici complètement tout ce qui, dans la philosophie de l'algorithme technique des Séries, concerne la génération des valeurs de leurs coefficiens. Toutefois, nous allons encore déduire, de la seconde (289) des expressions précédentes, la Loi de la forme insignifiante sous laquelle Arbogast a obtenu, avec ses dérivées artificielles, quelques petits fragmens dans la solution de ce vaste problème.

Prenant les fonctions (286)' qui constituent les variables immédiates $x_1, x_2, x_3, \ldots x_\omega$, et les considérant généralement au moyen de l'indice général ϖ, savoir, ... (292)

$$x_\varpi = \Psi_\varpi(y_1, y_2, y_3, \ldots y_\mu),$$

supposons qu'elles soient développées par rapport aux puissances des variables indépendantes $y_1, y_2, y_3, \ldots y_\mu$, et qu'elles donnent les séries dont voici la forme générale ... (292)'

$$\begin{aligned} x_\varpi = \Psi_\varpi(y_1, y_2, y_3, \ldots y_\mu) = \\ = [0,0,0,\text{etc.}]_\varpi &+ [1,0,0,\text{etc.}]_\varpi . y_1 + [2,0,0,\text{etc.}]_\varpi . y_1^2 + \text{etc., etc.;} \\ &+ [0,1,0,\text{etc.}]_\varpi . y_2 + [1,1,0,\text{etc.}]_\varpi . y_1 y_2 \\ &+ [0,0,1,\text{etc.}]_\varpi . y_3 + [1,0,1,\text{etc.}]_\varpi . y_1 y_3 \\ &+ \text{etc.} \qquad\qquad\qquad + [0,2,0,\text{etc.}]_\varpi . y_2^2 \\ &\qquad\qquad\qquad\qquad\quad + [0,1,1,\text{etc.}]_\varpi . y_2 y_3 \\ &\qquad\qquad\qquad\qquad\quad + [0,0,2,\text{etc.}]_\varpi . y_3^2 \\ &\qquad\qquad\qquad\qquad\quad + \text{etc.} \end{aligned}$$

en désignant ainsi généralement par $[0, 0, 0, \text{etc.}]_{\varpi}$, $[1, 0, 0, \text{etc.}]_{\varpi}$, $[0, 1, 0, \text{etc.}]_{\varpi}$, etc., etc. les coefficiens de ces séries, dont nous distinguerons d'ailleurs le premier $[0, 0, 0, \text{etc.}]_{\varpi}$ simplement par a_{ϖ}. Alors, suivant les formules $(281)''$, les polynomes auxiliaires Z_1, Z_2, Z_3, ... Z_{ϖ} dont les puissances entrent dans l'expression contingente (291), considérés dans l'état correspondant à l'indice $(y=0)$, seront généralement ... (293)

$$\begin{aligned} Z_{\varpi} = 0_{\varpi} &+ [1, 0, 0, \text{etc.}]_{\varpi} . z_1 + [2, 0, 0, \text{etc.}]_{\varpi} . z_1^2 + \text{etc., etc.;} \\ &+ [0, 1, 0, \text{etc.}]_{\varpi} . z_2 + [1, 1, 0, \text{etc.}]_{\varpi} . z_1 z_2 \\ &+ [0, 0, 1, \text{etc.}]_{\varpi} . z_3 + [1, 0, 1, \text{etc.}]_{\varpi} . z_1 z_3 \\ &+ \text{etc.} \qquad\qquad\qquad\quad + [0, 2, 0, \text{etc.}]_{\varpi} . z_2^2 \\ &\qquad\qquad\qquad\qquad\qquad + [0, 1, 1, \text{etc.}]_{\varpi} . z_2 z_3 \\ &\qquad\qquad\qquad\qquad\qquad + [0, 0, 2, \text{etc.}]_{\varpi} . z_3^2 \\ &\qquad\qquad\qquad\qquad\qquad + \text{etc.} \end{aligned}$$

le premier terme 0_{ϖ} étant toujours zéro. Ainsi, spécifiant l'indice général ϖ, en lui donnant ses valeurs particulières 1, 2, 3, ... ω, et, d'après l'usage d'Arbogast, prenant les premiers termes 0_1, 0_2, 0_3, ... 0_{ω} des polynomes Z_1, Z_2, Z_3, ... Z_{ω}, et les premiers termes $[0, 0, 0, \text{etc.}]_1$, $[0, 0, 0, \text{etc.}]_2$, $[0, 0, 0, \text{etc.}]_3$, ... $[0, 0, 0, \text{etc.}]_{\omega}$ des séries x_1, x_2, x_3, ... x_{ω}, lesquels derniers, suivant ce que nous avons dit, nous désignerons simplement par a_1, a_2, a_3, ... a_{ω}, si l'on emploie d'ailleurs la notation adoptée par ce géomètre pour ses dérivées artificielles, on aura ... (294)

$$\frac{\left(\dfrac{d^m (Z_1^{\alpha_1} . Z_2^{\alpha_2} . Z_3^{\alpha_3} \ldots Z_{\omega}^{\alpha_{\omega}})}{dz_1^{m1} . dz_2^{m2} . dz_3^{m3} \ldots dz_{\mu}^{m\mu}}\right)}{1^{m1|1} . 1^{m2|1} . 1^{m3|1} \ldots 1^{m\mu|1}} =$$

$$= \underset{c}{D}^{m1, m2, m3, \ldots m\mu} (0_1^{\alpha_1} . 0_2^{\alpha_2} . 0_3^{\alpha_3} \ldots 0_{\omega}^{\alpha_{\omega}}),$$

$$\frac{\left(\frac{d^{\rho} F(x_1, x_2, x_3, \ldots x_\omega)}{dx_1^{\alpha_1} . dx_2^{\alpha_2} . dx_3^{\alpha_3} \ldots dx_\omega^{\alpha_\omega}}\right)}{1^{\alpha_1|1} . 1^{\alpha_2|1} . 1^{\alpha_3|1} \ldots . 1^{\alpha_\omega|1}} =$$

$$= \underset{c}{D}^{\alpha_1, \alpha_2, \alpha_3, \ldots \alpha_\omega} F(a_1, a_2, a_3, \ldots a_\omega);$$

et l'expression relative (289) prendra la forme insignifiante que voici ... (295)

$$A(m1, m2, m3, \ldots mn) =$$

$$= \Sigma_\rho . Agr.^{(\alpha)} \left\{ \begin{array}{l} \underset{c}{D}^{m1, m2, m3, \ldots mn} (0_1^{\alpha_1} . 0_2^{\alpha_2} . 0_3^{\alpha_3} \ldots 0_\omega^{\alpha_\omega}) \times \\ \times \underset{c}{D}^{\alpha_1, \alpha_2, \alpha_3, \ldots \alpha_\omega} F(a_1, a_2, a_3, \ldots a_\omega) \end{array} \right\},$$

dans laquelle Σ_ρ dénote toujours la somme des termes correspondans aux valeurs entières de l'indice ρ, depuis $\rho = 1$ jusqu'à $\rho = m = (m1 + m2 + m3 \ldots + mn)$ inclusivement, et $Agr.^{(\alpha)}$ dénote l'agrégat des termes correspondans, pour chaque valeur de ρ, aux valeurs entières positives, y compris zéro, des indices α_1, α_2, α_3, ... α_ω, qui satisfont à l'équation ... (295)'

$$\rho = \alpha_1 + \alpha_2 + \alpha_3 \ldots + \alpha_\omega.$$

Or, c'est manifestement cette forme insignifiante (295) qui constitue, dans sa dernière simplicité, la Loi du petit nombre de résultats fragmentaires obtenus par Arbogast (dans le 3me Article de son Calcul des dérivations) pour la Série primitive la plus générale (287) dont il s'agit.

Voici, pour terminer, quelques exemples de ce développement le plus général des fonctions, suivant la forme de la Série (287).

Soit d'abord la fonction Fx d'une seule variable x qui elle-même est fonction des deux variables indépendantes y_1 et y_2, savoir, ... (296)

$$x = \Psi(y_1, y_2);$$

et soit proposé de développer la fonction Fx en une Série procédant par rapport aux puissances des quantités y_1 et y_2. Mais, pour nous rapprocher des résultats particuliers obtenus par Arbogast, nous supposerons le cas où la fonction $\Psi(y_1, y_2)$ se trouve donnée par son développement technique, savoir, par la série ... (296)'

$$\begin{array}{rl}\Psi(y_1, y_2) = a & + [1,0].y_1 + [2,0].y_1^2 + [3,0].y_1^3 + \text{etc., etc.} \\ & + [0,1].y_2 + [1,1].y_1y_2 + [2,1].y_1^2y_2 \\ & \qquad + [0,2].y_2^2 + [1,2].y_1y_2^2 \\ & \qquad\qquad + [0,3].y_2^3\end{array}$$

Alors, suivant l'expression générale (293), le polynome auxiliaire Z, qui entre dans l'expression relative générale (289), considéré dans l'état correspondant à $y_1 = 0$ et $y_2 = 0$, sera ici ... (296)''

$$\begin{array}{rl}Z = 0 & + [1,0].z_1 + [2,0].z_1^2 + [3,0].z_1^3 + \text{etc., etc.}; \\ & + [0,1].z_2 + [1,1].z_1z_2 + [2,1].z_1^2z_2 \\ & \qquad + [0,2].z_2^2 + [1,2].z_1z_2^2 \\ & \qquad\qquad + [0,3].z_2^3\end{array}$$

le premier terme étant zéro. Et, les quantités désignées par Q, qui entrent dans l'expression absolue générale (288), considérées de même dans l'état correspondant à $y_1 = 0$ et $y_2 = 0$, seront ici simplement ... (296)'''

$$\begin{array}{l}Q1 = [(\mu 1, 1), (\mu 2, 1)] \\ Q2 = [(\mu 1, 2), (\mu 2, 2)] \\ Q3 = [(\mu 1, 3), (\mu 2, 3)] \\ \cdots\cdots\cdots\cdots \\ Qn = [(\mu 1, n), (\mu 2, n)];\end{array}$$

les seconds membres de ces égalités étant les coefficiens de la série donnée (296)'. — Or, suivant la forme générale (287), le développement technique demandé de la fonction proposée Fx aura la forme particulière ... (297)

$$\begin{aligned} Fx = Fa &+ A(1,0).y_1 + A(2,0).y_1^2 + A(3,0).y_1^3 + \text{etc., etc.} \\ &+ A(0,1).y_2 + A(1,1).y_1 y_2 + A(2,1).y_1^2 y_2 \\ &\qquad\qquad\quad + A(0,2).y_2^2 + A(1,2).y_1 y_2^2 \\ &\qquad\qquad\qquad\qquad\qquad + A(0,3).y_2^3 \end{aligned}$$

Ainsi, substituant les valeurs présentes $(296)'$, $(296)''$ et $(296)'''$ dans les diverses expressions que nous avons trouvées pour les coefficiens de la Série générale (287), nous aurons les lois de la génération des quantités qui forment les coefficiens de la Série particulière présente (297). — D'abord, l'expression absolue générale (288) donnera, pour ces derniers coefficiens, l'expression absolue suivante ... (298)

$$A(m1, m2) =$$

$$= \Sigma_\rho \left\{ \frac{1}{1^{\rho|1}} \cdot \frac{d^\rho Fa}{da^\rho} \cdot Agr.^{(\mu)} \left\{ \begin{matrix} [(\mu 1, 1), (\mu 2, 1)].[(\mu 1, 2), (\mu 2, 2)] \times \\ [(\mu 1, 3), (\mu 2, 3)] \ldots [(\mu 1, \rho), (\mu 2, \rho)] \end{matrix} \right\} \right\},$$

dans laquelle Σ_ρ dénote la somme des termes correspondans aux valeurs entières de l'indice ρ, depuis $\rho = 1$ jusqu'à $\rho = (m1 + m2)$ inclusivement, et la caractéristique $Agr.^{(\mu)}$ dénote l'agrégat des termes correspondans, pour chaque valeur de ρ, aux valeurs entières, y compris zéro, des indices marqués par μ, qui satisfont respectivement aux équations ... $(298)'$

$$m1 = (\mu 1, 1) + (\mu 1, 2) + (\mu 1, 3) \ldots + (\mu 1, \rho),$$
$$m2 = (\mu 2, 1) + (\mu 2, 2) + (\mu 2, 3) \ldots + (\mu 2, \rho);$$

pourvu qu'on observe que, d'après les conditions $(276)^{\text{IV}}$, on doit considérer comme zéro les termes affectés de la quantité $[0, 0]$. — En second lieu, l'expression relative générale (289) donnera, pour les coefficiens de la Série particulière (297), l'expression relative suivante ... (299)

$$A(m1, m2) =$$

$$= \frac{1}{1^{m1|1} \cdot 1^{m2|1}} \cdot \Sigma_\rho \left\{ \frac{1}{1^{\rho|1}} \cdot \frac{d^\rho Fa}{da^\rho} \cdot \frac{d^{m1+m2}(Z^\rho)}{dz_1^{m1} \cdot dz_2^{m2}} \right\}_{(z=0)};$$

dans laquelle la caractéristique Σ_ρ a la même signification que dans l'expression absolue précédente (298), et la quantité auxiliaire Z forme le polynome (296)''. — En troisième lieu, l'expression contingente générale (291) donnera, pour les mêmes coefficiens particuliers, l'expression contingente que voici ... (300)

$$A(m1, m2) =$$

$$= \Sigma_\rho \left\{ (Z^\rho)\,\mathfrak{k}(1 + m1 + m2)_{m1, m2} \times F(a+\zeta)\,\mathfrak{k}(1+\rho) \right\};$$

dans laquelle la caractéristique Σ_ρ et la quantité Z sont les mêmes que dans l'expression relative précédente (299). — Enfin, l'expression artificielle et insignifiante (295), qui constitue la loi des résultats obtenus par Arbogast, donnera, pour les coefficiens particuliers de la Série présente (297), l'expression insignifiante que voici ... (301)

$$A(m1, m2) =$$

$$= \Sigma_\rho \left\{ \underset{c}{D}^{m1, m2}(o^\rho) \,.\, \underset{c}{D}^\rho Fa \right\};$$

ou bien, en employant la notation du n°. 130 du Calcul des dérivations de ce géomètre, l'expression ... (301)'

$$A(m1, m2) =$$

$$= \Sigma_\rho \left\{ \underset{c}{D}^\rho Fa \times \underset{c}{D}^{m1} \underset{c}{D}'^{m2}(o^\rho) \right\},$$

dans laquelle o est le premier terme du polynome (296)'' auquel se rapportent les dérivations indiquées ici par $\underset{c}{D}^{m1}$ relativement à z_1 et par $\underset{c}{D}'^{m2}$ relativement à z_2; et l'on voit facilement que c'est là (301)' la loi commune des deux espèces de résultats qu'Arbogast a obtenus pour la Série présente (297), moyennant les deux méthodes qu'il a employées pour cette solution (Art. 3, §. I.). — Mais, pour avoir immédiatement les derniers termes qui composent les quantités formant les coefficiens de cette Série (297), il faut revenir à l'expression absolue (298) qui, en effet, donne immédiatement les derniers termes ou les élémens des quantités dont il est question. Nous allons en faire l'application pour calculer les coefficiens qui répondent à $(m1 + m2) = 6$, c'est-à-dire, les quantités

$$A(6,0),\quad A(5,1),\quad A(4,2),\quad A(3,3),\quad A(2,4),\quad A(1,5) \quad \text{et} \quad A(0,6),$$

qui, dans la Série (297), forment les coefficiens respectifs des puissances

$$y_1^6,\quad y_1^5 y_2,\quad y_1^4 y_2^2,\quad y_1^3 y_2^3,\quad y_1^2 y_2^4,\quad y_1 y_2^5 \quad \text{et} \quad y_2^6.$$

Développant la somme Σ_ρ dans l'expression (298), il viendra ... (302)

$$A(m1, m2) =$$

$$= \frac{1}{1}\cdot\frac{dFa}{da}\cdot[m1, m2]$$

$$+ \frac{1}{1^{2|1}}\cdot\frac{d^2Fa}{da^2}\cdot Agr.^{(\mu)2}\Big\{\big[(\mu 1,1),(\mu 2,1)\big]\cdot\big[(\mu 1,2),(\mu 2,2)\big]\Big\}$$

$$+ \frac{1}{1^{3|1}}\cdot\frac{d^3Fa}{da^3}\cdot Agr.^{(\mu)3}\Big\{\big[(\mu 1,1),(\mu 2,1)\big]\cdot\big[(\mu 1,2),(\mu 2,2)\big]\cdot\big[(\mu 1,3),(\mu 2,3)\big]\Big\}$$

$$+ \frac{1}{1^{4|1}}\cdot\frac{d^4Fa}{da^4}\cdot Agr.^{(\mu)4}\Big\{\big[(\mu 1,1),(\mu 2,1)\big]\cdot\big[(\mu 1,2),(\mu 2,2)\big]\cdot\big[(\mu 1,3),(\mu 2,3)\big]\times$$

$$\times\big[(\mu 1,4),(\mu 2,4)\big]\Big\}$$

$$+ \frac{1}{1^{5|1}}\cdot\frac{d^5Fa}{da^5}\cdot Agr.^{(\mu)5}\Big\{\big[(\mu 1,1),(\mu 2,1)\big]\cdot\big[(\mu 1,2),(\mu 2,2)\big]\cdot\big[(\mu 1,3),(\mu 2,3)\big]\times$$

$$\times\big[(\mu 1,4),(\mu 2,4)\big]\cdot\big[(\mu 1,5),(\mu 2,5)\big]\Big\}$$

$$+ \frac{1}{1^{6|1}}\cdot\frac{d^6Fa}{da^6}\cdot Agr.^{(\mu)6}\Big\{\big[(\mu 1,1),(\mu 2,1)\big]\cdot\big[(\mu 1,2),(\mu 2,2)\big]\cdot\big[(\mu 1,3),(\mu 2,3)\big]\times$$

$$\times\big[(\mu 1,4),(\mu 2,4)\big]\cdot\big[(\mu 1,5),(\mu 2,5)\big]\cdot\big[(\mu 1,6),(\mu 2,6)\big]\Big\};$$

où la caractéristique $Agr.^{(\mu)\rho}$ dénote généralement l'agrégat des termes correspondans aux valeurs entières, y compris zéro, des indices marqués par μ, qui satisfont respectivement aux équations ... (302)'

$$m1 = (\mu 1, 1) + (\mu 1, 2) + (\mu 1, 3) \ldots + (\mu 1, \rho)$$
$$m2 = (\mu 2, 1) + (\mu 2, 2) + (\mu 2, 3) \ldots + (\mu 2, \rho).$$

Ainsi, appliquant à la solution de ces équations le procédé de Hindenbourg, et multipliant chaque solution par le nombre des permutations de ses termes, on obtiendra les résultats suivans. — D'abord, pour le coefficient $A(6, 0)$, on aura ... (302)''

1°. Pour $Agr.^{(\mu)2}$;

$(\mu 1, 1) +$	$(\mu 1, 2) = 6,$	$(\mu 2, 1) +$	$(\mu 2, 2) = 0;$
0,	6	0,	0
1,	5		
2,	4		
3,	3		

et, par conséquent, en rejetant la quantité [0,0], on aura

$$Agr.^{(\mu)2}\{[(\mu 1, 1), (\mu 2, 1)].[(\mu 1, 2), (\mu 2, 2)]\} =$$
$$= 2[1, 0].[5, 0] + 2[2, 0].[4, 0] + [3, 0]^2.$$

2°. Pour $Agr.^{(\mu)3}$; en négligeant tout de suite les solutions qui donnent la quantité [0, 0],

$(\mu 1, 1) +$	$(\mu 1, 2) +$	$(\mu 1, 3) = 6,$	$(\mu 2, 1) +$	$(\mu 2, 2) +$	$(\mu 2, 3) = 0;$
1,	1,	4	0,	0,	0
1,	2,	3			
2,	2,	2			

et par conséquent,

$$Agr.^{(\mu)3}\{[(\mu 1, 1), (\mu 2, 1)].[(\mu 1, 2), (\mu 2, 2)].[(\mu 1, 3), (\mu 2, 3)]\} =$$
$$= 3[1, 0]^2.[4, 0] + 6[1, 0].[2, 0].[3, 0] + [2, 0]^3.$$

3°. Pour $Agr.^{(\mu)4}$; en négligeant encore les solutions qui donnent la quantité $[0, 0]$,

$$\begin{array}{cccccccc} (\mu 1, 1) & + & (\mu 1, 2) & + & (\mu 1, 3) & + & (\mu 1, 4) & = 6, \\ 1, & & 1, & & 1, & & 3 & \\ 1, & & 1, & & 2, & & 2 & \end{array}$$

$$\begin{array}{cccccccc} (\mu 2, 1) & + & (\mu 2, 2) & + & (\mu 2, 3) & + & (\mu 2, 4) & = 0; \\ 0, & & 0, & & 0, & & 0 & \end{array}$$

et par conséquent,

$$Agr.^{(\mu)4} \left\{ \left[(\mu 1, 1), (\mu 2, 1)\right] . \left[(\mu 1, 2), (\mu 2, 2)\right] . \left[(\mu 1, 3), (\mu 2, 3)\right] \times \right.$$
$$\left. \times \left[(\mu 1, 4), (\mu 2, 4)\right] \right\} = 4[1, 0]^3 . [3, 0] + 6[1, 0]^2 . [2, 0]^2 .$$

4°. Pour $Agr.^{(\mu)5}$; en négligeant toujours les solutions qui donnent la quantité $[0, 0]$,

$$\begin{array}{cccccccccc} (\mu 1, 1) & + & (\mu 1, 2) & + & (\mu 1, 3) & + & (\mu 1, 4) & + & (\mu 1, 5) & = 6, \\ 1, & & 1, & & 1, & & 1, & & 2 & \end{array}$$

$$\begin{array}{cccccccccc} (\mu 2, 1) & + & (\mu 2, 2) & + & (\mu 2, 3) & + & (\mu 2, 4) & + & (\mu 2, 5) & = 0; \\ 0, & & 0, & & 0, & & 0, & & 0 & \end{array}$$

et par conséquent,

$$Agr.^{(\mu)5} \left\{ \left[(\mu 1, 1), (\mu 2, 1)\right] . \left[(\mu 1, 2), (\mu 2, 2)\right] . \left[(\mu 1, 3), (\mu 2, 3)\right] \times \right.$$
$$\left. \times \left[(\mu 1, 4), (\mu 2, 4)\right] . \left[(\mu 1, 5), (\mu 2, 5)\right] \right\} = 5[1, 0]^4 . [2, 0].$$

5°. Pour $Agr.^{(\mu)6}$; en rejetant ce qui donne la quantité $[0, 0]$,

$$\begin{array}{cccccccccccc} (\mu 1, 1) & + & (\mu 1, 2) & + & (\mu 1, 3) & + & (\mu 1, 4) & + & (\mu 1, 5) & + & (\mu 1, 6) & = 6, \\ 1, & & 1, & & 1, & & 1, & & 1, & & 1 & \end{array}$$

$$\begin{array}{cccccccccccc} (\mu 2, 1) & + & (\mu 2, 2) & + & (\mu 2, 3) & + & (\mu 2, 4) & + & (\mu 2, 5) & + & (\mu 2, 6) & = 0; \\ 0, & & 0, & & 0, & & 0, & & 0, & & 0 & \end{array}$$

et par conséquent,

$$Agr.^{(\mu)6} \left\{ \left[(\mu 1, 1), (\mu 2, 1)\right] . \left[(\mu 1, 2), (\mu 2, 2)\right] . \left[(\mu 1, 3), (\mu 2, 3)\right] \times \right.$$
$$\left. \times \left[(\mu 1, 4), (\mu 2, 4)\right] . \left[(\mu 1, 5), (\mu 2, 5)\right] . \left[(\mu 1, 6), (\mu 2, 6)\right] \right\} = [1, 0]^6 .$$

Ainsi, substituant ces valeurs des agrégats $Agr.^{(\mu)_p}$ dans l'expression (302), il viendra ... (302)'''

$$A(6,0) =$$

$$= \frac{1}{1} \cdot \frac{dFa}{da} \cdot [6,0]$$

$$+ \frac{1}{1^{2|1}} \cdot \frac{d^2Fa}{da^2} \cdot \left\{ 2[1,0][5,0] + 2[2,0][4,0] + [3,0]^2 \right\}$$

$$+ \frac{1}{1^{3|1}} \cdot \frac{d^3Fa}{da^3} \cdot \left\{ 3[1,0]^2[4,0] + 6[1,0][2,0][3,0] + [2,0]^3 \right\}$$

$$+ \frac{1}{1^{4|1}} \cdot \frac{d^4Fa}{da^4} \cdot \left\{ 4[1,0]^3[3,0] + 6[1,0]^2[2,0]^2 \right\}$$

$$+ \frac{1}{1^{5|1}} \cdot \frac{d^5Fa}{da^5} \cdot 5[1,0]^4[2,0]$$

$$+ \frac{1}{1^{6|1}} \cdot \frac{d^6Fa}{da^6} \cdot [1,0]^6.$$

En second lieu, pour le coefficient $A(5,1)$, on aura ... (302)^{IV}

1°. Pour $Agr.^{(\mu)_2}$;

$(\mu 1,1) +$	$(\mu 1,2) = 5,$	$(\mu 2,1) +$	$(\mu 2,2) = 1;$
0,	5	0,	1
1,	4		
2,	3		

et par conséquent, en rejetant les termes dépendans de [0, 0],

$$Agr.^{(\mu)_2}\left\{[(\mu 1,1),(\mu 2,1)].[(\mu 1,2),(\mu 2,2)]\right\} =$$
$$= 2[0,1][5,0] + 2[1,0][4,1] + 2[4,0][1,1] +$$
$$+ 2[2,0][3,1] + 2[3,0][2,1].$$

2°. Pour $Agr.^{(\mu)_3}$;

$(\mu 1,1) +$	$(\mu 1,2) +$	$(\mu 1,3) = 5,$	$(\mu 2,1) +$	$(\mu 2,2) +$	$(\mu 2,3) = 1;$
0,	0,	5	0,	0,	1
0,	1,	4			
0,	2,	3			
1,	1,	3			
1,	2,	2			

et par conséquent, en rejetant toujours les termes dépendans de $[0,0]$,

$$Agr.^{(\mu)_3} \left\{ \left[(\mu 1, 1), (\mu 2, 1)\right] . \left[(\mu 1, 2), (\mu 2, 2)\right] . \left[(\mu 1, 3), (\mu 2, 3)\right] \right\} =$$

$$= 6[0,1][1,0][4,0] + 6[0,1][2,0][3,0] + 3[1,0]^2[3,1]$$

$$+ 6[1,0][1,1][3,0] + 6[1,0][2,0][2,1] + 3[1,1][2,0]^2.$$

3°. Pour $Agr.^{(\mu)_4}$; en négligeant tout de suite les solutions qui donnent $[0,0]$,

$$(\mu 1, 1) + (\mu 1, 2) + (\mu 1, 3) + (\mu 1, 4) = 5,$$

0,	1,	1,	3
0,	1,	2,	2
1,	1,	1,	2

$$(\mu 2, 1) + (\mu 2, 2) + (\mu 2, 3) + (\mu 2, 4) = 1;$$

0,	0,	0,	1

et par conséquent,

$$Agr.^{(\mu)_4} \left\{ \left[(\mu 1, 1), (\mu 2, 1)\right] . \left[(\mu 1, 2), (\mu 2, 2)\right] . \left[(\mu 1, 3), (\mu 2, 3)\right] \times \right.$$

$$\left. \times \left[(\mu 1, 4), (\mu 2, 4)\right] \right\} = 12[0,1][1,0]^2[3,0] +$$

$$+ 12[0,1][1,0][2,0]^2 + 4[1,0]^3[2,1] + 12[1,0]^2[1,1][2,0].$$

4°. Pour $Agr.^{(\mu)_5}$; en négligeant encore les solutions qui donnent $[0,0]$,

$$(\mu 1, 1) + (\mu 1, 2) + (\mu 1, 3) + (\mu 1, 4) + (\mu 1, 5) = 5,$$

0,	1,	1,	1,	2
1,	1,	1,	1,	1

$$(\mu 2, 1) + (\mu 2, 2) + (\mu 2, 3) + (\mu 2, 4) + (\mu 2, 5) = 1;$$

0,	0,	0,	0,	1

et par conséquent,

$$Agr.^{(\mu)_5} \left\{ \left[(\mu 1, 1), (\mu 2, 1)\right] . \left[(\mu 1, 2), (\mu 2, 2)\right] . \left[(\mu 1, 3), (\mu 2, 3)\right] \times \right.$$

$$\left. \times \left[(\mu 1, 4), (\mu 2, 4)\right] . \left[(\mu 1, 5), (\mu 2, 5)\right] \right\} =$$

$$= 20[0,1][1,0]^3[2,0] + 5[1,0]^4[1,1].$$

5°. Pour $Agr.^{(\mu)6}$; en négligeant toujours les solutions qui donnent $[0,0]$,

$$\underset{0,}{(\mu 1,1)} + \underset{1,}{(\mu 1,2)} + \underset{1,}{(\mu 1,3)} + \underset{1,}{(\mu 1,4)} + \underset{1,}{(\mu 1,5)} + \underset{1}{(\mu 1,6)} = 5,$$

$$\underset{0,}{(\mu 2,1)} + \underset{0,}{(\mu 2,2)} + \underset{0,}{(\mu 2,3)} + \underset{0,}{(\mu 2,4)} + \underset{0,}{(\mu 2,5)} + \underset{1}{(\mu 2,6)} = 1;$$

et par conséquent,

$$Agr.^{(\mu)6}\Big\{\big[(\mu 1,1),(\mu 2,1)\big].\big[(\mu 1,2),(\mu 2,2)\big].\big[(\mu 1,3),(\mu 2,3)\big]\times$$
$$\times\big[(\mu 1,4),(\mu 2,4)\big].\big[(\mu 1,5),(\mu 2,5)\big].\big[(\mu 1,6),(\mu 2,6)\big]\Big\} =$$
$$= 6[0,1][1,0]^5.$$

Ainsi, substituant de nouveau ces valeurs dans l'expression (302), il viendra ... $(302)^{v}$

$$A(5,1) =$$

$$= \frac{1}{1}.\frac{dFa}{da}.[5,1]$$

$$+ \frac{1}{1^{2|1}}.\frac{d^2Fa}{da^2}.\Big\{2[0,1][5,0] + 2[1,0][4,1] + 2[4,0][1,1] +$$
$$+ 2[2,0][3,1] + 2[3,0][2,1]\Big\}$$

$$+ \frac{1}{1^{3|1}}.\frac{d^3Fa}{da^3}.\Big\{6[0,1][1,0][4,0] + 6[0,1][2,0][3,0] + 3[1,0]^2[3,1] +$$
$$+ 6[1,0][1,1][3,0] + 6[1,0][2,0][2,1] + 3[1,1][2,0]^2\Big\}$$

$$+ \frac{1}{1^{4|1}}.\frac{d^4Fa}{da^4}.\Big\{12[0,1][1,0]^2[3,0] + 12[0,1][1,0][2,0]^2 + 4[1,0]^3[2,1] +$$
$$+ 12[1,0]^2[1,1][2,0]\Big\}$$

$$+ \frac{1}{1^{5|1}}.\frac{d^5Fa}{da^5}.\Big\{20[0,1][1,0]^3[2,0] + 5[1,0]^4[1,1]\Big\}$$

$$+ \frac{1}{1^{6|1}}.\frac{d^6Fa}{da^6}.6[0,1][1,0]^5.$$

En troisième lieu, pour le coefficient $A\,(4, 2)$, on aura ... $(302)^{VI}$

1°. Pour $Agr.^{(\mu)_2}$;

$$\begin{array}{llcll}
(\mu 1, 1) + (\mu 1, 2) = 4, & & & (\mu 2, 1) + (\mu 2, 2) = 2; & \\
0, & 4 & & 0, & 2 \\
1, & 3 & & 1, & 1 \\
2, & 2 & & &
\end{array}$$

et par conséquent, en rejetant $[0, 0]$,

$$Agr.^{(\mu)_2} \left\{ [(\mu 1, 1), (\mu 2, 1)] \cdot [(\mu 1, 2), (\mu 2, 2)] \right\} = 2[0, 2][4, 0] +$$
$$+ 2[0, 1][4, 1] + 2[1, 0][3, 2] + 2[1, 2][3, 0] + 2[1, 1][3, 1] +$$
$$+ 2[2, 0][2, 2] + [2, 1]^2.$$

2°. Pour $Agr.^{(\mu)_3}$;

$$\begin{array}{lllclll}
(\mu 1, 1) + & (\mu 1, 2) + & (\mu 1, 3) = 4, & & (\mu 2, 1) + & (\mu 2, 2) + & (\mu 2, 3) = 2; \\
0, & 0, & 4 & & 0, & 0, & 2 \\
0, & 1, & 3 & & 0, & 1, & 1 \\
0, & 2, & 2 & & & & \\
1, & 1, & 2 & & & &
\end{array}$$

et par conséquent, en rejetant les termes dépendans de $[0, 0]$,

$$Agr.^{(\mu)_3} \left\{ [(\mu 1, 1), (\mu 2, 1)] \cdot [(\mu 1, 2), (\mu 2, 2)] \cdot [(\mu 1, 3), (\mu 2, 3)] \right\} =$$
$$= 3[0, 1]^2 [4, 0] + 6[0, 2][1, 0][3, 0] + 6[0, 1][1, 0][3, 1] +$$
$$+ 6[0, 1][1, 1][3, 0] + 3[0, 2][2, 0]^2 + 6[0, 1][2, 0][2, 1] +$$
$$+ 3[1, 0]^2 [2, 2] + 6[1, 0][1, 2][2, 0] + 6[1, 0][1, 1][2, 1] +$$
$$+ 3[1, 1]^2 [2, 0].$$

3°. Pour $Agr.^{(\mu)_4}$;

$$\begin{array}{llll}
(\mu 1, 1) + & (\mu 1, 2) + & (\mu 1, 3) + & (\mu 1, 4) = 4, \\
0, & 0, & 0, & 4 \\
0, & 0, & 1, & 3 \\
0, & 0, & 2, & 2 \\
0, & 1, & 1, & 2 \\
1, & 1, & 1, & 1
\end{array}$$

$$\begin{array}{ccccc}(\mu 2, 1) + & (\mu 2, 2) + & (\mu 2, 3) + & (\mu 2, 4) = & 2; \\ 0, & 0, & 0, & & 2 \\ 0, & 0, & 1, & & 1\end{array}$$

et par conséquent, en rejetant les termes dépendans de $[0, 0]$,

$$\begin{aligned}&Agr.^{(\mu)4}\Big\{\big[(\mu 1, 1), (\mu 2, 1)\big].\big[(\mu 1, 2), (\mu 2, 2)\big].\big[(\mu 1, 3), (\mu 2, 3)\big] \times \\ &\times \big[(\mu 1, 4), (\mu 2, 4)\big]\Big\} = 12[0, 1]^2[1, 0][3, 0] + \\ &+ 6[0, 1]^2[2, 0]^2 + 12[0, 2][1, 0]^2[2, 0] + 12[0, 1][1, 0]^2[2, 1] + \\ &+ 24[0, 1][1, 0][1, 1][2, 0] + 4[1, 0]^3[1, 2] + 6[1, 0]^2[1, 1]^2.\end{aligned}$$

4°. Pour $Agr.^{(\mu)5}$;

$$\begin{array}{ccccc}(\mu 1, 1) + & (\mu 1, 2) + & (\mu 1, 3) + & (\mu 1, 4) + & (\mu 1, 5) = 4, \\ 0, & 0, & 0, & 0, & 4 \\ 0, & 0, & 0, & 1, & 3 \\ 0, & 0, & 0, & 2, & 2 \\ 0, & 0, & 1, & 1, & 2 \\ 0, & 1, & 1, & 1, & 1\end{array}$$

$$\begin{array}{ccccc}(\mu 2, 1) + & (\mu 2, 2) + & (\mu 2, 3) + & (\mu 2, 4) + & (\mu 2, 5) = 2; \\ 0, & 0, & 0, & 0, & 2 \\ 0, & 0, & 0, & 1, & 1\end{array}$$

et par conséquent, en rejetant toujours les termes dépendans de $[0, 0]$,

$$\begin{aligned}&Agr.^{(\mu)5}\Big\{\big[(\mu 1, 1), (\mu 2, 1)\big].\big[(\mu 1, 2), (\mu 2, 2)\big].\big[(\mu 1, 3), (\mu 2, 3)\big] \times \\ &\times \big[(\mu 1, 4), (\mu 2, 4)\big].\big[(\mu 1, 5), (\mu 2, 5)\big]\Big\} = 30[0, 1]^2[1, 0]^2[2, 0] + \\ &+ 5[0, 2][1, 0]^4 + 20[0, 1][1, 0]^3[1, 1].\end{aligned}$$

5°. Pour $Agr.^{(\mu)6}$; en négligeant tout de suite les solutions qui donnent $[0, 0]$,

$$\begin{array}{cccccc}(\mu 1, 1) + & (\mu 1, 2) + & (\mu 1, 3) + & (\mu 1, 4) + & (\mu 1, 5) + & (\mu 1, 6) = 4, \\ 0, & 0, & 1, & 1, & 1, & 1\end{array}$$

$$\begin{array}{cccccc}(\mu 2, 1) + & (\mu 2, 2) + & (\mu 2, 3) + & (\mu 2, 4) + & (\mu 2, 5) + & (\mu 2, 6) = 2; \\ 0, & 0, & 0, & 0, & 1, & 1\end{array}$$

et par conséquent,

$$Agr.^{(\mu)6}\left\{[(\mu 1, 1), (\mu 2, 1)].[(\mu 1, 2), (\mu 2, 2)].[(\mu 1, 3), (\mu 2, 3)] \times \right.$$
$$\left. \times [(\mu 1, 4), (\mu 2, 4)].[(\mu 1, 5), (\mu 2, 5)].[(\mu 1, 6), (\mu 2, 6)]\right\} =$$
$$= 15[0, 1]^2 [1, 0]^4.$$

Ainsi, substituant ces valeurs dans l'expression (302), il viendra ... $(302)^{\text{VII}}$

$$A(4, 2) =$$

$$= \frac{1}{1}.\frac{dFa}{da}.[4, 2]$$

$$+ \frac{1}{1^{2|1}}.\frac{d^2Fa}{da^2}.\left\{2[0, 2][4, 0] + 2[0, 1][4, 1] + 2[1, 0][3, 2] + \right.$$
$$\left. + 2[1, 2][3, 0] + 2[1, 1][3, 1] + 2[2, 0][2, 2] + [2, 1]^2\right\}$$

$$+ \frac{1}{1^{3|1}}.\frac{d^3Fa}{da^3}.\left\{3[0, 1]^2[4, 0] + 6[0, 2][1, 0][3, 0] + 6[0, 1][1, 0][3, 1] + \right.$$
$$+ 6[0, 1][1, 1][3, 0] + 3[0, 2][2, 0]^2 + 6[0, 1][2, 0][2, 1] +$$
$$+ 3[1, 0]^2[2, 2] + 6[1, 0][1, 2][2, 0] + 6[1, 0][1, 1][2, 1] +$$
$$\left. + 3[1, 1]^2[2, 0]\right\}$$

$$+ \frac{1}{1^{4|1}}.\frac{d^4Fa}{da^4}.\left\{12[0, 1]^2[1, 0][3, 0] + 6[0, 1]^2[2, 0]^2 + 12[0, 2][1, 0]^2[2, 0] + \right.$$
$$+ 12[0, 1][1, 0]^2[2, 1] + 24[0, 1][1, 0][1, 1][2, 0] + 4[1, 0]^3[1, 2] +$$
$$\left. + 6[1, 0]^2[1, 1]^2\right\}$$

$$+ \frac{1}{1^{5|1}}.\frac{d^5Fa}{da^5}.\left\{30[0, 1]^3[1, 0]^2[2, 0] + 5[0, 2][1, 0]^4 + 20[0, 1][1, 0]^3[1, 1]\right\}.$$

$$+ \frac{1}{1^{6|1}}.\frac{d^6Fa}{da^6}.15[0, 1]^2[1, 0]^4.$$

En quatrième lieu, pour le coefficient $A(3, 3)$, on aura ... $(302)^{\text{VIII}}$

1°. Pour $Agr.^{(\mu)_2}$;

$$\begin{array}{llll} (\mu 1, 1) + (\mu 1, 2) = 3, & & (\mu 2, 1) + (\mu 2, 2) = 3; & \\ 0, & 3 & 0, & 3 \\ 1, & 2 & 1, & 2 \end{array}$$

et par conséquent,

$$Agr.^{(\mu)_2} \left\{ \left[(\mu 1, 1), (\mu 2, 1)\right] . \left[(\mu 1, 2), (\mu 2, 2)\right] \right\} = 2[0,3][3,0] + \\ + 2[0,1][3,2] + 2[0,2][3,1] + 2[1,0][2,3] + 2[1,3][2,0] + \\ + 2[1,1][2,2] + 2[1,2][2,1].$$

2°. Pour $Agr.^{(\mu)_3}$;

$$\begin{array}{llllll} (\mu 1, 1) + (\mu 1, 2) + (\mu 1, 3) = 3, & & & (\mu 2, 1) + (\mu 2, 2) + (\mu 2, 3) = 3; & & \\ 0, & 0, & 3 & 0, & 0, & 3 \\ 0, & 1, & 2 & 0, & 1, & 2 \\ 1, & 1, & 1 & 1, & 1, & 1 \end{array}$$

et par conséquent, en rejetant les termes dépendans de [0, 0],

$$Agr.^{(\mu)_3} \left\{ \left[(\mu 1, 1), (\mu 2, 1)\right] . \left[(\mu 1, 2), (\mu 2, 2)\right] . \left[(\mu 1, 3), (\mu 2, 3)\right] \right\} = \\ = 6[0,1][0,2][3,0] + 3[0,1]^2[3,1] + 6[0,3][1,0][2,0] + \\ + 6[0,1][1,0][2,2] + 6[0,2][1,0][2,1] + 6[0,1][1,2][2,0] + \\ + 6[0,2][1,1][2,0] + 6[0,1][1,1][2,1] + 3[1,0]^2[1,3] + \\ + 6[1,0][1,1][1,2] + [1,1]^3.$$

3°. Pour $Agr.^{(\mu)_4}$;

$$\begin{array}{llll} (\mu 1, 1) + (\mu 1, 2) + (\mu 1, 3) + (\mu 1, 4) = 3, & & & \\ 0, & 0, & 0, & 3 \\ 0, & 0, & 1, & 2 \\ 0, & 1, & 1, & 1 \end{array}$$

$$\begin{array}{llll} (\mu 2, 1) + (\mu 2, 2) + (\mu 2, 3) + (\mu 2, 4) = 3; & & & \\ 0, & 0, & 0, & 3 \\ 0, & 0, & 1, & 2 \\ 0, & 1, & 1, & 1 \end{array}$$

et par conséquent, en rejetant les termes qui dépendent de [0, 0],

$$Agr.^{(\mu)4}\left\{[(\mu 1, 1), (\mu 2, 1)].[(\mu 1, 2), (\mu 2, 2)].[(\mu 1, 3), (\mu 2, 3)] \times \right.$$
$$\left. \times [(\mu 1, 4), (\mu 2, 4)]\right\} = 4[0, 1]^3[3, 0] + 24[0, 1][0, 2][1, 0][2, 0] +$$
$$+ 12[0, 1]^2[1, 0][2, 1] + 12[0, 1]^2[1, 1][2, 0] + 4[0, 3][1, 0]^3 +$$
$$+ 12[0, 1][1, 0]^2[1, 2] + 12[0, 2][1, 0]^2[1, 1] + 12[0, 1][1, 0][1, 1]^2.$$

4°. Pour $Agr.^{(\mu)5}$;

$$\begin{array}{ccccccccccc}
(\mu 1, 1) & + & (\mu 1, 2) & + & (\mu 1, 3) & + & (\mu 1, 4) & + & (\mu 1, 5) & = & 3, \\
0, & & 0, & & 0, & & 0, & & 3 & & \\
0, & & 0, & & 0, & & 1, & & 2 & & \\
0, & & 0, & & 1, & & 1, & & 1 & &
\end{array}$$

$$\begin{array}{ccccccccccc}
(\mu 2, 1) & + & (\mu 2, 2) & + & (\mu 2, 3) & + & (\mu 2, 4) & + & (\mu 2, 5) & = & 3; \\
0, & & 0, & & 0, & & 0, & & 3 & & \\
0, & & 0, & & 0, & & 1, & & 2 & & \\
0, & & 0, & & 1, & & 1, & & 1 & &
\end{array}$$

et par conséquent, en rejetant toujours les termes qui dépendent de $[0, 0]$,

$$Agr.^{(\mu)5}\left\{[(\mu 1, 1), (\mu 2, 1)].[(\mu 1, 2), (\mu 2, 2)].[(\mu 1, 3), (\mu 2, 3)] \times \right.$$
$$\left. \times [(\mu 1, 4), (\mu 2, 4)].[(\mu 1, 5), (\mu 2, 5)]\right\} = 20[0, 1]^3[1, 0][2, 0] +$$
$$+ 20[0, 1][0, 2][1, 0]^3 + 30[1, 0]^2[0, 1]^2[1, 1].$$

5°. Pour $Agr.^{(\mu)6}$; en négligeant les solutions qui donnent $[0, 0]$,

$$\begin{array}{ccccccccccccc}
(\mu 1, 1) & + & (\mu 1, 2) & + & (\mu 1, 3) & + & (\mu 1, 4) & + & (\mu 1, 5) & + & (\mu 1, 6) & = & 3, \\
0, & & 0, & & 0, & & 1, & & 1, & & 1 & &
\end{array}$$

$$\begin{array}{ccccccccccccc}
(\mu 2, 1) & + & (\mu 2, 2) & + & (\mu 2, 3) & + & (\mu 2, 4) & + & (\mu 2, 5) & + & (\mu 2, 6) & = & 3; \\
0, & & 0, & & 0, & & 1, & & 1, & & 1 & &
\end{array}$$

et par conséquent,

$$Agr.^{(\mu)6}\left\{[(\mu 1, 1), (\mu 2, 1)].[(\mu 1, 2), (\mu 2, 2)].[(\mu 1, 3), (\mu 2, 3)] \times \right.$$
$$\left. \times [(\mu 1, 4), (\mu 2, 4)].[(\mu 1, 5), (\mu 2, 5)].[(\mu 1, 6), (\mu 2, 6)]\right\} =$$
$$= 20[0, 1]^3[1, 0]^3.$$

Ainsi, substituant encore ces valeurs dans l'expression (302), il viendra ... (302)^{IX}

$$A(3,3) =$$

$$= \frac{1}{1} \cdot \frac{dFa}{da} \cdot [3,3]$$

$$+ \frac{1}{1^{2|1}} \cdot \frac{d^2Fa}{da^2} \cdot \Big\{ 2[0,3][3,0] + 2[0,1][3,2] + 2[0,2][3,1] + 2[1,0][2,3] + $$
$$+ 2[1,3][2,0] + 2[1,1][2,2] + 2[1,2][2,1] \Big\}$$

$$+ \frac{1}{1^{3|1}} \cdot \frac{d^3Fa}{da^3} \cdot \Big\{ 6[0,1][0,2][3,0] + 3[0,1]^2[3,1] + 6[0,3][1,0][2,0] + $$
$$+ 6[0,1][1,0][2,2] + 6[0,2][1,0][2,1] + 6[0,1][1,2][2,0] + $$
$$+ 6[0,2][1,1][2,0] + 6[0,1][1,1][2,1] + 3[1,0]^2[1,3] + $$
$$+ 6[1,0][1,1][1,2] + [1,1]^3 \Big\}$$

$$+ \frac{1}{1^{4|1}} \cdot \frac{d^4Fa}{da^4} \cdot \Big\{ 4[0,1]^3[3,0] + 24[0,1][0,2][1,0][2,0] + 12[0,1]^2[1,0][2,1] + $$
$$+ 12[0,1]^2[1,1][2,0] + 4[0,3][1,0]^3 + 12[0,1][1,0]^2[1,2] + $$
$$+ 12[0,2][1,0]^2[1,1] + 12[0,1][1,0][1,1]^2 \Big\}$$

$$+ \frac{1}{1^{5|1}} \cdot \frac{d^5Fa}{da^5} \cdot \Big\{ 20[0,1]^3[1,0][2,0] + 20[0,1][0,2][1,0]^3 + 30[1,0]^2[0,1]^2[1,1] \Big\}$$

$$+ \frac{1}{1^{6|1}} \cdot \frac{d^6Fa}{da^6} \cdot 20[0,1]^3[1,0]^3.$$

En cinquième lieu, pour le coefficient $A(2,4)$, on aura ... (302)^{X}

1°. Pour $Agr.^{(\mu)_2}$;

$(\mu 1,1) +$	$(\mu 1,2) = 2,$	$(\mu 2,1) +$	$(\mu 2,2) = 4;$
0,	2	0,	4
1,	1	1,	3
		2,	2

et par conséquent,

$$Agr.^{(\mu)_2}\left\{[(\mu 1, 1), (\mu 2, 1)] . [(\mu 1, 2), (\mu 2, 2)]\right\} = 2[0,4][2,0] + \\ + 2[0,1][2,3] + 2[0,3][2,1] + 2[0,2][2,2] + 2[1,0][1,4] + \\ + 2[1,1][1,3] + [1,2]^2.$$

Mais, si l'on fait ici attention à la formation de ces quantités, on verra qu'elle est identiquement la même que celle sous la marque $(302)^{\text{VI}}$, pour le coefficient $A(4,2)$, avec la seule différence qu'il faut, dans chaque quantité composante $[\alpha, \beta]$, changer α en β et réciproquement, comme dans les deux coefficiens $A(4,2)$ et $A(2,4)$ auxquels se rapportent ces générations respectives $(302)^{\text{VI}}$ et $(302)^{\text{X}}$. Et généralement, on voit, par la formule (302) des deux coefficiens correspondans $A(\alpha, \beta)$ et $A(\beta, \alpha)$, que, pour passer de l'un à l'autre, il suffit, dans leurs générations respectives, de changer α en β et réciproquement, dans leurs quantités composantes $[\alpha, \beta]$. Ainsi, moyennant ce facile changement, les valeurs que nous avons trouvées pour les coefficiens $A(4,2)$, $A(5,1)$ et $A(6,0)$, sous les marques $(302)^{\text{VII}}$, $(302)^{\text{V}}$ et $(302)'''$, nous donneront immédiatement celles des coefficiens correspondans $A(2,4)$, $A(1,5)$ et $A(0,6)$. Ces dernières valeurs seront donc :

$(302)^{\text{XI}}$ . . . . $A(2,4) =$

$$= \frac{1}{1} \cdot \frac{dFa}{da} \cdot [2,4]$$

$$+ \frac{1}{1^{2|1}} \cdot \frac{d^2 Fa}{da^2} \cdot \left\{ 2[2,0][0,4] + 2[1,0][1,4] + 2[0,1][2,3] + 2[2,1][0,3] + \right. \\ \left. + 2[1,1][1,3] + 2[0,2][2,2] + [1,2]^2 \right\}$$

$$+ \frac{1}{1^{3|1}} \cdot \frac{d^3 Fa}{da^3} \cdot \left\{ 3[1,0]^2[0,4] + 6[2,0][0,1][0,3] + 6[1,0][0,1][1,3] + \right. \\ + 6[1,0][1,1][0,3] + 3[2,0][0,2]^2 + 6[1,0][0,2][1,2] + \\ + 3[0,1]^2[2,2] + 6[0,1][2,1][0,2] + 6[0,1][1,1][1,2] + \\ \left. + 3[1,1]^2[0,2] \right\}$$

$$+ \frac{1}{1^{4|1}} \cdot \frac{d^4 Fa}{da^4} \cdot \Big\{ 12[1,0]^2[0,1][0,3] + 6[1,0]^2[0,2]^2 + 12[2,0][0,1]^2[0,2] +$$
$$+ 12[1,0][0,1]^2[1,2] + 24[1,0][0,1][1,1][0,2] + 4[0,1]^3[2,1] +$$
$$+ 6[0,1]^2[1,1]^2 \Big\}$$

$$+ \frac{1}{1^{5|1}} \cdot \frac{d^5 Fa}{da^5} \cdot \Big\{ 30[1,0]^2[0,1]^2[0,2] + 5[2,0][0,1]^4 + 20[1,0][0,1]^3[1,1] \Big\}$$

$$+ \frac{1}{1^{6|1}} \cdot \frac{d^6 Fa}{da^6} \cdot 15[1,0]^2[0,1]^4 .$$

$(302)^{\text{XII}}$ . . . . $A(1,5) =$

$$= \frac{1}{1} \cdot \frac{dFa}{da} \cdot [1,5]$$

$$+ \frac{1}{1^{2|1}} \cdot \frac{d^2 Fa}{da^2} \cdot \Big\{ 2[1,0][0,5] + 2[0,1][1,4] + 2[0,4][1,1] +$$
$$+ 2[0,2][1,3] + 2[0,3][1,2] \Big\}$$

$$+ \frac{1}{1^{3|1}} \cdot \frac{d^3 Fa}{da^3} \cdot \Big\{ 6[1,0][0,1][0,4] + 6[1,0][0,2][0,3] + 3[0,1]^2[1,3] +$$
$$+ 6[0,1][1,1][0,3] + 6[0,1][0,2][1,2] + 3[1,1][0,2]^2 \Big\}$$

$$+ \frac{1}{1^{4|1}} \cdot \frac{d^4 Fa}{da^4} \cdot \Big\{ 12[1,0][0,1]^2[0,3] + 12[1,0][0,1][0,2]^2 + 4[0,1]^3[1,2] +$$
$$+ 12[0,1]^2[1,1][0,2] \Big\}$$

$$+ \frac{1}{1^{5|1}} \cdot \frac{d^5 Fa}{da^5} \cdot \Big\{ 20[1,0][0,1]^3[0,2] + 5[0,1]^4[1,1] \Big\}$$

$$+ \frac{1}{1^{6|1}} \cdot \frac{d^6 Fa}{da^6} \cdot 6[1,0][0,1]^5 .$$

$(302)^{\text{XIII}}$ . . . . $A(0,6) =$

$$= \frac{1}{1} \cdot \frac{dFa}{da} \cdot [0,6]$$

$$+\frac{1}{1^{2|1}}\cdot\frac{d^2Fa}{da^2}\cdot\left\{2[0,1][0,5]+2[0,2][0,4]+[0,3]^2\right\}$$

$$+\frac{1}{1^{3|1}}\cdot\frac{d^3Fa}{da^3}\cdot\left\{3[0,1]^2[0,4]+6[0,1][0,2][0,3]+[0,2]^3\right\}$$

$$+\frac{1}{1^{4|1}}\cdot\frac{d^4Fa}{da^4}\cdot\left\{4[0,1]^3[0,3]+6[0,1]^2[0,2]^2\right\}$$

$$+\frac{1}{1^{5|1}}\cdot\frac{d^5Fa}{da^5}\cdot 5[0,1]^4[0,2]$$

$$+\frac{1}{1^{6|1}}\cdot\frac{d^6Fa}{da^6}\cdot[0,1]^6.$$

Ainsi, nous aurons effectivement, jusque dans leurs derniers termes, les quantités formant les coefficiens

$$A(6,0),\quad A(5,1),\quad A(4,2),\quad A(3,3),\quad A(2,4),\quad A(1,5),\quad A(0,6),$$

qui, dans la Série particulière (297) que nous avons prise pour premier exemple, affectent respectivement les puissances

$$y_1^6,\quad y_1^5 y_2,\quad y_1^4 y_2^2,\quad y_1^3 y_2^3,\quad y_1^2 y_2^4,\quad y_1 y_2^5,\quad y_2^6.$$

Et, l'on voit de plus que cette génération absolue, suivant l'expression absolue (298), s'opère avec le maximum possible de promptitude; au point que, vu sa régularité, elle n'exige presque que le tems d'écrire les résultats, ou même de les copier s'ils se trouvaient donnés dans quelque ouvrage, comme ils le sont en effet dans le Calcul des dérivations d'Arbogast (N°. 157), où ce géomètre, pour résoudre le problème très particulier que présente cette Série simple (297), a calculé les coefficiens jusqu'aux termes de sixième dimension inclusivement.

Voici encore un et dernier exemple du développement technique des fonctions que présente notre solution complète de la Série générale (287). — Soit $F(x_1, x_2)$ une fonction proposée des deux variables

x_1 et x_2 qui elles-mêmes sont fonctions de trois variables indépendantes y_1, y_2 et y_3, savoir, ... (303)

$$x_1 = \Psi_1(y_1, y_2, y_3), \quad \text{et} \quad x_2 = \Psi_2(y_1, y_2, y_3);$$

et soit demandé de développer la fonction $F(x_1, x_2)$ en une Série procédant par rapport aux puissances progressives des variables indépendantes y_1, y_2 et y_3; en supposant d'ailleurs que les fonctions $\Psi_1(y_1, y_2, y_3)$ et $\Psi_2(y_1, y_2, y_3)$ qui constituent les variables immédiates x_1 et x_2, se trouvent données par leurs développemens techniques, c'est-à-dire, par les séries suivantes ... (303)'

$$\begin{aligned} x_1 = \Psi_1(y_1, y_2, y_3) = \\ = [0,0,0]_1 &+ [1,0,0]_1 . y_1 + [2,0,0]_1 . y_1^2 + \text{etc., etc.,} \\ &+ [0,1,0]_1 . y_2 + [1,1,0]_1 . y_1 y_2 \\ &+ [0,0,1]_1 . y_3 + [0,2,0]_1 . y_2^2 \\ &\qquad\qquad + [1,0,1]_1 . y_1 y_3 \\ &\qquad\qquad + [0,1,1]_1 . y_2 y_3 \\ &\qquad\qquad + [0,0,2]_1 . y_3^2 \end{aligned}$$

$$\begin{aligned} x_2 = \Psi_2(y_1, y_2, y_3) = \\ = [0,0,0]_2 &+ [1,0,0]_2 . y_1 + [2,0,0]_2 . y_1^2 + \text{etc., etc.;} \\ &+ [0,1,0]_2 . y_2 + [1,1,0]_2 . y_1 y_2 \\ &+ [0,0,1]_2 . y_3 + [0,2,0]_2 . y_2^2 \\ &\qquad\qquad + [1,0,1]_2 . y_1 y_3 \\ &\qquad\qquad + [0,1,1]_2 . y_2 y_3 \\ &\qquad\qquad + [0,0,2]_2 . y_3^2 \end{aligned}$$

dont les premiers coefficiens ou termes $[0,0,0]_1$ et $[0,0,0]_2$ seront distingués simplement par a_1 et a_2. Alors, suivant l'expression générale (293), les polynomes auxiliaires Z_1 et Z_2, qui entrent dans l'expression relative générale (289), considérés dans l'état correspondant à $y_1 = 0$, $y_2 = 0$, et $y_3 = 0$, seront ici ... (303)''

$$\begin{aligned} Z_1 = o_1 &+ [1,0,0]_1 . z_1 + [2,0,0]_1 . z_1^2 + \text{etc. etc.},\\ &+ [0,1,0]_1 . z_2 + [1,1,0]_1 . z_1 z_2\\ &+ [0,0,1]_1 . z_3 + [0,2,0]_1 . z_2^2\\ &\qquad\qquad + [1,0,1]_1 . z_1 z_3\\ &\qquad\qquad + [0,1,1]_1 . z_2 z_3\\ &\qquad\qquad + [0,0,2]_1 . z_3^2 \end{aligned}$$

$$\begin{aligned} Z_2 = o_2 &+ [1,0,0]_2 . z_1 + [2,0,0]_2 . z_1^2 + \text{etc., etc.};\\ &+ [0,1,0]_2 . z_2 + [1,1,0]_2 . z_1 z_2\\ &+ [0,0,1]_2 . z_3 + [0,2,0]_2 . z_2^2\\ &\qquad\qquad + [1,0,1]_2 . z_1 z_3\\ &\qquad\qquad + [0,1,1]_2 . z_2 z_3\\ &\qquad\qquad + [0,0,2]_2 . z_3^2 \end{aligned}$$

les premiers termes o_1 et o_2 de ces polynomes étant tous deux zéro. Et, les quantités marquées par Q, qui entrent dans l'expression absolue générale (288), considérées de même dans l'état correspondant à $y_1 = 0$, $y_2 = 0$ et $y_3 = 0$, seront ici simplement ... (303)'''

$$\begin{aligned} Q(1,\nu) &= [(\mu 1, 1, \nu), (\mu 2, 1, \nu), (\mu 3, 1, \nu)]_\nu\\ Q(2,\nu) &= [(\mu 1, 2, \nu), (\mu 2, 2, \nu), (\mu 3, 2, \nu)]_\nu\\ Q(3,\nu) &= [(\mu 1, 3, \nu), (\mu 2, 3, \nu), (\mu 3, 3, \nu)]_\nu\\ &\cdots\cdots\cdots\cdots\\ Q(n,\nu) &= [(\mu 1, n, \nu), (\mu 2, n, \nu), (\mu 3, n, \nu)]_\nu; \end{aligned}$$

les seconds membres de ces dernières égalités étant évidemment les coefficiens des deux séries données (303)'. — Or, suivant la forme générale (287), le développement technique demandé de la fonction proposée $F(x_1, x_2)$, aura ici la forme particulière ... (304)

$$\begin{aligned} F(x_1, x_2) = F(a_1, a_2) &+ A(1,0,0).y_1 + A(2,0,0).y_1^2 + \text{etc., etc.} \\ &+ A(0,1,0).y_2 + A(1,1,0).y_1 y_2 \\ &+ A(0,0,1).y_3 + A(0,2,0).y_2^2 \\ &\qquad\qquad\quad\;\, + A(1,0,1).y_1 y_3 \\ &\qquad\qquad\quad\;\, + A(0,1,1).y_2 y_3 \\ &\qquad\qquad\quad\;\, + A(0,0,2).y_3^2 \end{aligned}$$

Ainsi, substituant de nouveau les valeurs présentes $(303)'$, $(303)''$ et $(303)'''$, dans les diverses expressions (288), (289) et (291) que nous avons trouvées pour les coefficiens de la Série générale (287), nous aurons les diverses lois possibles pour la génération des quantités qui forment les coefficiens de la Série particulière (304) dont il s'agit actuellement. — D'abord, l'expression absolue générale (288) donnera, pour ces coefficiens particuliers, l'expression absolue suivante ... (305)

$$A(m1, m2, m3) =$$

$$= \Sigma_\rho . Agr.^{(\alpha)} \left\{ \begin{array}{l} \dfrac{\left(\dfrac{d^\rho F(a_1, a_2)}{da_1^{\alpha_1} . da_2^{\alpha_2}}\right)}{1^{\alpha_1|1} . 1^{\alpha_2|1}} \times \\ \times Agr.^{(\mu)} \left\{ \begin{array}{l} [(\mu 1, 1, 1), (\mu 2, 1, 1), (\mu 3, 1, 1)]_1 . [(\mu 1, 1, 2), (\mu 2, 1, 2), (\mu 3, 1, 2)]_2 \times \\ [(\mu 1, 2, 1), (\mu 2, 2, 1), (\mu 3, 2, 1)]_1 . [(\mu 1, 2, 2), (\mu 2, 2, 2), (\mu 3, 2, 2)]_2 \times \\ [(\mu 1, 3, 1), (\mu 2, 3, 1), (\mu 3, 3, 1)]_1 . [(\mu 1, 3, 2), (\mu 2, 3, 2), (\mu 3, 3, 2)]_2 \times \\ \cdots\cdots\cdots\cdots\cdots\cdots\cdots\cdots \\ [(\mu 1, \alpha_1, 1), (\mu 2, \alpha_1, 1), (\mu 3, \alpha_1, 1)]_1 . [(\mu 1, \alpha_2, 2), (\mu 2, \alpha_2, 2), (\mu 3, \alpha_2, 2)]_2 \end{array} \right\} \end{array} \right\};$$

dans laquelle Σ_ρ dénote la somme des termes correspondans aux valeurs entières de l'indice ρ, depuis $\rho = 1$ jusqu'à $\rho = (m1 + m2 + m3)$ inclusivement; la caractéristique $Agr.^{(\alpha)}$ dénote l'agrégat des termes correspondans, pour chaque valeur de ρ, aux valeurs entières, y compris zéro, des deux indices α_1 et α_2, qui satisfont à l'équation ... (305)'

$$\rho = \alpha_1 + \alpha_2 ;$$

et la caractéristique $Agr.^{(\mu)}$ dénote de même l'agrégat des termes correspondans aux valeurs entières positives, y compris zéro, des indices marqués par μ, qui, avec toutes les valeurs de α_1 et α_2, satisfont respectivement aux équations ... (305)''

$$m1 = \left\{ \begin{array}{l} (\mu 1, 1, 1) + (\mu 1, 2, 1) + (\mu 1, 3, 1) \ldots\ldots + (\mu 1, \alpha_1, 1) \\ (\mu 1, 1, 2) + (\mu 1, 2, 2) + (\mu 1, 3, 2) \ldots\ldots + (\mu 1, \alpha_2, 2) \end{array} \right\}$$

$$m2 = \left\{ \begin{array}{l} (\mu 2, 1, 1) + (\mu 2, 2, 1) + (\mu 2, 3, 1) \ldots\ldots + (\mu 2, \alpha_1, 1) \\ (\mu 2, 1, 2) + (\mu 2, 2, 2) + (\mu 2, 3, 2) \ldots\ldots + (\mu 2, \alpha_2, 2) \end{array} \right\}$$

$$m3 = \left\{ \begin{array}{l} (\mu 3, 1, 1) + (\mu 3, 2, 1) + (\mu 3, 3, 1) \ldots\ldots + (\mu 3, \alpha_1, 1) \\ (\mu 3, 1, 2) + (\mu 3, 2, 2) + (\mu 3, 3, 2) \ldots\ldots + (\mu 3, \alpha_2, 2) \end{array} \right\} ;$$

pourvu qu'on observe que, d'après les conditions $(276)^{\text{IV}}$, on doit considérer comme zéro les termes affectés des quantités $[0, 0, 0]_1$ et $[0, 0, 0]_2$. — En second lieu, l'expression relative générale (289) donnera, pour les coefficiens de la Série particulière (304) dont il s'agit, l'expression relative suivante ... (306)

$$A(m1, m2, m3) =$$

$$= \Sigma_\rho . Agr.^{(\alpha)} \left\{ \begin{array}{c} \dfrac{\left(\dfrac{d^{m1+m2+m3} (Z_1^{\alpha_1} . Z_2^{\alpha_2})}{dz_1^{m1} . dz_2^{m2} . dz_3^{m3}} \right)}{1^{m1|1} . 1^{m2|1} . 1^{m3|1}} \times \\ \times \dfrac{\left(\dfrac{d^\rho . F(a_1, a_2)}{da_1^{\alpha_1} . da_2^{\alpha_2}} \right)}{1^{\alpha_1|1} . 1^{\alpha_2|1}} \end{array} \right\}_{(z=0)} ;$$

dans laquelle les caractéristiques Σ_ρ et $Agr.^{(\alpha)}$ ont la même signification que dans l'expression absolue précédente (305), et les quantités auxiliaires Z_1 et Z_2 forment les deux polynomes (303)''. — En troisième et dernier lieu, l'expression contingente générale (291) donnera, pour les mêmes coefficiens particuliers dont il est question, l'expression contingente que voici ... (307)

$$A(m1, m2, m3) =$$

$$= \Sigma_p . Agr.^{(\alpha)} \left\{ \begin{array}{c} (Z_1^{\alpha_1} . Z_2^{\alpha_2}) \mathfrak{k}(1 + m1 + m2 + m3)_{m1, m2, m3} \times \\ \times F(a_1 + \zeta_1, a_2 + \zeta_2) \mathfrak{k}(1 + \rho)_{\alpha_1, \alpha_2} \end{array} \right\};$$

dans laquelle les caractéristiques Σ_p et $Agr.^{(\alpha)}$, ainsi que les quantités auxiliaires Z_1 et Z_2, sont les mêmes que dans l'expression relative précédente (306). — On pourrait aussi, moyennant l'expression artificielle générale (295), obtenir une expression pareille pour le cas de la Série particulière présente (304); et l'on aurait ainsi la loi particulière des résultats que, pour ce cas, on pourrait obtenir sous la forme insignifiante des dérivations d'Arbogast. Mais, comme on n'a pas encore étendu ces procédés artificiels jusqu'à la Série (304), nous pouvons nous dispenser ici d'en assigner d'avance la loi spéciale; parce que, guidé par la Raison, on n'ira plus recourir à des moyens si étrangers, lorsqu'on possède complètement les Lois de toutes les générations directes possibles des quantités dont il est question. D'ailleurs, notre expression (295) donne déjà d'avance la Loi générale pour tous ces résultats artificiels et sans signification propre, si, portés par des motifs quelconques, quelques géomètres voulaient s'obstiner à les faire valoir. — Restons donc aux trois expressions (305), (306) et (307), qui, fixant successivement l'état absolu, l'état relatif, et l'état contingent de la génération des coefficiens de la Série présente (304), donnent manifestement les Lois de toutes les générations directes possibles de ces quantités; et observons que, lorsqu'il s'agit d'avoir les valeurs mêmes de ces coefficiens, ou la composition de ces quantités moyennant leurs derniers termes, il faut toujours employer l'expression absolue (305), qui, par son essence même, donne immédiatement ces derniers termes ou les élémens de la génération des quantités dont il est question. — Nous allons l'appliquer à la détermination de la quantité $A(1, 2, 3)$ qui, dans la Série particulière (304), forme le coefficient de $(y_1 . y_2^2 . y_3^3)$.

Pour $\rho = 1$, l'équation (305)' donnera

$$\begin{array}{ccc} 1 = \alpha_1 & + & \alpha_2; \\ 0, & & 1 \\ 1, & & 0 \end{array}$$

et, avec ces valeurs, les équations (305)'' donneront successivement:

Pour $\alpha_1 = 0$, et $\alpha_2 = 1$;

$$1 = (\mu 1, 1, 2), \quad 2 = (\mu 2, 1, 2), \quad 3 = (\mu 3, 1, 2);$$

et réciproquement, pour $\alpha_1 = 1$, et $\alpha_2 = 0$;

$$1 = (\mu 1, 1, 1), \quad 2 = (\mu 2, 1, 1), \quad 3 = (\mu 3, 1, 1).$$

Ainsi, les termes de la somme Σ_ρ dans l'expression absolue (305), dépendans de $\rho = 1$, seront... (308)

$$\left(\frac{dF(a_1, a_2)}{da_2}\right) . [1, 2, 3]_2 + \left(\frac{dF(a_1, a_2)}{da_1}\right) . [1, 2, 3]_1 .$$

Pour $\rho = 2$, l'équation (305)' donnera

$$\begin{array}{ccc} 2 = \alpha_1 & + & \alpha_2; \\ 0, & & 2 \\ 1, & & 1 \end{array}$$

et, avec ces valeurs, les équations (305)'' donneront successivement:

1°. Pour $\alpha_1 = 0$, et $\alpha_2 = 2$;

$$\begin{array}{ccc} 1 = (\mu 1, 1, 2) & + & (\mu 1, 2, 2), \\ 0, & & 1 \end{array} \qquad \begin{array}{ccc} 2 = (\mu 2, 1, 2) & + & (\mu 2, 2, 2), \\ 0, & & 2 \\ 1, & & 1 \end{array}$$

$$\begin{array}{ccc} 3 = (\mu 3, 1, 2) & + & (\mu 3, 2, 2); \\ 0, & & 3 \\ 1, & & 2 \end{array}$$

2°. pour $\alpha_1 = 1$, et $\alpha_2 = 1$;

$$1 = (\mu 1, 1, 1) + (\mu 1, 1, 2), \qquad 2 = (\mu 2, 1, 1) + (\mu 2, 1, 2),$$
$$\begin{matrix} 0, & 1 \end{matrix} \qquad\qquad \begin{matrix} 0, & 2 \\ 1, & 1 \end{matrix}$$

$$3 = (\mu 3, 1, 1) + (\mu 3, 1, 2).$$
$$\begin{matrix} 0, & 3 \\ 1, & 2 \end{matrix}$$

Ainsi, ayant égard aux permutations et aux combinaisons de ces diverses valeurs, et considérant $[0,0,0]_1$ et $[0,0,0]_2$ comme zéro, les termes de la somme Σ_ρ dans (305), dépendans de $\rho = 2$, seront ... (308)'

$$\frac{1}{2}.\left(\frac{d^2 F(a_1, a_2)}{da_2^2}\right).\Big\{ 2[0,0,3]_2[1,2,0]_2 + 2[0,2,0]_2[1,0,3]_2 + 2[0,2,3]_2[1,0,0]_2 +$$
$$+ 2[0,0,1]_2[1,2,2]_2 + 2[0,0,2]_2[1,2,1]_2 + 2[0,2,1]_2[1,0,2]_2 +$$
$$+ 2[0,2,2]_2[1,0,1]_2 + 2[0,1,0]_2[1,1,3]_2 + 2[0,1,3]_2[1,1,0]_2 +$$
$$+ 2[0,1,1]_2[1,1,2]_2 + 2[0,1,2]_2[1,1,1]_2 \Big\}$$

$$\frac{1}{2}.\left(\frac{d^2 F(a_1, a_2)}{da_1^2}\right).\Big\{ \text{Le même coefficient que le précédent, en changeant l'indice 2 en 1} \Big\}$$

$$\frac{1}{1}.\left(\frac{d^2 F(a_1, a_2)}{da_1 . da_2}\right).\Big\{ [0,0,3]_1[1,2,0]_2 + [0,2,0]_1[1,0,3]_2 + [0,2,3]_1[1,0,0]_2 +$$
$$+ [1,0,0]_1[0,2,3]_2 + [1,0,3]_1[0,2,0]_2 + [1,2,0]_1[0,0,3]_2 + [0,0,1]_1[1,2,2]_2$$
$$+ [0,0,2]_1[1,2,1]_2 + [0,2,1]_1[1,0,2]_2 + [0,2,2]_1[1,0,1]_2 + [1,0,1]_1[0,2,2]_2$$
$$+ [1,0,2]_1[0,2,1]_2 + [1,2,1]_1[0,0,2]_2 + [1,2,2]_1[0,0,1]_2 + [0,1,0]_1[1,1,3]_2$$
$$+ [0,1,3]_1[1,1,0]_2 + [1,1,0]_1[0,1,3]_2 + [1,1,3]_1[0,1,0]_2 + [0,1,1]_1[1,1,2]_2$$
$$+ [0,1,2]_1[1,1,1]_2 + [1,1,1]_1[0,1,2]_2 + [1,1,2]_1[0,1,1]_2 \Big\}.$$

Pour $\rho = 3$, l'équation (305)' donnera

$$3 = \alpha_1 + \alpha_2;$$
$$\begin{matrix} 0, & 3 \\ 1, & 2 \end{matrix}$$

et, avec ces valeurs, les équations (305)'' donneront successivement :

1°. Pour $\alpha_1 = 0$, et $\alpha_2 = 3$;

$$\begin{array}{lccc} 1 = & (\mu 1,1,2) + & (\mu 1,2,2) + & (\mu 1,3,2), \\ & 0, & 0, & 1 \end{array} \qquad \begin{array}{lccc} 2 = & (\mu 2,1,2) + & (\mu 2,2,2) + & (\mu 2,3,2), \\ & 0, & 0, & 2 \\ & 0, & 1, & 1 \end{array}$$

$$\begin{array}{lccc} 3 = & (\mu 3,1,2) + & (\mu 3,2,2) + & (\mu 3,3,2) ; \\ & 0, & 0, & 3 \\ & 0, & 1, & 2 \\ & 1, & 1, & 1 \end{array}$$

2°. pour $\alpha_1 = 1$, et $\alpha_2 = 2$;

$$\begin{array}{lccc} 1 = & (\mu 1,1,1) + & (\mu 1,1,2) + & (\mu 1,2,2), \\ & 0, & 0, & 1 \end{array} \qquad \begin{array}{lccc} 2 = & (\mu 2,1,1) + & (\mu 2,1,2) + & (\mu 2,2,2), \\ & 0, & 0, & 2 \\ & 0, & 1, & 1 \end{array}$$

$$\begin{array}{lccc} 3 = & (\mu 3,1,1) + & (\mu 3,1,2) + & (\mu 3,2,2). \\ & 0, & 0, & 3 \\ & 0, & 1, & 2 \\ & 1, & 1, & 1 \end{array}$$

Ainsi, ayant de nouveau égard aux permutations et aux combinaisons de ces diverses valeurs, et considérant toujours $[0,0,0]_1$ et $[0,0,0]_2$ comme zéro, les termes de la somme Σ_ρ dans l'expression (305), dépendans de $\rho = 3$, seront, . . (308)''

$$\frac{1}{6}.\left(\frac{d^3 F(a_1, a_2)}{da_2^3}\right).\Big\{ 6[1,0,0]_2[0,2,0]_2[0,0,3]_2 + 6[0,0,1]_2[0,0,2]_2[1,2,0]_2 +$$
$$+ 6[0,0,1]_2[0,2,0]_2[1,0,2]_2 + 6[0,0,2]_2[0,2,0]_2[1,0,1]_2 + 6[0,0,1]_2[0,2,2]_2[1,0,0]_2$$
$$+ 6[0,0,2]_2[0,2,1]_2[1,0,0]_2 + 3[0,0,1]_2^2[1,2,1]_2 + 6[0,0,1]_2[0,2,1]_2[1,0,1]_2$$
$$+ 6[0,0,3]_2[0,1,0]_2[1,1,0]_2 + 3[0,1,0]_2^2[1,0,3]_2 + 6[0,1,0]_2[0,1,3]_2[1,0,0]_2$$
$$+ 6[0,0,1]_2[0,1,0]_2[1,1,2]_2 + 6[0,0,2]_2[0,1,0]_2[1,1,1]_2 + 6[0,0,1]_2[0,1,2]_2[1,1,0]_2$$
$$+ 6[0,0,2]_2[0,1,1]_2[1,1,0]_2 + 6[0,1,0]_2[0,1,1]_2[1,0,2]_2 + 6[0,1,0]_2[0,1,2]_2[1,0,1]_2$$
$$+ 6[0,1,1]_2[0,1,2]_2[1,0,0]_2 + 6[0,0,1]_2[0,1,1]_2[1,1,1]_2 + 3[0,1,1]_2^2[1,0,1]_2 \Big\}$$

$$\frac{1}{6}\cdot\left(\frac{d^3F(a_1,a_2)}{da_1^3}\right)\cdot\left\{\text{Le même coefficient que le précédent, en changeant l'indice 2 en 1}\right\}$$

$$\frac{1}{2}\cdot\left(\frac{d^3F(a_1,a_2)}{da_1\,.\,da_2^2}\right)\cdot\Big\{\,2[0,0,3]_1\,[0,2,0]_2\,[1,0,0]_2 + 2[1,0,0]_1\,[0,0,3]_2\,[0,2,0]_2 +$$

$$+ 2[0,2,0]_1[0,0,3]_2[1,0,0]_2 + 2[0,0,1]_1[0,0,2]_2[1,2,0]_2 + 2[0,0,2]_1[0,0,1]_2[1,2,0]_2$$

$$+ 2[0,0,1]_1[0,2,0]_2[1,0,2]_2 + 2[0,0,2]_1[0,2,0]_2[1,0,1]_2 + 2[0,0,1]_1[0,2,2]_2[1,0,0]_2$$

$$+ 2[0,0,2]_1[0,2,1]_2[1,0,0]_2 + 2[0,2,0]_1[0,0,1]_2[1,0,2]_2 + 2[0,2,0]_1[0,0,2]_2[1,0,1]_2$$

$$+ 2[0,2,1]_1[0,0,2]_2[1,0,0]_2 + 2[0,2,2]_1[0,0,1]_2[1,0,0]_2 + 2[1,0,0]_1[0,0,1]_2[0,2,2]_2$$

$$+ 2[1,0,0]_1[0,0,2]_2[0,2,1]_2 + 2[1,0,1]_1[0,0,2]_2[0,2,0]_2 + 2[1,0,2]_1[0,0,1]_2[0,2,0]_2$$

$$+ 2[1,2,0]_1[0,0,1]_2[0,0,2]_2 + 2[0,0,1]_1[0,0,1]_2[1,2,1]_2 + 2[0,0,1]_1[0,2,1]_2[1,0,1]_2$$

$$+ 2[0,2,1]_1[0,0,1]_2[1,0,1]_2 + 2[1,0,1]_1[0,0,1]_2[0,2,1]_2 + [1,2,1]_1[0,0,1]_2^2$$

$$+ 2[0,0,3]_1[0,1,0]_2[1,1,0]_2 + 2[0,1,0]_1[0,0,3]_2[1,1,0]_2 + 2[0,1,0]_1[0,1,0]_2[1,0,3]_2$$

$$+ 2[0,1,0]_1[0,1,3]_2[1,0,0]_2 + 2[0,1,3]_1[0,1,0]_2[1,0,0]_2 + 2[1,0,0]_1[0,1,0]_2[0,1,3]_2$$

$$+ [1,0,3]_1[0,1,0]_2^2 + 2[1,1,0]_1[0,0,3]_2[0,1,0]_2 + 2[0,0,1]_1[0,1,0]_2[1,1,2]_2$$

$$+ 2[0,0,2]_1[0,1,0]_2[1,1,1]_2 + 2[0,0,1]_1[0,1,2]_2[1,1,0]_2 + 2[0,0,2]_1[0,1,1]_2[1,1,0]_2$$

$$+ 2[0,1,0]_1[0,0,1]_2[1,1,2]_2 + 2[0,1,0]_1[0,0,2]_2[1,1,1]_2 + 2[0,1,1]_1[0,0,2]_2[1,1,0]_2$$

$$+ 2[0,1,2]_1[0,0,1]_2[1,1,0]_2 + 2[0,1,0]_1[0,1,1]_2[1,0,2]_2 + 2[0,1,1]_1[0,1,0]_2[1,0,2]_2$$

$$+ 2[0,1,2]_1[0,1,0]_2[1,0,1]_2 + 2[0,1,0]_1[0,1,2]_2[1,0,1]_2 + 2[0,1,1]_1[0,1,2]_2[1,0,0]_2$$

$$+ 2[0,1,2]_1[0,1,1]_2[1,0,0]_2 + 2[1,0,0]_1[0,1,1]_2[0,1,2]_2 + 2[1,0,1]_1[0,1,0]_2[0,1,2]_2$$

$$+ 2[1,0,2]_1[0,1,0]_2[0,1,1]_2 + 2[1,1,0]_1[0,0,1]_2[0,1,2]_2 + 2[1,1,0]_1[0,0,2]_2[0,1,1]_2$$

$$+ 2[1,1,1]_1[0,0,2]_2[0,1,0]_2 + 2[1,1,2]_1[0,0,1]_2[0,1,0]_2 + 2[0,0,1]_1[0,1,1]_2[1,1,1]_2$$

$$+ 2[0,1,1]_1[0,0,1]_2[1,1,1]_2 + 2[0,1,1]_1[1,0,1]_2[0,1,1]_2 + [1,0,1]_1[0,1,1]_2^2$$

$$+ 2[1,1,1]_1[0,0,1]_2[0,1,1]_2\,\Big\}$$

$$\frac{1}{2}\cdot\left(\frac{d^3F(a_1,a_2)}{da_1^2\,.\,da_2}\right)\cdot\left\{\begin{array}{l}\text{Le même coefficient que le précédent, en échangeant entre eux}\\ \text{les indices 1 et 2}\end{array}\right\}.$$

Pour $\rho = 4$, l'équation $(305)'$ donnera

$$\begin{array}{ccc} 4 = & \alpha_1 & + \; \alpha_2; \\ & 0, & 4 \\ & 1, & 3 \\ & 2, & 2 \end{array}$$

et, avec ces valeurs, les équations $(305)''$ donneront successivement :

1°. Pour $\alpha_1 = 0$, et $\alpha_2 = 4$;

$$\begin{array}{ccccccccc} 1 = & (\mu 1, 1, 2) & + & (\mu 1, 2, 2) & + & (\mu 1, 3, 2) & + & (\mu 1, 4, 2), \\ & 0, & & 0, & & 0, & & 1 \end{array}$$

$$\begin{array}{ccccccccc} 2 = & (\mu 2, 1, 2) & + & (\mu 2, 2, 2) & + & (\mu 2, 3, 2) & + & (\mu 2, 4, 2), \\ & 0, & & 0, & & 0, & & 2 \\ & 0, & & 0, & & 1, & & 1 \end{array}$$

$$\begin{array}{ccccccccc} 3 = & (\mu 3, 1, 2) & + & (\mu 3, 2, 2) & + & (\mu 3, 3, 2) & + & (\mu 3, 4, 2); \\ & 0, & & 0, & & 0, & & 3 \\ & 0, & & 0, & & 1, & & 2 \\ & 0, & & 1, & & 1, & & 1 \end{array}$$

2°. pour $\alpha_1 = 1$, et $\alpha_2 = 3$;

$$\begin{array}{ccccccccc} 1 = & (\mu 1, 1, 1) & + & (\mu 1, 1, 2) & + & (\mu 1, 2, 2) & + & (\mu 1, 3, 2), \\ & 0, & & 0, & & 0, & & 1 \end{array}$$

$$\begin{array}{ccccccccc} 2 = & (\mu 2, 1, 1) & + & (\mu 2, 1, 2) & + & (\mu 2, 2, 2) & + & (\mu 2, 3, 2), \\ & 0, & & 0, & & 0, & & 2 \\ & 0, & & 0, & & 1, & & 1 \end{array}$$

$$\begin{array}{ccccccccc} 3 = & (\mu 3, 1, 1) & + & (\mu 3, 1, 2) & + & (\mu 3, 2, 2) & + & (\mu 3, 3, 2); \\ & 0, & & 0, & & 0, & & 3 \\ & 0, & & 0, & & 1, & & 2 \\ & 0, & & 1, & & 1, & & 1 \end{array}$$

3°. pour $\alpha_1 = 2$, et $\alpha_2 = 2$;

$$\begin{array}{ccccccccc} 1 = & (\mu 1, 1, 1) & + & (\mu 1, 2, 1) & + & (\mu 1, 1, 2) & + & (\mu 1, 2, 2), \\ & 0, & & 0, & & 0, & & 1 \end{array}$$

$$\begin{array}{ccccccccc} 2 = & (\mu 2, 1, 1) & + & (\mu 2, 2, 1) & + & (\mu 2, 1, 2) & + & (\mu 2, 2, 2), \\ & 0, & & 0, & & 0, & & 2 \\ & 0, & & 0, & & 1, & & 1 \end{array}$$

$$
\begin{array}{cccccccc}
3 = (\mu 3, 1, 1) & + & (\mu 3, 2, 1) & + & (\mu 3, 1, 2) & + & (\mu 3, 2, 2). \\
0, & & 0, & & 0, & & 3 \\
0, & & 0, & & 1, & & 2 \\
0, & & 1, & & 1, & & 1
\end{array}
$$

Ainsi, ayant encore égard aux permutations et aux combinaisons de ces diverses valeurs, et considérant $[0,0,0]_1$ et $[0,0,0]_2$ comme zéro, les termes de la somme Σ_ρ dans l'expression (305), dépendans de $\rho = 4$, seront ... (308)'''

$$
\begin{aligned}
\frac{1}{24}\cdot\left(\frac{d^4F(a_1,a_2)}{da_2^4}\right)\cdot\Big\{ & 24[0,2,0]_2[0,0,1]_2[0,0,2]_2[1,0,0]_2 + 4[0,0,1]_2^3[1,2,0]_2 + \\
& + 12[0,0,1]_2^2[0,2,1]_2[1,0,0]_2 + 12[0,0,1]_2^2[0,2,0]_2[1,0,1]_2 + 12[0,0,3]_2[0,1,0]_2^2[1,0,0]_2 \\
& + 12[0,1,0]_2^2[0,0,1]_2[1,0,2]_2 + 12[0,1,0]_2^2[0,0,2]_2[1,0,1]_2 + 24[0,0,1]_2[0,0,2]_2[0,1,0]_2[1,1,0]_2 \\
& + 24[0,0,1]_2[0,1,0]_2[0,1,2]_2[1,0,0]_2 + 24[0,0,2]_2[0,1,0]_2[0,1,1]_2[1,0,0]_2 \\
& + 24[0,0,1]_2[0,1,0]_2[0,1,1]_2[1,0,1]_2 + 12[0,0,1]_2^2[0,1,0]_2[1,1,1]_2 \\
& + 12[0,0,1]_2^2[0,1,1]_2^2[1,1,0]_2 + 12[0,0,1]_2[0,1,1]_2^2[1,0,0]_2 \Big\}
\end{aligned}
$$

$$
\frac{1}{24}\cdot\left(\frac{d^4F(a_1,a_2)}{da_1^4}\right)\cdot\Big\{ \text{Le même coefficient que le précédent, en changeant l'indice 2 en 1} \Big\}
$$

$$
\begin{aligned}
\frac{1}{6}\cdot\left(\frac{d^4F(a_1,a_2)}{da_1.da_2^3}\right)\cdot\Big\{ & 6[0,2,0]_1[0,0,1]_2[0,0,2]_2[1,0,0]_2 + 6[0,0,1]_1[0,2,0]_2[0,0,2]_2[1,0,0]_2 \\
& + 6[0,0,2]_1[0,2,0]_2[0,0,1]_2[1,0,0]_2 + 6[1,0,0]_1[0,2,0]_2[0,0,1]_2[0,0,2]_2 \\
& + 3[0,0,1]_1[0,0,1]_2^2[1,2,0]_2 + 6[0,0,1]_1[0,0,1]_2[0,2,0]_2[1,0,1]_2 \\
& + 6[0,0,1]_1[0,0,1]_2[0,2,1]_2[1,0,0]_2 + 3[0,2,0]_1[0,0,1]_2^2[1,0,1]_2 \\
& + 3[0,2,1]_1[0,0,1]_2^2[1,0,0]_2 + [1,2,0]_1[0,0,1]_2^3 + 3[1,0,1]_1[0,0,1]_2^2[0,2,0]_2 \\
& + 3[1,0,0]_1[0,0,1]_2^2[0,2,1]_2 + 6[0,1,0]_1[0,1,0]_2[0,0,3]_2[1,0,0]_2 \\
& + 3[0,0,3]_1[0,1,0]_2^2[1,0,0]_2 + 3[1,0,0]_1[0,1,0]_2^2[0,0,3]_2 \\
& + 6[0,1,0]_1[0,0,1]_2[0,1,0]_2[1,0,2]_2 + 6[0,1,0]_1[0,0,2]_2[0,1,0]_2[1,0,1]_2 \\
& + 6[0,1,0]_1[0,0,1]_2[0,1,2]_2[1,0,0]_2 + 6[0,1,0]_1[0,0,2]_2[0,1,1]_2[1,0,0]_2 \\
& + 6[0,1,0]_1[0,0,2]_2[0,0,1]_2[1,1,0]_2 + 6[0,1,1]_1[0,0,2]_2[0,1,0]_2[1,0,0]_2
\end{aligned}
$$

$$+ 6[0,1,2]_1 [0,0,1]_2 [0,1,0]_2 [1,0,0]_2 + 6[0,0,1]_1 [0,0,2]_2 [0,1,0]_2 [1,1,0]_2$$

$$+ 6[0,0,1]_1 [0,1,0]_2 [0,1,2]_2 [1,0,0]_2 + 3[0,0,1]_1 [0,1,0]_2^2 [1,0,2]_2$$

$$+ 6[0,0,2]_1 [0,0,1]_2 [0,1,0]_2 [1,1,0]_2 + 6[0,0,2]_1 [0,1,0]_2 [0,1,1]_2 [1,0,0]_2$$

$$+ 3[0,0,2]_1 [0,1,0]_2^2 [1,0,1]_2 + 3[1,0,2]_1 [0,1,0]_2^2 [0,0,1]_2$$

$$+ 3[1,0,1]_1 [0,1,0]_2^2 [0,0,2]_2 + 6[1,0,0]_1 [0,1,0]_2 [0,0,1]_2 [0,1,2]_2$$

$$+ 6[1,0,0]_1 [0,1,0]_2 [0,0,2]_2 [0,1,1]_2 + 6[1,1,0]_1 [0,0,1]_2 [0,0,2]_2 [0,1,0]_2$$

$$+ 6[0,0,1]_1 [0,0,1]_2 [0,1,0]_2 [1,1,1]_2 + 6[0,0,1]_1 [0,0,1]_2 [0,1,1]_2 [1,1,0]_2$$

$$+ 6[0,0,1]_1 [0,1,0]_2 [0,1,1]_2 [1,0,1]_2 + 3[0,0,1]_1 [0,1,1]_2^2 [1,0,0]_2$$

$$+ 6[0,1,0]_1 [0,0,1]_2 [0,1,1]_2 [1,0,1]_2 + 3[0,1,0]_1 [0,0,1]_2^2 [1,1,1]_2$$

$$+ 6[0,1,1]_1 [0,0,1]_2 [0,1,0]_2 [1,0,1]_2 + 6[0,1,1]_1 [0,0,1]_2 [0,1,1]_2 [1,0,0]_2$$

$$+ 3[0,1,1]_1 [0,0,1]_2^2 [1,1,0]_2 + 3[1,1,1]_1 [0,0,1]_2^2 [0,1,0]_2$$

$$+ 3[1,1,0]_1 [0,0,1]_2^2 [0,1,1]_2 + 6[1,0,1]_1 [0,0,1]_2 [0,1,0]_2 [0,1,1]_2$$

$$+ 3[1,0,0]_1 [0,0,1]_2 [0,1,1]_2^2 \Big\}$$

$$\frac{1}{6}\cdot\left(\frac{d^4 F(a_1, a_2)}{da_1^3 . da_2}\right)\cdot\Big\{$$ Le même coefficient que le précédent, en échangeant entre eux les indices 1 et 2 $\Big\}$

$$\frac{1}{4}\cdot\left(\frac{d^4 F(a_1, a_2)}{da_1^2 . da_2^2}\right)\cdot\Big\{ 4[0,0,1]_1 [0,2,0]_1 [0,0,2]_2 [1,0,0]_2 +$$

$$+ 4[0,0,1]_1 [0,0,2]_1 [0,2,0]_2 [1,0,0]_2 + 4[0,0,2]_1 [0,2,0]_1 [0,0,1]_2 [1,0,0]_2$$

$$+ 4[1,0,0]_1 [0,0,1]_1 [0,2,0]_2 [0,0,2]_2 + 4[1,0,0]_1 [0,2,0]_1 [0,0,1]_2 [0,0,2]_2$$

$$+ 4[1,0,0]_1 [0,0,2]_1 [0,0,1]_2 [0,2,0]_2 + 2[0,0,1]_1^2 [0,0,1]_2 [1,2,0]_2$$

$$+ 2[0,0,1]_1^2 [0,2,0]_2 [1,0,1]_2 + 2[0,0,1]_1^2 [0,2,1]_2 [1,0,0]_2$$

$$+ 4[0,0,1]_1 [0,2,0]_1 [0,0,1]_2 [1,0,1]_2 + 4[0,0,1]_1 [0,2,1]_1 [0,0,1]_2 [1,0,0]_2$$

$$+ 2[1,2,0]_1 [0,0,1]_1 [0,0,1]_2^2 + 4[1,0,1]_1 [0,0,1]_1 [0,0,1]_2] [0,2,0]_2$$

$$+ 4[1,0,0]_1 [0,0,1]_1 [0,0,1]_2 [0,2,1]_2 + 2[1,0,1]_1 [0,2,0]_1 [0,0,1]_2^2$$

$$+ 2[1,0,0]_1 [0,2,1]_1 [0,0,1]_2^2 + 4[0,0,3]_1 [0,1,0]_1 [0,1,0]_2 [1,0,0]_2$$

$$+ 2[0,1,0]_1^2 [0,0,3]_2 [1,0,0]_2 + 4[1,0,0]_1 [0,1,0]_1 [0,0,3]_2 [0,1,0]_2$$

$$+ 2[1,0,0]_1 [0,0,3]_1 [0,1,0]_2^2 + 4[0,1,0]_1 [0,0,1]_1 [0,1,0]_2 [1,0,2]_2$$

$$+ 4[0,1,0]_1 [0,0,2]_1 [0,1,0]_2 [1,0,1]_2 + 4[0,1,0]_1 [0,0,1]_1 [0,1,2]_2 [1,0,0]_2$$
$$+ 4[0,1,0]_1 [0,0,2]_1 [0,1,1]_2 [1,0,0]_2 + 2[0,1,0]_1^2 [0,0,1]_2 [1,0,2]_2$$
$$+ 2[0,1,0]_1^2 [0,0,2]_2 [1,0,1]_2 + 4[0,1,0]_1 [0,1,1]_1 [0,0,2]_2 [1,0,0]_2$$
$$+ 4[0,1,0]_1 [0,1,2]_1 [0,0,1]_2 [1,0,0]_2 + 4[0,1,1]_1 [0,0,2]_1 [0,1,0]_2 [1,0,0]_2$$
$$+ 4[0,1,2]_1 [0,0,1]_1 [0,1,0]_2 [1,0,0]_2 + 4[0,0,1]_1 [0,0,2]_1 [0,1,0]_2 [1,1,0]_2$$
$$+ 4[0,0,1]_1 [0,1,0]_1 [0,0,2]_2 [1,1,0]_2 + 4[0,0,2]_1 [0,1,0]_1 [0,0,1]_2 [1,1,0]_2$$
$$+ 4[1,0,2]_1 [0,1,0]_1 [0,0,1]_2 [0,1,0]_2 + 4[1,0,1]_1 [0,1,0]_1 [0,0,2]_2 [0,1,0]_2$$
$$+ 4[1,0,0]_1 [0,1,0]_1 [0,0,1]_2 [0,1,2]_2 + 4[1,0,0]_1 [0,1,0]_1 [0,0,2]_2 [0,1,1]_2$$
$$+ 4[1,0,0]_1 [0,1,1]_1 [0,0,2]_2 [0,1,0]_2 + 4[1,0,0]_1 [0,1,2]_1 [0,0,1]_2 [0,1,0]_2$$
$$+ 4[1,1,0]_1 [0,0,1]_1 [0,0,2]_2 [0,1,0]_2 + 4[1,1,0]_1 [0,0,2]_1 [0,0,1]_2 [0,1,0]_2$$
$$+ 4[1,0,0]_1 [0,0,1]_1 [0,1,0]_2 [0,1,2]_2 + 4[1,0,0]_1 [0,0,2]_1 [0,1,0]_2 [0,1,1]_2$$
$$+ 2[1,0,2]_1 [0,0,1]_1 [0,1,0]_2^2 + 2[1,0,1]_1 [0,0,2]_1 [0,1,0]_2^2$$
$$+ 4[1,1,0]_1 [0,1,0]_1 [0,0,1]_2 [0,0,2]_2 + 2[0,0,1]_1^2 [0,1,0]_2 [1,1,1]_2$$
$$+ 2[0,0,1]_1^2 [0,1,1]_2 [1,1,0]_2 + 4[0,0,1]_1 [0,1,0]_1 [0,0,1]_2 [1,1,1]_2$$
$$+ 4[0,0,1]_1 [0,1,1]_1 [0,0,1]_2 [1,1,0]_2 + 4[0,0,1]_1 [0,1,0]_1 [0,1,1]_2 [1,0,1]_2$$
$$+ 4[0,0,1]_1 [0,1,1]_1 [0,1,0]_2 [1,0,1]_2 + 4[0,0,1]_1 [0,1,1]_1 [0,1,1]_2 [1,0,0]_2$$
$$+ 4[0,1,0]_1 [0,1,1]_1 [0,0,1]_2 [1,0,1]_2 + 2[0,1,1]_1^2 [0,0,1]_2 [1,0,0]_2$$
$$+ 4[1,1,1]_1 [0,0,1]_1 [0,0,1]_2 [0,1,0]_2 + 4[1,1,0]_1 [0,0,1]_1 [0,0,1]_2 [0,1,1]_2$$
$$+ 4[1,0,1]_1 [0,0,1]_1 [0,1,0]_2 [0,1,1]_2 + 2[1,0,0]_1 [0,0,1]_1 [0,1,1]_2^2$$
$$+ 4[1,0,1]_1 [0,1,0]_1 [0,0,1]_2 [0,1,1]_2 + 4[1,0,1]_1 [0,1,1]_1 [0,0,1]_2 [0,1,0]_2$$
$$+ 4[1,0,0]_1 [0,1,1]_1 [0,0,1]_2 [0,1,1]_2 + 2[1,1,0]_1 [0,1,1]_1 [0,0,1]_2^2$$
$$+ 2[1,1,1]_1 [0,1,0]_1 [0,0,1]_2^2 \Big\}.$$

Pour $\rho = 5$, l'équation (305)' donnera

$$5 = \alpha_1 + \alpha_2;$$

α_1	α_2
0,	5
1,	4
2,	3

et, avec ces valeurs, les équations (305)″ donneront successivement :

1°. Pour $\alpha_1 = 0$, et $\alpha_2 = 5$;

$$\begin{array}{rccccc}
1 = & (\mu 1, 1, 2) + & (\mu 1, 2, 2) + & (\mu 1, 3, 2) + & (\mu 1, 4, 2) + & (\mu 1, 5, 2), \\
 & 0, & 0, & 0, & 0, & 1
\end{array}$$

$$\begin{array}{rccccc}
2 = & (\mu 2, 1, 2) + & (\mu 2, 2, 2) + & (\mu 2, 3, 2) + & (\mu 2, 4, 2) + & (\mu 2, 5, 2), \\
 & 0, & 0, & 0, & 0, & 2 \\
 & 0, & 0, & 0, & 1, & 1
\end{array}$$

$$\begin{array}{rccccc}
3 = & (\mu 3, 1, 2) + & (\mu 3, 2, 2) + & (\mu 3, 3, 2) + & (\mu 3, 4, 2) + & (\mu 3, 5, 2); \\
 & 0, & 0, & 0, & 0, & 3 \\
 & 0, & 0, & 0, & 1, & 2 \\
 & 0, & 0, & 1, & 1, & 1
\end{array}$$

2°. pour $\alpha_1 = 1$, et $\alpha_2 = 4$;

$$\begin{array}{rccccc}
1 = & (\mu 1, 1, 1) + & (\mu 1, 1, 2) + & (\mu 1, 2, 2) + & (\mu 1, 3, 2) + & (\mu 1, 4, 2), \\
 & 0, & 0, & 0, & 0, & 1
\end{array}$$

$$\begin{array}{rccccc}
2 = & (\mu 2, 1, 1) + & (\mu 2, 1, 2) + & (\mu 2, 2, 2) + & (\mu 2, 3, 2) + & (\mu 2, 4, 2), \\
 & 0, & 0, & 0, & 0, & 2 \\
 & 0, & 0, & 0, & 1, & 1
\end{array}$$

$$\begin{array}{rccccc}
3 = & (\mu 3, 1, 1) + & (\mu 3, 1, 2) + & (\mu 3, 2, 2) + & (\mu 3, 3, 2) + & (\mu 3, 4, 2); \\
 & 0, & 0, & 0, & 0, & 3 \\
 & 0, & 0, & 0, & 1, & 2 \\
 & 0, & 0, & 1, & 1, & 1
\end{array}$$

3°. pour $\alpha_1 = 2$, et $\alpha_2 = 3$;

$$\begin{array}{rccccc}
1 = & (\mu 1, 1, 1) + & (\mu 1, 2, 1) + & (\mu 1, 1, 2) + & (\mu 1, 2, 2) + & (\mu 1, 3, 2), \\
 & 0, & 0, & 0, & 0, & 1
\end{array}$$

$$\begin{array}{rccccc}
2 = & (\mu 2, 1, 1) + & (\mu 2, 2, 1) + & (\mu 2, 1, 2) + & (\mu 2, 2, 2) + & (\mu 2, 3, 2), \\
 & 0, & 0, & 0, & 0, & 2 \\
 & 0, & 0, & 0, & 1, & 1
\end{array}$$

$$\begin{array}{rccccc}
3 = & (\mu 3, 1, 1) + & (\mu 3, 2, 1) + & (\mu 3, 1, 2) + & (\mu 3, 2, 2) + & (\mu 3, 3, 2). \\
 & 0, & 0, & 0, & 0, & 3 \\
 & 0, & 0, & 0, & 1, & 2 \\
 & 0, & 0, & 1, & 1, & 1
\end{array}$$

Ainsi, ayant égard aux permutations et aux combinaisons de ces diverses valeurs, et considérant toujours $[0,0,0]_1$ et $[0,0,0]_2$ comme zéro, les termes de la somme Σ_ρ dans l'expression (305), dépendans de $\rho=5$, seront ... (308)^{IV}

$$\frac{1}{120}.\left(\frac{d^5F(a_1,a_2)}{da_2^5}\right).\Big\{ 20[0,0,1]_2^3[0,2,0]_2[1,0,0]_2 +$$

$$+ 60[0,1,0]_2^2[0,0,1]_2[1,0,0]_2[0,0,2]_2 + 20[0,0,1]_2^3[0,1,0]_2[1,1,0]_2$$

$$+ 60[0,0,1]_2^2[0,1,0]_2[0,1,1]_2[1,0,0]_2 + 30[0,0,1]_2^2[0,1,0]_2^2[1,0,1]_2 \Big\}$$

$$\frac{1}{120}.\left(\frac{d^5F(a_1,a_2)}{da_1^5}\right).\Big\{ \text{Le même coefficient que le précédent, en changeant l'indice 2 en 1} \Big\}$$

$$\frac{1}{24}.\left(\frac{d^5F(a_1,a_2)}{da_1.da_2^4}\right).\Big\{ 12[0,0,1]_1[0,0,1]_2^2[0,2,0]_2[1,0,0]_2 +$$

$$+ 4[0,2,0]_1[0,0,1]_2^3[1,0,0]_2 + 4[1,0,0]_1[0,0,1]_2^3[0,2,0]_2$$

$$+ 24[0,1,0]_1[0,1,0]_2[0,0,1]_2[0,0,2]_2[1,0,0]_2 + 12[0,0,1]_1[0,1,0]_2^2[0,0,2]_2[1,0,0]_2$$

$$+ 12[0,0,2]_1[0,1,0]_2^2[0,0,1]_2[1,0,0]_2 + 12[1,0,0]_1[0,1,0]_2^2[0,0,1]_2[0,0,2]_2$$

$$+ 12[0,0,1]_1[0,0,1]_2^2[0,1,0]_2[1,1,0]_2 + 12[0,1,0]_1[0,0,1]_2^2[0,1,1]_2[1,0,0]_2$$

$$+ 12[0,1,0]_1[0,0,1]_2^2[0,1,0]_2[1,0,1]_2 + 12[0,1,1]_1[0,0,1]_2^2[0,1,0]_2[1,0,0]_2$$

$$+ 4[0,1,0]_1[0,0,1]_2^3[1,1,0]_2 + 24[0,0,1]_1[0,0,1]_2[0,1,0]_2[0,1,1]_2[1,0,0]_2$$

$$+ 12[0,0,1]_1[0,1,0]_2^2[0,0,1]_2[1,0,1]_2 + 4[1,1,0]_1[0,0,1]_2^3[0,1,0]_2$$

$$+ 12[1,0,0]_1[0,0,1]_2^2[0,1,0]_2[0,1,1]_2 + 6[1,0,1]_1[0,0,1]_2^2[0,1,0]_2^2 \Big\}$$

$$\frac{1}{24}.\left(\frac{d^5F(a_1,a_2)}{da_1^4.da_2}\right).\Big\{ \text{Le même coefficient que le précédent, en échangeant entre eux les indices 1 et 2.} \Big\}$$

$$\frac{1}{12}.\left(\frac{d^5F(a_1,a_2)}{da_1^2.da_2^3}\right).\Big\{ 6[0,0,1]_1^2[0,0,1]_2[0,2,0]_2[1,0,0]_2 +$$

$$+ 6[0,0,1]_1[0,2,0]_1[0,0,1]_2^2[1,0,0]_2 + 6[1,0,0]_1[0,0,1]_1[0,0,1]_2^2[0,2,0]_2$$

$$+ 2[1,0,0]_1[0,2,0]_1[0,0,1]_2^3 + 12[0,1,0]_1[0,0,1]_1[0,1,0]_2[0,0,2]_2[1,0,0]_2$$

$$+ 12[0,1,0]_1[0,0,2]_1[0,1,0]_2[0,0,1]_2[1,0,0]_2 + 6[0,1,0]_1^2[0,0,1]_2[0,0,2]_2[1,0,0]_2.$$

$$+ 6[0,0,1]_1 [0,0,2]_1 [0,1,0]_2^2 [1,0,0]_2 + 12[1,0,0]_1 [0,1,0]_1 [0,0,1]_2 [0,1,0]_2 [0,0,2]_2$$
$$+ 6[1,0,0]_1 [0,0,1]_1 [0,0,2]_2 [0,1,0]_2^2 + 6[1,0,0]_1 [0,0,2]_1 [0,0,1]_2 [0,1,0]_2^2$$
$$+ 6[0,0,1]_1^2 [0,0,1]_2 [0,1,0]_2 [1,1,0]_2 + 12[0,1,0]_1 [0,0,1]_1 [0,0,1]_2 [0,1,1]_2 [1,0,0]_2$$
$$+ 12[0,1,1]_1 [0,0,1]_1 [0,0,1]_2 [0,1,0]_2 [1,0,0]_2 + 6[0,0,1]_1 [0,1,0]_1 [0,0,1]_2^2 [1,1,0]_2$$
$$+ 3[0,1,0]_1^2 [0,0,1]_2^2 [1,0,1]_2 + 6[0,1,0]_1 [0,1,1]_1 [0,0,1]_2^2 [1,0,0]_2$$
$$+ 12[0,0,1]_1 [0,1,0]_1 [0,0,1]_2 [0,1,0]_2 [1,0,1]_2 + 6[0,0,1]_1^2 [0,1,0]_2 [0,1,1]_2 [1,0,0]_2$$
$$+ 3[0,0,1]_1^2 [0,1,0]_2^2 [1,0,1]_2 + 6[1,1,0]_1 [0,0,1]_1 [0,0,1]_2^2 [0,1,0]_2$$
$$+ 6[1,0,0]_1 [0,1,0]_1 [0,0,1]_2^2 [0,1,1]_2 + 6[1,0,1]_1 [0,1,0]_1 [0,0,1]_2^2 [0,1,0]_2$$
$$+ 6[1,0,0]_1 [0,1,1]_1 [0,0,1]_2^2 [0,1,0]_2 + 2[1,1,0]_1 [0,1,0]_1 [0,0,1]_2^3$$
$$+ 12[1,0,0]_1 [0,0,1]_1 [0,0,1]_2 [0,1,0]_2 [0,1,1]_2 + 6[1,0,1]_1 [0,0,1]_1 [0,1,0]_2^2 [0,0,1]_2 \Big\}$$

$$\frac{1}{12}\cdot\left(\frac{d^5 F(a_1, a_2)}{da_1^3 . da_2^2}\right)\cdot\left\{\begin{array}{l}\text{Le même coefficient que le précédent, en échangeant entre eux}\\ \text{les indices 1 et 2}\end{array}\right\}.$$

Enfin, pour $\rho = 6$, l'équation $(305)'$ donnera

$$\begin{array}{cc} 6 = \alpha_1 & + \ \alpha_2; \\ 0, & 6 \\ 1, & 5 \\ 2, & 4 \\ 3, & 3 \end{array}$$

et, avec ces valeurs, les équations $(305)''$ donneront successivement:

1°. Pour $\alpha_1 = 0$, et $\alpha_2 = 6$;

$$\begin{array}{lcccccc}
1 = & (\mu 1, 1, 2) + & (\mu 1, 2, 2) + & (\mu 1, 3, 2) + & (\mu 1, 4, 2) + & (\mu 1, 5, 2) + & (\mu 1, 6, 2), \\
 & 0, & 0, & 0, & 0, & 0, & 1 \\
2 = & (\mu 2, 1, 2) + & (\mu 2, 2, 2) + & (\mu 2, 3, 2) + & (\mu 2, 4, 2) + & (\mu 2, 5, 2) + & (\mu 2, 6, 2), \\
 & 0, & 0, & 0, & 0, & 0, & 2 \\
 & 0, & 0, & 0, & 0, & 1, & 1 \\
3 = & (\mu 3, 1, 2) + & (\mu 3, 2, 2) + & (\mu 3, 3, 2) + & (\mu 3, 4, 2) + & (\mu 3, 5, 2) + & (\mu 3, 6, 2); \\
 & 0, & 0, & 0, & 0, & 0, & 3 \\
 & 0, & 0, & 0, & 0, & 1, & 2 \\
 & 0, & 0, & 0, & 1, & 1, & 1
\end{array}$$

2°. pour $\alpha_1 = 1$, et $\alpha_2 = 5$;

$$1 = (\mu 1, 1, 1) + (\mu 1, 1, 2) + (\mu 1, 2, 2) + (\mu 1, 3, 2) + (\mu 1, 4, 2) + (\mu 1, 5, 2),$$

0, 0, 0, 0, 0, 1

$$2 = (\mu 2, 1, 1) + (\mu 2, 1, 2) + (\mu 2, 2, 2) + (\mu 2, 3, 2) + (\mu 2, 4, 2) + (\mu 2, 5, 2),$$

0, 0, 0, 0, 0, 2
0, 0, 0, 0, 1, 1

$$3 = (\mu 3, 1, 1) + (\mu 3, 1, 2) + (\mu 3, 2, 2) + (\mu 3, 3, 2) + (\mu 3, 4, 2) + (\mu 3, 5, 2);$$

0, 0, 0, 0, 0, 3
0, 0, 0, 0, 1, 2
0, 0, 0, 1, 1, 1

3°. pour $\alpha_1 = 2$, et $\alpha_2 = 4$;

$$1 = (\mu 1, 1, 1) + (\mu 1, 2, 1) + (\mu 1, 1, 2) + (\mu 1, 2, 2) + (\mu 1, 3, 2) + (\mu 1, 4, 2),$$

0, 0, 0, 0, 0, 1

$$2 = (\mu 2, 1, 1) + (\mu 2, 2, 1) + (\mu 2, 1, 2) + (\mu 2, 2, 2) + (\mu 2, 3, 2) + (\mu 2, 4, 2),$$

0, 0, 0, 0, 0, 2
0, 0, 0, 0, 1, 1

$$3 = (\mu 3, 1, 1) + (\mu 3, 2, 1) + (\mu 3, 1, 2) + (\mu 3, 2, 2) + (\mu 3, 3, 2) + (\mu 3, 4, 2);$$

0, 0, 0, 0, 0, 3
0, 0, 0, 0, 1, 2
0, 0, 0, 1, 1, 1

4°. pour $\alpha_1 = 3$, et $\alpha_2 = 3$;

$$1 = (\mu 1, 1, 1) + (\mu 1, 2, 1) + (\mu 1, 3, 1) + (\mu 1, 1, 2) + (\mu 1, 2, 2) + (\mu 1, 3, 2),$$

0, 0, 0, 0, 0, 1

$$2 = (\mu 2, 1, 1) + (\mu 2, 2, 1) + (\mu 2, 3, 1) + (\mu 2, 1, 2) + (\mu 2, 2, 2) + (\mu 2, 3, 2),$$

0, 0, 0, 0, 0, 2
0, 0, 0, 0, 1, 1

$$3 = (\mu 3, 1, 1) + (\mu 3, 2, 1) + (\mu 3, 3, 1) + (\mu 3, 1, 2) + (\mu 3, 2, 2) + (\mu 3, 3, 2).$$

0, 0, 0, 0, 0, 3
0, 0, 0, 0, 1, 2
0, 0, 0, 1, 1, 1

Ainsi, ayant égard aux permutations et aux combinaisons de ces diverses valeurs, et considérant $[0,0,0]_1$ et $[0,0,0]_2$ comme zéro, les termes de la somme Σ_ρ dans l'expression (305), dépendans de $\rho = 6$, seront ... (308)^{v}

$$\frac{1}{720}\cdot\left(\frac{d^6 F(a_1, a_2)}{da_2^6}\right)\cdot\left\{ 60[0,0,1]_2^3[0,1,0]_2^2[1,0,0]_2 \right\}$$

$$\frac{1}{720}\cdot\left(\frac{d^6 F(a_1, a_2)}{da_1^6}\right)\cdot\left\{ 60[0,0,1]_1^3[0,1,0]_1^2[1,0,0]_1 \right\}$$

$$\frac{1}{120}\cdot\left(\frac{d^6 F(a_1, a_2)}{da_1 . da_2^5}\right)\cdot\left\{ 30[0,0,1]_1[0,0,1]_2^2[0,1,0]_2^2[1,0,0]_2 + \right.$$
$$\left. + 20[0,1,0]_1[0,0,1]_2^3[0,1,0]_2[1,0,0]_2 + 10[1,0,0]_1[0,0,1]_2^3[0,1,0]_2^2 \right\}$$

$$\frac{1}{120}\cdot\left(\frac{d^6 F(a_1, a_2)}{da_1^5 . da_2}\right)\cdot\left\{ 30[0,0,1]_2[0,0,1]_1^2[0,1,0]_1^2[1,0,0]_1 + \right.$$
$$\left. + 20[0,1,0]_2[0,0,1]_1^3[0,1,0]_1[1,0,0]_1 + 10[1,0,0]_2[0,0,1]_1^3[0,1,0]_1^2 \right\}$$

$$\frac{1}{48}\cdot\left(\frac{d^6 F(a_1, a_2)}{da_1^2 . da_2^4}\right)\cdot\left\{ 12[0,0,1]_1^2[0,0,1]_2[0,1,0]_2^2[1,0,0]_2 + \right.$$
$$+ 24[0,0,1]_1[0,1,0]_1[0,0,1]_2^2[0,1,0]_2[1,0,0]_2 + 4[0,1,0]_1^2[0,0,1]_2^3[1,0,0]_2$$
$$\left. + 12[1,0,0]_1[0,0,1]_1[0,0,1]_2^2[0,1,0]_2^2 + 8[1,0,0]_1[0,1,0]_1[0,0,1]_2^3[0,1,0]_2 \right\}$$

$$\frac{1}{48}\cdot\left(\frac{d^6 F(a_1, a_2)}{da_1^4 . da_2^2}\right)\cdot\left\{ \begin{array}{l}\text{Le même coefficient que le précédent, en échangeant entre eux}\\ \text{les indices 1 et 2}\end{array} \right\}$$

$$\frac{1}{36}\cdot\left(\frac{d^6 F(a_1, a_2)}{da_1^3 . da_2^3}\right)\cdot\left\{ 3[0,0,1]_1^3[0,1,0]_2^2[1,0,0]_2 + \right.$$
$$+ 18[0,0,1]_1^2[0,1,0]_1[0,1,0]_2[1,0,0]_2[0,0,1]_2 + 9[0,0,1]_1[0,1,0]_1^2[0,0,1]_2^2[1,0,0]_2$$
$$+ 9[1,0,0]_1[0,0,1]_1^2[0,0,1]_2[0,1,0]_2^2 + 18[1,0,0]_1[0,0,1]_1[0,1,0]_1[0,0,1]_2^2[0,1,0]_2$$
$$\left. + 3[1,0,0]_1[0,1,0]_1^2[0,0,1]_2^3 \right\}.$$

En réunissant donc les différens termes que nous avons trouvés successivement sous les marques (308), (308)′, (308)″, (308)‴, (308)^{IV}

et $(308)^{v}$, on aura la valeur générale du coefficient demandé $A(1, 2, 3)$ dans la Série (304) que nous avons prise pour dernier exemple. Et l'on voit encore ici, comme plus haut, que cette détermination, qui n'a exigé que le tems d'écrire les résultats, a été opérée avec le maximum possible de promptitude; comme cela doit être toujours dans une détermination absolue, qui donne immédiatement les derniers termes.

Nous avons maintenant le système complet des Lois qui régissent la Série générale et en quelque sorte primitive (166) ou définitivement $(232)'$, dans laquelle la fonction proposée Fx se trouve développée par rapport aux puissances d'une fonction arbitraire φx, servant de mesure algorithmique; car, tout ce que nous venons d'apprendre depuis la marque (239), où nous avons reproduit la même Série sous une autre forme, se rattache ou plutôt appartient exclusivement à cette Série générale et primitive (166) ou définitivement $(232)'$. Il faut en effet remarquer ici que la Série (239), en y faisant $a = 0$, savoir, ... (309)

$$Fx = F(\psi 0) + A_1 . y + A_2 . y^2 + A_3 . y^3 + \text{etc., etc.,}$$

qui est la base des lois composées que nous venons de déduire depuis que nous l'avons exposée, n'est rien autre que la Série primitive même (166) ou $(232)'$, savoir, ... $(309)'$

$$Fx = A_0 + A_1 . \varphi x + A_2 . (\varphi x)^2 + A_3 . (\varphi x)^3 + \text{etc., etc.}$$

Ces deux Séries (309) et $(309)'$, auxquelles se rattachent manifestement toutes les diverses lois que nous avons fixées pour ce genre primitif de développemens techniques, ne diffèrent évidemment que par leur forme, en tant que, dans la dernière $(309)'$, la fonction génératrice φx de la Série, servant de mesure algorithmique à la fonction développée Fx, se trouve donnée immédiatement elle-même, tandis que, dans la première (309), cette mesure algorithmique φx n'est donnée que comme une quantité y liée avec la variable x par la fonction réciproque $x = \psi y$. Aussi, dans la Série (309)', c'est-à-dire, dans la Série primitive (166) ou (232)', les coefficiens A_1, A_2, A_3, etc. se trouvent-ils donnés immédiatement par les dérivées différentielles de cette mesure algorithmique φx; tandis que, dans la Série (309), c'est-à-dire, dans la Série transformée ou indirecte (239), les coefficiens A_1, A_2, A_3, etc. ne se trouvent donnés que moyennant les dérivées différentielles de la fonction réciproque ψy, provenant originairement de la relation $y = \varphi x$. — Ainsi, pour clore définitivement le système des lois qui régissent la Série en quelque sorte primitive, donnant l'évaluation technique d'une fonction moyennant les puissances progressives d'une mesure algorithmique arbitraire, il ne reste qu'à fixer le lien des lois respectives qui régissent les deux formes (309) et (309)' de cette Série primitive; et ce lien consiste évidemment dans la relation des dérivées différentielles des fonctions réciproques φx et ψy, déterminées par les équations identiques ... (310)

$$y = \varphi x, \quad \text{et} \quad x = \psi y.$$

Or, en considérant les deux quantités x et y comme étant réciproquement fonctions l'une de l'autre, la loi (189) ou (208) des dérivées différentielles secondaires, en y supposant que la fonction Fx forme la puissance x^{ϖ}, donne ici la loi spéciale ... (311)

$$\left(\frac{d^{\mu}(\psi y)^{\varpi}}{dy^{\mu}}\right) = \varpi . \left\{ \frac{d^{\mu-1}\left(\Phi^{-\mu}.(x+z)^{\varpi-1}\right)}{dz^{\mu-1}} \right\}_{(z=0)}$$

dans laquelle la fonction auxiliaire Φ est ... (311)'

$$\Phi = \frac{\varphi(x+z) - \varphi x}{z} =$$

$$= \frac{d\varphi x}{dx} + \frac{d^2\varphi x}{dx^2}.\frac{z}{2} + \frac{d^3\varphi x}{dx^3}.\frac{z^2}{2.3} + \frac{d^4\varphi x}{dx^4}.\frac{z^3}{2.3.4} + \text{etc., etc.}$$

Et réciproquement, cette loi spéciale (311) devient ... (312)

$$\left(\frac{d^{\mu}(\varphi x)^{\varpi}}{dx^{\mu}}\right) = \varpi . \left\{\frac{d^{\mu-1}\left(\Psi^{-\mu}.(y+z)^{\varpi-1}\right)}{dz^{\mu-1}}\right\}_{(z=0)};$$

la fonction auxiliaire Ψ étant ... (312)′

$$\Psi = \frac{\psi(y+z)-\psi y}{z} =$$

$$= \frac{d\psi y}{dy} + \frac{d^2\psi y}{dy^2}.\frac{z}{2} + \frac{d^3\psi y}{dy^3}.\frac{z^2}{2.3} + \frac{d^4\psi y}{dy^4}.\frac{z^3}{2.3.4} + \text{etc., etc.}$$

Ainsi, la loi spéciale (311), qui donne les dérivées différentielles des puissances ϖ de la fonction ψy moyennant les dérivées différentielles élémentaires de la fonction φx, servira pour opérer, dans les expressions des coefficiens, la transition de la forme indirecte (309) ou (239) à la forme directe (309)′ ou (166) de la Série primitive dont il est question. Et réciproquement, la loi spéciale (312), qui donne les dérivées différentielles des puissances ϖ de la fonction φx moyennant les dérivées différentielles élémentaires de la fonction réciproque ψy, servira pour opérer, dans les expressions des coefficiens, la transition de la forme directe (309)′ ou (166) à la forme indirecte (309) ou (239) de la même Série primitive. — Par exemple, si l'on voulait avoir aussi, pour la forme indirecte (309) ou (239), les expressions médiates des coefficiens, c'est-à-dire, celles qui dépendent les unes des autres et qui correspondent aux expressions directes pareilles (168), il suffirait de substituer, dans ces expressions directes (168), à la place des dérivées différentielles des puissances de la fonction φx, les dérivées différentielles de la fonction réciproque ψy, telles que les donne la loi spéciale précédente (312) dans le cas où, par une valeur déterminée de x, la fonction φx ou la quantité y devient zéro. Pour cela, observons qu'en vertu de la loi fondamentale du Calcul différentiel, on a ... (312)″

$$\frac{d^{\mu-1}\left(\Psi^{-\mu}.(y+z)^{\varpi-1}\right)}{dz^{\mu-1}} = \left(\frac{d^{\mu-1}\Psi^{-\mu}}{dz^{\mu-1}}\right).(y+z)^{\varpi-1} +$$

$$+\frac{\mu-1}{1}.\left(\frac{d^{\mu-2}\Psi^{-\mu}}{dz^{\mu-2}}\right).(\varpi-1).(y+z)^{\varpi-2}$$

$$+\frac{(\mu-1)(\mu-2)}{1.2}.\left(\frac{d^{\mu-3}\Psi^{-\mu}}{dz^{\mu-3}}\right).(\varpi-1)(\varpi-2).(y+z)^{\varpi-3}$$

. . . .

$$+\frac{(\mu-1)^{(\varpi-1)|-1}}{1^{(\varpi-1)|1}}.\left(\frac{d^{\mu-\varpi}\Psi^{-\mu}}{dz^{\mu-\varpi}}\right).(\varpi-1)^{(\varpi-1)|-1}.(y+z)^{0}.$$

Ainsi, lorsque y et z sont zéro, l'expression présente $(312)''$, dans laquelle ϖ est supposé être un nombre entier positif, se réduit à son dernier terme; et la loi (312) dont il s'agit, devient alors ... $(312)'''$

$$\left(\frac{d^{\mu}(\varphi\dot{x})^{\varpi}}{dx^{\mu}}\right) = \varpi.(\mu-1)^{(\varpi-1)|-1}.\left\{\frac{d^{\mu-\varpi}\dot{\Psi}^{-\mu}}{dz^{\mu-\varpi}}\right\}_{(z=0)},$$

en marquant par le point placé sur les lettres, l'état où, par la valeur $\dot{x}$, la fonction φx ou la quantité y est réduite à zéro. Substituant donc, dans les expressions directes (168), les valeurs que donne cette dernière loi $(312)'''$, on obtiendra les expressions indirectes suivantes ... (313)

$$A_1 = \frac{d\Psi\dot{y}}{dy}.\frac{dF\dot{x}}{dx}$$

$$A_2 = \frac{(d\Psi\dot{y})^2}{1^{2|1}.dy^2}.\left\{\frac{d^2F\dot{x}}{dx^2} - A_1.\left(\frac{d\dot{\Psi}^{-2}}{dz}\right)\right\}_{(z=0)}$$

$$A_3 = \frac{(d\Psi\dot{y})^3}{1^{3|1}.dy^3}.\left\{\frac{d^3F\dot{x}}{dx^3} - A_1.\left(\frac{d^2\dot{\Psi}^{-3}}{dz^2}\right) - A_2.2.2.\left(\frac{d\dot{\Psi}^{-3}}{dz}\right)\right\}_{(z=0)}$$

$$A_4 = \frac{(d\Psi\dot{y})^4}{1^{4|1}.dy^4}.\left\{\frac{d^4F\dot{x}}{dx^4} - A_1.\left(\frac{d^3\dot{\Psi}^{-4}}{dz^3}\right) - A_2.2.3.\left(\frac{d^2\dot{\Psi}^{-4}}{dz^2}\right)\right.$$

$$\left. - A_3.3.3.2.\left(\frac{d\dot{\Psi}^{-4}}{dz}\right)\right\}_{(z=0)}$$

etc., etc.

Et, ce seront là les expressions MÉDIATES (les unes au moyen des autres) des coefficiens dans la Série primitive (166) mise sous la forme indirecte (239) ou (309), c'est-à-dire, sous la forme ... (313)'

$$Fx = F(\psi \dot{y}) + A_1 . y + A_2 . y^2 + A_3 . y^3 + \text{etc., etc.};$$

en supposant toujours que y forme la quantité donnée par la relation $x = \psi y$. — Enfin, pour ramener ces dernières expressions médiates (313) à l'état de contingence technique, où elles prendront une forme plus simple, il suffit de remarquer qu'en vertu de l'identité philosophique (206), on a

$$\frac{1}{1^{(\mu-\varpi)|1}} . \left\{ \frac{d^{\mu-\varpi} \Psi^{-\mu}}{dz^{\mu-\varpi}} \right\}_{(z=0)} = (\Psi^{-\mu}) \mathfrak{f}(1+\mu-\varpi);$$

de sorte que la loi particulière (312)''' prendra la forme contingente que voici ... (314)

$$\left(\frac{d^{\mu}(\varphi \dot{x})^{\varpi}}{dx^{\mu}} \right) = \varpi . 1^{(\mu-1)|1} . (\dot{\Psi}^{-\mu}) \mathfrak{f}(1+\mu-\varpi),$$

la fonction auxiliaire Ψ formant toujours le polynome ... (314)'

$$\Psi = \frac{d\psi y}{dy} + \frac{d^2\psi y}{dy^2} . \frac{z}{2} + \frac{d^3\psi y}{dy^3} . \frac{z^2}{2.3} + \frac{d^4\psi y}{dy^4} . \frac{z^3}{2.3.4} + \text{etc., etc.}$$

Et alors, substituant, dans les expressions directes (168), les valeurs que donne cette loi contingente (314), il viendra ... (315)

$$A_1 = \frac{\dot{\Psi}\mathfrak{f}1}{1} . \frac{dF\dot{x}}{dx}$$

$$A_2 = \frac{(\dot{\Psi}\mathfrak{f}1)^2}{2} . \left\{ \frac{1}{1} . \frac{d^2F\dot{x}}{dx^2} - 1 . A_1 . (\dot{\Psi}^{-2}) \mathfrak{f}2 \right\}$$

$$A_3 = \frac{(\dot{\Psi}\mathfrak{f}1)^3}{3} . \left\{ \frac{1}{1^{2|1}} . \frac{d^3F\dot{x}}{dx^3} - 1 . A_1 . (\dot{\Psi}^{-3}) \mathfrak{f}3 - 2 . A_2 . (\dot{\Psi}^{-3}) \mathfrak{f}2 \right\}$$

$$A_4 = \frac{(\dot{\Psi}\mathfrak{f}1)^4}{4} \cdot \left\{ \frac{1}{1^{3|1}} \cdot \frac{d^4F\dot{x}}{dx^4} - 1 \cdot A_1 \cdot (\dot{\Psi}^{-4})\mathfrak{f}4 - 2 \cdot A_2 \cdot (\dot{\Psi}^{-4})\mathfrak{f}3 \right.$$
$$\left. - 3 \cdot A_3 \cdot (\dot{\Psi}^{-4})\mathfrak{f}2 \right\}$$
$$A_5 = \frac{(\dot{\Psi}\mathfrak{f}1)^5}{5} \cdot \left\{ \frac{1}{1^{4|1}} \cdot \frac{d^5F\dot{x}}{dx^5} - 1 \cdot A_1 \cdot (\dot{\Psi}^{-5})\mathfrak{f}5 - 2 \cdot A_2 \cdot (\dot{\Psi}^{-5})\mathfrak{f}4 \right.$$
$$\left. - 3 \cdot A_3 \cdot (\dot{\Psi}^{-5})\mathfrak{f}3 - 4 \cdot A_4 \cdot (\dot{\Psi}^{-5})\mathfrak{f}2 \right\}$$

etc., etc.;

le point placé sur les lettres marquant ici toujours l'état des valeurs correspondantes à $y=0$. — Ce seront donc là les expressions médiates et contingentes très simples pour la Série indirecte (313)'; expressions qui, par le moyen des théorèmes (222)'', présentent, dans leur espèce, les derniers termes ou les élémens mêmes de la génération de ces quantités.

Nous voilà définitivement au terme du système des Lois qui régissent la Série générale et en quelque sorte primitive (309) ou (309)', considérée sous tous les aspects et dans toutes les combinaisons possibles. — Quant à l'application de ces Lois à des fonctions particulières données, soit pour leur développement en Séries, soit pour leur mesure algorithmique, elle n'appartient plus à la Philosophie de la science: cette application constitue manifestement un objet de la science elle-même, et nommément un objet de la Technie algorithmique dont nous présentons ici la Philosophie. — Toutefois, ayant égard, d'une part, à ce que les puissances forment l'algorithme élémentaire et primitif qui sert de base à toute fonction, et, d'autre part, à ce que les puissances des polynomes donnent lieu à la contingence technique fondée sur l'identité philosophique (206), l'application des Lois précédentes au développement technique des puissances des polynomes, se rattache encore à la Philosophie de la Technie;

et, par cette raison, nous allons la faire ici, pour fixer sur-tout les principes de la relation générale des coefficiens de ces puissances, principes qui sont encore inconnus aux géomètres.

D'abord, le développement le plus simple des fonctions en Séries, constituant le porisme de Taylor (172), étant appliqué à une puissance quelconque r d'une fonction F de x, donnera, pour le coefficient A_m de la puissance x^m dans ce développement, l'expression ... (316)

$$A_m = \frac{1}{1^{m|1}} \cdot \left(\frac{d^m \dot{F}^r}{dx^m}\right);$$

en marquant par le point placé sur F l'état de la valeur $x = 0$. Or, si l'on considère l'exposant r comme étant la somme de plusieurs exposans partiels $r1$, $r2$, $r3$, ... $r\omega$, savoir, ... (316)'

$$r = r1 + r2 + r3 \ldots + r\omega,$$

l'expression présente (316), en vertu du polynome des différentielles que nous avons déjà allégué plus haut pour la formule (167)'', sera ... (316)''

$$A_m = Agr.^{(\rho)} \left\{ \frac{d^{\rho 1} \dot{F}^{r1} \cdot d^{\rho 2} \dot{F}^{r2} \cdot d^{\rho 3} \dot{F}^{r3} \ldots d^{\rho\omega} \dot{F}^{r\omega}}{1^{\rho 1|1} \cdot 1^{\rho 2|1} \cdot 1^{\rho 3|1} \ldots 1^{\rho\omega|1}} \right\};$$

en dénotant par la caractéristique $Agr.^{(\rho)}$ l'agrégat des termes correspondans aux valeurs entières, y compris zéro, des indices $\rho 1$, $\rho 2$, $\rho 3$, ... $\rho\omega$, qui satisfont à l'équation ... (316)'''

$$m = \rho 1 + \rho 2 + \rho 3 \ldots + \rho\omega.$$

Ainsi, considérant la fonction proposée F comme formant le polynome ... (317)

$$F = F\mathfrak{f}1 + F\mathfrak{f}2 \cdot x + F\mathfrak{f}3 \cdot x^2 + F\mathfrak{f}4 \cdot x^3 + \text{etc., etc.},$$

et employant de même cette notation de Hindenbourg dans le développement d'une puissance quelconque F^n de la fonction proposée, c'est-à-dire, faisant ... (317)'

$$F^n = F^n \mathfrak{f}1 + F^n \mathfrak{f}2 \,.\, x + F^n \mathfrak{f}3 \,.\, x^2 + F^n \mathfrak{f}4 \,.\, x^3 + \text{etc., etc.};$$

l'expression (316)'', en vertu de l'identité philosophique (206), deviendra ... (317)''

$$F^r \mathfrak{f}(1+m) =$$
$$= Agr.^{(\rho)} \left\{ F^{r1} \mathfrak{f}(1+\rho 1) \,.\, F^{r2} \mathfrak{f}(1+\rho 2) \,.\, F^{r3} \mathfrak{f}(1+\rho 3) \ldots\ldots F^{r\omega} \mathfrak{f}(1+\rho\omega) \right\}.$$

Et, telle sera, pour les exposans partiels quelconques $r1$, $r2$, $r3$, ,.. $r\omega$, positifs ou négatifs, entiers ou fractionnaires, composant l'exposant r de la puissance demandée, telle sera, disons-nous, la loi de la génération des coefficiens dans le développement de cette puissance, moyennant les coefficiens pris dans les développemens des puissances partielles composantes.

Dans le cas simple où l'exposant r est un nombre entier positif, les exposans partiels composans peuvent être considérés comme étant tous égaux à l'unité. Alors, l'expression générale (317)'' se réduit à ... (317)'''

$$F^r \mathfrak{f}(1+m) =$$
$$= Agr.^{(\rho)} \left\{ F\mathfrak{f}(1+\rho 1) \,.\, F\mathfrak{f}(1+\rho 2) \,.\, F\mathfrak{f}(1+\rho 3) \ldots\ldots F\mathfrak{f}(1+\rho r) \right\};$$

et elle présente la loi de la formation de cette puissance entière et positive, moyennant les coefficiens immédiats du polynome donné (317).

En second lieu, considérant le porisme (172) de Taylor dans son extension aux fonctions de plusieurs variables, comme nous l'avons fait sous la marque (241)', et l'appliquant alors de nouveau aux développemens des puissances des polynomes, on obtient, pour la génération des coefficiens de ces développemens, une loi nouvelle. La voici.

Soit F une fonction d'un nombre quelconque de variables x_1, x_2,

x_3, etc.; et soit demandé le développement de la puissance F^r de cette fonction, procédant par rapport aux puissances de ces variables x_1, x_2, x_3, etc., considérées comme indépendantes. — Le porisme (172), étendu aux fonctions de plusieurs variables, donnera, pour le coefficient $A(m1, m2, m3, \text{etc.})$ des puissances $x_1^{m1}.x_2^{m2}.x_3^{m3}$ etc. dans le développement demandé, l'expression ... (318)

$$A(m1, m2, m3, \text{etc.}) =$$
$$= \frac{1}{1^{m1|1}.1^{m2|1}.1^{m3|1}.\text{etc.}}.\left(\frac{d^{m1+m2+m3+\text{etc.}}F^r}{dx_1^{m1}.dx_2^{m2}.dx_3^{m3}.\text{etc.}}\right)_{(x=0)};$$

en marquant ici par l'indice $(x=0)$ l'état des valeurs

$$x_1=0, \quad x_2=0, \quad x_3=0, \quad \text{etc.}$$

Or, lorsque la fonction proposée F forme simplement le polynome ... (318)'

$$F = x_0 + x_1 + x_2 + x_3 + \text{etc.},$$

dans lequel x_0 est considérée comme une quantité constante, on aura évidemment ... (318)''

$$\left(\frac{d^{m1+m2+m3+\text{etc.}}F^r}{dx_1^{m1}.dx_2^{m2}.dx_3^{m3}.\text{etc.}}\right)_{(x=0)} =$$
$$= r^{(m1+m2+m3+\text{etc.})|-1}.x_0^{r-(m1+m2+m3+\text{etc.})}.$$

Ainsi, substituant cette valeur différentielle dans (318), il viendra ... (318)'''

$$A(m1, m2, m3, \text{etc.}) =$$
$$= \frac{r^{(m1+m2+m3+\text{etc.})|-1}.x_0^{r-(m1+m2+m3+\text{etc.})}}{1^{m1|1}.1^{m2|1}.1^{m3|1}.\text{etc.}};$$

et, suivant la déduction de cette quantité, elle aura évidemment lieu pour tout exposant r, entier ou fractionnaire, positif ou négatif. — On aura donc généralement ... (319)

$$(x_0 + x_1 + x_2 + x_3 + \text{etc.})^r =$$
$$= \Sigma \left\{ \frac{r^{(m1+m2+m3+\text{etc.})|-1} \cdot x_0^{r-(m1+m2+m3+\text{etc.})}}{1^{m1|1} \cdot 1^{m2|1} \cdot 1^{m3|1} \cdot \text{etc.}} \cdot x_1^{m1} \cdot x_2^{m2} \cdot x_3^{m3} \cdot \text{etc.} \right\},$$

en dénotant par la caractéristique Σ la somme des termes correspondans à toutes les valeurs entières positives, y compris zéro, des indices $m1$, $m2$, $m3$, etc.

Dans le cas le plus simple où le polynome (318)′ forme le binome $(x_0 + x_1)$, la loi (319) donne ... (319)′

$$(x_0 + x_1)^r = \Sigma \left\{ \frac{r^{m1|-1}}{1^{m1|1}} \cdot x_0^{r-m1} \cdot x_1^{m1} \right\} =$$
$$= x_0^r + \frac{r}{1} \cdot x_0^{r-1} \cdot x_1 + \frac{r(r-1)}{1 \cdot 2} \cdot x_0^{r-2} \cdot x_1^2 + \text{etc., etc.};$$

c'est-à-dire, la loi de Newton. — Et, si l'on fait

$$mo = r - (m1 + m2 + m3 + \text{etc.}),$$

et qu'on observe que

$$r^{(m1+m2+m3+\text{etc.})|-1} = r^{(r-mo)|-1} = r^{r|-1} \cdot 0^{-mo|-1} =$$
$$= 1^{r|1} \cdot \frac{1}{mo^{mo|-1}} = \frac{1^{r|1}}{1^{mo|1}};$$

on verra que, lorsque l'exposant r est un nombre entier positif, la loi (319) reçoit l'expression plus symétrique que voici ... (319)″

$$(x_0 + x_1 + x_2 + x_3 + \text{etc.})^r =$$
$$= 1^{r|1} \cdot Agr. \left\{ \frac{x_0^{mo} \cdot x_1^{m1} \cdot x_2^{m2} \cdot x_3^{m3} \cdot \text{etc.}}{1^{mo|1} \cdot 1^{m1|1} \cdot 1^{m2|1} \cdot 1^{m3|1} \cdot \text{etc.}} \right\};$$

dans laquelle la caractéristique *Agr.* dénote l'agrégat des termes correspondans aux valeurs entières positives, y compris zéro, des indices mo, $m1$, $m2$, $m3$, etc., qui satisfont à l'équation ... (319)‴

$$r = mo + m1 + m2 + m3 + \text{etc.}$$

On peut aussi appliquer la loi (319) au polynome (317) ou généralement au polynome suivant ... (320)

$$F = F_0 . x^{\alpha_0} + F_1 . x^{\alpha_1} + F_2 . x^{\alpha_2} + F_3 . x^{\alpha_3} + \text{etc.},$$

les exposans α_0, α_1, α_2, α_3, etc., ainsi que les coefficiens F_0, F_1, F_2, F_3, etc., étant des quantités quelconques, indépendantes de la variable x. En effet, comparant les termes de ce polynome général (320) avec ceux du polynome (318)′ qui entre dans la loi (319), c'est-à-dire, faisant

$$x_0 = F_0 . x^{\alpha_0}, \quad x_1 = F_1 . x^{\alpha_1}, \quad x_2 = F_2 . x^{\alpha_2}, \quad x_3 = F_3 . x^{\alpha_3}, \quad \text{etc.},$$

la loi (319) dont il s'agit, donnera, pour le développement ... (320)′

$$\begin{aligned}(F_0 . x^{\alpha_0} + F_1 . x^{\alpha_1} + F_2 . x^{\alpha_2} + F_3 . x^{\alpha_3} + \text{etc.})^r = \\ = A_0 + A_{+1} . x + A_{+2} . x^2 + A_{+3} . x^3 + \text{etc.} \\ + A_{-1} . x^{-1} + A_{-2} . x^{-2} + A_{-3} . x^{-3} + \text{etc.},\end{aligned}$$

et nommément pour le coefficient général A_μ de ce développement, l'expression ... (320)″

$$A_\mu = Agr.^{(m)} \left\{ \frac{r^{(r-m0)|-1} F_0^{m0} . F_1^{m1} . F_2^{m2} . F_3^{m3} . \text{etc.}}{1^{m1|1} . 1^{m2|1} . 1^{m3|1} . \text{etc.}} \right\};$$

la caractéristique $Agr.^{(m)}$ dénotant ici l'agrégat des termes correspondans aux valeurs entières positives, y compris zéro, des indices $m1$, $m2$, $m3$, etc., qui, avec une quantité complémentaire $m0$, satisfont aux deux équations ... (320)‴

$$r = m0 + m1 + m2 + m3 + \text{etc.}$$
$$\mu = \alpha_0 . m0 + \alpha_1 . m1 + \alpha_2 . m2 + \alpha_3 . m3 + \text{etc.}$$

Dans le cas particulier où le polynome (320) est identique avec le polynome (317), c'est-à-dire, dans le cas où l'on a

$$\alpha_0 = 0, \quad \alpha_1 = 1, \quad \alpha_2 = 2, \quad \alpha_3 = 3, \quad \text{etc.},$$

savoir, ... (321)

$$F = F_0 + F_1 . x + F_2 . x^2 + F_3 . x^3 + \text{etc.};$$

la loi (320)'' donne, pour le développement ... (321)'

$$(F_0 + F_1 . x + F_2 . x^2 + F_3 . x^3 + \text{etc.})^r =$$
$$= A_0 + A_1 . x + A_2 . x^2 + A_3 . x^3 + \text{etc.},$$

et nommément pour son coefficient général A_μ, l'expression ... (321)''

$$A_\mu = Agr. \left\{ \frac{r^{n|-1} . F_0^{r-n} . F_1^{m1} . F_2^{m2} . F_3^{m3} . \text{etc.}}{1^{m1|1} . 1^{m2|1} . 1^{m3|1} . \text{etc.}} \right\},$$

en faisant $n = (m1 + m2 + m3 + \text{etc.})$, et en dénotant ici simplement par *Agr.* l'agrégat correspondant aux valeurs entières, y compris zéro, des indices $m1$, $m2$, $m3$, etc., qui satisfont à la seule équation ... (321)'''

$$\mu = m1 + 2 . m2 + 3 . m3 + 4 . m4 + \text{etc.}$$

Il est sans doute superflu de faire remarquer que tout ce que nous venons de déterminer pour les puissances du polynome (317) ou (321), s'applique immédiatement au polynome composé ... (322)

$$F = F_0 . x^\rho + F_1 . x^{\rho+\sigma} + F_2 . x^{\rho+2\sigma} + F_3 . x^{\rho+3\sigma} + \text{etc.}$$

Ainsi, en résumant, la génération de la Série la plus simple (172), qui constitue le porisme de Taylor, étant appliquée aux développemens des puissances des polynomes, donne déjà, pour la génération de ces développemens, les deux lois (317)'' et (320)'' ou originairement (319); la première (317)'' provenant de la considération d'une seule variable, et la seconde (320)'' ou (319) de la considération de plusieurs variables. — Appliquons actuellement à ces développemens des puissances des polynomes, la formation de la Série générale (236), en nous bornant ici au cas simple où la fonction φy par rapport à laquelle procède cette série, est simplement y, c'est-à-dire, en nous bornant ici à la Série (239) ou définitivement (262) qui constitue ce cas le plus simple de la Série générale (236).

Or, suivant cette Série (262), si l'on suppose que la fonction Fx dont elle donne le développement, soit la puissance x^r de la variable x qui forme le polynome ... (323)

$$x = a + b.y + c.y^2 + d.y^3 + e.y^4 + \text{etc.},$$

l'expression contingente (261)′ donnera d'abord, pour le développement ... (323)′

$$(a + by + cy^2 + dy^3 + ey^4 + \text{etc.})^r =$$
$$= a^r + A_1.y + A_2.y^2 + A_3.y^3 + A_4.y^4 + \text{etc.},$$

et nommément pour son coefficient général A_μ, l'expression ... (323)″

$$A_\mu = \frac{r}{1}.a^{r-1}.\Theta \mathfrak{f}(\mu) + \frac{r(r-1)}{1.2}.a^{r-2}.\Theta^2 \mathfrak{f}(\mu-1) +$$
$$+ \frac{r^{3|-1}}{1^{3|1}}.a^{r-3}.\Theta^3 \mathfrak{f}(\mu-2) \dots + \frac{r^{\mu|-1}}{1^{\mu|1}}.a^{r-\mu}.\Theta^\mu \mathfrak{f}(1);$$

dans laquelle Θ forme le polynome auxiliaire suivant ... (323)‴

$$\Theta = b + c.z + d.z^2 + e.z^3 + \text{etc.}$$

Connaissant donc, par la loi (317)‴, la formation simple des quantités

$$\Theta \mathfrak{f}(\mu), \quad \Theta^2 \mathfrak{f}(\mu-1), \quad \Theta^3 \mathfrak{f}(\mu-2), \quad \dots \quad \Theta^\mu \mathfrak{f}(1),$$

l'expression présente (323)″ donnera effectivement, pour tout exposant r, la génération des coefficiens dans le développement (323)′. — Mais, pour avoir ici cette génération des coefficiens d'une manière indépendante de toute autre loi, il faut employer l'expression absolue même (263) ou (263)′ des coefficiens de la Série (262) que nous appliquons actuellement. — Pour plus de régularité, nous supposerons que le polynome (323) soit ... (324)

$$x = \psi^{(0)} + \psi^{(1)}.y + \psi^{(2)}.y^2 + \psi^{(3)}.y^3 + \text{etc.};$$

et, par conséquent, que le développement demandé $(323)'$ soit ... $(324)'$

$$(\psi^{(0)} + \psi^{(1)}.y + \psi^{(2)}.y^2 + \psi^{(3)}.y^3 + \text{etc.})^r =$$
$$= (\psi^{(0)})^r + A_1.y + A_2.y^2 + A_3.y^3 + A_4.y^4 + \text{etc.}$$

Alors, l'expression absolue (263) ou $(263)'$ donnera ... $(324)''$

$$A_\mu = \frac{r}{1}.(\psi^{(0)})^{r-1}.A[(\mu-1),1]$$
$$+ \frac{r(r-1)}{1.2}.(\psi^{(0)})^{r-2}.A[(\mu-2),2]$$
$$+ \frac{r(r-1)(r-2)}{1.2.3}.(\psi^{(0)})^{r-3}.A[(\mu-3),3]$$
$$\cdots\cdots\cdots\cdots\cdots\cdots\cdots$$
$$+ \frac{r^{\mu|-1}}{1^{\mu|1}}.(\psi^{(0)})^{r-\mu}.A[0,\mu];$$

expression dans laquelle on aura généralement ... $(324)'''$

$$A[(\mu-\rho),\rho] = Agr.\{\psi^{(q1)}.\psi^{(q2)}.\psi^{(q3)}\ldots\psi^{(q\rho)}\},$$

la caractéristique $Agr.$ désignant l'agrégat des termes correspondans aux valeurs entières, depuis l'unité inclusivement, des indices $q1$, $q2$, $q3$, ... $q\rho$, qui satisfont à l'équation ... $(324)^{\text{IV}}$

$$\mu = q1 + q2 + q3 \ldots + q\rho.$$

Et, cette expression absolue $(324)''$ donnera effectivement, par elle-même, ce que donnent les deux expressions $(323)''$ et $(317)'''$ réunies.

En présentant plus haut, sous les marques $(263)^{\text{V}}$ et $(263)^{\text{VI}}$, un exemple de cette génération absolue $(324)''$ ou $(263)'$, nous avons déjà fait remarquer l'extrême simplicité de cette construction. Mais, tout en observant que cette génération absolue $(263)'$ embrasse, dans leurs derniers détails, les différens procédés de dérivations déterminés par Arbogast pour la Série générale (262), nous n'avons pas fait voir explicitement comment notre construction absolue (263)$'$ implique immédiatement la règle de ce géomètre (Calcul des dérivat. n°. 30) pour déduire le coefficient $A_{\mu+1}$ du coefficient précédent A_{μ}, règle dont on a tant admiré la simplicité. Nous allons le faire voir ici, à l'occasion du développement des puissances des polynomes, où cette règle trouvait l'application la plus simple.

Il suffit, pour cela, de calculer, suivant la génération absolue précédente (324)$''$, deux coefficiens consécutifs, par exemple, A_5 et A_6: on en induira immédiatement, et en toute généralité, la règle d'Arbogast; et, ce qui est plus, on reconnaîtra clairement les vrais principes de cette règle. — En effet, pour $\mu = 5$, l'équation (324)^{IV}, suivant les solutions méthodiques (263)^{V}, donnera les valeurs ... (325)

$$\begin{array}{c} q1 = 5; \\ 5 \\ \end{array} \quad \begin{array}{cc} q1 + & q2 = 5; \\ 1, & 4 \\ 2, & 3 \end{array} \quad \begin{array}{ccc} q1 + & q2 + & q3 = 5; \\ 1, & 1, & 3 \\ 1, & 2, & 2 \end{array} \quad \begin{array}{cccc} q1 + & q2 + & q3 + & q4 = 5; \\ 1, & 1, & 1, & 2 \\ & & & \end{array}$$

$$\begin{array}{ccccc} q1 + & q2 + & q3 + & q4 + & q5 = 5; \\ 1, & 1, & 1, & 1, & 1 \end{array}$$

de sorte qu'ayant égard aux permutations de ces valeurs, l'expression générale (324)$''$ donnera ... (325)$'$

$$\begin{aligned} A_5 = \frac{r}{1}.(\psi^{(0)})^{r-1}.\psi^{(5)} &+ \frac{r(r-1)}{1.2}.(\psi^{(0)})^{r-2}.\left(2\psi^{(1)}\psi^{(4)} + 2\psi^{(2)}\psi^{(3)}\right) \\ &+ \frac{r(r-1)(r-2)}{1.2.3}.(\psi^{(0)})^{r-3}.\left(3(\psi^{(1)})^2\psi^{(3)} + 3\psi^{(1)}(\psi^{(2)})^2\right) \\ &+ \frac{r(r-1)(r-2)(r-3)}{1.2.3.4}.(\psi^{(0)})^{r-4}.4(\psi^{(1)})^3\psi^{(2)} \\ &+ \frac{r(r-1)(r-2)(r-3)(r-4)}{1.2.3.4.5}.(\psi^{(0)})^{r-5}.(\psi^{(1)})^5. \end{aligned}$$

Et, pour $\mu = 6$, l'équation (324)^{IV}, suivant toujours la méthode de Hindenbourg, donnera les valeurs ... (326)

$$\begin{array}{llll}
q1 = 6; & q1 + q2 = 6; & q1 + q2 + q3 = 6; & q1 + q2 + q3 + q4 = 6; \\
6 & 1,\ 5 & 1,\ 1,\ 4 & 1,\ 1,\ 1,\ 3 \\
 & 2,\ 4 & 1,\ 2,\ 3 & 1,\ 1,\ 2,\ 2 \\
 & 3,\ 3 & 2,\ 2,\ 2 &
\end{array}$$

$$\begin{array}{l}
q1 + q2 + q3 + q4 + q5 = 6; \\
1,\ 1,\ 1,\ 1,\ 2
\end{array}$$

$$\begin{array}{l}
q1 + q2 + q3 + q4 + q5 + q6 = 6; \\
1,\ 1,\ 1,\ 1,\ 1,\ 1
\end{array}$$

de sorte qu'ayant de nouveau égard aux permutations de ces valeurs, l'expression générale $(324)''$ donnera ... $(326)'$

$$\begin{aligned}
A_6 = {} & \frac{r}{1} \cdot (\psi^{(0)})^{r-1} \cdot \psi^{(6)} + \frac{r(r-1)}{1.2} \cdot (\psi^{(0)})^{r-2} \cdot \left(2\psi^{(1)}\psi^{(5)} + 2\psi^{(2)}\psi^{(4)} + (\psi^{(3)})^2\right) \\
& + \frac{r(r-1)(r-2)}{1.2.3} \cdot (\psi^{(0)})^{r-3} \cdot \left(3(\psi^{(1)})^2\psi^{(4)} + 6\psi^{(1)}\psi^{(2)}\psi^{(3)} + (\psi^{(2)})^3\right) \\
& + \frac{r(r-1)(r-2)(r-3)}{1.2.3.4} \cdot (\psi^{(0)})^{r-4} \cdot \left(4(\psi^{(1)})^3\psi^{(3)} + 6(\psi^{(1)})^2(\psi^{(2)})^2\right) \\
& + \frac{r(r-1)(r-2)(r-3)(r-4)}{1.2.3.4.5} \cdot (\psi^{(0)})^{r-5} \cdot 5(\psi^{(1)})^4\psi^{(2)} \\
& + \frac{r(r-1)(r-2)(r-3)(r-4)(r-5)}{1.2.3.4.5.6} \cdot (\psi^{(0)})^{r-6} \cdot (\psi^{(1)})^6 .
\end{aligned}$$

Or, en comparant, d'une part, les solutions méthodiques consécutives (325) et (326), et de l'autre part, les expressions consécutives correspondantes $(325)'$ et $(326)'$, on découvrira, non seulement la règle d'Arbogast dont il est question, mais encore les vrais principes de cette règle. — Et, en comparant de la même manière la génération absolue de deux coefficiens consécutifs dans la Série générale (262), par exemple, de A_{10} et de A_{11} dont nous avons déjà évalué le premier sous les marques $(263)^{\text{v}}$ et $(263)^{\text{vi}}$, on verra que cette règle a lieu généralement ; mais, on reconnaîtra en même tems qu'elle n'est plus d'aucune utilité, parce que notre expression absolue (263)' des coefficiens dont il est question, suivant les procédés méthodiques (263)^{v}, donne sur-le-champ et d'une manière indépendante, la génération la plus simple des coefficiens dont il s'agit, génération pour laquelle cette règle d'Arbogast n'était évidemment qu'une anticipation provisoire de l'expression absolue (263)'.

Venons maintenant au développement des puissances des polynomes doubles, triples, etc., et en général des polynomes composés d'un nombre quelconque de quantités indépendantes ; et observons que les formules (288), (289) et (291), qui constituent les Lois de la Série la plus générale (287), donnent sur-le-champ la solution complète de ce problème. En effet, si l'on ne prend qu'une seule x des variables x_1, x_2, x_3, ... x_ω que contiennent ces formules, et si l'on considère la fonction Fx comme étant la puissance x^r, les Lois générales que nous venons de nommer, deviendront les Lois particulières pour le développement des puissances des polynomes multiples dont il est question. — Nous allons, pour donner ici un exemple, le faire voir en détail sur le polynome double, en suivant l'exemple général (297).

Si l'on a, d'après (296)', le polynome double ... (327)

$$\begin{aligned} x = a &+ [1,0].y_1 + [2,0].y_1^2 + [3,0].y_1^3 + \text{etc., etc.;} \\ &+ [0,i].y_2 + [1,1].y_1y_2 + [2,1].y_1^2y_2 \\ & + [0,2].y_2^2 + [1,2].y_1y_2^2 \\ & + [0,3].y_2^3 \end{aligned}$$

et si, en supposant que la fonction Fx est la puissance x^r, on demande, d'après (297), le développement ... (327)'

$$\left\{\begin{array}{l} a + [1,0].y_1 + [2,0].y_1^2 + [3,0].y_1^3 + \text{etc., etc.} \\ + [0,1].y_2 + [1,1].y_1y_2 + [2,1].y_1^2y_2 \\ \qquad + [0,2].y_2^2 + [1,2].y_1y_2^2 \\ \qquad\qquad + [0,3].y_2^3 \end{array}\right\}^r =$$

$$\begin{array}{l} = a^r + A(1,0).y_1 + A(2,0).y_1^2 + A(3,0).y_1^3 + \text{etc., etc.}; \\ + A(0,1).y_2 + A(1,1).y_1y_2 + A(2,1).y_1^2y_2 \\ \qquad + A(0,2).y_2^2 + A(1,2).y_1y_2^2 \\ \qquad\qquad + A(0,3).y_2^3 \end{array}$$

l'expression absolue générale (298) donnera sur-le-champ, pour ce développement demandé et nommément pour son coefficient général $A(m1, m2)$, l'expression absolue spéciale que voici ... (327)''

$$A(m1, m2) =$$

$$= \frac{r}{1}.a^{r-1}.[m1, m2]$$

$$+ \frac{r^{2|-1}}{1^{2|1}}.a^{r-2}.Agr.^{(\mu)_2}\left\{[(\mu1,1),(\mu2,1)][(\mu1,2),(\mu2,2)]\right\}$$

$$+ \frac{r^{3|-1}}{1^{3|1}}.a^{r-3}.Agr.^{(\mu)_3}\left\{[(\mu1,1),(\mu2,1)][(\mu1,2),(\mu2,2)][(\mu1,3),(\mu2,3)]\right\}$$

$$+ \frac{r^{4|-1}}{1^{4|1}}.a^{r-4}.Agr.^{(\mu)_4}\left\{[(\mu1,1),(\mu2,1)][(\mu1,2),(\mu2,2)][(\mu1,3),(\mu2,3)][(\mu1,4),(\mu2,4)]\right\}$$

. . . .

$$+ \frac{r^{(m1+m2)|-1}}{1^{(m1+m2)|1}}.a^{r-m1-m2}.Agr.^{(\mu)_{m1+m2}}\left\{[(\mu1,1),(\mu2,1)]\,[(\mu1,2),(\mu2,2)]\,\times\right.$$

$$\left.\times\,[(\mu1,3),(\mu2,3)][(\mu1,4),(\mu2,4)]\ldots.[(\mu1,(m1+m2)),(\mu2,(m1+m2))]\right\};$$

dans laquelle la caractéristique $Agr.^{(\mu)_p}$ désigne généralement l'agrégat double des termes correspondans, pour chaque valeur de ρ, aux valeurs entières, y compris zéro, des indices marqués par μ, qui satisfont respectivement aux équations ... (327)'''

$$m1 = (\mu 1, 1) + (\mu 1, 2) + (\mu 1, 3) \ldots + (\mu 1, \rho)$$
$$m2 = (\mu 2, 1) + (\mu 2, 2) + (\mu 2, 3) \ldots + (\mu 2, \rho),$$

en rejetant les termes qui contiennent [0, 0]. Ainsi, développant ces agrégats doubles, suivant le procédé méthodique dont nous avons donné un exemple sous les marques (302), (302)', (302)'', etc., on aura, avec le maximum possible de promptitude, la détermination achevée des coefficiens (327)' dont il est question. — Nous ne donnons ici, pour ce développement proposé (327)', que l'expression absolue (327)'' dérivée de l'expression générale pareille (298) : on obtiendrait de la même manière, par les formules (299) et (300), les expressions relative et contingente pour la solution du problème. — Et, ce que nous venons d'apprendre sur le développement (327)' des puissances des polynomes doubles, s'entend généralement du développement des puissances des polynomes multiples quelconques, en suivant les Lois de la Série générale (287).

Nous avons donc, dans nos formules précédentes, le système du développement des puissances des polynomes, en supposant d'abord, ce qui est l'essentiel, que la détermination des coefficiens dans ces développemens soit immédiate, c'est-à-dire, que ces coefficiens soient donnés les uns indépendamment des autres, ou chacun par lui-même. — Venons au second système, dans lequel les coefficiens sont donnés les uns par les autres; système où nous découvrirons les principes encore inconnus de la relation générale qui se trouve entre les coefficiens des puissances des polynomes.

Soit donné le polynome ... (328)

$$x = \psi^{(0)} + \psi^{(1)} \cdot y + \psi^{(2)} \cdot y^2 + \psi^{(3)} \cdot y^3 + \text{etc., etc.};$$

et soit demandé le développement suivant ... (328)′

$$(\psi^{(0)} + \psi^{(1)}.y + \psi^{(2)}.y^2 + \psi^{(3)}.y^3 + \text{etc., etc.})^r =$$
$$= (\psi^{(0)})^r + A_1.y + A_2.y^2 + A_3.y^3 + \text{etc., etc.}$$

Les formules médiates (313) ou (315) présentent d'abord la loi de la relation simple entre les coefficiens consécutifs ... (328)″

$$A_1,\ A_2;$$
$$A_1,\ A_2;\ A_3;$$
$$A_1,\ A_2,\ A_3,\ A_4;$$
$$\text{etc., etc.}$$

En effet, considérant ici la fonction Fx comme étant la puissance x^r, et formant, d'après (314)′, le polynome auxiliaire ... (329)

$$\Psi = \psi^{(1)} + \psi^{(2)}.z + \psi^{(3)}.z^2 + \psi^{(4)}.z^3 + \text{etc.};$$

les formules (315) donneront les relations suivantes ... (329)′

$$A_1 = \frac{\Psi\mathfrak{f}1}{1}.\frac{r}{1}.a^{r-1}$$

$$A_2 = \frac{(\Psi\mathfrak{f}1)^2}{2}.\left\{2.\frac{r^{2|-1}}{1^{2|1}}.a^{r-2} - 1.A_1.(\Psi^{-2})\mathfrak{f}2\right\}$$

$$A_3 = \frac{(\Psi\mathfrak{f}1)^3}{3}.\left\{3.\frac{r^{3|-1}}{1^{3|1}}.a^{r-3} - 1.A_1.(\Psi^{-3})\mathfrak{f}3 - 2.A_2.(\Psi^{-3})\mathfrak{f}2\right\}$$

$$A_4 = \frac{(\Psi\mathfrak{f}1)^4}{4}.\left\{4.\frac{r^{4|-1}}{1^{4|1}}.a^{r-4} - 1.A_1.(\Psi^{-4})\mathfrak{f}4 - 2.A_2.(\Psi^{-4})\mathfrak{f}3 - 3.A_3.(\Psi^{-4})\mathfrak{f}2\right\}$$

etc., etc.;

en désignant ici simplement par a le premier terme $\psi^{(0)}$ du polynome proposé (328). Et, ayant égard aux théorèmes (222)″, qui donnent les quantités

$$(\Psi^{-\mu})\mathfrak{f}\mu, \quad (\Psi^{-\mu})\mathfrak{f}(\mu-1), \quad (\Psi^{-\mu})\mathfrak{f}(\mu-2), \quad \ldots \quad (\Psi^{-\mu})\mathfrak{f}2,$$

moyennant les quantités

$$\Psi\mathfrak{f}\nu, \quad \Psi^2\mathfrak{f}\nu, \quad \Psi^3\mathfrak{f}\nu, \quad \Psi^4\mathfrak{f}\nu, \quad \text{etc.},$$

lesquelles dernières, en vertu de la loi $(317)'''$, se trouvent déterminées avec les coefficiens $\psi^{(1)}$, $\psi^{(2)}$, $\psi^{(3)}$, etc. du polynome (329), on verra que les relations présentes $(329)'$ entre les coefficiens consécutifs $(328)''$, se trouvent données par leurs derniers termes, c'est-à-dire, par les coefficiens mêmes du polynome proposé (328).

Mais, comme telles, ces relations $(329)'$ ne constituent encore qu'un cas très particulier; car, on conçoit que, puisque les coefficiens A_1, A_2, A_3, etc. pris dans le développement $(328)'$ d'une puissance quelconque r du polynome primitif (328), se trouvent donnés par les coefficiens $\psi^{(0)}$, $\psi^{(1)}$, $\psi^{(2)}$, $\psi^{(3)}$, etc. de ce polynome primitif, ces mêmes coefficiens A_1, A_2, A_3, etc. d'une puissance quelconque doivent également pouvoir être donnés par les coefficiens pris dans le développement de toute puissance du polynome primitif. Et, il se présente ainsi le problème de la relation générale entre les coefficiens pris dans les développemens des puissances quelconques du polynome primitif. — Pour compléter ici le système technique du développement des puissances des polynomes, nous allons résoudre ce vaste problème ayant pour objet la relation générale qui se trouve entre les coefficiens pris dans les développemens d'un nombre quelconque de puissances quelconques d'un polynome primitif.

Soit, suivant la notation (317) et $(317)'$, ce polynome primitif ... (330)

$$F = F\mathfrak{f}1 + F\mathfrak{f}2 \,.\, x + F\mathfrak{f}3 \,.\, x^2 + F\mathfrak{f}4 \,.\, x^3 + \text{etc.};$$

et soient $r1$, $r2$, $r3$, ... $r\omega$ les exposans quelconques d'un nombre quelconque ω des puissances ... $(330)'$

$$F^{r1} = (F\mathfrak{f}1 + F\mathfrak{f}2.x + F\mathfrak{f}3.x^2 + F\mathfrak{f}4.x^3 + \text{etc.})^{r1} =$$
$$= F^{r1}\mathfrak{f}1 + F^{r1}\mathfrak{f}2.x + F^{r1}\mathfrak{f}3.x^2 + F^{r1}\mathfrak{f}4.x^3 + \text{etc.},$$

$$F^{r2} = (F\mathfrak{f}1 + F\mathfrak{f}2.x + F\mathfrak{f}3.x^2 + F\mathfrak{f}4.x^3 + \text{etc.})^{r2} =$$
$$= F^{r2}\mathfrak{f}1 + F^{r2}\mathfrak{f}2.x + F^{r2}\mathfrak{f}3.x^2 + F^{r2}\mathfrak{f}4.x^3 + \text{etc.},$$

$$F^{r3} = (F\mathfrak{f}1 + F\mathfrak{f}2.x + F\mathfrak{f}3.x^2 + F\mathfrak{f}4.x^3 + \text{etc.})^{r3} =$$
$$= F^{r3}\mathfrak{f}1 + F^{r3}\mathfrak{f}2.x + F^{r3}\mathfrak{f}3.x^2 + F^{r3}\mathfrak{f}4.x^3 + \text{etc.},$$

. . . .

$$F^{r\omega} = (F\mathfrak{f}1 + F\mathfrak{f}2.x + F\mathfrak{f}3.x^2 + F\mathfrak{f}4.x^3 + \text{etc.})^{r\omega} =$$
$$= F^{r\omega}\mathfrak{f}1 + F^{r\omega}\mathfrak{f}2.x + F^{r\omega}\mathfrak{f}3.x^2 + F^{r\omega}\mathfrak{f}4.x^3 + \text{etc.}$$

Il s'agit de découvrir la relation générale qui existe entre les coefficiens ... (330)''

$$\begin{array}{lllll} F^{r1}\mathfrak{f}1, & F^{r1}\mathfrak{f}2, & F^{r1}\mathfrak{f}3, & F^{r1}\mathfrak{f}4, & \text{etc.},\\ F^{r2}\mathfrak{f}1, & F^{r2}\mathfrak{f}2, & F^{r2}\mathfrak{f}3, & F^{r2}\mathfrak{f}4, & \text{etc.},\\ F^{r3}\mathfrak{f}1, & F^{r3}\mathfrak{f}2; & F^{r3}\mathfrak{f}3, & F^{r3}\mathfrak{f}4, & \text{etc.},\\ \dots & \dots & \dots & \dots & \dots \\ F^{r\omega}\mathfrak{f}1, & F^{r\omega}\mathfrak{f}2, & F^{r\omega}\mathfrak{f}3, & F^{r\omega}\mathfrak{f}4, & \text{etc.} \end{array}$$

Formons d'abord les quantités $q1$, $q2$, $q3$, ... $q\omega$, et $n1$, $n2$, $n3$, ... $n\omega$, d'après les relations ... (331)

$$\begin{array}{ll} r1 = q1 & n1 = q2.(1+n2)\\ r2 = q1.q2 & n2 = q3.(1+n3)\\ r3 = q1.q2.q3 & n3 = q4.(1+n4)\\ \dots & \dots\\ r\omega = q1.q2.q3\dots q\omega, & n(\omega-1) = q\omega.(1+n\omega)\\ & n\omega = 0; \end{array}$$

qui donnent ... (331)'

$$q1.(1+n1) = q1.(1+q2.(1+n2)) = q1.(1+q2.(1+q3.(1+n3))) =$$
$$= \dots\ q1.(1+q2.(1+q3.(1+q4.(1\dots+q\omega.(1+n\omega)\dots)))) =$$
$$= r1 + r2 + r3 + r4 \dots + r\omega.$$

Et, formons de plus les quantités R_1, R_2, R_3, ... R_ω, d'après les relations ... (331)″

$$\begin{aligned}
F^{r1} &= F^{q1} = R_1 \\
F^{r2} &= F^{q1 \cdot q2} = R_1^{q2} = R_2 \\
F^{r3} &= F^{q1 \cdot q2 \cdot q3} = R_1^{q2 \cdot q3} = R_2^{q3} = R_3 \\
F^{r4} &= F^{q1 \cdot q2 \cdot q3 \cdot q4} = R_1^{q2 \cdot q3 \cdot q4} = R_2^{q3 \cdot q4} = R_3^{q4} = R_4 \\
& \ldots\ldots\ldots\ldots\ldots\ldots \\
F^{r\omega} &= F^{q1 \cdot q2 \cdot q3 \ldots q\omega} = R_1^{q2 \cdot q3 \ldots q\omega} = \ldots\ldots = R_{\omega-1}^{q\omega} = R_\omega .
\end{aligned}$$

Or, considérant F comme une fonction de la variable x, et prenant, sur la puissance du degré

$$(r1 + r2 + r3 \ldots + r\omega), \quad \text{c'est-à-dire,} \quad q1 \cdot (1 + n1)$$

de cette fonction, la différentielle de l'ordre général m, en vertu de la loi fondamentale du Calcul différentiel, on aura ... (332)

$$\begin{aligned}
d^m F^{q1 \cdot (1+n1)} &= d^m R_1^{(1+n1)} = d^{m-1} \left((1+n1) \cdot R_1^{n1} \cdot dR_1 \right) = \\
&= (1+n1) \cdot \left\{ d^{m-1} R_1^{n1} \cdot dR_1 + \frac{m-1}{1} \cdot d^{m-2} R_1^{n1} \cdot d^2 R_1 + \right. \\
&\qquad \left. + \frac{(m-1)(m-2)}{1 \cdot 2} \cdot d^{m-3} R_1^{n1} \cdot d^3 R_1 + \text{etc., etc.} \right\} ;
\end{aligned}$$

ou bien ... (332)′

$$d^m F^{q1 \cdot (1+n1)} = (1+n1) \cdot \Sigma_{\mu 1} \left\{ \frac{(m-1)^{(\mu 1 - 1)|-1}}{1^{(\mu 1 - 1)|1}} \cdot d^{m-\mu 1} R_1^{n1} \cdot d^{\mu 1} R_1 \right\},$$

en dénotant par la caractéristique $\Sigma_{\mu 1}$ la somme des termes correspondans aux valeurs entières positives de l'indice $\mu 1$, depuis $\mu 1 = 1$ inclusivement. Substituant maintenant, dans les exposans, la valeur de $n1$, savoir, $q2 \cdot (1 + n2)$, il viendra ... (332)″

$$d^m F^{q1.(1+q2.(1+n2))} =$$

$$= (1+n1).\Sigma_{\mu 1}\left\{\frac{(m-1)^{(\mu 1-1)|-1}}{1^{(\mu 1-1)|1}}.d^{\mu 1}R_1.d^{m-\mu 1}R_2^{(1+n2)}\right\} =$$

$$= (1+n1).\Sigma_{\mu 1}\left\{\frac{(m-1)^{(\mu 1-1)|-1}}{1^{(\mu 1-1)|1}}.d^{\mu 1}R_1.d^{m-1-\mu 1}\left((1+n2).R_2^{n2}.dR_2\right)\right\} =$$

$$= (1+n1)(1+n2).\Sigma_{\mu 1}\left\{\frac{(m-1)^{(\mu 1-1)|-1}}{1^{(\mu 1-1)|1}}.d^{\mu 1}R_1.\left(d^{m-1-\mu 1}R_2^{n2}.dR_2 + \right.\right.$$

$$\left.\left. + \frac{(m-1-\mu 1)}{1}.d^{m-2-\mu 1}R_2^{n2}.d^2R_2 + \text{etc., etc.}\right)\right\};$$

ou bien ... (332)'''

$$d^m F^{q1.(1+q2.(1+n2))} = (1+n1)(1+n2)\times$$

$$\times\Sigma_{\mu 1}\left\{\frac{(m-1)^{(\mu 1-1)|-1}}{1^{(\mu 1-1)|1}}.d^{\mu 1}R_1.\Sigma_{\mu 2}\left\{\frac{(m-1-\mu 1)^{(\mu 2-1)|-1}}{1^{(\mu 2-1)|1}}.d^{m-\mu 1-\mu 2}R_2^{n2}.d^{\mu 2}R_2\right\}\right\},$$

en dénotant par la caractéristique $\Sigma_{\mu 2}$ la somme des termes correspondans aux valeurs entières positives de l'indice $\mu 2$, depuis $\mu 2 = 1$ inclusivement. Substituant de nouveau, dans les exposans, la valeur de $n2$, savoir, $q3.(1+n3)$, il viendra ... (332)^{iv}

$$d^m F^{q1.(1+q2.(1+q3.(1+n3)))} = (1+n1)(1+n2)\times$$

$$\times\Sigma_{\mu 1}\left\{\frac{(m-1)^{(\mu 1-1)|-1}}{1^{(\mu 1-1)|1}}.d^{\mu 1}R_1.\Sigma_{\mu 2}\left\{\frac{(m-1-\mu 1)^{(\mu 2-1)|-1}}{1^{(\mu 2-1)|1}}.d^{\mu 2}R_2.d^{m-\mu 1-\mu 2}R_3^{(1+n3)}\right\}\right\} =$$

$$= (1+n1)(1+n2).\Sigma_{\mu 1}\left\{\frac{(m-1)^{(\mu 1-1)|-1}}{1^{(\mu 1-1)|1}}.d^{\mu 1}R_1\times\right.$$

$$\left.\times\Sigma_{\mu 2}\left\{\frac{(m-1-\mu 1)^{(\mu 2-1)|-1}}{1^{(\mu 2-1)|1}}.d^{\mu 2}R_2.d^{m-1-\mu 1-\mu 2}\left((1+n3).R_3^{n3}.dR_3\right)\right\}\right\} =$$

$$= (1+n1)(1+n2)(1+n3) . \Sigma_{\mu 1} \left\{ \frac{(m-1)^{(\mu 1-1)|-1}}{1^{(\mu 1-1)|1}} . d^{\mu 1} R_1 \times \right.$$

$$\times \Sigma_{\mu 2} \left\{ \frac{(m-1-\mu 1)^{(\mu 2-1)|-1}}{1^{(\mu 2-1)|1}} . d^{\mu 2} R_2 . \left(d^{m-1-\mu 1-\mu 2} R_3^{n3} . dR_3 + \right.\right.$$

$$\left.\left.\left. + \frac{(m-1-\mu 1-\mu 2)}{1} . d^{m-2-\mu 1-\mu 2} R_3^{n3} . d^2 R_3 + \text{etc., etc.} \right) \right\} \right\} ;$$

ou bien ... (332)^{v}

$$d^m F^{q1.(1+q2.(1+q3.(1+n3)))} = (1+n1)(1+n2)(1+n3) \times$$

$$\times \Sigma_{\mu 1} \left\{ \frac{(m-1)^{(\mu 1-1)|-1}}{1^{(\mu 1-1)|1}} . d^{\mu 1} R_1 . \Sigma_{\mu 2} \left\{ \frac{(m-1-\mu 1)^{(\mu 2-1)|-1}}{1^{(\mu 2-1)|1}} . d^{\mu 2} R_2 \times \right.\right.$$

$$\left.\left.\left. \times \Sigma_{\mu 3} \left\{ \frac{(m-1-\mu 1-\mu 2)^{(\mu 3-1)|-1}}{1^{(\mu 3-1)|1}} . d^{m-\mu 1-\mu 2-\mu 3} R_3^{n3} . d^{\mu 3} R_3 \right\} \right\} \right\} ,$$

en dénotant par la caractéristique $\Sigma_{\mu 3}$ la somme des termes correspondans aux valeurs entières positives de l'indice $\mu 3$, depuis $\mu 3 = 1$ inclusivement. Et, substituant de même successivement, dans les exposans, les valeurs de $n3, n4, n5, \ldots n(\omega-2)$, savoir, $q4.(1+n4)$, $q5.(1+n5)$, $q6.(1+n6)$, ... $q(\omega-1).(1+n(\omega-1))$, on obtiendra, non par induction, mais par la nature de cette génération différentielle, l'expression achevée suivante ... (333)

$$d^m F^{(r1+r2+r3+r4\ldots+r\omega)} =$$

$$= (1+n1)(1+n2)(1+n3)(1+n4) \ldots (1+n\omega) \times$$

$$\times \underset{(1)}{\Sigma_{\mu 1}} \left\{ \frac{(m-1)^{(\mu 1-1)|-1}}{1^{(\mu 1-1)|1}} . d^{\mu 1} R_1 . \underset{(2)}{\Sigma_{\mu 2}} \left\{ \frac{(m-1-\mu 1)^{(\mu 2-1)|-1}}{1^{(\mu 2-1)|1}} . d^{\mu 2} R_2 \times \right.\right.$$

$$\times \underset{(3)}{\Sigma_{\mu 3}} \left\{ \frac{(m-1-\mu 1-\mu 2)^{(\mu 3-1)|-1}}{1^{(\mu 3-1)|1}} . d^{\mu 3} R_3 . \underset{(4)}{\Sigma_{\mu 4}} \left\{ \frac{(m-1-\mu 1-\mu 2-\mu 3)^{(\mu 4-1)|-1}}{1^{(\mu 4-1)|1}} . d^{\mu 4} R_4 \times \right.\right.$$

$$\times \underset{(5)}{\Sigma_{\mu 5}} \left\{ \ldots . \underset{(\omega-1)}{\Sigma_{\mu(\omega-1)}} \left\{ \frac{(m-1-\mu 1-\mu 2-\mu 3\ldots-\mu(\omega-2))^{(\mu(\omega-1)-1)|-1}}{1^{(\mu(\omega-1)-1)|1}} . d^{\mu(\omega-1)} R_{\omega-1} \times \right.\right.$$

$$\left. \times\, d^{m-\mu 1-\mu 2-\mu 3\ldots-\mu(\omega-1)} R_{\omega-1}^{n(\omega-1)} \right\}_{(\omega-1)} \ldots \Big\}_{(5)} \Big\}_{(4)} \Big\}_{(3)} \Big\}_{(2)} \Big\}_{(1)} ;$$

en distinguant par les indices (1), (2), (3), (4), ... ($\omega - 1$), l'ordre et la correspondance des accolades, et en dénotant généralement par la caractéristique $\Sigma_{\mu\rho}$ la somme des termes correspondans aux valeurs entières positives de l'indice $\mu\rho$, depuis $\mu\rho = 1$ inclusivement.

Ainsi, remettant dans cette expression définitive les valeurs de

$$R_1, \quad R_2, \quad R_3, \quad \ldots \quad R_{\omega-1}, \quad R_{\omega-1}^{n(\omega-1)},$$

qui sont respectivement

$$F^{r1}, \quad F^{r2}, \quad F^{r3}, \quad \ldots \quad F^{r(\omega-1)}, \quad F^{r\omega},$$

cette expression, en y faisant $x = 0$ et en la divisant par $1^{m|1}$, sera, en vertu de l'identité philosophique (206), une loi nouvelle de la génération du coefficient ... (333)′

$$F^{(r1+r2+r3\ldots+r\omega)}\mathfrak{f}(1+m)$$

pour le développement de la puissance $(r1 + r2 + r3 \ldots + r\omega)$ du polynome (330), moyennant les coefficiens pris dans les développemens des puissances composantes (330)′, quels que soient les exposans $r1$, $r2$, $r3$, ... $r\omega$. — Si l'on comparait donc cette loi (333)′ avec la loi pareille (317)″, on aurait déjà, du moins en principe, la relation générale demandée entre les coefficiens (330)″. — Mais, sous cette première forme, provenant de l'expression (333), on aurait des différentielles négatives, en prenant, comme cela est requis par les caractéristiques Σ, tous les nombres entiers positifs pour les indices $\mu1$, $\mu2$, $\mu3$, ... $\mu(\omega - 1)$; de sorte qu'il faudrait d'abord revenir aux intégrales, ce qui laisse encore imparfaite cette première forme de la relation générale demandée. Pour lui donner sa dernière perfection, il faut considérer séparément les termes dans lesquels les différentielles sont de l'ordre zéro; nous allons donc revenir sur les expressions consécutives (332)′, (332)‴, (332)ᵛ, etc., et, en détachant ces termes où les différentielles sont de l'ordre zéro, nous obtiendrons une expression définitive nouvelle qui ne contiendra plus que des différentielles positives. La voici.

Observons d'abord que ... (334)

$$R_1^{n1} = F^{(r2+r3+r4\ldots+r\omega)}$$
$$R_2^{n2} = F^{(r3+r4\ldots+r\omega)}$$
$$R_3^{n3} = F^{(r4+r5\ldots+r\omega)}$$
$$\cdots\cdots\cdots$$
$$R_{\omega-1}^{n(\omega-1)} = F^{r\omega};$$

et de plus que ... (334)'

$$(1+n1) = \frac{r1+r2+r3\ldots+r\omega}{r1}$$
$$(1+n2) = \frac{r2+r3+r4\ldots+r\omega}{r2}$$
$$(1+n3) = \frac{r3+r4\ldots+r\omega}{r3}$$
$$\cdots\cdots\cdots$$
$$(1+n(\omega-1)) = \frac{r(\omega-1)+r\omega}{r(\omega-1)}.$$

Et, pour abréger les expressions, faisons ... (335)

$$M_1 = \frac{(m-1)^{(\mu1-1)|-1}}{1^{(\mu1-1)|1}}$$
$$M_2 = \frac{(m-1-\mu1)^{(\mu2-1)|-1}}{1^{(\mu2-1)|1}}$$
$$M_3 = \frac{(m-1-\mu1-\mu2)^{(\mu3-1)|-1}}{1^{(\mu3-1)|1}}$$
$$\cdots\cdots\cdots$$
$$M_\rho = \frac{(m-1-\mu1-\mu2-\mu3\ldots-\mu(\rho-1))^{(\mu\rho-1)|-1}}{1^{(\mu\rho-1)|1}};$$

et de plus ... (335)′

$$P_{\omega}^{(1)} = \frac{r1 + r2 + r3 \ldots + r\omega}{r1}$$

$$P_{\omega}^{(2)} = P_{\omega}^{(1)} \cdot \frac{r2 + r3 + r4 \ldots + r\omega}{r2}$$

$$P_{\omega}^{(3)} = P_{\omega}^{(2)} \cdot \frac{r3 + r4 \ldots + r\omega}{r3}$$

. . . .

$$P_{\omega}^{(\omega-1)} = P_{\omega}^{(\omega-2)} \cdot \frac{r(\omega-1) + r\omega}{r(\omega-1)}.$$

Avec ces préparations, nous obtiendrons les résultats suivans. — En premier lieu, dans l'expression (332)′, le terme qui contient la différentielle de l'ordre zéro, est ... (336)

$$P_{\omega}^{(1)} \cdot M_1 \cdot d^{\mu 1} F^{r1} \cdot d^{0} F^{(r2 + r3 + r4 \ldots + r\omega)};$$

l'indice $\mu 1$ étant ici $= m$. En second lieu, dans l'expression (332)‴, le terme pareil qui contient la différentielle de l'ordre zéro, est ... (336)′

$$P_{\omega}^{(2)} \cdot Agr. \left\{ M_1 M_2 \cdot d^{\mu 1} F^{r1} \cdot d^{\mu 2} F^{r2} \right\} \cdot d^{0} F^{(r3 + r4 \ldots + r\omega)};$$

en dénotant par *Agr.* l'agrégat des termes correspondans aux valeurs entières positives, depuis l'unité inclusivement, des indices $\mu 1$ et $\mu 2$, qui satisfont à l'équation

$$m = \mu 1 + \mu 2.$$

En troisième lieu, dans l'expression (332)^{v}, le terme qui contient la différentielle de l'ordre zéro, est ... (336)″

$$P_{\omega}^{(3)} \cdot Agr. \left\{ M_1 M_2 M_3 \cdot d^{\mu 1} F^{r1} \cdot d^{\mu 2} F^{r2} \cdot d^{\mu 3} F^{r3} \right\} \cdot d^{0} F^{(r4 + r5 \ldots + r\omega)};$$

en dénotant ici par *Agr.* l'agrégat des termes correspondans aux valeurs entières positives, depuis l'unité inclusivement, des indices $\mu 1$, $\mu 2$ et $\mu 3$, qui satisfont à l'équation

$$m = \mu 1 + \mu 2 + \mu 3.$$

Et, ainsi de suite jusqu'à l'expression achevée (333), dans laquelle le terme pareil qui contient la différentielle de l'ordre zéro, est ... (336)‴

$$P_{\omega}^{(\omega-1)} . Agr. \left\{ \begin{array}{l} M_1 . M_2 . M_3 \ldots . M_{\omega-1} \times \\ \times\ d^{\mu 1} F^{r1} . d^{\mu 2} F^{r2} . d^{\mu 3} F^{r3} \ldots . d^{\mu(\omega-1)} F^{r(\omega-1)} \end{array} \right\} . d^{0} F^{r\omega};$$

en dénotant par *Agr.* l'agrégat des termes correspondans aux valeurs entières positives, depuis l'unité inclusivement, des indices $\mu 1$, $\mu 2$, $\mu 3$, ... $\mu(\omega-1)$, qui satisfont à l'équation

$$m = \mu 1 + \mu 2 + \mu 3 \ldots . + \mu(\omega-1).$$

Or, ayant détaché de cette manière, dans les formules génératrices de l'expression achevée (333), les termes qui contiennent les différentielles de l'ordre zéro, ce qui reste dans cette expression (333), est évidemment ... (336)^{IV}

$$P_{\omega}^{(\omega-1)} . Agr. \left\{ \begin{array}{l} M_1 . M_2 . M_3 \ldots M_{\omega-1} \times \\ \times\ d^{\mu 1} F^{r1} . d^{\mu 2} F^{r2} . d^{\mu 3} F^{r3} \ldots d^{\mu(\omega-1)} F^{r(\omega-1)} . d^{\mu\omega} F^{r\omega} \end{array} \right\};$$

en dénotant ici par *Agr.* l'agrégat des termes correspondans aux valeurs entières positives, depuis l'unité inclusivement, des indices $\mu 1$, $\mu 2$, $\mu 3$, ... $\mu\omega$, qui satisfont à l'équation

$$m = \mu 1 + \mu 2 + \mu 3 \ldots . + \mu\omega.$$

Donc, réunissant ces différens résultats (336), (336)′, (336)″, ... (336)‴, et (336)^{IV}, l'expression achevée mais encore imparfaite (333), prendra définitivement la forme parfaite suivante ... (337)

$$d^m F^{(r1+r2+r3\ldots+r\omega)} =$$

$$= P_\omega^{(1)} . Agr.^{(m,1)\mu} \left\{ M_1 . d^{\mu 1} F^{r1} \right\} . F^{(r2+r3+r4\ldots+r\omega)}$$

$$+ P_\omega^{(2)} . Agr.^{(m,2)\mu} \left\{ M_1 . M_2 . d^{\mu 1} F^{r1} . d^{\mu 2} F^{r2} \right\} . F^{(r3+r4\ldots+r\omega)}$$

$$+ P_\omega^{(3)} . Agr.^{(m,3)\mu} \left\{ M_1 . M_2 . M_3 . d^{\mu 1} F^{r1} . d^{\mu 2} F^{r2} . d^{\mu 3} F^{r3} \right\} . F^{(r4+r5\ldots+r\omega)} .$$

. . . .

$$+ P_\omega^{(\omega-1)} . Agr.^{(m,\omega-1)\mu} \left\{ \begin{array}{l} (M_1 . M_2 . M_3 \ldots M_{\omega-1}) \times \\ \times\, d^{\mu 1} F^{r1} . d^{\mu 2} F^{r2} . d^{\mu 3} F^{r3} \ldots d^{\mu(\omega-1)} F^{r(\omega-1)} \end{array} \right\} . F^{r\omega}$$

$$+ P_\omega^{(\omega-1)} . Agr.^{(m,\omega)\mu} \left\{ \begin{array}{l} (M_1 . M_2 . M_3 \ldots M_{\omega-1}) \times \\ \times\, d^{\mu 1} F^{r1} . d^{\mu 2} F^{r2} . d^{\mu 3} F^{r3} \ldots d^{\mu(\omega-1)} F^{r(\omega-1)} . d^{\mu\omega} F^{r\omega} \end{array} \right\} ;$$

en dénotant généralement par la caractéristique $Agr.^{(m,\rho)\mu}$ l'agrégat des termes correspondans aux valeurs entières positives, depuis l'unité inclusivement, des indices $\mu 1$, $\mu 2$, $\mu 3, \ldots \mu\rho$, qui satisfont à l'équation ... (337)'

$$m = \mu 1 + \mu 2 + \mu 3 \ldots + \mu\rho .$$

Voici les réductions ultérieures de cette expression (337). — Pour l'agrégat $Agr.^{(m,1)\mu}$, on a l'équation $m = \mu 1$; et il viendra ... (338)

$$M_1 = \frac{(m-1)^{(m-1)|-1}}{1^{(m-1)|1}} = 1 .$$

Pour l'agrégat $Agr.^{(m,2)\mu}$, on a l'équation $m = \mu 1 + \mu 2$; et il viendra

$$M_2 = \frac{(m-1-\mu 1)^{(m-1-\mu 1)|-1}}{1^{(\mu 2-1)|1}} = \frac{1^{(m-1-\mu 1)|1}}{1^{(\mu 2-1)|1}},$$

$$M_1 = \frac{(m-1)^{(m-1-\mu 2)|-1}}{1^{(\mu 1-1)|1}} = \frac{(m-1)^{(m-1)|-1} . 0^{-\mu 2|-1}}{1^{(\mu 1-1)|1}} =$$

$$= \frac{1^{(m-1)|1}}{1^{(\mu 1-1)|1} . \mu 2^{\mu 2|-1}} = \frac{1^{(m-1)|1}}{1^{(\mu 1-1)|1} . 1^{\mu 2|1}} = \frac{1^{(m-1)|1}}{1^{(\mu 1-1)|1} . 1^{(m-\mu 1)|1}};$$

et par conséquent ... (338)′

$$M_1 . M_2 = \frac{1^{m|1}}{1^{\mu 1|1} . 1^{\mu 2|1}} . \frac{\mu 1 . \mu 2}{m(m - \mu 1)}.$$

Pour l'agrégat $Agr.^{(m,3)}\mu$, on a l'équation $m = \mu 1 + \mu 2 + \mu 3$; et il viendra

$$M_3 = \frac{(m - 1 - \mu 1 - \mu 2)^{(m-1-\mu 1-\mu 2)|-1}}{1^{(\mu 3-1)|1}} = \frac{1^{(m-1-\mu 1-\mu 2)|1}}{1^{(\mu 3-1)|1}},$$

$$M_2 = \frac{(m - 1 - \mu 1)^{(m-1-\mu 1-\mu 3)|-1}}{1^{(\mu 2-1)|1}} = \frac{(m - 1 - \mu 1)^{(m-1-\mu 1)|-1} . 0^{-\mu 3|-1}}{1^{(\mu 2-1)|1}} =$$

$$= \frac{1^{(m-1-\mu 1)|1}}{1^{(\mu 2-1)|1} . \mu 3^{\mu 3|-1}} = \frac{1^{(m-1-\mu 1)|1}}{1^{(\mu 2-1)|1} . 1^{(m-\mu 1-\mu 2)|1}},$$

$$M_1 = \frac{(m - 1)^{(m-1-\mu 2-\mu 3)|-1}}{1^{(\mu 1-1)|1}} = \frac{(m - 1)^{(m-1)|-1} . 0^{-(\mu 2+\mu 3)|-1}}{1^{(\mu 1-1)|1}} =$$

$$= \frac{1^{(m-1)|1}}{1^{(\mu 1-1)|1} . 1^{(\mu 2+\mu 3)|1}} = \frac{1^{(m-1)|1}}{1^{(\mu 1-1)|1} . 1^{(m-\mu 1)|1}};$$

et par conséquent ... (338)″

$$M_1 . M_2 . M_3 = \frac{1^{m|1}}{1^{\mu 1|1} . 1^{\mu 2|1} . 1^{\mu 3|1}} . \frac{\mu 1 . \mu 2 . \mu 3}{m(m - \mu 1)(m - \mu 1 - \mu 2)}.$$

Et, en général, pour l'agrégat $Agr.^{(m,\rho)}\mu$, on a l'équation

$$m = \mu 1 + \mu 2 + \mu 3 \ldots \mu\rho;$$

et il viendra

$$M_\rho = \frac{(m - 1 - \mu 1 - \mu 2 \ldots - \mu(\rho - 1))^{(m-1-\mu 1-\mu 2 \ldots -\mu(\rho-1))|-1}}{1^{(\mu\rho-1)|1}} =$$

$$= \frac{1^{(m-1-\mu 1-\mu 2 \ldots -\mu(\rho-1))|1}}{1^{(\mu\rho-1)|1}},$$

$$M_{\rho-1} = \frac{(m-1-\mu 1-\mu 2\ldots-\mu(\rho-2))^{(m-1-\mu 1-\mu 2\ldots-\mu(\rho-2)-\mu\rho)|-1}}{1^{(\mu(\rho-1)-1)|1}} =$$

$$= \frac{1^{(m-1-\mu 1-\mu 2\ldots-\mu(\rho-2))|1}\cdot 0^{-\mu\rho|-1}}{1^{(\mu(\rho-1)-1)|1}} =$$

$$= \frac{1^{(m-1-\mu 1-\mu 2\ldots-\mu(\rho-2))|1}}{1^{(\mu(\rho-1)-1)|1}\cdot 1^{(m-\mu 1-\mu 2\ldots-\mu(\rho-1))|1}},$$

$$M_{\rho-2} = \frac{(m-1-\mu 1-\mu 2\ldots-\mu(\rho-3))^{(m-1-\mu 1-\mu 2\ldots-\mu(\rho-3)-\mu(\rho-1)-\mu\rho)|-1}}{1^{(\mu(\rho-2)-1)|1}} =$$

$$= \frac{1^{(m-1-\mu 1-\mu 2\ldots-\mu(\rho-3))|1}\cdot 0^{-(\mu(\rho-1)+\mu\rho)|-1}}{1^{(\mu(\rho-2)-1)|1}} =$$

$$= \frac{1^{(m-1-\mu 1-\mu 2\ldots-\mu(\rho-3))|1}}{1^{(\mu(\rho-2)-1)|1}\cdot 1^{(m-\mu 1-\mu 2\ldots-\mu(\rho-2))|1}},$$

. . . .

$$M_2 = \frac{(m-1-\mu 1)^{(m-1-\mu 1-\mu 3-\mu 4\ldots-\mu\rho)|-1}}{1^{(\mu 2-1)|1}} =$$

$$= \frac{1^{(m-1-\mu 1)|1}\cdot 0^{-(\mu 3+\mu 4\ldots+\mu\rho)|-1}}{1^{(\mu 2-1)|1}} = \frac{1^{(m-1-\mu 1)|1}}{1^{(\mu 2-1)|1}\cdot 1^{(\mu 3+\mu 4\ldots+\mu\rho)|1}} =$$

$$= \frac{1^{(m-1-\mu 1)|1}}{1^{(\mu 2-1)|1}\cdot 1^{(m-\mu 1-\mu 2)|1}},$$

$$M_1 = \frac{(m-1)^{(m-1-\mu 2-\mu 3-\mu 4\ldots-\mu\rho)|-1}}{1^{(\mu 1-1)|1}} =$$

$$= \frac{1^{(m-1)|1}\cdot 0^{-(\mu 2+\mu 3+\mu 4\ldots+\mu\rho)|-1}}{1^{(\mu 1-1)|1}} = \frac{1^{(m-1)|1}}{1^{(\mu 1-1)|1}\cdot 1^{(\mu 2+\mu 3\ldots+\mu\rho)|1}} =$$

$$= \frac{1^{(m-1)|1}}{1^{(\mu 1-1)|1}\cdot 1^{(m-\mu 1)|1}};$$

et par conséquent … (338)‴

$$M_1 . M_2 . M_3 \ldots M_\rho =$$

$$= \frac{1^{m|1}}{1^{\mu 1|1} . 1^{\mu 2|1} . 1^{\mu 3|1} \ldots 1^{\mu\rho|1}} \times$$

$$\times \frac{\mu 1 . \mu 2 . \mu 3 \ldots \mu\rho}{m(m-\mu 1)(m-\mu 1-\mu 2)(m-\mu 1-\mu 2-\mu 3) \ldots (m-\mu 1-\mu 2-\mu 3 \ldots -\mu(\rho-1))}.$$

De plus, pour le même agrégat général $Agr.^{(m,\rho)\mu}$, on a évidemment $M_\rho = 1$; donc, pour ce même agrégat, l'expression $(338)'''$ est aussi ... $(338)^{IV}$

$$M_1 . M_2 . M_3 \ldots M_{\rho-1} =$$

$$= \frac{1^{m|1}}{1^{\mu 1|1} . 1^{\mu 2|1} . 1^{\mu 3|1} \ldots 1^{\mu\rho|1}} \times$$

$$\times \frac{\mu 1 . \mu 2 . \mu 3 \ldots \mu\rho}{m(m-\mu 1)(m-\mu 1-\mu 2)(m-\mu 1-\mu 2-\mu 3) \ldots (m-\mu 1-\mu 2-\mu 3 \ldots -\mu(\rho-1))}.$$

Si l'on fait donc généralement ... (339)

$$N_1 = \frac{\mu 1}{m}$$

$$N_2 = \frac{\mu 1 . \mu 2}{m(m-\mu 1)}$$

$$N_3 = \frac{\mu 1 . \mu 2 . \mu 3}{m(m-\mu 1)(m-\mu 1-\mu 2)}$$

$$N_4 = \frac{\mu 1 . \mu 2 . \mu 3 . \mu 4}{m(m-\mu 1)(m-\mu 1-\mu 2)(m-\mu 1-\mu 2-\mu 3)}$$

. . . .

$$N_\rho = \frac{\mu 1 . \mu 2 . \mu 3 . \mu 4 \ldots \mu\rho}{m(m-\mu 1)(m-\mu 1-\mu 2)(m-\mu 1-\mu 2-\mu 3) \ldots (m-\mu 1-\mu 2-\mu 3 \ldots -\mu(\rho-1))};$$

et si l'on substitue les valeurs (338), $(338)'$, $(338)''$, et en général

$(338)'''$ et $(338)^{\text{IV}}$, dans l'expression (337), cette expression, divisée par $1^{m|1}$, se réduira à celle-ci ... (340)

$$\frac{d^m F^{(r1+r2+r3\ldots+r\omega)}}{1^{m|1}} =$$

$$= P_\omega^{(1)} . Agr.^{(m,1)\mu} \left\{ N_1 . \frac{d^{\mu 1} F^{r1}}{1^{\mu 1|1}} \right\} . F^{(r2+r3+r4\ldots+r\omega)}$$

$$+ P_\omega^{(2)} . Agr.^{(m,2)\mu} \left\{ N_2 . \frac{d^{\mu 1} F^{r1}}{1^{\mu 1|1}} . \frac{d^{\mu 2} F^{r2}}{1^{\mu 2|1}} \right\} . F^{(r3+r4\ldots+r\omega)}$$

$$+ P_\omega^{(3)} . Agr.^{(m,3)\mu} \left\{ N_3 . \frac{d^{\mu 1} F^{r1}}{1^{\mu 1|1}} . \frac{d^{\mu 2} F^{r2}}{1^{\mu 2|1}} . \frac{d^{\mu 3} F^{r3}}{1^{\mu 3|1}} \right\} . F^{(r4+r5\ldots+r\omega)}$$

. . . .

$$+ P_\omega^{(\omega-1)} . Agr.^{(m,\omega-1)\mu} \left\{ N_{\omega-1} . \frac{d^{\mu 1} F^{r1}}{1^{\mu 1|1}} . \frac{d^{\mu 2} F^{r2}}{1^{\mu 2|1}} . \frac{d^{\mu 3} F^{r3}}{1^{\mu 3|1}} \ldots \frac{d^{\mu(\omega-1)} F^{r(\omega-1)}}{1^{\mu(\omega-1)|1}} \right\} . F^{r\omega}$$

$$+ P_\omega^{(\omega-1)} . Agr.^{(m,\omega)\mu} \left\{ N_\omega . \frac{d^{\mu 1} F^{r1}}{1^{\mu 1|1}} . \frac{d^{\mu 2} F^{r2}}{1^{\mu 2|1}} . \frac{d^{\mu 3} F^{r3}}{1^{\mu 3|1}} \ldots . \frac{d^{\mu\omega} F^{r\omega}}{1^{\mu\omega|1}} \right\} .$$

Or, si dans cette relation des différentielles des puissances de la fonction F dont il s'agit, on fait zéro la variable x, et si, en vertu de l'identité philosophique (206), on substitue alors, à la place de ces différentielles des puissances, les coefficiens du développement de ces dernières, l'expression (340) deviendra ... (341)

$$F^{(r1+r2+r3\ldots+r\omega)} \mathfrak{f}(1+m) =$$

$$= P_\omega^{(1)} . Agr.^{(m,1)\mu} \left\{ N_1 . F^{r1} \mathfrak{f}(1+\mu 1) \right\} . (F\mathfrak{f}1)^{(r2+r3+r4\ldots+r\omega)}$$

$$+ P_\omega^{(2)} . Agr.^{(m,2)\mu} \left\{ N_2 . F^{r1} \mathfrak{f}(1+\mu 1) . F^{r2} \mathfrak{f}(1+\mu 2) \right\} . (F\mathfrak{f}1)^{(r3+r4\ldots+r\omega)}$$

$$+ P_\omega^{(3)} . Agr.^{(m,3)\mu} \left\{ N_3 . F^{r1} \mathfrak{f}(1+\mu 1) . F^{r2} \mathfrak{f}(1+\mu 2) . F^{r3} \mathfrak{f}(1+\mu 3) \right\} . (F\mathfrak{f}1)^{(r4+r5\ldots+r\omega)}$$

. . . .

$$+ P_{\omega}^{(\omega-1)} . Agr.^{(m,\omega-1)\mu} \left\{ \begin{array}{l} N_{\omega-1} . F^{r1} \mathfrak{k}(1+\mu 1) . F^{r2} \mathfrak{k}(1+\mu 2) . F^{r3} \mathfrak{k}(1+\mu 3) \times \\ \times F^{r4} \mathfrak{k}(1+\mu 4) \ldots . F^{r(\omega-1)} \mathfrak{k}(1+\mu(\omega-1)) \end{array} \right\} . (F \mathfrak{k} 1)^{r\omega}$$

$$+ P_{\omega}^{(\omega-1)} . Agr.^{(m,\omega)\mu} \left\{ \begin{array}{l} N_{\omega} . F^{r1} \mathfrak{k}(1+\mu 1) . F^{r2} \mathfrak{k}(1+\mu 2) . F^{r3} \mathfrak{k}(1+\mu 3) \times \\ \times F^{r4} \mathfrak{k}(1+\mu 4) \ldots . F^{r\omega} \mathfrak{k}(1+\mu\omega) \end{array} \right\} ;$$

la caractéristique $Agr.^{(m,\rho)\mu}$ dénotant toujours généralement l'agrégat des termes correspondans à toutes les valeurs entières positives, depuis l'unité inclusivement, des indices $\mu 1$, $\mu 2$, $\mu 3$, ... $\mu\rho$, qui satisfont à l'équation

$$m = \mu 1 + \mu 2 + \mu 3 \ldots + \mu\rho.$$

Nous avons donc, dans l'expression (341), une loi nouvelle pour la génération des coefficiens d'une puissance quelconque $(r1 + r2 + r3 \ldots + r\omega)$ du polynome F, savoir, du polynome (330), moyennant les coefficiens des puissances composantes $r1$, $r2$, $r3$, ... $r\omega$ du même polynome F, savoir, des puissances (330)'; quels que soient ces exposans composans $r1$, $r2$, $r3$, ... $r\omega$. Et, cette loi est le complément du système de lois pareilles que nous avons déduites plus haut jusqu'à la marque (327)'', c'est-à-dire, le complément du système dans lequel la détermination des coefficiens pour les développemens des puissances des polynomes, est immédiate, ces coefficiens étant donnés les uns indépendamment des autres, ou chacun par lui-même. — Pour en venir maintenant à la relation générale qui existe entre les coefficiens des puissances des polynomes et qui est proprement ce que nous nous sommes proposé de découvrir ici, observons que les coefficiens de la puissance $F^{r\omega}$ ne se trouvent que dans le dernier terme de l'expression (341); et, en conséquence, développons ce dernier terme, de manière à en dégager ces coefficiens de la puissance $F^{r\omega}$. Mais, observons encore auparavant que, pour l'agrégat $Agr.^{(m,\omega)_\mu}$ qui constitue ce dernier terme, on a l'équation

$$m = \mu 1 + \mu 2 + \mu 3 \ldots + \mu\omega,$$

qui donne $\mu\omega = (m - \mu 1 - \mu 2 - \mu 3 \ldots - \mu(\omega - 1))$, et qui, en vertu des formules (339), rend, dans cet agrégat, la quantité N_ω égale à la quantité $N_{\omega-1}$. Ainsi, le dernier terme de l'expression (341), étant développé par rapport aux coefficiens de la puissance $F^{r\omega}$, sera ... (342)

$$P_\omega^{(\omega-1)} . Agr.^{(m,\omega)_\mu} \left\{ \begin{array}{l} N_\omega . F^{r1} \mathfrak{F}(1 + \mu 1) . F^{r2} \mathfrak{F}(1 + \mu 2) . F^{r3} \mathfrak{F}(1 + \mu 3) \times \\ \times F^{r4} \mathfrak{F}(1 + \mu 4) \ldots . F^{r\omega} \mathfrak{F}(1 + \mu\omega) \end{array} \right\} =$$

$$= P_\omega^{(\omega-1)} . F^{r\omega} \mathfrak{F}(m+2-\omega) . Agr.^{(\omega-1,\omega-1)_\mu} \left\{ \begin{array}{l} N_{\omega-1} . F^{r1} \mathfrak{F}(1+\mu 1) . F^{r2} \mathfrak{F}(1+\mu 2) \times \\ \times F^{r3} \mathfrak{F}(1+\mu 3) \ldots . F^{r(\omega-1)} \mathfrak{F}(1+\mu(\omega-1)) \end{array} \right\}$$

$$+ P_\omega^{(\omega-1)} . F^{r\omega} \mathfrak{F}(m+1-\omega) . Agr.^{(\omega,\omega-1)_\mu} \left\{ \begin{array}{l} N_{\omega-1} . F^{r1} \mathfrak{F}(1+\mu 1) . F^{r2} \mathfrak{F}(1+\mu 2) \times \\ \times F^{r3} \mathfrak{F}(1+\mu 3) \ldots . F^{r(\omega-1)} \mathfrak{F}(1+\mu(\omega-1)) \end{array} \right\}$$

$$+ P_\omega^{(\omega-1)} . F^{r\omega} \mathfrak{F}(m+0-\omega) . Agr.^{(\omega+1,\omega-1)_\mu} \left\{ \begin{array}{l} N_{\omega-1} . F^{r1} \mathfrak{F}(1+\mu 1) . F^{r2} \mathfrak{F}(1+\mu 2) \times \\ \times F^{r3} \mathfrak{F}(1+\mu 3) \ldots . F^{r(\omega-1)} \mathfrak{F}(1+\mu(\omega-1)) \end{array} \right\}$$

$$+ P_\omega^{(\omega-1)} . F^{r\omega} \mathfrak{F}(m-1-\omega) . Agr.^{(\omega+2,\omega-1)_\mu} \left\{ \begin{array}{l} N_{\omega-1} . F^{r1} \mathfrak{F}(1+\mu 1) . F^{r2} \mathfrak{F}(1+\mu 2) \times \\ \times F^{r3} \mathfrak{F}(1+\mu 3) \ldots . F^{r(\omega-1)} \mathfrak{F}(1+\mu(\omega-1)) \end{array} \right\}$$

. . . .

$$+ P_\omega^{(\omega-1)} . F^{r\omega} \mathfrak{F}(2) . Agr.^{(m-1,\omega-1)_\mu} \left\{ \begin{array}{l} N_{\omega-1} . F^{r1} \mathfrak{F}(1+\mu 1) . F^{r2} \mathfrak{F}(1+\mu 2) \times \\ \times F^{r3} \mathfrak{F}(1+\mu 3) \ldots . F^{r(\omega-1)} \mathfrak{F}(1+\mu(\omega-1)) \end{array} \right\};$$

la caractéristique générale $Agr.^{(\varpi,\sigma)_\mu}$ dénotant toujours l'agrégat des termes qui correspondent aux valeurs entières positives, depuis l'unité inclusivement, des indices $\mu 1$, $\mu 2$, $\mu 3$, ... $\mu\sigma$, données par l'équation

$$\varpi = \mu 1 + \mu 2 + \mu 3 \ldots + \mu\sigma.$$

Si on fait donc généralement ... (343)

$$Agr\,[\varpi, \sigma]_\mu = Agr.^{(\varpi,\sigma)_\mu} \left\{ \begin{array}{l} N_\sigma \,.\, F^{r1}\,\mathfrak{f}(1+\mu 1)\,.\,F^{r2}\,\mathfrak{f}(1+\mu 2) \times \\ \times\, F^{r3}\,\mathfrak{f}(1+\mu 3) \ldots . F^{r\sigma}\,\mathfrak{f}(1+\mu\sigma) \end{array} \right\},$$

les quantités N_σ étant toujours données par les formules (339), et si on remarque qu'on a ... (343)'

$$F^n\,\mathfrak{f}1 = (F\mathfrak{f}1)^n,$$

la loi (341) sera ... (344)

$$F^{(r1+r2+r3\ldots+r\omega)}\,\mathfrak{f}(1+m) =$$

$$\begin{aligned}
&= P_\omega^{(1)}\,.\,Agr\,[m, 1]_\mu\,.\,(F\mathfrak{f}1)^{(r2+r3+r4\ldots+r\omega)} \\
&+ P_\omega^{(2)}\,.\,Agr\,[m, 2]_\mu\,.\,(F\mathfrak{f}1)^{(r3+r4\ldots+r\omega)} \\
&+ P_\omega^{(3)}\,.\,Agr\,[m, 3]_\mu\,.\,(F\mathfrak{f}1)^{(r4+r5\ldots+r\omega)} \\
&\ldots\ldots\ldots\ldots\ldots\ldots \\
&+ P_\omega^{(\omega-2)}\,.\,Agr\,[m, \omega-2]_\mu\,.\,(F\mathfrak{f}1)^{(r(\omega-1)+r\omega)} \\
&+ P_\omega^{(\omega-1)}\,.\left\{ \begin{array}{l} F^{r\omega}\,\mathfrak{f}1\,.\,Agr\,[m, \omega-1]_\mu \\ F^{r\omega}\,\mathfrak{f}2\,.\,Agr\,[m-1, \omega-1]_\mu \\ F^{r\omega}\,\mathfrak{f}3\,.\,Agr\,[m-2, \omega-1]_\mu \\ \ldots\ldots\ldots\ldots\ldots\ldots \\ F^{r\omega}\,\mathfrak{f}(m-\omega+2)\,.\,Agr\,[\omega-1, \omega-1]_\mu \end{array} \right\};
\end{aligned}$$

en observant qu'en vertu de la notation (343), on doit considérer $Agr\,[\varpi, \sigma]_\mu$ comme zéro, lorsque l'indice ϖ est plus petit que l'indice σ.

Revenons maintenant à la loi pareille que nous avons fixée plus haut, à la marque (317)'', donnant également la génération des coefficiens de la puissance composée $(r1+r2+r3\ldots+r\omega)$ du polynome

F, moyennant les coefficiens des puissances composantes $r1$, $r2$, $r3$, ... $r\omega$ du même polynome F. — Or, cette autre loi (317)'' est... (345)

$$F^{(r1+r2+r3\,\ldots\,+r\omega)}\mathfrak{P}(1+m) =$$

$$= Agr.^{(m,\omega)_\rho}\left\{F^{r1}\mathfrak{P}(1+\rho1).F^{r2}\mathfrak{P}(1+\rho2).F^{r3}\mathfrak{P}(1+\rho3)\ldots.F^{r\omega}\mathfrak{P}(1+\rho\omega)\right\};$$

la caractéristique $Agr.^{(m,\omega)_\rho}$ désignant ici l'agrégat des termes qui correspondent aux valeurs entières, y compris zéro, des indices $\rho1$, $\rho2$, $\rho3$, ... $\rho\omega$, données par l'équation

$$m = \rho1 + \rho2 + \rho3\,\ldots + \rho\omega.$$

Et, développant en partie cet agrégat, pour en dégager les coefficiens de la puissance $F^{r\omega}$, on aura ... (346)

$$F^{(r1+r2+r3\,\ldots\,+r\omega)}\mathfrak{P}(1+m) =$$

$$= F^{r\omega}\mathfrak{P}1\,.\,Agr.^{(m,\omega-1)_\rho}\left\{\begin{array}{l}F^{r1}\mathfrak{P}(1+\rho1).F^{r2}\mathfrak{P}(1+\rho2)\times\\ \times F^{r3}\mathfrak{P}(1+\rho3)\ldots F^{r(\omega-1)}\mathfrak{P}(1+\rho(\omega-1))\end{array}\right\}$$

$$+ F^{r\omega}\mathfrak{P}2\,.\,Agr.^{(m-1,\omega-1)_\rho}\left\{\begin{array}{l}F^{r1}\mathfrak{P}(1+\rho1).F^{r2}\mathfrak{P}(1+\rho2)\times\\ \times F^{r3}\mathfrak{P}(1+\rho3)\ldots F^{r(\omega-1)}\mathfrak{P}(1+\rho(\omega-1))\end{array}\right\}$$

$$+ F^{r\omega}\mathfrak{P}3\,.\,Agr.^{(m-2,\omega-1)_\rho}\left\{\begin{array}{l}F^{r1}\mathfrak{P}(1+\rho1).F^{r2}\mathfrak{P}(1+\rho2)\times\\ \times F^{r3}\mathfrak{P}(1+\rho3)\ldots F^{r(\omega-1)}\mathfrak{P}(1+\rho(\omega-1))\end{array}\right\}$$

. . . .

$$+ F^{r\omega}\mathfrak{P}(1+m)\,.\,Agr.^{(0,\omega-1)_\rho}\left\{\begin{array}{l}F^{r1}\mathfrak{P}(1+\rho1).F^{r2}\mathfrak{P}(1+\rho2)\times\\ \times F^{r3}\mathfrak{P}(1+\rho3)\ldots F^{r(\omega-1)}\mathfrak{P}(1+\rho(\omega-1))\end{array}\right\};$$

la caractéristique $Agr.^{(\varpi,\sigma)_\rho}$ ayant toujours la signification générale d'un agrégat des termes correspondans aux valeurs entières, y compris zéro, des indices $\rho1$, $\rho2$, $\rho3$, ... $\rho\sigma$, qui sont données par l'équation

$$\varpi = \rho1 + \rho2 + \rho3\,\ldots + \rho\sigma.$$

Enfin, si, pour abréger les expressions, comme sous la marque (343), on fait ici ... (347)

$$Agr[\varpi, \sigma]_{\rho} = Agr.^{(\varpi, \sigma)_{\rho}} \left\{ \begin{array}{l} F^{r1}\mathfrak{f}(1+\rho 1) . F^{r2}\mathfrak{f}(1+\rho 2) \times \\ \times F^{r3}\mathfrak{f}(1+\rho 3) \ldots F^{r\sigma}(1+\rho\sigma) \end{array} \right\};$$

et si on remarque qu'on a ... (347)′

$$\begin{aligned} Agr[0, \omega-1]_{\rho} &= F^{r1}\mathfrak{f}1 . F^{r2}\mathfrak{f}1 . F^{r3}\mathfrak{f}1 \ldots . F^{r(\omega-1)}\mathfrak{f}1 = \\ &= (F\mathfrak{f}1)^{(r1+r2+r3\ldots+r(\omega-1))}; \end{aligned}$$

la comparaison des deux lois (344) et (346) donnera la relation générale suivante ... (348)

$$\begin{aligned} & F^{r\omega}\mathfrak{f}(1+m) . (F\mathfrak{f}1)^{(r1+r2+r3\ldots+r(\omega-1))} = \\ = & F^{r\omega}\mathfrak{f}1 . \left\{ P_{\omega}^{(\omega-1)} . Agr[m, \omega-1]_{\mu} - Agr[m, \omega-1]_{\rho} \right\} \\ + & F^{r\omega}\mathfrak{f}2 . \left\{ P_{\omega}^{(\omega-1)} . Agr[m-1, \omega-1]_{\mu} - Agr[m-1, \omega-1]_{\rho} \right\} \\ + & F^{r\omega}\mathfrak{f}3 . \left\{ P_{\omega}^{(\omega-1)} . Agr[m-2, \omega-1]_{\mu} - Agr[m-2, \omega-1]_{\rho} \right\} \\ & \ldots\ldots\ldots\ldots\ldots\ldots\ldots\ldots \\ + & F^{r\omega}\mathfrak{f}m . \left\{ P_{\omega}^{(\omega-1)} . Agr[1, \omega-1]_{\mu} - Agr[1, \omega-1]_{\rho} \right\} \\ & \quad + P_{\omega}^{(1)} . Agr[m, 1]_{\mu} . (F\mathfrak{f}1)^{(r2+r3+r4\ldots+r\omega)} \\ & \quad + P_{\omega}^{(2)} . Agr[m, 2]_{\mu} . (F\mathfrak{f}1)^{(r3+r4\ldots+r\omega)} \\ & \quad + P_{\omega}^{(3)} . Agr[m, 3]_{\mu} . (F\mathfrak{f}1)^{(r4+r5\ldots+r\omega)} \\ & \quad \ldots\ldots\ldots\ldots\ldots\ldots \\ & \quad + P_{\omega}^{(\omega-2)} . Agr[m, \omega-2]_{\mu} . (F\mathfrak{f}1)^{r(\omega-1)+r\omega} . \end{aligned}$$

Et, telle sera la relation générale demandée entre les coefficiens (330)″, pris dans les développemens d'un nombre quelconque ω des puissances

$$F^{r1}, \quad F^{r2}, \quad F^{r3}, \quad \ldots \quad F^{r\omega},$$

depuis $\omega = 2$, jusqu'à $\omega =$ *l'infini;* les exposans $r1$, $r2$, $r3$, ... $r\omega$ étant des quantités quelconques, positives, négatives, entières, fractionnaires, irrationnelles, etc. — On conçoit facilement que cette relation générale des coefficiens des puissances, embrasse l'universalité de la théorie de la graduation, de cet algorithme élémentaire primitif qui est la base de toute fonction; et, par conséquent, on comprendra facilement aussi qu'à l'égard de cette théorie de la graduation, la science se trouve enfin achevée ici par cette loi universelle (348), comme plus haut, à l'égard de la théorie des différentielles, qui est la base de toute sommation infinie, la science s'est trouvée achevée par la loi universelle (278). Nous sommes donc déjà aux termes de la science, dans ce qui concerne ses deux grands élémens, la SOMMATION et la GRADUATION, auxquels, comme le prouve manifestement notre Philosophie entière des Mathématiques, se réduit toute l'Algorithmie. — Mais, revenons à notre question.

Sous la forme sous laquelle se trouve la Loi (348), elle donne sur-le-champ la génération consécutive des coefficiens

$$F^{r\omega}\mathfrak{f}2, \quad F^{r\omega}\mathfrak{f}3, \quad F^{r\omega}\mathfrak{f}4, \quad F^{r\omega}\mathfrak{f}5, \quad \text{etc.}$$

d'une puissance quelconque $F^{r\omega}$, moyennant les coefficiens de toutes autres puissances F^{r1}, F^{r2}, F^{r3}, ... $F^{r(\omega-1)}$. Voici, pour servir d'exemples de la relation générale (348) dont il s'agit, les deux cas les plus simples de cette génération consécutive, savoir, lorsque $\omega = 2$, et lorsque $\omega = 3$.

En premier lieu, lorsque $\omega = 2$, la Loi (348) se réduit à ... (349)

$$F^{r2}\mathfrak{f}(1+m) =$$

$$= \frac{1}{(F\mathfrak{f}1)^{r1}} \cdot \Big\{ F^{r2}\mathfrak{f}1 \cdot \left(P_2^{(1)} \cdot Agr[m, 1]_\mu - Agr[m, 1]_\rho\right)$$

$$+ F^{r2}\mathfrak{f}2 \cdot \left(P_2^{(1)} \cdot Agr[m-1, 1]_\mu - Agr[m-1, 1]_\rho\right)$$

$$+ F^{r2}\mathfrak{f}3 . \left(P_2^{(1)} . Agr[m-2, 1]_\mu - Agr[m-2, 1]_\rho\right)$$

. . . .

$$+ F^{r2}\mathfrak{f}m . \left(P_2^{(1)} . Agr[1, 1]_\mu - Agr[1, 1]_\rho\right)\Big\} .$$

Et, substituant les quantités $P_2^{(1)}$, $Agr[\varpi, 1]_\mu$, et $Agr[\varpi, 1]_\rho$, qui, en vertu des formules $(335)'$, (343), (339), et (347), sont

$$P_2^{(1)} = \frac{r1 + r2}{r1},$$

$$Agr[\varpi, 1]_\mu = Agr.^{(\varpi, 1)\mu}\left\{N_1 . F^{r1}\mathfrak{f}(1 + \mu 1)\right\} = \frac{\varpi}{m} . F^{r1}\mathfrak{f}(1 + \varpi),$$

$$Agr[\varpi, 1]_\rho = Agr.^{(\varpi, 1)\rho}\left\{F^{r1}\mathfrak{f}(1 + \rho 1)\right\} = F^{r1}\mathfrak{f}(1 + \varpi);$$

il viendra ... $(349)'$

$$F^{r2}\mathfrak{f}(1 + m) =$$

$$= \frac{1}{(F\mathfrak{f}1)^{r1}} . \Big\{ F^{r2}\mathfrak{f}1 . F^{r1}\mathfrak{f}(1 + m) . \left(\frac{r1 + r2}{r1} . \frac{m}{m} - 1\right)$$

$$+ F^{r2}\mathfrak{f}2 . F^{r1}\mathfrak{f}(m) . \left(\frac{r1 + r2}{r1} . \frac{m - 1}{m} - 1\right)$$

$$+ F^{r2}\mathfrak{f}3 . F^{r1}\mathfrak{f}(m - 1) . \left(\frac{r1 + r2}{r1} . \frac{m - 2}{m} - 1\right)$$

$$+ F^{r2}\mathfrak{f}4 . F\ \mathfrak{f}(m - 2) . \left(\frac{r1 + r2}{r1} . \frac{m - 3}{m} - 1\right)$$

. . . .

$$+ F^{r2}\mathfrak{f}m . F^{r1}\mathfrak{f}(2) . \left(\frac{r1 + r2}{r1} . \frac{1}{m} - 1\right)\Big\} .$$

C'est là $(349)'$, dans ce cas le plus simple de la loi universelle (348), le beau porisme ou théorème de Kramp, présentant la génération consécutive des coefficiens d'une puissance quelconque F^{r2} du polynome (330), moyennant les coefficiens de toute autre puissance F^{r1}

du même polynome. Et, dans le cas le plus particulier où $r1 = 1$, ce théorème donne celui d'Euler.

En second lieu, lorsque $\omega = 3$, la Loi (348) est ... (350)

$$F^{r3}\mathfrak{p}(1+m) =$$

$$= \frac{1}{(F\mathfrak{p}1)^{r1+r2}} \cdot \Big\{ F^{r3}\mathfrak{p}1 \,.\, \big(P_3^{(2)} \,.\, Agr\,[m,2]_\mu - Agr\,[m,2]_\rho\big)$$

$$+ F^{r3}\mathfrak{p}2 \,.\, \big(P_3^{(2)} \,.\, Agr\,[m-1,2]_\mu - Agr\,[m-1,2]_\rho\big)$$

$$+ F^{r3}\mathfrak{p}3 \,.\, \big(P_3^{(2)} \,.\, Agr\,[m-2,2]_\mu - Agr\,[m-2,2]_\rho\big)$$

$$\cdots\cdots\cdots\cdots\cdots\cdots\cdots\cdots$$

$$+ F^{r3}\mathfrak{p}m \,.\, \big(P_3^{(2)} \,.\, Agr\,[1,2]_\mu - Agr\,[1,2]_\rho\big) \Big\} +$$

$$+ P_3^{(1)} \,.\, Agr\,[m,1]_\mu \,.\, (F\mathfrak{p}1)^{r3-r1}.$$

Et, substituant les quantités $P_3^{(1)}$, $P_3^{(2)}$, $Agr\,[\varpi,\sigma]_\mu$, et $Agr\,[\varpi,\sigma]_\rho$, qui, en vertu des formules (335)′, (343), (339), et (347), sont

$$P_3^{(1)} = \frac{r1+r2+r3}{r1},$$

$$P_3^{(2)} = \frac{(r1+r2+r3)\,(r2+r3)}{r1\,.\,r2}, \quad \text{que nous désignerons par } P;$$

$$Agr\,[\varpi,2]_\mu = Agr.^{(\varpi,2)\mu}\Big\{ N_2 \,.\, F^{r1}\mathfrak{p}(1+\mu1) \,.\, F^{r2}\mathfrak{p}(1+\mu2) \Big\} =$$

$$= Agr.^{(\varpi,2)\mu}\Big\{ \frac{\mu1\,.\,\mu2}{m(m-\mu1)} \,.\, F^{r1}\mathfrak{p}(1+\mu1) \,.\, F^{r2}\mathfrak{p}(1+\mu2) \Big\},$$

$$Agr\,[m,1]_\mu = Agr.^{(m,1)\mu}\Big\{ N_1 \,.\, F^{r1}\mathfrak{p}(1+\mu1) \Big\} = F^{r1}\mathfrak{p}(1+m),$$

$$Agr\,[\varpi,2]_\rho = Agr.^{(\varpi,2)\rho}\Big\{ F^{r1}\mathfrak{p}(1+\rho1) \,.\, F^{r2}\mathfrak{p}(1+\rho2) \Big\};$$

il viendra ... (350)′

$$F^{r3}\mathfrak{f}(1+m) = \frac{r1+r2+r3}{r1}.F^{r1}\mathfrak{f}(1+m).(F\mathfrak{f}1)^{r3-r1} +$$

$$+\frac{1}{(F\mathfrak{f}1)^{r1+r2}}.\left\{F^{r3}\mathfrak{f}1.\left(\begin{array}{l}P.Agr.^{(m,2)\mu}\left\{\frac{\mu1.\mu2}{m(m-\mu1)}.F^{r1}\mathfrak{f}(1+\mu1).F^{r2}\mathfrak{f}(1+\mu2)\right\}\\ -Agr.^{(m,2)\rho}\left\{F^{r1}\mathfrak{f}(1+\rho1).F^{r2}\mathfrak{f}(1+\rho2)\right\}\end{array}\right)\right.$$

$$+F^{r3}\mathfrak{f}2.\left(\begin{array}{l}P.Agr.^{(m-1,2)\mu}\left\{\frac{\mu1.\mu2}{m(m-\mu1)}.F^{r1}\mathfrak{f}(1+\mu1).F^{r2}\mathfrak{f}(1+\mu2)\right\}\\ -Agr.^{(m-1,2)\rho}\left\{F^{r1}\mathfrak{f}(1+\rho1).F^{r2}\mathfrak{f}(1+\rho2)\right\}\end{array}\right)$$

$$+F^{r3}\mathfrak{f}3.\left(\begin{array}{l}P.Agr.^{(m-2,2)\mu}\left\{\frac{\mu1.\mu2}{m(m-\mu1)}.F^{r1}\mathfrak{f}(1+\mu1).F^{r2}\mathfrak{f}(1+\mu2)\right\}\\ -Agr.^{(m-2,2)\rho}\left\{F^{r1}\mathfrak{f}(1+\rho1).F^{r2}\mathfrak{f}(1+\rho2)\right\}\end{array}\right)$$

$$\cdots\cdots\cdots\cdots\cdots\cdots\cdots\cdots\cdots$$

$$\left.+F^{r3}\mathfrak{f}m.\left(\begin{array}{l}P.Agr.^{(1,2)\mu}\left\{\frac{\mu1.\mu2}{m(m-\mu1)}.F^{r1}\mathfrak{f}(1+\mu1).F^{r2}\mathfrak{f}(1+\mu2)\right\}\\ -Agr.^{(1,2)\rho}\left\{F^{r1}\mathfrak{f}(1+\rho1).F^{r2}\mathfrak{f}(1+\rho2)\right\}\end{array}\right)\right\};$$

en observant, comme nous l'avons déjà fait plus haut à l'occasion de la loi (344), que l'agrégat marqué par la caractéristique $Agr.^{(1,2)\mu}$, qui se rapporte aux indices $\mu 1$ et $\mu 2$, doit être considéré comme zéro, parce que, suivant la déduction de cette loi (344), ces indices $\mu 1$ et $\mu 2$ ne doivent être pris que depuis l'unité inclusivement. Ainsi, cette dernière expression $(350)'$ se réduira évidemment à celle-ci ... $(350)''$

$$F^{r3}\mathfrak{f}(1+m) = \frac{1}{(F\mathfrak{f}1)^{r1+r2}}.\left\{\frac{r1+r2+r3}{r1}.F^{r1}\mathfrak{f}(1+m).(F\mathfrak{f}1)^{r2+r3} +\right.$$

$$+F^{r3}\mathfrak{f}1.\Sigma_m\left\{F^{r1}\mathfrak{f}(1+x).F^{r2}\mathfrak{f}(m+1-x).\left(\frac{x(m-x)P}{m(m-x)}-1\right)\right\}$$

$$+F^{r3}\mathfrak{f}2.\Sigma_{m-1}\left\{F^{r1}\mathfrak{f}(1+x).F^{r2}\mathfrak{f}(m-x).\left(\frac{x(m-1-x)P}{m(m-x)}-1\right)\right\}$$

$$+ F^{r3}\mathfrak{f}3 \,.\, \Sigma_{m-2} \left\{ F^{r1}\mathfrak{f}(1+x) \,.\, F^{r2}\mathfrak{f}(m-1-x) \,.\, \left(\frac{x(m-2-x)P}{m(m-x)} - 1 \right) \right\}$$

$$+ F^{r3}\mathfrak{f}4 \,.\, \Sigma_{m-3} \left\{ F^{r1}\mathfrak{f}(1+x) \,.\, F^{r2}\mathfrak{f}(m-2-x) \,.\, \left(\frac{x(m-3-x)P}{m(m-x)} - 1 \right) \right\}$$

. . . .

$$+ F^{r3}\mathfrak{f}m \,.\, \Sigma_{1} \left\{ F^{r1}\mathfrak{f}(1+x) \,.\, F^{r2}\mathfrak{f}(2-x) \,.\, \left(\frac{x(1-x)P}{m(m-x)} - 1 \right) \right\} \Bigg\};$$

la quantité P étant toujours

$$P = \frac{(r1+r2+r3)\,(r2+r3)}{r1\,.\,r2},$$

et la caractéristique Σ_ρ dénotant généralement la somme des termes correspondans aux valeurs entières de x, depuis $x=0$, jusqu'à $x=\rho$ inclusivement, pourvu qu'on observe que, dans la somme Σ_m, la quantité $\frac{x(m-x)P}{m(m-x)}$ doit être considérée comme zéro, lorsque $x=m$. Et, telle $(350)''$ est donc la loi de la génération consécutive des coefficiens d'une puissance quelconque F^{r3} du polynome (330), moyennant les coefficiens de deux autres puissances quelconques F^{r1} et F^{r2} du même polynome.

Suivant ces exemples $(349)'$ et $(350)''$, les géomètres pourront facilement déduire, de la Loi (348), les théorèmes ultérieurs pour la génération consécutive des coefficiens d'une puissance quelconque $F^{r\omega}$, moyennant les coefficiens de trois, quatre, cinq, etc. autres puissances quelconques F^{r1}, F^{r2}, F^{r3}, F^{r4}, F^{r5}, etc., jusqu'à l'infini. Et, ils s'achemineront ainsi dans le développement de la théorie de la graduation, dont cette Loi (348) leur présente l'universalité.

Ayant terminé complètement l'examen philosophique de la Série en quelque sorte primitive (166) ou $(232)'$, qui donne, par une sommation indéfinie, la génération d'une fonction quelconque Fx, moyennant les puissances progressives de toute fonction génératrice

φx, servant ainsi de mesure algorithmique, revenons à la Série FONDAMENTALE $(148)'$, à laquelle, suivant ce que nous avons annoncé en exposant ce cas fondamental, doivent se ramener tous les autres cas des Séries proprement dites, c'est-à-dire, tous les autres cas de l'expression générale (147) de cet algorithme technique élémentaire. Mais, observons encore que la Série (166) ou définitivement $(232)'$, dont nous venons de présenter la philosophie complète, forme effectivement le cas PRIMITIF des Séries, parce que, dans sa plus grande simplicité, elle se trouve donnée, comme nous l'avons reconnu, moyennant les dérivées différentielles elles-mêmes de la fonction développée Fx et de sa mesure algorithmique φx ou de la fonction génératrice de la Série; différentielles qui, comme nous le savons actuellement, sont les élémens primaires de toute l'Algorithmie. Néanmoins, comme elle forme visiblement un cas particulier ou plutôt un cas singulier de la Série fondamentale $(148)'$, savoir, lorsque l'accroissement ξ est idéal et nommément indéfiniment petit, la Série (166) ou $(232)'$ reçoit sa loi de cette Série $(148)'$ qui lui sert de base; et, par là, son état primitif n'est point absolu : aussi, ne l'avons-nous considérée comme primitive que relativement ou à certains égards, c'est-à-dire, par rapport aux élémens primaires qu'elle contient explicitement dans sa génération. — Quant à la Série fondamentale $(148)'$, à laquelle nous revenons ici, nous allons montrer d'abord que tous les cas de l'expression générale (147) de l'algorithme des Séries, se ramènent effectivement à ce cas principal ou fondamental.

Avant tout, remarquons ici, comme nous l'avons déjà fait dans la première Section de cette Philosophie de la Technie, sous la marque $(21)^{\text{IV}}$, que les fonctions génératrices de la Série universelle $(147)'$, c'est-à-dire, les fonctions ... (351)

$$\varphi(x, a, b, c, \text{etc.}), \quad \varphi(x+\xi, a+\alpha, b+\beta, c+\gamma, \text{etc.}),$$
$$\varphi(x+2\xi, a+2\alpha, b+2\beta, c+2\gamma, \text{etc.}), \quad \text{etc., etc.,}$$

sont manifestement autant de fonctions arbitraires différentes; à cause que le nombre des quantités x, a, b, c, etc. qui entrent dans la construction de ces fonctions, est quelconque ou arbitraire, infini même si l'on veut, et que les valeurs de ces quantités et de leurs accroissemens ξ, α, β, γ, etc., sont également arbitraires. Et, faisant ici abstraction de la régularité qui résulte de l'expression (351) de ces fonctions arbitraires, désignons-les, pour plus de brièveté, comme nous l'avons déjà fait sous la marque $(21)^{\text{v}}$, de la manière suivante ... $(351)'$

$$\begin{aligned}
&\varphi(x, a, b, c, \text{etc.}) = \varphi_0 x\\
&\varphi(x+\xi, a+\alpha, b+\beta, c+\gamma, \text{etc.}) = \varphi_1 x\\
&\varphi(x+2\xi, a+2\alpha, b+2\beta, c+2\gamma, \text{etc.}) = \varphi_2 x\\
&\varphi(x+3\xi, a+3\alpha, b+3\beta, c+3\gamma, \text{etc.}) = \varphi_3 x\\
&\text{etc., etc.};
\end{aligned}$$

les caractéristiques φ_0, φ_1, φ_2, φ_3, etc. désignant autant de fonctions arbitraires différentes de la variable x. Alors, la Série générale ou plutôt universelle (147) prendra, comme sous la marque $(21)^{\text{vii}}$, la forme moins régulière mais plus abrégée que voici ... (352)

$$\begin{aligned}
Fx = A_0 &+ A_1 . \varphi_0 x + A_2 . \varphi_0 x . \varphi_1 x + A_3 . \varphi_0 x . \varphi_1 x . \varphi_2 x\\
&+ A_4 . \varphi_0 x . \varphi_1 x . \varphi_2 x . \varphi_3 x + \text{etc., etc.}
\end{aligned}$$

Or, pour ramener à la Série $(148)'$ tous les cas de l'expression universelle (147) de cet algorithme technique, ou tous les cas de son expression abrégée présente (352), nous allons montrer que la loi $(149)'$ ou $(149)''$ de ce cas principal $(148)'$, que nous avons nommée LOI FONDAMENTALE des Séries, régit déjà effectivement la Série universelle présente (352), c'est-à-dire que cette Loi fondamentale implique ou contient la loi de la Série (352) dont il s'agit. Et, pour cela, il suffit, comme nous en avons déjà prévenu dans la note de la page 260 de la première Section de cette Philosophie, à l'occasion de la généralisation absolue des équations (131), il suffit, disons-nous, de considérer la variable x comme n'étant que l'indice de la caractéristique d'un système de fonctions, de manière que, cet indice venant à varier, les fonctions elles-mêmes se trouvent différentes. — Voici, en effet, les résultats de cette considération.

En employant la forme (158) du cas fondamental des Séries, faisons ... (353)

$$\varphi x = f_x(z), \quad \varphi(x-\xi) = f_{x-\xi}(z), \quad \varphi(x-2\xi) = f_{x-2\xi}(z),$$
$$\varphi(x-3\xi) = f_{x-3\xi}(z), \quad \dots \quad \varphi(x-\nu\xi) = f_{x-\nu\xi}(z);$$
$$\text{et} \quad Fx = \Psi_x(z);$$

en transposant la variable x à l'indice, et en dénotant ainsi par les caractéristiques f_x, $f_{x-\xi}$, $f_{x-2\xi}$, $f_{x-3\xi}$, etc. et Ψ_x, autant de fonctions différentes d'une quantité z. Alors, la forme (158) de la Série fondamentale deviendra ... (353)'

$$\Psi_x(z) = A_0 + A_1 . f_x(z) + A_2 . (f_x(z))^{2|-\xi} +$$
$$+ A_3 . (f_x(z))^{3|-\xi} + A_4 . (f_x(z))^{4|-\xi} + \text{etc., etc.};$$

et sa loi (158)', d'après (149)'', prendra la forme générale ... (353)''

$$A_\mu = \frac{\mathfrak{W}\left\{\begin{array}{l} \Delta^0 (f_{\dot{x}}(z))^{0|-\xi} . \Delta^1 (f_{\dot{x}}(z))^{1|-\xi} . \Delta^2 (f_{\dot{x}}(z))^{2|-\xi} \times \\ \times \Delta^3 (f_{\dot{x}}(z))^{3|-\xi} \dots \Delta^{\mu-1} (f_{\dot{x}}(z))^{(\mu-1)|-\xi} . \Delta^\mu \Psi_{\dot{x}}(z) \end{array}\right\}}{\Delta^0 (f_{\dot{x}}(z))^{0|-\xi} . \Delta^1 (f_{\dot{x}}(z))^{1|-\xi} . \Delta^2 (f_{\dot{x}}(z))^{2|-\xi} \dots \Delta^\mu (f_{\dot{x}}(z))^{\mu|-\xi}},$$

dans laquelle le point placé au-dessous de l'indice x marquera celle de ses valeurs qui, dans le système $f_x(z)$ de fonctions, donne $f_{\dot{x}}(z) = 0$. Or, la caractéristique générale f_x dénotant ici un système arbitraire de fonctions différentes, suivant que la valeur de l'indice x est différente, nous pouvons faire ... (354)

$$f_x(z) = \varphi_0(\psi x), \quad f_{x-\xi}(z) = \varphi_1(\psi x), \quad f_{x-2\xi}(z) = \varphi_2(\psi x),$$
$$f_{x-3\xi}(z) = \varphi_3(\psi x), \quad \dots \quad f_{x-\nu\xi}(z) = \varphi_\nu(\psi x);$$

les caractéristiques φ_0, φ_1, φ_2, φ_3, etc. étant celles du système arbitraire de fonctions (351)′ qui entre dans la Série universelle (352), et la fonction médiatrice ψx étant telle qu'avec une certaine valeur x de la variable x, on ait ... (354)′

$$\psi x = \alpha_0, \quad \psi(x+\xi) = \alpha_1, \quad \psi(x+2\xi) = \alpha_2, \quad \psi(x+3\xi) = \alpha_3,$$
$$\ldots\ldots \quad \psi(x+\nu\xi) = \alpha_\nu,$$

les quantités α_0, α_1, α_2, α_3, etc. étant d'ailleurs celles qui donnent ... (354)″

$$\varphi_0(\alpha_0) = 0, \quad \varphi_1(\alpha_1) = 0, \quad \varphi_2(\alpha_2) = 0, \quad \varphi_3(\alpha_3) = 0, \quad \text{etc.} = 0;$$

car, de cette manière, les relations (354) donneront toutes $f_\nu(z) = 0$, pour la valeur x de la variable x, quelles que soient les fonctions dénotées par les caractéristiques φ_0, φ_1, φ_2, φ_3, etc. dans la Série universelle (352). Et de plus, nous pouvons considérer pareillement le système de fonctions $\Psi_x(z)$, dépendant aussi de l'indice variable x, comme étant une fonction déterminée $F(\psi x)$. — Alors, la Série présente (353)′ sera ... (355)

$$F(\psi x) = A_0 + A_1 . \varphi_0(\psi x) + A_2 . \varphi_0(\psi x) . \varphi_1(\psi x) +$$
$$+ A_3 . \varphi_0(\psi x) . \varphi_1(\psi x) . \varphi_2(\psi x) + A_4 . \varphi_0(\psi x) . \varphi_1(\psi x) . \varphi_2(\psi x) . \varphi_3(\psi x) +$$
$$+ \text{etc., etc.};$$

et sa loi (353)″, donnant l'expression du coefficient général A_μ, deviendra .... (355)′

$$A_\mu = \frac{\text{Ѱ}\left[\Delta^0 \Phi_0 \dot{x} . \Delta^1 \Phi_1 \dot{x} . \Delta^2 \Phi_2 \dot{x} . \Delta^3 \Phi_3 \dot{x} \ldots \Delta^{\mu-1} \Phi_{\mu-1} \dot{x} . \Delta^\mu F(\psi \dot{x})\right]}{\Delta^0 \Phi_0 \dot{x} . \Delta^1 \Phi_1 \dot{x} . \Delta^2 \Phi_2 \dot{x} . \Delta^3 \Phi_3 \dot{x} \ldots \Delta^\mu \Phi_\mu \dot{x}},$$

en faisant ... (355)″

$$\Phi_0 x = 1$$
$$\Phi_1 x = \varphi_0(\psi x)$$
$$\Phi_2 x = \varphi_0(\psi x) . \varphi_1(\psi x)$$

$$\Phi_3 x = \varphi_0(\psi x) \cdot \varphi_1(\psi x) \cdot \varphi_2(\psi x)$$

. . . .

$$\Phi_\rho x = \varphi_0(\psi x) \cdot \varphi_1(\psi x) \cdot \varphi_2(\psi x) \cdot \varphi_3(\psi x) \ldots \varphi_{\rho-1}(\psi x),$$

et en marquant par le point placé au-dessus de la lettre x, la valeur que, dans la question présente, nous avons marquée jusqu'ici par le point placé au-dessous de la même lettre, c'est-à-dire, la valeur qui, d'après les conditions (354)$'$, donne ... (355)$'''$

$$\psi\dot{x} = \alpha_0, \quad \psi(\dot{x}+\xi) = \alpha_1, \quad \psi(\dot{x}+2\xi) = \alpha_2, \quad \psi(\dot{x}+3\xi) = \alpha_3, \quad \text{etc., etc.}$$

Et comme, pour l'indice μ égal à zéro, l'expression générale (355)$'$ donne immédiatement ... (356)

$$A_0 = \frac{\varpi\left[\Delta^0 F(\psi\dot{x})\right]}{\Delta^0 \Phi_0 \dot{x}} = \frac{F(\psi\dot{x})}{1} = F(\alpha_0);$$

nous pouvons, suivant le procédé de la réduction de la formule générale (59) à la formule (59)$''$, simplifier ici l'expression générale (355)$'$, en la bornant aux cas de l'indice μ différent de zéro; et nous aurons ... (357)

$$A_\mu = \frac{\varpi\left[\Delta^1 \Phi_1 \dot{x} \cdot \Delta^2 \Phi_2 \dot{x} \cdot \Delta^3 \Phi_3 \dot{x} \ldots \Delta^{\mu-1} \Phi_{\mu-1} \dot{x} \cdot \Delta^\mu F(\psi\dot{x})\right]}{\Delta\Phi_1 \dot{x} \cdot \Delta^2 \Phi_2 \dot{x} \cdot \Delta^3 \Phi_3 \dot{x} \ldots \Delta^\mu \Phi_\mu \dot{x}},$$

la fonction ϖ dépendant de la permutation des exposans 1, 2, 3, ... μ des différences Δ, lesquelles, d'après les formules (158)$'$ dont nous avons tiré l'expression présente (357), doivent être prises suivant la voie progressive. — Or, suivant cette voie, les différences d'un ordre quelconque r, en vertu de leur conception générale elle-même (Introd. à la Philos. des Mathém., page 33), prises sur la fonction générale $\Phi_\rho x$, sont ... (358)

$$\Delta^r \Phi_\rho x = \Phi_\rho(x+r\xi) - \frac{r}{1} \cdot \Phi_\rho(x+(r-1)\xi) + \frac{r(r-1)}{1 \cdot 2} \cdot \Phi_\rho(x+(r-2)\xi)$$
$$- \frac{r(r-1)(r-2)}{1 \cdot 2 \cdot 3} \cdot \Phi_\rho(x+(r-3)\xi) \ldots + (-1)^r \cdot \frac{r^{r|-1}}{1^{r|1}} \cdot \Phi_\rho(x);$$

c'est-à-dire, ... (358)′

$$\Delta^r \Phi_p x = \Delta^r \Big(\varphi_0(\psi x) \,.\, \varphi_1(\psi x) \,.\, \varphi_2(\psi x) \,.\, \varphi_3(\psi x) \ldots \varphi_{p-1}(\psi x)\Big) =$$

$$= \varphi_0(\psi(x+r\xi)) \,.\, \varphi_1(\psi(x+r\xi)) \,.\, \varphi_2(\psi(x+r\xi)) \ldots \varphi_{p-1}(\psi(x+r\xi))$$

$$- \frac{r}{1} \,.\, \varphi_0(\psi(x+r\xi-\xi)) \,.\, \varphi_1(\psi(x+r\xi-\xi)) \,.\, \varphi_2(\psi(x+r\xi-\xi)) \ldots \varphi_{p-1}(\psi(x+r\xi-\xi))$$

$$+ \frac{r^{2|-1}}{1^{2|1}} \,.\, \varphi_0(\psi(x+r\xi-2\xi)) \,.\, \varphi_1(\psi(x+r\xi-2\xi)) \,.\, \varphi_2(\psi(x+r\xi-2\xi)) \ldots \varphi_{p-1}(\psi(x+r\xi-2\xi))$$

$$- \frac{r^{3|-1}}{1^{3|1}} \,.\, \varphi_0(\psi(x+r\xi-3\xi)) \,.\, \varphi_1(\psi(x+r\xi-3\xi)) \,.\, \varphi_2(\psi(x+r\xi-3\xi)) \ldots \varphi_{p-1}(\psi(x+r\xi-3\xi))$$

. . . .

$$(-1)^r \,.\, \frac{r^{r|-1}}{1^{r|1}} \,.\, \varphi_0(\psi x) \,.\, \varphi_1(\psi x) \,.\, \varphi_2(\psi x) \ldots \varphi_{p-1}(\psi x).$$

Ainsi, lorsque x recevra la valeur $\dot{x}$ qui donne, pour la fonction médiatrice ψx, les quantités (355)‴, il viendra ... (358)″

$$\Delta^r \Phi_p \dot{x} = \varphi_0(\alpha_r) \,.\, \varphi_1(\alpha_r) \,.\, \varphi_2(\alpha_r) \,.\, \varphi_3(\alpha_r) \ldots \varphi_{p-1}(\alpha_r)$$

$$- \frac{r}{1} \,.\, \varphi_0(\alpha_{r-1}) \,.\, \varphi_1(\alpha_{r-1}) \,.\, \varphi_2(\alpha_{r-1}) \,.\, \varphi_3(\alpha_{r-1}) \ldots \varphi_{p-1}(\alpha_{r-1})$$

$$+ \frac{r^{2|-1}}{1^{2|1}} \,.\, \varphi_0(\alpha_{r-2}) \,.\, \varphi_1(\alpha_{r-2}) \,.\, \varphi_2(\alpha_{r-2}) \,.\, \varphi_3(\alpha_{r-2}) \ldots \varphi_{p-1}(\alpha_{r-2})$$

$$- \frac{r^{3|-1}}{1^{3|1}} \,.\, \varphi_0(\alpha_{r-3}) \,.\, \varphi_1(\alpha_{r-3}) \,.\, \varphi_2(\alpha_{r-3}) \,.\, \varphi_3(\alpha_{r-3}) \ldots \varphi_{p-1}(\alpha_{r-3})$$

. . . .

$$(-1)^r \,.\, \frac{r^{r|-1}}{1^{r|1}} \,.\, \varphi_0(\alpha_0) \,.\, \varphi_1(\alpha_0) \,.\, \varphi_2(\alpha_0) \,.\, \varphi_3(\alpha_0) \ldots \varphi_{p-1}(\alpha_0).$$

Et, comme on a (354)″

$$\varphi_0(\alpha_0) = 0, \quad \varphi_1(\alpha_1) = 0, \quad \varphi_2(\alpha_2) = 0, \quad \varphi_3(\alpha_3) = 0, \quad \text{etc.} = 0,$$

on voit que, lorsque dans (358)'' l'exposant r est moins grand que l'indice ρ, on a ... (359)

$$\Delta^r \Phi_\rho x = 0;$$

et de plus, on voit que, lorsque dans (358)'' l'exposant r est aussi grand ou plus grand que l'indice ρ, c'est-à-dire, lorsque $r = \rho + \sigma$, la quantité σ étant un nombre entier positif ou zéro, on a ... (359)'

$$\Delta^{\rho+\sigma} \Phi_\rho x = \varphi_0(\alpha_{\rho+\sigma}) . \varphi_1(\alpha_{\rho+\sigma}) . \varphi_2(\alpha_{\rho+\sigma}) \ldots . \varphi_{\rho-1}(\alpha_{\rho+\sigma})$$

$$- \frac{(\rho+\sigma)}{1} . \varphi_0(\alpha_{\rho+\sigma-1}) . \varphi_1(\alpha_{\rho+\sigma-1}) . \varphi_2(\alpha_{\rho+\sigma-1}) \ldots . \varphi_{\rho-1}(\alpha_{\rho+\sigma-1})$$

$$+ \frac{(\rho+\sigma)^{2|-1}}{1^{2|1}} . \varphi_0(\alpha_{\rho+\sigma-2}) . \varphi_1(\alpha_{\rho+\sigma-2}) . \varphi_2(\alpha_{\rho+\sigma-2}) \ldots . \varphi_{\rho-1}(\alpha_{\rho+\sigma-2})$$

$$- \frac{(\rho+\sigma)^{3|-1}}{1^{3|1}} . \varphi_0(\alpha_{\rho+\sigma-3}) . \varphi_1(\alpha_{\rho+\sigma-3}) . \varphi_2(\alpha_{\rho+\sigma-3}) \ldots . \varphi_{\rho-1}(\alpha_{\rho+\sigma-3})$$

. . . .

$$(-1)^\sigma . \frac{(\rho+\sigma)^{\sigma|-1}}{1^{\sigma|1}} . \varphi_0(\alpha_\rho) . \varphi_1(\alpha_\rho) . \varphi_2(\alpha_\rho) \ldots . \varphi_{\rho-1}(\alpha_\rho).$$

D'ailleurs, en vertu de la même conception générale des différences, on a aussi ... (359)''

$$\Delta^r F(\psi x) = F(\alpha_r) - \frac{r}{1} . F(\alpha_{r-1}) + \frac{r(r-1)}{1.2} . F(\alpha_{r-2})$$

$$- \frac{r(r-1)(r-2)}{1.2.3} . F(\alpha_{r-3}) \ldots . (-1)^r . \frac{r^{r|-1}}{1^{r|1}} . F(\alpha_0).$$

Substituant donc les valeurs (359), (359)', et (359)'' dans l'expression (357) de la loi de la Série (355), on obtiendra, pour cette loi, une expression qui ne contiendra plus la fonction médiatrice ψx, et qui sera donnée immédiatement par des valeurs déterminées des fonctions dénotées par les caractéristiques φ_0, φ_1, φ_2, φ_3, etc. et F, lesquelles entrent dans cette Série (355). Ainsi, faisant $\psi x = y$ dans (355), on aura la loi de la Série ... (360)

$$Fy = F(\alpha_0) + A_1 . \varphi_0 y + A_2 . \varphi_0 y . \varphi_1 y + A_3 . \varphi_0 y . \varphi_1 y . \varphi_2 y + \\ + A_4 . \varphi_0 y . \varphi_1 y . \varphi_2 y . \varphi_3 y + \text{etc., etc.};$$

ou bien, en observant qu'en vertu de cette loi, les coefficiens A_1, A_2, A_3, etc. sont indépendans de la quantité y, si l'on change la lettre y en x, cette même loi, qui résulte de la substitution des valeurs (359), (359)', et (359)'' dans l'expression (357), sera aussi la loi de la Série ... (361)

$$Fx = F(\alpha_0) + A_1 . \varphi_0 x + A_2 . \varphi_0 x . \varphi_1 x + A_3 . \varphi_0 x . \varphi_1 x . \varphi_2 x + \\ + A_4 . \varphi_0 x . \varphi_1 x . \varphi_2 x . \varphi_3 x + \text{etc., etc.},$$

laquelle est la Série universelle (352) ou (147) dont il est question.

Or, si l'on met simplement $\Delta^r F$ à la place de $\Delta^r F(\psi x)$ dans l'expression générale (357), pour effacer jusqu'aux traces de la fonction purement médiatrice ψx, c'est-à-dire, si, en vertu de la formule (359)'', on fait ... (361)'

$$\Delta^r F = F(\alpha_r) - \frac{r}{1} . F(\alpha_{r-1}) + \frac{r(r-1)}{1.2} . F(\alpha_{r-2}) \\ - \frac{r(r-1).(r-2)}{1.2.3} . F(\alpha_{r-3}) \ \ldots\ldots \ (-1)^r . \frac{r^{r|-1}}{1^{r|1}} . F(\alpha_0);$$

et si, de plus, pour abréger les expressions, on met simplement $\Delta^r \Phi_\rho$ à la place de $\Delta^r \Phi_\rho \dot{x}$ dans la même expression générale (357), les quantités $\Delta^r \Phi_\rho$ se trouvant ainsi données par les formules (359) et (359)'; cette expression générale (357) dont il est question, étant développée à l'instar du développement (160) de la Loi fondamentale des Séries, deviendra ... (361)''

$$A_\mu = \frac{1}{\Delta^\mu \Phi_\mu} \cdot \left\{ \Delta^\mu F - \Delta^{\mu-1} F \cdot \frac{\Delta^\mu \Phi_{\mu-1}}{\Delta^{\mu-1} \Phi_{\mu-1}} \right.$$

$$+ \Delta^{\mu-2} F \cdot \frac{\varpi[\Delta^{\mu-1} \Phi_{\mu-2} \cdot \Delta^\mu \Phi_{\mu-1}]}{\Delta^{\mu-2} \Phi_{\mu-2} \cdot \Delta^{\mu-1} \Phi_{\mu-1}}$$

$$- \Delta^{\mu-3} F \cdot \frac{'\varpi[\Delta^{\mu-2} \Phi_{\mu-3} \cdot \Delta^{\mu-1} \Phi_{\mu-2} \cdot \Delta^\mu \Phi_{\mu-1}]}{\Delta^{\mu-3} \Phi_{\mu-3} \cdot \Delta^{\mu-2} \Phi_{\mu-2} \cdot \Delta^{\mu-1} \Phi_{\mu-1}}$$

$$\cdots\cdots\cdots\cdots\cdots\cdots\cdots\cdots$$

$$\left. (-1)^{\mu-1} \cdot \Delta F \cdot \frac{'\varpi[\Delta^2 \Phi_1 \cdot \Delta^3 \Phi_2 \cdot \Delta^4 \Phi_3 \ldots \Delta^\mu \Phi_{\mu-1}]}{\Delta \Phi_1 \cdot \Delta^2 \Phi_2 \cdot \Delta^3 \Phi_3 \ldots \Delta^{\mu-1} \Phi_{\mu-1}} \right\};$$

les fonctions schins, dénotées par ϖ et par $'\varpi$, portant sur la permutation des exposans μ, $(\mu-1)$, $(\mu-2)$, $(\mu-3)$, etc. des différences Δ. Et, telle sera donc la loi en question de la Série universelle (361). — On pourrait développer ultérieurement cette dernière expression $(361)''$, à l'instar du développement ultérieur (161) et $(161)'$ de la Loi fondamentale des Séries, en ayant ici pareillement égard au procédé d'exclusion des termes superflus, c'est-à-dire, des termes qui, moyennant la valeur particulière (359), deviennent zéro. Mais, par les raisons qu'on verra dans la suite, la forme présente $(361)''$ de la loi qui régit la Série universelle, n'est pas d'une importance assez grande pour nous arrêter ici plus long-tems; d'ailleurs, l'accent attaché à la caractéristique $'\varpi$ des fonctions schins dans l'expression $(361)''$, est déjà destiné, comme dans les formules $(161)'$ et $(167)'$, à indiquer qu'il faut, dans le développement de ces fonctions, observer le procédé d'exclusion des termes superflus, enseigné dans l'Errata annexé à la Philosophie de l'Infini. — Voici, pour servir d'exemple de cette forme $(361)''$ de la loi qui régit la Série (361), sa détermination particulière pour les trois premières valeurs 1, 2, et 3 de l'indice μ.

1°. Pour $\mu = 1$, les formules $(361)''$, $(359)'$, et $(361)'$ donnent immédiatement ... $(361)'''$

$$A_1 = \frac{\Delta F}{\Delta \Phi_1} = \frac{F(\alpha_1) - F(\alpha_0)}{\varphi_0(\alpha_1)}.$$

2°. Pour $\mu = 2$, ces formules donnent ... $(361)^{\text{IV}}$

$$A_2 = \frac{\Delta^2 F}{\Delta^2 \Phi_2} - \frac{\Delta F . \Delta^2 \Phi_1}{\Delta \Phi_1 . \Delta^2 \Phi_2} = \frac{F(\alpha_2) - 2F(\alpha_1) + F(\alpha_0)}{\varphi_0(\alpha_2) . \varphi_1(\alpha_2)}$$

$$- \frac{\left(F(\alpha_1) - F(\alpha_0)\right)\left(\varphi_0(\alpha_2) - 2\varphi_0(\alpha_1)\right)}{\varphi_0(\alpha_1) . \varphi_0(\alpha_2) . \varphi_1(\alpha_2)} =$$

$$= \frac{F(\alpha_2) . \varphi_0(\alpha_1) - F(\alpha_1) . \varphi_0(\alpha_2) + F(\alpha_0) . \left(\varphi_0(\alpha_2) - \varphi_0(\alpha_1)\right)}{\varphi_0(\alpha_1) . \varphi_0(\alpha_2) . \varphi_1(\alpha_2)}.$$

3°. Pour $\mu = 3$, ces mêmes formules donnent ... $(361)^{\text{v}}$

$$A_3 = \frac{\Delta^3 F}{\Delta^3 \Phi_3} - \frac{\Delta^2 F . \Delta^3 \Phi_2}{\Delta^2 \Phi_2 . \Delta^3 \Phi_3} + \frac{\Delta F . \left(\Delta^2 \Phi_1 . \Delta^3 \Phi_2 - \Delta^3 \Phi_1 . \Delta^2 \Phi_2\right)}{\Delta \Phi_1 . \Delta^2 \Phi_2 . \Delta^3 \Phi_3} =$$

$$= \frac{F(\alpha_3) - 3F(\alpha_2) + 3F(\alpha_1) - F(\alpha_0)}{\varphi_0(\alpha_3) . \varphi_1(\alpha_3) . \varphi_2(\alpha_3)}$$

$$- \frac{\left(F(\alpha_2) - 2F(\alpha_1) + F(\alpha_0)\right) . \left(\varphi_0(\alpha_3) . \varphi_1(\alpha_3) - 3\varphi_0(\alpha_2) . \varphi_1(\alpha_2)\right)}{\varphi_0(\alpha_2) . \varphi_1(\alpha_2) . \varphi_0(\alpha_3) . \varphi_1(\alpha_3) . \varphi_2(\alpha_3)}$$

$$+ \frac{\left(F(\alpha_1) - F(\alpha_0)\right) . \left\{ \begin{array}{l} \left(\varphi_0(\alpha_2) - 2\varphi_0(\alpha_1)\right)\left(\varphi_0(\alpha_3) . \varphi_1(\alpha_3) - 3\varphi_0(\alpha_2) . \varphi_1(\alpha_2)\right) \\ - \left(\varphi_0(\alpha_3) - 3\varphi_0(\alpha_2) + 3\varphi_0(\alpha_1)\right) . \varphi_0(\alpha_2) . \varphi_1(\alpha_2) \end{array} \right\}}{\varphi_0(\alpha_1) . \varphi_0(\alpha_2) . \varphi_1(\alpha_2) . \varphi_0(\alpha_3) . \varphi_1(\alpha_3) . \varphi_2(\alpha_3)} =$$

$$= \frac{F(\alpha_3)}{\varphi_0(\alpha_3) . \varphi_1(\alpha_3) . \varphi_2(\alpha_3)} - \frac{F(\alpha_2)}{\varphi_0(\alpha_2) . \varphi_1(\alpha_2) . \varphi_2(\alpha_3)} + \frac{F(\alpha_1) . \left(\varphi_1(\alpha_3) - \varphi_1(\alpha_2)\right)}{\varphi_0(\alpha_1) . \varphi_1(\alpha_2) . \varphi_1(\alpha_3) . \varphi_2(\alpha_3)}$$

$$- \frac{F(\alpha_0) . \left\{\varphi_0(\alpha_2) . \varphi_1(\alpha_2) . \left(\varphi_0(\alpha_1) - \varphi_0(\alpha_3)\right) + \varphi_0(\alpha_3) . \varphi_1(\alpha_3) . \left(\varphi_0(\alpha_2) - \varphi_0(\alpha_1)\right)\right\}}{\varphi_0(\alpha_1) . \varphi_0(\alpha_2) . \varphi_1(\alpha_2) . \varphi_0(\alpha_3) . \varphi_1(\alpha_3) . \varphi_2(\alpha_3)}.$$

Et, telles sont aussi les valeurs qu'on obtiendrait pour ces trois premiers coefficiens A_1, A_2, et A_3, par le moyen des formules médiates ou non-achevées $(21)^{\text{viii}}$, que nous avons trouvées, pour la même Série (361) ou $(21)^{\text{vii}}$, en donnant, dans la première Section de cette Philosophie de la Technie, des exemples de la déduction philosophique ou de la génération des Séries. — On reconnaîtra aussi que la loi de cette Série universelle, dont nous y avons parlé à l'occasion des expressions $(21)^{\text{vii}}$ et $(21)^{\text{viii}}$, et spécialement dans la note de la page 56, c'est-à-dire, la loi qui donne les expressions provenant des substitutions successives des valeurs $(21)^{\text{viii}}$, est précisément la loi $(361)''$ que nous venons de déduire de notre Loi fondamentale $(149)'$ des Séries.

Ainsi, il est constaté que cette loi $(149)'$ de la Série $(148)'$, dite fondamentale, implique effectivement la loi qui régit la Série la plus générale et universelle (361) ou (147), et, par conséquent, qu'elle constitue réellement, pour l'algorithme technique des Séries, sa véritable LOI FONDAMENTALE. — Il suffit, pour lui donner cette extension générale, de considérer, ainsi que nous venons de le faire, la variable x comme étant l'indice d'un système arbitraire de fonctions différentes; et cette considération, entièrement nouvelle dans la science, qui forme visiblement une ALGÈBRE DU SECOND ORDRE, découvre en même tems aux géomètres le champ encore inconnu des plus hautes spéculations algorithmiques, comme nous le leur montrerons mieux dans la suite de nos ouvrages. Et, c'est précisément par l'introduction de cette généralité du second ordre dans les expressions $(131)'$ appartenant à la Loi universelle elle-même des Mathématiques, comme nous en avons prévenu dans la première Section de cette Philosophie de la Technie, en y exposant cette grande Loi, c'est, disons-nous, par l'introduction de cette généralité absolue que notre Loi universelle des Mathématiques devient manifestement la Loi suprême de la science des géomètres, en embrassant ainsi tous les ordres de généralités possibles dans les spéculations algorithmiques. — Toutefois, il faut ici remarquer que, pour obtenir la loi (361)'' que nous venons de fixer pour la Série la plus générale (361) ou (147), il n'est pas nécessaire absolument de s'élever jusqu'à cette généralité du second ordre dont nous venons de découvrir l'immense étendue : la Loi suprême (136), prise seulement dans la sphère de la généralité du premier ordre, c'est-à-dire, dans l'étendue de l'Algèbre ordinaire, et étant ainsi appliquée à la Série générale (361), suffit pour donner la loi (361)'' dont il s'agit; comme nous allons le voir effectivement.

Pour ramener la Série générale (361) à la forme de la Loi suprême (137), nous aurons ... (362)

$$\begin{aligned}
\Omega_0 x &= 1 \\
\Omega_1 x &= \varphi_0 x \\
\Omega_2 x &= \varphi_0 x \,.\, \varphi_1 x \\
\Omega_3 x &= \varphi_0 x \,.\, \varphi_1 x \,.\, \varphi_2 x \\
&\ldots\ldots\ldots\ldots \\
\Omega_p x &= \varphi_0 x \,.\, \varphi_1 x \,.\, \varphi_2 x \,.\, \varphi_3 x \ \ldots\ \varphi_{p-1} x \,.
\end{aligned}$$

Or, si l'on prend, dans la formation des sommes deltas (131)', $k_0 = 0$, et $k_1 = 1$, en supposant d'ailleurs que l'accroissement ξ est variable, comme l'indique l'accent attaché à la caractéristique $'\nabla$, ces formules (131)' donneront .... (362)'

$$\begin{aligned}
&'\nabla^0 Fx = Fx, \quad '\nabla Fx = F(x+\xi_1), \quad '\nabla^2 Fx = F(x+2\xi_2), \\
&'\nabla^3 Fx = F(x+3\xi_3), \quad \ldots\ldots \quad '\nabla^\omega Fx = F(x+\omega\xi_\omega); \\
&'\nabla^0 \Omega_p x = \Omega_p x, \quad '\nabla \Omega_p x = \Omega_p(x+\xi_1), \quad '\nabla^2 \Omega_p x = \Omega_p(x+2\xi_2), \\
&'\nabla^3 \Omega_p x = \Omega_p(x+3\xi_3), \quad \ldots\ldots \quad '\nabla^\omega \Omega_p x = \Omega_p(x+\omega\xi_\omega).
\end{aligned}$$

Et, observant que les accroissemens ξ_1, ξ_2, ξ_3, etc. sont ici autant de quantités arbitraires différentes, si l'on considère la suite des quantités α_0, α_1, α_2, α_3, etc. qui rendent ... (362)''

$$\varphi_0(\alpha_0) = 0, \quad \varphi_1(\alpha_1) = 0, \quad \varphi_2(\alpha_2) = 0, \quad \varphi_3(\alpha_3) = 0, \quad \text{etc.} = 0,$$

et si l'on prend, pour la valeur arbitraire $\dot{x}$ qui entre dans la Loi suprême (136), la quantité α_0, on peut prendre de plus les accroissemens ξ_1, ξ_2, ξ_3, etc. de manière qu'on ait ... (362)'''

$$\dot{x} = \alpha_0, \quad (\dot{x}+\xi_1) = \alpha_1, \quad (\dot{x}+2\xi_2) = \alpha_2, \quad (\dot{x}+3\xi_3) = \alpha_3,$$
$$(\dot{x}+4\xi_4) = \alpha_4, \quad \text{etc., etc.}$$

Alors, les valeurs précédentes (362)' seront ... (362)^{IV}

$$'\nabla^0 F\dot{x} = F(\alpha_0), \quad '\nabla F\dot{x} = F(\alpha_1), \quad '\nabla^2 F\dot{x} = F(\alpha_2), \quad '\nabla^3 F\dot{x} = F(\alpha_3), \quad \text{etc.},$$
$$'\nabla^0 \Omega_\rho \dot{x} = \Omega_\rho(\alpha_0), \quad '\nabla \Omega_\rho \dot{x} = \Omega_\rho(\alpha_1), \quad '\nabla^2 \Omega_\rho \dot{x} = \Omega_\rho(\alpha_2), \quad '\nabla^3 \Omega_\rho \dot{x} = \Omega_\rho(\alpha_3), \quad \text{etc.};$$

et généralement

$$'\nabla^\omega F\dot{x} = F(\alpha_\omega), \qquad '\nabla^\omega \Omega_\rho \dot{x} = \Omega_\rho(\alpha_\omega);$$

de sorte qu'ayant égard aux valeurs (362) et (362)'', on aura ... (362)^{V}

$$'\nabla^\omega \Omega_\rho \dot{x} = \varphi_0(\alpha_\omega) \cdot \varphi_1(\alpha_\omega) \cdot \varphi_2(\alpha_\omega) \ \ldots \ \varphi_{\rho-1}(\alpha_\omega) = 0,$$

lorsque l'exposant ω sera plus petit que l'indice ρ. Ainsi, en observant que, dans la construction (135) des quantités $\Psi(\mu)_\nu$ moyennant les quantités $\Phi(\rho)_\omega$, l'indice ρ de ces dernières est toujours plus grand que leur indice ω, on verra, dans la seconde des deux expressions générales (132), que, par suite de la valeur présente (362)^{V}, ces quantités auxiliaires $\Phi(\rho)_\omega$ sont toutes égales à zéro; et, par conséquent, on verra que les quantités $\Psi(\mu)_\nu$, données moyennant ces dernières par les formules (135), sont aussi zéro. Donc, dans le cas présent, la Loi suprême (136), qui est construite avec ces quantités $\Psi(\mu)_\nu$, se réduira à son premier terme $\dot{\Xi}_\mu$ dont la détermination est donnée par la première des deux expressions générales (132). Et, substituant les valeurs présentes (362)^{IV}, cette première des deux expressions générales (132) donnera ainsi, pour ce premier terme $\dot{\Xi}_\mu$ auquel se réduit ici la Loi suprême (136), l'expression suivante ... (363)

$$A_\mu = \frac{\Psi\left[\Omega_0(\alpha_{\nu 0}) \cdot \Omega_1(\alpha_{\nu 1}) \cdot \Omega_2(\alpha_{\nu 2}) \ \ldots \ \Omega_{\mu-1}(\alpha_{\nu(\mu-1)}) \cdot F(\alpha_{\nu\mu})\right]}{\Psi\left[\Omega_0(\alpha_{\nu 0}) \cdot \Omega_1(\alpha_{\nu 1}) \cdot \Omega_2(\alpha_{\nu 2}) \ \ldots \ \Omega_\mu(\alpha_{\nu\mu})\right]};$$

dans laquelle les fonctions schins dépendent de la permutation des indices $\nu 0$, $\nu 1$, $\nu 2$, $\nu 3$, ... $\nu(\mu-1)$, $\nu\mu$, dont les valeurs sont ... (363)'

$$\nu 0 = 0, \quad \nu 1 = 1, \quad \nu 2 = 2, \quad \nu 3 = 3, \quad \ldots \quad \nu(\mu-1) = \mu - 1, \quad \nu\mu = \mu;$$

et les quantités $\Omega_0(\alpha_0)$, $\Omega_0(\alpha_1)$, $\Omega_0(\alpha_2)$, etc., en vertu de (362), sont généralement égales à l'unité.

Telle (363) est donc aussi la loi de la Série la plus générale ou universelle (361) ou (147) dont il s'agit, sous la forme précisément sous laquelle nous l'avons obtenue déjà à la marque (361)'', en la déduisant de la Loi fondamentale (149)' ou (158)' des Séries, par la considération de la généralité du second ordre. — L'expression présente (363) se trouve même plus simple que l'expression (361)'', ou plutôt elle donne la réduction à la dernière simplicité de cette forme de la loi dont il est question, comme on le reconnaîtra facilement en opérant le développement des fonctions schins qui entrent dans cette nouvelle expression (363).

D'abord, ayant égard à la valeur particulière (362)^{v}, on verra que, dans cette formule (363), le dénominateur se réduit à ... (363)''

$$\begin{aligned} &\Psi\left[\Omega_0(\alpha_{\nu 0}) \cdot \Omega_1(\alpha_{\nu 1}) \cdot \Omega_2(\alpha_{\nu 2}) \ldots\ldots \Omega_\mu(\alpha_{\nu\mu})\right] = \\ &= \Omega_0(\alpha_0) \cdot \Omega_1(\alpha_1) \cdot \Omega_2(\alpha_2) \cdot \Omega_3(\alpha_3) \ldots \Omega_\mu(\alpha_\mu) = \\ &= \Omega_1(\alpha_1) \cdot \Omega_2(\alpha_2) \cdot \Omega_3(\alpha_3) \ldots \Omega_\mu(\alpha_\mu). \end{aligned}$$

Ensuite, développant, d'après la formule (56), la fonction schin qui est le numérateur dans l'expression (363), on obtiendra ... (364)

$$\begin{aligned} A_\mu = \frac{1}{\Omega_\mu(\alpha_\mu)} \cdot \Bigg\{ & F(\alpha_\mu) - F(\alpha_{\mu-1}) \cdot \frac{\Omega_{\mu-1}(\alpha_\mu)}{\Omega_{\mu-1}(\alpha_{\mu-1})} \\ & + F(\alpha_{\mu-2}) \cdot \frac{\Psi\left[\Omega_{\mu-2}(\alpha_{\nu(\mu-1)}) \cdot \Omega_{\mu-1}(\alpha_{\nu\mu})\right]}{\Omega_{\mu-2}(\alpha_{\mu-2}) \cdot \Omega_{\mu-1}(\alpha_{\mu-1})} \\ & - F(\alpha_{\mu-3}) \cdot \frac{\Psi\left[\Omega_{\mu-3}(\alpha_{\nu(\mu-2)}) \cdot \Omega_{\mu-2}(\alpha_{\nu(\mu-1)}) \cdot \Omega_{\mu-1}(\alpha_{\nu\mu})\right]}{\Omega_{\mu-3}(\alpha_{\mu-3}) \cdot \Omega_{\mu-2}(\alpha_{\mu-2}) \cdot \Omega_{\mu-1}(\alpha_{\mu-1})} \end{aligned}$$

. . . .

$$(-1)^{\mu} . F(\alpha_0) . \left. \frac{'\mathfrak{w}\left[\Omega_0(\alpha_{\gamma 1}) . \Omega_1(\alpha_{\gamma 2}) . \Omega_2(\alpha_{\gamma 3}) \ldots\ldots \Omega_{\mu-1}(\alpha_{\gamma\mu})\right]}{\Omega_0(\alpha_0) . \Omega_1(\alpha_1) . \Omega_2(\alpha_2) \ldots\ldots \Omega_{\mu-1}(\alpha_{\mu-1})} \right\} ;$$

en marquant toujours, comme dans l'expression (361)″, par l'accent attaché à la caractéristique $'\mathfrak{w}$ des fonctions schins, qu'elles doivent être développées suivant le procédé d'exclusion des termes superflus, c'est-à-dire, des termes qui, en vertu de (362)^{v}, deviennent zéro. — Et, telle (364) est visiblement la plus grande simplicité de l'expression (361)″ ou (363) de la loi de la Série la plus générale (361) ou (147), c'est-à-dire, de la Série ... (364)′

$$Fx = A_0 + A_1 . \varphi_0 x + A_2 . \varphi_0 x . \varphi_1 x + A_3 . \varphi_0 x . \varphi_1 x . \varphi_2 x +$$
$$+ A_4 . \varphi_0 x . \varphi_1 x . \varphi_2 x . \varphi_3 x + \text{etc., etc.} ;$$

en observant qu'en vertu de (362), les quantités dénotées par Ω dans (364), sont simplement ... (364)″

$$\Omega_0 x = 1, \quad \Omega_1 x = \varphi_0 x, \quad \Omega_2 x = \varphi_0 x . \varphi_1 x, \quad \Omega_3 x = \varphi_0 x . \varphi_1 x . \varphi_2 x,$$
$$\ldots\ldots \quad \Omega_\rho x = \varphi_0 x . \varphi_1 x . \varphi_2 x . \varphi_3 x \ldots \varphi_{\rho-1} x .$$

Voici, pour servir d'exemple, l'évaluation de cette formule (364) pour les cas de $\mu = 0$, $\mu = 1$, $\mu = 2$, et $\mu = 3$.

1°. Pour $\mu = 0$, la formule (364) donne immédiatement ... (365)

$$A_0 = \frac{F(\alpha_0)}{\Omega_0(\alpha_0)} = F(\alpha_0) .$$

2°. Pour $\mu = 1$, cette formule donne ... (365)′

$$A_1 = \frac{F(\alpha_1)}{\Omega_1(\alpha_1)} - \frac{F(\alpha_0) . \Omega_0(\alpha_1)}{\Omega_0(\alpha_0) . \Omega_1(\alpha_1)} = \frac{F(\alpha_1) - F(\alpha_0)}{\varphi_0(\alpha_1)} .$$

3°. Pour $\mu = 2$, la même formule donne ... (365)″

$$A_2 = \frac{F(\alpha_2)}{\Omega_2(\alpha_2)} - \frac{F(\alpha_1) . \Omega_1(\alpha_2)}{\Omega_1(\alpha_1) . \Omega_2(\alpha_2)} + F(\alpha_0) . \frac{\Omega_0(\alpha_1) . \Omega_1(\alpha_2) - \Omega_0(\alpha_2) . \Omega_1(\alpha_1)}{\Omega_0(\alpha_0) . \Omega_1(\alpha_1) . \Omega_2(\alpha_2)} =$$
$$= \frac{F(\alpha_2)}{\varphi_0(\alpha_2) . \varphi_1(\alpha_2)} - \frac{F(\alpha_1)}{\varphi_0(\alpha_1) . \varphi_1(\alpha_2)} + F(\alpha_0) . \frac{\varphi_0(\alpha_2) - \varphi_0(\alpha_1)}{\varphi_0(\alpha_1) . \varphi_0(\alpha_2) . \varphi_1(\alpha_2)} .$$

4°. Pour $\mu = 3$, cette formule (364) donne ... $(365)'''$

$$A_3 = \frac{F(\alpha_3)}{\Omega_3(\alpha_3)} - \frac{F(\alpha_2).\Omega_2(\alpha_3)}{\Omega_2(\alpha_2).\Omega_3(\alpha_3)} + F(\alpha_1).\frac{\Omega_1(\alpha_2).\Omega_2(\alpha_3) - \Omega_1(\alpha_3).\Omega_2(\alpha_2)}{\Omega_1(\alpha_1).\Omega_2(\alpha_2).\Omega_3(\alpha_3)}$$

$$- F(\alpha_0).\frac{\begin{pmatrix} + \Omega_0(\alpha_1).\Omega_1(\alpha_2).\Omega_2(\alpha_3) - \Omega_0(\alpha_1).\Omega_1(\alpha_3).\Omega_2(\alpha_2) \\ - \Omega_0(\alpha_2).\Omega_1(\alpha_1).\Omega_2(\alpha_3) + \Omega_0(\alpha_3).\Omega_1(\alpha_1).\Omega_2(\alpha_2) \end{pmatrix}}{\Omega_0(\alpha_0).\Omega_1(\alpha_1).\Omega_2(\alpha_2).\Omega_3(\alpha_3)} =$$

$$= \frac{F(\alpha_3)}{\varphi_0(\alpha_3).\varphi_1(\alpha_3).\varphi_2(\alpha_3)} - \frac{F(\alpha_2)}{\varphi_0(\alpha_2).\varphi_1(\alpha_2).\varphi_2(\alpha_3)} + \frac{F(\alpha_1).(\varphi_1(\alpha_3) - \varphi_1(\alpha_2))}{\varphi_0(\alpha_1).\varphi_1(\alpha_2).\varphi_1(\alpha_3).\varphi_2(\alpha_3)}$$

$$- \frac{F(\alpha_0).\{\varphi_0(\alpha_3).\varphi_1(\alpha_3).(\varphi_0(\alpha_2) - \varphi_0(\alpha_1)) + \varphi_0(\alpha_2).\varphi_1(\alpha_2).(\varphi_0(\alpha_1) - \varphi_0(\alpha_3))\}}{\varphi_0(\alpha_1).\varphi_0(\alpha_2).\varphi_1(\alpha_2).\varphi_0(\alpha_3).\varphi_1(\alpha_3).\varphi_2(\alpha_3)}.$$

Et, telles sont aussi les valeurs $(361)'''$, $(361)^{\text{iv}}$ et $(361)^{\text{v}}$ des mêmes coefficiens A_1, A_2 et A_3, que donne l'expression générale $(361)''$ de la même loi; expression $(361)''$ que, sans recourir à la Loi suprême (136) elle-même, nous avons déduite de la simple Loi fondamentale $(149)'$ ou $(158)'$ des Séries, en y introduisant la considération des généralités du second ordre. — Ainsi, en résumant, on voit qu'à la vérité il n'est pas absolument nécessaire de s'élever à cette considération nouvelle, pour obtenir la loi de la Série universelle (361) ou $(364)'$, parce que la Loi suprême, sans sortir de la sphère des généralités de l'Algèbre ordinaire, la donne effectivement, et même dans sa plus grande simplicité, telle qu'elle se trouve dans la formule (364); mais on voit aussi que, voulant embrasser, par une loi spéciale, les diverses lois des Séries proprement dites, c'est-à-dire, les diverses lois des développemens techniques dont l'expression (147) présente la forme générale, sans recourir à la Loi suprême elle-même, cette considération des généralités du second ordre, qui nous a conduits à l'expression $(361)''$, est absolument nécessaire, parce que, seulement par cette considération, la loi $(149)'$ des Séries peut embrasser explicitement toutes les diverses lois des Séries, et peut ainsi former une

Loi spéciale pour cet algorithme technique. Il est vrai encore que l'expression (364) que nous venons de déduire de la Loi suprême elle-même, constituant la loi de la Série la plus générale (364)' ou (147), forme logiquement la loi spéciale de cet algorithme technique des Séries; mais, comme cette loi (364) n'embrasse point EXPLICITEMENT toutes les diverses lois des Séries, car, lorsque les fonctions dénotées par φ_0, φ_1, φ_2, φ_3, etc. deviennent identiques, la formule (364) donne des quantités indéterminées de la forme $\frac{0}{0}$, on voit que, prise sous la forme (364), cette loi ne saurait être considérée immédiatement comme Loi spéciale des Séries. Au contraire, la loi (149)', par l'introduction des généralités de tous les ordres, embrasse explicitement, comme nous venons de le reconnaître dans l'ouvrage présent, toutes les diverses lois des Séries; et c'est précisément ce qui lui donne le caractère de LOI FONDAMENTALE des Séries, que nous lui avons assigné.

Ayant ainsi assuré à la loi (149)' et, par conséquent, à la Série (148)' qu'elle régit, l'état d'être le cas principal ou fondamental de l'algorithme technique des Séries, nous allons maintenant, pour nous acheminer vers le terme de la Philosophie des Séries, exposer, sur ce cas fondamental (148)', la philosophie et spécialement la métaphysique de l'ÉVALUATION ALGORITHMIQUE; laquelle évaluation, d'après ce que nous avons déjà dit au commencement de cette seconde Section de la Philosophie de la Technie, à l'occasion de la détermination de la vraie nature (147) des Séries proprement dites, a son principe même dans l'algorithme technique des Séries, tel qu'il résulte du procédé primitif et particulier qui, dans l'Introduction à la Philosophie des Mathématiques, nous a conduits à la forme (VIII) de développemens techniques, forme qui est précisément celle de la Série fondamentale (148)'. Mais, vu tout ce que nous avons déjà dit sur l'évaluation algorithmique ou la mesure des fonctions, et dans l'Introduction à la Philosophie des Mathématiques et dans la première Section de la Philosophie présente de la Technie, nous ne nous attacherons plus ici qu'à développer mathématiquement la métaphysique de la vraie signification des Séries, dans leurs états de convergence et de divergence, telle que nous l'avons déjà présentée philosophiquement dans l'Introduction que nous venons de citer (page 230).

Or, la Série fondamentale $(148)'$ étant ... (366)

$$Fx = A_0 + A_1 . \varphi x + A_2 . \varphi x^{2|\xi} + A_3 . \varphi x^{3|\xi} + \text{etc.}, \text{ etc.};$$

si l'on fait attention à la génération technique des quantités A_0, A_1, A_2, etc., telle qu'elle a lieu d'après le procédé philosophique de l'évaluation de la fonction Fx, qui nous a conduits à la forme (XIII) dans l'Introduction à la Philosophie des Mathématiques, et que nous avons éclairci par les exemples $(19)''$ et $(19)^{\text{IV}}$ dans la Philosophie présente de la Technie, on comprendra que, quelle que soit la valeur numérique des mesures successives ... $(366)'$

$$\varphi x, \quad \varphi(x+\xi), \quad \varphi(x+2\xi), \quad \varphi(x+3\xi), \quad \text{etc.},$$

qui servent pour cette évaluation générale (366), la quantité Fx, considérée comme fonction, c'est-à-dire, étant prise dans toute la généralité de la valeur de la variable x, se trouve rigoureusement et complètement déterminée par la suite des quantités A_0, A_1, A_2, A_3, etc., et nommément par la loi qui donne cette suite infinie toute entière des quantités formant les coefficiens dans la Série (366); car, suivant ce procédé philosophique de l'évaluation de la fonction Fx, qui engendre ces quantités A_0, A_1, A_2, etc. moyennant les mesures successives $(366)'$, aucune autre fonction ne saurait évidemment donner la même suite des quantités A_0, A_1, A_2, etc., et nommément la même loi de leur génération. Ainsi, quelle que soit la valeur numérique des mesures successives $(366)'$, plus petite ou plus grande que l'unité, c'est-à-dire, quelle que soit, pour une valeur déterminée de x, l'état de la Série (366), convergent ou non-convergent, cette Série présente toujours, dans la loi de la génération des coefficiens A_0, A_1, A_2, A_3, etc., une détermination rigoureuse et complète de la quantité que donne la fonction Fx pour la même valeur de la variable x. Il n'est donc pas nécessaire, pour avoir la valeur de la Série, de tenir compte de quelque quantité complémentaire, comme le pensent encore les géomètres, malgré tout ce que nous leur avons déjà appris à cet égard; mais, puisque les argumens supérieurs de la Philosophie ne peuvent les convaincre, nous allons, par des argumens purement mathématiques, leur faire toucher au doigt cette grande vérité, qui seule peut définitivement leur donner l'idée des Séries.

Lorsque les mesures successives $(366)'$ qui servent pour l'évaluation d'une fonction moyennant l'algorithme des Séries, sont toutes plus petites que l'unité, et lorsque la Série (366) se trouve ainsi dans l'état de convergence, la détermination rigoureuse de la valeur de la Série, par la sommation indéfinie de ses termes, est immédiatement claire et conséquemment hors de doute; au point que même ceux des géomètres dont l'intelligence ne peut s'élever jusqu'aux régions de l'infini, sont forcés, avec une contradiction palpable, d'admettre cette détermination infinie rigoureuse de la quantité dont il est question. Mais, lorsque les mesures successives $(366)'$ sont plus grandes que l'unité, et lorsque la Série (366) se trouve ainsi dans l'état de divergence, on ne voit pas immédiatement comment, dans l'infini, peut être opérée une détermination rigoureuse ou même une détermination quelconque de la quantité formant la valeur de la Série, c'est-à-dire, on ne voit pas immédiatement comment la sommation indéfinie des termes composant la Série, peut engendrer une quantité déterminée. Et, c'est précisément ce manque de clarté dans cette question sublime concernant la nature des Séries, qui est la cause, du moins négative, de ce que les géomètres n'ont rien compris à cette question, comme le prouve incontestablement le recours absolument inutile qu'ils ont eu à une QUANTITÉ COMPLÉMENTAIRE de la valeur des Séries. En effet, cette admission absolument inutile d'une quantité complémentaire, par laquelle les géomètres ont voulu se former l'idée des Séries, prouve irréfragablement qu'ils ne voient, dans cet algorithme, qu'une simple sommation ordinaire (addition et soustraction); et, par conséquent, qu'ils confondent encore, avec cette sommation, qui est le plus simple des algorithmes théoriques, la génération supérieure d'une quantité moyennant les Séries, qui constitue un algorithme tout-à-fait différent et hétérogène, et nommément, comme nous le savons aujourd'hui, un algorithme technique dépendant de la finalité de nos spéculations. Depuis la découverte de l'origine de cette génération algorithmique supérieure, telle que l'a présentée notre Philosophie des Mathématiques (Introd., article Technie, loi (VIII)), cette grossière méprise des géomètres parut dans tout son jour; et nous pûmes, déjà dans la Réfutation de Lagrange (2ᵉ. Mémoire), leur donner une preuve philosophique de l'état borné et même défectueux de leurs idées sur les Séries. Ce fut déjà là (Réfutat., page 58) que nous établîmes, par une déduction rigoureuse, la vérité inattendue pour eux que ... (366)″

> « les Séries, prises dans toute leur généralité, comme convergentes et non-convergentes, ont, par elles-mêmes, dans le
> « nombre indéfini de leurs termes, et sans le secours d'aucune
> « Quantité complémentaire, une signification (une valeur)
> « déterminée ».

Il manque encore une démonstration mathématique de cette grande vérité, qui, comme on le comprendra avec le tems, est le premier rayon de la véritable intelligence de l'Algorithmie; et c'est cette démonstration mathématique que nous allons donner, pour compléter ici la Philosophie des Séries, qui est l'objet spécial de cette seconde Section de la Philosophie de la Technie.

On conviendra sans doute que la démonstration mathématique de la vérité (366)'' dont il est question, se réduit à opérer, dans tous les cas ou généralement, la transformation d'une Série non-covergente quelconque en une Série convergente propre à donner immédiatement la détermination rigoureuse de la quantité constituant la valeur de la Série; car, si les seuls termes qui composent la Série non-convergente, suffisent généralement pour cette transformation et, par conséquent, pour cette détermination rigoureuse de sa valeur, sans qu'il soit nécessaire de recourir à aucune quantité complémentaire, il sera vrai, ce nous semble, que les Séries, même non-convergentes, ont, par elles-mêmes, dans le nombre indéfini de leurs termes, et sans le secours d'aucune Quantité complémentaire, une signification ou une valeur déterminée. Et, c'est effectivement cette transformation générale des Séries non-convergentes en Séries convergentes, que nous allons apprendre aux géomètres. — Bien plus, nous allons même leur donner, d'une manière purement mathématique, la vraie métaphysique de cette transformation.

Prenant la Série fondamentale (366), savoir, ... (367)

$$Fx = \mathfrak{A}_0 + \mathfrak{A}_1 . fx + \mathfrak{A}_2 . fx^{2|\xi} + \mathfrak{A}_3 . fx^{3|\xi} + \text{etc., etc.},$$

où les caractéristiques F et f désignent des fonctions quelconques, on peut, dans tous les cas, considérer chacun des termes composans de cette Série, savoir, ... (367)'

$$\mathfrak{A}_0, \quad \mathfrak{A}_1 . fx, \quad \mathfrak{A}_2 . (fx)^{2|\xi}, \quad \mathfrak{A}_3 . (fx)^{3|\xi}, \quad \mathfrak{A}_4 . (fx)^{4|\xi}, \quad \text{etc., etc.},$$

et spécialement chacun des coefficiens $\mathfrak{A}_0$, $\mathfrak{A}_1$, $\mathfrak{A}_2$, $\mathfrak{A}_3$, etc., comme étant lui-même engendré par une suite indéfinie de termes tels que, par un arrangement convenable de ces termes, il en résulte une autre Série ... (367)''

$$Fx = A_0 + A_1 . \varphi x + A_2 . \varphi x^{2|\xi} + A_3 . \varphi x^{3|\xi} + \text{etc., etc.},$$

procédant par rapport aux facultés progressives d'une fonction quelconque φx, servant ainsi de nouvelle mesure algorithmique pour l'évaluation générale de la fonction Fx. Or, c'est dans cette observation très-simple que se trouve toute la métaphysique de la transformation des Séries et, par conséquent, de la détermination de leurs valeurs, comme nous allons le voir. — Prenant, pour la mesure algorithmique d'une fonction Fx, deux fonctions quelconques fx et φx qui donnent les deux Séries différentes (367) et (367)'', savoir, ... (368)

$$Fx = \mathfrak{A}_0 + \mathfrak{A}_1 . fx + \mathfrak{A}_2 . fx^{2|\xi} + \mathfrak{A}_3 . fx^{3|\xi} + \text{etc., etc.},$$
$$Fx = A_0 + A_1 . \varphi x + A_2 . \varphi x^{2|\xi} + A_3 . \varphi x^{3|\xi} + \text{etc., etc.},$$

on peut toujours ramener l'une de ces Séries à l'autre, et nommément la seconde à la première. Il suffit, pour cela, de développer, moyennant la Loi fondamentale des Séries, chacune des facultés progressives

$$\varphi x, \quad (\varphi x)^{2|\xi}, \quad (\varphi x)^{3|\xi}, \quad (\varphi x)^{4|\xi}, \quad \text{etc.},$$

en séries procédant par rapport aux facultés progressives

$$fx, \quad (fx)^{2|\xi}, \quad (fx)^{3|\xi}, \quad (fx)^{4|\xi}, \quad \text{etc.};$$

c'est-à-dire qu'il suffit d'opérer les développemens suivans ... (368)'

$$\varphi x = a_0^{(1)} + a_1^{(1)} . fx + a_2^{(1)} . fx^{2|\xi} + a_3^{(1)} . fx^{3|\xi} + \text{etc.}$$
$$(\varphi x)^{2|\xi} = a_0^{(2)} + a_1^{(2)} . fx + a_2^{(2)} . fx^{2|\xi} + a_3^{(2)} . fx^{3|\xi} + \text{etc.}$$
$$(\varphi x)^{3|\xi} = a_0^{(3)} + a_1^{(3)} . fx + a_2^{(3)} . fx^{2|\xi} + a_3^{(3)} . fx^{3|\xi} + \text{etc.}$$
$$(\varphi x)^{4|\xi} = a_0^{(4)} + a_1^{(4)} . fx + a_2^{(4)} . fx^{2|\xi} + a_3^{(4)} . fx^{3|\xi} + \text{etc.}$$
etc., etc.,

dans lesquels, d'après la loi alléguée par laquelle ces développemens seront opérés, les coefficiens $a_0^{(1)}$, $a_1^{(1)}$, $a_2^{(1)}$, etc., $a_0^{(2)}$, $a_1^{(2)}$, $a_2^{(2)}$, etc., $a_0^{(3)}$, $a_1^{(3)}$, $a_2^{(3)}$, etc., $a_0^{(4)}$, $a_1^{(4)}$, $a_2^{(4)}$, etc., etc. seront fonctions de certaines valeurs déterminées des différences consécutives des fonctions φx et fx. En effet, substituant ces développemens (368)' dans la seconde des deux Séries hypothétiques (368), il viendra ... (368)''

$$\begin{aligned} Fx = & \left(A_0 + A_1 . a_0^{(1)} + A_2 . a_0^{(2)} + A_3 . a_0^{(3)} + \text{etc.}\right) \\ & + \left(A_1 . a_1^{(1)} + A_2 . a_1^{(2)} + A_3 . a_1^{(3)} + \text{etc.}\right) . fx \\ & + \left(A_1 . a_2^{(1)} + A_2 . a_2^{(2)} + A_3 . a_2^{(3)} + \text{etc.}\right) . fx^{2|\xi} \\ & + \left(A_1 . a_3^{(1)} + A_2 . a_3^{(2)} + A_3 . a_3^{(3)} + \text{etc.}\right) . fx^{3|\xi} \\ & + \text{etc., etc.;} \end{aligned}$$

et cette seconde des deux Séries (368) se trouvera ainsi ramenée à la forme de la première de ces Séries. Or, comparant cette Série transformée (368)'' avec la première des deux Séries (368) dont il est question, on aura ... (369)

$$\begin{aligned} \mathfrak{A}_0 &= A_0 + A_1 . a_0^{(1)} + A_2 . a_0^{(2)} + A_3 . a_0^{(3)} + A_4 . a_0^{(4)} + \text{etc.} \\ \mathfrak{A}_1 &= 0 + A_1 . a_1^{(1)} + A_2 . a_1^{(2)} + A_3 . a_1^{(3)} + A_4 . a_1^{(4)} + \text{etc.} \\ \mathfrak{A}_2 &= 0 + A_1 . a_2^{(1)} + A_2 . a_2^{(2)} + A_3 . a_2^{(3)} + A_4 . a_2^{(4)} + \text{etc.} \\ \mathfrak{A}_3 &= 0 + A_1 . a_3^{(1)} + A_2 . a_3^{(2)} + A_3 . a_3^{(3)} + A_4 . a_3^{(4)} + \text{etc.} \\ & \text{etc., etc.;} \end{aligned}$$

et ce sera là la génération des coefficiens $\mathfrak{A}_0$, $\mathfrak{A}_1$, $\mathfrak{A}_2$, $\mathfrak{A}_3$, etc. de la première des deux Séries (368) ou de la Série proposée (367), moyennant une infinité de termes tels que, par un arrangement convenable, c'est-à-dire, par l'arrangement que présentent les relations (368)', il en résultera la seconde des deux Séries (368) ou la Série demandée (367)''. Ainsi, comme on peut supposer d'ailleurs que la Série proposée (367) est non-convergente et que la Série transformée (367)'' est convergente, toute la métaphysique de la transformation des Séries et, par conséquent, de la détermination de leurs valeurs, se trouve évidemment contenue dans les relations simples (369) qui donnent les divers modes possibles de la génération indéfinie des coefficiens d'une Série, moyennant les coefficiens d'une Série équivalente; et, par cette raison, ces relations (369) sont nécessairement les véritables conditions de la transformation des Séries et de la détermination de leurs valeurs.

Or, suivant ces conditions, on voit d'abord que si on prend une suite arbitraire de quantités

$$\mathfrak{A}_0, \quad \mathfrak{A}_1, \quad \mathfrak{A}_2, \quad \mathfrak{A}_3, \quad \mathfrak{A}_4, \quad \text{etc.},$$

et qu'on forme, avec ces quantités et avec les facultés progressives d'une fonction arbitraire fx, une Série ... (370)

$$Fx = \mathfrak{A}_0 + \mathfrak{A}_1 . fx + \mathfrak{A}_2 . fx^{2|\xi} + \mathfrak{A}_3 . fx^{3|\xi} + \text{etc.}, \text{ etc.},$$

qui ne se trouverait pas convergente, on voit, disons-nous, que la fonction hypothétique Fx, correspondante à la valeur générale de cette Série, ne saurait avoir lieu effectivement qu'autant que, pour une autre mesure algorithmique φx de cette valeur générale, les conditions (369) donneraient réellement une suite de quantités

$$A_0, \quad A_1, \quad A_2, \quad A_3, \quad A_4, \quad \text{etc.},$$

lesquelles, avec les facultés progressives de cette nouvelle mesure algorithmique φx, formeraient une Série ... (370)'

$$Fx = A_0 + A_1 . \varphi x + A_2 . \varphi x^{2|\xi} + A_3 . \varphi x^{3|\xi} + \text{etc.}, \text{ etc.},$$

qui pourrait être convergente. Lorsque ces conditions (369) ne donnent pas ainsi une suite de quantités A_0, A_1, A_2, A_3, etc. réelles et déterminées, c'est-à-dire, lorsque, avec les quantités hypothétiques fx

et $\mathfrak{A}_0$, $\mathfrak{A}_1$, $\mathfrak{A}_2$, $\mathfrak{A}_3$, etc., les équations (369) ne donnent, pour les quantités problématiques φx et A_0, A_1, A_2, A_3, etc., que des quantités idéales et nommément infinies, ou des quantités indéterminées de la forme $\frac{0}{0}$, ou même lorsque ces équations se trouvent absurdes, la Série hypothétique (370) ne saurait avoir une valeur générale déterminée Fx, pour chaque valeur de la variable x. Il en résulte la vérité nouvelle et très-importante que voici ... (371)

> une Série (370), formée arbitrairement, n'a pas toujours une valeur générale Fx, correspondante à toutes les valeurs de la variable x.

Ainsi, lorsque nous disons que les Séries ont, par elles-mêmes, dans le nombre indéfini de leurs termes, une signification ou une valeur générale déterminée, on ne doit naturellement entendre cette assertion que pour les Séries réelles ou plutôt véritables, et non pour les Séries idéales ou absurdes dont nous venons de signaler la construction possible. Les géomètres se tromperaient donc beaucoup si, d'après notre assertion qui est l'objet de la vérité (366)'' et qui n'est naturellement applicable qu'aux seules Séries réelles ou véritables, ils voulaient envisager toute Série formée ou construite arbitrairement, comme ayant, par elle-même, une signification ou une valeur générale déterminée. Par exemple, prenant les valeurs consécutives de nos fonctions singulières lameds, que pour leur manque absolu de continuité nous avons signalées aux géomètres déjà dans l'Introduction à la Philosophie des Mathématiques (pages 199 et suiv.), c'est-à-dire, prenant les valeurs consécutives ... (371)'

$$ל[m]^0 = 1, \quad ל[m]^1 = m, \quad ל[m]^2 = m^m, \quad ל[m]^3 = m^{m^m},$$
etc., etc.,

et formant, avec elles, leurs différences progressives ... (371)''

$$\Delta\left(\text{♄}[m]^{\dot{x}}\right) = -(1-m)$$

$$\Delta^2\left(\text{♄}[m]^{\dot{x}}\right) = +(1-2m+m^m)$$

$$\Delta^3\left(\text{♄}[m]^{\dot{x}}\right) = -(1-3m+3m^m-m^{m^m})$$

$$\Delta^4\left(\text{♄}[m]^{\dot{x}}\right) = +(1-4m+6m^m-4m^{m^m}+m^{m^{m^m}})$$

etc., etc.,

dans lesquelles le point placé sur x marque la valeur zéro de cette variable; si, d'après le procédé le plus simple de l'interpolation, c'est-à-dire, d'après la Série (165) ou (19)^{IV} de la Philosophie présente, quelque géomètre voulait construire la Série que voici ... (371)$'''$

$$\text{♄}[m]^x = 1 - (1-m)\cdot\frac{x}{1} + (1-2m+m^m)\cdot\frac{x(x-1)}{1\cdot 2}$$
$$-(1-3m+3m^m-m^{m^m})\cdot\frac{x(x-1)(x-2)}{1\cdot 2\cdot 3} + \text{etc., etc.};$$

il se tromperait beaucoup en voulant y appliquer notre assertion (366)$''$, car, cette Série (371)$'''$, prise généralement, c'est-à-dire, pour toute valeur de m, pourrait se trouver, ou plutôt se trouve visiblement au nombre de celles que nous venons de signaler comme idéales ou absurdes. En effet, comparant la Série présente (371)$'''$ avec la Série générale (370), on aura les valeurs hypothétiques ... (371)^{IV}

$$fx = x, \quad \xi = -1; \quad \text{et} \quad \mathfrak{A}_0 = 1, \quad \mathfrak{A}_1 = -\frac{1}{1}(1-m),$$

$$\mathfrak{A}_2 = +\frac{1}{1^{2|1}}(1-2m+m^m), \quad \mathfrak{A}_3 = -\frac{1}{1^{3|1}}(1-3m+3m^m-m^{m^m}), \quad \text{etc., etc.};$$

lesquelles peuvent être, ou plutôt sont visiblement telles qu'étant substituées dans les équations (369), constituant les conditions de la réalité des Séries, il n'existe point généralement, c'est-à-dire, pour toute valeur de m, des quantités réelles A_0, A_1, A_2, A_3, etc. qui, avec une fonction arbitraire et convenable φx, puissent satisfaire à ces équations. — Il faut donc que les géomètres, pour ne plus se tromper à cet égard, introduisent dans leur science la distinction nouvelle (371), savoir, la distinction précise des Séries RÉELLES ou VÉRITABLES qui satisfont aux conditions (369), et des Séries IDÉALES ou ABSURDES (imaginaires) qui ne satisfont pas réellement ou logiquement à ces conditions absolues (*). — Mais, revenons à la transformation des Séries réelles ou véritables, dont la philosophie va nous indiquer en même tems les conditions d'exclusion des Séries idéales ou absurdes.

Lorsqu'une Série donnée ou construite (370), quoique divergente ou stationnaire, est telle que ses quantités composantes fx et $\mathfrak{A}_0$, $\mathfrak{A}_1$, $\mathfrak{A}_2$, $\mathfrak{A}_3$, etc. sont de nature qu'étant substituées dans les équations (369), elles rendent possible l'existence des quantités réelles A_0, A_1, A_2, A_3, etc. qui, avec une fonction quelconque convenable φx, satisfont à ces équations, cette Série (370), suivant ce que nous venons de voir, est réelle ou véritable; et cela, parce qu'elle peut être transformée en une autre Série (370)' qui, pour une valeur donnée de x, sera convergente, c'est-à-dire, parce que, de cette manière, cette Série proposée aura réellement une valeur déterminée pour toute valeur de la variable x. Or, l'observation essentielle qui se présente ici, c'est que la Série (370), quoique divergente ou stationnaire, se trouve ainsi réellement déterminée par elle-même, dans le nombre indéfini de ses termes, sans qu'il soit nécessaire de tenir compte d'aucune quantité complémentaire; puisque les équations (369), qui servent à détermi-

(*) Nous avons déjà prévenu, dans une des notes de la première Section de cette Philosophie de la Technie, pages 101 et 102, qu'il ne faut pas confondre, avec les Séries idéales ou absurdes, les *fonctions inexplicables* d'Euler, qui forment déjà des Séries réelles ou véritables. — Généralement, pour bien comprendre ce que nous disons ici sur la métaphysique des Séries, il faut approfondir ce que, dans la première Section, nous avons dit sur la métaphysique de l'Interpolation, et, par là même, sur les critériums de la réalité d'une fonction algorithmique.

ner les coefficiens A_0, A_1, A_2, A_3, etc. de la Série transformée et convergente (370)', et qui donnent ainsi la détermination complète et rigoureuse de la Série proposée (370), puisque ces équations (369), disons-nous, n'impliquent visiblement aucune quantité complémentaire en question, et ne contiennent manifestement que les coefficiens $\mathfrak{A}_0$, $\mathfrak{A}_1$, $\mathfrak{A}_2$, $\mathfrak{A}_3$, etc. de la Série proposée, c'est-à-dire, ne contiennent que la suite indéfinie des termes qui composent cette Série proposée (370). Il est donc vrai, comme nous l'avons avancé, que toute Série réelle ou véritable, quel qu'en soit l'état, convergent, stationnaire ou divergent, a par elle-même, dans le nombre indéfini de ses termes, une signification ou une valeur générale déterminée; et cette vérité nouvelle (366)'', que nous avions déduite par des procédés philosophiques, déjà dans l'Introduction à la Philosophie des Mathématiques (page 230) et plus clairement dans la Réfutation de Lagrange (2e. Mémoire), se trouve ainsi constatée irréfragablement par des principes purement mathématiques. — Nous allons voir les développemens ultérieurs de cette vérité, et nous y trouverons toute la métaphysique de la transformation des Séries et, par conséquent, de la détermination de leurs valeurs.

D'abord, pour ce qui concerne la génération de chacun des termes $\mathfrak{A}_0$, $\mathfrak{A}_1$, $\mathfrak{A}_2$, $\mathfrak{A}_3$, etc. de la Série proposée (370), moyennant la suite indéfinie des quantités A_0, A_1, A_2, A_3, etc. constituant les termes de la Série transformée (370)', observons que, lorsque, dans les équations (369), qui présentent cette génération, les suites respectives de coefficiens ... (372)

$$\begin{array}{lllllll}
1^o.\ldots & a_0^{(1)}, & a_0^{(2)}, & a_0^{(3)}, & a_0^{(4)}, & a_0^{(5)}, & \text{etc.}, \\
2^o.\ldots & a_1^{(1)}, & a_1^{(2)}, & a_1^{(3)}, & a_1^{(4)}, & a_1^{(5)}, & \text{etc.}, \\
3^o.\ldots & a_2^{(1)}, & a_2^{(2)}, & a_2^{(3)}, & a_2^{(4)}, & a_2^{(5)}, & \text{etc.}, \\
4^o.\ldots & a_3^{(1)}, & a_3^{(2)}, & a_3^{(3)}, & a_3^{(4)}, & a_3^{(5)}, & \text{etc.}, \\
\text{etc.}, & \text{etc.}, & & & & &
\end{array}$$

forment chacune une suite de quantités décroissantes ou convergentes vers zéro, on conçoit immédiatement cette génération des termes $\mathfrak{A}_0$, $\mathfrak{A}_1$, $\mathfrak{A}_2$, etc. moyennant les termes A_0, A_1, A_2, etc.; parce qu'alors la valeur de chacune des suites infinies ... (372)'

$$
\begin{aligned}
&1^o \ldots \quad A_0 + A_1 . a_0^{(1)} + A_2 . a_0^{(2)} + A_3 . a_0^{(3)} + \text{etc.},\\
&2^o \ldots \quad A_1 . a_1^{(1)} + A_2 . a_1^{(2)} + A_3 . a_1^{(3)} + A_4 . a_1^{(4)} + \text{etc.},\\
&3^o \ldots \quad A_1 . a_2^{(1)} + A_2 . a_2^{(2)} + A_3 . a_2^{(3)} + A_4 . a_2^{(4)} + \text{etc.},\\
&4^o \ldots \quad A_1 . a_3^{(1)} + A_2 . a_3^{(2)} + A_3 . a_3^{(3)} + A_4 . a_3^{(4)} + \text{etc.},\\
&\text{etc., etc.,}
\end{aligned}
$$

se trouve donnée immédiatement et rigoureusement. Observons de plus que, lorsque les suites respectives (372) ne forment pas chacune une suite de quantités décroissantes ou convergentes vers zéro, on ne saurait à la vérité concevoir immédiatement la génération (369) des termes $\mathfrak{A}_0$, $\mathfrak{A}_1$, $\mathfrak{A}_2$, $\mathfrak{A}_3$, etc. de la Série proposée, moyennant les termes A_0, A_1, A_2, A_3, etc. de la Série transformée; mais qu'alors il est facile de donner à cette génération une forme telle que les suites infinies respectives, par lesquelles s'opère cette génération, soient convergentes, comme nous allons le voir.

Considérant, d'une part, les quantités $\mathfrak{A}_0$, $\mathfrak{A}_1$, $\mathfrak{A}_2$, $\mathfrak{A}_3$, etc. comme étant les valeurs consécutives d'une fonction $\mathfrak{A}_z$ d'un indice variable z, et, de l'autre part, les quantités $a_0^{(1)}$, $a_1^{(1)}$, $a_2^{(1)}$, etc., $a_0^{(2)}$, $a_1^{(2)}$, $a_2^{(2)}$, etc., $a_0^{(3)}$, $a_1^{(3)}$, $a_2^{(3)}$, etc., etc., c'est-à-dire, généralement les quantités $a_0^{(\rho)}$, $a_1^{(\rho)}$, $a_2^{(\rho)}$, $a_3^{(\rho)}$, etc. comme étant de même les valeurs consécutives des fonctions $a_z^{(\rho)}$ d'un indice variable z, formons, suivant le schéma (38) de la première Section de cette Philosophie de la Technie, les sommes deltas que voici ... (373)

$$
\begin{aligned}
\nabla\mathfrak{A}_z &= k_0 . \mathfrak{A}_z + k_1 . \mathfrak{A}_{z+1} + k_2 . \mathfrak{A}_{z+2} \ldots + k_\omega . \mathfrak{A}_{z+\omega}\\
\nabla^2\mathfrak{A}_z &= k_0 . \nabla\mathfrak{A}_z + k_1 . \nabla\mathfrak{A}_{z+1} + k_2 . \nabla\mathfrak{A}_{z+2} \ldots + k_\omega . \nabla\mathfrak{A}_{z+\omega}
\end{aligned}
$$

$$\nabla^3\mathfrak{A}_z = k_0 . \nabla^2\mathfrak{A}_z + k_1 . \nabla^2\mathfrak{A}_{z+1} + k_2 . \nabla^2\mathfrak{A}_{z+2} \;\ldots\; + k_\omega . \nabla^2\mathfrak{A}_{z+\omega}$$
$$\nabla^4\mathfrak{A}_z = k_0 . \nabla^3\mathfrak{A}_z + k_1 . \nabla^3\mathfrak{A}_{z+1} + k_2 . \nabla^3\mathfrak{A}_{z+2} \;\ldots\; + k_\omega . \nabla^3\mathfrak{A}_{z+\omega}$$

etc., etc.;

$$\nabla a_z^{(p)} = k_0 . a_z^{(p)} + k_1 . a_{z+1}^{(p)} + k_2 . a_{z+2}^{(p)} \;\ldots\; + k_\omega . a_{z+\omega}^{(p)}$$
$$\nabla^2 a_z^{(p)} = k_0 . \nabla a_z^{(p)} + k_1 . \nabla a_{z+1}^{(p)} + k_2 . \nabla a_{z+2}^{(p)} \;\ldots\; + k_\omega . \nabla a_{z+\omega}^{(p)}$$
$$\nabla^3 a_z^{(p)} = k_0 . \nabla^2 a_z^{(p)} + k_1 . \nabla^2 a_{z+1}^{(p)} + k_2 . \nabla^2 a_{z+2}^{(p)} \;\ldots\; + k_\omega . \nabla^2 a_{z+\omega}^{(p)}$$
$$\nabla^4 a_z^{(p)} = k_0 . \nabla^3 a_z^{(p)} + k_1 . \nabla^3 a_{z+1}^{(p)} + k_2 . \nabla^3 a_{z+2}^{(p)} \;\ldots\; + k_\omega . \nabla^3 a_{z+\omega}^{(p)}$$

etc., etc.

Et observons, comme nous l'avons déjà fait dans la première Section, à l'occasion de la construction (38) de ces sommes deltas, qu'on peut toujours prendre les quantités k_0, k_1, k_2, k_3, ... k_ω de manière à ce que la suite des valeurs des sommes ... $(373)'$

$$\nabla\mathfrak{A}_z, \quad \nabla^2\mathfrak{A}_z, \quad \nabla^3\mathfrak{A}_z, \quad \nabla^4\mathfrak{A}_z, \quad \text{etc.},$$

aille en diminuant et que, dans l'infini, ces valeurs deviennent zéro; parce que le nombre $(\omega + 1)$ des quantités arbitraires k_0, k_1, k_2, ... k_ω peut être aussi grand qu'on le veut, même infini s'il le faut. Observons de plus que, par la même raison, on peut aussi prendre ces quantités arbitraires k de manière à ce que les valeurs des sommes deltas du même ordre μ, prises sur les fonctions différentes $a_z^{(1)}$, $a_z^{(2)}$, $a_z^{(3)}$, etc., savoir, les valeurs des sommes ... $(373)''$

$$\nabla^\mu a_z^{(1)}, \quad \nabla^\mu a_z^{(2)}, \quad \nabla^\mu a_z^{(3)}, \quad \nabla^\mu a_z^{(4)}, \quad \text{etc.},$$

aillent en diminuant et que, dans l'infini, elles deviennent zéro. — On voit même clairement que, si cela était nécessaire, les quantités k_0, k_1, k_2, ... k_ω, à cause de la variation indéfinie et arbitraire de leurs valeurs, pourraient, dans tous les cas, être prises de manière à ce que les deux conditions $(373)'$ et $(373)''$ fussent remplies en même tems; parce que chacune de ces conditions peut être remplie séparément d'une infinité de manières différentes, sur-tout en construisant les sommes deltas (373) dans tous les ordres de généralités, comme nous l'avons indiqué, dans la première Section de cette Philosophie, pour la généralisation absolue des équations (131) ou des expressions (131)'.

Or, si l'on multiplie successivement par ces quantités k_0, k_1, k_2, k_3, ... k_ω les équations (369) dont il s'agit, et que l'on forme, par l'addition des deux membres de ces équations, les sommes deltas de chacun de leurs termes composans, on obtiendra la nouvelle suite infinie d'équations que voici.... (374)

$$\begin{aligned}
\nabla\mathfrak{A}_0 &= A_0 . \nabla a_0^{(0)} + A_1 . \nabla a_0^{(1)} + A_2 . \nabla a_0^{(2)} + A_3 . \nabla a_0^{(3)} + \text{etc.} \\
\nabla^2\mathfrak{A}_0 &= A_0 . \nabla^2 a_0^{(0)} + A_1 . \nabla^2 a_0^{(1)} + A_2 . \nabla^2 a_0^{(2)} + A_3 . \nabla^2 a_0^{(3)} + \text{etc.} \\
\nabla^3\mathfrak{A}_0 &= A_0 . \nabla^3 a_0^{(0)} + A_1 . \nabla^3 a_0^{(1)} + A_2 . \nabla^3 a_0^{(2)} + A_3 . \nabla^3 a_0^{(3)} + \text{etc.} \\
\nabla^4\mathfrak{A}_0 &= A_0 . \nabla^4 a_0^{(0)} + A_1 . \nabla^4 a_0^{(1)} + A_2 . \nabla^4 a_0^{(2)} + A_3 . \nabla^4 a_0^{(3)} + \text{etc.} \\
&\text{etc., etc.;}
\end{aligned}$$

en y introduisant, pour plus de régularité, les quantités

$$a_0^{(0)} = 1, \quad \text{et} \quad a_1^{(0)} = a_2^{(0)} = a_3^{(0)} = a_4^{(0)} = \text{etc.} = 0 .$$

Et, dans ces équations, d'après ce que nous venons d'observer sous les marques (373)' et (373)'', la suite des quantités ... (374)'

$$\nabla\mathfrak{A}_0, \quad \nabla^2\mathfrak{A}_0, \quad \nabla^3\mathfrak{A}_0, \quad \nabla^4\mathfrak{A}_0, \quad \text{etc.},$$

ou bien les suites respectives des coefficiens ... (374)''

$$\begin{matrix}
\nabla a_0^{(0)}, & \nabla a_0^{(1)}, & \nabla a_0^{(2)}, & \nabla a_0^{(3)}, & \text{etc.} \\
\nabla^2 a_0^{(0)}, & \nabla^2 a_0^{(1)}, & \nabla^2 a_0^{(2)}, & \nabla^2 a_0^{(3)}, & \text{etc.} \\
\nabla^3 a_0^{(0)}, & \nabla^3 a_0^{(1)}, & \nabla^3 a_0^{(2)}, & \nabla^3 a_0^{(3)}, & \text{etc.} \\
\text{etc., etc.,} & & & &
\end{matrix}$$

peuvent chacune former une suite de quantités décroissantes ou convergentes vers zéro. De plus, ces équations générales (374) contiendront, comme cas particulier, les équations primitives ou élémentaires (369); et cela, en ne prenant, pour la formation des sommes deltas (373), que deux quantités k_0 et k_1, ayant les valeurs $k_0 = 0$ et $k_1 = 1$; car, on aura

$$\nabla^0 \mathfrak{A}_0 = \mathfrak{A}_0, \quad \nabla \mathfrak{A}_0 = \mathfrak{A}_1, \quad \nabla^2 \mathfrak{A}_0 = \mathfrak{A}_2, \quad \nabla^3 \mathfrak{A}_0 = \mathfrak{A}_3, \quad \text{etc.},$$
$$\nabla^0 a_0^{(\rho)} = a_0^{(\rho)}, \quad \nabla a_0^{(\rho)} = a_1^{(\rho)}, \quad \nabla^2 a_0^{(\rho)} = a_2^{(\rho)}, \quad \nabla^3 a_0^{(\rho)} = a_3^{(\rho)}, \quad \text{etc.},$$

et les équations (374), en y ajoutant celle qui répond à l'ordre zéro des sommes deltas, se réduiront ainsi effectivement à la forme des équations primitives (369).

Nous aurons donc, à la place des équations particulières (369), les équations générales (374) qui, de cette manière, constitueront les CONDITIONS GÉNÉRALES de la réalité des Séries ou de leur transformation et de la détermination de leurs valeurs. Et, dans cette généralité, ces équations (374) présenteront immédiatement toutes les circonstances de la métaphysique de cette transformation et de cette détermination de la valeur des Séries.

Ainsi, pour en revenir ici à notre première question (372) et (372)', qui était de concevoir la génération des termes $\mathfrak{A}_0$, $\mathfrak{A}_1$, $\mathfrak{A}_2$, $\mathfrak{A}_3$, etc. de la Série proposée (370), divergente ou stationnaire, moyennant la suite indéfinie des quantités A_0, A_1, A_2, A_3, etc. formant les termes de la Série transformée et convergente (370)', on voit, dans les équations générales (374), que, puisque les suites des coefficiens (374)'' peuvent chacune être décroissantes ou convergentes vers zéro, la génération des quantités $\nabla\mathfrak{A}_0$, $\nabla^2\mathfrak{A}_0$, $\nabla^3\mathfrak{A}_0$, $\nabla^4\mathfrak{A}_0$, etc., moyennant un nombre indéfini de quantités finies A_0, A_1, A_2, A_3, etc., telle que la présentent les équations (374), se trouve donnée complètement et rigoureusement. Mais, dans cette considération générale, on voit aussi que ce ne sont pas immédiatement les coefficiens eux-mêmes $\mathfrak{A}_0$, $\mathfrak{A}_1$, $\mathfrak{A}_2$, $\mathfrak{A}_3$, etc. de la Série proposée, qui sont ainsi décomposés en un nombre indéfini de termes formant les coefficiens A_0, A_1, A_2, A_3, etc. de la Série demandée : c'est proprement aux sommes deltas $\nabla\mathfrak{A}_0$, $\nabla^2\mathfrak{A}_0$, $\nabla^3\mathfrak{A}_0$, etc., construites avec les premiers coefficiens $\mathfrak{A}_0$, $\mathfrak{A}_1$, $\mathfrak{A}_2$, etc., que s'applique immédiatement cette décomposition indéfinie de laquelle résultent les coefficiens A_0, A_1, A_2, etc. de la Série transformée.

Venons maintenant à la seconde et dernière question que présente cette métaphysique de la transformation et de la détermination de la valeur des Séries, c'est-à-dire, à la question importante de la génération des coefficiens A_0, A_1, A_2, A_3, etc. de la Série transformée et convergente (370)', moyennant les coefficiens $\mathfrak{A}_0$, $\mathfrak{A}_1$, $\mathfrak{A}_2$, $\mathfrak{A}_3$, etc. de la Série proposée (370), divergente ou stationnaire. — Et, comme la relation de ces coefficiens respectifs se trouve déterminée, en particulier, par les équations élémentaires (369), et en général, par les équations systématiques (374), on voit sur-le-champ que, pour obtenir cette génération des coefficiens demandés A_0, A_1, A_2, etc., moyennant les coefficiens donnés $\mathfrak{A}_0$, $\mathfrak{A}_1$, $\mathfrak{A}_2$, etc., il faut résoudre ces équations (369) ou (374) composées d'un nombre indéfini de termes.

Or, confrontant les équations systématiques (374), prises dans leur plus grande généralité, avec les équations (131), constituant les conditions de la Loi suprême (136), on verra que cette Loi absolue donne immédiatement la résolution en question des équations (374) ; et, examinant la formation (133) des quantités Ξ qui entrent dans la construction (136) de la Loi suprême, on verra de plus que la forme de cette résolution sera .... (375)

$$
\begin{aligned}
A_0 &= M_0^{(0)}.\nabla^0\mathfrak{A}_0 + M_0^{(1)}.\nabla\mathfrak{A}_0 + M_0^{(2)}.\nabla^2\mathfrak{A}_0 + M_0^{(3)}.\nabla^3\mathfrak{A}_0 + \text{etc.}\\
A_1 &= M_1^{(0)}.\nabla^0\mathfrak{A}_0 + M_1^{(1)}.\nabla\mathfrak{A}_0 + M_1^{(2)}.\nabla^2\mathfrak{A}_0 + M_1^{(3)}.\nabla^3\mathfrak{A}_0 + \text{etc.}\\
A_2 &= M_2^{(0)}.\nabla^0\mathfrak{A}_0 + M_2^{(1)}.\nabla\mathfrak{A}_0 + M_2^{(2)}.\nabla^2\mathfrak{A}_0 + M_2^{(3)}.\nabla^3\mathfrak{A}_0 + \text{etc.}\\
A_3 &= M_3^{(0)}.\nabla^0\mathfrak{A}_0 + M_3^{(1)}.\nabla\mathfrak{A}_0 + M_3^{(2)}.\nabla^2\mathfrak{A}_0 + M_3^{(3)}.\nabla^3\mathfrak{A}_0 + \text{etc.}\\
&\text{etc., etc.;}
\end{aligned}
$$

les quantités dénotées par M, qui sont ici les coefficiens, étant toujours finies ou pouvant toujours être rendues finies et déterminées. Ainsi, puisque, d'après l'observation (374)', la suite des quantités

$$\nabla^0 \mathfrak{A}_0, \quad \nabla \mathfrak{A}_0, \quad \nabla^2 \mathfrak{A}_0, \quad \nabla^3 \mathfrak{A}_0, \quad \nabla^4 \mathfrak{A}_0, \quad \text{etc.}$$

peut toujours aussi être rendue convergente vers zéro, les expressions (375) donneront immédiatement la génération rigoureuse des quantités A_0, A_1, A_2, etc. moyennant les quantités $\mathfrak{A}_0$, $\mathfrak{A}_1$, $\mathfrak{A}_2$, etc. Il est même inutile de ramener cette génération à la forme présente (375) : il suffit de l'avoir sous la forme générale (136) de la Loi suprême elle-même, sous laquelle, suivant ce que nous avons observé à l'occasion de cette Loi absolue (pages 265 et 266 de la première Section), les séries ou suites qui donneront les quantités en question A_0, A_1, A_2, A_3, etc., pourront toutes être rendues convergentes.

Nous avons donc, d'une part, dans les expressions particulières (369) et sur-tout dans les expressions générales (374), les conditions pour la possibilité de la génération des coefficiens $\mathfrak{A}_0$, $\mathfrak{A}_1$, $\mathfrak{A}_2$, $\mathfrak{A}_3$, etc. de la Série proposée (370), moyennant les coefficiens A_0, A_1, A_2, A_3, etc. de la Série demandée (370)', ou plutôt les conditions de la décomposition des premiers coefficiens $\mathfrak{A}_0$, $\mathfrak{A}_1$, $\mathfrak{A}_2$, etc. en des suites infinies de quantités, formées avec les derniers coefficiens A_0, A_1, A_2, etc.; et nous avons, de l'autre part, dans les expressions particulières (375) et sur-tout dans l'expression générale (136) de la Loi suprême elle-même, les conditions pour la possibilité de la génération des coefficiens A_0, A_1, A_2, A_3, etc. de la Série demandée (370)', moyennant les coefficiens $\mathfrak{A}_0$, $\mathfrak{A}_1$, $\mathfrak{A}_2$, $\mathfrak{A}_3$, etc. de la Série proposée (370), sans qu'il soit nécessaire de tenir compte d'aucune quantité complémentaire. Et, telle est manifestement la métaphysique complète de la transformation des Séries, réduite à des principes purement mathématiques. — Nous disons la métaphysique complète, car, comme on le sait déjà, ce que nous venons de reconnaître concernant la Série fondamentale (370) ou (148)', peut être étendu facilement à la Série universelle (352) ou (147), par la considération des généralités du second ordre ; d'ailleurs, on peut facilement aussi étendre ces conditions de la transformation des Séries au cas plus général où les accroissemens ξ des facultés dans les deux Séries (370) et (370)' seraient différens.

Mais, nous devons remarquer que, jusqu'ici, nous avons proprement traité la métaphysique GÉNÉRALE de la transformation des Séries, en supposant que la fonction fx servant de mesure algorithmique dans la Série proposée (370), et sur-tout que la fonction φx servant de mesure pareille dans la Série transformée (370)', étaient des fonctions quelconques données. — Lorsqu'il ne s'agit que de transformer une Série donnée, divergente ou stationnaire, en une Série convergente, c'est-à-dire, lorsqu'il ne s'agit que de déterminer la valeur de la Série proposée, et lorsque, par conséquent, le choix de la fonction qui sert de mesure pour cette évaluation dans la Série transformée, est arbitraire, la question de la transformation des Séries, réduite ainsi au cas particulier de leur évaluation, se trouve beaucoup simplifiée ; parce qu'alors les équations infinies (369) ou (374), constituant les conditions de cette transformation, peuvent être réduites à des équations finies, comme nous allons le voir.

Soit toujours la Série proposée non-convergente ... (376)

$$Fx = \mathfrak{A}_0 + \mathfrak{A}_1 . fx + \mathfrak{A}_2 . fx^{2|\xi} + \mathfrak{A}_3 . fx^{3|\xi} + \text{etc., etc.};$$

et soit la Série transformée convergente ... (376)'

$$Fx = A_0 + A_1 . \varphi x + A_2 . \varphi x^{2|\xi} + A_3 . \varphi x^{3|\xi} + \text{etc., etc.},$$

dans laquelle, suivant la nature de cette question particulière, le choix de la fonction φx servant de mesure pour cette évaluation générale, est évidemment arbitraire. Or, pour opérer la grande réduction dans les conditions (369) ou (374) de cette transformation, et pour amener ainsi la question particulière présente à la grande simplicité dont elle est susceptible, il suffit de donner à la fonction φx la forme ... (376)''

$$\varphi x = (x-a).(\psi x)^m,$$

dans laquelle a est la quantité déterminée par l'équation $fa = 0$, la caractéristique ψ désigne une fonction quelconque, et m est un nombre arbitraire. — Voici le fait.

Prenant une fonction quelconque Φx, telle que l'équation $\Phi x = 0$ donne $x = a$, et construisant avec cette fonction une faculté quelconque $(\Phi x)^{\mu|\xi}$, dont l'exposant μ est d'ailleurs considéré comme un nombre entier, si on développe cette faculté par rapport aux facultés progressives simples

$$(x-a),\quad (x-a)^{2|\xi},\quad (x-a)^{3|\xi},\quad (x-a)^{4|\xi},\quad \text{etc.},$$

suivant la formule (164), on aura ... (377)

$$(\Phi x)^{\mu|\xi} = (\Phi \dot{x})^{\mu|\xi} + \frac{\Delta(\Phi\dot{x})^{\mu|\xi}}{1.\xi}.(x-a) + \frac{\Delta^2(\Phi\dot{x})^{\mu|\xi}}{1^{2|1}.\xi^2}.(x-a)^{2|\xi}$$
$$+ \frac{\Delta^3(\Phi\dot{x})^{\mu|\xi}}{1^{3|1}.\xi^3}.(x-a)^{3|\xi} + \text{etc., etc.};$$

en marquant par $\dot{x}$ la valeur a de la variable x, que donne l'équation $\Phi x = 0$. Et alors, comme nous l'avons déjà observé plusieurs fois (Réfut. (91)), on a généralement $\Delta^\rho(\Phi\dot{x})^{\mu|\xi} = 0$, tant que l'exposant ρ de la différence est plus petit que l'exposant μ de la faculté; de sorte que le développement (377) se réduit à ... (377)'

$$(\Phi x)^{\mu|\xi} = \frac{\Delta^\mu(\Phi\dot{x})^{\mu|\xi}}{1^{\mu|1}.\xi^\mu}.(x-a)^{\mu|\xi} + \frac{\Delta^{\mu+1}(\Phi\dot{x})^{\mu|\xi}}{1^{(\mu+1)|1}.\xi^{\mu+1}}.(x-a)^{(\mu+1)|\xi} +$$
$$+ \frac{\Delta^{\mu+2}(\Phi\dot{x})^{\mu|\xi}}{1^{(\mu+2)|1}.\xi^{\mu+2}}.(x-a)^{(\mu+2)|\xi} + \text{etc., etc.}$$

Considérons maintenant, dans les Séries (376) et (376)′ dont il est question, les facultés progressives

$$\begin{array}{lllll} fx, & fx^{2|\xi}, & fx^{3|\xi}, & fx^{4|\xi}, & \text{etc.}, \\ \varphi x, & \varphi x^{2|\xi}, & \varphi x^{3|\xi}, & \varphi x^{4|\xi}, & \text{etc.}, \end{array}$$

comme étant représentées généralement par la faculté $(\Phi x)^{\mu|\xi}$; et opérons leurs développemens suivant la formule (377)′. La Série (376) deviendra ... (378)

$$Fx = \mathfrak{A}_0 + \mathfrak{A}_1 . \Delta(f\dot{x}) . \frac{x-a}{1.\xi}$$

$$+ \left(\mathfrak{A}_1 . \Delta^2(f\dot{x}) + \mathfrak{A}_2 . \Delta^2(f\dot{x})^{2|\xi}\right) . \frac{(x-a)^{2|\xi}}{1^{2|1} . \xi^2}$$

$$+ \left(\mathfrak{A}_1 . \Delta^3(f\dot{x}) + \mathfrak{A}_2 . \Delta^3(f\dot{x})^{2|\xi} + \mathfrak{A}_3 . \Delta^3(f\dot{x})^{3|\xi}\right) . \frac{(x-a)^{3|\xi}}{1^{3|1} . \xi^3}$$

$$+ \left(\mathfrak{A}_1 . \Delta^4(f\dot{x}) + \mathfrak{A}_2 . \Delta^4(f\dot{x})^{2|\xi} + \mathfrak{A}_3 . \Delta^4(f\dot{x})^{3|\xi} + \mathfrak{A}_4 . \Delta^4(f\dot{x})^{4|\xi}\right) . \frac{(x-a)^{4|\xi}}{1^{4|1} . \xi^4}$$

$$+ \text{etc., etc.};$$

et la Série (376)′ deviendra pareillement ... (378)′

$$Fx = A_0 + A_1 . \Delta(\varphi\dot{x}) . \frac{x-a}{1.\xi}$$

$$+ \left(A_1 . \Delta^2(\varphi\dot{x}) + A_2 . \Delta^2(\varphi\dot{x})^{2|\xi}\right) . \frac{(x-a)^{2|\xi}}{1^{2|1} . \xi^2}$$

$$+ \left(A_1 . \Delta^3(\varphi\dot{x}) + A_2 . \Delta^3(\varphi\dot{x})^{2|\xi} + A_3 . \Delta^3(\varphi\dot{x})^{3|\xi}\right) . \frac{(x-a)^{3|\xi}}{1^{3|1} . \xi^3}$$

$$+ \left(A_1 . \Delta^4(\varphi\dot{x}) + A_2 . \Delta^4(\varphi\dot{x})^{2|\xi} + A_3 . \Delta^4(\varphi\dot{x})^{3|\xi} + A_4 . \Delta^4(\varphi\dot{x})^{4|\xi}\right) . \frac{(x-a)^{4|\xi}}{1^{4|1} . \xi^4}$$

$$+ \text{etc., etc.}$$

Comparant donc ces deux développemens (378) et (378)', on obtiendra les équations finies ... (379)

$$\mathfrak{A}_0 = A_0$$

$$\mathfrak{A}_1 . \Delta(f\dot{x}) = A_1 . \Delta(\varphi\dot{x})$$

$$\mathfrak{A}_1 . \Delta^2(f\dot{x}) + \mathfrak{A}_2 . \Delta^2(f\dot{x})^{2|\xi} = A_1 . \Delta^2(\varphi\dot{x}) + A_2 . \Delta^2(\varphi\dot{x})^{2|\xi}$$

$$\mathfrak{A}_1 . \Delta^3(f\dot{x}) + \mathfrak{A}_2 . \Delta^3(f\dot{x})^{2|\xi} + \mathfrak{A}_3 . \Delta^3(f\dot{x})^{3|\xi} =$$
$$= A_1 . \Delta^3(\varphi\dot{x}) + A_2 . \Delta^3(\varphi\dot{x})^{2|\xi} + A_3 . \Delta^3(\varphi\dot{x})^{3|\xi}$$

$$\mathfrak{A}_1 . \Delta^4(f\dot{x}) + \mathfrak{A}_2 . \Delta^4(f\dot{x})^{2|\xi} + \mathfrak{A}_3 . \Delta^4(f\dot{x})^{3|\xi} + \mathfrak{A}_4 . \Delta^4(f\dot{x})^{4|\xi} =$$
$$= A_1 . \Delta^4(\varphi\dot{x}) + A_2 . \Delta^4(\varphi\dot{x})^{2|\xi} + A_3 . \Delta^4(\varphi\dot{x})^{3|\xi} + A_4 . \Delta^4(\varphi\dot{x})^{4|\xi}$$

etc., etc.

Et, telles seront les conditions très-simples pour la transformation de la Série non-convergente (376) en une Série convergente (376)', et, par conséquent, les conditions pour l'évaluation ou la détermination générale de la valeur des Séries; conditions dans lesquelles on voit clairement la génération des coefficiens $\mathfrak{A}_0$, $\mathfrak{A}_1$, $\mathfrak{A}_2$, $\mathfrak{A}_3$, etc. de la Série proposée (376), moyennant les coefficiens A_0, A_1, A_2, A_3, etc. de la Série transformée (376)', et réciproquement la génération de ces derniers A_0, A_1, A_2, etc., moyennant les premiers $\mathfrak{A}_0$, $\mathfrak{A}_1$, $\mathfrak{A}_2$, etc. — C'est ici sur-tout que les géomètres pourront toucher au doigt la grande vérité (366)'', savoir, que toutes les Séries, convergentes, stationnaires ou divergentes, ont, en elles-mêmes, dans le nombre indéfini de leurs termes, et sans le secours d'aucune quantité complémentaire, une signification ou une valeur déterminée; car, d'après ces conditions (379), qui sont finies et par conséquent palpables, les coefficiens $\mathfrak{A}_0$, $\mathfrak{A}_1$, $\mathfrak{A}_2$, $\mathfrak{A}_3$, etc. ou les termes de la Série non-convergente (376), suffisent TOUT SEULS pour la détermination des coefficiens A_0, A_1, A_2, A_3, etc. de la Série convergente (376)'.

Voici un exemple pour éclaircir cette métaphysique de la transformation des Séries, et spécialement de l'évaluation ou de la détermination générale de leurs valeurs. — Soit proposée la Série simple ... (380)

$$Fx = \mathfrak{A}_0 + \mathfrak{A}_1 . (x-a) + \mathfrak{A}_2 . (x-a)^2 + \mathfrak{A}_3 . (x-a)^3 + \text{etc., etc.},$$

dans laquelle les coefficiens $\mathfrak{A}_0$, $\mathfrak{A}_1$, $\mathfrak{A}_2$, etc. sont des nombres finis quelconques, et a est une quantité donnée; de sorte que, lorsque la variable x est plus grande que $(a+1)$, cette Série devienne divergente. — En la comparant avec la Série générale (376), on aura ici ... (380)'

$$fx = (x-a), \qquad \xi = \frac{1}{\infty} = dx.$$

Et, suivant la forme (376)'', si l'on prend, pour la fonction arbitraire ψx, la fonction la plus simple $(n+x)$, en faisant d'ailleurs $m = -1$, on aura ... (380)''

$$\varphi x = (x-a) . (n+x)^{-1};$$

de sorte que la Série transformée (376)' aura la forme ... (380)'''

$$Fx = A_0 + A_1 . \frac{x-a}{n+x} + A_2 . \left(\frac{x-a}{n+x}\right)^2 + A_3 . \left(\frac{x-a}{n+x}\right)^3$$
$$+ A_4 . \left(\frac{x-a}{n+x}\right)^4 + \text{etc., etc.},$$

et pourra être convergente même lorsque la variable x sera plus grande que $(a+1)$. Or, en substituant, dans les équations (379), à la place des fonctions générales fx et φx, leurs déterminations (380)' et (380)'', et en observant d'ailleurs qu'à cause de $\xi = \frac{1}{\infty} = dx$, les facultés se réduisent ici à de simples puissances, et les différences Δ à de simples différentielles, on obtiendra facilement, pour le cas présent, les équations qui donnent la détermination réciproque des coefficiens $\mathfrak{A}_0$, $\mathfrak{A}_1$, $\mathfrak{A}_2$, etc. et A_0, A_1, A_2, etc., et qui sont ainsi les conditions de la transformation de la Série (380) dans la Série $(380)'''$. Les voici.

On a généralement, d'une part, ... $(380)^{\text{IV}}$

$$d^\rho (fx)^\mu = d^\rho (x-a)^\mu = \mu^{\rho|-1}.(x-a)^{\mu-\rho}.dx^\rho;$$

et de l'autre, ... $(380)^{\text{V}}$

$$d^\rho (\varphi x)^\mu = d^\rho \left\{ (x-a)^\mu.(n+x)^{-\mu} \right\} =$$

$$= d^\rho (x-a)^\mu.(n+x)^{-\mu} + \frac{\rho}{1}.d^{\rho-1}(x-a)^\mu.d(n+x)^{-\mu} +$$

$$+ \frac{\rho(\rho-1)}{1.2}.d^{\rho-2}(x-a)^\mu.d^2(n+x)^{-\mu} + \text{etc., etc.} =$$

$$= \left\{ \mu^{\rho|-1}.(x-a)^{\mu-\rho}.(n+x)^{-\mu} - \frac{\rho}{1}.\mu^{(\rho-1)|-1}.(x-a)^{\mu-\rho+1}.\mu(n+x)^{-(\mu+1)} \right.$$
$$\left. + \frac{\rho^{2|-1}}{1^{2|1}}.\mu^{(\rho-2)|-1}.(x-a)^{\mu-\rho+2}.\mu^{2|1}.(n+x)^{-(\mu+2)} - \text{etc.} \right\}.dx^\rho.$$

Ainsi, dans le cas où $x = a$, valeur que nous marquons ici par $\dot{x}$, la différentielle $(380)^{\text{IV}}$ n'aura de valeur différente de zéro que lorsque $\rho = \mu$; et elle sera alors ... $(380)^{\text{VI}}$

$$d^\mu (f\dot{x})^\mu = \mu^{\mu|-1}.dx^\mu = 1^{\mu|1}.dx^\mu.$$

Et, dans le même cas de $x = a$, la différentielle $(380)^{\text{V}}$, en faisant $\rho = (\mu + \varpi)$, se réduira à ... $(380)^{\text{VII}}$

$$d^{\mu+\varpi}(\varphi\dot{x})^\mu = (-1)^\varpi.\frac{(\mu+\varpi)^{\varpi|-1}}{1^{\varpi|1}}.\mu^{\mu|-1}.\mu^{\varpi|1}.(n+a)^{-(\mu+\varpi)}.dx^{\mu+\varpi} =$$

$$= (-1)^\varpi.\frac{1^{(\mu+\varpi)|1}.\mu^{\varpi|1}}{1^{\varpi|1}}.\frac{dx^{\mu+\varpi}}{(n+a)^{\mu+\varpi}}.$$

Substituant donc ces valeurs $(380)^{\text{VI}}$ et $(380)^{\text{VII}}$ des différentielles $d^\rho (f\dot{x})^\mu$ et $d^\rho (\varphi\dot{x})^\mu$, à la place des différences $\Delta^\rho (f\dot{x})^{\mu|\xi}$ et $\Delta^\rho (\varphi\dot{x})^{\mu|\xi}$, dans les équations générales (379), on obtiendra les équations particulières suivantes ... (380)^{viii}

$$\mathfrak{A}_0 = A_0$$
$$\mathfrak{A}_1 . (n+a) = A_1$$
$$\mathfrak{A}_2 . (n+a)^2 = A_2 - A_1$$
$$\mathfrak{A}_3 . (n+a)^3 = A_3 - 2A_2 + A_1$$
$$\cdots\cdots\cdots\cdots\cdots$$
$$\mathfrak{A}_\mu . (n+a)^\mu = A_\mu - \frac{\mu-1}{1} . A_{\mu-1} + \frac{(\mu-1)^{2|-1}}{1^{2|1}} . A_{\mu-2}$$
$$- \frac{(\mu-1)^{3|-1}}{1^{3|1}} . A_{\mu-3} + \frac{(\mu-1)^{4|-1}}{1^{4|1}} . A_{\mu-4} - \text{etc.}$$

Et, telles seront, pour la transformation des Séries (380) et (380)$'''$, les conditions très-simples qui donnent, d'une manière finie, la détermination réciproque de leurs coefficiens $\mathfrak{A}_0$, $\mathfrak{A}_1$, $\mathfrak{A}_2$, $\mathfrak{A}_3$, etc. et A_0, A_1, A_2, A_3, etc. — Voici deux cas numériques de cet exemple (380) et (380)$'''$ de l'évaluation des Séries.

1°. Soit $a = 1$, et soit, de plus, la suite des coefficiens

$$\mathfrak{A}_0 = 0, \quad \mathfrak{A}_1 = 1, \quad \mathfrak{A}_2 = -\frac{1}{2}, \quad \mathfrak{A}_3 = +\frac{1}{3}, \quad \mathfrak{A}_4 = -\frac{1}{4}, \quad \text{etc.};$$

la Série (380) formera le développement du logarithme naturel de x, savoir, ... (381)

$$Lx = (x-1) - \frac{1}{2}(x-1)^2 + \frac{1}{3}(x-1)^3 - \frac{1}{4}(x-1)^4 + \text{etc., etc.,}$$

et elle sera divergente lorsque la variable x sera plus grande que 2. Or, faisant $n = 1$, la Série transformée (380)$'''$ sera ... (381)$'$

$$Lx = A_0 + A_1 . \frac{x-1}{x+1} + A_2 . \left(\frac{x-1}{x+1}\right)^2 + A_3 . \left(\frac{x-1}{x+1}\right)^3 + \text{etc., etc.;}$$

de plus, les équations $(380)^{\text{VIII}}$ deviendront ... $(381)''$

$$0 = A_0$$

$$+ 1.2 = A_1$$

$$- \frac{1}{2}.2^2 = A_2 - A_1$$

$$+ \frac{1}{3}.2^3 = A_3 - 2A_2 + A_1$$

$$- \frac{1}{4}.2^4 = A_4 - 3A_3 + 3A_2 - A_1$$

etc., etc.,

et elles donneront ... $(381)'''$

$$A_0 = 0, \quad A_1 = 2, \quad A_2 = 0, \quad A_3 = 2.\frac{1}{3}, \quad A_4 = 0,$$

$$A_5 = 2.\frac{1}{5}, \quad A_6 = 0, \quad \text{etc., etc.};$$

de sorte que la Série transformée en question $(381)'$ sera définitivement ... $(381)^{\text{IV}}$

$$Lx = 2.\left\{\frac{x-1}{x+1} + \frac{1}{3}.\left(\frac{x-1}{x+1}\right)^3 + \frac{1}{5}.\left(\frac{x-1}{x+1}\right)^5 + \text{etc., etc.}\right\},$$

série connue qui est convergente pour toutes les valeurs positives de x. — On voit donc que, quelque divergente que soit la Série (381), par exemple, pour $x = 11$, où elle est ... $(381)^{\text{V}}$

$$10 - \frac{100}{2} + \frac{1000}{3} - \frac{10000}{4} + \frac{100000}{5} - \text{etc.},$$

cette Série a, en elle-même, dans le nombre indéfini de ses termes, une valeur déterminée rigoureuse, sans avoir besoin d'aucune quantité complémentaire; car, par elle-même, moyennant les seules relations $(381)''$ des coefficiens, elle donne la Série toujours convergente $(381)^{\text{IV}}$, qui, par exemple, pour $x = 11$, est.... $(381)^{\text{VI}}$

$$2.\left\{\frac{10}{12} + \frac{1000}{3.1728} + \frac{100000}{5.248832} + \frac{10000000}{7.35831808} + \text{etc.}\right\}.$$

2°. Soit $a = 0$, et soit la suite des coefficiens

$$\mathfrak{A}_0 = +1, \quad \mathfrak{A}_1 = -1, \quad \mathfrak{A}_2 = +1, \quad \mathfrak{A}_3 = -1, \quad \mathfrak{A}_4 = +1, \quad \mathfrak{A}_5 = -1, \quad \text{etc.};$$

la Série (380) formera le développement de la fonction $\frac{1}{1+x}$, savoir, ... (382)

$$\frac{1}{1+x} = 1 - x + x^2 - x^3 + x^4 - x^5 + \text{etc., etc.},$$

et elle ne sera pas convergente lorsque la variable x ne sera pas plus petite que l'unité. Or, conservant ici la quantité arbitraire n dans toute sa généralité, la Série transformée $(380)'''$ sera ... $(382)'$

$$\frac{1}{1+x} = A_0 + A_1 \cdot \frac{x}{n+x} + A_2 \cdot \frac{x^2}{(n+x)^2} + A_3 \cdot \frac{x^3}{(n+x)^3} + \text{etc., etc.};$$

de plus, les équations $(380)^{\text{VIII}}$ deviendront ... $(382)''$

$$\begin{aligned} 1 &= A_0 \\ -n &= A_1 \\ +n^2 &= A_2 - A_1 \\ -n^3 &= A_3 - 2A_2 + A_1 \\ +n^4 &= A_4 - 3A_3 + 3A_2 - A_1 \\ &\text{etc., etc.,} \end{aligned}$$

et elles donneront ... $(382)'''$

$$A_0 = 1, \quad A_1 = -n, \quad A_2 = n^2 - n, \quad A_3 = -n^3 + 2n^2 - n,$$
$$A_4 = n^4 - 3n^3 + 3n^2 - n, \quad \text{etc.; etc.};$$

de sorte que la Série transformée en question $(382)'$ sera définitivement ... $(382)^{\text{IV}}$

$$\frac{1}{1+x} = 1 - n \cdot \frac{x}{n+x} + n(n-1) \cdot \frac{x^2}{(n+x)^2} - n(n-1)^2 \cdot \frac{x^3}{(n+x)^3}$$
$$+ n(n-1)^3 \cdot \frac{x^4}{(n+x)^4} - \text{etc., etc.},$$

série qui, à cause de la quantité arbitraire n, est convergente pour toutes les valeurs de x. — On voit donc encore ici que, quelque divergente ou quelque insignifiante en apparence que soit la Série (382), par exemple, pour $x = 1$, où elle est ... $(382)^{\text{v}}$

$$1 - 1 + 1 - 1 + 1 - 1 + 1 - 1 + \text{etc., etc.},$$

cette Série a encore, en elle-même, dans le nombre indéfini de ses termes, une valeur déterminée rigoureuse, sans avoir besoin d'aucune quantité complémentaire; car, par elle-même, moyennant les seules relations $(382)''$ des coefficiens, elle donne la Série toujours convergente $(382)^{\text{IV}}$ qui, par exemple, pour $x = 1$, est ... $(382)^{\text{VI}}$

$$1 - \frac{n}{n+1} + \frac{n(n-1)}{(n+1)^2} - \frac{n(n-1)^2}{(n+1)^3} + \frac{n(n-1)^3}{(n+1)^4} - \text{etc., etc.},$$

et forme effectivement, avec toute quantité positive finie n, une série évidemment convergente, donnant la valeur $\frac{1}{2}$. — On ne connaît que trop les rêveries prétendues métaphysiques qu'en suivant Euler, ce chef de l'école moderne des Mathématiques, les géomètres ont faites sur cette Série $(382)^{\text{v}}$ si bizarre en apparence, dont ils n'ont jamais pu s'expliquer le sens que par le moyen de la Quantité complémentaire.

Bien plus, si, dans la dernière Série transformée $(382)^{\text{IV}}$, on fait $n = 1$, cette Série se réduira à ses deux premiers termes, savoir, à

$$1 - \frac{x}{1+x} = \frac{1}{1+x};$$

et elle donnera ainsi la fonction théorique elle-même $\frac{1}{1+x}$, dont la Série proposée (382) était le développement technique. On voit donc mieux encore que les seuls coefficiens ou les seuls termes de cette Série proposée et non-convergente (382), suffisent, sans aucun autre secours complémentaire, pour déterminer rigoureusement la valeur générale, $\frac{1}{1+x}$ de cette Série.

Jusqu'ici, nous avons considéré les Séries données généralement, c'est-à-dire, données moyennant leur variable générale x ou plutôt moyennant la fonction même servant de mesure générale dans ces Séries. — Il faut encore, pour compléter cette métaphysique de l'évaluation des Séries, faire ici une remarque importante concernant les Suites infinies de nombres ou de quantités déterminées, dont on ne connaît pas les Séries générales correspondantes qui, pour certaines valeurs de la variable x, donnent ces Suites infinies de nombres. — Or, cette remarque consiste en ce que, pour toute Suite infinie de nombres ... (383)

$$N_0 + N_1 + N_2 + N_3 + N_4 + \text{etc., etc.,}$$

on peut admettre telle Série générale qu'on voudra ... (383)'

$$Fx = \mathfrak{A}_0 + \mathfrak{A}_1 . fx + \mathfrak{A}_2 . fx^{2|\xi} + \mathfrak{A}_3 . fx^{3|\xi} + \text{etc., etc.,}$$

en supposant que cette Suite particulière (383) provient de cette Série générale (383)', pour une certaine valeur déterminée $\dot{x}$ de la variable x. En effet, cette hypothèse arbitraire donnera les relations ... (383)''

$$N_0 = \mathfrak{A}_0, \quad N_1 = \mathfrak{A}_1 . f\dot{x}, \quad N_2 = \mathfrak{A}_2 . f\dot{x}^{2|\xi}, \quad N_3 = \mathfrak{A}_3 . f\dot{x}^{3|\xi}, \quad \text{etc., etc.,}$$

dont on tirera ... (383)'''

$$\mathfrak{A}_0 = N_0, \quad \mathfrak{A}_1 = \frac{N_1}{f\dot{x}}, \quad \mathfrak{A}_2 = \frac{N_2}{f\dot{x}^{2|\xi}}, \quad \mathfrak{A}_3 = \frac{N_3}{f\dot{x}^{3|\xi}}, \quad \text{etc., etc.;}$$

de sorte que, connaissant ainsi les coefficiens $\mathfrak{A}_0$, $\mathfrak{A}_1$, $\mathfrak{A}_2$, $\mathfrak{A}_3$, etc. dans la Série hypothétique (383)', on pourra, d'après les principes précédens, déterminer sa valeur correspondante à la valeur $\dot{x}$ de la variable x; et cette valeur particulière de la Série (383)' sera évidemment celle de la Suite infinie proposée (383). — Voici un exemple de cette évaluation arbitraire des Suites infinies de nombres.

Soit proposée la Suite infinie ... (384)

$$1 + 1 - 1 - 1 + 1 + 1 - 1 - 1 + 1 + 1 - 1 - 1 + \text{etc., etc.}$$

Considérons-la comme provenant arbitrairement, ou de la Série ... (384)'

$$F_1x = 1 + x - x^2 - x^3 + x^4 + x^5 - x^6 - x^7 + \text{etc., etc.},$$

ou bien de la Série ... (384)''

$$F_2x = 1 + x - x^3 - x^4 + x^6 + x^7 - x^9 - x^{10} + \text{etc., etc.},$$

qui toutes deux donnent cette Suite (384) lorsque $x = 1$, et dont la première (384)' est le développement technique de la fonction $\frac{1+x}{1+x^2}$, et la seconde (384)'' le développement pareil de la fonction $\frac{1+x}{1+x^3}$ ou $\frac{1}{1-x+x^2}$. Or, suivant ce que nous venons de remarquer, pour avoir la valeur de la Suite infinie proposée (384), il suffit de déterminer la valeur particulière de l'une des Séries hypothétiques (384)' ou (384)'', correspondante à $x = 1$. Mais, dans ce cas, ces Séries sont stationnaires; et, pour avoir leurs valeurs, il faut, moyennant les conditions (379), les transformer en Séries convergentes, comme nous allons le faire.

Embrassons ces deux Séries hypothétiques par l'expression générale ... (385)

$$Fx = \mathfrak{A}_0 + \mathfrak{A}_1 . x + \mathfrak{A}_2 . x^2 + \mathfrak{A}_3 . x^3 + \mathfrak{A}_4 . x^4 + \text{etc., etc.};$$

et considérons cette dernière comme rentrant dans l'exemple (380), en y faisant $a = 0$. La Série transformée (380)''' sera ... (385)'

$$Fx = A_0 + A_1 . \frac{x}{n+x} + A_2 . \frac{x^2}{(n+x)^2} + A_3 . \frac{x^3}{(n+x)^3} + \text{etc., etc.};$$

et les conditions (380)^{viii} pour cette transformation seront ... (385)''

$$\mathfrak{A}_0 = A_0$$
$$\mathfrak{A}_1 . n = A_1$$
$$\mathfrak{A}_2 . n^2 = A_2 - A_1$$

$$\mathfrak{A}_3 . n^3 = A_3 - 2A_2 + A_1$$
$$\mathfrak{A}_4 . n^4 = A_4 - 3A_3 + 3A_2 - A_1$$
etc., etc.;

n étant toujours un nombre arbitraire. — Or, pour la première des deux Séries hypothétiques (384)′ et (384)″ dont il s'agit, nous aurons ... (386)

$$\mathfrak{A}_0 = 1, \quad \mathfrak{A}_1 = 1, \quad \mathfrak{A}_2 = -1, \quad \mathfrak{A}_3 = -1,$$
$$\mathfrak{A}_4 = 1, \quad \mathfrak{A}_5 = 1, \quad \mathfrak{A}_6 = -1, \quad \mathfrak{A}_7 = -1,$$
etc., etc.;

de sorte que, faisant $n = 1$, les conditions présentes (385)″ seront ... (386)′

$$+1 = A_0$$
$$+1 = A_1$$
$$-1 = A_2 - A_1$$
$$-1 = A_3 - 2A_2 + A_1$$
$$+1 = A_4 - 3A_3 + 3A_2 - A_1$$
$$+1 = A_5 - 4A_4 + 6A_3 - 4A_2 + A_1$$
etc., etc.;

et elles donneront ... (386)″

$$A_0 = 1, \quad A_1 = 1, \quad A_2 = 0, \quad A_3 = -2, \quad A_4 = -4, \quad A_5 = -4,$$
$$A_6 = 0, \quad A_7 = 8, \quad A_8 = 16, \quad A_9 = 16, \quad A_{10} = 0, \quad A_{11} = -32,$$
etc., etc.

Ainsi, la Série transformée (385)′ deviendra ... (386)‴

$$F_1 x = 1 + \frac{x}{1+x} + 0.\frac{x^2}{(1+x)^2} - 2.\frac{x^3}{(1+x)^3} - 4.\frac{x^4}{(1+x)^4}$$
$$- 4.\frac{x^5}{(1+x)^5} + 0.\frac{x^6}{(1+x)^6} + 8.\frac{x^7}{(1+x)^7} + \text{etc., etc.};$$

et ce sera là le développement technique équivalent à la Série hypothétique (384)'; savoir, à la Série

$$F_1 x = 1 + x - x^2 - x^3 + x^4 + x^5 - x^6 - x^7 + \text{etc.; etc.}$$

Donc, pour le cas de $x = 1$, où cette Série donne la Suite infinie proposée (384), la Série transformée (386)''' donnera la Suite équivalente ... (386)^{IV}

$$F_1(1) = 1 + \frac{1}{2} - \frac{1}{4} - \frac{1}{4} - \frac{1}{8} + \frac{1}{16} + \frac{1}{16} + \frac{1}{32}$$
$$- \frac{1}{64} - \frac{1}{64} - \frac{1}{128} + \text{etc., etc.,}$$

laquelle est évidemment convergente et donne à l'infini l'unité, nombre qui par conséquent forme sa valeur. Telle est donc aussi la valeur de la Suite infinie proposée (384), savoir, de la Suite

$$1 + 1 - 1 - 1 + 1 + 1 - 1 - 1 + 1 + 1 - 1 - 1 + \text{etc., etc.;}$$

valeur qui se trouve ainsi déterminée par les seuls termes composans de cette Suite, sans le secours d'aucune quantité complémentaire.

Pour la seconde des deux Séries hypothétiques (384)' et (384)'', nous aurons ... (387)

$$\mathfrak{A}_0 = 1,\quad \mathfrak{A}_1 = 1,\quad \mathfrak{A}_2 = 0,\quad \mathfrak{A}_3 = -1,\quad \mathfrak{A}_4 = -1,\quad \mathfrak{A}_5 = 0,$$
$$\mathfrak{A}_6 = 1,\quad \mathfrak{A}_7 = 1,\quad \mathfrak{A}_8 = 0,\quad \mathfrak{A}_9 = -1,\quad \mathfrak{A}_{10} = -1,\quad \mathfrak{A}_{11} = 0,$$
$$\text{etc., etc.;}$$

de sorte que faisant encore $n = 1$, les conditions (385)'' seront ... (387)'

$$\begin{aligned}
+1 &= A_0 \\
+1 &= A_1 \\
0 &= A_2 - A_1 \\
-1 &= A_3 - 2A_2 + A_1 \\
-1 &= A_4 - 3A_3 + 3A_2 - A_1 \\
0 &= A_5 - 4A_4 + 6A_3 - 4A_2 + A_1 \\
&\text{etc., etc.;}
\end{aligned}$$

et elles donneront ... $(387)''$

$A_0 = 1$, $A_1 = 1$, $A_2 = 1$, $A_3 = 0$, $A_4 = -3$, $A_5 = -9$,
$A_6 = -18$, $A_7 = -27$, $A_8 = -27$, $A_9 = 0$, $A_{10} = 81$,
$A_{11} = 243$, $A_{12} = 486$, $A_{13} = 729$, $A_{14} = 729$, $A_{15} = 0$,
etc., etc.

Ainsi, la Série transformée $(385)'$ deviendra ici ... $(387)'''$

$$F_2x = 1 + \frac{x}{1+x} + \frac{x^2}{(1+x)^2} + 0 \cdot \frac{x^3}{(1+x)^3} - 3 \cdot \frac{x^4}{(1+x)^4}$$
$$- 9 \cdot \frac{x^5}{(1+x)^5} - 18 \cdot \frac{x^6}{(1+x)^6} - 27 \cdot \frac{x^7}{(1+x)^7} - 27 \cdot \frac{x^8}{(1+x)^8}$$
$$+ \text{etc., etc.};$$

et ce sera le développement technique équivalent à la Série hypothétique $(384)''$, savoir, à la Série

$$F_2x = 1 + x - x^3 - x^4 + x^6 + x^7 - x^9 - x^{10} + \text{etc., etc.}$$

Donc, pour le cas de $x = 1$, où cette Série donne aussi la Suite infinie proposée (384), la Série transformée $(387)'''$ donnera la Suite équivalente ... $(387)^{\text{IV}}$.

$$F_2(1) = 1 + \frac{1}{2} + \frac{1}{4} - \frac{3}{16} - \frac{9}{32} - \frac{9}{32} - \frac{27}{128} - \frac{27}{256}$$
$$+ \frac{81}{1024} + \frac{243}{2048} + \frac{243}{2048} + \frac{729}{8192} + \frac{729}{16384}$$
$$- \text{etc., etc.},$$

ou bien

$$F_2(1) = 1 + \frac{1}{2} + \frac{1}{2^2} - \frac{3}{2^4} - \frac{3^2}{2^5} - \frac{3^2}{2^5} - \frac{3^3}{2^7} - \frac{3^3}{2^8}$$
$$+ \frac{3^4}{2^{10}} + \frac{3^5}{2^{11}} + \frac{3^5}{2^{11}} + \frac{3^6}{2^{13}} + \frac{3^6}{2^{14}} - \text{etc., etc.},$$

laquelle est de même évidemment convergente et donne pareillement à l'infini l'unité, nombre qui par conséquent forme aussi sa valeur. Nous obtenons donc, par le moyen de la seconde Série hypothétique (384)'', la même valeur pour la Suite infinie proposée (384), savoir, pour la Suite

$$1 + 1 - 1 - 1 + 1 + 1 - 1 - 1 + \text{etc., etc.};$$

et encore par ce moyen, comme plus haut (386)^{IV} par le moyen de la première Série hypothétique (384)', cette valeur identique (l'unité) de la Suite infinie (384), se trouve déterminée par les seuls termes composans de cette Suite, sans le secours d'aucune quantité complémentaire.

On concevra maintenant, ce nous semble, que, suivant ces principes palpables, on pourra toujours, sans aucun secours étranger, déterminer la valeur de toute Suite infinie de nombres (383), quand même cette valeur serait une quantité idéale (dite imaginaire); comme l'est, par exemple, la valeur de la Suite infinie que voici ... (388)

$$1 - \frac{1}{1} + \frac{1^{2|-2}}{1^{2|1}} - \frac{1^{3|-2}}{1^{3|1}} + \frac{1^{4|-2}}{1^{4|1}} - \frac{1^{5|-2}}{1^{5|1}} + \text{etc., etc.},$$

c'est-à-dire, de la Suite ... (388)'

$$1 - 1 - \frac{1}{2}\cdot\frac{1}{1} - \frac{1}{3}\cdot\frac{1.3}{1.2} - \frac{1}{4}\cdot\frac{1.3.5}{1.2.3} - \frac{1}{5}\cdot\frac{1.3.5.7}{1.2.3.4} - \text{etc., etc.},$$

valeur qui est ici $\sqrt{-1}$. Mais, dans ce cas de valeurs idéales (imaginaires), il faut, dans la mesure arbitraire φx servant pour la Série transformée et convergente (376)', introduire des quantités idéales de la forme $(\alpha + \beta.\sqrt{-1})$. Ainsi, voulant, pour l'évaluation de la Suite infinie présente (388), suivre l'exemple général (380) et (380)''' de transformation, il faut prendre une telle quantité idéale $(\alpha + \beta.\sqrt{-1})$ pour la quantité arbitraire n. — Voici le fait.

Admettons pour la Série générale (383)′ de laquelle dépend ici la Suite infinie proposée (388), la Série suivante ... (389)

$$Fx = 1 - x - \frac{1}{2}.\frac{1}{1}.x^2 - \frac{1}{3}.\frac{1.3}{1.2}.x^3 - \frac{1}{4}.\frac{1.3.5}{1.2.3}.x^4 - \text{etc., etc.,}$$

qui forme cette Suite (388) ou (388)′ lorsque $x = 1$, et qui est le développement de la fonction $(1-2x)^{\frac{1}{2}}$ donnant effectivement $\sqrt{-1}$ pour ce cas de $x = 1$. En comparant cette Série hypothétique (389) avec la Série générale (380), nous aurons $a = 0$, et ... (389)′

$$\mathfrak{A}_0 = 1, \quad \mathfrak{A}_1 = -1, \quad \mathfrak{A}_2 = -\frac{1}{2}.\frac{1}{1}, \quad \mathfrak{A}_3 = -\frac{1}{3}.\frac{1.3}{1.2},$$

$$\mathfrak{A}_4 = -\frac{1}{4}.\frac{1.3.5}{1.2.3}, \quad \text{etc., etc.}$$

Or, faisant $n = -\frac{1}{2}.\sqrt{-1}$, et observant que

$$\frac{x}{x - \frac{1}{2}.\sqrt{-1}} = \frac{2x(2x+\sqrt{-1})}{4x^2+1},$$

la Série transformée (380)‴ prendra la forme ... (389)″

$$Fx = A_0 + A_1.\frac{2x(2x+\sqrt{-1})}{4x^2+1} + A_2.\frac{2^2x^2(2x+\sqrt{-1})^2}{(4x^2+1)^2} +$$

$$+ A_3.\frac{2^3x^3(2x+\sqrt{-1})^3}{(4x^2+1)^3} + \text{etc., etc.}$$

De plus, les conditions (380)^{VIII} pour la transformation présente, seront ... (389)‴

$$1 = A_0$$

$$+\frac{1}{2}.\sqrt{-1} = A_1$$

$$+\frac{1}{2^2}.\frac{1}{2}.\frac{1}{1} = A_2 - A_1,$$

$$-\frac{1}{2^3}\cdot\frac{1}{3}\cdot\frac{1.3}{1.2}\cdot\sqrt{-1} = A_3 - 2A_2 + A_1$$

$$-\frac{1}{2^4}\cdot\frac{1}{4}\cdot\frac{1.3.5}{1.2.3} = A_4 - 3A_3 + 3A_2 - A_1$$

$$+\frac{1}{2^5}\cdot\frac{1}{5}\cdot\frac{1.3.5.7}{1.2.3.4}\cdot\sqrt{-1} = A_5 - 4A_4 + 6A_3 - 4A_2 + A_1$$

$$+\frac{1}{2^6}\cdot\frac{1}{6}\cdot\frac{1.3.5.7.9}{1.2.3.4.5} = A_6 - 5A_5 + 10A_4 - 10A_3 + 5A_2 - A_1$$

— etc., etc.;

et elles donneront ... $(389)^{\text{IV}}$

$$A_0 = 1,\quad A_1 = \frac{1}{2}\cdot\sqrt{-1},\quad A_2 = \frac{1}{2^3}\cdot(1+4\sqrt{-1}),$$

$$A_3 = \frac{1}{2^4}\cdot(4+7\sqrt{-1}),\quad A_4 = \frac{1}{2^7}\cdot(43+40\sqrt{-1}),$$

$$A_5 = \frac{1}{2^8}\cdot(88+39\sqrt{-1}),\quad A_6 = \frac{1}{2^{10}}\cdot(261+12\sqrt{-1}),$$

$$A_7 = \frac{1}{2^{11}}\cdot(188-89\sqrt{-1}),\quad A_8 = \frac{1}{2^{15}}\cdot(-2445+1040\sqrt{-1}),$$

$$A_9 = \frac{1}{2^{16}}\cdot(-9424+14667\sqrt{-1}),$$

$$A_{10} = \frac{1}{2^{18}}\cdot(-8993+115340\sqrt{-1}),$$

$$A_{11} = \frac{1}{2^{19}}\cdot(132204+277265\sqrt{-1}),$$

$$A_{12} = \frac{1}{2^{22}}\cdot(2461887+1483352\sqrt{-1}),$$

etc., etc.

Ainsi, la Série transformée $(389)''$ sera définitivement ... $(389)^{\text{V}}$

$$Fx = 1 + \sqrt{-1}\cdot\frac{x(2x+\sqrt{-1})}{4x^2+1}$$

$$+\frac{1+4\sqrt{-1}}{2}\cdot\frac{x^2(2x+\sqrt{-1})^2}{(4x^2+1)^2}$$

$$+\frac{4+7\sqrt{-1}}{2}\cdot\frac{x^3(2x+\sqrt{-1})^3}{(4x^2+1)^3}$$

$$+\frac{43+40\sqrt{-1}}{2^3}\cdot\frac{x^4(2x+\sqrt{-1})^4}{(4x^2+1)^4}$$

$$+\frac{88+39\sqrt{-1}}{2^3}\cdot\frac{x^5(2x+\sqrt{-1})^5}{(4x^2+1)^5}$$

$$+\text{ etc., etc.};$$

et ce sera là le développement technique équivalent à la Série hypothétique (389), savoir, à la Série

$$Fx = 1 - x - \frac{1}{2}\cdot\frac{1}{1}\cdot x^2 - \frac{1}{3}\cdot\frac{1.3}{1.2}\cdot x^3 - \frac{1}{4}\cdot\frac{1.3.5}{1.2.3}\cdot x^4 - \text{etc., etc.}$$

Donc, pour le cas de $x=1$, où cette Série hypothétique donne la Suite infinie proposée (388) ou (388)$'$, la Série transformée (389)^{v} donne la Suite équivalente ... (389)^{vi}

$$F(1) = 1 + \frac{\sqrt{-1}.(2+\sqrt{-1})}{5} + \frac{(1+4\sqrt{-1})(2+\sqrt{-1})^2}{2.5^2}$$

$$+\frac{(4+7\sqrt{-1})(2+\sqrt{-1})^3}{2.5^3} + \frac{(43+40\sqrt{-1})(2+\sqrt{-1})^4}{2^3.5^4}$$

$$+\frac{(88+39\sqrt{-1})(2+\sqrt{-1})^5}{2^3.5^5} + \frac{(261+12\sqrt{-1})(2+\sqrt{-1})^6}{2^4.5^6}$$

$$+\text{ etc., etc.},$$

laquelle, en effectuant les opérations et rangeant séparément les quantités réelles et les quantités idéales, se compose des deux Suites que voici ... (389)^{vii}

$$F(1) = \left\{ 1 - \frac{1}{5} - \frac{13}{2.5^2} - \frac{69}{2.5^3} - \frac{1261}{2^3.5^4} - \frac{4943}{2^3.5^5} \right.$$

$$- \frac{31065}{2^4.5^6} - \frac{54845}{2^4.5^7} + \frac{1637955}{2^7.5^8} + \frac{24352165}{2^7.5^9}$$

$$\left. + \frac{361530781}{2^8.5^{10}} + \frac{2142910253}{2^8.5^{11}} + \frac{44207150103}{2^{10}.5^{12}} \text{ etc., etc.} \right\}$$

$$+ \left\{ \frac{2}{5} + \frac{16}{2.5^2} + \frac{58}{2.5^3} + \frac{752}{2^3.5^4} + \frac{2126}{2^3.5^5} + \frac{10080}{2^4.5^6} \right.$$

$$+ \frac{19290}{2^4.5^7} + \frac{273440}{2^7.5^8} + \frac{768470}{2^7.5^9} + \frac{686608}{2^8.5^{10}}$$

$$\left. - \frac{122693546}{2^8.5^{11}} - \frac{7913752496}{2^{10}.5^{12}} \text{ etc., etc.} \right\} . \sqrt{-1},$$

suites qui toutes deux sont décroissantes, quoique peu sensiblement, et dont la première, formant la quantité réelle, oscille pour ainsi dire autour de zéro, en s'approchant de cette limite où elle s'arrête à l'infini, et la seconde, formant le coefficient de $\sqrt{-1}$, oscille de même autour de l'unité, en s'approchant également de cette quantité où elle s'arrête aussi à l'infini. Voici les valeurs successives que donnent ces deux suites :

Avec deux termes, ...	$+ \frac{4}{5} + \frac{2}{5} . \sqrt{-1}$
Avec trois termes, à peu près, ...	$+ \frac{7}{13} + \frac{5}{7} . \sqrt{-1}$
. . quatre	$+ \frac{5}{19} + \frac{20}{21} . \sqrt{-1}$
. . cinq	$+ \frac{1}{85} + \left(1 + \frac{4}{39}\right) . \sqrt{-1}$
. . six	$- \frac{3}{16} + \left(1 + \frac{3}{16}\right) . \sqrt{-1}$

. . sept . . . . $-\frac{9}{29}+\left(1+\frac{5}{22}\right).\sqrt{-1}$

. . huit . . . . $-\frac{6}{17}+\left(1+\frac{9}{37}\right).\sqrt{-1}$

. . neuf . . . . $-\frac{9}{28}+\left(1+\frac{46}{185}\right).\sqrt{-1}$

. . dix . . . . $-\frac{2}{9}+\left(1+\frac{36}{143}\right).\sqrt{-1}$

. . onze . . . . $-\frac{2}{25}+\left(1+\frac{31}{123}\right).\sqrt{-1}$

. . douze . . . . $+\frac{7}{76}+\left(1+\frac{7}{29}\right).\sqrt{-1}$

. . treize . . . . $+\frac{3}{11}+\left(1+\frac{4}{19}\right).\sqrt{-1}$

etc., etc.

Donc, la quantité idéale $\sqrt{-1}$ qui forme ainsi la valeur de la Suite transformée $(389)^{\text{VI}}$, est aussi la valeur de la Suite proposée (388); et cette valeur, quoique idéale, se trouve pareillement déterminée par les seuls termes composans de cette Suite infinie (388), sans le secours d'aucune quantité complémentaire.

En terminant ces exemples de l'évaluation propre des Séries, il faut remarquer que, pour opérer la transformation de ces développemens techniques, qui nous a conduits à la détermination de leurs valeurs, nous n'avons suivi que le procédé le plus simple, constituant l'exemple général (380) et $(380)'''$, où la fonction arbitraire ψx qui, d'après $(376)''$, entre dans la fonction générale φx servant de mesure dans la Série transformée, est la fonction la plus simple, savoir, $\psi x=(n+x)$. On conçoit facilement qu'en donnant à cette fonction ψx d'autres déterminations plus compliquées et plus convenables, comme nous le verrons dans l'instant, on obtiendrait, dans tous les cas, des Séries transformées qui seraient convergentes à volonté. Mais ici, où il n'a encore été question que de transformer des Séries non-convergentes en Séries convergentes, pour reconnaître que leurs seuls termes composans suffisent complètement pour la détermination de leurs valeurs, le procédé le plus simple était le plus convenable; et c'est aussi celui que nous avons suivi, d'autant plus que, comme nous le verrons aussi, ce procédé est généralement applicable, et conduit toujours à cette évaluation propre des Séries.

Il est donc constaté, d'une manière simple et palpable, que toutes les Séries en général, convergentes, stationnaires ou divergentes, ont, dans le nombre indéfini de leurs termes, une signification ou une valeur générale déterminée, et qu'il n'est nullement besoin, comme le croient encore les géomètres, de tenir compte, même en idée, de quelque quantité complémentaire. Cette étrange Quantité complémentaire des Séries, qui suffit presqu'à elle seule pour caractériser l'état peu avancé où nous avons trouvé la science, sur-tout en observant que les géomètres ont déjà eux-mêmes transformé quelquefois accidentellement des Séries, sans se douter de ce qu'ils faisaient, cette Quantité, disons-nous, doit être conservée soigneusement pour l'Histoire des progrès de la science, comme un document authentique de ce que, jusqu'à ce jour, jusqu'à l'établissement de la PHILOSOPHIE DES MATHÉMATIQUES, les géomètres n'ont rien compris à la nature des Séries, de cet algorithme en quelque sorte universel qui fait et fera mieux encore toute la gloire des Mathématiques.

Mais, une conséquence plus importante pour la science elle-même, qui résulte de cette métaphysique des Séries, c'est que, comme nous venons de le dire, ces développemens techniques constituent un algorithme en quelque sorte universel, en présentant une des déterminations les plus simples de la Loi suprème dont le caractère propre, suivant ce que nous avons appris dans la première Section de cette Philosophie de la Technie, consiste précisément dans l'universalité des procédés algorithmiques. En effet, nous venons de reconnaître que, quelles que soient les fonctions algorithmiques, leurs développemens techniques, constituant les Séries, contiennent toujours, en eux-mêmes, la détermination rigoureuse et complète de ces fonctions, et cela, dans tous les cas, par le même mode ou procédé d'une sommation indéfinie; de sorte que toute génération algorithmique, qui est l'objet de ce qu'on appelle fonction, se trouve ainsi ramenée, par l'algorithme des Séries, à la génération unique et universelle de cette sommation indéfinie. Bien plus, ces développemens techniques des fonctions donnent même immédiatement, et d'une seule manière, la détermination de toutes les diverses valeurs que, par l'influence des radicaux, les fonctions peuvent avoir pour chaque valeur de leurs variables; tandis que, dans ces fonctions théoriques elles-mêmes, leurs diverses valeurs ne sont données que médiatement, c'est-à-dire, moyennant les diverses valeurs des radicaux qui entrent dans la construction des fonctions. Ainsi, par exemple, la dernière Suite infinie (388) donne immédiatement, et toujours de la même manière, les deux quantités idéales différentes $(+\sqrt{-1})$ et $(-\sqrt{-1})$, dont chacune en est la valeur. Il est vrai que, pour obtenir ces deux valeurs différentes de cette Suite infinie (388), il faudrait, pour opérer la transformation (389)'', donner à la quantité arbitraire n deux déterminations différentes, savoir, $n = +\frac{1}{2}\sqrt{-1}$, et $n = -\frac{1}{2}\sqrt{-1}$; mais cette quantité n n'entre que dans la Série transformée, et nullement dans la Suite proposée (388) dont il s'agit, Suite qui ne présente évidemment qu'un seul mode (purement numérique) de génération. Ce seul mode de génération produit donc ici deux quantités différentes; et, de même dans tous les cas, le seul mode de génération que présente une Série, produit toujours autant de quantités différentes qu'il y a de valeurs différentes dans la fonction dont la Série constitue cette génération technique. — Ces considérations supérieures doivent être bien méditées par les géomètres, s'ils veulent pénétrer dans les mystères de leur science.

Procédons enfin, pour terminer cette métaphysique des Séries, à la détermination des conditions générales de leur convergence, qu'il nous reste encore à connaître pour arrêter définitivement tous les principes de cet algorithme technique. — Or, en nous reportant à l'origine philosophique ou absolue de cet algorithme, à celle qui, dans l'Introduction à la Philosophie des Mathématiques, nous a fait découvrir la forme fondamentale (VIII) et qui, dans la première Section de la Philosophie présente de la Technie, se trouve éclaircie sous les marques $(19)'$, $(19)''$, etc., on verra facilement que, lorsque, dans la génération de la Série universelle $(21)^{\text{VII}}$, savoir, ... (390)

$$Fx = A_0 + A_1 \cdot \varphi_0 x + A_2 \cdot \varphi_0 x \cdot \varphi_1 x + A_3 \cdot \varphi_0 x \cdot \varphi_1 x \cdot \varphi_2 x + \\ + A_4 \cdot \varphi_0 x \cdot \varphi_1 x \cdot \varphi_2 x \cdot \varphi_3 x + \text{etc., etc.,}$$

les fonctions $(21)^{\text{V}}$, savoir, ... $(390)'$

$$\varphi_0 x, \quad \varphi_1 x, \quad \varphi_2 x, \quad \varphi_3 x, \quad \varphi_4 x, \quad \text{etc.,}$$

qui sont les mesures algorithmiques successives pour cette évaluation de la fonction Fx, approchent respectivement de la nature des fonctions successives ... $(390)''$

$$\Phi_0 x, \quad \Phi_1 x, \quad \Phi_2 x, \quad \Phi_3 x, \quad \Phi_4 x, \quad \text{etc.,}$$

auxquelles conduit cette évaluation générale, la Série (390) sera convergente généralement, c'est-à-dire, pour toutes les valeurs de la variable x; et cette convergence sera d'autant plus rapide ou grande, que la différence entre les fonctions correspondantes $(390)'$ et $(390)''$ sera plus petite. En effet, suivant notre déduction philosophique des Séries, qui conduit à la forme universelle $(21)^{\text{VII}}$ de cet algorithme, on a la génération technique suivante ... (391)

$$Fx = A_0 + \Phi_0 x$$

$$\frac{\Phi_0 x}{\varphi_0 x} = F_1 x = A_1 + \Phi_1 x$$

$$\frac{\Phi_1 x}{\varphi_1 x} = F_2 x = A_2 + \Phi_2 x$$

$$\frac{\Phi_2 x}{\varphi_2 x} = F_3 x = A_3 + \Phi_3 x$$

etc., etc.,

et par conséquent ... (391)′

$$\Phi_0 x = A_1 \cdot \varphi_0 x + \Phi_1 x \cdot \varphi_0 x$$

$$\Phi_1 x \cdot \varphi_0 x = A_2 \cdot \varphi_0 x \cdot \varphi_1 x + \Phi_2 x \cdot \varphi_0 x \cdot \varphi_1 x$$

$$\Phi_2 x \cdot \varphi_0 x \cdot \varphi_1 x = A_3 \cdot \varphi_0 x \cdot \varphi_1 x \cdot \varphi_2 x + \Phi_3 x \cdot \varphi_0 x \cdot \varphi_1 x \cdot \varphi_2 x$$

$$\Phi_3 x \cdot \varphi_0 x \cdot \varphi_1 x \cdot \varphi_2 x = A_4 \cdot \varphi_0 x \cdot \varphi_1 x \cdot \varphi_2 x \cdot \varphi_3 x + \Phi_4 x \cdot \varphi_0 x \cdot \varphi_1 x \cdot \varphi_2 x \cdot \varphi_3 x$$

etc., etc.;

génération qui, par la sommation indéfinie de ses résultats, constitue l'algorithme des Séries que voici ... (391)″

$$Fx = A_0 + A_1 \cdot \varphi_0 x + A_2 \cdot \varphi_0 x \cdot \varphi_1 x + A_3 \cdot \varphi_0 x \cdot \varphi_1 x \cdot \varphi_2 x + \\ + A_4 \cdot \varphi_0 x \cdot \varphi_1 x \cdot \varphi_2 x \cdot \varphi_3 x + \text{etc., etc.}$$

Et, si la nature des deux fonctions correspondantes ... (391)‴

$$\Phi_0 x \text{ et } \varphi_0 x, \quad \Phi_1 x \text{ et } \varphi_1 x, \quad \Phi_2 x \text{ et } \varphi_2 x, \quad \Phi_3 x \text{ et } \varphi_3 x, \quad \text{etc.},$$

est à peu près la même, les variations des quantités que donnent respectivement ces fonctions avec les différentes valeurs de la variable x, suivront à peu près les mêmes lois, c'est-à-dire que les rapports ... (391)^{IV}

$$\frac{\Phi_0 x}{\varphi_0 x}, \quad \frac{\Phi_1 x}{\varphi_1 x}, \quad \frac{\Phi_2 x}{\varphi_2 x}, \quad \frac{\Phi_3 x}{\varphi_3 x}, \quad \frac{\Phi_4 x}{\varphi_4 x}, \quad \text{etc.},$$

seront d'autant moins variables que les fonctions respectives comparées $(391)'''$ différeront moins les unes des autres. Ainsi, fixant la limite absolue de cette dernière identité par les conditions ... $(391)^{\text{v}}$

$$\frac{\Phi_0 x}{\varphi_0 x} = \textit{constante}, \quad \frac{\Phi_1 x}{\varphi_1 x} = \textit{constante}, \quad \frac{\Phi_2 x}{\varphi_2 x} = \textit{constante},$$
$$\frac{\Phi_3 x}{\varphi_3 x} = \textit{constante}, \quad \text{etc., etc.,}$$

les fonctions réduites $F_1 x$, $F_2 x$, $F_3 x$, $F_4 x$, etc. qui, dans la génération technique précédente (391), forment les valeurs générales respectives de ces rapports $(391)^{\text{IV}}$, seront aussi d'autant moins variables, que les conditions présentes $(391)^{\text{v}}$ seront mieux remplies. Donc, séparant respectivement de ces fonctions réduites $F_1 x$, $F_2 x$, $F_3 x$, etc., les quantités A_1, A_2, A_3, etc. que donnent ces fonctions lorsque la variable x reçoit respectivement certaines valeurs déterminées α_1, α_2, α_3, etc., les quantités restantes $\Phi_1 x$, $\Phi_2 x$, $\Phi_3 x$, etc., d'après (391), prises généralement pour toute valeur de x, seront par rapport à leurs quantités correspondantes A_1, A_2, A_3, etc., d'autant plus petites que les conditions $(391)^{\text{v}}$ seront plus proche de la vérité; et la nouvelle limite de cette diminution comparative sera évidemment ... $(391)^{\text{VI}}$

$$\frac{\Phi_1 x}{A_1} = 0, \quad \frac{\Phi_2 x}{A_2} = 0, \quad \frac{\Phi_3 x}{A_3} = 0, \quad \frac{\Phi_4 x}{A_4} = 0, \quad \text{etc., etc.,}$$

limite qui formera ainsi des conditions nouvelles et parallèles aux conditions primitives $(391)^{\text{v}}$, c'est-à-dire que ces relations limitatives $(391)^{\text{VI}}$ seront d'autant plus vraies que les conditions primitives $(391)^{\text{v}}$ seront mieux remplies. Or, les relations techniques $(391)'$ donnent ... $(391)^{\text{VII}}$

$$\Phi_1 x \,.\, \varphi_0 x = A_2 \,.\, \varphi_0 x \,.\, \varphi_1 x + A_3 \,.\, \varphi_0 x \,.\, \varphi_1 x \,.\, \varphi_2 x + A_4 \,.\, \varphi_0 x \,.\, \varphi_1 x \,.\, \varphi_2 x \,.\, \varphi_3 x + A_5 \,.\, \varphi_0 x \,.\, \varphi_1 x \,.\, \varphi_2 x \,.\, \varphi_3 x \,.\, \varphi_4 x + \text{etc., etc.}$$

$$\Phi_2 x \,.\, \varphi_0 x \,.\, \varphi_1 x = A_3 \,.\, \varphi_0 x \,.\, \varphi_1 x \,.\, \varphi_2 x + A_4 \,.\, \varphi_0 x \,.\, \varphi_1 x \,.\, \varphi_2 x \,.\, \varphi_3 x + A_5 \,.\, \varphi_0 x \,.\, \varphi_1 x \,.\, \varphi_2 x \,.\, \varphi_3 x \,.\, \varphi_4 x + \text{etc., etc.}$$

$$\Phi_3 x \cdot \varphi_0 x \cdot \varphi_1 x \cdot \varphi_2 x = A_4 \cdot \varphi_0 x \cdot \varphi_1 x \cdot \varphi_2 x \cdot \varphi_3 x + A_5 \cdot \varphi_0 x \cdot \varphi_1 x \cdot \varphi_2 x \cdot \varphi_3 x \cdot \varphi_4 x + A_6 \cdot \varphi_0 x \cdot \varphi_1 x \cdot \varphi_2 x \cdot \varphi_3 x \cdot \varphi_4 x \cdot \varphi_5 x + \text{etc., etc.}$$

etc., etc.

Et puisque, suivant les conditions $(391)^{\text{vi}}$, on a

$$A_1 \cdot \varphi_0 x > \Phi_1 x \cdot \varphi_0 x$$
$$A_2 \cdot \varphi_0 x \cdot \varphi_1 x > \Phi_2 x \cdot \varphi_0 x \cdot \varphi_1 x$$
$$A_3 \cdot \varphi_0 x \cdot \varphi_1 x \cdot \varphi_2 x > \Phi_3 x \cdot \varphi_0 x \cdot \varphi_1 x \cdot \varphi_2 x$$
etc., etc.;

donc, d'après $(391)^{\text{vii}}$, on aura ... $(391)^{\text{viii}}$

$$A_1 \cdot \varphi_0 x > \big(A_2 \cdot \varphi_0 x \cdot \varphi_1 x + A_3 \cdot \varphi_0 x \cdot \varphi_1 x \cdot \varphi_2 x + A_4 \cdot \varphi_0 x \cdot \varphi_1 x \cdot \varphi_2 x \cdot \varphi_3 x + A_5 \cdot \varphi_0 x \cdot \varphi_1 x \cdot \varphi_2 x \cdot \varphi_3 x \cdot \varphi_4 x + \text{etc., etc.}\big)$$

$$A_2 \cdot \varphi_0 x \cdot \varphi_1 x > \big(A_3 \cdot \varphi_0 x \cdot \varphi_1 x \cdot \varphi_2 x + A_4 \cdot \varphi_0 x \cdot \varphi_1 x \cdot \varphi_2 x \cdot \varphi_3 x + A_5 \cdot \varphi_0 x \cdot \varphi_1 x \cdot \varphi_2 x \cdot \varphi_3 x \cdot \varphi_4 x + \text{etc., etc.}\big)$$

$$A_3 \cdot \varphi_0 x \cdot \varphi_1 x \cdot \varphi_2 x > \big(A_4 \cdot \varphi_0 x \cdot \varphi_1 x \cdot \varphi_2 x \cdot \varphi_3 x + A_5 \cdot \varphi_0 x \cdot \varphi_1 x \cdot \varphi_2 x \cdot \varphi_3 x \cdot \varphi_4 x + A_6 \cdot \varphi_0 x \cdot \varphi_1 x \cdot \varphi_2 x \cdot \varphi_3 x \cdot \varphi_4 x \cdot \varphi_5 x + \text{etc., etc.}\big)$$

etc., etc.;

c'est-à-dire que chaque terme de la Série $(391)''$ sera alors plus grand que la somme de tous les termes suivans. De plus, cette différence $(391)^{\text{viii}}$ sera évidemment d'autant plus grande, que les conditions $(391)^{\text{vi}}$ et par conséquent les conditions primitives $(391)^{\text{v}}$ seront plus proche de la vérité. Ainsi, lorsque les mesures successives $(390)'$, savoir,

$$\varphi_0 x, \quad \varphi_1 x, \quad \varphi_2 x, \quad \varphi_3 x, \quad \varphi_4 x, \quad \text{etc.},$$

approchent respectivement de la nature des fonctions successives $(390)''$, savoir,

$$\Phi_0 x, \quad \Phi_1 x, \quad \Phi_2 x, \quad \Phi_3 x, \quad \Phi_4 x, \quad \text{etc.},$$

auxquelles conduit la génération technique (391), la Série (390), savoir,

$$Fx = A_0 + A_1 . \varphi_0 x + A_2 . \varphi_0 x . \varphi_1 x + A_3 . \varphi_0 x . \varphi_1 x . \varphi_2 x + $$
$$+ A_4 . \varphi_0 x . \varphi_1 x . \varphi_2 x . \varphi_3 x + \text{etc., etc.},$$

sera d'autant plus convergente, que cette proximité des fonctions correspondantes $\varphi_0 x$; $\varphi_1 x$, $\varphi_2 x$, etc. et $\Phi_0 x$, $\Phi_1 x$, $\Phi_2 x$, etc. sera plus grande.

C'est donc là, c'est-à-dire, dans les limites $(391)^{\text{v}}$, que se trouve la CONDITION GÉNÉRALE de la convergence des Séries; et c'est précisément cette condition qui est le principe de la nécessité et de l'immense utilité de la forme universelle (390) ou (147) de cet algorithme technique. En effet, sous cette forme, il existe toujours, pour une fonction quelconque Fx, des suites de fonctions $\varphi_0 x$, $\varphi_1 x$, $\varphi_2 x$, $\varphi_3 x$, etc. qui approchent plus ou moins des fonctions $\Phi_0 x$, $\Phi_1 x$, $\Phi_2 x$, $\Phi_3 x$, etc. auxquelles conduit cette génération technique; ainsi, considérant ces mesures algorithmiques sous la forme régulière $(351)'$, qui donne ... (392)

$$\varphi_0 x = \varphi(x, a, b, c, \text{etc.})$$
$$\varphi_0 x . \varphi_1 x = \varphi(x, a, b, c, \text{etc.})^{2|\xi, \alpha, \beta, \gamma, \text{etc.}}$$
$$\varphi_0 x . \varphi_1 x . \varphi_2 x = \varphi(x, a, b, c, \text{etc.})^{3|\xi, \alpha, \beta, \gamma, \text{etc.}}$$
$$\varphi_0 x . \varphi_1 x . \varphi_2 x . \varphi_3 x = \varphi(x, a, b, c, \text{etc.})^{4|\xi, \alpha, \beta, \gamma, \text{etc.}}$$
$$\text{etc., etc.},$$

sous laquelle précisément elles entrent dans la forme universelle (147), on pourra, en choisissant des fonctions convenables pour la base $\varphi(x, a, b, c, \text{etc.})$ de ces dernières facultés, obtenir des Séries très-régulières de la forme ... $(392)'$

$$Fx = A_0 + A_1 . \varphi(x, a, b, c, \text{etc.})^{1|\xi, \alpha, \beta, \gamma, \text{etc.}}$$
$$+ A_2 . \varphi(x, a, b, c, \text{etc.})^{2|\xi, \alpha, \beta, \gamma, \text{etc.}}$$
$$+ A_3 . \varphi(x, a, b, c, \text{etc.})^{3|\xi, \alpha, \beta, \gamma, \text{etc.}}$$
$$+ \text{etc., etc.},$$

séries qui, pour toute fonction Fx, seront d'autant plus convergentes, que la condition générale précédente sera mieux remplie. — C'est là un nouveau champ que nous découvrons aux géomètres, pour la génération technique significative de toute fonction ; en leur faisant observer sur-tout que, d'après la loi fondamentale des Séries, ces développemens techniques n'impliquent, dans la formation de leurs coëfficiens A_0, A_1, A_2, A_3, etc., que les différences ou les différentielles de la fonction proposée Fx; de sorte que cette génération nouvelle et toujours convergente $(392)^{l}$ pourra être étendue universellement à tous les problèmes des Mathématiques, dans lesquels les différences ou les différentielles des fonctions cherchées, comme critériums uniques de ces fonctions, sont toujours et nécessairement données. Nous reviendrons encore, dans l'ouvrage présent, sur cette importante génération technique, pour indiquer le système de ses lois, auquel appartiennent déjà les lois $(361)''$ et (364) que nous avons déduites plus haut pour légitimer la forme fondamentale des Séries; et, ayant ainsi ouvert ce champ nouveau de recherches mathématiques, nous-mêmes, dans nos ouvrages suivans, nous en exploiterons les principaux abords, dont nous aurons besoin pour la Philosophie de notre Canon algorithmique. — Poursuivons la détermination des conditions pour la convergence des Séries; et venons maintenant aux conditions dont dépend cette convergence dans l'état primitif (166) de cet algorithme, c'est-à-dire, dans l'état qui a lieu sous la forme ... (393)

$$Fx = A_0 + A_1 . \varphi x + A_2 . (\varphi x)^2 + A_3 . (\varphi x)^3 + \text{etc., etc.};$$

forme qui est la plus usuelle et dont l'application est la plus facile.

La première considération qui se présente ici, est naturellement l'application, à cette forme primitive des Séries, de la condition générale précédente $(391)^{v}$ qui détermine leur convergence sous leur forme universelle. — Or, dans le cas présent, on a ... (394)

$$\varphi_0 x = \varphi x, \quad \varphi_1 x = \varphi x, \quad \varphi_2 x = \varphi x, \quad \varphi_3 x = \varphi x, \quad \text{etc., etc.};$$

ainsi, la condition générale (391)^{v} sera ici ... (394)$'$

$$\frac{\Phi_0 x}{\varphi x} = \textit{constante}, \quad \frac{\Phi_1 x}{\varphi x} = \textit{constante}, \quad \frac{\Phi_2 x}{\varphi x} = \textit{constante},$$

$$\frac{\Phi_3 x}{\varphi x} = \textit{constante}, \quad \text{etc., etc.}$$

Toutes les fois donc que, pour une fonction proposée Fx, on pourra construire une fonction φx telle que cette condition (394)$'$ soit remplie suffisamment, la Série (393), engendrée avec cette mesure φx, sera nécessairement convergente pour toutes les valeurs de x, lors même que cette mesure algorithmique φx serait plus grande que l'unité; et cette convergence sera évidemment d'autant plus rapide, que les relations présentes (394)$'$ seront plus proche de la vérité. On conçoit ici que, lorsque, pour certaines valeurs de x, on peut avoir $\varphi x > 1$, cette convergence arbitraire de la Série (393) sera opérée principalement par l'influence des coefficiens A_0, A_1, A_2, A_3, etc.; tandis que, si, pour toutes les valeurs de x, on peut toujours rendre $\varphi x < 1$, la convergence arbitraire dont il s'agit, pourra être opérée indépendamment des coefficiens, c'est-à-dire qu'elle le sera alors par la seule influence de la mesure algorithmique φx. — Voici un exemple pour chacun de ces deux cas opposés.

Pour le premier cas, où la convergence est opérée par l'influence des coefficiens, soit la fonction ... (395)

$$Fx = \frac{1}{1+x};$$

on aura, pour la mesure génératrice de la Série, la fonction ... (395)$'$

$$\varphi x = \frac{x}{n+x},$$

qui satisfait à la condition (394)$'$ d'autant mieux que la quantité arbitraire n est plus proche de l'unité, comme nous allons le voir. — En suivant la génération technique (391), et en observant que la relation $\varphi\dot{x}=0$ donne ici $\dot{x}=0$, on obtiendra les résultats que voici ... (395)''

1°.... $$Fx=\frac{1}{1+x}=A_0+\Phi_0 x,$$

et par conséquent,

$$A_0=1, \quad \text{et} \quad \Phi_0 x=-\frac{x}{1+x};$$

2°.... $$\frac{\Phi_0 x}{\varphi x}=-\frac{n+x}{1+x}=A_1+\Phi_1 x,$$

et par conséquent,

$$A_1=-n, \quad \text{et} \quad \Phi_1 x=\frac{(n-1)x}{1+x};$$

3°.... $$\frac{\Phi_1 x}{\varphi x}=\frac{(n-1)(n+x)}{1+x}=A_2+\Phi_2 x,$$

et par conséquent,

$$A_2=n(n-1), \quad \text{et} \quad \Phi_2 x=-\frac{(n-1)^2 x}{1+x};$$

4°.... $$\frac{\Phi_2 x}{\varphi x}=-\frac{(n-1)^2(n+x)}{1+x}=A_3+\Phi_3 x,$$

et par conséquent,

$$A_3=-n(n-1)^2, \quad \text{et} \quad \Phi_3 x=\frac{(n-1)^3 x}{1+x};$$

etc., etc.

Ainsi, la condition (394)' donnera ici les relations requises ... (395)'''

$$\frac{\Phi_0 x}{\varphi x}=-\frac{n+x}{1+x}=\textit{constante},$$

$$\frac{\Phi_1 x}{\varphi x} = + \frac{(n-1).(n+x)}{1+x} = \textit{constante},$$

$$\frac{\Phi_2 x}{\varphi x} = - \frac{(n-1)^2.(n+x)}{1+x} = \textit{constante},$$

$$\frac{\Phi_3 x}{\varphi x} = + \frac{(n-1)^3.(n+x)}{1+x} = \textit{constante},$$

etc., etc.;

et, pour toutes les valeurs de x, positives ou négatives, grandes ou petites, réelles ou idéales, ces relations seront évidemment d'autant plus proche de la vérité, que la quantité arbitraire n sera plus proche de l'unité. Donc, prenant les coefficiens A_0, A_1, A_2, A_3, etc. que donne la génération technique $(395)''$, et construisant, avec ces coefficiens et la mesure générale $(395)'$, la Série que voici ... $(395)^{\text{IV}}$

$$\frac{1}{1+x} = 1 - n.\frac{x}{n+x} + n(n-1).\frac{x^2}{(n+x)^2} - n(n-1)^2.\frac{x^3}{(n+x)^3}$$
$$+ n(n-1)^3.\frac{x^4}{(n+x)^4} - \text{etc., etc.},$$

cette Série, en prenant pour n une quantité de plus en plus proche de l'unité, devra être convergente à volonté, comme cela est effectivement, non seulement pour toutes les valeurs de x qui, en ne considérant que la quantité, donnent $\frac{x}{n+x} < 1$, mais même pour toutes les valeurs de x qui, en ne considérant toujours que la quantité, donnent $\frac{x}{n+x} > 1$. Ainsi donc, comme on le voit d'ailleurs clairement dans la Série elle-même, cette convergence arbitraire sera ici opérée essentiellement par l'influence des coefficiens; et c'est là précisément celui des deux modes opposés de la convergence des Séries, que nous voulions éclaircir par ce premier exemple. — Il faut ici remarquer que le développement présent $(395)^{\text{IV}}$ est le même que, plus haut $(382)^{\text{IV}}$, nous avons obtenu en transformant la Série (382) et en n'employant que les coefficiens de cette dernière; de sorte que, s'il en était encore besoin, on aurait ici une preuve nouvelle de ce que les coefficiens de cette Série (382) suffisent à eux seuls, comme la fonction correspondante elle-même (395), pour donner la forme $(382)^{\text{IV}}$ ou $(395)^{\text{IV}}$ de la génération technique de cette fonction. — Mais, revenons à notre objet.

Pour le second des deux cas opposés de convergence dont il s'agit, pour celui où la convergence des Séries est opérée principalement par l'influence de la mesure algorithmique, soit la fonction ... (396)

$$Fx = Lx = \infty(x^{\frac{1}{\infty}} - 1),$$

en désignant toujours par la caractéristique L le logarithme naturel; on aura ici, pour la mesure générale ou algorithmique, la fonction ... $(396)'$

$$\varphi x = (x^{\frac{1}{n}} - 1),$$

qui satisfera à la condition $(394)'$ d'autant mieux que la quantité arbitraire n sera plus grande, comme nous allons le voir également. — En suivant toujours la génération technique (391), et en observant que la relation $\varphi\dot{x} = 0$ donne ici $\dot{x} = 1$, on aura ... $(396)''$

1°.... $$Fx = Lx = \infty(x^{\frac{1}{\infty}} - 1) = A_0 + \Phi_0 x,$$

et par conséquent,

$$A_0 = 0, \quad \text{et} \quad \Phi_0 x = \infty(x^{\frac{1}{\infty}} - 1);$$

2°.... $$\frac{\Phi_0 x}{\varphi x} = \frac{\infty(x^{\frac{1}{\infty}} - 1)}{x^{\frac{1}{n}} - 1} = A_1 + \Phi_1 x,$$

et par conséquent,

$$A_1 = \infty \cdot \frac{d(x^{\frac{1}{\infty}} - 1)}{d(x^{\frac{1}{n}} - 1)} = n, \quad \text{et}$$

$$\Phi_1 x = \frac{\infty(x^{\frac{1}{\infty}} - 1) - n(x^{\frac{1}{n}} - 1)}{(x^{\frac{1}{n}} - 1)};$$

3° $$\frac{\Phi_1 x}{\varphi x} = \frac{\infty(x^{\frac{1}{\infty}} - 1) - n(x^{\frac{1}{n}} - 1)}{(x^{\frac{1}{n}} - 1)^2} = A_2 + \Phi_2 x,$$

et par conséquent,

$$A_2 = \frac{d^2\left\{\infty(x^{\frac{1}{\infty}} - 1) - n(x^{\frac{1}{n}} - 1)\right\}}{d^2(x^{\frac{1}{n}} - 1)^2} = -\frac{n}{2}, \quad \text{et}$$

$$\Phi_2 x = \frac{\infty(x^{\frac{1}{\infty}} - 1) - n(x^{\frac{1}{n}} - 1) + \frac{n}{2}\cdot(x^{\frac{1}{n}} - 1)^2}{(x^{\frac{1}{n}} - 1)^2};$$

4° $$\frac{\Phi_2 x}{\varphi x} = \frac{\infty(x^{\frac{1}{\infty}} - 1) - n(x^{\frac{1}{n}} - 1) + \frac{n}{2}(x^{\frac{1}{n}} - 1)^2}{(x^{\frac{1}{n}} - 1)^3} = A_3 + \Phi_3 x,$$

et par conséquent,

$$A_3 = \frac{d^3\left\{\infty(x^{\frac{1}{\infty}} - 1) - n(x^{\frac{1}{n}} - 1) + \frac{n}{2}(x^{\frac{1}{n}} - 1)^2\right\}}{d^3(x^{\frac{1}{n}} - 1)^3} = \frac{n}{3}, \quad \text{et}$$

$$\Phi_3 x = \frac{\infty(x^{\frac{1}{\infty}} - 1) - n(x^{\frac{1}{n}} - 1) + \frac{n}{2}(x^{\frac{1}{n}} - 1)^2 - \frac{n}{3}(x^{\frac{1}{n}} - 1)^3}{(x^{\frac{1}{n}} - 1)^3};$$

etc., etc.

Ainsi, construisant la Série avec ces coefficiens A_0, A_1, A_2, etc. et la mesure générale (396)$'$, on aura la génération de la fonction (396), savoir, ... (396)$'''$

$$\infty.(x^{\frac{1}{\infty}}-1)=n.(x^{\frac{1}{n}}-1)-\frac{n}{2}.(x^{\frac{1}{n}}-1)^2+\frac{n}{3}.(x^{\frac{1}{n}}-1)^3$$
$$-\frac{n}{4}.(x^{\frac{1}{n}}-1)^4+\text{etc., etc.}$$

Or, substituant cette génération technique à la place de la fonction $\infty(x^{\frac{1}{\infty}}-1)$ dans les rapports précédens $\frac{\Phi_0 x}{\varphi x}$, $\frac{\Phi_1 x}{\varphi x}$, $\frac{\Phi_2 x}{\varphi x}$, etc. (396)$''$, la condition (394)$'$ donnera ici les relations requises ... (396)^{IV}

$$\frac{\Phi_0 x}{\varphi x}=+n.\left\{1-\frac{1}{2}.(x^{\frac{1}{n}}-1)+\frac{1}{3}.(x^{\frac{1}{n}}-1)^2-\text{etc., etc.}\right\}=\textit{constante},$$

$$\frac{\Phi_1 x}{\varphi x}=-n.\left\{\frac{1}{2}-\frac{1}{3}.(x^{\frac{1}{n}}-1)+\frac{1}{4}.(x^{\frac{1}{n}}-1)^2-\text{etc., etc.}\right\}=\textit{constante},$$

$$\frac{\Phi_2 x}{\varphi x}=+n.\left\{\frac{1}{3}-\frac{1}{4}.(x^{\frac{1}{n}}-1)+\frac{1}{5}.(x^{\frac{1}{n}}-1)^2-\text{etc., etc.}\right\}=\textit{constante},$$

$$\frac{\Phi_3 x}{\varphi x}=-n.\left\{\frac{1}{4}-\frac{1}{5}.(x^{\frac{1}{n}}-1)+\frac{1}{6}.(x^{\frac{1}{n}}-1)^2-\text{etc., etc.}\right\}=\textit{constante},$$

etc., etc.;

et, pour toute valeur de x, positive ou négative, etc., ces relations seront évidemment d'autant plus proche de la vérité, que la quantité arbitraire n sera plus grande. Donc, pour toutes les valeurs de x, la Série (396)$'''$ que nous venons de construire, et qui est le développement connu ... (396)^{V}

$$Lx=n.(x^{\frac{1}{n}}-1)-\frac{n}{2}.(x^{\frac{1}{n}}-1)^2+\frac{n}{3}.(x^{\frac{1}{n}}-1)^3$$
$$-\frac{n}{4}.(x^{\frac{1}{n}}-1)^4+\text{etc., etc.},$$

doit être convergente à volonté, en prenant pour n une quantité de plus en plus grande; et c'est effectivement ce qui a lieu, comme on le voit clairement dans la construction même des termes de cette Série. De plus, cette convergence arbitraire, dont les géomètres connaîtront dorénavant la raison, se trouve ici opérée principalement ou plutôt essentiellement par l'influence de la mesure algorithmique; et c'est là précisément celui des deux modes opposés de la convergence des Séries, que nous voulions éclaircir par ce second exemple.

Il faut remarquer que les deux développemens précédens $(395)^{IV}$ et $(396)^{V}$ présentent en même tems des exemples de la convergence ABSOLUE des Séries, en les considérant dans leur état primitif (393), c'est-à-dire, de la convergence qui a lieu pour toutes les valeurs de la variable x, grandes ou petites, positives ou négatives, réelles ou idéales; et cela parce que les conditions respectives $(395)'''$ et $(396)^{IV}$, données par la condition fondamentale $(394)'$, peuvent être remplies généralement pour toutes ces valeurs de la variable. — Cette remarque nous conduit à une considération nouvelle qui est de la plus haute importance pour la question présente de l'évaluation des Séries. La voici.

Pour satisfaire ainsi généralement à la condition fondamentale $(394)'$ de la convergence des Séries sous leur forme primitive (393), il est clair que la fonction φx, servant de mesure générale dans ce développement primitif, doit pouvoir approcher indéfiniment au moins de l'une des fonctions consécutives $\Phi_0 x$, $\Phi_1 x$, $\Phi_2 x$, $\Phi_3 x$, etc. auxquelles conduit cette génération technique, et, par conséquent, que cette mesure φx doit approcher ainsi de la nature de la fonction proposée Fx elle-même. Mais, la connaissance de cette dernière fonction Fx est précisément ce qui doit ici être considéré comme étant en question; car, le cas où la fonction Fx est donnée, pour en opérer le développement en Série, est infiniment rare en comparaison de ceux où il s'agit de déterminer la fonction inconnue Fx, par le moyen de sa génération technique et spécialement par le moyen des Séries. D'ailleurs, dans cette génération technique spéciale, on doit entièrement faire abstraction de la génération théorique de la fonction Fx qui est en question. Ainsi, ne connaissant pas la nature de cette fonction Fx, dont il s'agit d'avoir la génération technique sous la forme des Séries, on ne saurait non plus connaître la mesure algorithmique φx qui, d'après l'observation que nous venons de faire, doit approcher de la nature de la fonction inconnue Fx, pour que la condition (394)' puisse être remplie suffisamment, et pour que, par ce moyen, on puisse obtenir une Série convergente à volonté, pour toutes les valeurs de la variable x. Cette question de la convergence ABSOLUE des Séries, en les considérant même dans leur état primitif (393), c'est-à-dire, d'une convergence ILLIMITÉE et correspondante à TOUTES les valeurs de la variable x, cette question, disons-nous, est donc nécessairement insoluble par elle-même; et il se présente alors la question de la convergence RELATIVE des Séries, c'est-à-dire, de la convergence qui correspond à certaines valeurs de la variable x, déterminées entre des LIMITES données, lesquelles d'ailleurs peuvent être aussi éloignées qu'on le voudra. Cette nouvelle question de la convergence purement relative des Séries, est au moins problématique; car, dans la condition (394)', il ne se trouve rien qui soit contradictoire à sa solution; tandis que, pour la solution de la question précédente de la convergence absolue des Séries, cette condition nécessaire (394)' présente une véritable contradiction, parce qu'elle implique une pétition de principes, comme nous venons de le remarquer. Il faut donc, pour achever ici la métaphysique de l'évaluation des fonctions par le moyen des Séries, résoudre encore cette dernière question générale de leur convergence relative, qui est la seule possible et qui, vu la nature de cet algorithme en quelque sorte universel, est d'ailleurs de la plus grande importance; c'est-à-dire qu'il faut encore fixer les conditions de la convergence des Séries pour certaines valeurs de la variable x, déterminées entre des limites quelconques données; et c'est ce que nous allons faire (*). — Mais, observons encore que cette convergence purement relative, qui correspond à des limites quelconques données pour les valeurs de la variable x, est déjà complètement ou absolument suffisante; parce que, suivant ce que nous avons appris plus haut, les Séries ont généralement, c'est-à-dire, pour toutes les valeurs de la variable x, une signification ou une valeur déterminée, et alors, pour l'emploi général de cet algorithme en quelque sorte universel, il suffit complètement de pouvoir connaître cette valeur des Séries entre des limites quelconques de la variable x; et c'est là précisément l'objet de la question que nous allons résoudre.

Suivant la déduction de la CONDITION GÉNÉRALE $(391)^{v}$ de la convergence des Séries prises sous leur forme universelle $(391)''$, condition qui est manifestement l'unique principe de toute convergence, on conçoit que, dans le cas présent des Séries prises sous leur forme primitive (393), dans lequel la condition générale $(391)^{v}$ donne la condition particulière $(394)'$, la fonction ϕx, servant de mesure algorithmique dans cette Série primitive (393), doit nécessairement, pour la possibilité de la convergence relative dont il est question, s'approcher de la nature de la fonction proposée Fx ou de ses fonctions résultantes $\Phi_0 x$, $\Phi_1 x$, $\Phi_2 x$, $\Phi_3 x$, etc., au moins dans l'étendue

---

(*) C'est cette fixation des conditions pour la convergence des Séries entre des limites données pour les valeurs de la variable x, que nous avons promise aux géomètres dans la note de la page 273 de la première Section de cette Philosophie de la Technie, à l'occasion de notre Loi fondamentale de l'application universelle des Mathématiques aux sciences physiques.

comprise entre les limites données pour les valeurs de la variable x. Il faut donc, pour résoudre cette question de la convergence relative, découvrir la nature générale de la fonction φx qui, entre des limites données pour x, puisse s'approcher indéfiniment de la nature de toute fonction Fx ou de ses fonctions résultantes $\Phi_0 x$, $\Phi_1 x$, $\Phi_2 x$, $\Phi_3 x$, etc., et qui, par conséquent, puisse servir de mesure pour la Série ou génération technique, qu'on demande convergente entre ces limites assignées. — Pour nous acheminer vers cette découverte, il faut déterminer les trois points suivans .... (397)

1°. En quoi consiste proprement la variabilité d'une fonction Fx, correspondante aux différentes valeurs de la variable x.

2°. Quel est le plus grand degré de cette variabilité d'une fonction $\mathfrak{F}x$, pour lequel la Série primitive (393), engendrée avec une fonction générale φx indépendante de la fonction $\mathfrak{F}x$, peut avoir une convergence continue, c'est-à-dire, dans toute l'étendue de la Série.

3°. Comment toute fonction Fx peut être réduite à une autre fonction $\mathfrak{F}x$ n'ayant plus que ce dernier degré (2°.) de variabilité.

En effet, ces trois points se trouvant fixés, on connaîtra la fonction générale φx qui, pour toute fonction proposée Fx, présentera toujours, sous la forme (393) dont il s'agit, une génération technique convergente; comme nous allons le voir.

D'abord, pour ce qui concerne la variabilité d'une fonction quelconque Fx, elle consiste évidemment dans la nature des valeurs de ses dérivées différentielles consécutives .... (398)

$$\frac{dFx}{dx}, \quad \frac{d^2Fx}{dx^2}, \quad \frac{d^3Fx}{dx^3}, \quad \frac{d^4Fx}{dx^4}, \quad \text{etc.},$$

qui, d'après notre philosophie, constituent les élémens primaires de cette fonction. Et, suivant cette génération primaire de toute fonction Fx, on voit clairement que le degré de sa variabilité sera d'autant plus grand, que les dérivées différentielles (398) seront plus susceptibles de devenir zéro ou infinies ; car, dans ces limites de zéro ou d'infini, se trouve notoirement la transition des quantités positives aux quantités négatives, ou réciproquement, de sorte que, plus il existera de pareilles transitions, plus sera grande nécessairement la variation de ces dérivées différentielles et, par conséquent, de la fonction elle-même Fx. — La première conséquence importante que nous pouvons tirer de cette détermination du degré de la variabilité d'une fonction algorithmique Fx, c'est que, lorsque cette fonction n'est pas simplement une fonction rationnelle finie, et lorsque, par conséquent, la suite (398) de ses dérivées différentielles est infinie, le moindre degré de variabilité d'une telle fonction irrationnelle ou transcendante, consiste en ce que, dans cette suite infinie (398), aucune des dérivées différentielles ne peut devenir ni zéro ni infinie, c'est-à-dire que, pour un exposant quelconque m, on n'a jamais ... (398)'

$$\text{ni} \quad \frac{d^m Fx}{dx^m} = 0, \quad \text{ni} \quad \frac{d^m Fx}{dx^m} = \infty,$$

pour des valeurs de x différentes de celles qui rendent .... (398)''

$$\text{ou} \quad Fx = 0, \quad \text{ou} \quad Fx = \infty.$$

Et, dans ce moindre degré de variabilité d'une fonction irrationnelle ou transcendante Fx, nous pouvons de plus fixer la limite de l'augmentation progressive des quantités constituant les valeurs des dérivées différentielles consécutives (398). En effet, remontant à l'origine philosophique du Calcul différentiel, telle que, dans l'Introduction à la Philosophie des Mathématiques (pages 31—33), nous l'avons reconnue par la déduction architectonique de ce Calcul, confirmée par l'observation que nous avons faite à la fin de la seconde des Notes annéxées à la Philosophie de l'Infini (page 175), savoir que toute la théorie des différentielles porte essentiellement sur l'algorithme de la graduation, on verra facilement, en observant d'ailleurs que, pour cet algorithme $(\varphi x)^m$, la différentielle est ... (398)'''

$$d(\varphi x)^{+n} = + n.(\varphi x)^{n-1}.d\varphi x,$$
$$d(\varphi x)^{-n} = - n.(\varphi x)^{-(n+1)}.d\varphi x,$$

on verra, disons-nous, que, lorsqu'une fonction Fx n'a que le moindre degré de variabilité, celui (398)' que nous venons de fixer, l'augmentation progressive de ses dérivées différentielles (398), aura pour limite l'expression générale ... (398)^{IV}

$$\frac{\left(\frac{d^{m+1}Fx}{dx^{m+1}}\right)}{\left(\frac{d^mFx}{dx^m}\right)} = \frac{N+M}{\psi x}.f_m x,$$

dans laquelle N est un nombre constant, M un nombre variable qui ne saurait être plus grand que l'exposant m ou $(m+1)$ des deux différentielles consécutives comparées, ψx une fonction constante pour tous les exposans m, et $f_m x$ une fonction variable qui dépend de cet exposant m, mais qui ne saurait augmenter au delà d'une limite déterminée. Car, suivant la génération (398)''' de la différentielle que subit l'algorithme essentiel de la graduation, lorsque la fonction Fx n'a que le moindre degré de variabilité (398)', ou plutôt lorsque ses dérivées différentielles (398) ne peuvent devenir ni zéro ni infinies pour aucune valeur finie de la variable x, on voit, par le polynome des différentielles (Introd. à la Phil. des Mathém. loi (p)), que, dans le passage de la différentielle d^mFx à la différentielle suivante $d^{m+1}Fx$, l'augmentation des quantités formant leurs valeurs respectives, ne peut être opérée progressivement que par le premier $\frac{N+M}{\psi x}$ des deux facteurs constituant l'expression (398)^{IV}; et cela, parce qu'il n'existe alors aucune raison pour l'augmentation progressive du second $f_m x$ de ces deux facteurs. — Alors, pour en tirer ici une nouvelle conséquence, si, dans le cas de la moindre variabilité d'une fonction Fx, on prend, pour sa mesure générale, une fonction Φx telle que sa valeur puisse être rendue de plus en plus proche de zéro, et qu'on ait toujours ... (398)^{V}

$$\Phi x . \frac{N+M}{M.\psi x} . f < 1,$$

en désignant par f la limite susdite de la fonction variable $f_m x$, on aura progressivement ... (398)^{VI}

$$\frac{d^{m+1} Fx}{dx^{m+1}} . \frac{\Phi x}{m+1} < \frac{d^m Fx}{dx^m};$$

et, comme cela est visible, cette inégalité sera d'autant plus grande que la valeur générale de la fonction Φx approchera plus de zéro.

Il faut remarquer que tout ce que nous venons de dire sur la variabilité des fonctions, s'applique indistinctement à toutes les fonctions en général, quelles que soient les quantités, réelles ou idéales (imaginaires), qui forment leurs valeurs; pourvu que, comme cela est toujours nécessaire dans la comparaison des quantités, on considère les valeurs idéales de la forme $(\alpha + \beta\sqrt{-1})$ comme étant réduites à ce qui en constitue proprement la quantité ou le degré de grandeur, c'est-à-dire, pourvu que l'on considère ces quantités idéales dans leur réduction connue ... (398)^{VII}

$$\alpha + \beta\sqrt{-1} = K . (\cos i + \sin i . \sqrt{-1}),$$

en faisant

$$K = \sqrt{\alpha^2 + \beta^2}, \quad \text{et} \quad i = \text{réc.} \left(\text{tang.} = \frac{\beta}{\alpha}\right);$$

réduction où la quantité K est la mesure du degré de grandeur.

Voici deux exemples de cette moindre variabilité $(398)'$ des fonctions et de la limite $(398)^{\text{VI}}$ qui en résulte pour l'augmentation progressive de leurs dérivées différentielles consécutives. — 1°. La fonction transcendante Lx constituant le logarithme naturel, n'a que ce moindre degré de variabilité. En effet, ses dérivées différentielles ... (399)

$$\frac{dLx}{dx} = \frac{1}{x}, \quad \frac{d^2Lx}{dx^2} = -\frac{1}{x^2}, \quad \frac{d^3Lx}{dx^3} = +\frac{1.2}{x^3}, \quad \text{etc., etc.,}$$

satisfont à la condition $(398)'$, c'est-à-dire qu'elles ne sont ni zéro ni infinies pour des valeurs de x différentes de celles qui rendent $Lx=0$ et $Lx=\infty$, ou généralement pour toutes les valeurs finies de x. Aussi, l'augmentation progressive de ces dérivées différentielles se trouve-t-elle fixée par la limite $(398)^{\text{VI}}$; car, on a généralement ... $(399)'$

$$\frac{d^mLx}{dx^m} = (-1)^{m-1} \cdot \frac{1^{(m-1)|1}}{x^m}, \quad \frac{d^{m+1}Lx}{dx^{m+1}} = (-1)^m \cdot \frac{1^{m|1}}{x^{m+1}},$$

et par conséquent, en ne considérant que la quantité, on a ... $(399)''$

$$\frac{d^{m+1}Lx}{dx^{m+1}} \cdot \frac{\Phi x}{m+1} < \frac{d^mLx}{dx},$$

la fonction constante Φx ayant ici pour limite la variable elle-même x. — 2°. Toute puissance négative de la fonction rationnelle simple $(k+x)$, savoir, $\frac{1}{(k+x)^{\varpi}}$, n'a aussi que le moindre degré de variabilité dont il s'agit. En effet, ses dérivées différentielles ... (400)

$$\frac{d(k+x)^{-\varpi}}{dx} = -\frac{\varpi}{(k+x)^{\varpi+1}}, \quad \frac{d^2(k+x)^{-\varpi}}{dx^2} = +\frac{\varpi(\varpi+1)}{(k+x)^{\varpi+2}},$$

$$\frac{d^3(k+x)^{-\varpi}}{dx^3} = -\frac{\varpi(\varpi+1)(\varpi+2)}{(k+x)^{\varpi+3}}, \quad \text{etc., etc.,}$$

satisfont également à la condition $(398)'$, c'est-à-dire qu'elles ne sont non plus ni zéro ni infinies pour des valeurs de x différentes de celles qui rendent

$$\text{ou} \quad \frac{1}{(k+x)^{\varpi}} = 0, \qquad \text{ou} \quad \frac{1}{(k+x)^{\varpi}} = \infty.$$

Aussi, l'augmentation progressive de ces dérivées différentielles (400) se trouve-t-elle de nouveau fixée par la limite $(398)^{\text{vi}}$; car, on a généralement ... $(400)'$

$$\frac{d^m (k+x)^{-\varpi}}{dx^m} = (-1)^m \cdot \frac{\varpi^{m|1}}{(k+x)^{\varpi+m}}, \quad \frac{d^{m+1} (k+x)^{-\varpi}}{dx^{m+1}} = (-1)^{m+1} \cdot \frac{\varpi^{(m+1)|1}}{(k+x)^{\varpi+m+1}},$$

et par conséquent, en ne considérant toujours que la quantité, on a ... $(400)''$

$$\frac{d^{m+1} (k+x)^{-\varpi}}{dx^{m+1}} \cdot \frac{\Phi x}{m+1} < \frac{d^m (k+x)^{-\varpi}}{dx^m},$$

la fonction constante Φx ayant ici la limite $\frac{k+x}{\varpi+1}$.

Venons maintenant au second des trois points (397) que nous nous sommes proposé de fixer ici; et observons sur-le-champ que c'est précisément dans le moindre degré de variabilité des fonctions, dans celui que nous venons de déterminer sous la marque $(398)'$, qu'une fonction quelconque $\mathfrak{F}x$ peut être développée immédiatement, sous la forme (393), en Série toujours convergente. Il suffit alors de prendre, pour la mesure φx génératrice de la Série, la fonction simple $(x-a)$, dans laquelle a est une quantité telle qu'entre les limites ... (401)

$$x = a - p, \quad \text{et} \quad x = a + q,$$

la fonction proposée $\mathfrak{F}x$ n'ait précisément que ce moindre degré de variabilité, c'est-à-dire qu'entre ces limites de la variable x, les dérivées différentielles consécutives ... $(401)'$

$$\frac{d\mathfrak{F}x}{dx},\quad \frac{d^2\mathfrak{F}x}{dx^2},\quad \frac{d^3\mathfrak{F}x}{dx^3},\quad \frac{d^4\mathfrak{F}x}{dx^4},\quad \text{etc.}$$

ne puissent devenir ni zéro ni infinies. Et, comme cela est évident d'ailleurs, cette convergence en question sera d'autant plus grande, que les quantités p et q qui entrent dans les limites (401) et qui doivent toujours être plus petites que certaine quantité déterminée, seront plus proche de zéro.

En effet, suivant la génération technique (391), et employant la seule mesure algorithmique ... (401)''

$$\varphi x = x - a,$$

on obtiendra facilement, d'une part, ... (401)'''

$$A_0 = \mathfrak{F}a,\quad A_1 = \frac{1}{1}\cdot\frac{d\mathfrak{F}a}{da},\quad A_2 = \frac{1}{1.2}\cdot\frac{d^2\mathfrak{F}a}{da^2},\quad \text{etc., etc.,}$$

et de l'autre sur-tout, ... (401)^{IV}

$$\Phi_0 x = A_1.(x-a) + A_2.(x-a)^2 + A_3.(x-a)^3 + \text{etc.}$$
$$\Phi_1 x = A_2.(x-a) + A_3.(x-a)^2 + A_4.(x-a)^3 + \text{etc.}$$
$$\Phi_2 x = A_3.(x-a) + A_4.(x-a)^2 + A_5.(x-a)^3 + \text{etc.}$$

etc., etc.;

de sorte que la condition particulière (394)' pour la convergence sous la forme primitive (393) des Séries, donnera ici les relations requises ... (401)^{V}

$$\left(\frac{d\mathfrak{F}a}{da} + \frac{d^2\mathfrak{F}a}{da^2}\cdot\frac{x-a}{2} + \frac{d^3\mathfrak{F}a}{da^3}\cdot\frac{(x-a)^2}{2.3} + \text{etc.}\right) = \textit{constante},$$
$$\left(\frac{d^2\mathfrak{F}a}{da^2} + \frac{d^3\mathfrak{F}a}{da^3}\cdot\frac{x-a}{3} + \frac{d^4\mathfrak{F}a}{da^4}\cdot\frac{(x-a)^2}{3.4} + \text{etc.}\right) = \textit{constante},$$
$$\left(\frac{d^3\mathfrak{F}a}{da^3} + \frac{d^4\mathfrak{F}a}{da^4}\cdot\frac{x-a}{4} + \frac{d^5\mathfrak{F}a}{da^5}\cdot\frac{(x-a)^2}{4.5} + \text{etc.}\right) = \textit{constante},$$

etc., etc.

Or, dans l'hypothèse présente, la fonction $\mathfrak{F}x$ est telle qu'entre les limites (401) de la variable x, ses dérivées $(401)^{I}$ ne sont ni zéro ni infinies. Donc, suivant alors la limite $(398)^{VI}$ de l'augmentation progressive des dérivées différentielles, on aura ici généralement ... $(401)^{VI}$

$$\frac{d^{m+1}\mathfrak{F}a}{da^{m+1}} \cdot \frac{\Phi a}{m+1} < \frac{d^m\mathfrak{F}a}{da^m},$$

la fonction Φa ayant une certaine limite déterminée $(398)^{V}$. Ainsi, prenant, pour les parties constituantes p et q des limites (401) de x, des quantités assez petites pour que la mesure présente $(x-a)$ soit toujours plus petite que cette limite déterminée de la fonction générale Φa, c'est-à-dire, pour qu'on ait toujours ... $(401)^{VII}$

$$(x-a) < \Phi a,$$

on aura aussi généralement ... $(401)^{VIII}$

$$\frac{d^{m+1}\mathfrak{F}a}{da^{m+1}} \cdot \frac{x-a}{m+1} < \frac{d^m\mathfrak{F}a}{da^m};$$

c'est-à-dire que, dans les relations $(401)^{V}$, chaque terme sera plus petit que le terme précédent. Et, par conséquent, ces relations requises $(401)^{V}$ seront évidemment d'autant plus proche de la vérité, que les quantités limitantes p et q de la variable x, après avoir satisfait à la condition présente $(401)^{VII}$, seront plus petites ou plus proche de zéro. Donc, ces relations requises ou conditions de convergence $(401)^{V}$ se trouvant remplies progressivement et à volonté dans l'hypothèse actuelle, la Série résultante qui donnera le développement de la fonction hypothétique $\mathfrak{F}x$, savoir, la Série ... $(401)^{IX}$

$$\mathfrak{F}x = A_0 + A_1.(x-a) + A_2.(x-a)^2 + A_3.(x-a)^3 + \text{etc., etc.},$$

sera nécessairement convergente dans son étendue entière et pourra à volonté le devenir de plus en plus rapidement.

Ainsi, par exemple, la fonction Lx qui, suivant ce que nous avons vu sous les marques (399), (399)$'$, etc., répond à l'hypothèse présente pour toutes les valeurs de x, c'est-à-dire, entre les limites indéfinies de

$$x = a - \infty, \quad \text{et} \quad x = a + \infty,$$

les quantités p et q étant ici $= \infty$, cette fonction Lx, disons-nous, étant développée d'après (401)^{IX}, donnera une Série ... (402)

$$Lx = A_0 + A_1.(x-a) + A_2.(x-a)^2 + A_3.(x-a)^3 + \text{etc., etc.}$$

qui sera convergente dans toute son étendue, pourvu que la condition (401)^{VII}, laquelle, d'après la limite (399)$''$ de la fonction Φa, est ici ... (402)$'$

$$(x-a) < a,$$

soit remplie; et cette convergence sera d'autant plus grande que, dans cette relation d'inégalité (402)$'$, la quantité $(x-a)$ sera plus petite par rapport à la quantité a. — C'est là, à priori, la raison de ce que la Série (402), savoir, la Série connue ... (402)$''$

$$Lx = La + \frac{1}{a}.(x-a) - \frac{1}{2a^2}.(x-a)^2 + \frac{1}{3a^3}.(x-a)^3 - \text{etc., etc.}$$

se trouve convergente progressivement dans toute son étendue, et arbitrairement pour toute valeur de x.

Mais, dans cette convergence continue et arbitraire de la Série générale (401)^{IX} de l'hypothèse actuelle, les quantités p et q qui, dans les limites (401), fixent les écarts de la variable x par rapport à la quantité déterminée a, et qui donnent ainsi $(p+q)$ pour l'étendue des valeurs de x, dans laquelle cette Série (401)^{IX} demeure convergente avec la même quantité a, ces quantités p et q, disons-nous, se trouvent limitées par la condition (401)^{VII}; car, en vertu des relations (401) et (401)^{VII}, on a ... (403)

$$p < \Phi a, \quad \text{et} \quad q < \Phi a,$$

la fonction constante Φa étant toujours celle de la limite $(398)^{\text{VI}}$. Ainsi, lorsque la limite de cette fonction Φa est une quantité très-petite, l'étendue susdite $(p+q)$, dans laquelle la Série $(401)^{\text{IX}}$ demeure convergente, est aussi très-resserrée. — Il reste donc encore à reconnaître la voie par laquelle les conditions de l'hypothèse présente $(401)^{\text{IX}}$ peuvent être étendues à des limites quelconques p et q, fixant les écarts de la variable x relativement à la quantité déterminée a, et par laquelle voie ces conditions peuvent ainsi s'appliquer à une étendue quelconque $(p+q)$ des valeurs de cette variable x. Et, cela n'a plus aucune difficulté.

En effet, considérons la variable x comme dépendant d'une autre variable y, et supposons que ces variables sont liées par les fonctions réciproques ... (404)

$$x = \mathfrak{f}y, \quad \text{et} \quad y = fx,$$

telles que, pour toutes les valeurs de x, prises entre les limites quelconques ... $(404)'$

$$x = (a-p), \quad \text{et} \quad x = (a+q),$$

la valeur de y se trouve entre les limites plus resserrées ... $(404)''$

$$y = (\alpha-\pi), \quad \text{et} \quad y = (\alpha+\pi),$$

en supposant d'ailleurs que $\alpha = fa$. Alors, la fonction hypothétique $\mathfrak{F}x$, qui sera $\mathfrak{F}(\mathfrak{f}y)$ et qui pourra ainsi être considérée comme une fonction de la variable y, étant développée avec la mesure algorithmique $(y-\alpha)$, donnera la Série ... $(404)'''$

$$\mathfrak{F}(\mathfrak{f}y) = B_0 + B_1.(y-\alpha) + B_2.(y-\alpha)^2 + B_3.(y-\alpha)^3 + \text{etc., etc.,}$$

ou bien ... $(404)^{\text{IV}}$

$$\mathfrak{F}x = B_0 + B_1.(fx-fa) + B_2.(fx-fa)^2 + B_3.(fx-fa)^3 + \text{etc., etc.}$$

Or, en supposant ici qu'entre les limites $(404)'$ de la variable x, la fonction $\mathfrak{F}x$ n'a que le moindre degré de variabilité, comme nous l'avons supposé plus haut pour les limites (401), il est clair qu'entre les limites (404)'' de la variable y, la fonction $\mathfrak{F}(fy)$ n'aura aussi que ce moindre degré de variabilité. Ainsi, entre ces dernières limites (404)'', la Série présente (404)''' se trouvera complètement soumise aux conditions de la Série générale (401)^{IX}, suivant lesquelles les quantités π et ϖ seront ici, d'après (403), fixées par les relations ... (404)^{V}

$$\pi < \Phi\alpha, \quad \text{et} \quad \varpi < \Phi\alpha,$$

dans lesquelles la limite de la fonction constante $\Phi\alpha$ est toujours donnée par la limite générale (398)^{VI} qui devient ici ... (404)^{VI}

$$\left(\frac{d^{m+1}\mathfrak{F}x}{dy^{m+1}}\right)\cdot\frac{\Phi y}{m+1} < \left(\frac{d^m\mathfrak{F}x}{dy^m}\right).$$

Et, par conséquent, pourvu que les conditions présentes (404)^{V} soient remplies, c'est-à-dire, pourvu qu'on ait ... (404)^{VII}

$$(fx - fa) < \Phi(fa);$$

ce qui est toujours faisable, car, dans l'hypothèse de la moindre variabilité, la fonction Φy a toujours une limite déterminée, et, dans tous les cas, la fonction marquée par f peut être prise de manière que la différence $(fx - fa)$ forme une quantité plus petite que toute quantité donnée, comme nous le verrons ci-après; pourvu donc, disons-nous, que les conditions (404)^{V} ou (404)^{VII} soient remplies, la Série (404)''' ou bien la Série identique (404)^{IV} dont il est question, sera convergente progressivement dans toute son étendue, et arbitrairement pour toute valeur de x prise entre les limites quelconques (404)' de cette variable, c'est-à-dire, dans l'étendue quelconque $(p+q)$ des valeurs de cette variable x.

Par exemple, suivant (404), si on lie les deux variables x et y par les fonctions réciproques ... (405)

$$x = y^n, \quad \text{et} \quad y = x^{\frac{1}{n}},$$

qui, pour toutes les valeurs de x prises entre les limites quelconques ... (405)′

$$x = a - p, \quad \text{et} \quad x = a + q,$$

donnent des valeurs de y comprises entre les limites ... (405)″

$$y = (a-p)^{\frac{1}{n}}, \quad \text{et} \quad y = (a+q)^{\frac{1}{n}},$$

qu'on peut resserrer autant qu'on veut en augmentant la quantité arbitraire n; on aura, d'après (404)″, pour ces limites resserrées, les valeurs ... (405)‴

$$\varpi = a^{\frac{1}{n}} - (a-p)^{\frac{1}{n}}, \quad \text{et} \quad \varpi = (a+q)^{\frac{1}{n}} - a^{\frac{1}{n}},$$

et par conséquent, d'après (404)^{v}, les conditions limitantes ... (405)^{iv}

$$\left(a^{\frac{1}{n}} - (a-p)^{\frac{1}{n}}\right) < \Phi\left(a^{\frac{1}{n}}\right), \quad \text{et} \quad \left((a+q)^{\frac{1}{n}} - a^{\frac{1}{n}}\right) < \Phi\left(a^{\frac{1}{n}}\right),$$

ou bien, d'après (404)^{vii}, la condition générale ... (405)^{v}

$$\left(x^{\frac{1}{n}} - a^{\frac{1}{n}}\right) < \Phi\left(a^{\frac{1}{n}}\right),$$

dans lesquelles, d'après (404)^{vi}, la limite de la fonction constante Φy est fixée par la relation générale ... (405)^{vi}

$$\left(\frac{d^{m+1}\mathfrak{F}(y^n)}{dy^{m+1}}\right) \cdot \frac{\Phi y}{m+1} < \left(\frac{d^m \mathfrak{F}(y^n)}{dy^m}\right).$$

Donc, toute fonction $\mathfrak{F}x$ qui, entre les limites éloignées quelconques (405)′, répond à l'hypothèse présente de la moindre variabilité, et qui, dans la relation générale d'inégalité (405)^{vi}, donne, pour la limite de la fonction constante Φy, une quantité telle que les conditions (405)^{iv} ou généralement (405)^{v} peuvent être remplies avec certains nombres n, toute telle fonction $\mathfrak{F}x$, disons-nous, peut, suivant le schéma (404)‴ ou définitivement (404)^{iv}, être développée en une Série ... (405)^{vii}

$$\mathfrak{F}x = B_0 + B_1.\left(x^{\frac{1}{n}} - a^{\frac{1}{n}}\right) + B_2.\left(x^{\frac{1}{n}} - a^{\frac{1}{n}}\right)^2 +$$
$$+ B_3.\left(x^{\frac{1}{n}} - a^{\frac{1}{n}}\right)^3 + \text{etc., etc.},$$

qui, entre ces limites (405)′ de la variable x, sera convergente progressivement dans toute son étendue, et arbitrairement selon que, dans la condition générale (405)^{v}, le premier membre sera plus petit par rapport au second. — Ainsi, le logarithme Lx qui, comme nous le savons déjà, répond à l'hypothèse présente de la moindre variabilité, entre des limites quelconques de la variable x, et pour lequel la relation générale (405)^{vi}, savoir, ... (406)

$$\frac{d^{m+1} L(y^n)}{dy^{m+1}} \cdot \frac{\Phi y}{m+1} < \frac{d^m L(y^n)}{dy^m}$$

se réduit à la relation simple ... (406)′

$$\frac{d^{m+1} Ly}{dy^{m+1}} \cdot \frac{\Phi y}{m+1} < \frac{d^m Ly}{dy^m},$$

dans laquelle, suivant (399)″, la fonction constante Φy a pour limite la variable elle-même y, ce logarithme Lx, disons-nous, forme une fonction telle que les conditions (405)^{iv} ou généralement la condition (405)^{v}, qui devient ici ... (406)″

$$\left(x^{\frac{1}{n}} - a^{\frac{1}{n}}\right) < a^{\frac{1}{n}},$$

peuvent être remplies pour toute valeur de x, en prenant pour n un nombre suffisamment grand; de sorte que, si on développe cette fonction Lx d'après (405)^{vii}, la Série ... (406)‴

$$Lx = La + \frac{n}{a^{\frac{1}{n}}}.\left(x^{\frac{1}{n}} - a^{\frac{1}{n}}\right) - \frac{n}{2.a^{\frac{2}{n}}}.\left(x^{\frac{1}{n}} - a^{\frac{1}{n}}\right)^2 +$$
$$+ \frac{n}{3.a^{\frac{3}{n}}}.\left(x^{\frac{1}{n}} - a^{\frac{1}{n}}\right)^3 - \text{etc., etc.}$$

devra, pour toutes les valeurs de x, être convergente à volonté et dans toute son étendue; comme cela arrive effectivement. — C'est là, encore à priori, la raison de cette convergence générale et arbitraire de la Série connue $(406)'''$; raison qui, d'ailleurs, découle ici de la circonstance supérieure consistant en ce que, pour la fonction spéciale Lx dont il s'agit, la mesure algorithmique présente $\left(x^{\frac{1}{n}} - a^{\frac{1}{n}}\right)$ est la mesure spéciale qui, comme celle sous la marque $(396)'$ formant un cas particulier, satisfait à la condition générale $(394)'$ de la convergence absolue des Séries, sous leur forme primitive (393), lors même que les fonctions n'ont pas simplement la moindre variabilité.

Ainsi donc, toute fonction algorithmique $\mathfrak{F}x$ qui, entre des limites données $(404)'$ de la variable x, n'a que le moindre degré de variabilité, peut, suivant le schéma $(404)'''$ ou $(404)^{\text{IV}}$, être développée en une Série convergente dans toute son étendue et pour toutes les valeurs de x comprises entre ces limites, quelque éloignées qu'elles puissent être. Et, pour opérer ce développement en général, il suffit de lier la variable x avec une autre variable y par des fonctions (404) propres à satisfaire aux conditions $(404)'$, $(404)''$, et $(404)^{\text{VII}}$; ce qui n'a aucune difficulté, comme nous le verrons ci-après en réalité.

Procédons enfin au dernier des trois points (397) que nous nous sommes proposé de fixer pour arriver à la solution de la question philosophique concernant la convergence relative des Séries. — Il s'agit, dans ce troisième point, de reconnaître comment toute fonction Fx peut être réduite à une autre fonction $\mathfrak{F}x$ n'ayant plus que le moindre degré de variabilité, celui que nous venons d'examiner dans l'hypothèse précédente. — Or, en nous rappelant ici la génération spéciale de toute fonction Fx, moyennant l'algorithme des Produites continues, qui, dans l'Introduction à la Philosophie des Mathématiques, nous a conduits à la forme fondamentale (XIII) de cet algorithme technique, et qui, dans la première Section de la Philosophie présente de la Technie, se trouve éclaircie sous les marques (25), (26), etc., et en observant sur-tout, comme nous l'avons déjà fait pour passer de la formule (25) à la formule (26), que, dans cette génération technique speciale, on épuise successivement l'influence de la variable x dans la fonction Fx, nous concevrons sur-le-champ que ce même procédé technique, modifié convenablement, doit nous conduire à la réduction en question de toute fonction Fx à une autre fonction $\mathfrak{F}x$ qui n'aura plus que le moindre degré de variabilité. Voici, en effet, cette réduction générale, opérée par ce procédé technique spécial.

Soient, pour la fonction Fx, les quantités i_1, i_2, i_3, ... i_μ les seules qui rendent

$$F(i_1) = 0, \quad F(i_2) = 0, \quad F(i_3) = 0, \quad \ldots \quad F(i_\mu) = 0;$$

alors, suivant la formule (25), la fonction Fx se réduit à ... (407)

$$Fx = (x-i_1)(x-i_2)(x-i_3)\ldots(x-i_\mu).\Psi x,$$

expression où la fonction Ψx ne devient plus zéro pour aucune valeur de x. Soient de plus j_1, j_2, j_3, ... j_ν les seules quantités qui rendent

$$F(j_1) = \infty, \quad F(j_2) = \infty, \quad F(j_3) = \infty, \quad \ldots \quad F(j_\nu) = \infty,$$

et par conséquent aussi

$$\Psi(j_1) = \infty, \quad \Psi(j_2) = \infty, \quad \Psi(j_3) = \infty, \quad \ldots \quad \Psi(j_\nu) = \infty;$$

alors, suivant le même procédé, l'expression (407) se réduit à celle-ci ... (407)'

$$Fx = \frac{(x-i_1)(x-i_2)(x-i_3)\ldots(x-i_\mu)}{(x-j_1)(x-j_2)(x-j_3)\ldots(x-j_\nu)}.\Psi_0 x,$$

dans laquelle la fonction $\Psi_0 x$ ne devient plus ni zéro ni infinie pour aucune valeur de x. Or, en considérant la première dérivée différentielle de cette fonction réduite $\Psi_0 x$, et en la dénotant par ... (407)''

$$\frac{d\Psi_0 x}{dx} = F_1 x ;$$

si les quantités $i1_1, i1_2, i1_3, \ldots i1_{\mu 1}$ et $j1_1, j1_2, j1_3, \ldots j1_{\nu 1}$ sont les seules qui rendent

$$F_1(i1_1) = 0, \quad F_1(i1_2) = 0, \quad F_1(i1_3) = 0, \quad \ldots \quad F_1(i1_{\mu 1}) = 0,$$
$$F_1(j1_1) = \infty, \quad F_1(j1_2) = \infty, \quad F_1(j1_3) = \infty, \quad \ldots \quad F_1(j1_{\nu 1}) = \infty ;$$

la fonction $F_1 x$, suivant le procédé précédent, se réduit encore à ... (407)'''

$$F_1 x = \frac{(x-i1_1)(x-i1_2)(x-i1_3)\ldots(x-i1_{\mu 1})}{(x-j1_1)(x-j1_2)(x-j1_3)\ldots(x-j1_{\nu 1})} \cdot \Psi_1 x ,$$

expression où la fonction $\Psi_1 x$ ne devient plus ni zéro ni infinie pour aucune valeur de x. En considérant de nouveau la première dérivée différentielle de cette seconde fonction réduite $\Psi_1 x$, et en la dénotant par ... (407)^{IV}

$$\frac{d\Psi_1 x}{dx} = F_2 x ;$$

si les quantités $i2_1, i2_2, i2_3, \ldots i2_{\mu 2}$ et $j2_1, j2_2, j2_3, \ldots j2_{\nu 2}$ sont les seules qui rendent

$$F_2(i2_1) = 0, \quad F_2(i2_2) = 0, \quad F_2(i2_3) = 0, \quad \ldots \quad F_2(i2_{\mu 2}) = 0,$$
$$F_2(j2_1) = \infty, \quad F_2(j2_2) = \infty, \quad F_2(j2_3) = \infty, \quad \ldots \quad F_2(j2_{\nu 2}) = \infty ;$$

la fonction $F_2 x$, suivant toujours le même procédé, se réduit encore à ... (407)^{V}

$$F_2 x = \frac{(x-i2_1)(x-i2_2)(x-i2_3)\ldots(x-i2_{\mu 2})}{(x-j2_1)(x-j2_2)(x-j2_3)\ldots(x-j2_{\nu 2})} \cdot \Psi_2 x ,$$

expression dans laquelle la fonction $\Psi_2 x$ ne devient plus ni zéro ni infinie pour aucune valeur de x. Et, opérant toujours de la même manière la réduction consécutive des dérivées différentielles des fonctions $\Psi_0 x$, $\Psi_1 x$, $\Psi_2 x$, $\Psi_3 x$, etc. qu'on obtient par ce procédé, et observant qu'on épuise ainsi successivement l'influence de la variable x dans les fonctions composantes $F_1 x$, $F_2 x$, $F_3 x$, etc., on verra qu'on arrivera nécessairement, du moins idéalement, dans l'infini, à une fonction réduite $\Psi_\omega x$ telle qu'aucune de ses dérivées différentielles

$$\frac{d\Psi_\omega x}{dx}, \quad \frac{d^2\Psi_\omega x}{dx^2}, \quad \frac{d^3\Psi_\omega x}{dx^3}, \quad \frac{d^4\Psi_\omega x}{dx^4}, \quad \text{etc.}$$

ne devient plus ni zéro ni infinie pour aucune des valeurs de x qui ne rendent ni zéro ni infinie cette fonction $\Psi_\omega x$, c'est-à-dire qu'on arrivera nécessairement à une fonction réduite $\Psi_\omega x$ qui, d'après $(398)'$ et $(398)''$, n'aura plus que le moindre degré de variabilité. De plus, ce qui est ici l'essentiel, si, au lieu de considérer toutes les valeurs de x en général, on se borne à les renfermer entre des limites finies (401), savoir, $x = (a - p)$ et $x = (a + q)$, on arrivera nécessairement, TOUJOURS DANS LES RÉGIONS FINIES, à une fonction réduite $\Psi_\omega x$ qui, entre ces limites, n'aura plus que le moindre degré de variabilité. Ainsi, substituant ces réductions consécutives $(407)''$, $(407)'''$, $(407)^{\text{IV}}$, $(407)^{\text{V}}$, etc. dans la première formule $(407)'$, on aura ... $(407)^{\text{VI}}$

$$Fx = \frac{(x-i_1)(x-i_2)(x-i_3)\ldots(x-i_\mu)}{(x-j_1)(x-j_2)(x-j_3)\ldots(x-j_\nu)} \times$$

$$\times \int_{(1)} \left\{ \frac{(x-i1_1)(x-i1_2)(x-i1_3)\ldots(x-i1_{\mu 1})}{(x-j1_1)(x-j1_2)(x-j1_3)\ldots(x-j1_{\nu 1})} . dx \times \right.$$

$$\times \int_{(2)} \left\{ \frac{(x-i2_1)(x-i2_2)(x-i2_3)\ldots(x-i2_{\mu 2})}{(x-j2_1)(x-j2_2)(x-j2_3)\ldots(x-j2_{\nu 2})} . dx \times \right.$$

$$\times \int_{(3)} \left\{ \frac{(x-i3_1)(x-i3_2)(x-i3_3)\ldots(x-i3_{\mu 3})}{(x-j3_1)(x-j3_2)(x-j3_3)\ldots(x-j3_{\nu 3})} . dx \times \right.$$

$$\ldots\ldots\ldots\ldots\ldots\ldots\ldots\ldots\ldots\ldots\ldots$$

$$\times \int_{(\omega)} \left\{ \frac{(x-i\omega_1)(x-i\omega_2)(x-i\omega_3)\ldots(x-i\omega_{\mu\omega})}{(x-j\omega_1)(x-j\omega_2)(x-j\omega_3)\ldots(x-j\omega_{\nu\omega})} . \Psi_\omega x . dx \right\}_{(\omega)} \ldots \Big\}_{(3)} \Big\}_{(2)} \Big\}_{(1)},$$

en distinguant par les indices (1), (2), (3), ... (ω) l'ordre et la correspondance des accolades, comme nous l'avons déjà fait plus haut dans la formule (333); et, de cette manière, la fonction Fx se trouvera visiblement réduite à une fonction $\Psi_\omega x$ qui n'aura plus que le moindre degré de variabilité. — Il ne reste qu'à remarquer que si, dans les réductions précédentes $(407)'$, $(407)'''$, $(407)^{\text{v}}$, etc., il se trouvait des fonctions Fx, F_1x, F_2x, etc. qui ne pussent devenir ni zéro ni infinies pour aucune valeur de x, c'est-à-dire, si parmi les indices μ, $\mu 1$, $\mu 2$, ... $\mu\omega$ et ν, $\nu 1$, $\nu 2$, ... $\nu\omega$, qui marquent le nombre des quantités dénotées par i et j, lesquelles rendent zéro ou infinies les fonctions Fx, F_1x, F_2x, F_3x, etc., il s'en trouvait qui fussent zéro, il faudrait, dans ces réductions $(407)'$, $(407)'''$, $(407)^{\text{v}}$, etc. et finalement dans l'expression générale $(407)^{\text{vi}}$, considérer les produites correspondantes ... $(407)^{\text{vii}}$

$$(x - i\rho_1)(x - i\rho_2)(x - i\rho_3)\dots(x - i\rho_{\mu\rho}),$$
$$(x - j\rho_1)(x - j\rho_2)(x - j\rho_3)\dots(x - j\rho_{\nu\rho}),$$

comme étant respectivement égales à l'unité.

Mais, dans cette réduction générale $(407)^{\text{vi}}$ de la fonction Fx à une autre fonction $\Psi_\omega x$ qui n'a plus que la moindre variabilité, il s'agit proprement de voir comment, par le moyen de cette réduction, toute fonction Fx peut être développée, sous la forme primitive (393), en une Série convergente, avec certaines fonctions générales φx, indépendantes de cette fonction proposée Fx, qui servent de mesure algorithmique pour la génération de la Série. Et, c'est ce que nous allons voir effectivement.

D'abord, la fonction réduite $\Psi_\omega x$ qui n'a plus que le moindre degré de variabilité, peut immédiatement, suivant le schéma $(401)^{\text{ix}}$, être développée en une Série ... (408)

$$\Psi_\omega x = A_0^{(\omega)} + A_1^{(\omega)}.(x-a) + A_2^{(\omega)}.(x-a)^2 + A_3^{(\omega)}.(x-a)^3 + \text{etc., etc.}$$

qui sera convergente dans toute son étendue, pourvu que les limites finies p et q de la mesure génératrice $(x-a)$ satisfassent à la condition toujours possible (401)[VIII] qui devient ici ... (408)'

$$\frac{d^{m+1}\Psi_\omega a}{da^{m+1}}\cdot\frac{x-a}{m+1}<\frac{d^m\Psi_\omega a}{da^m}.$$

Ensuite, chacun des facteurs ... (408)''

$$\frac{1}{x-j\omega_1},\quad \frac{1}{x-j\omega_2},\quad \frac{1}{x-j\omega_3},\quad \ldots\quad \frac{1}{x-j\omega_{\nu\omega}},$$

qui, dans l'expression générale (407)[VI], multiplient la fonction réduite $\Psi_\omega x$, forme une puissance négative d'une fonction rationnelle simple $(k+x)$; puissance qui, d'après ce que nous avons reconnu sous les marques (400), (400)', etc., n'a non plus que le moindre degré de variabilité. Ainsi, suivant toujours le schéma (401)[IX], ces facteurs (408)'' pourront être développés en des Séries ... (408)'''

$$\frac{1}{x-j\omega_1}=B_0^{(\omega 1)}+B_1^{(\omega 1)}.(x-a)+B_2^{(\omega 1)}.(x-a)^2+B_3^{(\omega 1)}.(x-a)^3+\text{etc.}$$

$$\frac{1}{x-j\omega_2}=B_0^{(\omega 2)}+B_1^{(\omega 2)}.(x-a)+B_2^{(\omega 2)}.(x-a)^2+B_3^{(\omega 2)}.(x-a)^3+\text{etc}$$

$$\frac{1}{x-j\omega_3}=B_0^{(\omega 3)}+B_1^{(\omega 3)}.(x-a)+B_2^{(\omega 3)}.(x-a)^2+B_3^{(\omega 3)}.(x-a)^3+\text{etc.}$$

etc., etc.,

qui seront convergentes dans toute leur étendue, pourvu que les limites finies p et q de leur mesure génératrice $(x-a)$ satisfassent de nouveau à la condition (401)[VIII] qui, en vertu de la limite spéciale (400)'', donne ici les conditions particulières ... (408)[IV]

$$(x-a)<\frac{a-j\omega_1}{2},\quad \text{ou même}\quad <(a-j\omega_1),$$

$$(x-a)<\frac{a-j\omega_2}{2},\quad \text{ou même}\quad <(a-j\omega_2),$$

$$(x-a)<\frac{a-j\omega_3}{2},\quad \text{ou même}\quad <(a-j\omega_3),$$

etc., etc.

Or, deux ou plusieurs Séries homogènes et convergentes, étant multipliées ensemble, donnent un produit qui forme nécessairement une Série convergente. Donc, les Séries $(408)'''$ qui, lorsqu'on renferme les valeurs de x entre les limites finies (401), sont toujours en nombre fini, ces Séries, disons-nous, étant multipliées entre elles, donneront le produit ... $(408)^{\text{v}}$

$$\frac{1}{(x-j\omega_1)(x-j\omega_2)(x-j\omega_3)\ldots(x-j\omega_{\gamma\omega})}=$$
$$=B_0^{(\omega)}+B_1^{(\omega)}.(x-a)+B_2^{(\omega)}.(x-a)^2+B_3^{(\omega)}.(x-a)^3+\text{etc., etc.},$$

qui formera nécessairement une Série convergente. De plus, multipliant cette dernière $(408)^{\text{v}}$ par la Série (408), on aura le produit ... $(408)^{\text{vi}}$

$$\frac{\Psi_\omega x}{(x-j\omega_1)(x-j\omega_2)(x-j\omega_3)\ldots(x-j\omega_{\gamma\omega})}=$$
$$=C_0^{(\omega)}+C_1^{(\omega)}.(x-a)+C_2^{(\omega)}.(x-a)^2+C_3^{(\omega)}.(x-a)^3+\text{etc., etc.},$$

qui formera encore nécessairement une Série convergente. — Mais, il faut ici observer que cette dernière convergence pourra n'avoir pas lieu dans toute l'étendue de la Série $(408)^{\text{vi}}$, c'est-à-dire qu'elle pourra ne pas commencer dès les premiers termes de cette Série et ne pas augmenter progressivement dans tous les termes suivans; comme cela a lieu dans les Séries composantes $(408)'''$ et (408). — Enfin, la produite ... $(408)^{\text{vii}}$

$$(x-i\omega_1)(x-i\omega_2)(x-i\omega_3)\ \ldots\ (x-i\omega_{\mu\omega})$$

qui, dans l'expression générale $(407)^{\text{vi}}$, multiplie encore la fonction réduite $\Psi_\omega x$, et qui, lorsqu'on renferme les valeurs de x entre des limites finies (401), ne saurait être infinie, cette produite, disons-nous, forme une fonction rationnelle du degré $\mu\omega$, savoir,

$$a_0+a_1.x+a_2.x^2+a_3.x^3\ \ldots+a_{\mu\omega}.x^{\mu\omega},$$

laquelle peut notoirement être transformée en une autre du même degré, procédant par rapport aux puissances d'une autre quantité $(x-a)$; c'est-à-dire qu'on a toujours ... $(408)^{\text{VIII}}$

$$(x-i\omega_1)(x-i\omega_2)(x-i\omega_3)\ldots(x-i\omega_{\mu\omega}) =$$
$$= D_0^{(\omega)} + D_1^{(\omega)}.(x-a) + D_2^{(\omega)}.(x-a)^2 \ldots + D_{\mu\omega}^{(\omega)}.(x-a)^{\mu\omega}.$$

Et, multipliant par ce développement fini ou rationnel $(408)^{\text{VIII}}$, la Série nécessairement convergente $(408)^{\text{VI}}$, on obtiendra définitivement le produit ... $(408)^{\text{IX}}$

$$\frac{(x-i\omega_1)(x-i\omega_2)(x-i\omega_3)\ldots(x-i\omega_{\mu\omega})}{(x-j\omega_1)(x-j\omega_2)(x-j\omega_3)\ldots(x-j\omega_{\nu\omega})}.\Psi_\omega x =$$
$$= E_0^{(\omega)} + E_1^{(\omega)}.(x-a) + E_2^{(\omega)}.(x-a)^2 + E_3^{(\omega)}.(x-a)^3 + \text{etc., etc.,}$$

qui formera encore une Série convergente, entre les limites finies p et q de la mesure génératrice $(x-a)$. — C'est là le développement du dernier des facteurs principaux composant l'expression générale $(407)^{\text{VI}}$, de celui qui est contenu dans les accolades marquées par l'indice (ω) et dont l'intégrale $\int$ constitue la fonction réduite antérieure $\Psi_{\omega-1}x$. — Ainsi, en observant que l'intégrale de la Série $(408)^{\text{IX}}$, qui est

$$Const. + \frac{E_0^{(\omega)}}{1}.(x-a) + \frac{E_1^{(\omega)}}{2}.(x-a)^2 + \frac{E_2^{(\omega)}}{3}.(x-a)^3 + \text{etc., etc.,}$$

donne une Série encore plus convergente, on aura, pour la fonction réduite antérieure $\Psi_{\omega-1}x$, un développement technique ... $(408)^{\text{X}}$

$$\Psi_{\omega-1}x = \int_{(\omega)}\left\{\frac{(x-i\omega_1)(x-i\omega_2)(x-i\omega_3)\ldots(x-i\omega_{\mu\omega})}{(x-j\omega_1)(x-j\omega_2)(x-j\omega_3)\ldots(x-j\omega_{\nu\omega})}.\Psi_\omega x.dx\right\}_{(\omega)} =$$
$$= A_0^{(\omega-1)} + A_1^{(\omega-1)}.(x-a) + A_2^{(\omega-1)}.(x-a)^2 + A_3^{(\omega-1)}.(x-a)^3 + \text{etc., etc.,}$$

qui sera toujours une Série convergente, entre des limites finies (401) de la variable x. — Alors, en remontant de cette fonction réduite

$\Psi_{\omega-1}x$ à la fonction réduite précédente $\Psi_{\omega-2}x$, de la même manière que nous venons de remonter de la dernière fonction réduite $\Psi_{\omega}x$ à la fonction antérieure $\Psi_{\omega-1}x$, on obtiendra, pour cette fonction réduite précédente $\Psi_{\omega-2}x$, un nouveau développement technique ... (408)^{XI}

$$\Psi_{\omega-2}x = A_0^{(\omega-2)} + A_1^{(\omega-2)}.(x-a) + A_2^{(\omega-2)}.(x-a)^2 + A_3^{(\omega-2)}.(x-a)^3 + \text{etc., etc.,}$$

qui sera encore nécessairement une Série convergente, entre des limites finies p et q de la mesure génératrice $(x-a)$. Et, en remontant toujours de la même manière aux fonctions antérieures $\Psi_{\omega-3}x$, $\Psi_{\omega-4}x$, ... $\Psi_0 x$, et Fx, on obtiendra visiblement, pour la fonction proposée Fx, une Série ... (409)

$$Fx = A_0 + A_1.(x-a) + A_2.(x-a)^2 + A_3.(x-a)^3 + \text{etc., etc.,}$$

qui sera toujours convergente, entre des limites finies p et q de sa mesure génératrice $(x-a)$, fixées par l'ensemble des conditions analogues aux conditions $(408)'$ et $(408)^{\text{IV}}$. — Mais, suivant ce que nous avons déjà observé plus haut pour la Série $(408)^{\text{VI}}$, la convergence de la dernière Série (409) pourra ne pas avoir lieu dans toute l'étendue de cette Série, c'est-à-dire qu'elle pourra ne pas commencer dès les premiers termes A_0, $A_1.(x-a)$, $A_2.(x-a)^2$, etc., et ne pas augmenter progressivement dans tous les termes suivans. On voit même, par la déduction précédente de cette convergence relative nécessaire de la Série (409), que cette convergence sera d'autant plus tardive que la fonction développée Fx aura un plus grand degré de variabilité, et réciproquement; ce qui d'ailleurs est conforme à la génération des quantités par le moyen des polynomes algébriques de la forme ... $(409)'$

$$A_0 + A_1.(x-a) + A_2.(x-a)^2 + A_3.(x-a)^3 \ldots\ldots$$

C'est dans cette déduction précédente de la convergence relative nécessaire de la Série élémentaire (409), que se trouve établie, pour la première fois, la vérité infiniment importante que voici ... (410)

> Toute fonction algorithmique Fx peut, avec une mesure générale FINIE $(x-a)$, être engendrée moyennant une Série convergente.

Cette grande vérité a échappé aux géomètres, jusque dans son problème. Contens d'avoir quelques Séries convergentes, ils ne se sont pas arrêtés sur ce phénomène intellectuel qui, à lui seul, décide de la possibilité même de leur science. Ils ne se sont point demandé si toute fonction algorithmique en général était susceptible d'une génération par sommation, au moyen de Séries convergentes; et cependant, c'est de ce point unique que dépend le salut de la science entière. En effet, seulement alors, en passant de proche en proche, comme nous l'avons montré dans la première Section de cette Philosophie de la Technie, sous les marques (36), (36)', etc., il devient possible d'épuiser ou d'embrasser généralement toutes les valeurs d'une fonction quelconque Fx, moyennant les valeurs de ses dérivées différentielles, qui seules, comme critériums des quantités, sont proposées pour la science. Il est vrai qu'en mettant $(a+i)$ à la place de x dans la Série élémentaire (409), et en considérant alors la Série identique ... (410)'

$$F(a+i) = A_0 + A_1 . i + A_2 . i^2 + A_3 . i^3 + \text{etc., etc.,}$$

les géomètres ont observé qu'on peut toujours prendre la quantité i assez petite pour que chaque terme de cette Série soit plus grand que la somme de tous les termes suivans, et pour que la Série devienne ainsi convergente; mais, comme rien n'indique, dans cette observation, la limite de la quantité i ou de la mesure génératrice de la Série, il est évident que si cette limite devait être une quantité infiniment petite, la Série (410)' deviendrait inutile sous les conditions finies de notre intelligence temporelle; et, avec cette inutilité conditionnelle, l'exhaustion générale (36), (36)′, etc. de toute fonction Fx et, par conséquent, la science elle-même deviendraient impossibles. — Au reste, cette absence d'esprit des géomètres à l'égard de l'importante question (410), n'est qu'une suite nécessaire de leur défaut de connaissances à l'égard de la nature même des Séries, ou généralement à l'égard de l'identité supérieure qui se trouve entre la génération théorique et la génération technique des quantités.

C'est ici le lieu, après avoir reconnu, d'une part, que toutes les Séries ont, en elles-mêmes, dans le nombre indéfini de leurs termes, une signification ou une valeur générale déterminée, comme nous l'avons arrêté plus haut à la marque (366)″, et, de l'autre part, que toute fonction algorithmique peut être engendrée moyennant une Série convergente dont la mesure génératrice est indépendante de cette fonction, comme nous venons de l'arrêter à la marque (410), c'est ici, disons-nous, le lieu de remarquer que la dénomination de *développement* des fonctions, que les géomètres donnent aux Séries, est tout-à-fait impropre; parce qu'elle confond la génération technique ou par sommation, qui constitue essentiellement les Séries, avec la génération théorique ou par graduation, qui constitue essentiellement les Fonctions, et parce que, de cette manière, cette dénomination fait en quelque sorte méconnaître la génération technique ou universelle des quantités, laquelle, précisément à cause de son universalité, doit être distinguée éminemment et ne doit jamais être perdue de vue. — Cependant, pour ne pas trop nous écarter de l'usage général, et pour ne pas augmenter par là la difficulté inhérente nécessairement à la Philosophie des Mathématiques, que nous traitons pour la première fois, nous nous sommes servis souvent de cette dénomination impropre de développement des fonctions, et nous nous en servirons encore dans la suite; mais, pour s'exprimer avec exactitude, il faudra insensiblement faire disparaître ce vice de nomenclature, et lui substituer la dénomination nouvelle de *génération technique* des fonctions, qui seule caractérise la nature des Séries. — Revenons à notre objet.

L'importante vérité (410) se trouvant établie, on peut, en passant de proche en proche, suivant notre Méthode d'exhaustion algorithmique (Voyez la Philosophie de l'Infini), évaluer toute fonction Fx entre des limites quelconques de la variable x, en partant des limites resserrées entre lesquelles, d'après ce que nous venons de reconnaître, se trouve contenue la mesure génératrice la plus simple $(x-a)$ de la Série (409) obtenue en premier lieu ou donnée comme élément de convergence. Et, cette possibilité d'étendre ainsi, par la méthode d'exhaustion, les limites de la variable x, indique la possibilité correspondante de développer immédiatement toute fonction Fx en Série convergente entre des limites quelconques de sa variable x, et d'obtenir ainsi la convergence relative générale qui est l'objet de la question qui nous occupe actuellement. — Déjà, en examinant le second des trois points (397), nous avons remarqué qu'il suffit de lier la variable x avec une autre variable y, moyennant des fonctions réciproques (404), telles que les conditions $(404)'$ et $(404)''$, fixant respectivement les limites éloignées de la variable x et les limites resserrées de la variable auxiliaire y, soient remplies, pour pouvoir, suivant le schéma $(404)^{\text{IV}}$, développer toute fonction $\mathfrak{F}x$ n'ayant que le moindre degré de variabilité, en une Série toujours convergente entre ces limites éloignées quelconques $(404)'$ de la variable principale x. Ainsi, en observant ici que toute fonction Fx peut être réduite à des fonctions $\mathfrak{F}x$ n'ayant que le moindre degré de variabilité, comme nous l'avons reconnu dans l'expression $(407)^{\text{VI}}$, on concevra sur-le-champ qu'en considérant la fonction proposée Fx comme étant une fonction d'une variable auxiliaire y, et en la réduisant, d'après cette expression $(407)^{\text{VI}}$, à des fonctions $\mathfrak{F}y$ n'ayant que la moindre variabilité, on pourra toujours, suivant la déduction qui nous a conduits à reconnaître la nécessité générale de la convergence de la Série (409), pour une mesure finie $(x-a)$, on pourra, disons-nous, reconnaître de la même manière la nécessité générale de la convergence de la Série qui donnera la génération de toute fonction Fx moyennant la mesure $(y-\alpha)$ correspondante à des limites quelconques de la variable principale x. — Voici le fait.

Lions, comme plus haut (404), la variable x avec une autre variable y, moyennant les fonctions réciproques ... (411)

$$x = \mathfrak{f}y, \quad \text{et} \quad y = fx,$$

telles que, les valeurs de la variable principale x étant contenues entre des limites éloignées ... (411)'

$$x = (a-p), \quad \text{et} \quad x = (a+q),$$

les valeurs de la variable accessoire y se trouvent comprises entre des limites ... (411)''

$$y = (\alpha-\pi), \quad \text{et} \quad y = (\alpha+\varpi),$$

aussi resserrées qu'on voudra; en supposant d'ailleurs $\alpha = fa$. Alors, toute fonction Fx, devenant $F(\mathfrak{f}y)$ et étant considérée comme fonction de la variable y, pourra, d'après l'expression $(407)^{\text{VI}}$, être réduite à la forme ... (411)'''

$$F(\mathfrak{f}y) = \frac{(y-i_1)(y-i_2)(y-i_3)\ldots(y-i_\mu)}{(y-j_1)(y-j_2)(y-j_3)\ldots(y-j_\nu)} \times$$

$$\times \int_{(1)} \left\{ \frac{(y-i1_1)(y-i1_2)(y-i1_3)\ldots(y-i1_{\mu 1})}{(y-j1_1)(y-j1_2)(y-j1_3)\ldots(y-j1_{\nu 1})} . dy \times \right.$$

$$\times \int_{(2)} \left\{ \frac{(y-i2_1)(y-i2_2)(y-i2_3)\ldots(y-i2_{\mu 2})}{(y-j2_1)(y-j2_2)(y-j2_3)\ldots(y-j2_{\nu 2})} . dy \times \right.$$

. . . .

$$\times \int_{(\omega)} \left\{ \frac{(y-i\omega_1)(y-i\omega_2)(y-i\omega_3)\ldots(y-i\omega_{\mu\omega})}{(y-j\omega_1)(y-j\omega_2)(y-j\omega_3)\ldots(y-j\omega_{\nu\omega})} . \Psi_\omega y . dy \right\}_{(\omega)} \ldots \Big\}_{(2)} \Big\}_{(1)};$$

dans laquelle, entre les limites resserrées et finies $(411)''$, l'indice ω de la fonction $\Psi_{\omega}y$ réduite à la moindre variabilité, et les indices μ, $\mu 1$, $\mu 2$, ... $\mu\omega$ et ν, $\nu 1$, $\nu 2$, ... $\nu\omega$ des produites composantes, seront toujours des nombres finis. Or, en procédant ici comme plus haut, sous les marques (408), $(408)'$, $(408)''$, etc., on obtiendra de la même manière des Séries convergentes pour les fonctions consécutives $\Psi_{\omega}y$, $\Psi_{\omega-1}y$, $\Psi_{\omega-2}y$, ... $\Psi_{0}y$, et $F(\mathfrak{f}y)$, dont la dernière, correspondante à la Série (409) et ayant la forme ... $(411)^{\text{IV}}$

$$F(\mathfrak{f}y) = B_0 + B_1.(y-\alpha) + B_2.(y-\alpha)^2 + B_3.(y-\alpha)^3 + \text{etc., etc.},$$

sera convergente entre des limites resserrées mais finies π et ϖ de sa mesure génératrice $(y-\alpha)$, fixées par l'ensemble des conditions analogues aux conditions correspondantes $(408)'$, $(408)^{\text{IV}}$, etc. Ainsi, en remettant les valeurs de y et de α, on aura définitivement ... $(411)^{\text{V}}$

$$Fx = B_0 + B_1.(fx-fa) + B_2.(fx-fa)^2 + B_3.(fx-fa)^3 + \text{etc., etc.};$$

série qui, pour les valeurs de x comprises entre les limites quelconques $(411)'$, sera toujours convergente. Et, il suffira évidemment que la fonction marquée par f, qui donne cette convergence dans l'étendue quelconque $(p+q)$ de la variable x, satisfasse aux conditions limitantes $(411)'$ et $(411)''$.

Nous voilà donc arrivés au point précis concernant la découverte de la nature des fonctions spéciales fx qui, dans l'expression générale $(411)^{\text{V}}$, forment la mesure algorithmique ... (412)

$$\varphi x = fx - fa,$$

propre à la génération d'une fonction quelconque Fx, moyennant une Série convergente dans une étendue quelconque $(p+q)$ des valeurs de la variable x. Nous venons en effet de reconnaître qu'il suffit que ces fonctions fx soient telles que les conditions susdites $(411)'$ et

$(411)''$ soient remplies; c'est-à-dire, telles que, pour les limites des valeurs de x, savoir, ... $(412)'$

$$x = (a-p), \quad \text{et} \quad x = (a+q),$$

les limites de la mesure génératrice φx, savoir, ... $(412)''$

$$\varphi(a-p) = f(a-p) - fa, \quad \text{et} \quad \varphi(a+q) = f(a+q) - fa,$$

puissent être rendues aussi petites qu'on voudra, et telles de plus que, pour toutes les valeurs de x comprises entre leurs limites $(412)'$, les valeurs de la mesure génératrice (412) se trouvent entre leurs limites correspondantes $(412)''$. — Mais, CE QUI EST ICI L'ESSENTIEL, il faut observer qu'une telle fonction fx qui satisfait aux conditions $(412)'$ et $(412)''$, donne le plus souvent, sur-tout par l'influence de la fonction proposée Fx, une certaine détermination à l'étendue $(p+q)$ des valeurs de x, dans laquelle la Série demeure convergente; et qu'alors ce n'est qu'en répétant sur cette fonction même fx sa propre construction, ou bien une construction analogue ou correspondante aux mêmes conditions $(412)'$ et $(412)''$, que cette étendue $(p+q)$ peut être augmentée de plus en plus et que, de cette manière, la Série peut être rendue convergente entre des limites quelconques de la variable x. En voici les raisons.

D'abord, en développant en Séries, dans l'expression $(411)'''$, la fonction réduite $\Psi_\omega y$ et les facteurs $\frac{1}{y-j_{\beta_1}}$, $\frac{1}{y-j_{\beta_2}}$, $\frac{1}{y-j_{\beta_3}}$, etc. des produites composantes, la mesure génératrice $(y-\alpha)$ de ces Séries, c'est-à-dire, la quantité générale $(fx-fa)$ devra satisfaire à la condition essentielle $(404)^{\text{vII}}$, savoir, ... (413)

$$(fx-fa) < \Phi(fa);$$

dans laquelle, d'après $(404)^{\text{vI}}$, la limite de la fonction constante Φy se trouve fixée par les relations ... $(413)'$

$$\frac{d^{m+1}\Psi_\omega y}{dy^{m+1}}\cdot\frac{\Phi y}{m+1} < \frac{d^m\Psi_\omega y}{dy^m}, \quad \text{et}$$

$$\frac{d^{m+1}(y-j\rho_1)^{-1}}{dy^{m+1}}\cdot\frac{\Phi y}{m+1} < \frac{d^m(y-j\rho_1)^{-1}}{dy^m},$$

$$\frac{d^{m+1}(y-j\rho_2)^{-1}}{dy^{m+1}}\cdot\frac{\Phi y}{m+1} < \frac{d^m(y-j\rho_2)^{-1}}{dy^m},$$

etc., etc.

Or, dans cette condition présente (413), la limite $\Phi(fa)$ dépend visiblement, non seulement des fonctions $\Psi_\omega y$ et $(y-j\rho_1)^{-1}$, $(y-j\rho_2)^{-1}$, etc., en vertu des relations $(413)'$, et par conséquent de la fonction proposée Fx, mais encore de la fonction spéciale fx; de sorte que, cette dernière fx étant donnée, la limite $\Phi(fa)$ pourra diminuer avec fa et être assez petite pour que, dans le premier membre de la relation requise (413), la variable x ne puisse s'écarter de la quantité a que d'une quantité déterminée $(-p)$ ou $(+q)$. Et, c'est là la raison de ce qu'une telle fonction fx dont il est question, qui satisfait aux conditions susdites $(412)'$ et $(412)''$, peut donner, par l'influence de la fonction proposée Fx, une certaine détermination à l'étendue $(p+q)$ des valeurs de x, dans laquelle la Série engendrée avec la mesure (412) demeure convergente.

En second lieu, si on dénote par les caractéristiques $f^{(1)}$, $f^{(2)}$, $f^{(3)}$, etc. les diverses espèces de fonctions dont nous venons de considérer le genre sous la caractéristique f, c'est-à-dire, les fonctions qui satisfont aux conditions $(412)'$ et $(412)''$, et si, en répétant sur elles-mêmes leur propre construction, on prend successivement, pour la mesure génératrice φx des Séries, les fonctions suivantes ... (414)

$$\varphi_1 x = f^{(\alpha)}x - f^{(\alpha)}a$$

$$\varphi_2 x = f^{(\beta)}(f^{(\alpha)}x) - f^{(\beta)}(f^{(\alpha)}a)$$

$$\varphi_3 x = f^{(\gamma)}\left(f^{(\beta)}\left(f^{(\alpha)}x\right)\right) - f^{(\gamma)}\left(f^{(\beta)}\left(f^{(\alpha)}a\right)\right)$$

etc., etc.;

on verra facilement que ces conditions (412)′ et (412)″, qui se réduisent ici à ce que, pour des limites quelconques $(a-p)$ et $(a+q)$ de la variable x, on puisse diminuer à volonté les valeurs des fonctions présentes $\varphi_1 x$, $\varphi_2 x$, $\varphi_3 x$, etc., on verra, disons-nous, que ces conditions seront remplies de mieux en mieux par ces mesures génératrices consécutives, sans qu'il soit nécessaire d'augmenter ou de diminuer, ou en général de varier proportionnellement les quantités arbitraires qui doivent entrer dans la construction des fonctions spéciales dénotées par $f^{(\alpha)}$, $f^{(\beta)}$, $f^{(\gamma)}$, etc. pour pouvoir réduire à volonté, le plus près de zéro, les valeurs de ces mesures $\varphi_1 x$, $\varphi_2 x$, $\varphi_3 x$, etc. Ainsi, par rapport à ces quantités arbitraires, les fonctions composantes $f^{(\alpha)}$, $f^{(\beta)}$, $f^{(\gamma)}$, etc. devenant de moins en moins variables dans les mesures génératrices consécutives (414), la limite $\Phi(fa)$ dans la condition essentielle (413) qui sera ici successivement ... (414)′

$$\varphi_1 x < \Phi\left(f^{(\alpha)}a\right)$$

$$\varphi_2 x < \Phi\left(f^{(\beta)}\left(f^{(\alpha)}a\right)\right)$$

$$\varphi_3 x < \Phi\left(f^{(\gamma)}\left(f^{(\beta)}\left(f^{(\alpha)}a\right)\right)\right)$$

etc., etc.,

cette limite $\Phi\left(f^{(\alpha)}a\right)$, $\Phi\left(f^{(\beta)}\left(f^{(\alpha)}a\right)\right)$, $\Phi\left(f^{(\gamma)}\left(f^{(\beta)}\left(f^{(\alpha)}a\right)\right)\right)$, etc., disons-nous, deviendra également de moins en moins variable, pour la même étendue des valeurs de la variable x; de sorte que ces conditions (414)′ peuvent être remplies successivement pour des étendues de plus en plus grandes des valeurs de x, en prenant successivement les mesures génératrices $\varphi_1 x$, $\varphi_2 x$, $\varphi_3 x$, etc. Et, c'est là la raison de ce qu'en répétant, sur les fonctions spéciales $f^{(1)}x$, $f^{(2)}x$, $f^{(3)}x$, etc., leur propre construction, comme l'indiquent les expressions (414), l'étendue $(p+q)$ des valeurs de la variable x, dans laquelle la Série demeure convergente, peut être augmentée de plus en plus, c'est-à-dire que, de cette manière, la Série peut être rendue convergente entre des limites quelconques de sa variable.

Nous aurons donc définitivement, pour la génération technique de toute fonction Fx, les Séries consécutives ... (415)

$$Fx = A_0^{(1)} + A_1^{(1)}.\varphi_1 x + A_2^{(1)}.(\varphi_1 x)^2 + A_3^{(1)}.(\varphi_1 x)^3 + \text{etc.}$$
$$Fx = A_0^{(2)} + A_1^{(2)}.\varphi_2 x + A_2^{(2)}.(\varphi_2 x)^2 + A_3^{(2)}.(\varphi_2 x)^3 + \text{etc.}$$
$$Fx = A_0^{(3)} + A_1^{(3)}.\varphi_3 x + A_2^{(3)}.(\varphi_3 x)^2 + A_3^{(3)}.(\varphi_3 x)^3 + \text{etc.}$$

etc., etc.,

qui, en prenant pour leurs mesures respectives $\varphi_1 x$, $\varphi_2 x$, $\varphi_3 x$, etc. les fonctions construites d'après les schémas (414), seront convergentes entre des limites de plus en plus éloignées $(a-p)$ et $(a+q)$ des valeurs de la variable x. Et, pour terminer cette importante doctrine de l'évaluation ou de la mesure numérique des fonctions, il ne reste plus qu'à fixer les différentes espèces, primitives et dérivées, des fonctions élémentaires que nous avons dénotées par les caractéristiques $f^{(1)}$, $f^{(2)}$, $f^{(3)}$, etc. et qui entrent dans la construction (414) des mesures génératrices consécutives dont il s'agit. — Nous allons le faire.

Résumons avant tout les conditions de ces fonctions fx en question. — D'abord, comme parties constituantes des mesures algorithmiques φx dans les Séries (415), ces fonctions fx, quelle qu'en soit d'ailleurs la nature positive, doivent satisfaire à la condition négative de toutes mesures génératrices des Séries considérées en général; condition qui, d'après l'exemple de l'impossibilité de la génération technique, que nous avons donné sous les marques (125), (125)$'$, etc. dans la première Section, consiste en ce que ces mesures φx ne donnent point, par la relation $\varphi x = 0$ ou généralement $\varphi x = m$, plusieurs valeurs pour la variable x. Cette condition négative est d'une rigueur absolue, lorsque les fonctions Fx dont il s'agit d'opérer la génération par le moyen des Séries, sont considérées généralement; et ce n'est que pour des fonctions Fx toutes particulières ou plutôt singulières, comme nous l'avons déjà dit plus haut à l'occasion de l'erreur d'Arbogast (215)$''$ et (215)$'''$, qu'on peut se dispenser de cette condition négative qui d'ailleurs n'est point contraire à ces fonctions singulières. — Ensuite, d'après les conditions susdites (412)$'$ et (412)$''$ auxquelles doivent satisfaire spécialement les fonctions fx en question, leur nature ou leur condition positive consiste manifestement en ce que, pour des limites quelconques $(a-p)$ et $(a+q)$ de la variable x, elles donnent des quantités croissantes ou décroissantes, ou même périodiques (quant au degré de grandeur (398)^{vii}), qui puissent être rendues aussi proches qu'on voudra de la quantité fa.

Or, en considérant que toute fonction proprement dite implique l'algorithme de la graduation, et en examinant de plus tous ceux des algorithmes élémentaires (la numération, les facultés, les exponentielles ou logarithmes, et les sinus et cosinus) qui proviennent de cet algorithme primitif de la graduation, tels que nous les avons fixés par leur déduction architectonique dans l'Introduction à la Philosophie des Mathématiques, on verra que toutes leurs branches progressives (les puissances, la numération et les facultés des degrés supérieurs au premier, les exponentielles, et les sinus et cosinus), comme étant contraires à la condition négative précédente des fonctions fx dont il s'agit, ne peuvent servir pour la construction de ces fonctions. Et, prenant alors les branches régressives (les racines, même la numération et les facultés du premier degré, les logarithmes, et les arcs ou les réciproques des sinus et cosinus), on reconnaîtra facilement que, pour remplir la condition positive précédente des fonctions fx en question, par le moyen de fonctions propres, il n'existe que les trois constructions spéciales suivantes ... (416)

$$\overset{(\text{I})}{f}(x) = (P+Qx)^{\frac{1}{n}}$$

$$\overset{(\text{II})}{f}(x) = L(P+Qx)$$

$$\overset{(\text{III})}{f}(x) = \text{réc.}\left\{\text{pér.} = (P+Qx)\right\};$$

en dénotant, dans la dernière, par l'abréviation *pér.* des fonctions périodiques de sinus et cosinus, et par l'abréviation *réc.* leurs fonctions réciproques formant ce qu'on appelle les arcs de ces sinus et cosinus, de manière que, par exemple, réc. $\left\{\frac{\text{sin.}}{\text{cos.}} = (P+Qx)\right\}$ désignera l'arc dont la tangente est $(P+Qx)$. — Ce sont donc là (416) les seules trois espèces de fonctions élémentaires propres, lesquelles, suivant les schémas (414), puissent servir à la formation des mesures algorithmiques $\varphi_1 x$, $\varphi_2 x$, $\varphi_3 x$, etc. qui donnent, pour la génération de toute fonction Fx, des Séries (415) convergentes entre des limites de plus en plus éloignées des valeurs de la variable x. — Nous disons fonctions élémentaires *propres*, parce qu'elles impliquent toutes, d'une manière achevée, l'algorithme de la graduation, qui est le caractère propre de toute fonction; et, parce que, en ne considérant cet algorithme que d'une manière en quelque sorte ébauchée, il existe encore une fonction élémentaire *impropre* qui, comme les fonctions précédentes (416), peut servir à la formation (414) des mesures génératrices $\varphi_1 x$, $\varphi_2 x$, $\varphi_3 x$, etc. qui engendrent des Séries convergentes (415). En effet, considérant l'algorithme de la reproduction qui, d'après ce que nous avons appris dans l'Introduction à la Philosophie des Mathématiques, constitue une espèce d'ébauche de l'algorithme de la graduation, parce qu'il présente la transition de l'algorithme fini de la sommation à l'algorithme infini de la graduation, et considérant de plus que cet algorithme de la reproduction sert de fondement aux deux algorithmes dérivés immédiats, la numération et les facultés, on verra que la branche régressive (la division) dans cet algorithme de la reproduction, peut aussi satisfaire aux deux conditions susdites, positive et négative, des fonctions fx dont il est question, et par conséquent, qu'il existe encore, pour ces fonctions, une quatrième espèce impropre que voici ... (416)'

$$\overset{(\text{IV})}{f}(x) = \frac{x}{P + Qx}.$$

Cette dernière espèce, en ayant égard à son origine dans les algorithmes dérivés immédiats, dans la numération et les facultés, qui participent à tous les autres algorithmes par leur propriété de servir de moyen à toute génération algorithmique, ainsi que nous l'avons reconnu dans l'Introduction à la Philosophie des Mathématiques, cette dernière espèce, disons-nous, mérite une considération toute particulière. Car, par cette propriété importante de participation universelle, les mesures $\varphi_1 x$, $\varphi_2 x$, $\varphi_3 x$, etc. génératrices des Séries (415), étant construites, d'après (414), avec cette espèce (416)' de fonctions fx en question, donneront des Séries ayant des propriétés en quelque sorte communes à toutes les autres Séries, et, par conséquent, étant également propres à la génération de toute fonction Fx. — Par cette raison, nous nommerons Séries *communes* cette espèce particulière parmi les Séries (415); et, ce fut déjà par anticipation sur la même raison, que plus haut, dans l'exemple (380)''', nous n'employâmes que le cas simple de ces Séries communes, pour opérer généralement la convergence des Séries et des Suites infinies. En effet, dans le cas simple de ces Séries communes, dans celui qui a lieu lorsqu'on n'emploie que la première $\varphi_1 x$ des mesures consécutives (414), formée avec l'espèce particulière (416)' des fonctions fx; on a ... (417)

$$\varphi_1 x = \frac{x}{P+Qx} - \frac{a}{P+Qa} = \frac{P}{P+Qa}\cdot\frac{x-a}{P+Qx},$$

ou bien simplement ... (417)'

$$\varphi_1 x = \frac{x-a}{n+x},$$

en négligeant le facteur constant $\frac{P}{Q(P+Qa)}$, et en faisant $\frac{P}{Q} = n$; et la Série résultante, la première de (415), prend la forme ... (417)''

$$Fx = A_0^{(1)} + A_1^{(1)}\cdot\frac{x-a}{n+x} + A_2^{(1)}\cdot\left(\frac{x-a}{n+x}\right)^2 + A_3^{(1)}\cdot\left(\frac{x-a}{n+x}\right)^3 + \text{etc., etc.},$$

qui est précisément celle dont nous nous sommes servis plus haut, à la marque (380)''', pour exemple général de la transformation des Séries non-convergentes en Séries convergentes (*). — Mais, revenons à l'objet général présent.

(*) En résumant ici les différentes dénominations des Séries, que nous avons employées et qui deviennent nécessaires, on aura la nomenclature suivante.

1°. La forme (147) ou (352), savoir ... (A)

$$Fx = A_0 + A_1 . \varphi(x, a, b, c, \text{etc.}) + A_2 . \varphi(x, a, b, c, \text{etc.})^{2|\xi,\, \alpha,\, \beta,\, \gamma,\, \text{etc.}}$$
$$+ A_3 . \varphi(x, a, b, c, \text{etc.})^{3|\xi,\, \alpha,\, \beta,\, \gamma,\, \text{etc.}} + \text{etc., etc.}$$

ou bien ... (B)

$$Fx = A_0 + A_1 . \varphi_0 x + A_2 . \varphi_0 x . \varphi_1 x + A_3 . \varphi_0 x . \varphi_1 x . \varphi_2 x + \text{etc, etc.},$$

sera dite Série *universelle*; et spécialement la première (A), Série universelle *régulière* et la seconde (B), Série universelle *irregulière*.

2°. La forme (148)' ou (158), savoir ... (C)

$$Fx = A_0 + A_1 . \varphi x + A_2 . (\varphi x)^{2|\xi} + A_3 . (\varphi x)^{3|\xi} + \text{etc., etc.},$$

Par la construction définitive (416) et (416)' des quatre espèces des fonctions élémentaires dénotées par $f^{(1)}$, $f^{(2)}$, $f^{(3)}$, etc., qui entrent dans la formation (414) des mesures algorithmiques consécutives $\varphi_1 x$, $\varphi_2 x$, $\varphi_3 x$, etc., et sur-tout par cette dernière formation déterminée (414), la question philosophique de la convergence relative générale des Séries, entre des limites de plus en plus éloignées des

---

sera dite Série *fondamentale*.

3°. La forme (166) ou définitivement (232)', savoir ... (D)

$$Fx = A_0 + A_1 . \varphi x + A_2 . (\varphi x)^2 + A_3 . (\varphi x)^3 + \text{etc., etc.},$$

sera dite Série *primitive*. — Il faut ici distinguer, de la Série fondamentale précédente (C), et sur-tout de sa loi (149)' ou (149)'', qui est la Loi fondamentale des Séries en général, il faut en distinguer, disons-nous, la loi fondamentale (166)'' ou (167) de la Série primitive présente (D), suivant la dénomination employée dans le Tableau architectonique (226). Pour éviter de confondre ces noms, nous qualifierons plus particulièrement du nom de *Loi primitive* cette dernière loi (166)'' ou (167).

4°. La forme (234)'' ou (409), savoir ... (E)

$$Fx = A_0 + A_1 . (x - a) + A_2 . (x - a)^2 + A_3 . (x - a)^3 + \text{etc., etc.},$$

sera dite Série *élémentaire*; sur-tout à cause de ce que, comme nous l'avons vu sous la marque (409), elle contient les élémens de toute convergence des Séries.

5°. La forme (380)''' ou (417)'', savoir ... (F)

$$Fx = A_0 + A_1 . \frac{x - a}{n + x} + A_2 . \left(\frac{x - a}{n + x}\right)^2 + A_3 . \left(\frac{x - a}{n + x}\right)^3 + \text{etc., etc.},$$

sera dite Série *commune* (simple).

6°. Enfin, les règles pour la formation consécutive des Séries (415), dans lesquelles les mesures génératrices $\varphi_1 x$, $\varphi_2 x$, $\varphi_3 x$, etc. doivent être construites, d'après les formules (414), avec les quatre espèces spéciales de fonctions (416) et (416)', ces règles, disons-nous, seront dites *Schémas de convergence*. — Nous verrons bientôt leur détermination définitive ou leurs lois.

valeurs de la variable, se trouve résolue complètement. En effet, la POSSIBILITÉ de cette convergence relative des Séries, possibilité qui est le véritable ou l'unique objet de cette question philosophique, se trouve ainsi complètement établie par la déduction précédente de cette convergence; car, tout ce qui entre dans cette déduction, et principalement la grande réduction $(407)^{vi}$ ou $(411)'''$ de toute fonction à d'autres fonctions n'ayant que le moindre degré de variabilité, est évidemment possible. — Mais, cette réduction toujours possible $(407)^{vi}$ ou $(411)'''$ des fonctions à leur moindre variabilité, exige, pour être effectuée, des procédés théoriques, tels que la résolution d'équations et l'intégration de fonctions, qui sont étrangers à la génération purement technique dont il s'agit. Ainsi, pour arriver à l'EFFECTIVITÉ même de la convergence relative des Séries, il se présente encore la question algorithmique d'opérer cette convergence toujours possible, par des procédés purement techniques; et la solution de cette dernière question se trouve ici donnée déjà d'avance par la Philosophie même des Séries, que nous traitons. En effet, nous connaissons déjà, d'une part, toutes les lois de cet algorithme technique, et spécialement les lois (226) qui régissent sa forme primitive (166) ou (393) dont il s'agit ici, quelles que soient les mesures génératrices $\varphi_1 x$, $\varphi_2 x$, $\varphi_3 x$, etc. de cette forme primitive présente (415), et, de l'autre part, par la déduction précédente de la convergence relative des Séries (415), nous connaissons la nature spéciale (414), (416) et $(416)'$ des fonctions formant ces mesures consécutives $\varphi_1 x$, $\varphi_2 x$, $\varphi_3 x$, etc., propres à donner cette convergence relative de plus en plus étendue; de sorte qu'il suffit manifestement d'appliquer les lois (226) de la forme primitive des Séries, aux mesures spéciales présentes (414), (416) et $(416)'$, pour avoir sur-le-champ la solution complète de la dernière question algorithmique concernant l'effectivité même de la convergence relative des Séries. — Voici cette solution.

Embrassons les Séries (415) jouissant de la convergence relative en question, par l'expression générale ... (418)

$$Fx = A_0^{(\nu)} + A_1^{(\nu)}.(\varphi_\nu x) + A_2^{(\nu)}.(\varphi_\nu x)^2 + A_3^{(\nu)}.(\varphi_\nu x)^3 + \text{etc., etc.};$$

et, suivant que l'indice ν marquera la première, la seconde, la troisième, etc. de ces Séries (415), qualifions-les du nom de *premier ordre*, de *second ordre*, de *troisième ordre*, etc. De plus, pour plus de régularité, dénotons leurs mesures génératrices consécutives (414) de la manière suivante ... (418)'

$$\begin{aligned}
\varphi_1 x &= \overset{(1)}{f}(x) - \overset{(1)}{f}(a) = x_1 - a_1,\\
\varphi_2 x &= \overset{(2)}{f}(x_1) - \overset{(2)}{f}(a_1) = x_2 - a_2,\\
\varphi_3 x &= \overset{(3)}{f}(x_2) - \overset{(3)}{f}(a_2) = x_3 - a_3,\\
&\text{etc., etc.};
\end{aligned}$$

les caractéristiques $f^{(1)}$, $f^{(2)}$, $f^{(3)}$, etc. indiquant indistinctement l'une des quatre espèces de fonctions (416) et (416)', savoir, ... (418)''

$$\text{Fonctions de convergence.}\left\{\begin{array}{l}
\text{Espèces propres}\left\{\begin{array}{l}
\text{primitive.....}\ \overset{(\text{I})}{f}(x) = (P+Qx)^{\frac{1}{n}}\\
\text{dérivée....}\left\{\begin{array}{l}
\overset{(\text{II})}{f}(x) = L(P+Qx)\\
\overset{(\text{III})}{f}(x) = \text{réc.}\left\{\text{pér.} = (P+Qx)\right\}
\end{array}\right.
\end{array}\right.\\
\text{Espèce impropre......}\ \overset{(\text{IV})}{f}(x) = \dfrac{x}{P+Qx},
\end{array}\right.$$

dans lesquelles les constantes P, Q, et n peuvent varier dans les ordres consécutifs des mesures génératrices (418)'.

Or, en prenant immédiatement, parmi les lois que présente le Tableau architectonique (226), la loi fondamentale ou primitive (166)'', on aura, pour les coefficiens $A_0^{(\nu)}$, $A_1^{(\nu)}$, $A_2^{(\nu)}$, $A_3^{(\nu)}$, etc. de la Série (418) de l'ordre ν de convergence, l'expression générale ... (419)

$$A_\mu^{(\nu)} = \frac{\mathfrak{W}\left[d^0\varphi_\nu\dot{x}^0 . d^1\varphi_\nu\dot{x} . d^2\varphi_\nu\dot{x}^2 . d^3\varphi_\nu\dot{x}^3 \dots d^{\mu-1}\varphi_\nu\dot{x}^{\mu-1} . d^\mu F\dot{x}\right]}{(1^{0|1} . 1^{1|1} . 1^{2|1} . 1^{3|1} \dots 1^{\mu|1}) . (d\varphi_\nu\dot{x})^{\frac{\mu(\mu+1)}{2}}},$$

le point placé sur x marquant ici la valeur particulière a de cette variable, valeur que donne généralement la relation $\varphi_\nu x = 0$, comme on le voit par la construction $(418)'$ de ces mesures génératrices consécutives. Et, observant qu'en vertu de cette expression (419), on a toujours ... $(419)'$

$$A_0^{(\nu)} = Fa;$$

on aura, pour les coefficiens $A_1^{(\nu)}$, $A_2^{(\nu)}$, $A_3^{(\nu)}$, etc. dont les indices μ diffèrent de zéro, l'expression générale plus simple ... $(419)''$

$$A_\mu^{(\nu)} = \frac{\mathfrak{W}\left[d^1\varphi_\nu\dot{x} . d^2\varphi_\nu\dot{x}^2 . d^3\varphi_\nu\dot{x}^3 \dots d^{\mu-1}\varphi_\nu\dot{x}^{\mu-1} . d^\mu F\dot{x}\right]}{(1^{1|1} . 1^{2|1} . 1^{3|1} \dots 1^{\mu|1}) . (d\varphi_\nu\dot{x})^{\frac{\mu(\mu+1)}{2}}}.$$

Cette expression générale contient, d'une part, les différentielles dFx, d^2Fx, d^3Fx, etc. de la fonction Fx dont il s'agit d'avoir la génération technique par les Séries (418), et, de l'autre part, les différentielles $d^m(\varphi_\nu x)^\varpi$ des puissances prises sur les mesures génératrices $(418)'$ de ces Séries. — Ainsi, pour ce qui concerne d'abord les différentielles dFx, d^2Fx, d^3Fx, etc. de la fonction proposée Fx, ces quantités suffisent complètement pour la génération (418) de cette fonction; ce qui d'ailleurs est notoire par la signification même d'ÉLÉMENS PRIMAIRES que nous avons déjà attachée aux dérivées différentielles des fonctions. Et, comme ces différentielles dFx, d^2Fx, etc. varient nécessairement avec la nature de la fonction Fx, elles demeurent les véritables DONNÉES du problème; de sorte que, pour réduire l'expression $(419)''$ à sa plus grande simplicité dépendante des élémens dFx, d^2Fx, d^3Fx, etc., il faut en dégager ces élémens, en développant la fonction schin, suivant la formule (56), par rapport à ces différentielles élémentaires; comme cela est opéré dans l'expression (167) de la même loi $(166)''$ des Séries primitives, ou originairement dans l'expression (160) de la Loi fondamentale des Séries. On aura donc ... (420)

$$\begin{aligned} A_\mu = & \frac{d^\mu F\dot{x}}{1^{\mu|1} . dx^\mu} . \frac{dx^\mu}{(d\varphi\dot{x})^\mu} - \frac{d^{\mu-1} F\dot{x}}{1^{(\mu-1)|1} . dx^{\mu-1}} . \frac{d^\mu \varphi\dot{x}^{\mu-1} . dx^{\mu-1}}{1^{\mu|1} . (d\varphi\dot{x})^{2\mu-1}} \\ & + \frac{d^{\mu-2} F\dot{x}}{1^{(\mu-2)|1} . dx^{\mu-2}} . \frac{\mathfrak{W}\left[d^{\mu-1}\varphi\dot{x}^{\mu-2} . d^\mu \varphi\dot{x}^{\mu-1}\right]}{1^{(\mu-1)|1} . 1^{\mu|1} . (d\varphi\dot{x})^{3\mu-1-2}} \\ & - \frac{d^{\mu-3} F\dot{x}}{1^{(\mu-3)|1} . dx^{\mu-3}} . \frac{'\mathfrak{W}\left[d^{\mu-2}\varphi\dot{x}^{\mu-3} . d^{\mu-1}\varphi\dot{x}^{\mu-2} . d^\mu \varphi\dot{x}^{\mu-1}\right]}{1^{(\mu-2)|1} . 1^{(\mu-1)|1} . 1^{\mu|1} . (d\varphi\dot{x})^{4\mu-1-2-3}} \\ & \cdots\cdots\cdots\cdots\cdots\cdots\cdots\cdots \\ & (-1)^{\mu-1} . \frac{dF\dot{x}}{1^{1|1} . dx} . \frac{'\mathfrak{W}\left[d^2\varphi\dot{x} . d^3\varphi\dot{x}^2 . d^4\varphi\dot{x}^3 \ldots d^\mu\varphi\dot{x}^{\mu-1}\right]}{1^{2|1} . 1^{3|1} . 1^{4|1} \ldots 1^{\mu|1} . (d\varphi\dot{x})^{\frac{\mu(\mu+1)}{2}}}; \end{aligned}$$

en négligeant l'indice ν dans les coefficiens $A_\mu^{(\nu)}$ et dans la mesure génératrice $\varphi_\nu x$, et en marquant toujours par l'accent de la caractéristique $'\mathfrak{W}$ que les fonctions schins doivent être développées suivant le procédé d'exclusion des termes superflus ou zéro, dont il a été question plus haut. — On peut ici remarquer qu'en opérant, dans l'expression présente (420), le premier développement des fonctions schins suivant ce procédé d'exclusion, on aura précisément l'expression (167) de la loi fondamentale des Séries primitives (166); de sorte que cette expression (167) présente déjà l'acheminement vers le développement définitif des fonctions schins contenues dans cette loi, tandis que l'expression actuelle (420) est encore dans son état originaire. Ces deux expressions (167) et (420) de la même loi fondamentale des Séries primitives (166) ou (418), ont ainsi des avantages particuliers : la première (167), pour le détail des résultats; et la dernière (420), pour leur ensemble, qui est précisément ce qu'il nous importera de connaître dans la question présente de la convergence relative des Séries (418). Ce dernier avantage, concernant l'ensemble des résultats, donne même quelque supériorité à la loi (420) sur la loi (167); et il faut, dans le système (226) des lois qui régissent la Série primitive (166), joindre cette loi actuelle (420) aux lois fondamentales (166)'' et (167), en lui attachant même une supériorité sur la loi (167). — Mais, revenons à notre objet.

Ayant dégagé, dans l'expression (420), les dérivées différentielles $\frac{dFx}{dx}$, $\frac{d^2Fx}{dx^2}$, $\frac{d^3Fx}{dx^3}$, etc. qui sont les données du problème, procédons maintenant à la détermination de leurs coefficiens que forment les fonctions schins dans la même expression. Et, observant que ces fonctions contiennent les valeurs des différentielles $d^m(\varphi\dot{x})^\varpi$ prises sur les puissances des mesures génératrices (418)', comme nous l'avons déjà vu dans l'expression originaire (419)'', procédons d'abord à l'évaluation de ces différentielles $d^m(\varphi\dot{x})^\varpi$.

En examinant la construction identique (418)' des mesures génératrices consécutives $\varphi_1 x$, $\varphi_2 x$, $\varphi_3 x$, etc. dont il s'agit d'évaluer la différentielle générale $d^m(\varphi\dot{x})^\varpi$, on verra facilement, par l'identité même de cette construction, qu'il suffit d'évaluer généralement la dérivée différentielle simple ... (421)

$$\frac{d^m(f(\dot{X})-f(A))^\varpi}{dX^m},$$

prise par rapport à la variable X; dérivée dans laquelle la caractéristique f dénote indistinctement l'une des quatre espèces (418)'' des fonctions de convergence, et le point placé sur X marque la valeur A

de cette variable. En effet, dans la construction consécutive (418)', la seule différence qui s'y trouve, consiste en ce que la variable X est successivement fonction d'autres variables de la même forme; et alors, connaissant la dérivée différentielle générale (421), la loi (201) ou (244) de la génération des différentielles secondaires fera connaître la différentielle $d^m(\varphi\dot{x})^\varpi$ dont il s'agit. Faisant donc généralement ... (421)'

$$f(X) - f(A) = \Phi X,$$

nous allons évaluer d'abord la différentielle simple $d^m(\Phi\dot{X})^\varpi$, pour chacune des quatre espèces (418)'' des fonctions de convergence; et nous formerons ensuite, avec cette différentielle simple, par le moyen de la loi (201) ou (244), la valeur des différentielles composées $d^m(\varphi,\dot{x})^\varpi$ en question.

Or, en vertu du polynome des différentielles, constituant l'une des circonstances immédiates de la loi fondamentale du Calcul différentiel, on a généralement ... (422)

$$d^m(\Phi\dot{X})^\varpi = 1^{m|1}.Agr.\left\{\frac{d^{r1}\Phi\dot{X}.d^{r2}\Phi\dot{X}.d^{r3}\Phi\dot{X}\ldots d^{r\varpi}\Phi\dot{X}}{1^{r1|1}.1^{r2|1}.1^{r3|1}\ldots 1^{r\varpi|1}}\right\},$$

la caractéristique *Agr.* désignant l'agrégat des termes qui correspondent aux valeurs entières, depuis l'unité inclusivement, des indices $r1$, $r2$, $r3$, ... $r\varpi$, déterminées par la condition ... (422)'

$$m = r1 + r2 + r3 \ldots + r\varpi.$$

Ainsi, pour avoir l'évaluation de cette différentielle générale (422), dans chacune des quatre espèces (418)'' des fonctions de convergence dont il est question, il suffit d'avoir, pour chacune de ces espèces, la valeur de la différentielle générale $d^r(\Phi\dot{X})$ de la fonction simple ΦX. — Les voici,

Pour la première de ces quatre espèces $(418)''$ de fonctions, on a ... (423)

$$\Phi X = (P+QX)^{\frac{1}{n}} - (P+QA)^{\frac{1}{n}};$$

et l'on trouve immédiatement ... $(423)'$

$$d^r\Phi X = \frac{1^{r|-n}}{n^r} \,.\, Q^r \,.\, (P+QX)^{\frac{1-rn}{n}} \,.\, dX^r,$$

pour tout exposant r différent de zéro. — Donc, substituant cette valeur dans (422), il viendra ... $(423)''$

$$d^m(\Phi \dot{X})^{\varpi} = d^m \left\{ (P+Q\dot{X})^{\frac{1}{n}} - (P+QA)^{\frac{1}{n}} \right\}^{\varpi} =$$

$$= 1^{m|1} \,.\, \left(\frac{Q}{n}\right)^m \,.\, (P+QA)^{\frac{\varpi}{n}-m} \times$$

$$\times \; Agr. \left\{ \frac{1^{r1|-n} \,.\, 1^{r2|-n} \,.\, 1^{r3|-n} \ldots 1^{r\varpi|-n}}{1^{r1|1} \,.\, 1^{r2|1} \,.\, 1^{r3|1} \ldots 1^{r\varpi|1}} \right\} . \, dX^m.$$

Pour la seconde des quatre espèces $(418)''$ de fonctions, on a ... (424)

$$\Phi X = L(P+QX) - L(P+QA);$$

et l'on trouve encore immédiatement ... $(424)'$

$$d^r\Phi X = (-1)^{r-1} \,.\, 1^{(r-1)|1} \,.\, \frac{Q^r \,.\, dX^r}{(P+QX)^r},$$

pour tout exposant r différent de zéro. — Donc, substituant cette valeur dans (422), il viendra ... $(424)''$

$$d^m(\Phi \dot{X})^{\varpi} = d^m \left\{ L(P+Q\dot{X}) - L(P+QA) \right\}^{\varpi} =$$

$$= (-1)^{m-\varpi} \,.\, \frac{Q^m \,.\, 1^{m|1}}{(P+QA)^m} \,.\, Agr. \left\{ \frac{1}{r1 \,.\, r2 \,.\, r3 \ldots r\varpi} \right\} . \, dX^m.$$

Pour la troisième des quatre espèces $(418)''$ de fonctions, en nous bornant ici au cas le plus simple où la fonction périodique forme la tangente, on a ... (425)

$$\Phi X = \text{réc.}\Big(\text{tang.} = (P + QX)\Big) - \text{réc.}\Big(\text{tang.} = (P + QA)\Big);$$

et par conséquent ... $(425)'$

$$d\Phi X = \frac{Q \cdot dX}{1 + (P + QX)^2}.$$

Quant aux différentielles suivantes de cette fonction ΦX, on ne saurait ici les avoir immédiatement; et il faut recourir à la loi (244) des différentielles secondaires. Pour cela, faisons auxiliairement ... $(425)''$

$$Fx = (1 + x)^{-1}, \quad \text{et} \quad x = \psi y = (P + Qy)^2.$$

Nous aurons immédiatement ... $(425)'''$

$$\frac{d^\rho Fx}{dx^\rho} = (-1)^\rho \cdot 1^{\rho|1} \cdot (1 + x)^{-(1+\rho)}, \quad \text{et}$$

$$\frac{d\psi y}{dy} = 2(P + Qy) \cdot Q, \quad \frac{d^2\psi y}{dy^2} = 2Q^2, \quad \frac{d^3\psi y}{dy^3} = 0, \quad \text{etc.} = 0;$$

et la loi (244) des différentielles secondaires donnera ... $(425)^{\text{IV}}$

$$\left(\frac{d^\mu (1+x)^{-1}}{dy^\mu}\right) = (-1)^\mu \cdot \left\{ \frac{1^{\mu|1} \cdot A[0, \mu]}{(1+x)^{\mu+1}} - \frac{1^{(\mu-1)|1} \cdot \mu \cdot A[1, \mu-1]}{(1+x)^\mu} + \right.$$
$$\left. + \frac{1^{(\mu-2)|1} \cdot \mu^{2|-1} \cdot A[2, \mu-2]}{(1+x)^{\mu-1}} - \frac{1^{(\mu-3)|1} \cdot \mu^{3|-1} \cdot A[3, \mu-3]}{(1+x)^{\mu-2}} + \text{etc.} \right\},$$

la quantité générale $A[m, \rho]$ étant ici l'agrégat

$$A[m, \rho] = Agr. \left\{ \frac{\left(\frac{d^{q_1}\psi y}{dy^{q_1}}\right)\left(\frac{d^{q_2}\psi y}{dy^{q_2}}\right)\left(\frac{d^{q_3}\psi y}{dy^{q_3}}\right) \cdots \left(\frac{d^{q_\rho}\psi y}{dy^{q_\rho}}\right)}{1^{q_1|1} \cdot 1^{q_2|1} \cdot 1^{q_3|1} \cdots 1^{q_\rho|1}} \right\},$$

correspondant aux seules valeurs 1 et 2 des indices $q1$, $q2$, $q3$, ... $q\rho$, déterminés par la condition

$$\mu = q1 + q2 + q3 \ldots + q\rho.$$

Ainsi, il viendra ... $(425)^{\text{v}}$

$$A[0, \mu] = 2^{\mu} . (P + Qy)^{\mu} . Q^{\mu}$$

$$A[1, \mu - 1] = \frac{\mu - 1}{1} . 2^{\mu - 2} . (P + Qy)^{\mu - 2} . Q^{\mu}$$

$$A[2, \mu - 2] = \frac{(\mu - 2)^{2|-1}}{1^{2|1}} . 2^{\mu - 4} . (P + Qy)^{\mu - 4} . Q^{\mu}$$

$$A[3, \mu - 3] = \frac{(\mu - 3)^{3|-1}}{1^{3|1}} . 2^{\mu - 6} . (P + Qy)^{\mu - 6} . Q^{\mu}$$

etc., etc.

Et, mettant X à la place de y, et par conséquent $(P + QX)^2$ à la place de x, l'expression $(425)^{\text{IV}}$, en y substituant les valeurs $(425)^{\text{v}}$, donnera définitivement ... $(425)^{\text{VI}}$

$$\frac{d^{\mu}\left(1 + (P + QX)^2\right)^{-1}}{dX^{\mu}} = (-1)^{\mu} . \frac{2^{\mu} Q^{\mu}}{(P + QX)^{\mu + 2}} \times$$

$$\times \left\{ 1^{\mu|1} . (\sin Z)^{2(\mu + 1)} - \frac{1^{(\mu - 1)|1} . \mu^{2|-1}}{1^{1|1} . 2^{2}} . (\sin Z)^{2\mu} + \right.$$

$$\left. + \frac{1^{(\mu - 2)|1} . \mu^{4|-1}}{1^{2|1} . 2^{4}} . (\sin Z)^{2(\mu - 1)} - \frac{1^{(\mu - 3)|1} . \mu^{6|-1}}{1^{3|1} . 2^{6}} . (\sin Z)^{2(\mu - 2)} + \text{etc.} \right\},$$

en faisant ... $(425)^{\text{VII}}$

$$(\sin Z)^2 = \frac{(P + QX)^2}{1 + (P + QX)^2}, \quad \text{ou} \quad Z = \text{réc.}\left\{ \text{tang.} = (P + QX) \right\},$$

c'est-à-dire, en désignant par Z l'arc de cercle dont $(P + QX)$ est la tangente. — Ainsi, prenant sur l'expression $(425)'$ la différentielle de l'ordre $(r-1)$ et substituant la valeur présente $(425)^{\text{vi}}$, on aura ... $(425)^{\text{vii}}$

$$d^r\Phi X = (-2)^{r-1} \cdot \frac{Q^r \cdot dX^r}{(P+QX)^{r+1}} \cdot S_r ,$$

en faisant généralement ... $(425)^{\text{ix}}$

$$S_r = 1^{(r-1)|1} \cdot (\sin Z)^{2r} - \frac{1^{(r-2)|1} \cdot (r-1)^{2|-1}}{1^{1|1} \cdot 2^2} \cdot (\sin Z)^{2(r-1)} +$$

$$+ \frac{1^{(r-3)|1} \cdot (r-1)^{4|-1}}{1^{2|1} \cdot 2^4} \cdot (\sin Z)^{2(r-2)} - \frac{1^{(r-4)|1} \cdot (r-1)^{6|-1}}{1^{3|1} \cdot 2^6} \cdot (\sin Z)^{2(r-3)} + \text{etc.};$$

et cette expression générale $(425)^{\text{viii}}$ servira pour tout exposant r différent de zéro. — Donc, substituant cette valeur $(425)^{\text{viii}}$ dans la formule (422), il viendra ici ... $(425)^{\text{x}}$

$$d^m(\Phi\dot{X})^{\varpi} = d^m \left\{ \text{réc.}\left(\text{tang.} = (P+Q\dot{X})\right) - \text{réc.}\left(\text{tang.} = (P+QA)\right) \right\}^{\varpi} =$$

$$= (-2)^{m-\varpi} \cdot \frac{1^{m|1} \cdot Q^m}{(P+QA)^{m+\varpi}} \cdot Agr. \left\{ \frac{\dot{S}_{r1} \cdot \dot{S}_{r2} \cdot \dot{S}_{r3} \ldots \dot{S}_{r\varpi}}{1^{r1|1} \cdot 1^{r2|1} \cdot 1^{r3|1} \ldots 1^{r\varpi|1}} \right\} \cdot dX^m ;$$

en marquant toujours par le point placé sur les lettres la valeur A de la variable X, qui rend $\Phi X = 0$.

Enfin, pour la dernière des quatre espèces $(418)''$ des fonctions de convergence dont il s'agit, on a ... (426)

$$\Phi X = \frac{X}{P+QX} - \frac{A}{P+QA} = M \cdot \frac{X-A}{N+X},$$

en faisant ... $(426)'$

$$M = \frac{P}{Q(P+QA)}, \quad \text{et} \quad N = \frac{P}{Q};$$

et, suivant ici l'évaluation $(380)^{\text{v}}$ et $(380)^{\text{vii}}$ de la même fonction, on aura immédiatement ... $(426)''$

$$d^m(\Phi\dot{X})^{\varpi} = (-1)^{m-\varpi} \cdot \frac{1^{m|1} \cdot \varpi^{(m-\varpi)|1}}{1^{(m-\varpi)|1}} \cdot \frac{M^{\varpi} \cdot dX^m}{(N+A)^m},$$

pour tout exposant m différent de zéro; l'exposant ϖ étant toujours positif.

Connaissant ainsi les valeurs de la différentielle simple $d^m(\Phi\dot{X})^{\varpi}$, pour chacune des quatre espèces $(418)''$ des fonctions de convergence fX qui entrent dans la construction (418) des mesures consécutives $\varphi_1 x$, $\varphi_2 x$, $\varphi_3 x$, etc., génératrices des Séries (418), nous pouvons maintenant, par le moyen de la loi (201) ou (244) des différentielles secondaires, déterminer les valeurs des différentielles composées $d^m(\varphi\dot{x})^{\varpi}$ prises sur les puissances de ces mesures génératrices; valeurs que nous avons besoin de connaître pour la détermination des coefficiens ou des fonctions schins dans la loi (420) de cette Série générale (418) dont il est question.

Or, pour la première $\varphi_1 x$ de ces mesures algorithmiques $(418)'$, il suffit évidemment de mettre x et a à la place de X et A dans les expressions $(423)''$, $(424)''$, $(425)^{x}$, et $(426)''$, pour avoir immédiatement les valeurs de la différentielle générale $d^m(\varphi_1\dot{x})^{\varpi}$, correspondantes aux quatre espèces de fonctions $(418)''$. — On aura ainsi ... (427)

$$(\text{I}) \ldots \frac{1}{1^{m|1}} \cdot \frac{d^m(\varphi_1\dot{x})^{\varpi}}{dx^m} =$$

$$= \left(\frac{Q}{n}\right)^m \cdot (P+Qa)^{\frac{\varpi}{n}-m} \cdot Agr. \left\{ \frac{1^{r1|-n} \cdot 1^{r2|-n} \cdot 1^{r3|-n} \ldots 1^{r\varpi|-n}}{1^{r1|1} \cdot 1^{r2|1} \cdot 1^{r3|1} \ldots 1^{r\varpi|1}} \right\};$$

$$(\text{II}) \ldots \frac{1}{1^{m|1}} \cdot \frac{d^m(\varphi_1\dot{x})^{\varpi}}{dx^m} =$$

$$= (-1)^{m-\varpi} \cdot \frac{Q^m}{(P+Qa)^m} \cdot Agr. \left\{ \frac{1}{r1 \cdot r2 \cdot r3 \ldots r\varpi} \right\};$$

$$(\text{III})\ldots \frac{1}{1^{m|1}}\cdot\frac{d^m(\varphi_1\dot{x})^{\varpi}}{dx^m} =$$

$$= (-2)^{m-\varpi}\cdot\frac{Q^m}{(P+Qa)^{m+\varpi}}\cdot Agr.\left\{\frac{\dot{S}_{r1}\cdot\dot{S}_{r2}\cdot\dot{S}_{r3}\ldots\dot{S}_{r\varpi}}{1^{r1|1}\cdot 1^{r2|1}\cdot 1^{r3|1}\ldots 1^{r\varpi|1}}\right\};$$

$$(\text{IV})\ldots \frac{1}{1^{m|1}}\cdot\frac{d^m(\varphi_1\dot{x})^{\varpi}}{dx^m} =$$

$$= (-1)^{m-\varpi}\cdot\frac{\varpi^{(m-\varpi)|1}}{1^{(m-\varpi)|1}}\cdot\frac{M^{\varpi}}{(N+a)^m}.$$

Pour la seconde $\varphi_2 x$ des mesures $(418)'$ génératrices des Séries (418), si l'on fait ... (428)

$$f^{(2)}X - f^{(2)}A = \Phi^{(2)}X,$$

la loi (244) des différentielles secondaires donnera ... $(428)'$

$$\frac{1}{1^{m|1}}\cdot\frac{d^m(\varphi_2\dot{x})^{\varpi}}{dx^m} = \frac{d^m(\Phi^{(2)}\dot{X})^{\varpi}}{dX^m}\cdot\frac{A[0,m]}{1^{m|1}} + \frac{d^{m-1}(\Phi^{(2)}\dot{X})^{\varpi}}{dX^{m-1}}\cdot\frac{A[1,m-1]}{1^{(m-1)|1}} +$$

$$+ \frac{d^{m-2}(\Phi^{(2)}\dot{X})^{\varpi}}{dX^{m-2}}\cdot\frac{A[2,m-2]}{1^{(m-2)|1}} + \frac{d^{m-3}(\Phi^{(2)}\dot{X})^{\varpi}}{dX^{m-3}}\cdot\frac{A[3,m-3]}{1^{(m-3)|1}} + \text{etc.};$$

la quantité générale $A[\mu,\rho]$ étant ici l'agrégat ... $(428)''$

$$A[\mu,\rho] = Agr.\left\{\frac{\left(\frac{d^{q1}\varphi_1\dot{x}}{dx^{q1}}\right)\left(\frac{d^{q2}\varphi_1\dot{x}}{dx^{q2}}\right)\left(\frac{d^{q3}\varphi_1\dot{x}}{dx^{q3}}\right)\ldots\left(\frac{d^{q\rho}\varphi_1\dot{x}}{dx^{q\rho}}\right)}{1^{q1|1}\cdot 1^{q2|1}\cdot 1^{q3|1}\ldots 1^{q\rho|1}}\right\},$$

correspondant aux valeurs entières, depuis l'unité inclusivement, des indices $q1$, $q2$, $q3$, ... $q\rho$, déterminées par la condition

$$m = q1 + q2 + q3 \ldots + q\rho.$$

Ainsi, substituant dans ces expressions, d'une part, les valeurs des différentielles simples $\frac{d^{\mu}(\Phi^{(2)}\dot{X})^{\varpi}}{dX^{\mu}}$, données par les formules $(423)''$,

$(424)''$, $(425)^{x}$, $(426)''$, et de l'autre part, les valeurs des différentielles simples $\frac{d^q(\varphi_1 \dot{x})}{dx^q}$, données par les expressions précédentes (427), on aura, pour toutes les combinaisons des quatre espèces $(418)''$ des fonctions de convergence, la formation des valeurs des différentielles $\frac{d^m(\varphi_2 \dot{x})^{\varpi}}{dx^m}$, prises sur les puissances de la seconde des mesures génératrices $(418)'$.

Pour la troisième $\varphi_3 x$ de ces mesures, si l'on fait ... (429)

$$f^{(3)}X - f^{(3)}A = \Phi^{(3)}X,$$

la loi (244) des différentielles secondaires donnera de nouveau .... $(429)'$

$$\frac{1}{1^{m|1}} \cdot \frac{d^m(\varphi_3 \dot{x})^{\varpi}}{dx^m} = \frac{d^m(\Phi^{(3)}\dot{X})^{\varpi}}{dX^m} \cdot \frac{A[0, m]}{1^{m|1}} + \frac{d^{m-1}(\Phi^{(3)}\dot{X})^{\varpi}}{dX^{m-1}} \cdot \frac{A[1, m-1]}{1^{(m-1)|1}} + \\ + \frac{d^{m-2}(\Phi^{(3)}\dot{X})^{\varpi}}{dX^{m-2}} \cdot \frac{A[2, m-2]}{1^{(m-2)|1}} + \text{etc.};$$

la quantité générale $A[\mu, \rho]$ étant ici l'agrégat ... $(429)''$

$$A[\mu, \rho] = Agr. \left\{ \frac{\left(\frac{d^{q1}\varphi_2 \dot{x}}{dx^{q1}}\right) \left(\frac{d^{q2}\varphi_2 \dot{x}}{dx^{q2}}\right) \left(\frac{d^{q3}\varphi_2 \dot{x}}{dx^{q3}}\right) \dots \left(\frac{d^{q\rho}\varphi_2 \dot{x}}{dx^{q\rho}}\right)}{1^{q1|1} \cdot 1^{q2|1} \cdot 1^{q3|1} \dots 1^{q\rho|1}} \right\},$$

correspondant toujours aux valeurs entières, depuis l'unité inclusivement, des indices $q1$, $q2$, $q3$, ... $q\rho$, déterminées par la condition

$$m = q1 + q2 + q3 \dots + q\rho.$$

Ainsi, substituant de nouveau dans ces expressions, d'une part, les valeurs des différentielles simples $\frac{d^{\mu}(\Phi^{(3)}\dot{X})^{\varpi}}{dX^{\mu}}$, données par les formules $(423)''$, $(424)''$, $(425)^{x}$, $(426)''$, et de l'autre part, les valeurs des différentielles immédiates $\frac{d^q(\varphi_2 \dot{x})}{dx^q}$, données par les expressions précédentes $(428)'$, on aura, pour toutes les combinaisons des quatre espèces $(418)''$ des fonctions de convergence, la formation des différentielles $\frac{d^m(\varphi_3 x)^{\varpi}}{dx^m}$, prises sur les puissances de la troisième des mesures génératrices $(418)'$.

Et, procédant toujours de la même manière, on parviendra successivement à déterminer la formation des valeurs des différentielles $d^m(\varphi x)^{\varpi}$, prises sur les puissances des mesures consécutives $\varphi_1 x$, $\varphi_2 x$, $\varphi_3 x$, etc. qui, dans la forme primitive (418) des Séries, opèrent généralement les différens ordres de leur convergence relative, correspondans à des limites de plus en plus éloignées pour les valeurs de la variable.

Il ne reste donc plus, pour achever la solution de cette importante question de la convergence relative générale des Séries, qu'à substituer, dans la loi (420) qui régit les Séries (418) dont il s'agit, ces différentes valeurs (427), $(428)'$, $(429)'$, etc. des différentielles $d^m(\varphi_\nu x)^{\varpi}$, dont nous venons de déterminer la formation consécutive. — Ce travail, dont les lois viennent ainsi d'être fixées, appartient déjà à la science elle-même, et nommément à la Technie de l'Algorithmie : la Philosophie de la science et spécialement la Philosophie de la Technie, qui nous occupe, n'a d'autre obligation que de donner les lois; et, à cet égard, sa tâche est ici complètement remplie. — Toutefois, en considérant que le premier ordre des Séries (418), celui qui répond à la première $\varphi_1 x$ de leurs mesures génératrices $(418)'$, peut, par une reproduction ou répétition continue de la même Série, représenter tous les ordres de cette convergence relative en question, on reconnaîtra que ce premier ordre devient ainsi un SCHÉMA de tous les ordres dont il s'agit; et, comme tel, il appartient encore à la Philosophie elle-même de la Technie. Nous allons donc opérer les substitutions des quatre expressions (427) dans la loi (420), pour donner ici ce schéma des différens ordres de la convergence relative des Séries, correspondans à chacune des quatre espèces (418)'' des fonctions élémentaires propres à cette convergence.

Avant tout, observons que si on développe la fonction générale Fx en Série élémentaire que voici ... (430)

$$Fx = \mathfrak{A}_0 + \mathfrak{A}_1.(x-a) + \mathfrak{A}_2.(x-a)^2 + \mathfrak{A}_3.(x-a)^3 + \text{etc., etc.},$$

on a, en vertu de la contingence philosophique (206), l'identité générale ... (430)'

$$\mathfrak{A}_m = \frac{1}{1^{m|1}}.\frac{d^m Fa}{da^m}.$$

Ainsi, on peut, dans la loi (420), remplacer les quantités ... (430)''

$$\frac{1}{1}.\frac{dFa}{da}, \quad \frac{1}{1^{2|1}}.\frac{d^2Fa}{da^2}, \quad \frac{1}{1^{3|1}}.\frac{d^3Fa}{da^3}, \quad \ldots \quad \frac{1}{1^{\mu|1}}.\frac{d^\mu Fa}{da^\mu},$$

par les coefficiens présens ... (430)'''

$$\mathfrak{A}_1, \quad \mathfrak{A}_2, \quad \mathfrak{A}_3, \quad \ldots \quad \mathfrak{A}_\mu;$$

de sorte que les Séries (418) en question, qui sont régies par cette loi générale (420), serviront indistinctement pour le cas où les dérivées différentielles (430)'' de la fonction Fx seront données, ou bien, ce qui philosophiquement est identique, pour le cas où ce seront les coefficiens (430)''' du développement élémentaire (430) de cette fonction Fx, qui seront donnés. — Cette considération, qui d'ailleurs simplifiera les expressions suivantes, nous conduit à reconnaître que ces Séries (418) servent en même tems pour l'évaluation de toute Série ... (430)^{IV}

$$\mathfrak{F}X = \mathfrak{A}_0 + \mathfrak{A}_1.(fX - fA) + \mathfrak{A}_2.(fX - fA)^2 + \\ + \mathfrak{A}_3.(fX - fA)^3 + \text{etc., etc.};$$

les caractéristiques $\mathfrak{F}$ et f dénotant des fonctions quelconques. Car, en faisant $fX = x$, et $fA = a$, on aura $X = \mathrm{f}x$, en dénotant par f la fonction réciproque de celle dénotée par f; et il viendra

$$\mathfrak{F}(\mathrm{f}x) = \mathfrak{A}_0 + \mathfrak{A}_1.(x-a) + \mathfrak{A}_2.(x-a)^2 + \mathfrak{A}_3.(x-a)^3 + \text{etc., etc.};$$

de manière que, considérant $\mathfrak{F}(\mathrm{f}x)$ comme Fx, c'est-à-dire, comme une fonction de x, on aura le cas élémentaire précédent (430), auquel, comme nous venons de le voir, s'applique immédiatement la loi (420) des Séries (418); et l'on pourra ainsi, par leur moyen, évaluer la Série proposée (430)^{IV}. — C'est en suivant le même procédé que s'opère aussi la reproduction ou la répétition du premier ordre de ces Séries (418) jouissant de la convergence relative, pour produire ainsi successivement tous les ordres de ces Séries ou de cette convergence, correspondans aux différens ordres de leurs mesures génératrices (418)'. En effet, le premier ordre des Séries (418) en question, est généralement ... (430)^{V}

$$Fx = A_0^{(1)} + A_1^{(1)}.(f^{(1)}x - f^{(1)}a) + A_2^{(1)}.(f^{(1)}x - f^{(1)}a)^2 + \\ + A_3^{(1)}.(f^{(1)}x - f^{(1)}a)^3 + \text{etc., etc.},$$

la caractéristique $f^{(1)}$ dénotant indistinctement l'une des quatre espèces (418)'' des fonctions de convergence; ainsi, faisant

$$f^{(1)}x = x_1, \quad f^{(1)}a = a_1, \quad \text{et de plus}$$
$$A_0^{(1)} = \mathfrak{A}_0, \quad A_1^{(1)} = \mathfrak{A}_1, \quad A_2^{(1)} = \mathfrak{A}_2, \quad A_3^{(1)} = \mathfrak{A}_3, \quad \text{etc.},$$

on aura la forme élémentaire ... (430)^{VI}

$$Fx = \mathfrak{A}_0 + \mathfrak{A}_1.(x_1-a_1) + \mathfrak{A}_2.(x_1-a_1)^2 + \mathfrak{A}_3.(x_1-a_1)^3 + \text{etc., etc.},$$

correspondante à la forme pareille (430), à laquelle, comme nous l'avons déjà dit, s'applique la loi (420) de tous les ordres des Séries (418). Donc, en y appliquant de nouveau la loi particulière du premier ordre de ces Séries, on aura ... (430)^{VII}

$$Fx = A_0^{(2)} + A_1^{(2)}.(f^{(2)}x_1 - f^{(2)}a_1) + A_2^{(2)}.(f^{(2)}x_1 - f^{(2)}a_1)^2 + \\ + A_3^{(2)}.(f^{(2)}x_1 - f^{(2)}a_1)^3 + \text{etc., etc.},$$

la caractéristique $f^{(2)}$ dénotant encore indistinctement l'une des quatre espèces (418)'' des fonctions de convergence; et cette nouvelle Série (430)^{VII} formera évidemment le second ordre des Séries (418). Faisant ensuite

$$f^{(2)}x_1 = x_2, \quad f^{(2)}a_1 = a_2, \quad \text{et de plus}$$
$$A_0^{(2)} = \mathfrak{A}_0, \quad A_1^{(2)} = \mathfrak{A}_1, \quad A_2^{(2)} = \mathfrak{A}_2, \quad A_3^{(2)} = \mathfrak{A}_3, \quad \text{etc.};$$

la Série (430)^{VII} prendra encore la forme élémentaire ... (430)^{VIII}

$$Fx = \mathfrak{A}_0 + \mathfrak{A}_1.(x_2 - a_2) + \mathfrak{A}_2.(x_2 - a_2)^2 + \mathfrak{A}_3.(x_2 - a_2)^3 + \text{etc., etc.};$$

et appliquant ici de nouveau la loi particulière du premier ordre des Séries (418), on aura la Série ... (430)^{IX}

$$Fx = A_0^{(3)} + A_1^{(3)}.(f^{(3)}x_2 - f^{(3)}a_2) + A_2^{(3)}.(f^{(3)}x_2 - f^{(3)}a_2)^2 + \\ + A_3^{(3)}.(f^{(3)}x_2 - f^{(3)}a_2)^3 + \text{etc., etc.},$$

la caractéristique $f^{(3)}$ dénotant toujours indistinctement l'une des quatre espèces (418)'' des fonctions de convergence; et cette nouvelle Série (430)^{IX} formera évidemment le troisième ordre des Séries (418). Et, procédant toujours de la même manière, on voit que, par l'application consécutive de la seule loi particulière du premier ordre des Séries (418), telle que la donne la loi générale (420) qui régit tous ces ordres de la convergence relative, on aura successivement tous ces différens ordres des Séries (418); de sorte que, comme nous l'avons dit, cette loi particulière du premier ordre formera effectivement le schéma de tous les autres ordres des Séries (418) en question, et elle représentera ainsi philosophiquement (dans les principes) tous ces différens ordres de la convergence relative générale dont il s'agit. —

Venons maintenant à la détermination de ces SCHÉMAS DE CONVERGENCE, en déduisant, de la loi générale (420), les lois particulières qui, pour chacune des quatre espèces de fonctions (418)'', régissent ce premier ordre des Séries (418).

Pour la première de ces quatre espèces (418)'' des fonctions de convergence, la mesure génératrice du premier ordre sera ... (431)

$$\varphi x = (P+Qx)^{\frac{1}{n}} - (P+Qa)^{\frac{1}{n}} = P^{\frac{1}{n}} \cdot \left\{ \left(1+\frac{Q}{P}.x\right)^{\frac{1}{n}} - \left(1+\frac{Q}{P}.a\right)^{\frac{1}{n}} \right\};$$

et, négligeant le facteur constant $P^{\frac{1}{n}}$ et faisant $\frac{Q}{P}=k$, il viendra simplement ... (431)'

$$\varphi x = (1+kx)^{\frac{1}{n}} - (1+ka)^{\frac{1}{n}}.$$

Alors, la première (I) des expressions (427) donnera ... (431)''

$$\frac{1}{1^{m|1}} \cdot \frac{d^m(\varphi x)^{\varpi}}{dx^m} = \left(\frac{k}{n}\right)^m \cdot (1+ka)^{\frac{\varpi}{n}-m} \cdot [m, \varpi];$$

la quantité générale $[m, \varpi]$ étant ... (431)'''

$$[m, \varpi] = Agr. \left\{ \frac{1^{r1|-n} . 1^{r2|-n} . 1^{r3|-n} \ldots 1^{r\varpi|-n}}{1^{r1|1} . 1^{r2|1} . 1^{r3|1} \ldots 1^{r\varpi|1}} \right\},$$

expression où la caractéristique *Agr.* dénote l'agrégat des termes correspondans aux valeurs entières, depuis l'unité inclusivement, des indices $r1$, $r2$, $r3$, ... $r\varpi$, déterminées par la condition

$$m = r1 + r2 + r3 \ldots + r\varpi.$$

Ainsi, on aura généralement... (431)^{IV}

$$[m, \varpi] = 1, \quad \text{lorsque} \quad m = \varpi, \quad \text{et}$$
$$[m, \varpi] = 0, \quad \text{lorsque} \quad m < \varpi;$$

et, pour le cas simple de $m = 1$ et $\varpi = 1$, l'expression générale $(431)''$ donnera ... $(431)^{\mathrm{v}}$

$$\frac{d(\varphi x)}{dx} = \frac{k}{n} \cdot (1 + ka)^{\frac{1}{n} - 1}.$$

Substituant donc, dans la loi (420), ces valeurs $(431)''$ et $(431)^{\mathrm{v}}$, ainsi que les coefficiens $(430)'''$ du développement élémentaire (430), et négligeant de nouveau le facteur constant $(1 + ka)^{\frac{\mu}{n}}$ qui, pour chaque coefficient A_μ, se trouve aussi dans la puissance correspondante $(\varphi x)^\mu$ de la mesure génératrice $(431)'$, il viendra ... (432)

$$\begin{aligned}
{}'A_\mu = \mathfrak{A}_\mu \cdot \left(\frac{n(1+ka)}{k}\right)^\mu - \mathfrak{A}_{\mu-1} \cdot \left(\frac{n(1+ka)}{k}\right)^{\mu-1} \cdot [\mu, (\mu-1)] + \\
+ \mathfrak{A}_{\mu-2} \cdot \left(\frac{n(1+ka)}{k}\right)^{\mu-2} \cdot \mathfrak{W}\left\{[\nu(\mu-1), (\mu-2)] \cdot [\nu\mu, (\mu-1)]\right\} \\
- \mathfrak{A}_{\mu-3} \cdot \left(\frac{n(1+ka)}{k}\right)^{\mu-3} \cdot {}'\mathfrak{W}\left\{[\nu(\mu-2), (\mu-3)] \cdot [\nu(\mu-1), (\mu-2)] \cdot [\nu\mu, (\mu-1)]\right\} \\
\cdots\cdots\cdots\cdots\cdots\cdots\cdots\cdots \\
(-1)^{\mu-1} \cdot \mathfrak{A}_1 \cdot \frac{n(1+ka)}{k} \cdot {}'\mathfrak{W}\left\{[\nu 2, 1] \cdot [\nu 3, 2] \cdot [\nu 4, 3] \ \ldots \ [\nu\mu, (\mu-1)]\right\};
\end{aligned}$$

les fonctions schins portant ici sur la permutation des indices $\nu 2$, $\nu 3$, $\nu 4$, ... $\nu(\mu-2)$, $\nu(\mu-1)$, $\nu\mu$, dont les valeurs sont

$$\nu 2 = 2, \quad \nu 3 = 3, \quad \nu 4 = 4, \quad \ldots \quad \nu(\mu-1) = \mu - 1, \quad \nu\mu = \mu;$$

et l'accent de la caractéristique $'\mathfrak{W}$ de ces fonctions marquant toujours qu'elles doivent être développées suivant le procédé d'exclusion des termes superflus, en observant que, d'après $(431)^{\mathrm{IV}}$, il existe dans ces fonctions des termes qui sont zéro. — Et, telle (432) sera donc la loi particulière de la Série spéciale ... $(432)'$

$$Fx = Fa + A_1 \cdot \left\{ \left(\frac{1+kx}{1+ka}\right)^{\frac{1}{n}} - 1 \right\}$$
$$+ A_2 \cdot \left\{ \left(\frac{1+kx}{1+ka}\right)^{\frac{1}{n}} - 1 \right\}^2$$
$$+ A_3 \cdot \left\{ \left(\frac{1+kx}{1+ka}\right)^{\frac{1}{n}} - 1 \right\}^3$$
$$+ \text{etc., etc.,}$$

formant immédiatement la première espèce des Séries qui jouissent du premier ordre de la convergence relative générale, et formant médiatement, par le procédé de répétition $(430)^{\mathrm{v}}$, $(430)^{\mathrm{vii}}$, etc., la première espèce des schémas de tous les ordres de cette convergence. — En examinant la loi (432) de ce premier schéma, on verra que tout y est donné en derniers termes, parce que, comme nous l'avons reconnu plus haut, les fonctions schins et les agrégats $[m, \varpi]$ qui en sont ici les élemens, présentent, à l'instar des tables, l'ensemble de ces derniers termes; de sorte que cette loi (432), comme toutes nos lois techniques, se trouve déjà dans l'état de perfection absolue. — Voici la détermination particulière de cette loi, pour les cinq premiers termes de la Série $(432)'$.

D'abord, suivant $(431)'''$, on obtiendra pour les agrégats $[m, \varpi]$ les valeurs ... $(432)''$

$$[1, 1] = 1$$

$$[2, 1] = \frac{1-n}{2} \qquad [2, 2] = 1$$

$$[3, 1] = \frac{(1-n)(1-2n)}{6} \qquad [3, 2] = (1-n)$$

$$[4, 1] = \frac{(1-n)(1-2n)(1-3n)}{24} \qquad [4, 2] = \frac{(1-n)(7-11n)}{12}$$

$$[5,1]=\frac{(1-n)(1-2n)(1-3n)(1-4n)}{120},\quad [5,2]=\frac{(1-n)(1-2n)(3-5n)}{12},$$

$$[3,3]=1$$

$$[4,3]=\frac{3(1-n)}{2}\qquad [4,4]=1$$

$$[5,3]=\frac{(1-n)(5-7n)}{4},\quad [5,4]=2(1-n),\quad [5,5]=1;$$

et ensuite, avec ces valeurs, on obtiendra immédiatement celles des fonctions schins que voici ... $(432)'''$

$$\text{ש}\Big\{[2,1].[3,2]\Big\}=[2,1][3,2]-[3,1][2,2]=\frac{(1-n)(2-n)}{6},$$

$$\text{ש}\Big\{[3,2].[4,3]\Big\}=[3,2][4,3]-[4,2][3,3]=\frac{(1-n)(11-7n)}{12},$$

$$\text{ש}\Big\{[4,3].[5,4]\Big\}=[4,3][5,4]-[5,3][4,4]=\frac{(1-n)(7-5n)}{4};$$

$$'\text{ש}\Big\{[2,1].[3,2].[4,3]\Big\}=[2,1][3,2][4,3]-[2,1][4,2][3,3]$$
$$-[3,1][2,2][4,3]+[4,1][2,2][3,3]=$$
$$=\frac{(1-n)(2-n)(3-n)}{24},$$

$$'\text{ש}\Big\{[3,2].[4,3].[5,4]\Big\}=[3,2][4,3][5,4]-[3,2][5,3][4,4]$$
$$-[4,2][3,3][5,4]+[5,2][3,3][4,4]=$$
$$=\frac{(1-n)(2-n)(5-3n)}{12};$$

$$'\text{ש}\Big\{[2,1].[3,2].[4,3].[5,4]\Big\}=[2,1][3,2][4,3][5,4]-[2,1][3,2][5,3][4,4]$$
$$-[2,1][4,2][3,3][5,4]+[2,1][5,2][3,3][4,4]$$
$$+[4,1][2,2][3,3][5,4]-[5,1][2,2][3,3][4,4]$$
$$-[3,1][2,2][4,3][5,4]+[3,1][2,2][5,3][4,4]=$$
$$=\frac{(1-n)(2-n)(3-n)(4-n)}{120}.$$

Et, substituant ces différentes valeurs dans la loi (432), on aura, pour les cinq premiers coefficiens de la Série (432)′ dont il s'agit, les expressions générales suivantes ... (432)^{IV}

$$A_1 = \mathfrak{A}_1 \cdot \frac{n(1+ka)}{k};$$

$$A_2 = \mathfrak{A}_2 \cdot \left(\frac{n(1+ka)}{k}\right)^2 + \mathfrak{A}_1 \cdot \frac{n(1+ka)}{k} \cdot \frac{n-1}{2};$$

$$A_3 = \mathfrak{A}_3 \cdot \left(\frac{n(1+ka)}{k}\right)^3 + \mathfrak{A}_2 \cdot \left(\frac{n(1+ka)}{k}\right)^2 \cdot (n-1) + $$
$$+ \mathfrak{A}_1 \cdot \frac{n(1+ka)}{k} \cdot \frac{(n-1)(n-2)}{6};$$

$$A_4 = \mathfrak{A}_4 \cdot \left(\frac{n(1+ka)}{k}\right)^4 + \mathfrak{A}_3 \cdot \left(\frac{n(1+ka)}{k}\right)^3 \cdot \frac{3(n-1)}{2} + $$
$$+ \mathfrak{A}_2 \cdot \left(\frac{n(1+ka)}{k}\right)^2 \cdot \frac{(n-1)(7n-11)}{12} + \mathfrak{A}_1 \cdot \frac{n(1+ka)}{k} \cdot \frac{(n-1)(n-2)(n-3)}{24};$$

$$A_5 = \mathfrak{A}_5 \cdot \left(\frac{n(1+ka)}{k}\right)^5 + \mathfrak{A}_4 \cdot \left(\frac{n(1+ka)}{k}\right)^4 \cdot 2(n-1) + $$
$$+ \mathfrak{A}_3 \cdot \left(\frac{n(1+ka)}{k}\right)^3 \cdot \frac{(n-1)(5n-7)}{4} + \mathfrak{A}_2 \cdot \left(\frac{n(1+ka)}{k}\right)^2 \cdot \frac{(n-1)(n-2)(3n-5)}{12} + $$
$$+ \mathfrak{A}_1 \cdot \frac{n(1+ka)}{k} \cdot \frac{(n-1)(n-2)(n-3)(n-4)}{120}.$$

Pour la seconde des quatre espèces (418)″ des fonctions de convergence, la mesure génératrice du premier ordre sera ... (433)

$$\varphi x = L(P+Qx) - L(P+Qa) = L\left(\frac{1+kx}{1+ka}\right);$$

en faisant $\frac{Q}{P} = k$. Alors, la seconde (II) des expressions (427) donnera ... (433)′

$$\frac{1}{1^{m|1}} \cdot \frac{d^m (\varphi x)^\varpi}{dx^m} = (-1)^{m-\varpi} \cdot \frac{k^m}{(1+ka)^m} \cdot [m, \varpi],$$

la quantité générale $[m, \varpi]$ étant ici ... $(433)''$

$$[m, \varpi] = Agr. \left\{ \frac{1}{r1 . r2 . r3 \ldots r\varpi} \right\};$$

expression où la caractéristique *Agr.* dénote encore l'agrégat des termes correspondans aux valeurs entières, depuis l'unité inclusivement, des indices $r1$, $r2$, $r3$, ... $r\varpi$, déterminées par la condition

$$m = r1 + r2 + r3 \ldots + r\varpi.$$

Ainsi, on aura de même ... $(433)'''$

$$[m, \varpi] = 1, \quad \text{lorsque} \quad m = \varpi, \quad \text{et}$$
$$[m, \varpi] = 0, \quad \text{lorsque} \quad m < \varpi;$$

et, pour le cas simple de $m = 1$ et $\varpi = 1$, l'expression générale $(433)'$ donnera ici ... $(433)^{\text{IV}}$

$$\frac{d(\varphi x)}{dx} = \frac{k}{1 + ka}.$$

Substituant donc de nouveau, dans la loi générale (420), ces valeurs $(433)'$ et $(433)^{\text{IV}}$, ainsi que les coefficiens $(430)'''$ du développement élémentaire (430), il viendra ... (434)

$$\begin{aligned} A_\mu = \mathfrak{A}_\mu . \left(\frac{1+ka}{k}\right)^\mu + \mathfrak{A}_{\mu-1} . \left(\frac{1+ka}{k}\right)^{\mu-1} . [\mu, (\mu-1)] + \\ + \mathfrak{A}_{\mu-2} . \left(\frac{1+ka}{k}\right)^{\mu-2} . \mathfrak{W}\left\{ [\nu(\mu-1), (\mu-2)] . [\nu\mu, (\mu-1)] \right\} \\ + \mathfrak{A}_{\mu-3} . \left(\frac{1+ka}{k}\right)^{\mu-3} . \mathfrak{W}\left\{ [\nu(\mu-2), (\mu-3)] . [\nu(\mu-1), (\mu-2)] . [\nu\mu, (\mu-1)] \right\} \\ \cdots\cdots\cdots\cdots\cdots\cdots\cdots\cdots \\ + \mathfrak{A}_1 . \frac{1+ka}{k} . \mathfrak{W}\left\{ [\nu2, 1] . [\nu3, 2] . [\nu4, 3] \ldots [\nu\mu, (\mu-1)] \right\}; \end{aligned}$$

les fonctions schins portant encore sur la permutation des indices $\nu2$, $\nu3$, $\nu4$, ... $\nu(\mu-2)$, $\nu(\mu-1)$, $\nu\mu$, dont les valeurs sont toujours

$$\nu2 = 2, \quad \nu3 = 3, \quad \nu4 = 4, \quad \ldots \quad \nu(\mu-1) = \mu - 1, \quad \nu\mu = \mu.$$

Et, telle (434) sera la loi particulière de la Série spéciale ... (434)'

$$\begin{aligned} Fx = Fa + A_1 . & \{ L(1+kx) - L(1+ka) \} \\ + A_2 . & \{ L(1+kx) - L(1+ka) \}^2 \\ + A_3 . & \{ L(1+kx) - L(1+ka) \}^3 \\ + & \text{etc., etc.,} \end{aligned}$$

formant immédiatement la seconde espèce des Séries qui jouissent du premier ordre de la convergence relative générale, et formant de plus médiatement, par le procédé de répétition $(430)^{\text{v}}$, $(430)^{\text{vii}}$, etc., la seconde espèce des schémas de tous les ordres de cette convergence. — En examinant ici la loi (434) de ce second schéma, on verra de nouveau que tout y est donné en derniers termes; et, par conséquent, que cette loi, comme la précédente (432), se trouve aussi déjà dans l'état de perfection absolue. — Voici de même la détermination particulière de cette loi, pour les cinq premiers termes de la Série (434)'.

D'abord, suivant (433)'', on obtiendra ici, pour les agrégats $[m, \varpi]$, les valeurs ... (434)''

$$\begin{array}{lllll} [1,1] = 1 & & & & \\ [2,1] = \frac{1}{2} & [2,2] = 1 & & & \\ [3,1] = \frac{1}{3} & [3,2] = 1 & [3,3] = 1 & & \\ [4,1] = \frac{1}{4} & [4,2] = \frac{11}{12} & [4,3] = \frac{3}{2} & [4,4] = 1 & \\ [5,1] = \frac{1}{5}, & [5,2] = \frac{5}{6}, & [5,3] = \frac{7}{4}, & [5,4] = 2, & [5,5] = 1; \end{array}$$

et ensuite, avec ces valeurs, on obtiendra de nouveau immédiatement celles des fonctions schins que voici ... (434)'''

$$\mathfrak{W}\left\{[2,1].[3,2]\right\} = [2,1][3,2] - [3,1][2,2] = \frac{1}{6},$$

$$\mathfrak{W}\left\{[3,2].[4,3]\right\} = [3,2][4,3] - [4,2][3,3] = \frac{7}{12},$$

$$\mathfrak{W}\left\{[4,3].[5,4]\right\} = [4,3][5,4] - [5,3][4,4] = \frac{5}{4};$$

$$\mathfrak{W}\left\{[2,1].[3,2].[4,3]\right\} = [2,1][3,2][4,3] - [2,1][4,2][3,3]$$
$$- [3,1][2,2][4,3] + [4,1][2,2][3,3] = \frac{1}{24},$$

$$\mathfrak{W}\left\{[3,2].[4,3].[5,4]\right\} = [3,2][4,3][5,4] - [3,2][5,3][4,4]$$
$$- [4,2][3,3][5,4] + [5,2][3,3][4,4] = \frac{1}{4};$$

$$\mathfrak{W}\left\{[2,1].[3,2].[4,3].[5,4]\right\} = [2,1][3,2][4,3][5,4] - [2,1][3,2][5,3][4,4]$$
$$- [2,1][4,2][3,3][5,4] + [2,1][5,2][3,3][4,4]$$
$$+ [4,1][2,2][3,3][5,4] - [5,1][2,2][3,3][4,4]$$
$$- [3,1][2,2][4,3][5,4] + [3,1][2,2][5,3][4,4] = \frac{1}{120}.$$

Et, substituant ces différentes valeurs dans la loi (434), on aura, pour les cinq premiers coefficiens de la seconde Série spéciale (434)', les expressions générales ... $(434)^{\text{IV}}$

$$A_1 = \mathfrak{A}_1 . \frac{1+ka}{k};$$

$$A_2 = \mathfrak{A}_2 . \left(\frac{1+ka}{k}\right)^2 + \frac{1}{2}.\mathfrak{A}_1 . \frac{1+ka}{k};$$

$$A_3 = \mathfrak{A}_3 . \left(\frac{1+ka}{k}\right)^3 + \mathfrak{A}_2 . \left(\frac{1+ka}{k}\right)^2 + \frac{1}{6}.\mathfrak{A}_1 . \frac{1+ka}{k};$$

$$A_4 = \mathfrak{A}_4 . \left(\frac{1+ka}{k}\right)^4 + \frac{3}{2}.\mathfrak{A}_3 . \left(\frac{1+ka}{k}\right)^3 + \frac{7}{12}.\mathfrak{A}_2 . \left(\frac{1+ka}{k}\right)^2 +$$
$$+ \frac{1}{24}.\mathfrak{A}_1 . \frac{1+ka}{k};$$

$$A_5 = \mathfrak{A}_5 . \left(\frac{1+ka}{k}\right)^5 + 2\mathfrak{A}_4 . \left(\frac{1+ka}{k}\right)^4 + \frac{5}{4} . \mathfrak{A}_3 . \left(\frac{1+ka}{k}\right)^3 +$$
$$+ \frac{1}{4} . \mathfrak{A}_2 . \left(\frac{1+ka}{k}\right)^2 + \frac{1}{120} . \mathfrak{A}_1 . \frac{1+ka}{k} .$$

Pour la troisième des quatre espèces (418)″ des fonctions de convergence, en nous bornant toujours au cas le plus simple où la fonction périodique forme la tangente, la mesure génératrice du premier ordre sera ... (435)

$$\varphi x = \text{réc.}\big(\text{tang.} = (i+kx)\big) - \text{réc.}\big(\text{tang.} = (i+ka)\big) ;$$

en changeant dans (425) les lettres P et Q en i et k. Alors, en désignant par α l'arc dont la tangente est $(i+ka)$, c'est-à-dire, en faisant ... (435)′

$$\frac{(i+ka)^2}{1+(i+ka)^2} = (\sin \alpha)^2 , \qquad \frac{1}{1+(i+ka)^2} = (\cos \alpha)^2 ,$$

la troisième (III) des expressions (427) donnera ... (435)″

$$\frac{1}{1^{m|1}} . \frac{d^m (\varphi x)^{\varpi}}{dx^m} = (-2)^{m-\varpi} . (i+ka)^{m-\varpi} . k^m . (\cos \alpha)^{2m} . [m, \varpi] ;$$

la quantité générale $[m, \varpi]$ étant ici ... (435)‴

$$[m, \varpi] = Agr. \left\{ \frac{T_{r1} . T_{r2} . T_{r3} \; . \; . \; . \; T_{r\varpi}}{1^{r1|1} . 1^{r2|1} . 1^{r3|1} \; . \; . \; . \; 1^{r\varpi|1}} \right\} ,$$

expression dans laquelle la caractéristique $Agr.$ dénote toujours l'agrégat des termes correspondans à toutes les valeurs entières, depuis l'unité inclusivement, des indices $r1$, $r2$, $r3$, . . . $r\varpi$, déterminées par la condition

$$m = r1 + r2 + r3 \; . \; . \; . + r\varpi ,$$

et dans laquelle, de plus, les quantités T_{r1}, T_{r2}, T_{r3}, . . . $T_{r\varpi}$ sont données par la formule ... (435)^{IV}

$$T_r = 1^{(r-1)|1} - \frac{1^{(r-2)|1} \cdot (r-1)^{2|-1}}{1^{1|1} \cdot (2 \cdot \sin \alpha)^2} + \frac{1^{(r-3)|1} \cdot (r-1)^{4|-1}}{1^{2|1} \cdot (2 \cdot \sin \alpha)^4}$$
$$- \frac{1^{(r-4)|1} \cdot (r-1)^{6|-1}}{1^{3|1} \cdot (2 \cdot \sin \alpha)^6} + \text{etc.}$$

Ainsi, on aura encore généralement ... $(435)^{\text{v}}$

$$[m, \varpi] = 1, \quad \text{lorsque} \quad m = \varpi, \quad \text{et}$$
$$[m, \varpi] = 0, \quad \text{lorsque} \quad m < \varpi;$$

et, pour le cas simple de $m = 1$ et $\varpi = 1$, l'expression générale $(435)''$ donnera ici ... $(435)^{\text{vi}}$

$$\frac{d(\varphi x)}{dx} = k \cdot (\cos \alpha)^2.$$

Substituant donc de nouveau, dans la loi générale (420), ces valeurs $(435)''$ et $(435)^{\text{vi}}$, ainsi que les coefficiens $(430)'''$ du développement élémentaire (430), il viendra ... (436)

$$A_\mu = \mathfrak{A}_\mu \cdot \frac{1}{(k \cdot \cos^2 \alpha)^\mu} + \mathfrak{A}_{\mu-1} \cdot \frac{2(i + ka)}{(k \cdot \cos^2 \alpha)^{\mu-1}} \cdot [\mu, (\mu-1)] +$$
$$+ \mathfrak{A}_{\mu-2} \cdot \frac{2^2 (i + ka)^2}{(k \cdot \cos^2 \alpha)^{\mu-2}} \cdot \mathfrak{W} \left\{ [\nu(\mu-1), (\mu-2)] \cdot [\nu\mu, (\mu-1)] \right\}$$
$$+ \mathfrak{A}_{\mu-3} \cdot \frac{2^3 (i + ka)^3}{(k \cdot \cos^2 \alpha)^{\mu-3}} \cdot \mathfrak{W} \left\{ [\nu(\mu-2), (\mu-3)] \cdot [\nu(\mu-1), (\mu-2)] \cdot [\nu\mu, (\mu-1)] \right\}$$

. . . .

$$+ \mathfrak{A}_1 \cdot \frac{2^{\mu-1} (i + ka)^{\mu-1}}{k \cdot \cos^2 \alpha} \cdot \mathfrak{W} \left\{ [\nu 2, 1] \cdot [\nu 3, 2] \cdot [\nu 4, 3] \ldots [\nu\mu, (\mu-1)] \right\};$$

les fonctions schins portant toujours sur la permutation des indices $\nu 2$, $\nu 3$, $\nu 4$, ... $\nu(\mu-2)$, $\nu(\mu-1)$, $\nu\mu$, dont les valeurs sont

$$\nu 2 = 2, \quad \nu 3 = 3, \quad \nu 4 = 4, \quad \ldots \quad \nu(\mu-1) = \mu - 1, \quad \nu\mu = \mu.$$

Et, telle (436) sera la loi particulière de la Série spéciale ... (436)'

$$Fx = Fa + A_1 . \left\{ \text{réc.} \left(\text{tang.} = (i+kx) \right) - \alpha \right\}$$
$$+ A_2 . \left\{ \text{réc.} \left(\text{tang.} = (i+kx) \right) - \alpha \right\}^2$$
$$+ A_3 . \left\{ \text{réc.} \left(\text{tang.} = (i+kx) \right) - \alpha \right\}^3$$
$$+ \text{etc., etc.,}$$

formant immédiatement le cas le plus simple de la troisième espèce des Séries qui jouissent du premier ordre de la convergence relative générale, et formant encore médiatement, par le procédé de répétition $(430)^{\text{v}}$, $(430)^{\text{vii}}$, etc., le cas le plus simple de la troisième espèce des schémas qui règlent tous les ordres de cette convergence. — De plus, en examinant cette loi (436), on verra de nouveau que tout y est donné en derniers termes; et, par conséquent, que cette loi spéciale, comme les deux précédentes (432) et (434), se trouve dans l'état de perfection absolue. — Voici encore sa détermination particulière, pour les cinq premiers termes de la Série (436)'.

On aura, d'après $(435)^{\text{iv}}$, les quantités auxiliaires ... (436)''

$$T_1 = 1$$
$$T_2 = 1$$
$$T_3 = 2 - \frac{1}{2} . (\text{coséc}\,\alpha)^2$$
$$T_4 = 6 - 3 . (\text{coséc.}\,\alpha)^2$$
$$T_5 = 24 - 18 . (\text{coséc}\,\alpha)^2 + \frac{3}{2} . (\text{coséc}\,\alpha)^4,$$

qui, par la formule (435)''', donneront pour les agrégats $[m, \varpi]$ les valeurs ... (436)'''

$$[1, 1] = 1$$
$$[2, 1] = \frac{1}{2}$$

$$[3,1] = \frac{1}{3} - \frac{1}{12}.(\text{coséc}\,\alpha)^2$$

$$[4,1] = \frac{1}{4} - \frac{1}{8}.(\text{coséc}\,\alpha)^2$$

$$[5,1] = \frac{1}{5} - \frac{3}{20}.(\text{coséc}\,\alpha)^2 + \frac{1}{80}.(\text{coséc}\,\alpha)^4\,;$$

$$[2,2] = 1$$

$$[3,2] = 1 \qquad [3,3] = 1$$

$$[4,2] = \frac{11}{12} - \frac{1}{6}.(\text{coséc}\,\alpha)^2 \qquad [4,3] = \frac{3}{2}$$

$$[5,2] = \frac{5}{6} - \frac{1}{3}.(\text{coséc}\,\alpha)^2\,; \qquad [5,3] = \frac{7}{4} - \frac{1}{4}.(\text{coséc}\,\alpha)^2\,;$$

$$[4,4] = 1$$

$$[5,4] = 2\,; \qquad [5,5] = 1\,.$$

Et, avec ces quantités, on trouvera immédiatement, pour les fonctions schins, les valeurs suivantes ... $(436)^{\text{IV}}$

$$\text{ש}\left\{[2,1].[3,2]\right\} = [2,1][3,2] - [3,1][2,2] = \frac{1}{6} + \frac{1}{12}.(\text{coséc}\,\alpha)^2,$$

$$\text{ש}\left\{[3,2].[4,3]\right\} = [3,2][4,3] - [4,2][3,3] = \frac{7}{12} + \frac{1}{6}.(\text{coséc}\,\alpha)^2,$$

$$\text{ש}\left\{[4,3].[5,4]\right\} = [4,3][5,4] - [5,3][4,4] = \frac{5}{4} + \frac{1}{4}.(\text{coséc}\,\alpha)^2\,;$$

$$\text{ש}\left\{[2,1].[3,2].[4,3]\right\} = [2,1][3,2][4,3] - [2,1][4,2][3,3] - [3,1][2,2][4,3] + [4,1][2,2][3,3] = \frac{1}{24} + \frac{1}{12}.(\text{coséc}\,\alpha)^2,$$

$$\text{ש}\left\{[3,2].[4,3].[5,4]\right\} = [3,2][4,3][5,4] - [3,2][5,3][4,4] - [4,2][3,3][5,4] + [5,2][3,3][4,4] = \frac{1}{4} + \frac{1}{4}.(\text{coséc}\,\alpha)^2\,;$$

$$\text{ש}\left\{[2,1].[3,2].[4,3].[5,4]\right\} = [2,1][3,2][4,3][5,4] - [2,1][3,2][5,3][4,4]$$
$$- [2,1][4,2][3,3][5,4] + [2,1][5,2][3,3][4,4]$$
$$+ [4,1][2,2][3,3][5,4] - [5,1][2,2][3,3][4,4]$$
$$- [3,1][2,2][4,3][5,4] + [3,1][2,2][5,3][4,4] =$$
$$= \frac{1}{120} + \frac{11}{240}.(\text{coséc}\,\alpha)^2 + \frac{1}{120}.(\text{coséc}\,\alpha)^4.$$

Et, substituant ces différentes valeurs dans la loi (436), on obtiendra, pour les cinq premiers coefficiens de la troisième Série spéciale (436)′, les expressions générales ... (436)^{v}

$$A_1 = \mathfrak{A}_1.\frac{1}{k(\cos\alpha)^2};$$

$$A_2 = \mathfrak{A}_2.\frac{1}{k^2(\cos\alpha)^4} + \mathfrak{A}_1.\frac{2.\sin\alpha}{k(\cos\alpha)^3}.\frac{1}{2};$$

$$A_3 = \mathfrak{A}_3.\frac{1}{k^3(\cos\alpha)^6} + \mathfrak{A}_2.\frac{2.\sin\alpha}{k^2(\cos\alpha)^5} +$$
$$+ \mathfrak{A}_1.\frac{(2.\sin\alpha)^2}{k(\cos\alpha)^4}.\left(\frac{1}{6} + \frac{1}{12}.(\sin\alpha)^{-2}\right),$$

$$A_4 = \mathfrak{A}_4.\frac{1}{k^4(\cos\alpha)^8} + \mathfrak{A}_3.\frac{2.\sin\alpha}{k^3(\cos\alpha)^7}.\frac{3}{2} +$$
$$+ \mathfrak{A}_2.\frac{(2.\sin\alpha)^2}{k^2(\cos\alpha)^6}.\left(\frac{7}{12} + \frac{1}{6}.(\sin\alpha)^{-2}\right)$$
$$+ \mathfrak{A}_1.\frac{(2.\sin\alpha)^3}{k(\cos\alpha)^5}.\left(\frac{1}{24} + \frac{1}{12}.(\sin\alpha)^{-2}\right);$$

$$A_5 = \mathfrak{A}_5.\frac{1}{k^5(\cos\alpha)^{10}} + \mathfrak{A}_4.\frac{2.\sin\alpha}{k^4(\cos\alpha)^9}.2 +$$
$$+ \mathfrak{A}_3.\frac{(2.\sin\alpha)^2}{k^3(\cos\alpha)^8}.\left(\frac{5}{4} + \frac{1}{4}.(\sin\alpha)^{-2}\right)$$

$$+ \mathfrak{A}_2 \cdot \frac{(2 \cdot \sin \alpha)^3}{k^2 (\cos \alpha)^7} \cdot \left(\frac{1}{4} + \frac{1}{4} \cdot (\sin \alpha)^{-2} \right)$$

$$+ \mathfrak{A}_1 \cdot \frac{(2 \cdot \sin \alpha)^4}{k (\cos \alpha)^6} \cdot \left(\frac{1}{120} + \frac{11}{240} \cdot (\sin \alpha)^{-2} + \frac{1}{120} \cdot (\sin \alpha)^{-4} \right).$$

Enfin, pour la dernière des quatre espèces $(418)''$ des fonctions de convergence, la mesure génératrice $(418)'$ du premier ordre sera ... (437)

$$\varphi x = \frac{x}{P + Qx} - \frac{a}{P + Qa} = \frac{P}{Q(P + Qa)} \cdot \frac{x - a}{\frac{P}{Q} + x};$$

ou bien, en négligeant le facteur constant $\frac{P}{Q(P + Qa)}$ et en faisant $\frac{P}{Q} = n$, cette mesure sera simplement ... $(437)'$

$$\varphi x = \frac{x - a}{n + x}.$$

Alors, la dernière (IV) des expressions (427) donnera ici immédiatement ... $(437)''$

$$\frac{1}{1^{m|1}} \cdot \frac{d^m (\varphi x)^{\varpi}}{dx^m} = (-1)^{m-\varpi} \cdot \frac{\varpi^{(m-\varpi)|1}}{1^{(m-\varpi)|1}} \cdot \frac{1}{(n+a)^m};$$

et par conséquent ... $(437)'''$

$$\frac{d(\varphi x)}{dx} = \frac{1}{n + a}.$$

Substituant donc, dans la loi générale (420), ces valeurs $(437)''$ et $(437)'''$, ainsi que les coefficiens $(430)'''$ du développement élémentaire (430) de la fonction proposée Fx, il viendra d'abord ... (438)

$$A_\mu = \mathfrak{A}_\mu \cdot (n+a)^\mu + \mathfrak{A}_{\mu-1} \cdot (n+a)^{\mu-1} \cdot \frac{\mu - 1}{1} +$$

$$+ \mathfrak{A}_{\mu-2} \cdot (n+a)^{\mu-2} \cdot \text{Ш} \left\{ \frac{(\mu-2)^{(2-\nu 1)|1}}{1^{(2-\nu 1)|1}} \cdot \frac{(\mu-1)^{(1-\nu 0)|1}}{1^{(1-\nu 0)|1}} \right\} +$$

$$+ \mathfrak{A}_{\mu-3} . (n+a)^{\mu-3} . \text{'ש} \left\{ \frac{(\mu-3)^{(3-\nu 2)|1}}{1^{(3-\nu 2)|1}} . \frac{(\mu-2)^{(2-\nu 1)|1}}{1^{(2-\nu 1)|1}} . \frac{(\mu-1)^{(1-\nu 0)|1}}{1^{(1-\nu 0)|1}} \right\}$$

$$+ \mathfrak{A}_{\mu-4} . (n+a)^{\mu-4} . \text{'ש} \left\{ \frac{(\mu-4)^{(4-\nu 3)|1}}{1^{(4-\nu 3)|1}} . \frac{(\mu-3)^{(3-\nu 2)|1}}{1^{(3-\nu 2)|1}} . \frac{(\mu-2)^{(2-\nu 1)|1}}{1^{(2-\nu 1)|1}} . \frac{(\mu-1)^{(1-\nu 0)|1}}{1^{(1-\nu 0)|1}} \right\}$$

$+$ etc., etc.;

les fonctions schins portant sur la permutation des indices $\nu 0$, $\nu 1$, $\nu 2$, $\nu 3$, etc., dont les valeurs sont

$$\nu 0 = 0, \quad \nu 1 = 1, \quad \nu 2 = 2, \quad \nu 3 = 3, \quad \nu 4 = 4, \quad \text{etc.}$$

Mais, en opérant sur les factorielles les développemens que voici ... (438)'

$$(\mu-1)^{(1-\nu 0)|1} = (\mu-1)^{1|1} . \mu^{-\nu 0|1} = \frac{(\mu-1)^{1|1}}{(\mu-\nu 0)^{\nu 0|1}}$$

$$(\mu-2)^{(2-\nu 1)|1} = (\mu-2)^{2|1} . \mu^{-\nu 1|1} = \frac{(\mu-2)^{2|1}}{(\mu-\nu 1)^{\nu 1|1}}$$

$$(\mu-3)^{(3-\nu 2)|1} = (\mu-3)^{3|1} . \mu^{-\nu 2|1} = \frac{(\mu-3)^{3|1}}{(\mu-\nu 2)^{\nu 2|1}}.$$

etc., etc.;

et en observant que, pour toute permutation des indices $\nu 0$, $\nu 1$, $\nu 2$, $\nu 3$, etc., on a toujours ... (438)''

$$\frac{1}{(\mu-\nu 1)^{\nu 1|1}} . \frac{1}{(\mu-\nu 0)^{\nu 0|1}} = \frac{1}{(\mu-1)^{1|1}}$$

$$\frac{1}{(\mu-\nu 2)^{\nu 2|1}} . \frac{1}{(\mu-\nu 1)^{\nu 1|1}} . \frac{1}{(\mu-\nu 0)^{\nu 0|1}} = \frac{1}{(\mu-2)^{2|1} . (\mu-1)^{1|1}}$$

$$\frac{1}{(\mu-\nu 3)^{\nu 3|1}} . \frac{1}{(\mu-\nu 2)^{\nu 2|1}} . \frac{1}{(\mu-\nu 1)^{\nu 1|1}} . \frac{1}{(\mu-\nu 0)^{\nu 0|1}} = \frac{1}{(\mu-3)^{3|1} . (\mu-2)^{2|1} . (\mu-1)^{1|1}}$$

etc., etc.;

on reconnaîtra facilement que les fonctions schins qui entrent dans l'expression générale (438), se réduisent de la manière suivante ... $(438)'''$

$$\text{ש}\left\{\frac{(\mu-2)^{(2-\nu_1)|1}}{1^{(2-\nu_1)|1}}\cdot\frac{(\mu-1)^{(1-\nu_0)|1}}{1^{(1-\nu_0)|1}}\right\}=$$

$$=(\mu-2)^{2|1}\cdot\text{ש}\left\{\frac{1}{1^{(2-\nu_1)|1}\cdot 1^{(1-\nu_0)|1}}\right\},$$

$${}'\text{ש}\left\{\frac{(\mu-3)^{(3-\nu_2)|1}}{1^{(3-\nu_2)|1}}\cdot\frac{(\mu-2)^{(2-\nu_1)|1}}{1^{(2-\nu_1)|1}}\cdot\frac{(\mu-1)^{(1-\nu_0)|1}}{1^{(1-\nu_0)|1}}\right\}=$$

$$=(\mu-3)^{3|1}\cdot{}'\text{ש}\left\{\frac{1}{1^{(3-\nu_2)|1}\cdot 1^{(2-\nu_1)|1}\cdot 1^{(1-\nu_0)|1}}\right\},$$

$${}'\text{ש}\left\{\frac{(\mu-4)^{(4-\nu_3)|1}}{1^{(4-\nu_3)|1}}\cdot\frac{(\mu-3)^{(3-\nu_2)|1}}{1^{(3-\nu_2)|1}}\cdot\frac{(\mu-2)^{(2-\nu_1)|1}}{1^{(2-\nu_1)|1}}\cdot\frac{(\mu-1)^{(1-\nu_0)|1}}{1^{(1-\nu_0)|1}}\right\}=$$

$$=(\mu-4)^{4|1}\cdot{}'\text{ש}\left\{\frac{1}{1^{(4-\nu_3)|1}\cdot 1^{(3-\nu_2)|1}\cdot 1^{(2-\nu_1)|1}\cdot 1^{(1-\nu_0)|1}}\right\},$$

etc., etc.

Maintenant, si l'on observe que la fonction schin générale que voici

$$\text{ש}\left\{\begin{array}{l}\dfrac{1}{1^{(k-\nu(k-1))|1}}\cdot\dfrac{1}{1^{((k+1)-\nu k)|1}}\cdot\dfrac{1}{1^{((k+2)-\nu(k+1))|1}}\times\\ \times\dfrac{1}{1^{((k+3)-\nu(k+2))|1}}\;\cdots\;\dfrac{1}{1^{((k+p)-\nu(k+p-1))|1}}\end{array}\right\}$$

reste identiquement la même, quel que soit le nombre entier k, on verra de nouveau avec facilité qu'on a ... $(438)^{\text{IV}}$

$$1^{\circ}\ldots\ \text{ש}\left\{\begin{array}{l}\dfrac{1}{1^{(k-\nu k)|1}}\cdot\dfrac{1}{1^{((k+2)-\nu(k+1))|1}}\cdot\dfrac{1}{1^{((k+3)-\nu(k+2))|1}}\times\\ \times\dfrac{1}{1^{((k+4)-\nu(k+3))|1}}\;\cdots\;\dfrac{1}{1^{((k+p)-\nu(k+p-1))|1}}\end{array}\right\}=$$

$$= \text{ש} \left\{ \frac{1}{1^{((k+2)-\nu(k+1))|1}} \cdot \frac{1}{1^{((k+3)-\nu(k+2))|1}} \cdots \frac{1}{1^{((k+\rho)-\nu(k+\rho-1))|1}} \right\} =$$

$$= \text{ש} \left\{ \frac{1}{1^{(1-\nu 0)|1}} \cdot \frac{1}{1^{(2-\nu 1)|1}} \cdot \frac{1}{1^{(3-\nu 2)|1}} \cdots \frac{1}{1^{((\rho-1)-\nu(\rho-2))|1}} \right\};$$

$$2^{\circ} \ldots \text{ש} \left\{ \begin{array}{l} \dfrac{1}{1^{(k-\nu k)|1}} \cdot \dfrac{1}{1^{((k+1)-\nu(k+1))|1}} \cdot \dfrac{1}{1^{((k+3)-\nu(k+2))|1}} \times \\ \times \dfrac{1}{1^{((k+4)-\nu(k+3))|1}} \cdots \dfrac{1}{1^{((k+\rho)-\nu(k+\rho-1))|1}} \end{array} \right\} =$$

$$= \text{ש} \left\{ \frac{1}{1^{((k+3)-\nu(k+2))|1}} \cdot \frac{1}{1^{((k+4)-\nu(k+3))|1}} \cdots \frac{1}{1^{((k+\rho)-\nu(k+\rho-1))|1}} \right\} =$$

$$= \text{ש} \left\{ \frac{1}{1^{(1-\nu 0)|1}} \cdot \frac{1}{1^{(2-\nu 1)|1}} \cdot \frac{1}{1^{(3-\nu 2)|1}} \cdots \frac{1}{1^{((\rho-2)-\nu(\rho-3))|1}} \right\};$$

$$3^{\circ} \ldots \text{ש} \left\{ \begin{array}{l} \dfrac{1}{1^{(k-\nu k)|1}} \cdot \dfrac{1}{1^{((k+1)-\nu(k+1))|1}} \cdot \dfrac{1}{1^{((k+2)-\nu(k+2))|1}} \times \\ \dfrac{1}{1^{((k+4)-\nu(k+3))|1}} \cdot \dfrac{1}{1^{((k+5)-\nu(k+4))|1}} \cdots \dfrac{1}{1^{((k+\rho)-\nu(k+\rho-1))|1}} \end{array} \right\} =$$

$$= \text{ש} \left\{ \frac{1}{1^{((k+4)-\nu(k+3))|1}} \cdot \frac{1}{1^{((k+5)-\nu(k+4))|1}} \cdots \frac{1}{1^{((k+\rho)-\nu(k+\rho-1))|1}} \right\} =$$

$$= \text{ש} \left\{ \frac{1}{1^{(1-\nu 0)|1}} \cdot \frac{1}{1^{(2-\nu 1)|1}} \cdot \frac{1}{1^{(3-\nu 2)|1}} \cdots \frac{1}{1^{((\rho-3)-\nu(\rho-4))|1}} \right\};$$

etc., etc.

Ainsi, embrassant les fonctions schins réduites $(438)'''$, par l'expression générale

$$\text{ש} \left\{ \frac{1}{1^{(1-\nu 0)|1}} \cdot \frac{1}{1^{(2-\nu 1)|1}} \cdot \frac{1}{1^{(3-\nu 2)|1}} \cdots \frac{1}{1^{(\rho-\nu(\rho-1))|1}} \right\},$$

et appliquant à leur développement la formule (57), pour avoir ... $(438)^{\text{v}}$

$$\text{ש}\left\{\frac{1}{1^{(1-\nu_0)|1}}\cdot\frac{1}{1^{(2-\nu_1)|1}}\cdot\frac{1}{1^{(3-\nu_2)|1}}\;\cdots\cdots\;\frac{1}{1^{(\rho-\nu(\rho-1))|1}}\right\}=$$

$$=\frac{1}{1}\cdot\text{ש}\left\{\frac{1}{1^{(2-\nu_1)|1}}\cdot\frac{1}{1^{(3-\nu_2)|1}}\cdot\frac{1}{1^{(4-\nu_3)|1}}\;\cdots\;\frac{1}{1^{(\rho-\nu(\rho-1))|1}}\right\}$$

$$-\frac{1}{1^{2|1}}\cdot\text{ש}\left\{\frac{1}{1^{(1-\nu_1)|1}}\cdot\frac{1}{1^{(3-\nu_2)|1}}\cdot\frac{1}{1^{(4-\nu_3)|1}}\;\cdots\;\frac{1}{1^{(\rho-\nu(\rho-1))|1}}\right\}.$$

$$+\frac{1}{1^{3|1}}\cdot\text{ש}\left\{\frac{1}{1^{(1-\nu_1)|1}}\cdot\frac{1}{1^{(2-\nu_2)|1}}\cdot\frac{1}{1^{(4-\nu_3)|1}}\;\cdots\;\frac{1}{1^{(\rho-\nu(\rho-1))|1}}\right\}$$

— etc., etc.;

on obtiendra, en vertu des égalités précédentes (438)^{IV}, la valeur générale suivante ... (438)^{VI}

$$\text{ש}\left\{\frac{1}{1^{(1-\nu_0)|1}}\cdot\frac{1}{1^{(2-\nu_1)|1}}\cdot\frac{1}{1^{(3-\nu_2)|1}}\;\cdots\cdots\;\frac{1}{1^{(\rho-\nu(\rho-1))|1}}\right\}=$$

$$=\frac{1}{1}\cdot\text{ש}\left\{\frac{1}{1^{(1-\nu_0)|1}}\cdot\frac{1}{1^{(2-\nu_1)|1}}\cdot\frac{1}{1^{(3-\nu_2)|1}}\;\cdots\;\frac{1}{1^{((\rho-1)-\nu(\rho-2))|1}}\right\}$$

$$-\frac{1}{1^{2|1}}\cdot\text{ש}\left\{\frac{1}{1^{(1-\nu_0)|1}}\cdot\frac{1}{1^{(2-\nu_1)|1}}\cdot\frac{1}{1^{(3-\nu_2)|1}}\;\cdots\;\frac{1}{1^{((\rho-2)-\nu(\rho-3))|1}}\right\}$$

$$+\frac{1}{1^{3|1}}\cdot\text{ש}\left\{\frac{1}{1^{(1-\nu_0)|1}}\cdot\frac{1}{1^{(2-\nu_1)|1}}\cdot\frac{1}{1^{(3-\nu_2)|1}}\;\cdots\;\frac{1}{1^{((\rho-3)-\nu(\rho-4))|1}}\right\}$$

— etc., etc.;

et l'on verra que chacune des fonctions schins réduites (438)$'''$ se trouve, de cette manière, formée simplement par les mêmes fonctions précédentes. De là on déduit immédiatement leur valeur générale et indépendante que voici ... (438)^{VII}

$$\text{ש}\left\{\frac{1}{1^{(1-\nu_0)|1}}\cdot\frac{1}{1^{(2-\nu_1)|1}}\cdot\frac{1}{1^{(3-\nu_2)|1}}\;\cdots\;\frac{1}{1^{(\sigma-\nu(\sigma-1))|1}}\right\}=\frac{1}{1^{\sigma|1}};$$

car, substituant cette valeur dans l'expression relative $(438)^{\text{VI}}$, il vient

$$\frac{1}{1^{\rho|1}} = \frac{1}{1}\cdot\frac{1}{1^{(\rho-1)|1}} - \frac{1}{1^{2|1}}\cdot\frac{1}{1^{(\rho-2)|1}} + \frac{1}{1^{3|1}}\cdot\frac{1}{1^{(\rho-3)|1}} \dots$$

$$\dots\dots (-1)^{\rho+1}\cdot\frac{1}{1^{\rho|1}}\cdot\frac{1}{1^{0|1}},$$

relation qui, en la multipliant par $1^{\rho|1}$, se réduit à

$$1 - \frac{\rho}{1} + \frac{\rho^{2|-1}}{1^{2|1}} - \frac{\rho^{3|-1}}{1^{3|1}} + \text{etc.} = (1-1)^{\rho} = 0,$$

et subsiste ainsi généralement. — Or, en mettant cette valeur $(438)^{\text{VII}}$ à la place des fonctions schins correspondantes qui se trouvent dans les expressions réduites $(438)'''$, on obtiendra, moyennant ces expressions, pour les fonctions schins qui entrent dans la loi (438), les valeurs consécutives ... $(438)^{\text{VIII}}$

$$\frac{(\mu-2)^{2|1}}{1^{2|1}}, \quad \frac{(\mu-3)^{3|1}}{1^{3|1}}, \quad \frac{(\mu-4)^{4|1}}{1^{4|1}}, \quad \text{etc.};$$

et cette loi (438) prendra la forme très-simple que voici ... (439)

$$A_{\mu} = \mathfrak{A}_{\mu}\cdot(n+a)^{\mu} + \mathfrak{A}_{\mu-1}\cdot(n+a)^{\mu-1}\cdot\frac{\mu-1}{1} +$$

$$+ \mathfrak{A}_{\mu-2}\cdot(n+a)^{\mu-2}\cdot\frac{(\mu-1)(\mu-2)}{1.2}$$

$$+ \mathfrak{A}_{\mu-3}\cdot(n+a)^{\mu-3}\cdot\frac{(\mu-1)(\mu-2)(\mu-3)}{1.2.3}$$

$$+ \text{etc., etc.}$$

Telle est donc définitivement la loi de la Série spéciale ... $(439)'$

$$Fx = Fa + A_1\cdot\frac{x-a}{n+x} + A_2\cdot\left(\frac{x-a}{n+x}\right)^2 + A_3\cdot\left(\frac{x-a}{n+x}\right)^3$$

$$+ A_4\cdot\left(\frac{x-a}{n+x}\right)^4 + \text{etc., etc.},$$

formant immédiatement la quatrième et dernière espèce des Séries qui jouissent du premier ordre de la convergence relative générale, et formant de plus médiatement, par le procédé de répétition $(430)^{v}$, $(430)^{vii}$, etc., la quatrième et dernière espèce des schémas de tous les ordres de cette convergence. — C'est aussi là $(439)'$, d'après ce que nous avons reconnu plus haut, immédiatement le premier ordre de toutes les Séries communes, et médiatement, par la même répétition $(430)^{v}$, $(430)^{vii}$, etc., le schéma de tous les ordres de ces Séries communes. — Il faut nous rappeler ici que les quantités $\mathfrak{A}_1$, $\mathfrak{A}_2$, $\mathfrak{A}_3$, etc. qui entrent dans cette dernière loi (439), comme dans les trois précédentes (432), (434), (436), sont les coefficiens dans la génération élémentaire (430) de la fonction proposée Fx, savoir, dans ... $(439)''$

$$Fx = \mathfrak{A}_0 + \mathfrak{A}_1.(x-a) + \mathfrak{A}_2.(x-a)^2 + \mathfrak{A}_3.(x-a)^3 + \text{etc., etc.},$$

ou bien, ce qui est philosophiquement identique, les dérivées différentielles successives de cette fonction, savoir, ... $(439)'''$

$$\mathfrak{A}_1 = \frac{1}{1}.\frac{dFa}{da}, \quad \mathfrak{A}_2 = \frac{1}{1^{2|1}}.\frac{d^2Fa}{da^2}, \quad \mathfrak{A}_3 = \frac{1}{1^{3|1}}.\frac{d^3Fa}{da^3}, \quad \text{etc.}$$

En comparant l'expression générale présente (439) avec l'expression générale des conditions $(380)^{viii}$, qui lient les coefficiens $\mathfrak{A}_0$, $\mathfrak{A}_1$, $\mathfrak{A}_2$, etc. de la Série élémentaire $(439)''$ ou (380) avec les coefficiens A_0, A_1, A_2, etc. de la Série transformée $(439)'$ ou $(380)'''$, on verra que ces expressions suivent réciproquement la même loi; et cette identité, d'ailleurs très-simple, forme une circonstance remarquable pour ce schéma $(439)'$ de tous les ordres des Séries communes. — Il faut encore remarquer ici que, sans recourir à la loi fondamentale $(166)''$ ou (419) des Séries primitives, de laquelle nous venons de déduire la loi présente (439), on peut, dans ce cas particulier $(439)'$ des Séries primitives, dans lequel la mesure génératrice $\frac{x-a}{n+x}$ ne forme encore qu'une fonction impropre, obtenir très-facilement la même loi (439), en la déduisant de la loi purement relative (193)' ou (193)'' de ces mêmes Séries primitives. En effet, la mesure génératrice étant ... (440)

$$\varphi x = \frac{x - a}{n + x},$$

l'expression générale (194) de cette loi relative (193)' donne ici immédiatement ... (440)'

$$\begin{aligned} A_\mu = \frac{1}{1^{\mu|1}} \cdot \Big\{ & \frac{d^\mu Fx}{dx^\mu} \cdot (n+x)^\mu + \frac{\mu - 1}{1} \cdot \frac{d^{\mu-1} Fx}{dx^{\mu-1}} \cdot \frac{d(n+x)^\mu}{dx} + \\ & + \frac{(\mu-1)(\mu-2)}{1 \cdot 2} \cdot \frac{d^{\mu-2} Fx}{dx^{\mu-2}} \cdot \frac{d^2 (n+x)^\mu}{dx^2} + \text{etc.} \Big\}_{(x=a)}; \end{aligned}$$

et il suffit de prendre les différentielles de la fonction $(n+x)^\mu$ et de mettre, d'après (439)''', les quantités $\mathfrak{A}_\mu$, $\mathfrak{A}_{\mu-1}$, $\mathfrak{A}_{\mu-2}$, etc. à la place des dérivées différentielles de la fonction proposée Fx, pour obtenir l'expression ... (440)''

$$\begin{aligned} A_\mu = \mathfrak{A}_\mu \cdot (n+a)^\mu + \mathfrak{A}_{\mu-1} \cdot (n+a)^{\mu-1} \cdot \frac{\mu - 1}{1} + & \\ + \mathfrak{A}_{\mu-2} \cdot (n+a)^{\mu-2} \cdot \frac{(\mu-1)(\mu-2)}{1 \cdot 2} + \text{etc.}, & \end{aligned}$$

qui est celle de la loi (439) dont il est question. — Cette facilité de la dernière déduction provient visiblement de ce que, dans le cas présent, la mesure génératrice (440) ne forme encore qu'une fonction impropre, parce qu'alors les différentielles (194)' qui entrent dans la loi relative (194) peuvent être données immédiatement en derniers termes; comme nous l'avons déjà remarqué à l'occasion de l'expression (218)' qui est aussi la même loi purement relative de la Série (219)^{IV} d'Arbogast, en observant que, lorsque le polynome ... (440)'''

$$\psi x = a_0 + a_1 \cdot x + a_2 \cdot x^2 + a_3 \cdot x^3 + \text{etc.},$$

qui entre dans cette expression $(218)'$, est fini et lorsque, par conséquent, dans la mesure génératrice de cette Série $(219)^{\text{IV}}$, savoir, dans ... $(440)^{\text{IV}}$

$$\varphi x = x.(\psi x)^m = x.(\mathfrak{a}_0 + \mathfrak{a}_1.x + \mathfrak{a}_2.x^2 + \text{etc.})^m,$$

l'exposant m est négatif, alors cette même expression relative $(218)'$ présente déjà les derniers termes ou les élémens de sa construction. Mais, à cette remarque, il faut ici en joindre une autre, savoir qu'en considérant généralement la Série d'Arbogast $(219)^{\text{IV}}$, c'est-à-dire, pour le développement de toute fonction Fx, le polynome susdit $(440)'''$, qui entre dans la mesure génératrice $(440)^{\text{IV}}$ de cette Série, lorsqu'il doit être fini, ne peut, pour la possibilité de cette génération de toute fonction Fx, être d'un degré supérieur au premier, c'est-à-dire qu'on a alors nécessairement ... $(440)^{\text{V}}$

$$\psi x = \mathfrak{a}_0 + \mathfrak{a}_1.x, \quad \text{et} \quad \varphi x = x.(\psi x)^{-1} = \frac{x}{\mathfrak{a}_0 + \mathfrak{a}_1.x};$$

parce que, pour un degré supérieur de ce polynome fini $(440)'''$, la mesure génératrice $(440)^{\text{IV}}$, dans laquelle l'exposant m serait alors nécessairement négatif, deviendrait zéro avec $x = 0$ et avec $x = \infty$, de sorte que la fonction Fx devrait donner $F(0) = F(\infty)$, ce qui n'est pas généralement. Ainsi, dans le seul cas $(440)^{\text{V}}$ possible en général, dans lequel la loi relative $(218)'$ ou originairement $(193)'$ donne déjà elle-même les derniers termes ou les élémens de sa construction, la Série d'Arbogast $(219)^{\text{IV}}$ ou la Série de Burman $(193)''$ se réduit à la Série présente $(439)'$ formant le premier ordre des Séries communes. Dans tous les autres cas, ces Séries ou porismes d'Arbogast et de Burman ne peuvent donner SYNTHÉTIQUEMENT les derniers termes ou les élémens mêmes de la construction des quantités; et de là vient que ces deux porismes ne sont encore que relatifs ou contingens, comme nous l'avons reconnu plus haut, en donnant la déduction du système (226) de lois qui régissent la forme primitive (166) des Séries.

Nous avons actuellement, d'une manière complète, dans les expressions (432), (434), (436), et (438) ou définitivement (439), les lois absolues des quatre schémas possibles (432)', (434)', (436)', et (439)', pour les différens ordres de la convergence relative générale des Séries. En effet, comme nous l'avons déjà observé pour les trois premières de ces lois, tout y est donné en derniers termes ou en élémens mêmes de la construction des quantités composantes; de sorte qu'il n'y existe plus aucune dépendance ultérieure, c'est-à-dire que tout s'y trouve dans l'état absolu. — Mais, les fonctions schins qui présentent la réunion générale de ces derniers termes, ou la LOI SYNTHÉTIQUE même de cette génération ou construction des quantités moyennant leurs élémens, peuvent, dans certains cas particuliers, avoir pour valeurs des quantités dont la génération peut être opérée suivant d'autres lois plus simples; et cette possibilité d'une génération particulière différente et plus simple, se fonde évidemment sur l'existence de plusieurs lois différentes (226) et (237) pour la même Série primitive (166) ou (236), lesquelles, dans certains cas, donnent lieu à cette simplification. Aussi, venons-nous d'opérer la transformation de la dernière loi (438) en une autre (439) dans laquelle la génération des quantités est incomparablement plus simple; et cela, comme nous l'avons remarqué, parce que la loi relative (193)' de la même Série primitive (166), donne ici lieu immédiatement à cette grande simplification. — Il se présente donc, pour toute Série primitive (166) ou (418), et spécialement ici pour les trois premières Séries (432)', (434)', et (436)', la question de savoir si leur loi fondamentale (166)'' ou (420), et spécialement ici les trois lois (432), (434), et (436), ne sont pas susceptibles d'une transformation, analogue à la transformation de la loi (438) en (439), qui rendrait plus simple la génération des quantités qui entrent dans ces lois. Et de plus, il se présente en même tems la solution de cette question, consistant en ce que, pour découvrir cette transformation, il suffit, au lieu d'opérer cette transformation elle-même, d'appliquer aux Séries primitives proposées, leurs diverses lois, directes (226) et indirectes (237), pour reconnaître si, dans ces cas particuliers proposés, il existe la simplification en question dans la génération des quantités. Cette circonstance rend ainsi indispensable la connaissance du système complet des lois qui régissent les différentes formes des Séries; et c'est à la Philosophie de la Technie qu'il appartenait précisément de déduire ce système complet de lois. — Nous examinerons donc ici l'application des différentes lois (226) et (237) aux trois premières Séries (432)', (434)', et (436)', pour découvrir, si cela est possible, une réduction ultérieure de leurs lois fondamentales respectives (432), (434), et (436). — Mais, observons encore expressément pour la même question générale, que cette réduction ou simplification de la loi fondamentale (166)'' ou (420) des Séries primitives, n'est possible que dans certains cas particuliers, où quelques-unes des diverses lois systématiques (226) et (237) donnent lieu à de pareilles réductions ou simplifications, et par conséquent que, pour la généralité des Séries primitives, leur loi fondamentale (166)'' ou (420) doit présenter immédiatement l'état le plus simple de la génération des quantités composantes. Aussi, cette loi (166)'' constitue-t-elle proprement toute l'essence de la doctrine des Séries; et l'on voit par là que, sans cette loi, cette doctrine n'était pas encore connue, comme nous l'avons dit dans la Conclusion de l'Introduction à la Philosophie des Mathématiques et rappelé déjà ici (page 107) à l'occasion du tableau architectonique (226) présentant le système des lois directes (*). — Quant à cette loi fondamentale elle-même (166)'' des Séries primitives, nous connaissons déjà, d'une part, son origine

(*) Nous confirmerons ainsi successivement tous les points de cette Conclusion décisive de notre Introduction à la Philosophie des Mathématiques.

prochaine dans la loi fondamentale $(149)''$ des Séries en général et même son origine absolue dans notre Loi suprême et universelle des Mathématiques, et, de l'autre part, son développement prochain dans l'expression (167) ou mieux dans l'expression (420), fondé sur le développement général (56) des fonctions schins, et de plus son développement définitif immédiat, suivant le procédé d'exclusion des termes superflus, enseigné dans l'Errata annexé à la Philosophie de l'Infini. Mais, ce dernier développement définitif immédiat des fonctions schins qui entrent dans l'expression (420), tel que nous l'avons opéré sous les marques $(432)'''$, $(434)'''$, et $(436)^{\text{IV}}$, conduit à des termes nombreux et isolés, qui sont peu convenables pour la pratique des calculs et qui sur-tout ont l'inconvénient de n'être pas réduits en facteurs ou en génération par reproduction (multiplication et division), formant la première ébauche des fonctions algorithmiques, à laquelle doivent toujours être ramenés les calculs numériques. Il reste donc, pour compléter tout ce qui concerne l'algorithme de cette loi $(166)''$ ou (420), à connaître le moyen très-simple par lequel on peut toujours opérer médiatement le développement définitif des fonctions schins qui entrent dans l'expression (420), et éviter par là les deux inconvéniens que nous venons de signaler dans leur développement définitif immédiat. D'ailleurs, ce moyen très-simple étant applicable à toutes les fonctions schins qui proviennent de la Loi fondamentale $(149)''$ des Séries en général, c'est-à-dire, qui contiennent des termes provenant originairement des différences $\Delta^{\rho}(\varphi\dot{x})^{\varpi|\xi}$ dont la valeur est zéro lorsque $\rho < \varpi$, ce moyen, disons-nous, est évidemmment un complément nécessaire de cette Loi fondamentale générale. Ainsi, ayant ici reconnu l'importance de la loi fondamentale particulière $(166)''$ ou (420) des Séries primitives, nous allons, avant d'aborder l'examen susdit, que nous nous sommes proposé pour la réduction des trois lois spéciales (432), (434), et (436), indiquer ce moyen du développement médiat des fonctions schins dont il est question.

Dénotons généralement cette espèce de fonctions schins de la manière que voici ... (441)

$$'\text{ש}\left\{[\nu 1, 0]\,[\nu 2, 1]\,[\nu 3, 2]\,[\nu 4, 3]\;\ldots\;[\nu\omega, \omega - 1]\right\},$$

en désignant par $\nu 1$, $\nu 2$, $\nu 3$, ... $\nu\omega$ les indices correspondans sur la permutation desquels portent ces fonctions, et en supposant ici qu'on a toujours

$$[\rho, \varpi] = 0, \quad \text{lorsque} \quad \rho < \varpi.$$

Alors, en distinguant par $\nu\lambda$ un indice quelconque supérieur aux indices $\nu 1$, $\nu 2$, $\nu 3$, ... $\nu(\varkappa - 1)$ dont les valeurs sont

$$\nu 1 = 1, \quad \nu 2 = 2, \quad \nu 3 = 3, \quad \ldots \quad \nu(\varkappa - 1) = \varkappa - 1,$$

et en considérant la fonction schin générale ... (441)′

$$'\text{ש}\left\{[\nu 1, 0]\,[\nu 2, 1]\,[\nu 3, 2]\;\ldots\;[\nu(\varkappa - 1), \varkappa - 2]\,[\nu\lambda, \varkappa - 1]\right\},$$

la formule (56) du développement des fonctions schins donnera ici ... (441)″

$$'\text{ש}\left\{[\nu 1, 0]\,[\nu 2, 1]\,[\nu 3, 2]\;\ldots\;[\nu(\varkappa - 1), \varkappa - 2]\,[\nu\lambda, \varkappa - 1]\right\} =$$
$$= [\nu\lambda, \varkappa - 1]\,.\,'\text{ש}\left\{[\nu 1, 0]\,[\nu 2, 1]\,[\nu 3, 2]\;\ldots\;[\nu(\varkappa - 1), \varkappa - 2]\right\}$$
$$- [\varkappa - 1, \varkappa - 1]\,.\,'\text{ש}\left\{[\nu 1, 0]\,[\nu 2, 1]\,[\nu 3, 2]\;\ldots\;[\nu(\varkappa - 2), \varkappa - 3]\,[\nu\lambda, \varkappa - 2]\right\};$$

c'est-à-dire que, pour calculer une telle fonction schin d'un ordre quelconque $\varkappa$, il suffit de connaître les fonctions schins pareilles de l'ordre inférieur $(\varkappa - 1)$. Ainsi, le moyen de développement médiat dont il est question, consiste évidemment à calculer chaque fonction schin d'un ordre quelconque $\varkappa$, par le moyen des fonctions schins de l'ordre inférieur $(\varkappa - 1)$; ce qui réduit ce calcul à l'évaluation de deux termes, tandis que le développement immédiat complet de la fonction schin de l'ordre $\varkappa$ donnerait $2^{\varkappa-1}$ termes. Mais, dans l'emploi de ce moyen, il faut visiblement, pour chaque ordre $\varkappa$ de ces fonctions combinatoires, calculer toutes les fonctions correspondantes à l'indice général susdit $\nu\lambda$, depuis $\nu\lambda = \varkappa$ jusqu'à $\nu\lambda = \omega$, le nombre ω formant l'indice du dernier ordre qu'on voudra avoir. — Et, c'est là à quoi se réduit manifestement, dans sa dernière simplicité, la totalité du travail nécessaire pour le calcul des fonctions combinatoires schins (441) dont il s'agit.

Pour éclaircir ce moyen simple de calculer les fonctions schins, nous allons, ici où il s'agit des quatre lois spéciales (432), (434), (436), et (438), l'appliquer à l'évaluation de ces fonctions dans la seconde (434) de ces lois, pour avoir les dix premiers termes de la Série (434)', dont nous avons déjà déterminé les cinq premiers coefficiens (434)^{IV} par le développement immédiat complet (434)''' des mêmes fonctions schins. Nous choisissons cette seconde loi spéciale (434) pour notre exemple, parce que les valeurs des agrégats $[m, \varpi]$ qui y entrent, sont ici purement numériques, ce qui est le cas le plus simple, et parce que sur-tout nous pouvons ici avoir à priori un moyen de vérification. — Or, le système d'agrégats nécessaires, donnés par la formule (433)'', qui sont les élémens des fonctions schins dans cette loi (434), et dont nous avons déjà calculé une partie (434)'', est ici ... (442)

$[1,1] = 1$

$[2,1] = \frac{1}{2}$ $\quad [2,2] = 1$

$[3,1] = \frac{1}{3}$ $\quad [3,2] = 1$ $\quad [3,3] = 1$

$[4,1] = \frac{1}{4}$ $\quad [4,2] = \frac{11}{12}$ $\quad [4,3] = \frac{3}{2}$ $\quad [4,4] = 1$

$[5,1] = \frac{1}{5}$ $\quad [5,2] = \frac{5}{6}$ $\quad [5,3] = \frac{7}{4}$ $\quad [5,4] = 2$

$$[6,1]=\frac{1}{6}\quad [6,2]=\frac{137}{180}\quad [6,3]=\frac{15}{8}\quad [6,4]=\frac{17}{6}$$

$$[7,1]=\frac{1}{7}\quad [7,2]=\frac{7}{10}\quad [7,3]=\frac{29}{15}\quad [7,4]=\frac{7}{2}$$

$$[8,1]=\frac{1}{8}\quad [8,2]=\frac{363}{560}\quad [8,3]=\frac{469}{240}\quad [8,4]=\frac{967}{240}$$

$$[9,1]=\frac{1}{9}\quad [9,2]=\frac{761}{1260}\quad [9,3]=\frac{29531}{15120}\quad [9,4]=\frac{89}{20}$$

$$[10,1]=\frac{1}{10};\quad [10,2]=\frac{7129}{12600};\quad [10,3]=\frac{1303}{672};\quad [10,4]=\frac{4523}{945};$$

$$[5,5]=1$$

$$[6,5]=\frac{5}{2}\quad [6,6]=1$$

$$[7,5]=\frac{25}{6}\quad [7,6]=3\quad [7,7]=1$$

$$[8,5]=\frac{35}{6}\quad [8,6]=\frac{23}{4}\quad [8,7]=\frac{7}{2}\quad [8,8]=1$$

$$[9,5]=\frac{1069}{144}\quad [9,6]=9\quad [9,7]=\frac{91}{12}\quad [9,8]=4$$

$$[10,5]=\frac{285}{32};\quad [10,6]=\frac{3013}{240};\quad [10,7]=\frac{105}{8};\quad [10,8]=\frac{29}{3};$$

$$[9,9]=1,\quad [10,9]=\frac{9}{2};\quad [10,10]=1.$$

Avec ces valeurs, on calculera d'abord immédiatement les fonctions schins du second ordre que voici ... (442)'

$$\mathfrak{W}\left\{[2,1][3,2]\right\}=[2,1][3,2]-[3,1][2,2]=\frac{1}{6}=\mathfrak{W}^{(2)}_{2,3}$$

$$\mathfrak{W}\left\{[2,1][4,2]\right\}=[2,1][4,2]-[4,1][2,2]=\frac{5}{24}=\mathfrak{W}^{(2)}_{2,4}$$

$$\mathfrak{W}\left\{[2,1][5,2]\right\}=[2,1][5,2]-[5,1][2,2]=\frac{13}{60}=\mathfrak{W}^{(2)}_{2,5}$$

$$\mathfrak{W}\left\{[2,1][6,2]\right\}=[2,1][6,2]-[6,1][2,2]=\frac{77}{360}=\mathfrak{W}^{(2)}_{2,6}$$

$$\mathfrak{w}\left\{[2,1]\,[7,2]\right\} = [2,1]\,[7,2] - [7,1]\,[2,2] = \frac{29}{140} = \mathfrak{w}^{(2)}_{2,7}$$

$$\mathfrak{w}\left\{[2,1]\,[8,2]\right\} = [2,1]\,[8,2] - [8,1]\,[2,2] = \frac{223}{1120} = \mathfrak{w}^{(2)}_{2,8}$$

$$\mathfrak{w}\left\{[2,1]\,[9,2]\right\} = [2,1]\,[9,2] - [9,1]\,[2,2] = \frac{481}{2520} = \mathfrak{w}^{(2)}_{2,9}$$

$$\mathfrak{w}\left\{[2,1]\,[10,2]\right\} = [2,1]\,[10,2] - [10,1]\,[2,2] = \frac{4609}{25200} = \mathfrak{w}^{(2)}_{2,10}\,;$$

$$\mathfrak{w}\left\{[3,2]\,[4,3]\right\} = [3,2]\,[4,3] - [4,2]\,[3,3] = \frac{7}{12} = \mathfrak{w}^{(2)}_{3,4}$$

$$\mathfrak{w}\left\{[3,2]\,[5,3]\right\} = [3,2]\,[5,3] - [5,2]\,[3,3] = \frac{11}{12} = \mathfrak{w}^{(2)}_{3,5}$$

$$\mathfrak{w}\left\{[3,2]\,[6,3]\right\} = [3,2]\,[6,3] - [6,2]\,[3,3] = \frac{401}{360} = \mathfrak{w}^{(2)}_{3,6}$$

$$\mathfrak{w}\left\{[3,2]\,[7,3]\right\} = [3,2]\,[7,3] - [7,2]\,[3,3] = \frac{37}{30} = \mathfrak{w}^{(2)}_{3,7}$$

$$\mathfrak{w}\left\{[3,2]\,[8,3]\right\} = [3,2]\,[8,3] - [8,2]\,[3,3] = \frac{1097}{840} = \mathfrak{w}^{(2)}_{3,8}$$

$$\mathfrak{w}\left\{[3,2]\,[9,3]\right\} = [3,2]\,[9,3] - [9,2]\,[3,3] = \frac{20399}{15120} = \mathfrak{w}^{(2)}_{3,9}$$

$$\mathfrak{w}\left\{[3,2]\,[10,3]\right\} = [3,2]\,[10,3] - [10,2]\,[3,3] = \frac{9887}{7200} = \mathfrak{w}^{(2)}_{3,10}\,;$$

$$\mathfrak{w}\left\{[4,3]\,[5,4]\right\} = [4,3]\,[5,4] - [5,3]\,[4,4] = \frac{5}{4} = \mathfrak{w}^{(2)}_{4,5}$$

$$\mathfrak{w}\left\{[4,3]\,[6,4]\right\} = [4,3]\,[6,4] - [6,3]\,[4,4] = \frac{19}{8} = \mathfrak{w}^{(2)}_{4,6}$$

$$\mathfrak{w}\left\{[4,3]\,[7,4]\right\} = [4,3]\,[7,4] - [7,3]\,[4,4] = \frac{199}{60} = \mathfrak{w}^{(2)}_{4,7}$$

$$\mathfrak{w}\left\{[4,3]\,[8,4]\right\} = [4,3]\,[8,4] - [8,3]\,[4,4] = \frac{1963}{480} = \mathfrak{w}^{(2)}_{4,8}$$

$$\mathfrak{w}\left\{[4,3]\,[9,4]\right\} = [4,3]\,[9,4] - [9,3]\,[4,4] = \frac{14279}{3024} = \mathfrak{w}^{(2)}_{4,9}$$

$$\mathfrak{w}\left\{[4,3]\,[10,4]\right\} = [4,3]\,[10,4] - [10,3]\,[4,4] = \frac{52823}{10080} = \mathfrak{w}^{(2)}_{4,10}\,;$$

$$\mathfrak{W}\left\{[5,4]\,[6,5]\right\} = [5,4]\,[6,5] - [6,4]\,[5,5] = \frac{13}{6} = \mathfrak{W}^{(2)}_{5,6}$$

$$\mathfrak{W}\left\{[5,4]\,[7,5]\right\} = [5,4]\,[7,5] - [7,4]\,[5,5] = \frac{29}{6} = \mathfrak{W}^{(2)}_{5,7}$$

$$\mathfrak{W}\left\{[5,4]\,[8,5]\right\} = [5,4]\,[8,5] - [8,4]\,[5,5] = \frac{611}{80} = \mathfrak{W}^{(2)}_{5,8}$$

$$\mathfrak{W}\left\{[5,4]\,[9,5]\right\} = [5,4]\,[9,5] - [9,4]\,[5,5] = \frac{3743}{360} = \mathfrak{W}^{(2)}_{5,9}$$

$$\mathfrak{W}\left\{[5,4]\,[10,5]\right\} = [5,4]\,[10,5] - [10,4]\,[5,5] = \frac{196957}{15120} = \mathfrak{W}^{(2)}_{5,10};$$

$$\mathfrak{W}\left\{[6,5]\,[7,6]\right\} = [6,5]\,[7,6] - [7,5]\,[6,6] = \frac{10}{3} = \mathfrak{W}^{(2)}_{6,7}$$

$$\mathfrak{W}\left\{[6,5]\,[8,6]\right\} = [6,5]\,[8,6] - [8,5]\,[6,6] = \frac{205}{24} = \mathfrak{W}^{(2)}_{6,8}$$

$$\mathfrak{W}\left\{[6,5]\,[9,6]\right\} = [6,5]\,[9,6] - [9,5]\,[6,6] = \frac{2171}{144} = \mathfrak{W}^{(2)}_{6,9}$$

$$\mathfrak{W}\left\{[6,5]\,[10,6]\right\} = [6,5]\,[10,6] - [10,5]\,[6,6] = \frac{1079}{48} = \mathfrak{W}^{(2)}_{6,10};$$

$$\mathfrak{W}\left\{[7,6]\,[8,7]\right\} = [7,6]\,[8,7] - [8,6]\,[7,7] = \frac{19}{4} = \mathfrak{W}^{(2)}_{7,8}$$

$$\mathfrak{W}\left\{[7,6]\,[9,7]\right\} = [7,6]\,[9,7] - [9,6]\,[7,7] = \frac{55}{4} = \mathfrak{W}^{(2)}_{7,9}$$

$$\mathfrak{W}\left\{[7,6]\,[10,7]\right\} = [7,6]\,[10,7] - [10,6]\,[7,7] = \frac{6437}{240} = \mathfrak{W}^{(2)}_{7,10};$$

$$\mathfrak{W}\left\{[8,7]\,[9,8]\right\} = [8,7]\,[9,8] - [9,7]\,[8,8] = \frac{77}{12} = \mathfrak{W}^{(2)}_{8,9}.$$

$$\mathfrak{W}\left\{[8,7]\,[10,8]\right\} = [8,7]\,[10,8] - [10,7]\,[8,8] = \frac{497}{24} = \mathfrak{W}^{(2)}_{8,10};$$

$$\mathfrak{W}\left\{[9,8]\,[10,9]\right\} = [9,8]\,[10,9] - [10,8]\,[9,9] = \frac{25}{3} = \mathfrak{W}^{(2)}_{9,10}.$$

Suivant à présent la formule (441)″, on calculera, avec ces valeurs (442)′ des fonctions schins du second ordre, celles des fonctions schins du troisième ordre, que voici ... (442)″

$$\mathfrak{W}\left\{[2,1][3,2][4,3]\right\} = [4,3].\mathfrak{W}^{(2)}_{2,3} - [3,3].\mathfrak{W}^{(2)}_{2,4} = \frac{1}{24} = \mathfrak{W}^{(3)}_{2,4}$$

$$\mathfrak{W}\left\{[2,1][3,2][5,3]\right\} = [5,3].\mathfrak{W}^{(2)}_{2,3} - [3,3].\mathfrak{W}^{(2)}_{2,5} = \frac{3}{40} = \mathfrak{W}^{(3)}_{2,5}$$

$$\mathfrak{W}\left\{[2,1][3,2][6,3]\right\} = [6,3].\mathfrak{W}^{(2)}_{2,3} - [3,3].\mathfrak{W}^{(2)}_{2,6} = \frac{71}{720} = \mathfrak{W}^{(3)}_{2,6}$$

$$\mathfrak{W}\left\{[2,1][3,2][7,3]\right\} = [7,3].\mathfrak{W}^{(2)}_{2,3} - [3,3].\mathfrak{W}^{(2)}_{2,7} = \frac{29}{252} = \mathfrak{W}^{(3)}_{2,7}$$

$$\mathfrak{W}\left\{[2,1][3,2][8,3]\right\} = [8,3].\mathfrak{W}^{(2)}_{2,3} - [3,3].\mathfrak{W}^{(2)}_{2,8} = \frac{319}{2520} = \mathfrak{W}^{(3)}_{2,8}$$

$$\mathfrak{W}\left\{[2,1][3,2][9,3]\right\} = [9,3].\mathfrak{W}^{(2)}_{2,3} - [3,3].\mathfrak{W}^{(2)}_{2,9} = \frac{349}{2592} = \mathfrak{W}^{(3)}_{2,9}$$

$$\mathfrak{W}\left\{[2,1][3,2][10,3]\right\} = [10,3].\mathfrak{W}^{(2)}_{2,3} - [3,3].\mathfrak{W}^{(2)}_{2,10} = \frac{1571}{11200} = \mathfrak{W}^{(3)}_{2,10};$$

$$\mathfrak{W}\left\{[3,2][4,3][5,4]\right\} = [5,4].\mathfrak{W}^{(2)}_{3,4} - [4,4].\mathfrak{W}^{(2)}_{3,5} = \frac{1}{4} = \mathfrak{W}^{(3)}_{3,5}$$

$$\mathfrak{W}\left\{[3,2][4,3][6,4]\right\} = [6,4].\mathfrak{W}^{(2)}_{3,4} - [4,4].\mathfrak{W}^{(2)}_{3,6} = \frac{97}{180} = \mathfrak{W}^{(3)}_{3,6}$$

$$\mathfrak{W}\left\{[3,2][4,3][7,4]\right\} = [7,4].\mathfrak{W}^{(2)}_{3,4} - [4,4].\mathfrak{W}^{(2)}_{3,7} = \frac{97}{120} = \mathfrak{W}^{(3)}_{3,7}$$

$$\mathfrak{W}\left\{[3,2][4,3][8,4]\right\} = [8,4].\mathfrak{W}^{(2)}_{3,4} - [4,4].\mathfrak{W}^{(2)}_{3,8} = \frac{4211}{4032} = \mathfrak{W}^{(3)}_{3,8}$$

$$\mathfrak{W}\left\{[3,2][4,3][9,4]\right\} = [9,4].\mathfrak{W}^{(2)}_{3,4} - [4,4].\mathfrak{W}^{(2)}_{3,9} = \frac{1885}{1512} = \mathfrak{W}^{(3)}_{3,9}$$

$$\mathfrak{W}\left\{[3,2][4,3][10,4]\right\} = [10,4].\mathfrak{W}^{(2)}_{3,4} - [4,4].\mathfrak{W}^{(2)}_{3,10} = \frac{91937}{64800} = \mathfrak{W}^{(3)}_{3,10};$$

$$\mathfrak{W}\left\{[4,3][5,4][6,5]\right\} = [6,5].\mathfrak{W}^{(2)}_{4,5} - [5,5].\mathfrak{W}^{(2)}_{4,6} = \frac{3}{4} = \mathfrak{W}^{(3)}_{4,6}$$

$$\mathfrak{W}\left\{[4,3][5,4][7,5]\right\} = [7,5].\mathfrak{W}^{(2)}_{4,5} - [5,5].\mathfrak{W}^{(2)}_{4,7} = \frac{227}{120} = \mathfrak{W}^{(3)}_{4,7}$$

$$\mathfrak{W}\left\{[4,3][5,4][8,5]\right\} = [8,5].\mathfrak{W}^{(2)}_{4,5} - [5,5].\mathfrak{W}^{(2)}_{4,8} = \frac{1537}{480} = \mathfrak{W}^{(3)}_{4,8}$$

$$\mathfrak{W}\left\{[4,3][5,4][9,5]\right\} = [9,5].\mathfrak{W}^{(2)}_{4,5} - [5,5].\mathfrak{W}^{(2)}_{4,9} = \frac{55129}{12096} = \mathfrak{W}^{(3)}_{4,9}$$

$$\mathfrak{W}\left\{[4,3][5,4][10,5]\right\} = [10,5].\mathfrak{W}^{(2)}_{4,5} - [5,5].\mathfrak{W}^{(2)}_{4,10} = \frac{237583}{40320} = \mathfrak{W}^{(3)}_{4,10};$$

$$\text{ש}\left\{[5,4][6,5][7,6]\right\} = [7,6].\text{ש}^{(2)}_{5,6} - [6,6].\text{ש}^{(2)}_{5,7} = \frac{5}{3} = \text{ש}^{(3)}_{5,7}$$

$$\text{ש}\left\{[5,4][6,5][8,6]\right\} = [8,6].\text{ש}^{(2)}_{5,6} - [6,6].\text{ש}^{(2)}_{5,8} = \frac{1157}{240} = \text{ש}^{(3)}_{5,8}$$

$$\text{ש}\left\{[5,4][6,5][9,6]\right\} = [9,6].\text{ש}^{(2)}_{5,6} - [6,6].\text{ש}^{(2)}_{5,9} = \frac{3277}{360} = \text{ש}^{(3)}_{5,9}$$

$$\text{ש}\left\{[5,4][6,5][10,6]\right\} = [10,6].\text{ש}^{(2)}_{5,6} - [6,6].\text{ש}^{(2)}_{5,10} = \frac{85727}{6048} = \text{ש}^{(3)}_{5,10};$$

$$\text{ש}\left\{[6,5][7,6][8,7]\right\} = [8,7].\text{ש}^{(2)}_{6,7} - [7,7].\text{ש}^{(2)}_{6,8} = \frac{25}{8} = \text{ש}^{(3)}_{6,8}$$

$$\text{ש}\left\{[6,5][7,6][9,7]\right\} = [9,7].\text{ש}^{(2)}_{6,7} - [7,7].\text{ש}^{(2)}_{6,9} = \frac{1469}{144} = \text{ש}^{(3)}_{6,9}$$

$$\text{ש}\left\{[6,5][7,6][10,7]\right\} = [10,7].\text{ש}^{(2)}_{6,7} - [7,7].\text{ש}^{(2)}_{6,10} = \frac{1021}{48} = \text{ש}^{(3)}_{6,10};$$

$$\text{ש}\left\{[7,6][8,7][9,8]\right\} = [9,8].\text{ש}^{(2)}_{7,8} - [8,8].\text{ש}^{(2)}_{7,9} = \frac{21}{4} = \text{ש}^{(3)}_{7,9}$$

$$\text{ש}\left\{[7,6][8,7][10,8]\right\} = [10,8].\text{ש}^{(2)}_{7,8} - [8,8].\text{ש}^{(2)}_{7,10} = \frac{4583}{240} = \text{ש}^{(3)}_{7,10};$$

$$\text{ש}\left\{[8,7][9,8][10,9]\right\} = [10,9].\text{ש}^{(2)}_{8,9} - [9,9].\text{ש}^{(2)}_{8,10} = \frac{49}{6} = \text{ש}^{(3)}_{8,10}.$$

Suivant de nouveau la formule $(441)''$, on calculera, avec ces valeurs $(442)''$ des fonctions schins du troisième ordre, celles des fonctions schins du quatrième ordre, que voici ... $(442)'''$

$$\text{ש}\left\{[2,1][3,2][4,3][5,4]\right\} = [5,4].\text{ש}^{(3)}_{2,4} - [4,4].\text{ש}^{(3)}_{2,5} = \frac{1}{120} = \text{ש}^{(4)}_{2,5}$$

$$\text{ש}\left\{[2,1][3,2][4,3][6,4]\right\} = [6,4].\text{ש}^{(3)}_{2,4} - [4,4].\text{ש}^{(3)}_{2,6} = \frac{7}{360} = \text{ש}^{(4)}_{2,6}$$

$$\text{ש}\left\{[2,1][3,2][4,3][7,4]\right\} = [7,4].\text{ש}^{(3)}_{2,4} - [4,4].\text{ש}^{(3)}_{2,7} = \frac{31}{1008} = \text{ש}^{(4)}_{2,7}$$

$$\text{ש}\left\{[2,1][3,2][4,3][8,4]\right\} = [8,4].\text{ש}^{()}_{2,4} - [4,4].\text{ש}^{(3)}_{2,8} = \frac{37}{896} = \text{ש}^{(4)}_{2,8}$$

$$\text{ש}\left\{[2,1][3,2][4,3][9,4]\right\} = [9,4].\text{ש}^{(3)}_{2,4} - [4,4].\text{ש}^{(3)}_{2,9} = \frac{329}{6480} = \text{ש}^{(4)}_{2,9}$$

$$\mathfrak{W}\Big\{[2,1][3,2][4,3][10,4]\Big\} = [10,4].\mathfrak{W}^{(3)}_{2,4} - [4,4].\mathfrak{W}^{(3)}_{2,10} = \frac{7667}{129600} = \mathfrak{W}^{(4)}_{2,10};$$

$$\mathfrak{W}\Big\{[3,2][4,3][5,4][6,5]\Big\} = [6,5].\mathfrak{W}^{(3)}_{3,5} - [5,5].\mathfrak{W}^{(3)}_{3,6} = \frac{31}{360} = \mathfrak{W}^{(4)}_{3,6}$$

$$\mathfrak{W}\Big\{[3,2][4,3][5,4][7,5]\Big\} = [7,5].\mathfrak{W}^{(3)}_{3,5} - [5,5].\mathfrak{W}^{(3)}_{3,7} = \frac{7}{30} = \mathfrak{W}^{(4)}_{3,7}$$

$$\mathfrak{W}\Big\{[3,2][4,3][5,4][8,5]\Big\} = [8,5].\mathfrak{W}^{(3)}_{3,5} - [5,5].\mathfrak{W}^{(3)}_{3,8} = \frac{1669}{4032} = \mathfrak{W}^{(4)}_{3,8}$$

$$\mathfrak{W}\Big\{[3,2][4,3][5,4][9,5]\Big\} = [9,5].\mathfrak{W}^{(3)}_{3,5} - [5,5].\mathfrak{W}^{(3)}_{3,9} = \frac{7369}{12096} = \mathfrak{W}^{(4)}_{3,9}$$

$$\mathfrak{W}\Big\{[3,2][4,3][5,4][10,5]\Big\} = [10,5].\mathfrak{W}^{(3)}_{3,5} - [5,5].\mathfrak{W}^{(3)}_{3,10} = \frac{209377}{259200} = \mathfrak{W}^{(4)}_{3,10};$$

$$\mathfrak{W}\Big\{[4,3][5,4][6,5][7,6]\Big\} = [7,6].\mathfrak{W}^{(3)}_{4,6} - [6,6].\mathfrak{W}^{(3)}_{4,7} = \frac{43}{120} = \mathfrak{W}^{(4)}_{4,7}$$

$$\mathfrak{W}\Big\{[4,3][5,4][6,5][8,6]\Big\} = [8,6].\mathfrak{W}^{(3)}_{4,6} - [6,6].\mathfrak{W}^{(3)}_{4,8} = \frac{533}{480} = \mathfrak{W}^{(4)}_{4,8}$$

$$\mathfrak{W}\Big\{[4,3][5,4][6,5][9,6]\Big\} = [9,6].\mathfrak{W}^{(3)}_{4,6} - [6,6].\mathfrak{W}^{(3)}_{4,9} = \frac{26519}{12096} = \mathfrak{W}^{(4)}_{4,9}$$

$$\mathfrak{W}\Big\{[4,3][5,4][6,5][10,6]\Big\} = [10,6].\mathfrak{W}^{(3)}_{4,6} - [6,6].\mathfrak{W}^{(3)}_{4,10} = \frac{28411}{8064} = \mathfrak{W}^{(4)}_{4,10};$$

$$\mathfrak{W}\Big\{[5,4][6,5][7,6][8,7]\Big\} = [8,7].\mathfrak{W}^{(3)}_{5,7} - [7,7].\mathfrak{W}^{(3)}_{5,8} = \frac{81}{80} = \mathfrak{W}^{(4)}_{5,8}$$

$$\mathfrak{W}\Big\{[5,4][6,5][7,6][9,7]\Big\} = [9,7].\mathfrak{W}^{(3)}_{5,7} - [7,7].\mathfrak{W}^{(3)}_{5,9} = \frac{1273}{360} = \mathfrak{W}^{(4)}_{5,9}$$

$$\mathfrak{W}\Big\{[5,4][6,5][7,6][10,7]\Big\} = [10,7].\mathfrak{W}^{(3)}_{5,7} - [7,7].\mathfrak{W}^{(3)}_{5,10} = \frac{46573}{6048} = \mathfrak{W}^{(4)}_{5,10};$$

$$\mathfrak{W}\Big\{[6,5][7,6][8,7][9,8]\Big\} = [9,8].\mathfrak{W}^{(3)}_{6,8} - [8,8].\mathfrak{W}^{(3)}_{6,9} = \frac{331}{144} = \mathfrak{W}^{(4)}_{6,9}$$

$$\mathfrak{W}\Big\{[6,5][7,6][8,7][10,8]\Big\} = [10,8].\mathfrak{W}^{(3)}_{6,8} - [8,8].\mathfrak{W}^{(3)}_{6,10} = \frac{143}{16} = \mathfrak{W}^{(4)}_{6,10};$$

$$\mathfrak{W}\Big\{[7,6][8,7][9,8][10,9]\Big\} = [10,9].\mathfrak{W}^{(3)}_{7,9} - [9,9].\mathfrak{W}^{(5)}_{7,10} = \frac{1087}{240} = \mathfrak{W}^{(4)}_{7,10}.$$

La même formule $(441)''$ donnera maintenant, avec ces dernières valeurs $(442)'''$, celles des fonctions schins du cinquième ordre, que voici ... $(442)^{\text{IV}}$

$$\text{ש}\left\{[2,1][3,2][4,3][5,4][6,5]\right\} = [6,5].\text{ש}^{(4)}_{2,5} - [5,5].\text{ש}^{(4)}_{2,6} = \frac{1}{720} = \text{ש}^{(5)}_{2,6}$$

$$\text{ש}\left\{[2,1][3,2][4,3][5,4][7,5]\right\} = [7,5].\text{ש}^{(4)}_{2,5} - [5,5].\text{ש}^{(4)}_{2,7} = \frac{1}{252} = \text{ש}^{(5)}_{2,7}$$

$$\text{ש}\left\{[2,1][3,2][4,3][5,4][8,5]\right\} = [8,5].\text{ש}^{(4)}_{2,5} - [5,5].\text{ש}^{(4)}_{2,8} = \frac{59}{8064} = \text{ש}^{(5)}_{2,8}$$

$$\text{ש}\left\{[2,1][3,2][4,3][5,4][9,5]\right\} = [9,5].\text{ש}^{(4)}_{2,5} - [5,5].\text{ש}^{(4)}_{2,9} = \frac{115}{10368} = \text{ש}^{(5)}_{2,9}$$

$$\text{ש}\left\{[2,1][3,2][4,3][5,4][10,5]\right\} = [10,5].\text{ש}^{(4)}_{2,5} - [5,5].\text{ש}^{(4)}_{2,10} = \frac{7807}{518400} = \text{ש}^{(5)}_{2,10};$$

$$\text{ש}\left\{[3,2][4,3][5,4][6,5][7,6]\right\} = [7,6].\text{ש}^{(4)}_{3,6} - [6,6].\text{ש}^{(4)}_{3,7} = \frac{1}{40} = \text{ש}^{(5)}_{3,7}$$

$$\text{ש}\left\{[3,2][4,3][5,4][6,5][8,6]\right\} = [8,6].\text{ש}^{(4)}_{3,6} - [6,6].\text{ש}^{(4)}_{3,8} = \frac{1637}{20160} = \text{ש}^{(5)}_{3,8}$$

$$\text{ש}\left\{[3,2][4,3][5,4][6,5][9,6]\right\} = [9,6].\text{ש}^{(4)}_{3,6} - [6,6].\text{ש}^{(4)}_{3,9} = \frac{10027}{60480} = \text{ש}^{(5)}_{3,9}$$

$$\text{ש}\left\{[3,2][4,3][5,4][6,5][10,6]\right\} = [10,6].\text{ש}^{(4)}_{3,6} - [6,6].\text{ש}^{(4)}_{3,10} = \frac{4427}{16200} = \text{ש}^{(5)}_{3,10};$$

$$\text{ש}\left\{[4,3][5,4][6,5][7,6][8,7]\right\} = [8,7].\text{ש}^{(4)}_{4,7} - [7,7].\text{ש}^{(4)}_{4,8} = \frac{23}{160} = \text{ש}^{(5)}_{4,8}$$

$$\text{ש}\left\{[4,3][5,4][6,5][7,6][9,7]\right\} = [9,7].\text{ש}^{(4)}_{4,7} - [7,7].\text{ש}^{(4)}_{4,9} = \frac{31751}{60480} = \text{ש}^{(5)}_{4,9}$$

$$\text{ש}\left\{[4,3][5,4][6,5][7,6][10,7]\right\} = [10,7].\text{ש}^{(4)}_{4,7} - [7,7].\text{ש}^{(4)}_{4,10} = \frac{9515}{8064} = \text{ש}^{(5)}_{4,10};$$

$$\text{ש}\left\{[5,4][6,5][7,6][8,7][9,8]\right\} = [9,8].\text{ש}^{(4)}_{5,8} - [8,8].\text{ש}^{(4)}_{5,9} = \frac{37}{72} = \text{ש}^{(5)}_{5,9}$$

$$\text{ש}\left\{[5,4][6,5][7,6][8,7][10,8]\right\} = [10,8].\text{ש}^{(4)}_{5,8} - [8,8].\text{ש}^{(4)}_{5,10} = \frac{63109}{30240} = \text{ש}^{(5)}_{5,10};$$

$$\text{ש}\left\{[6,5][7,6][8,7][9,8][10,9]\right\} = [10,9].\text{ש}^{(4)}_{6,9} - [9,9].\text{ש}^{(4)}_{6,10} = \frac{45}{32} = \text{ש}^{(5)}_{6,10}.$$

La formule $(441)''$ donnera ensuite, avec les dernières valeurs $(442)^{\text{IV}}$, celles des fonctions schins du sixième ordre, que voici ... $(442)^{\text{V}}$

$$\mathfrak{W}\left\{[2,1][3,2]\ldots[6,5][7,6]\right\}=[7,6].\mathfrak{W}^{(5)}_{2,6}-[6,6].\mathfrak{W}^{(5)}_{2,7}=\frac{1}{5040}=\mathfrak{W}^{(6)}_{2,7}$$

$$\mathfrak{W}\left\{[2,1][3,2]\ldots[6,5][8,6]\right\}=[8,6].\mathfrak{W}^{(5)}_{2,6}-[6,6].\mathfrak{W}^{(5)}_{2,8}=\frac{3}{4480}=\mathfrak{W}^{(6)}_{2,8}$$

$$\mathfrak{W}\left\{[2,1][3,2]\ldots[6,5][9,6]\right\}=[9,6].\mathfrak{W}^{(5)}_{2,6}-[6,6].\mathfrak{W}^{(5)}_{2,9}=\frac{73}{51840}=\mathfrak{W}^{(6)}_{2,9}$$

$$\mathfrak{W}\left\{[2,1][3,2]\ldots[6,5][10,6]\right\}=[10,6].\mathfrak{W}^{(5)}_{2,6}-[6,6].\mathfrak{W}^{(5)}_{2,10}=\frac{77}{32400}=\mathfrak{W}^{(6)}_{2,10};$$

$$\mathfrak{W}\left\{[3,2][4,3]\ldots[7,6][8,7]\right\}=[8,7].\mathfrak{W}^{(5)}_{3,7}-[7,7].\mathfrak{W}^{(5)}_{3,8}=\frac{127}{20160}=\mathfrak{W}^{(6)}_{3,8}$$

$$\mathfrak{W}\left\{[3,2][4,3]\ldots[7,6][9,7]\right\}=[9,7].\mathfrak{W}^{(5)}_{3,7}-[7,7].\mathfrak{W}^{(5)}_{3,9}=\frac{1439}{60480}=\mathfrak{W}^{(6)}_{3,9}$$

$$\mathfrak{W}\left\{[3,2][4,3]\ldots[7,6][10,7]\right\}=[10,7].\mathfrak{W}^{(5)}_{3,7}-[7,7].\mathfrak{W}^{(5)}_{3,10}=\frac{7109}{129600}=\mathfrak{W}^{(6)}_{3,10};$$

$$\mathfrak{W}\left\{[4,3][5,4]\ldots[8,7][9,8]\right\}=[9,8].\mathfrak{W}^{(5)}_{4,8}-[8,8].\mathfrak{W}^{(5)}_{4,9}=\frac{605}{12096}=\mathfrak{W}^{(6)}_{4,9}$$

$$\mathfrak{W}\left\{[4,3][5,4]\ldots[8,7][10,8]\right\}=[10,8].\mathfrak{W}^{(5)}_{4,8}-[8,8].\mathfrak{W}^{(5)}_{4,10}=\frac{8453}{40320}=\mathfrak{W}^{(6)}_{4,10};$$

$$\mathfrak{W}\left\{[5,4][6,5]\ldots[9,8][10,9]\right\}=[10,9].\mathfrak{W}^{(5)}_{5,9}-[9,9].\mathfrak{W}^{(5)}_{5,10}=\frac{6821}{30240}=\mathfrak{W}^{(6)}_{5,10}.$$

La formule $(441)''$ donnera de même les valeurs des fonctions schins du septième ordre ... $(442)^{\text{VI}}$

$$\mathfrak{W}\left\{[2,1][3,2]\ldots[7,6][8,7]\right\}=[8,7].\mathfrak{W}^{(6)}_{2,7}-[7,7].\mathfrak{W}^{(6)}_{2,8}=\frac{1}{40320}=\mathfrak{W}^{(7)}_{2,8}$$

$$\mathfrak{W}\left\{[2,1][3,2]\ldots[7,6][9,7]\right\}=[9,7].\mathfrak{W}^{(6)}_{2,7}-[7,7].\mathfrak{W}^{(6)}_{2,9}=\frac{1}{10368}=\mathfrak{W}^{(7)}_{2,9}$$

$$\mathfrak{W}\left\{[2,1][3,2]\ldots[7,6][10,7]\right\}=[10,7].\mathfrak{W}^{(6)}_{2,7}-[7,7].\mathfrak{W}^{(6)}_{2,10}=\frac{59}{259200}=\mathfrak{W}^{(7)}_{2,10};$$

$$\mathfrak{W}\Big\{[3,2][4,3]\ldots[8,7][9,8]\Big\} = [9,8].\mathfrak{W}^{(6)}_{3,8} - [8,8].\mathfrak{W}^{(6)}_{3,9} = \frac{17}{12096} = \mathfrak{W}^{(7)}_{3,9}$$

$$\mathfrak{W}\Big\{[3,2][4,3]\ldots[8,7][10,8]\Big\} = [10,8].\mathfrak{W}^{(6)}_{3,8} - [8,8].\mathfrak{W}^{(6)}_{3,10} = \frac{2741}{453600} = \mathfrak{W}^{(7)}_{3,10};$$

$$\mathfrak{W}\Big\{[4,3][5,4]\ldots[9,8][10,9]\Big\} = [10,9].\mathfrak{W}^{(6)}_{4,9} - [9,9].\mathfrak{W}^{(6)}_{4,10} = \frac{311}{20160} = \mathfrak{W}^{(7)}_{4,10}.$$

La formule (441)″ donnera ensuite, toujours de même, les valeurs des fonctions schins du huitième ordre ... $(442)^{\text{VII}}$

$$\mathfrak{W}\Big\{[2,1][3,2]\ldots[8,7][9,8]\Big\} = [9,8].\mathfrak{W}^{(7)}_{2,8} - [8,8].\mathfrak{W}^{(7)}_{2,9} = \frac{1}{362880} = \mathfrak{W}^{(8)}_{2,9}$$

$$\mathfrak{W}\Big\{[2,1][3,2]\ldots[8,7][10,8]\Big\} = [10,8].\mathfrak{W}^{(7)}_{2,8} - [8,8].\mathfrak{W}^{(7)}_{2,10} = \frac{11}{907200} = \mathfrak{W}^{(8)}_{2,10};$$

$$\mathfrak{W}\Big\{[3,2][4,3]\ldots[9,8][10,9]\Big\} = [10,9].\mathfrak{W}^{(7)}_{3,9} - [9,9].\mathfrak{W}^{(7)}_{3,10} = \frac{73}{259200} = \mathfrak{W}^{(8)}_{3,10}.$$

La formule (441)″ donnera enfin la valeur de la fonction schin du neuvième ordre ... $(442)^{\text{VIII}}$

$$\mathfrak{W}\Big\{[2,1][3,2]\ldots[9,8][10,9]\Big\} = [10,9].\mathfrak{W}^{(8)}_{2,9} - [9,9].\mathfrak{W}^{(8)}_{2,10} = \frac{1}{3628800} = \mathfrak{W}^{(9)}_{2,10}.$$

Ainsi, on obtient médiatement, les unes par les autres, les valeurs successives de celles des fonctions schins qui entrent dans la construction de la loi fondamentale des Séries, et qui, pour le cas présent (434), sont ... (443)

$$\mathfrak{W}^{(2)}_{2,3} = \frac{1}{6},\quad \mathfrak{W}^{(2)}_{3,4} = \frac{7}{12},\quad \mathfrak{W}^{(2)}_{4,5} = \frac{5}{4},\quad \mathfrak{W}^{(2)}_{5,6} = \frac{13}{6},\quad \mathfrak{W}^{(2)}_{6,7} = \frac{10}{3},$$
$$\mathfrak{W}^{(2)}_{7,8} = \frac{19}{4},\quad \mathfrak{W}^{(2)}_{8,9} = \frac{77}{12},\quad \mathfrak{W}^{(2)}_{9,10} = \frac{25}{3};$$

$$\mathfrak{W}^{(3)}_{2,4} = \frac{1}{24},\quad \mathfrak{W}^{(3)}_{3,5} = \frac{1}{4},\quad \mathfrak{W}^{(3)}_{4,6} = \frac{3}{4},\quad \mathfrak{W}^{(3)}_{5,7} = \frac{5}{3},\quad \mathfrak{W}^{(3)}_{6,8} = \frac{25}{8},$$
$$\mathfrak{W}^{(3)}_{7,9} = \frac{21}{4},\quad \mathfrak{W}^{(3)}_{8,10} = \frac{49}{6};$$

$\mathfrak{W}^{(4)}_{2,5} = \frac{1}{120}$, $\mathfrak{W}^{(4)}_{3,6} = \frac{31}{360}$, $\mathfrak{W}^{(4)}_{4,7} = \frac{43}{120}$, $\mathfrak{W}^{(4)}_{5,8} = \frac{81}{80}$, $\mathfrak{W}^{(4)}_{6,9} = \frac{331}{144}$, $\mathfrak{W}^{(4)}_{7,10} = \frac{1087}{240}$;

$\mathfrak{W}^{(5)}_{2,6} = \frac{1}{720}$, $\mathfrak{W}^{(5)}_{3,7} = \frac{1}{40}$, $\mathfrak{W}^{(5)}_{4,8} = \frac{23}{160}$, $\mathfrak{W}^{(5)}_{5,9} = \frac{37}{72}$, $\mathfrak{W}^{(5)}_{6,10} = \frac{45}{32}$;

$\mathfrak{W}^{(6)}_{2,7} = \frac{1}{5040}$, $\mathfrak{W}^{(6)}_{3,8} = \frac{127}{20160}$, $\mathfrak{W}^{(6)}_{4,9} = \frac{605}{12096}$, $\mathfrak{W}^{(6)}_{5,10} = \frac{6821}{30240}$;

$\mathfrak{W}^{(7)}_{2,8} = \frac{1}{40320}$, $\mathfrak{W}^{(7)}_{3,9} = \frac{17}{12096}$, $\mathfrak{W}^{(7)}_{4,10} = \frac{311}{20160}$;

$\mathfrak{W}^{(8)}_{2,9} = \frac{1}{362880}$, $\mathfrak{W}^{(8)}_{3,10} = \frac{73}{259200}$;

$\mathfrak{W}^{(9)}_{2,10} = \frac{1}{3628800}$.

Ces valeurs, étant substituées dans la loi (434) à la place des fonctions schins correspondantes, donneront les dix premiers coefficiens A_1, A_2, A_3, ... A_{10} pour la seconde Série spéciale (434)'. — Les cinq premiers de ces coefficiens se retrouveront les mêmes que ceux calculés plus haut sous la marque (434)^{IV}; et les cinq derniers seront ... (443)'

$$A_6 = \mathfrak{A}_6 . \left(\frac{1+ka}{k}\right)^6 + \frac{5}{2} . \mathfrak{A}_5 . \left(\frac{1+ka}{k}\right)^5 + \frac{13}{6} . \mathfrak{A}_4 . \left(\frac{1+ka}{k}\right)^4 + \\ + \frac{3}{4} . \mathfrak{A}_3 . \left(\frac{1+ka}{k}\right)^3 + \frac{31}{360} . \mathfrak{A}_2 . \left(\frac{1+ka}{k}\right)^2 + \frac{1}{720} . \mathfrak{A}_1 . \frac{1+ka}{k};$$

$$A_7 = \mathfrak{A}_7 . \left(\frac{1+ka}{k}\right)^7 + 3 . \mathfrak{A}_6 . \left(\frac{1+ka}{k}\right)^6 + \frac{10}{3} . \mathfrak{A}_5 . \left(\frac{1+ka}{k}\right)^5 + \\ + \frac{5}{3} . \mathfrak{A}_4 . \left(\frac{1+ka}{k}\right)^4 + \frac{43}{120} . \mathfrak{A}_3 . \left(\frac{1+ka}{k}\right)^3 + \frac{1}{40} . \mathfrak{A}_2 . \left(\frac{1+ka}{k}\right)^2 + \\ + \frac{1}{5040} . \mathfrak{A}_1 . \frac{1+ka}{k};$$

$$A_8 = \mathfrak{A}_8.\left(\frac{1+ka}{k}\right)^8 + \frac{7}{2}.\mathfrak{A}_7.\left(\frac{1+ka}{k}\right)^7 + \frac{19}{4}.\mathfrak{A}_6.\left(\frac{1+ka}{k}\right)^6 +$$
$$+ \frac{25}{8}.\mathfrak{A}_5.\left(\frac{1+ka}{k}\right)^5 + \frac{81}{80}.\mathfrak{A}_4.\left(\frac{1+ka}{k}\right)^4 + \frac{23}{160}.\mathfrak{A}_3.\left(\frac{1+ka}{k}\right)^3 +$$
$$+ \frac{127}{20160}.\mathfrak{A}_2.\left(\frac{1+ka}{k}\right)^2 + \frac{1}{40320}.\mathfrak{A}_1.\frac{1+ka}{k};$$

$$A_9 = \mathfrak{A}_9.\left(\frac{1+ka}{k}\right)^9 + 4.\mathfrak{A}_8.\left(\frac{1+ka}{k}\right)^8 + \frac{77}{12}.\mathfrak{A}_7.\left(\frac{1+ka}{k}\right)^7 +$$
$$+ \frac{21}{4}.\mathfrak{A}_6.\left(\frac{1+ka}{k}\right)^6 + \frac{331}{144}.\mathfrak{A}_5.\left(\frac{1+ka}{k}\right)^5 + \frac{37}{72}.\mathfrak{A}_4.\left(\frac{1+ka}{k}\right)^4 +$$
$$+ \frac{605}{12096}.\mathfrak{A}_3.\left(\frac{1+ka}{k}\right)^3 + \frac{17}{12096}.\mathfrak{A}_2.\left(\frac{1+ka}{k}\right)^2 + \frac{1}{362880}.\mathfrak{A}_1.\frac{1+ka}{k};$$

$$A_{10} = \mathfrak{A}_{10}.\left(\frac{1+ka}{k}\right)^{10} + \frac{9}{2}.\mathfrak{A}_9.\left(\frac{1+ka}{k}\right)^9 + \frac{25}{3}.\mathfrak{A}_8.\left(\frac{1+ka}{k}\right)^8 +$$
$$+ \frac{49}{6}.\mathfrak{A}_7.\left(\frac{1+ka}{k}\right)^7 + \frac{1087}{240}.\mathfrak{A}_6.\left(\frac{1+ka}{k}\right)^6 + \frac{45}{32}.\mathfrak{A}_5.\left(\frac{1+ka}{k}\right)^5 +$$
$$+ \frac{6821}{30240}.\mathfrak{A}_4.\left(\frac{1+ka}{k}\right)^4 + \frac{311}{20160}.\mathfrak{A}_3.\left(\frac{1+ka}{k}\right)^3 + \frac{73}{259200}.\mathfrak{A}_2.\left(\frac{1+ka}{k}\right)^2$$
$$+ \frac{1}{3628800}.\mathfrak{A}_1.\frac{1+ka}{k}.$$

Voici maintenant le moyen de la vérification de ce développement médiat ou de ce calcul (442)', (442)'', (442)''', etc. des fonctions schins des ordres consécutifs; moyen qui, comme nous l'avons déjà dit, se trouve ici donné à priori par la génération théorique des fonctions. — En faisant $a = 1$ et $k = \infty$ dans la Série spéciale (434)' que nous avons choisie pour exemple, elle prendra la forme ... (444)

$$Fx = F(1) + A_1.Lx + A_2.(Lx)^2 + A_3.(Lx)^3 + \text{etc., etc.},$$

et elle présentera ainsi la génération technique de toute fonction Fx moyennant le logarithme de la variable x. Et, dans ce cas, en nous servant de la notation (443), c'est-à-dire, en faisant généralement ... (444)'

$$\mathfrak{W}^{(\rho)}_{(\mu-\rho+1,\mu)} = \mathfrak{W}\left\{\begin{matrix}[\nu(\mu-\rho+1),\mu-\rho].[\nu(\mu-\rho+2),\mu-\rho+1]\times \\ \times[\nu(\mu-\rho+3),\mu-\rho+2]\ldots\ldots[\nu\mu,\mu-1]\end{matrix}\right\},$$

la loi (434) donnera, pour la Série présente (444), la loi particulière ... (444)''

$$A_\mu = \mathfrak{A}_\mu + \mathfrak{A}_{\mu-1}.\mathfrak{W}^{(1)}_{(\mu,\mu)} + \mathfrak{A}_{\mu-2}.\mathfrak{W}^{(2)}_{(\mu-1,\mu)} + \mathfrak{A}_{\mu-3}.\mathfrak{W}^{(3)}_{(\mu-2,\mu)}$$
$$+ \mathfrak{A}_{\mu-4}.\mathfrak{W}^{(4)}_{(\mu-3,\mu)}\ldots\ldots + \mathfrak{A}_1.\mathfrak{W}^{(\mu-1)}_{(2,\mu)};$$

les quantités $\mathfrak{A}_1$, $\mathfrak{A}_2$, $\mathfrak{A}_3$, etc. étant les coefficiens dans le développement élémentaire ... (444)'''

$$Fx = \mathfrak{A}_0 + \mathfrak{A}_1.(x-1) + \mathfrak{A}_2.(x-1)^2 + \mathfrak{A}_3.(x-1)^3 + \text{etc., etc.}$$

Ainsi, lorsque la fonction Fx est la puissance x^m, on aura ... (445)

$$\mathfrak{A}_1 = \frac{m}{1},\quad \mathfrak{A}_2 = \frac{m^{2|-1}}{1^{2|1}},\quad \mathfrak{A}_3 = \frac{m^{3|-1}}{1^{3|1}},\quad \mathfrak{A}_4 = \frac{m^{4|-1}}{1^{4|1}},\quad \text{etc.};$$

et la loi (444)'' donnera ... (445)'

$$A_\mu = \frac{m}{1}.\mathfrak{W}^{(\mu-1)}_{(2,\mu)} + \frac{m^{2|-1}}{1^{2|1}}.\mathfrak{W}^{(\mu-2)}_{(3,\mu)} + \frac{m^{3|-1}}{1^{3|1}}.\mathfrak{W}^{(\mu-3)}_{(4,\mu)} +$$
$$+ \frac{m^{4|-1}}{1^{4|1}}.\mathfrak{W}^{(\mu-4)}_{(5,\mu)}\ldots\ldots + \frac{m^{(\mu-1)|-1}}{1^{(\mu-1)|1}}.\mathfrak{W}^{(1)}_{(\mu,\mu)} + \frac{m^{\mu|-1}}{1^{\mu|1}},$$

pour l'expression générale des coefficiens de la Série ... (445)''

$$x^m = 1 + A_1.Lx + A_2.(Lx)^2 + A_3.(Lx)^3 + \text{etc., etc.}$$

Mais, en vertu de la génération par graduation de toute quantité X, on a ... (445)'''

$$X = \left(1 + LX.\frac{1}{\infty}\right)^\infty = 1 + \frac{1}{1}.LX + \frac{1}{1.2}.(LX)^2 +$$
$$+ \frac{1}{1.2.3}.(LX)^3 + \text{etc., etc.}$$

Donc, faisant $X = x^m$, il viendra ... $(445)^{\text{IV}}$

$$x^m = 1 + \frac{m}{1} . Lx + \frac{m^2}{1^{2|1}} . (Lx)^2 + \frac{m^3}{1^{3|1}} . (Lx)^3 + \text{etc., etc.};$$

et, comparant l'expression générale $\frac{m^\mu}{1^{\mu|1}}$ des coefficiens dans cette Série, avec l'expression générale $(445)'$ des coefficiens dans la Série identique $(445)''$, on obtiendra l'égalité générale ... $(445)^{\text{V}}$

$$\frac{m^\mu}{1^{\mu|1}} = \frac{m}{1} . \mathfrak{W}^{(\mu-1)}_{(2,\mu)} + \frac{m^{2|-1}}{1^{2|1}} . \mathfrak{W}^{(\mu-2)}_{(3,\mu)} + \frac{m^{3|-1}}{1^{3|1}} . \mathfrak{W}^{(\mu-3)}_{(4,\mu)}$$
$$+ \frac{m^{4|-1}}{1^{4|1}} . \mathfrak{W}^{(\mu-4)}_{(5,\mu)} \quad \cdots\cdots \quad + \frac{m^{(\mu-1)|-1}}{1^{(\mu-1)|1}} . \mathfrak{W}^{(1)}_{(\mu,\mu)} + \frac{m^{\mu|-1}}{1^{\mu|1}},$$

dans laquelle la quantité m est un nombre arbitraire. Ainsi, prenant pour m les nombres naturels successifs 1, 2, 3, 4, etc., il viendra autant de relations particulières, savoir ... $(445)^{\text{VI}}$

$$\frac{1}{1^{\mu|1}} = \mathfrak{W}^{(\mu-1)}_{(2,\mu)}$$

$$\frac{2^\mu}{1^{\mu|1}} = 2 . \mathfrak{W}^{(\mu-1)}_{(2,\mu)} + \mathfrak{W}^{(\mu-2)}_{(3,\mu)}$$

$$\frac{3^\mu}{1^{\mu|1}} = 3 . \mathfrak{W}^{(\mu-1)}_{(2,\mu)} + 3 . \mathfrak{W}^{(\mu-2)}_{(3,\mu)} + \mathfrak{W}^{(\mu-3)}_{(4,\mu)}$$

$$\frac{4^\mu}{1^{\mu|1}} = 4 . \mathfrak{W}^{(\mu-1)}_{(2,\mu)} + 6 . \mathfrak{W}^{(\mu-2)}_{(3,\mu)} + 4 . \mathfrak{W}^{(\mu-3)}_{(4,\mu)} + \mathfrak{W}^{(\mu-4)}_{(5,\mu)}$$

etc., etc.

Et, ce seront là les relations qui serviront à déterminer les valeurs (443) des quantités $\mathfrak{W}^{(\iota)}_{(\mu-\rho+1,\mu)}$ que forment les fonctions schins dans la loi (434) dont il s'agit. On aura donc par là à priori un moyen simple et général pour la vérification du développement médiat ou

des calculs précédens (442)', (442)'', (442)''', etc. des fonctions schins entrant dans la seconde des quatre lois spéciales (432), (434), (436), et (438), qui nous occupent présentement. — Mais, il ne faut pas perdre de vue que nous n'avons proprement donné ici ces calculs que pour éclaircir, par un exemple simple et susceptible de vérification, le procédé général (441)'' du développement médiat ou du calcul le plus convenable des fonctions schins spéciales qui entrent dans la Loi fondamentale des Séries; car, pour l'évaluation définitive des termes consécutifs de la Série (434)' à laquelle appartient cette seconde loi (434), nous trouverons peut-être une réduction ou une simplification ultérieure de cette loi, en examinant l'application des autres lois systématiques (226) et (237) à la même Série (434)', comme nous en avons plus haut reconnu la possibilité, et comme nous nous sommes proposé de le faire pour les trois premières Séries spéciales (432)', (434)', et (436)'. — Nous allons actuellement aborder cet examen.

Prenons, en premier lieu, le système des lois exposées dans le tableau architectonique (226); et appliquons ces lois successivement aux trois Séries spéciales (432)', (434)', et (436)', dont il est question. — La loi initiale (171) ne présente, dans cette application, aucune réduction; parce que la fonction Fx qu'il s'agit de développer, n'est point donnée. — La loi relative (193)', sur laquelle se fonde la transformation de l'expression (438) en (439), ne donne non plus, dans l'application présente, aucune réduction; parce que les mesures génératrices sont ici des fonctions propres, et non, comme dans la Série (439)', des fonctions purement impropres pour lesquelles cette loi (193)' peut donner les derniers termes, comme nous l'avons vu à l'occasion de l'expression (440)''. — La loi contingente (210)' ou (210)'' n'est généralement applicable avec succès que lorsque les polynomes auxiliaires (208)' ou (210)''' et leurs puissances sont donnés d'ailleurs; ce qui n'est pas le cas présent. — Ainsi, en considérant les Séries proposées (432)', (434)', et (436)', sous leur forme directe (166) ou (309)', la loi fondamentale (166)'' ou (420) est celle qui, dans le système de lois (226) correspondant à cette forme directe (166), donne nécessairement la plus grande simplicité dans leur application à ces Séries proposées. Et, c'est précisément de l'application de cette loi fondamentale (166)'' ou (420) que résultent les lois spéciales (432), (434), et (436), que nous avons déduites plus haut.

Prenons, en second lieu, le système des lois exposées sous les marques (254) et (258), qui régissent la forme indirecte (253) ou (309) des Séries primitives; et considérant, d'une part, que nous n'avons ici qu'une seule variable, et de l'autre part, que la loi absolue dans ce second système doit également présenter ici la plus grande simplicité, examinons immédiatement l'application de la loi absolue particulière (263) ou (263)' aux trois Séries spéciales (432)', (434)', et (436)', dont il est question. — Or, les mesures génératrices de ces Séries étant toujours désignées généralement par φx, si nous considérons cette quantité comme formant une autre variable y, de sorte qu'on ait les relations réciproques ... (446)

$$y = \varphi x, \quad \text{et} \quad x = \psi y,$$

on verra facilement que le caractère distinctif de cette nouvelle loi absolue (263)' consiste en ce qu'elle se trouve construite moyennant les dérivées différentielles de la simple fonction réciproque ψy. Ainsi, toutes les fois que la mesure génératrice φx d'une Série primitive (309)' donne, en vertu des relations (446), une fonction réciproque finie ψy, l'application à cette Série de la loi absolue indirecte ou réciproque (263)' présente évidemment une simplicité supérieure, lorsque sur-tout les dérivées différentielles de cette fonction réciproque ψy sont plus simples que celles de la fonction directe φx. Et, tel est visiblement le cas des trois Séries spéciales (432)', (434)', et (436)', qui nous occupent; car, d'après les relations générales (446), on a ici respectivement, pour ces trois Séries, les relations réciproques finies que voici ... (446)'

$$\text{(I)} \ldots\ldots \quad y = \left(\frac{1+kx}{1+ka}\right)^{\frac{1}{n}} \quad \text{et} \quad x = \frac{(1+ka).y^{n}-1}{k};$$

$$\text{(II)} \ldots\ldots \quad y = L\left(\frac{1+kx}{1+ka}\right), \quad \text{et} \quad x = \frac{(1+ka).e^{y}-1}{k};$$

$$\text{(III)} \ldots \quad y = \text{réc.}\left\{\text{tang.} = (i+kx)\right\}, \quad \text{et} \quad x = \frac{\text{tang.}\, y - i}{k};$$

et de plus, on voit que les différentielles des fonctions réciproques ψy sont ici effectivement plus simples que celles des fonctions directes φx. — Mais, pour fixer en général les conditions de cette simplicité que présente la loi absolue indirecte ou réciproque (263)', nous allons, avant de l'appliquer au cas présent (446)', développer ou plutôt exprimer généralement cette loi réciproque.

Pour cela, en remontant à l'origine (239) de la Série indirecte (262) à laquelle se rapporte la loi absolue (263) dont il s'agit, considérons généralement la fonction réciproque ψy dans son développement élémentaire ... (447)

$$\psi y = \psi^{(0)} + \psi^{(1)}.(y-\alpha) + \psi^{(2)}.(y-\alpha)^2 + \psi^{(3)}.(y-\alpha)^3 + \text{etc., etc.},$$

ou bien, ce qui philosophiquement est la même chose, faisons ... (447)'

$$\frac{1}{1^{m|1}}.\left(\frac{d^m \psi y}{dy^m}\right)_{(y=\alpha)} = \psi^{(m)}.$$

Alors, l'agrégat général (263)'' sera ... (447)''

$$A\left[(\mu-\rho), \rho\right] = Agr.^{(\mu)}\left\{\psi^{(q1)}.\psi^{(q2)}.\psi^{(q3)} \ \ldots \ \psi^{(q\rho)}\right\},$$

les valeurs entières, depuis l'unité inclusivement, des indices $q1$, $q2$, $q3$, ... $q\rho$, étant déterminées par la condition ... (447)'''

$$\mu = q1 + q2 + q3 \ \ldots \ + q\rho.$$

Ainsi, pour développer définitivement l'expression $(263)'$ de la loi absolue réciproque, il faut opérer le développement général de l'agrégat $(447)''$ pour une quantité quelconque μ. — Ce dernier développement ou plutôt cette expression générale de l'agrégat $(447)''$ sera d'ailleurs un complément nécessaire pour toutes les expressions techniques dans lesquelles entrent les fonctions combinatoires nommées agrégats. — Or, pour peu qu'on examine la construction de ces fonctions combinatoires, on voit facilement qu'on a ... (448)

$$A[0,\mu] = Agr.\left\{\psi^{(q1)}.\psi^{(q2)}.\psi^{(q3)}\ \ldots\ \psi^{(q\mu)}\right\} = (\psi^{(1)})^{\mu},$$

$$A[1,\mu-1] = Agr.\left\{\psi^{(q1)}.\psi^{(q2)}.\psi^{(q3)}\ \ldots\ \psi^{(q(\mu-1))}\right\} =$$
$$= (\mu-1).(\psi^{(1)})^{\mu-2}.\psi^{(2)},$$

$$A[2,\mu-2] = Agr.\left\{\psi^{(q1)}.\psi^{(q2)}.\psi^{(q3)}\ \ldots\ \psi^{(q(\mu-2))}\right\} =$$
$$= (\mu-2).(\psi^{(1)})^{\mu-3}.\psi^{(3)} + (\mu-2)(\mu-3).(\psi^{(1)})^{\mu-4}.\frac{(\psi^{(2)})^2}{1^{2|1}},$$

$$A[3,\mu-3] = Agr.\left\{\psi^{(q1)}.\psi^{(q2)}.\psi^{(q3)}\ \ldots\ \psi^{(q(\mu-3))}\right\} =$$
$$= (\mu-3).(\psi^{(1)})^{\mu-4}.\psi^{(4)} + (\mu-3)(\mu-4).(\psi^{(1)})^{\mu-5}.\psi^{(2)}.\psi^{(3)} +$$
$$+ (\mu-3)(\mu-4)(\mu-5).(\psi^{(1)})^{\mu-6}.\frac{(\psi^{(2)})^3}{1^{3|1}},$$

$$A[4,\mu-4] = Agr.\left\{\psi^{(q1)}.\psi^{(q2)}.\psi^{(q3)}\ \ldots\ \psi^{(q(\mu-4))}\right\} =$$
$$= (\mu-4).(\psi^{(1)})^{\mu-5}.\psi^{(5)} + (\mu-4)(\mu-5).(\psi^{(1)})^{\mu-6}.\left(\psi^{(2)}.\psi^{(4)} + \frac{(\psi^{(3)})^2}{1^{2|1}}\right) +$$
$$+ (\mu-4)(\mu-5)(\mu-6).(\psi^{(1)})^{\mu-7}.\frac{(\psi^{(2)})^2}{1^{2|1}}.\psi^{(3)} +$$
$$+ (\mu-4)(\mu-5)(\mu-6)(\mu-7).(\psi^{(1)})^{\mu-8}.\frac{(\psi^{(2)})^4}{1^{4|1}};$$

etc., etc., et en général ... (448)'

$$A[\varpi, (\mu - \varpi)] = Agr.^{(\mu)}\left\{\psi^{(q1)}.\psi^{(q2)}.\psi^{(q3)} \;\ldots\; \psi^{(q(\mu-\varpi))}\right\} =$$

$$= \frac{(\mu-\varpi)}{1}.(\psi^{(1)})^{\mu-\varpi-1}.\psi^{(\varpi+1)} + \frac{(\mu-\varpi)^{2|-1}}{1^{2|1}}.(\psi^{(1)})^{\mu-\varpi-2}.Agr.^{(\varpi+2)}\left\{\psi^{(p1)}.\psi^{(p2)}\right\}$$

$$+ \frac{(\mu-\varpi)^{3|-1}}{1^{3|1}}.(\psi^{(1)})^{\mu-\varpi-3}.Agr.^{(\varpi+3)}\left\{\psi^{(p1)}.\psi^{(p2)}.\psi^{(p3)}\right\}$$

$$+ \frac{(\mu-\varpi)^{4|-1}}{1^{4|1}}.(\psi^{(1)})^{\mu-\varpi-4}.Agr.^{(\varpi+4)}\left\{\psi^{(p1)}.\psi^{(p2)}.\psi^{(p3)}.\psi^{(p4)}\right\}$$

$+$ etc., etc.;

expression dans laquelle les agrégats partiels ou réduits ... (448)''

$$Agr.^{(\varpi+\sigma)}\left\{\psi^{(p1)}.\psi^{(p2)}.\psi^{(p3)} \;\ldots\; \psi^{(p\sigma)}\right\}$$

sont formés moyennant les valeurs entières des indices $p1$, $p2$, $p3$, ... $p\sigma$, prises depuis *deux* inclusivement, et déterminées par la condition

$$(\varpi + \sigma) = p1 + p2 + p3 \;\ldots + p\sigma.$$

Il faut remarquer que ces agrégats partiels ou réduits (448)'' qui entrent dans l'expression (448)', peuvent être développés à leur tour par la même expression générale (448)', et peuvent ainsi être réduits à d'autres agrégats qui ne seront plus formés que par des valeurs des indices prises depuis *trois* inclusivement; et ainsi de suite. Mais, comme le nombre σ dans ces agrégats réduits (448)'' est toujours donné dans l'expression générale (448)' dont il s'agit, ces agrégats composans n'ont plus besoin d'être exprimés généralement; d'autant plus qu'ils sont déjà indépendans du nombre général μ, sur lequel porte ici principalement la généralité en question du développement ou de l'expression de ces fonctions combinatoires. Donc, ces agrégats partiels ou réduits qui entrent dans l'expression (448)', sont déjà donnés immédiatement dans leur dernière réduction ; et cette expression générale (448)' se trouve ainsi parfaitement achevée.

Or, ayant la forme indirecte (262) ou originairement (239) des Séries primitives, savoir ... (449)

$$Fx = F(\psi\alpha) + A_1.(y-\alpha) + A_2.(y-\alpha)^2 + A_3.(y-\alpha)^3 + \text{etc., etc.,}$$

sa loi (263)' ou originairement (238)' sera ... (449)'

$$\begin{aligned} A_\mu = \Big\{ & \frac{1}{1^{\mu|1}}.\frac{d^\mu Fx}{dx^\mu}.Agr.^{(\mu)}\left\{\psi^{(q1)}.\psi^{(q2)}.\psi^{(q3)}\ \ldots\ \psi^{(q\mu)}\right\} \\ & + \frac{1}{1^{(\mu-1)|1}}.\frac{d^{\mu-1}Fx}{dx^{\mu-1}}.Agr.^{(\mu)}\left\{\psi^{(q1)}.\psi^{(q2)}.\psi^{(q3)}\ \ldots\ \psi^{(q(\mu-1))}\right\} \\ & + \frac{1}{1^{(\mu-2)|1}}.\frac{d^{\mu-2}Fx}{dx^{\mu-2}}.Agr.^{(\mu)}\left\{\psi^{(q1)}.\psi^{(q2)}.\psi^{(q3)}\ \ldots\ \psi^{(q(\mu-2))}\right\} \\ & \ldots\ldots\ldots\ldots\ldots\ldots\ldots\ldots\ldots\ldots \\ & + \frac{1}{1^{2|1}}.\frac{d^2 Fx}{dx^2}.Agr.^{(\mu)}\left\{\psi^{(q1)}.\psi^{(q2)}\right\} \\ & + \frac{1}{1}.\frac{dFx}{dx}.Agr.^{(\mu)}\left\{\psi^{(q1)}\right\} \Big\}_{(y=\alpha)}; \end{aligned}$$

les agrégats dénotés ici par la caractéristique $Agr.^{(\mu)}$ étant ceux que nous avons déterminés sous la marque (447)'' et développés ou plutôt exprimés généralement sous les marques (448) et (448)'. Ainsi, en observant que, dans cette Série (449), les deux variables x et y sont liées par les relations réciproques (446), ou bien ... (449)''

$$y = fx, \quad \text{et} \quad x = \psi y,$$

f et ψ étant ici les caractéristiques des fonctions réciproques ; si l'on fait ... (449)'''

$$\psi(\alpha) = a, \quad \text{et par conséquent} \quad \alpha = fa;$$

et si, pour abréger les expressions, on considère le développement élémentaire ... (449)^{IV}

$$Fx = \mathfrak{A}_0 + \mathfrak{A}_1.(x-a) + \mathfrak{A}_2.(x-a)^2 + \mathfrak{A}_3.(x-a)^3 + \text{etc., etc.},$$

pour avoir ... (449)^{V}

$$\left\{\frac{1}{1}.\frac{dFx}{dx}\right\}_{(y=a)} = \frac{1}{1}.\frac{dFa}{da} = \mathfrak{A}_1$$

$$\left\{\frac{1}{1^{2|1}}.\frac{d^2Fx}{dx^2}\right\}_{(y=a)} = \frac{1}{1^{2|1}}.\frac{d^2Fa}{da^2} = \mathfrak{A}_2$$

$$\left\{\frac{1}{1^{3|1}}.\frac{d^3Fx}{dx^3}\right\}_{(y=a)} = \frac{1}{1^{3|1}}.\frac{d^3Fa}{da^3} = \mathfrak{A}_3$$

etc., etc.;

la Série (449) deviendra ... (450)

$$Fx = Fa + A_1.(fx-fa) + A_2.(fx-fa)^2 + A_3.(fx-fa)^3 + \text{etc., etc.},$$

et sa loi (449)$'$, en y substituant les valeurs générales (448) des agrégats, sera définitivement ... (450)$'$

$$A_\mu = \mathfrak{A}_\mu.(\psi^{(1)})^\mu + \mathfrak{A}_{\mu-1}.(\mu-1).\psi^{(2)}.(\psi^{(1)})^{\mu-2} +$$

$$+ \mathfrak{A}_{\mu-2}.\left\{(\mu-2).\psi^{(1)}.\psi^{(3)} + (\mu-2)^{2|-1}.\frac{(\psi^{(2)})^2}{1^{2|1}}\right\}.(\psi^{(1)})^{\mu-4}$$

$$+ \mathfrak{A}_{\mu-3}.\left\{(\mu-3).(\psi^{(1)})^2.\psi^{(4)} + (\mu-3)^{2|-1}.\psi^{(1)}.\psi^{(2)}.\psi^{(3)} + \right.$$

$$\left. + (\mu-3)^{3|-1}.\frac{(\psi^{(2)})^3}{1^{3|1}}\right\}.(\psi^{(1)})^{\mu-6}$$

$$+ \mathfrak{A}_{\mu-4}.\left\{(\mu-4).(\psi^{(1)})^3.\psi^{(5)} + (\mu-4)^{2|-1}.(\psi^{(1)})^2.\left(\psi^{(2)}.\psi^{(4)} + \frac{(\psi^{(3)})^2}{1^{2|1}}\right) + \right.$$

$$\left. + (\mu-4)^{3|-1}.\psi^{(1)}.\frac{(\psi^{(2)})^2}{1^{2|1}}.\psi^{(3)} + (\mu-4)^{4|-1}.\frac{(\psi^{(2)})^4}{1^{4|1}}\right\}.(\psi^{(1)})^{\mu-8}$$

. . . .

$$+ \mathfrak{A}_1.\psi^{(\mu)};$$

expression dans laquelle les quantités $\psi^{(1)}$, $\psi^{(2)}$, $\psi^{(3)}$, etc. sont les valeurs composées (447)′ des dérivées différentielles de la fonction réciproque ψy, prise dans les relations présentes (449)″, savoir ... (450)″

$$\psi^{(\rho)} = \frac{1}{1^{\rho|1}} \cdot \left(\frac{d^\rho \psi y}{dy^\rho}\right)_{(y=\alpha)},$$

ou bien les coefficiens dans son développement élémentaire ... (450)‴

$$\psi y = \psi^{(0)} + \psi^{(1)}.(y-\alpha) + \psi^{(2)}.(y-\alpha)^2 + \psi^{(3)}.(y-\alpha)^3 + \text{etc., etc.}$$

Telle (450)′ sera donc, pour la Série primitive (450), l'expression générale et achevée de sa loi absolue indirecte ou réciproque, donnée par la forme indirecte (449) ou originairement (239) de ces mêmes Séries primitives. Et, cette loi diffère de la loi absolue directe (166)″ ou (420) qui régit la même Série primitive (450), en y dénotant par φx sa mesure génératrice $(fx-fa)$, cette loi indirecte (450)′ diffère, disons-nous, de la loi directe (420), en ce qu'elle se trouve construite moyennant les dérivées différentielles de la fonction réciproque ψy, tandis que l'autre est construite moyennant les dérivées différentielles de la fonction directe φx formant sa mesure génératrice. — Ainsi, comme nous l'avons déjà observé plus haut, lorsque, suivant les relations (449)″, la fonction réciproque ψy de la mesure génératrice φx ou fx est une fonction finie, et lorsque sur-tout ses différentielles sont plus simples que celles de la fonction directe fx, la loi absolue indirecte ou réciproque (450)′ que nous venons de déduire, présente manifestement une simplicité supérieure. Et, tel est précisément, comme nous l'avons vu sous la marque (446)′, le cas des trois Séries spéciales (432)′, (434)′, et (436)′, pour les lois desquelles nous cherchons la dernière simplicité. — Mais, avant d'aborder la détermination de ces lois les plus simples, nous devons encore faire ici une remarque de la plus haute importance, que nous présente l'identité ou la comparaison de la loi directe (420) avec la loi indirecte ou réciproque (450)'.

En supposant que la quantité arbitraire a qui entre dans la Série (450), soit telle que $fa = 0$, et par conséquent que la valeur α de la variable y dans les dérivées différentielles (450)'' soit aussi zéro, cette Série (450) prendra la forme immédiate des Séries primitives, savoir ... (451)

$$Fx = A_0 + A_1 . fx + A_2 . (fx)^2 + A_3 . (fx)^3 + \text{etc., etc.}$$

Et, considérant les puissances consécutives de cette mesure génératrice fx dans leurs développemens élémentaires que voici ... (451)'

$$fx = \overset{(0)}{f1} + \overset{(1)}{f1} . (x-a) + \overset{(2)}{f1} . (x-a)^2 + \overset{(3)}{f1} . (x-a)^3 + \text{etc.}$$

$$(fx)^2 = \overset{(0)}{f2} + \overset{(1)}{f2} . (x-a) + \overset{(2)}{f2} . (x-a)^2 + \overset{(3)}{f2} . (x-a)^3 + \text{etc.}$$

$$(fx)^3 = \overset{(0)}{f3} + \overset{(1)}{f3} . (x-a) + \overset{(2)}{f3} . (x-a)^2 + \overset{(3)}{f3} . (x-a)^3 + \text{etc.}$$

etc., etc.,

pour avoir généralement ... (451)''

$$\frac{1}{1^{\rho|1}} . \left(\frac{d^{\rho}(fx)^{\varpi}}{dx^{\rho}}\right)_{(x=a)} = \overset{(\rho)}{f\varpi};$$

la loi directe (420), en y substituant cette mesure fx à la place de φx et en y mettant de plus les valeurs (449)^{v}, prendra la forme ... (451)'''

$$A_{\mu} = \mathfrak{A}_{\mu} . \frac{1}{(\overset{(1)}{f1})^{\mu}} - \mathfrak{A}_{\mu-1} . \frac{\overset{(\mu)}{f(\mu-1)}}{(\overset{(1)}{f1})^{2\mu-1}} +$$

$$+ \mathfrak{A}_{\mu-2} . \frac{\text{ש}\left\{\overset{\nu(\mu-1)}{f(\mu-2)} . \overset{\nu(\mu)}{f(\mu-1)}\right\}}{(\overset{(1)}{f1})^{3\mu-1-2}}$$

$$- \mathfrak{A}_{\mu-3} . \frac{\text{ש}\left\{\overset{\nu(\mu-2)}{f(\mu-3)} . \overset{\nu(\mu-1)}{f(\mu-2)} . \overset{\nu(\mu)}{f(\mu-1)}\right\}}{(\overset{(1)}{f1})^{4\mu-1-2-3}}$$

. . . .

$$(-1)^{\mu-1}.\mathfrak{A}_1.\frac{\text{ש}\left\{f1^{\nu(2)}.f2^{\nu(3)}.f3^{\nu(4)}\ldots f(\mu-1)^{\nu(\mu)}\right\}}{\left(f_1^{(1)}\right)^{\frac{\mu(\mu+1)}{2}}};$$

les fonctions schins portant sur la permutation des indices supérieurs $\nu(2)$, $\nu(3)$, $\nu(4)$, ... $\nu(\mu)$, dont les valeurs sont

$$\nu(2)=(2),\quad \nu(3)=(3),\quad \nu(4)=(4),\quad \ldots\quad \nu(\mu)=(\mu).$$

Or, comparant cette loi absolue directe $(451)'''$ de la Série primitive générale (451), avec la loi absolue indirecte ou réciproque $(450)'$ ou originairement $(449)'$, correspondante à la même Série (451), on obtiendra les relations générales suivantes ... (452)

$$Agr.^{(\mu)}\left\{\psi^{(q1)}.\psi^{(q2)}.\psi^{(q3)}\ldots\psi^{(q\mu)}\right\}=\frac{1}{\left(f_1^{(1)}\right)^{\mu}},$$

$$Agr.^{(\mu)}\left\{\psi^{(q1)}.\psi^{(q2)}.\psi^{(q3)}\ldots\psi^{(q(\mu-1))}\right\}=-\frac{\text{ש}\left\{f(\mu-1)^{\nu(\mu)}\right\}}{\left(f_1^{(1)}\right)^{2\mu-1}},$$

$$Agr.^{(\mu)}\left\{\psi^{(q1)}.\psi^{(q2)}.\psi^{(q3)}\ldots\psi^{(q(\mu-2))}\right\}=+\frac{\text{ש}\left\{f(\mu-2)^{\nu(\mu-1)}.f(\mu-1)^{\nu(\mu)}\right\}}{\left(f_1^{(1)}\right)^{3\mu-1-2}},$$

$$Agr.^{(\mu)}\left\{\psi^{(q1)}.\psi^{(q2)}.\psi^{(q3)}\ldots\psi^{(q(\mu-3))}\right\}=$$

$$=-\frac{\text{ש}\left\{f(\mu-3)^{\nu(\mu-2)}.f(\mu-2)^{\nu(\mu-1)}.f(\mu-1)^{\nu(\mu)}\right\}}{\left(f_1^{(1)}\right)^{4\mu-1-2-3}},$$

$$Agr.^{(\mu)}\left\{\psi^{(q1)}.\psi^{(q2)}.\psi^{(q3)}\ldots\psi^{(q(\mu-4))}\right\}=$$

$$=+\frac{\text{ש}\left\{f(\mu-4)^{\nu(\mu-3)}.f(\mu-3)^{\nu(\mu-2)}.f(\mu-2)^{\nu(\mu-1)}.f(\mu-1)^{\nu(\mu)}\right\}}{\left(f_1^{(1)}\right)^{5\mu-1-2-3-4}},$$

. . . .

$$Agr.^{(\mu)}\left\{\psi^{(q1)}.\psi^{(q2)}\right\} = (-1)^{\mu-2}.\frac{{}'\Psi\left\{\overset{\nu(3)}{f2}.\overset{\nu(4)}{f3}.\overset{\nu(5)}{f4}\ldots\overset{\nu(\mu)}{f(\mu-1)}\right\}}{\left(\overset{(1)}{f1}\right)^{\frac{\mu(\mu+1)-2}{2}}},$$

$$Agr.^{(\mu)}\left\{\psi^{(q1)}\right\} = \psi^{(u)} = (-1)^{\mu-1}.\frac{{}'\Psi\left\{\overset{\nu(2)}{f1}.\overset{\nu(3)}{f2}.\overset{\nu(4)}{f3}\ldots\overset{\nu(\mu)}{f(\mu-1)}\right\}}{\left(\overset{(1)}{f1}\right)^{\frac{\mu(\mu+1)}{2}}};$$

les quantités dénotées par la caractéristique $Agr.^{(\mu)}$ étant toujours les agrégats que nous avons déterminés sous la marque (447)″ et développés ou exprimés généralement sous les marques (448) et (448)′, et les élémens $\psi^{(1)}$, $\psi^{(2)}$, $\psi^{(3)}$, ... $\psi^{(\mu)}$ de ces agrégats étant les valeurs composées (450)″, correspondantes à $\alpha = 0$, des dérivées différentielles de la fonction ψy qui, en vertu des relations (449)″, est la fonction réciproque de la fonction directe fx dont les puissances donnent, dans leurs développemens élémentaires (451)′, les coefficiens $\overset{(1)}{f\varpi}$, $\overset{(2)}{f\varpi}$, $\overset{(3)}{f\varpi}$, etc. formant les élémens des fonctions schins présentes. — Nous découvrons donc ici la relation générale qui se trouve entre les fonctions combinatoires nommées Agrégats, et les fonctions combinatoires nommées Schins; et nous avons par là le moyen de ramener les premières aux dernières, ou réciproquement. Ainsi, ces relations réciproques générales (452) et leurs expressions générales correspondantes (448) et (448)′, constituent le SYSTÈME DE LOIS pour cette considération algorithmique spéciale qu'on a nommée *Analyse combinatoire;* et, comme nous le voyons actuellement, cette considération spéciale (l'Analyse combinatoire) se réduit en principe à la considération des fonctions Schins qui précisément, suivant la signification de ces fonctions fixée plus haut (dans la note de la page

32 relative au théorème (170)), forment les lois d'une somme de termes distincts ou indépendans, lesquelles lois sont le véritable objet de cette considération algorithmique spéciale que nous venons de rappeler. Nous disons que, dans les relations présentes (452), les fonctions Agrégats sont ramenées aux fonctions Schins, comme à leurs principes, parce que ces dernières sont déjà absolues ou ne dépendent plus d'aucune condition ultérieure, tandis que les premières ne sont encore que relatives, en dépendant de la condition $(447)'''$ qui détermine les valeurs de leurs indices, et parce que, suivant la même raison, les fonctions Schins entrent comme élémens absolus dans la Loi suprême elle-même, et servent ainsi de fondement à toute l'Algorithmie.

Faisons maintenant l'application de la loi absolue indirecte $(450)'$ aux trois Séries spéciales $(432)'$, $(434)'$, et $(436)'$, dont nous cherchons les lois les plus simples. — En confrontant la première $(432)'$ de ces Séries avec le porisme (450), on a ... (453)

$$fx = \left(\frac{1+kx}{1+ka}\right)^{\frac{1}{n}} = y, \quad \text{et} \quad x = \frac{(1+ka).y^n - 1}{k} = \psi y;$$

ce qui, en observant que $a = fa = 1$, donne généralement ... $(453)'$

$$\psi^{(\rho)} = \frac{1}{1^{\rho|1}}.\left(\frac{d^\rho \psi y}{dy^\rho}\right)_{(y=a)} = \frac{1+ka}{k}.\frac{n^{\rho|-1}}{1^{\rho|1}}.$$

Ainsi, substituant ces valeurs de $\psi^{(1)}$, $\psi^{(2)}$, $\psi^{(3)}$, etc. dans la loi $(450)'$, il viendra ... $(453)''$

$$A_\mu = \mathfrak{A}_\mu.\left(\frac{1+ka}{k}\right)^\mu.n^\mu + \mathfrak{A}_{\mu-1}.\left(\frac{1+ka}{k}\right)^{\mu-1}.(\mu-1).\frac{n^{2|-1}}{1^{2|1}}.n^{\mu-2} +$$
$$+ \mathfrak{A}_{\mu-2}.\left(\frac{1+ka}{k}\right)^{\mu-2}.\left\{(\mu-2).n.\frac{n^{3|-1}}{1^{3|1}} + (\mu-2)^{2|-1}.\left(\frac{n^{2|-1}}{1^{2|1}}\right)^2.\frac{1}{1^{2|1}}\right\}.n^{\mu-4}$$

$$+ \mathfrak{A}_{\mu-3}.\left(\frac{1+ka}{k}\right)^{\mu-3}.\left\{(\mu-3).n^2.\frac{n^{4|-1}}{1^{4|1}} + (\mu-3)^{2|-1}.n.\frac{n^{2|-1}}{1^{2|1}}.\frac{n^{3|-1}}{1^{3|1}}\right.$$

$$\left. + (\mu-3)^{3|-1}.\left(\frac{n^{2|-1}}{1^{2|1}}\right)^3.\frac{1}{1^{3|1}}\right\}.n^{\mu-6}$$

$$+ \mathfrak{A}_{\mu-4}.\left(\frac{1+ka}{k}\right)^{\mu-4}.\left\{(\mu-4).n^3.\frac{n^{5|-1}}{1^{5|1}} + (\mu-4)^{2|-1}.n^2 \times\right.$$

$$\times\left(\frac{n^{2|-1}}{1^{2|1}}.\frac{n^{4|-1}}{1^{4|1}} + \left(\frac{n^{3|-1}}{1^{3|1}}\right)^2.\frac{1}{1^{2|1}}\right) + (\mu-4)^{3|-1}.n \times$$

$$\left.\times\left(\frac{n^{2|-1}}{1^{2|1}}\right)^2.\frac{n^{3|-1}}{1^{3|1}}.\frac{1}{1^{2|1}} + (\mu-4)^{4|-1}.\left(\frac{n^{2|-1}}{1^{2|1}}\right)^4.\frac{1}{1^{4|1}}\right\}.n^{\mu-8}$$

. . . .

$$+ \mathfrak{A}_1.\frac{1+ka}{k}.\frac{n^{\mu|-1}}{1^{\mu|1}}.$$

Et, telle sera la loi la plus simple du premier schéma de convergence (432)′, savoir, de ... (453)‴

$$Fx = Fa + A_1.\left\{\left(\frac{1+kx}{1+ka}\right)^{\frac{1}{n}} - 1\right\}$$

$$+ A_2.\left\{\left(\frac{1+kx}{1+ka}\right)^{\frac{1}{n}} - 1\right\}^2$$

$$+ A_3.\left\{\left(\frac{1+kx}{1+ka}\right)^{\frac{1}{n}} - 1\right\}^3.$$

$$+ \text{ etc., etc.}$$

En confrontant la seconde Série spéciale (434)′ avec le porisme (450), on a ... (454)

$$fx = L\left(\frac{1+kx}{1+ka}\right) = y, \quad \text{et} \quad x = \frac{(1+ka).e^y - 1}{k} = \psi y;$$

ce qui, en observant que $\alpha = fa = 0$, donne généralement ... (454)'

$$\psi^{(\rho)} = \frac{1}{1^{\rho|1}} \cdot \left(\frac{d^\rho \psi y}{dy^\rho}\right)_{(y=\alpha)} = \frac{1+ka}{k} \cdot \frac{1}{1^{\rho|1}} .$$

Ainsi, substituant ces valeurs de $\psi^{(1)}$, $\psi^{(2)}$, $\psi^{(3)}$, etc. dans la loi (450)', il viendra ... (454)''

$$\begin{aligned} A_\mu = {} & \mathfrak{A}_\mu \cdot \left(\frac{1+ka}{k}\right)^\mu + \mathfrak{A}_{\mu-1} \cdot \left(\frac{1+ka}{k}\right)^{\mu-1} \cdot (\mu-1) \cdot \frac{1}{1^{2|1}} + \\ & + \mathfrak{A}_{\mu-2} \cdot \left(\frac{1+ka}{k}\right)^{\mu-2} \cdot \left\{ (\mu-2) \cdot \frac{1}{1^{3|1}} + (\mu-2)^{2|-1} \cdot \left(\frac{1}{1^{2|1}}\right)^2 \cdot \frac{1}{1^{2|1}} \right\} \\ & + \mathfrak{A}_{\mu-3} \cdot \left(\frac{1+ka}{k}\right)^{\mu-3} \cdot \left\{ (\mu-3) \cdot \frac{1}{1^{4|1}} + (\mu-3)^{2|-1} \cdot \frac{1}{1^{2|1}} \cdot \frac{1}{1^{3|1}} + \right. \\ & \qquad \left. + (\mu-3)^{3|-1} \cdot \left(\frac{1}{1^{2|1}}\right)^3 \cdot \frac{1}{1^{3|1}} \right\} \\ & + \mathfrak{A}_{\mu-4} \cdot \left(\frac{1+ka}{k}\right)^{\mu-4} \cdot \left\{ (\mu-4) \cdot \frac{1}{1^{5|1}} + (\mu-4)^{2|-1} \cdot \left(\frac{1}{1^{2|1}} \cdot \frac{1}{1^{4|1}} + \left(\frac{1}{1^{3|1}}\right)^2 \cdot \frac{1}{1^{2|1}} \right) \right. \\ & \qquad \left. + (\mu-4)^{3|-1} \cdot \left(\frac{1}{1^{2|1}}\right)^2 \cdot \frac{1}{1^{3|1}} \cdot \frac{1}{1^{2|1}} + (\mu-4)^{4|-1} \cdot \left(\frac{1}{1^{2|1}}\right)^4 \cdot \frac{1}{1^{4|1}} \right\} \\ & \cdots\cdots\cdots\cdots\cdots\cdots\cdots\cdots \\ & + \mathfrak{A}_1 \cdot \frac{1+ka}{k} \cdot \frac{1}{1^{\mu|1}} . \end{aligned}$$

Et, telle sera la loi la plus simple du second schéma de convergence, savoir, de ... (454)'''

$$\begin{aligned} Fx = Fa & + A_1 \cdot \left\{ L(1+kx) - L(1+ka) \right\} \\ & + A_2 \cdot \left\{ L(1+kx) - L(1+ka) \right\}^2 \\ & + A_3 \cdot \left\{ L(1+kx) - L(1+ka) \right\}^3 \\ & + \text{etc., etc.} \end{aligned}$$

En confrontant la troisième Série spéciale (436)′ avec le porisme (450), on a ... (455)

$$fx = \text{réc.}\left\{\text{tang.} = (i + kx)\right\} = y, \quad \text{et}$$

$$x = \frac{\text{tang}\, y - i}{k} = \psi y;$$

ce qui donne ... (455)′

$$\alpha = fa = \text{réc.}\left\{\text{tang.} = (i + ka)\right\},$$

et il faut ici déterminer généralement la quantité ... (455)″

$$\psi^{(\rho)} = \frac{1}{1^{\rho|1}}\cdot\left(\frac{d^{\rho}\psi y}{dy^{\rho}}\right)_{(y=\alpha)} = \frac{1}{k\,.\,1^{\rho|1}}\cdot\left(\frac{d^{\rho}\,\text{tang}\, y}{dy^{\rho}}\right)_{(y=\alpha)}.$$

Pour cela, observons que puisque ... (456)

$$\sin y = \frac{1}{2\sqrt{-1}}\cdot\left(e^{y\sqrt{-1}} - e^{-y\sqrt{-1}}\right), \qquad \cos y = \frac{1}{2}\cdot\left(e^{y\sqrt{-1}} + e^{-y\sqrt{-1}}\right),$$

si l'on prend de ces fonctions leurs dérivées différentielles, on obtient immédiatement ... (456)′

$$\frac{d^{m}\sin y}{dy^{m}} = \frac{1}{2}\cdot\left(\sqrt{-1}\right)^{m-1}\cdot\left\{e^{y\sqrt{-1}} + (-1)^{m-1}\cdot e^{-y\sqrt{-1}}\right\},$$

$$\frac{d^{m}\cos y}{dy^{m}} = \frac{1}{2}\cdot\left(\sqrt{-1}\right)^{m}\cdot\left\{e^{y\sqrt{-1}} + (-1)^{m}\cdot e^{-y\sqrt{-1}}\right\};$$

pour tout exposant m, positif ou négatif. Mais, π étant le nombre philosophique de la théorie des sinus, c'est-à-dire, le nombre qui rend $e^{\pi\sqrt{-1}} = 1$, on a

$$e^{\frac{\pi}{4}\sqrt{-1}} = +\sqrt{-1}, \quad \text{et} \quad e^{-\frac{\pi}{4}\sqrt{-1}} = -\sqrt{-1};$$

et par conséquent ... (456)″

$$\left(\sqrt{-1}\right)^{m} = e^{\frac{m\pi}{4}\sqrt{-1}}, \quad \text{et} \quad (-1)^{m}\cdot\left(\sqrt{-1}\right)^{m} = e^{-\frac{m\pi}{4}\sqrt{-1}};$$

donc, substituant dans $(456)'$, ces valeurs $(456)''$ des puissances du nombre idéal $\sqrt{-1}$, il viendra

$$\frac{d^m \sin y}{dy^m} = \frac{1}{2\sqrt{-1}} \cdot \left\{ e^{\left(y+\frac{m\pi}{4}\right)\sqrt{-1}} - e^{-\left(y+\frac{m\pi}{4}\right)\sqrt{-1}} \right\},$$

$$\frac{d^m \cos y}{dy^m} = \frac{1}{2} \cdot \left\{ e^{\left(y+\frac{m\pi}{4}\right)\sqrt{-1}} + e^{-\left(y+\frac{m\pi}{4}\right)\sqrt{-1}} \right\},$$

c'est-à-dire qu'en vertu de (456), on aura généralement ... $(456)'''$

$$\frac{d^m \sin y}{dy^m} = \sin\left(y + \frac{m\pi}{4}\right), \quad \text{et} \quad \frac{d^m \cos y}{dy^m} = \cos\left(y + \frac{m\pi}{4}\right);$$

pour tout exposant m, positif ou négatif, savoir, pour les différentielles et les intégrales. Or, en vertu de la loi fondamentale du Calcul différentiel, on a ... $(456)^{\text{IV}}$

$$d^n \operatorname{tang} y = d^n\left(\sin y \cdot (\cos y)^{-1}\right) = d^n \sin y \cdot (\cos y)^{-1} +$$
$$+ \frac{n}{1} \cdot d^{n-1} \sin y \cdot d(\cos y)^{-1} + \frac{n(n-1)}{1 \cdot 2} \cdot d^{n-2} \sin y \cdot d^2 (\cos y)^{-1} + \text{etc.};$$

donc, substituant ici aux différentielles du sinus leurs valeurs $(456)'''$, on aura ... $(456)^{\text{V}}$

$$\frac{d^n \operatorname{tang} y}{dy^n} = \sin\left(y + \frac{n\pi}{4}\right) \cdot (\cos y)^{-1} + \frac{n}{1} \cdot \sin\left(y + \frac{n-1}{4} \cdot \pi\right) \cdot \frac{d(\cos y)^{-1}}{dy} +$$
$$+ \frac{n^{2|-1}}{1^{2|1}} \cdot \sin\left(y + \frac{n-2}{4} \cdot \pi\right) \cdot \frac{d^2 (\cos y)^{-1}}{dy^2} + \frac{n^{3|-1}}{1^{3|1}} \cdot \sin\left(y + \frac{n-3}{4} \cdot \pi\right) \cdot \frac{d^3 (\cos y)^{-1}}{dy^3}$$
$$+ \text{etc., etc.};$$

et il ne restera plus à connaître que l'expression générale des dérivées différentielles de la fonction $(\cos y)^{-1}$, expression qui, à son tour, se trouve donnée par la loi (244) des différentielles secondaires. En effet, désignant par θy la fonction $\cos y$ considérée comme secondaire, et faisant $x = \theta y$, $Fx = x^{-1}$, et de plus ... $(456)^{\text{VI}}$

$$\frac{1}{1^{m|1}} \cdot \left(\frac{d^m \theta y}{dy^m}\right) = \frac{\cos\left(y + \frac{m\pi}{4}\right)}{1^{m|1}} = \theta^{(m)};$$

cette loi (244) des différentielles secondaires donnera ... $(456)^{\text{VII}}$

$$\frac{1}{1^{\mu|1}} \cdot \frac{d^\mu (\cos y)^{-1}}{dy^\mu} = (-1)^\mu \cdot \left\{ \frac{A[0,\mu]}{(\cos y)^{\mu+1}} - \frac{A[1,\mu-1]}{(\cos y)^\mu} + \right.$$

$$\left. + \frac{A[2,\mu-2]}{(\cos y)^{\mu-1}} - \frac{A[3,\mu-3]}{(\cos y)^{\mu-2}} + \text{etc.} \right\},$$

les quantités $A[0,\mu]$, $A[1,\mu-1]$, $A[2,\mu-2]$, etc. formant, en vertu de (243), les agrégats

$$A[\varpi,(\mu-\varpi)] = Agr. \left\{ \theta^{(q1)} \cdot \theta^{(q2)} \cdot \theta^{(q3)} \ldots \theta^{(q(\mu-\varpi))} \right\},$$

dont les indices $q1$, $q2$, $q3$, ... $q(\mu-\varpi)$, pris depuis l'unité inclusivement, sont déterminés par la condition

$$\mu = q1 + q2 + q3 \ldots + q(\mu-\varpi).$$

D'ailleurs, nous avons déjà les expressions générales (448) et (448)' de ces agrégats; pourvu qu'on y mette, à la place de $\psi^{(1)}$, $\psi^{(2)}$, $\psi^{(3)}$, etc., les quantités présentes $\theta^{(1)}$, $\theta^{(2)}$, $\theta^{(3)}$, etc. données par la formule $(456)^{\text{VI}}$. Ainsi, l'expression $(456)^{\text{VII}}$ des dérivées différentielles de la fonction $(\cos y)^{-1}$, se trouve complètement achevée; et, connaissant cette expression générale, on a complètement, dans la formule $(456)^{\text{V}}$, la loi pour la génération des différentielles, directes et inverses, de la fonction $\tang y$ dont il est question. Cette loi, résultant de la substitution des valeurs $(456)^{\text{VII}}$ dans la formule $(456)^{\text{V}}$, sera ... $(456)^{\text{VIII}}$

$$\frac{d^n \tang y}{dy^n} = \sin\left(y + \frac{n\pi}{4}\right) \cdot \frac{1}{\cos y} - n \cdot \sin\left(y + \frac{n-1}{4} \cdot \pi\right) \cdot \frac{A[0,1]}{(\cos y)^2} +$$

$$+ n^{2|-1}.\sin\left(y+\frac{n-2}{4}.\pi\right).\left\{\frac{A[0,2]}{(\cos y)^3}-\frac{A[1,1]}{(\cos y)^2}\right\}$$

$$- n^{3|-1}.\sin\left(y+\frac{n-3}{4}.\pi\right).\left\{\frac{A[0,3]}{(\cos y)^4}-\frac{A[1,2]}{(\cos y)^3}+\frac{A[2,1]}{(\cos y)^2}\right\}$$

$$+ n^{4|-1}.\sin\left(y+\frac{n-4}{4}.\pi\right).\left\{\frac{A[0,4]}{(\cos y)^5}-\frac{A[1,3]}{(\cos y)^4}+\frac{A[2,2]}{(\cos y)^3}-\frac{A[3,1]}{(\cos y)^2}\right\}$$

$-$ etc., etc.;

les quantités $A[\varpi,(\mu-\varpi)]$ étant données par les expressions (448), pourvu que, comme nous venons de le dire, on y mette, à la place de $\psi^{(1)}$, $\psi^{(2)}$, $\psi^{(3)}$, etc., les quantités $\theta^{(1)}$, $\theta^{(2)}$, $\theta^{(3)}$, etc. données par la formule (456)^{vi}. On aura ainsi ... (456)^{ix}

$$A[0,1]=\theta^{(1)}=\cos\left(y+\frac{\pi}{4}\right)=-\sin y,$$

$$A[0,2]=(\theta^{(1)})^2=(\sin y)^2,$$

$$A[1,1]=\theta^{(2)}=\frac{1}{2}.\cos\left(y+\frac{\pi}{2}\right)=-\frac{1}{2}.\cos y,$$

$$A[0,3]=(\theta^{(1)})^3=-(\sin y)^3,$$

$$A[1,2]=2\theta^{(1)}.\theta^{(2)}=\sin y.\cos y,$$

$$A[2,1]=\theta^{(3)}=\frac{1}{6}.\cos\left(y+\frac{3\pi}{4}\right)=\frac{1}{6}.\sin y,$$

etc., etc.

Il faut ici remarquer que cette loi (456)^{viii} pour la génération des différentielles de la tangente, a été déduite directement de la loi fondamentale du Calcul différentiel (456)^{iv}, et de celle des différentielles des fonctions élémentaires $\sin y$ et $\cos y$ (456)$'''$; et que, connaissant déjà la loi réciproque (425)^{viii} pour la génération des différentielles de l'arc dépendant de la tangente, on peut obtenir ici, comme dans tous les cas en général, par le moyen de la loi réciproque générale

(311), une autre loi pareille à $(456)^{\text{VIII}}$, pour la génération des différentielles de la tangente dépendante de l'arc. — La voici.

Dénotant par y l'arc dont la tangente est x, c'est-à-dire, faisant $x = \operatorname{tang} y$, l'expression générale $(425)^{\text{VIII}}$, en y faisant $P = 0$, et $Q = 1$, donnera, pour la génération des différentielles de l'arc dépendant de la tangente, la formule ... (457)

$$\left(\frac{d^r y}{dx^r}\right) = \frac{(-2)^{r-1}}{x^{r+1}} \cdot \left\{ 1^{(r-1)|1} . (\sin y)^{2r} - \frac{1^{(r-2)|1} . (r-1)^{2|-1}}{1^{1|1} . 2^2} . (\sin y)^{2(r-1)} + \right.$$
$$\left. + \frac{1^{(r-3)|1} . (r-1)^{4|-1}}{1^{2|1} . 2^4} . (\sin y)^{2(r-2)} - \frac{1^{(r-4)|1} . (r-1)^{6|-1}}{1^{3|1} . 2^6} . (\sin y)^{2(r-3)} + \text{etc.} \right\};$$

ou bien, en substituant la valeur $\frac{x^2}{1+x^2}$ de $(\sin y)^2$, la formule ... (457)'

$$\left(\frac{d^r y}{dx^r}\right) = \frac{(-2x)^{r-1}}{(1+x^2)^r} \cdot \left\{ 1^{(r-1)|1} - \frac{1^{(r-2)|1} . (r-1)^{2|-1} . (1+x^2)}{1^{1|1} . (2x)^2} + \right.$$
$$\left. + \frac{1^{(r-3)|1} . (r-1)^{4|-1} . (1+x^2)^2}{1^{2|1} . (2x)^4} - \frac{1^{(r-4)|1} . (r-1)^{6|-1} . (1+x^2)^3}{1^{3|1} . (2x)^6} + \text{etc.} \right\}.$$

Or, pour $\varpi = 1$, la loi générale (311) des différentielles réciproques, en y faisant $x = \psi y = \operatorname{tang} y$, et par conséquent $y = \varphi x = \operatorname{arc}(\operatorname{tang.} = x)$, donne ici ... (458)

$$\frac{d^n \operatorname{tang} y}{dy^n} = \left\{ \frac{d^{n-1}(\Phi^{-n})}{dz^{n-1}} \right\}_{(z=0)},$$

la fonction auxiliaire Φ formant, d'après (311)', le polynome ... (458)'

$$\Phi = \left(\frac{dy}{dx}\right) + \left(\frac{d^2 y}{dx^2}\right) \cdot \frac{z}{2} + \left(\frac{d^3 y}{dx^3}\right) \cdot \frac{z^2}{2.3} + \left(\frac{d^4 y}{dx^4}\right) \cdot \frac{z^3}{2.3.4} + \text{etc., etc.}$$

Donc, les coefficiens de ce polynome étant donnés par la loi (457) ou (457)', il suffira, pour avoir la génération réciproque des différentielles de $\operatorname{tang} y$, de développer l'expression (458). — Pour le faire d'une manière simple, employons la notation (204) relative à la contingence philosophique (206), c'est-à-dire, faisons ... $(458)''$

$$\Phi = \Phi\mathfrak{f}1 + \Phi\mathfrak{f}2 . z + \Phi\mathfrak{f}3 . z^2 + \Phi\mathfrak{f}4 . z^3 + \text{etc., etc.};$$

les coefficiens de ce polynome étant généralement ... $(458)'''$

$$\Phi\mathfrak{f}r = \frac{1}{1^{r|1}} . \left(\frac{d^r y}{dx^r}\right),$$

et se trouvant donnés par la formule (457). Alors, suivant toujours la même notation, comme plus haut sous les marques (330) et $(330)'$, l'expression (458), en vertu de la contingence philosophique (206), sera simplement ... $(458)^{\text{IV}}$

$$\frac{d^n \operatorname{tang} y}{dy^n} = 1^{(n-1)|1} . (\Phi^{-n})\mathfrak{f}n .$$

Or, la loi $(324)''$ pour la génération des coefficiens dans les puissances de polynomes $(324)'$, donnera ici ... $(458)^{\text{V}}$

$$(\Phi^{-n})\mathfrak{f}n = -\frac{n}{1} . \frac{A[n-2, 1]}{(\Phi\mathfrak{f}1)^{n+1}} + \frac{n^{2|1}}{1^{2|1}} . \frac{A[n-3, 2]}{(\Phi\mathfrak{f}1)^{n+2}}$$
$$-\frac{n^{3|1}}{1^{3|1}} . \frac{A[n-4, 3]}{(\Phi\mathfrak{f}1)^{n+3}} \;\ldots\ldots\; + (-1)^{n-1} . \frac{n^{(n-1)|1}}{1^{(n-1)|1}} . \frac{A[0, n-1]}{(\Phi\mathfrak{f}1)^{2n-1}};$$

formule dans laquelle, d'après $(324)'''$, on aura généralement ... $(458)^{\text{VI}}$

$$A[(n-1-\rho), \rho] = Agr. \left\{\Phi\mathfrak{f}(1+q1) . \Phi\mathfrak{f}(1+q2) . \Phi\mathfrak{f}(1+q3) \;\ldots\; \Phi\mathfrak{f}(1+q\rho)\right\},$$

la caractéristique *Agr.* désignant l'agrégat dépendant des indices $q1$, $q2$, $q3$, ... $q\rho$, pris depuis l'unité inclusivement et déterminés par la condition

$$(n-1) = q1 + q2 + q3 \;\ldots\; + q\rho .$$

Et, comme nous connaissons déjà actuellement les expressions générales (448) et $(448)'$ des agrégats, nous pouvons ici, comme partout ailleurs où entrent ces fonctions combinatoires (*), obtenir l'expression algorithmique achevée du coefficient général $(458)^{\text{v}}$. En effet, changeant la notation $(458)''$ en celle-ci ... $(458)^{\text{vii}}$

$$\Phi f1 = \Phi^{(0)}, \quad \Phi f2 = \Phi^{(1)}, \quad \Phi f3 = \Phi^{(2)}, \quad \Phi f4 = \Phi^{(3)}, \quad \text{etc., etc.,}$$

pour la ramener à la notation employée dans les expressions (448) des fonctions agrégats, et substituant alors ces expressions (448) et $(448)'$ dans la formule $(458)^{\text{v}}$, et celle-ci dans l'expression $(458)^{\text{iv}}$, nous obtiendrons ∴ $(458)^{\text{viii}}$

$$\frac{d^n \operatorname{tang} y}{dy^n} =$$

$$= (-1)^{n-1} \cdot \left\{ \frac{n^{(n-1)|1}}{(\Phi^{(0)})^{2n-1}} \cdot (\Phi^{(1)})^{n-1} - \frac{(n-1)^{(n-1)|1}}{(\Phi^{(0)})^{2n-2}} \cdot (n-2) \cdot \Phi^{(2)} \cdot (\Phi^{(1)})^{n-3} + \right.$$

$$+ \frac{(n-2)^{(n-1)|1}}{(\Phi^{(0)})^{2n-3}} \cdot \left\{ (n-3) \cdot \Phi^{(1)} \cdot \Phi^{(3)} + (n-3)^{2|-1} \cdot \frac{(\Phi^{(2)})^2}{1^{2|1}} \right\} \cdot (\Phi^{(1)})^{n-5}$$

$$- \frac{(n-3)^{(n-1)|1}}{(\Phi^{(0)})^{2n-4}} \cdot \left\{ (n-4) \cdot (\Phi^{(1)})^2 \cdot \Phi^{(4)} + (n-4)^{2|-1} \cdot \Phi^{(1)} \cdot \Phi^{(2)} \cdot \Phi^{(3)} + \right.$$

$$\left. + (n-4)^{3|-1} \cdot \frac{(\Phi^{(2)})^3}{1^{3|1}} \right\} \cdot (\Phi^{(1)})^{n-7}$$

$$+ \frac{(n-4)^{(n-1)|1}}{(\Phi^{(0)})^{2n-5}} \cdot \left\{ (n-5) \cdot (\Phi^{(1)})^3 \cdot \Phi^{(5)} + (n-5)^{2|-1} \cdot (\Phi^{(1)})^2 \cdot \left(\Phi^{(2)} \cdot \Phi^{(4)} + \frac{(\Phi^{(3)})^2}{1^{2|1}} \right) + \right.$$

$$\left. + (n-5)^{3|-1} \cdot \Phi^{(1)} \cdot \frac{(\Phi^{(2)})^2}{1^{2|1}} \cdot \Phi^{(3)} + (n-5)^{4|-1} \cdot \frac{(\Phi^{(2)})^4}{1^{4|1}} \right\} \cdot (\Phi^{(1)})^{n-9}$$

$$\left. - \text{etc., etc.} \right\} ;$$

(*) Par exemple, dans la loi $(324)''$ elle-même qui donne la formule présente $(458)^{\text{v}}$, si on substitue les valeurs (448) des agrégats, on obtiendra l'expression algorithmique (et non purement numérique) achevée de cette loi pour la génération des coefficiens dans le développement $(324)'$ des puissances de polynomes.

les quantités $\Phi^{(0)}$, $\Phi^{(1)}$, $\Phi^{(2)}$, etc., en vertu de $(458)^{\text{vII}}$, $(458)'''$, et (457), étant données généralement par la formule ... $(458)^{\text{IX}}$

$$\Phi^{(r-1)} = \frac{(-2.\sin y)^{r-1}.(\cos y)^{r+1}}{1^{r|1}}.\left\{1^{(r-1)|1} - \frac{1^{(r-2)|1}.(r-1)^{2|-1}}{1^{1|1}.(2.\sin y)^2} + \right.$$

$$\left. + \frac{1^{(r-3)|1}.(r-1)^{4|-1}}{1^{2|1}.(2.\sin y)^4} - \frac{1^{(r-4)|1}.(r-1)^{6|-1}}{1^{3|1}.(2.\sin y)^6} + \text{etc.}\right\}.$$

Telles $(458)^{\text{VIII}}$ et $(456)^{\text{VIII}}$ sont donc les deux lois distinctes qui régissent la génération des différentielles de la tangente dépendante de l'arc; lois qui, dans leur dernier achèvement, sont demeurées si long-tems réfractaires aux efforts des géomètres. — C'est ici le lieu de remarquer que les deux procédés particuliers qui nous ont conduits aux deux expressions $(456)^{\text{VIII}}$ et $(458)^{\text{VIII}}$, présentent généralement deux procédés distincts pour la détermination des lois que suit la génération des différentielles consécutives de toute fonction. Les géomètres et particulièrement Arbogast (Calcul des dérivat. Art. 6) ont déjà aperçu quelques petits fragmens du premier de ces deux procédés, en tant qu'il ne dépend encore que de la loi simple (244) des différentielles secondaires. Cette loi, écrite en sens inverse pour servir généralement pour tout exposant μ, est ... (459)

$$\left(\frac{d^\mu Fx}{dy^\mu}\right) = \frac{d^\mu Fx}{dx^\mu}.A[0,\mu] + \mu.\frac{d^{\mu-1}Fx}{dx^{\mu-1}}.A[1,\mu-1] +$$

$$+ \mu(\mu-1).\frac{d^{\mu-2}Fx}{dx^{\mu-2}}.A[2,\mu-2] + \text{etc.};$$

et, comme nous connaissons de plus actuellement les expressions générales (448) des agrégats $A[0,\mu]$, $A[1,\mu-1]$, etc., cette loi simple deviendra définitivement ... $(459)'$

$$\left(\frac{d^\mu Fx}{dy^\mu}\right) = \frac{d^\mu Fx}{dx^\mu}.(\psi^{(1)})^\mu + \frac{d^{\mu-1}Fx}{dx^{\mu-1}}.\mu^{2|-1}.\psi^{(2)}.(\psi^{(1)})^{\mu-2} +$$

$$+ \frac{d^{\mu-2}Fx}{dx^{\mu-2}} \cdot \left\{ \mu^{3|-1} \cdot \psi^{(1)} \cdot \psi^{(3)} + \mu^{4|-1} \cdot \frac{(\psi^{(2)})^2}{1^{2|1}} \right\} \cdot (\psi^{(1)})^{\mu-4}$$

$$+ \frac{d^{\mu-3}Fx}{dx^{\mu-3}} \cdot \left\{ \mu^{4|-1} \cdot (\psi^{(1)})^2 \cdot \psi^{(4)} + \mu^{5|-1} \cdot \psi^{(1)} \cdot \psi^{(2)} \cdot \psi^{(3)} + \right.$$
$$\left. + \mu^{6|-1} \cdot \frac{(\psi^{(2)})^3}{1^{3|1}} \right\} \cdot (\psi^{(1)})^{\mu-6}$$

$$+ \frac{d^{\mu-4}Fx}{dx^{\mu-4}} \cdot \left\{ \mu^{5|-1} \cdot (\psi^{(1)})^3 \cdot \psi^{(5)} + \mu^{6|-1} \cdot (\psi^{(1)})^2 \cdot \left(\psi^{(2)} \cdot \psi^{(4)} + \frac{(\psi^{(3)})^2}{1^{2|1}} \right) + \right.$$
$$\left. + \mu^{7|-1} \cdot \psi^{(1)} \cdot \frac{(\psi^{(2)})^2}{1^{2|1}} \cdot \psi^{(3)} + \mu^{8|-1} \cdot \frac{(\psi^{(2)})^4}{1^{4|1}} \right\} \cdot (\psi^{(1)})^{\mu-8}$$

$+$ etc., etc.;

les quantités $\psi^{(1)}$, $\psi^{(2)}$, $\psi^{(3)}$, etc. étant formées avec les dérivées différentielles de la fonction secondaire ψy qui constitue la variable x, savoir ... (459)″

$$\psi^{(\rho)} = \frac{1}{1^{\rho|1}} \cdot \left(\frac{d^\rho x}{dy^\rho} \right) = \frac{1}{1^{\rho|1}} \cdot \left(\frac{d^\rho \psi y}{dy^\rho} \right).$$

C'est cette loi achevée et absolue (459)′ qui régit le petit nombre de résultats obtenus par Arbogast et autres pour la génération des différentielles des fonctions. Par exemple, lorsque la fonction secondaire ψy est le trinome $(a + by + cy^2)$, et que la fonction principale Fx est la puissance x^r, on aura ... (460)

$$x = (a + by + cy^2), \quad \psi^{(1)} = (b + 2cy), \quad \psi^{(2)} = c, \quad \text{et}$$
$$\psi^{(3)} = \psi^{(4)} = \psi^{(5)} = \text{etc.} = 0;$$

et cette loi absolue (459)′ donnera immédiatement ... (460)′

$$\frac{d^\mu (a + by + cy^2)^r}{dy^\mu} =$$

$$= r^{\mu|-1} \cdot \left\{ x^{r-\mu} \cdot (\psi^{(1)})^\mu + \frac{\mu^{2|-1} \cdot x^{r-\mu+1}}{(r-\mu+1) \cdot 1^{1|1}} \cdot (\psi^{(1)})^{\mu-2} \cdot \psi^{(2)} + \right.$$
$$\left. + \frac{\mu^{4|-1} \cdot x^{r-\mu+2}}{(r-\mu+1)^{2|1} \cdot 1^{2|1}} \cdot (\psi^{(1)})^{\mu-4} \cdot (\psi^{(2)})^2 + \frac{\mu^{6|-1} \cdot x^{r-\mu+3}}{(r-\mu+1)^{3|1} \cdot 1^{3|1}} \cdot (\psi^{(1)})^{\mu-6} \cdot (\psi^{(2)})^3 + \text{etc.} \right\}.$$

C'est la formule obtenue par Lagrange (Mém. de Berlin, 1772). — Mais, comme nous l'avons déjà dit, tous ces résultats qu'on peut obtenir en se fondant sur la loi simple (459)', ne forment encore qu'un petit fragment du système entier des résultats différentiels qui sont régis par la loi absolue générale (250) ou (250)''', loi dont on peut avoir également l'expression algorithmique définitive, en y substituant les expressions générales (448) des agrégats $A[\beta_1, \alpha_1]$, $A[\beta_2, \alpha_2]$, $A[\beta_3, \alpha_3]$, etc. Bien plus, en se fondant sur notre loi universelle (278) ou (280)' du Calcul différentiel, on aura, non seulement le système des différentielles des fonctions d'une seule variable indépendante, mais généralement les systèmes des différentielles des fonctions d'un nombre quelconque de variables indépendantes. Nous exposerons ces différens systèmes, pour la génération des différentielles, directes et inverses (des intégrales), dans notre Philosophie du Calcul différentiel et intégral, où est la véritable place de cette espèce de génération algorithmique; et nous n'en avons parlé ici que pour montrer, par le cas simple de la loi absolue (459)', combien les procédés artificiels des Calculs des dérivations (*) sont loin de la dernière per-

(*) C'est également ici le lieu de remarquer d'avance combien aussi la notation arbitraire et insignifiante des quantités différentielles, employée par les divers Calculs des dérivations, est, non seulement inutile, mais de plus impropre; en ce qu'elle fait perdre de vue l'idée primitive des différentielles, sans même lui en substituer aucune autre. — La notation leibnitzienne ou ordinaire des quantités différentielles est déjà éminemment simple, et sur-tout éminemment significative. Ainsi, la différentielle immédiate d'une fonction F, est dénotée de la manière la plus caractéristique par dF; et, la dérivée différentielle d'une fonction F, qui provient de la division de la différentielle immédiate dF par la différentielle de la variable indépendante x, est dénotée de la manière la plus heureuse par $\frac{dF}{dx}$. Pour ce qui concerne cette dernière dérivée différentielle, prise dans l'ordre μ, savoir, $\frac{d^\mu F}{dx^\mu}$, et divisée par la factorielle corres-

fection et sur-tout de l'absolue universalité que présentent les lois générales susdites (278) ou (280)′ et même (282), qui, comme nous l'avons vu dans leur déduction, reposent immédiatement sur la loi fondamentale du Calcul différentiel et n'exigent ainsi aucun secours étranger à la nature même de ce Calcul. — Revenons à notre objet.

Ayant déterminé, par l'une des deux lois réciproques (456)^{VIII} ou (458)^{VIII}, les dérivées différentielles de la fonction tang y, si, pour la valeur α de la variable y, fixée sous la marque (455)′, on fait ... (461)

$$\frac{1}{1^{\rho|1}} \cdot \left(\frac{d^{\rho} \tang y}{dy^{\rho}}\right)_{(y=\alpha)} = T^{(\rho)},$$

la formule (455)″ donnera ... (461)′

$$\psi^{(\rho)} = \frac{T^{(\rho)}}{k};$$

et, substituant ces valeurs de $\psi^{(1)}$, $\psi^{(2)}$, $\psi^{(3)}$, etc. dans la loi générale (450)′, il viendra ... (461)″

---

pondante $1^{\mu|1}$, c'est déjà évidemment une quantité composée; et d'abord, pour lui appliquer une notation particulière, il faut que cette génération composée soit nécessaire, et ensuite, pour avoir ici la notation la plus convenable, il faut remonter à l'origine de cette génération composée nécessaire, et caractériser par cette origine même la notation en question. Or, nous avons reconnu que cette génération composée a son origine dans la contingence philosophique (206); c'est donc par cette contingence, c'est-à-dire, par le coefficient $Ff(1+\mu)$ dans le développement élémentaire de la fonction F, que se trouve dénotée naturellement la quantité composée $\frac{1}{1^{\mu|1}} \cdot \frac{d^{\mu} F}{dx^{\mu}}$ dont il s'agit. — Quant à l'immense usage de ces quantités différentielles composées, il provient de ce que la loi fondamentale (166)″ ou (420) des Séries primitives se trouve construite précisément moyennant de telles quantités différentielles composées.

$$A_\mu = \frac{\mathfrak{A}_\mu}{k^\mu}.(T^{(1)})^\mu + \frac{\mathfrak{A}_{\mu-1}}{k^{\mu-1}}.(\mu-1).T^{(2)}.(T^{(1)})^{\mu-2} +$$

$$+ \frac{\mathfrak{A}_{\mu-2}}{k^{\mu-2}}.\left\{(\mu-2).T^{(1)}T^{(3)} + (\mu-2)^{2|-1}.\frac{(T^{(2)})^2}{1^{2|1}}\right\}.(T^{(1)})^{\mu-4}$$

$$+ \frac{\mathfrak{A}_{\mu-3}}{k^{\mu-3}}.\left\{(\mu-3).(T^{(1)})^2.T^{(4)} + (\mu-3)^{2|-1}.T^{(1)}.T^{(2)}.T^{(3)} + \right.$$

$$\left. + (\mu-3)^{3|-1}.\frac{(T^{(2)})^3}{1^{3|1}}\right\}.(T^{(1)})^{\mu-6}$$

$$+ \frac{\mathfrak{A}_{\mu-4}}{k^{\mu-4}}.\left\{(\mu-4).(T^{(1)})^3.T^{(5)} + (\mu-4)^{2|-1}.(T^{(1)})^2.\left(T^{(2)}.T^{(4)} + \frac{(T^{(3)})^2}{1^{2|1}}\right) + \right.$$

$$\left. + (\mu-4)^{3|-1}.T^{(1)}.\frac{(T^{(2)})^2}{1^{2|1}}.T^{(3)} + (\mu-4)^{4|-1}.\frac{(T^{(2)})^4}{1^{4|1}}\right\}.(T^{(1)})^{\mu-8}$$

. . . . ;

$$+ \frac{\mathfrak{A}_1}{k}.T^{(\mu)}.$$

Et, telle sera enfin la loi la plus simple du troisième schéma de convergence (436)′, savoir, de ... (461)‴

$$Fx = Fa + A_1.\left\{\text{réc.}\left(\text{tang.} = (i+kx)\right) - \alpha\right\}$$

$$+ A_2.\left\{\text{réc.}\left(\text{tang.} = (i+kx)\right) - \alpha\right\}^2$$

$$+ A_3.\left\{\text{réc.}\left(\text{tang.} = (i+kx)\right) - \alpha\right\}^3$$

$$+ \text{etc., etc.}$$

Nous avons donc actuellement, dans les expressions (453)″, (454)″, et (461)″, les lois les plus simples des trois Séries spéciales (453)‴, (454)‴, et (461)‴, formant les schémas de tous les ordres de celles des Séries (418) qui correspondent aux trois espèces propres (416) des fonctions fx entrant dans la construction consécutive (418)′ de leurs mesures génératrices φx; et nous avons de plus, dans l'expression (439), la loi également la plus simple de la Série spéciale (439)′ formant le schéma de tous les ordres des Séries communes, ou de celles des Séries (418) qui correspondent à l'espèce impropre (416)′ des mêmes fonctions fx composant leurs mesures génératrices consécutives (418)′. — Ces quatre Séries spéciales, comme nous l'avons reconnu plus haut, sont donc les SCHÉMAS de tous les ordres possibles de la CONVERGENCE relative dans la génération des fonctions par l'algorithme technique des Séries; et, en examinant la construction de leurs mesures génératrices respectives, qui impliquent non seulement des quantités irrationnelles mais même des quantités transcendantes, on verra que c'est précisément par l'influence de ces quantités supérieures que devient possible la convergence relative générale des Séries. C'est ce que nous avons annoncé aux géomètres, déjà dans notre Réfutation de Lagrange (3me Mémoire, page 104), en leur montrant, contre la prétendue démonstration *générale et rigoureuse* de ce géomètre, que les Séries peuvent impliquer de pareilles quantités irrationnelles et transcendantes: nous y avons promis de réaliser, dans la Technie, cette considération importante de la convergence relative générale des Séries; et c'est ce que nous venons de faire.

Quant à l'application des quatre Séries spéciales que nous venons d'établir comme schémas de convergence pour la génération des fonctions par l'algorithme technique des Séries, ce que nous en avons dit plus haut, sous les marques (430)^{v}, (430)^{vi}, (430)^{vii}, etc., détermine complètement cette application des quatre schémas dont il s'agit; application qui visiblement consiste à étendre ces Séries spéciales du premier ordre, à celles de tous les ordres (418), jouissant de la convergence relative générale. — Ainsi, ayant les valeurs des dérivées différentielles (430)″ d'une fonction quelconque Fx, correspondantes à une valeur déterminée a de la variable x, ou, ce qui philosophiquement est la même chose, ayant les coefficiens (430)''' du développement élémentaire (430) de cette fonction, les lois (453)''', (454)''', (461)''', et (439)' donneront immédiatement, pour les quatre formes spéciales (418)'', le premier ordre (430)^{v} de la convergence dans la génération technique de cette fonction *Fx*. Alors, passant de ce premier ordre (430)^{v} à l'ordre suivant (430)^{vii}, les mêmes quatre lois donneront, pour toutes les combinaisons des mêmes quatre formes spéciales, le second ordre de la convergence dans la génération technique de la fonction *Fx*; et, passant de nouveau de ce second ordre (430)^{vii} à l'ordre suivant (430)^{ix}, les mêmes quatre lois donneront encore, pour toutes les combinaisons des quatre formes spéciales (418)'', le troisième ordre de la convergence dans la génération technique de la fonction *Fx*; et ainsi de suite pour tous les ordres consécutifs. — Or, en vertu de ce que nous avons reconnu plus haut, à l'occasion des conditions (414)', l'étendue des limites pour les valeurs de la variable *x*, pourra être rendue de plus en plus grande dans ces ordres consécutifs de la génération technique convergente d'une fonction *Fx*; et, pour cela, il suffit actuellement d'assigner des valeurs convenables aux quantités arbitraires *k*, *i*, *n* qui entrent dans la construction des mesures génératrices des quatre Séries spéciales formant les quatre schémas de convergence dont il est question. Ainsi, pour chaque ordre (430)^{v}, (430)^{vii}, (430)^{ix}, etc. et pour chacune de ses quatre formes spéciales, l'étendue des limites de la variable *x* se trouvera déterminée par ces valeurs des quantités arbitraires *k*, *i*, *n*; et elle pourra être rendue de plus en plus grande, en passant à des ordres de plus en plus élevés, et en choisissant, à chaque fois, des valeurs nouvelles convenables pour ces quantités arbitraires. Mais, à mesure que ces limites de la variable *x* se trouveront de plus en plus reculées, la convergence de ces Séries sera généralement de plus en plus tardive, pour pouvoir, par leurs premiers termes non-convergens, rendre toute la variabilité des fonctions entre ces limites reculées de leur variable ; et alors de plus, cette convergence sera nécessairement d'autant plus tardive que les fonctions engendrées ainsi auront, entre les limites correspondantes de leur variable, un plus grand degré de variabilité. — Quant au degré même de cette convergence dans chaque ordre distinct $(430)^{\text{v}}$, $(430)^{\text{vii}}$, $(430)^{\text{ix}}$, etc., il dépend naturellement du choix et de la combinaison des quatre formes spéciales susdites, par lesquels (choix et combinaisons) ces formes se trouvent rendues le plus proches ou le moins éloignées de la nature même de la fonction proposée Fx. En effet, ce choix et cette combinaison peuvent ou plutôt doivent ramener les mesures génératrices résultantes le plus près ou le moins loin de la nature de cette fonction proposée, pour s'approcher ainsi le plus, ou pour s'écarter le moins de la condition générale $(394)'$ de laquelle dépend la convergence absolue même des Séries prises sous leur forme primitive (393). Et, pour ce qui concerne la méthode de choisir ou plutôt de combiner le plus convenablement les quatre formes spéciales dont il est question, elle se présente d'elle-même ; car, il suffit évidemment de prendre, dans chacun des ordres consécutifs, celle de ces quatre formes schématiques qui donne le maximum de convergence : on parviendra ainsi nécessairement, dans chaque ordre de convergence, à une mesure génératrice qui, dans cet ordre de génération, sera le plus près ou le moins loin de la nature de la fonction qui doit être engendrée ; de sorte qu'en passant ainsi à des ordres de plus en plus élevés, sur-tout suivant les règles que nous prescrirons ci-après en amenant les quatre schémas de convergence à leur forme universelle, les mesures génératrices correspondantes $(418)'$ se rapprocheront NÉCESSAIREMENT de plus en plus de la nature même de la fonction proposée, et deviendront par là de plus en plus propres à la génération de cette fonction. — C'était là le véritable objet du problème que présentait la convergence relative dans la génération technique des fonctions par l'algorithme des Séries.

Ce que nous venons de dire concernant cette convergence relative, appartient visiblement, d'une manière générale, à chacune des quatre Séries spéciales (453)''', (454)''', (461)''', et (439)', formant les schémas de tous les ordres de cette convergence. — Cependant, pour la dernière de ces Séries, c'est-à-dire, pour la Série commune (439)', il se présente de plus une particularité remarquable, qui lui donne un nouveau degré d'importance. La voici.

Prenant la mesure génératrice (426) du premier ordre des Séries communes, savoir ... (462)

$$\varphi_1 x = \frac{x}{P+Qx} - \frac{a}{P+Qa} = M.\frac{x-a}{N+x}$$

en établissant

$$M = \frac{P}{Q(P+Qa)}, \quad \text{et} \quad N = \frac{P}{Q};$$

si, d'après la construction (418)' des ordres consécutifs de ces mesures génératrices, on fait ... (462)'

$$x_1 = \frac{x}{P+Qx}, \quad \text{et} \quad a_1 = \frac{a}{P+Qa},$$

on aura, pour les Séries communes, en vertu de cette même construction (418)', la mesure génératrice du second ordre que voici ... (462)''

$$\varphi_2 x = \frac{x_1}{P_1+Q_1 x_1} - \frac{a_1}{P_1+Q_1 a_1} = M_1.\frac{x-a}{N_1+x},$$

dans laquelle

$$M_1 = \frac{PP_1}{(P_1 Q+Q_1)(P+Qa)(P_1+Q_1 a)}, \quad \text{et} \quad N_1 = \frac{PP_1}{P_1 Q+Q_1};$$

en considérant d'ailleurs les quantités P_1 et Q_1 comme pouvant être différentes des quantités P et Q. Or, cette mesure génératrice du second ordre (462)'' se trouve être de la même forme que celle du premier ordre (462), savoir ... (462)'''

1er. ordre. . . $M.\frac{x-a}{N+x}$, 2^d. ordre. . . $M_1.\frac{x-a}{N_1+x}$;

de sorte que la Série commune du second ordre aura la même forme que celle du premier ordre : la seule différence sera celle des quantités constantes N et N_1. Et, par les mêmes raisons, la Série commune du troisième ordre aura la même forme que celle du second ordre; et ainsi de suite dans tous les ordres consécutifs. Donc, les Séries communes de tous les ordres auront la même forme que celle (439)' ou (417)'' du premier ordre, savoir ... (463)

$$Fx = A_0 + A_1.\frac{x-a}{n+x} + A_2.\left(\frac{x-a}{n+x}\right)^2 + A_3.\left(\frac{x-a}{n+x}\right)^3 + \text{etc., etc.};$$

et elles ne différeront entre elles que par les valeurs des quantités constantes n. Donc aussi, la loi simple (439) du premier ordre de ces Séries, savoir ... (463)'

$$\begin{aligned} A_\mu = &\frac{1}{1^{\mu|1}}.\frac{d^\mu Fa}{da^\mu}.(n+a)^\mu \\ &+ \frac{1}{1^{(\mu-1)|1}}.\frac{d^{\mu-1}Fa}{da^{\mu-1}}.(n+a)^{\mu-1}.\frac{\mu-1}{1} \\ &+ \frac{1}{1^{(\mu-2)|1}}.\frac{d^{\mu-2}Fa}{da^{\mu-2}}.(n+a)^{\mu-2}.\frac{(\mu-1)(\mu-2)}{1.2} \\ &+ \text{etc., etc.,} \end{aligned}$$

sera-t-elle immédiatement la loi de tous les ordres des Séries communes. — C'est cette identité dans la forme des différens ordres des Séries communes, qui leur donne un nouveau degré d'importance. En effet, suivant ce que nous avons reconnu concernant généralement toutes les quatre formes spéciales (418)'', l'étendue des limites pour les valeurs de la variable x devient de plus en plus grande dans les ordres consécutifs de plus en plus élevés (418)' des Séries (418) jouissant de la convergence relative; de sorte que la forme (463) étant la même pour tous les ordres des Séries communes, les limites de la variable x, entre lesquelles cette Série (463) demeure convergente, peuvent être considérées comme infinies; et il suffit, pour cela, de déterminer les valeurs convenables de la quantité arbitraire n, en observant que la forme générale de cette valeur est ... (463)''

$$n = K.(\cos i + \sin i . \sqrt{-1}),$$

et que, d'après ce que nous venons de reconnaître, il doit toujours exister des quantités K et i propres à opérer, dans la Série correspondante (463), sa convergence illimitée nécessaire. — De là il résulte que cette Série commune présente, pour ainsi dire, la convergence absolue dans la génération technique des fonctions, c'est-à-dire, la convergence correspondante à toutes les valeurs de leur variable; et, de cette manière, cette forme spéciale (463) de génération algorithmique présente, en même tems, une espèce indéfinie de génération théorique même des fonctions. Nous en avons déjà vu trois exemples: le premier, dans la Série (381)^{IV}, qui donne la génération de la fonction transcendante Lx, pour toutes les valeurs positives de la variable x; le second, dans la Série (382)^{IV}, qui donne la génération de la fonction impropre $\frac{1}{1+x}$, pour toutes les valeurs de la variable x; et le troisième, dans la Série (389)^{V}, qui donne la génération de la fonction irrationnelle $\sqrt{1-2x}$ correspondante à la Suite infinie (389), également pour toutes les valeurs de la variable x. Mais, il faut observer qu'à cause de cette étendue indéfinie des valeurs de la variable, pour lesquelles la Série commune (463) peut être convergente, le degré de sa convergence doit généralement être très-petit, pour pouvoir rendre toute la variabilité des fonctions, ou du moins pour pouvoir rendre leur différente variabilité par une même forme de génération, comme, par exemple, dans la Série $(389)^{v}$ que nous venons de citer; à moins que la nature spéciale des fonctions engendrées ainsi n'admette un plus grand degré de convergence, comme, par exemple, dans les deux Séries $(381)^{iv}$ et $(382)^{iv}$ que nous venons de citer également. — Il faut encore remarquer, et c'est ici l'essentiel, qu'outre les déterminations spéciales $(463)''$, qui peuvent rendre convergente la Série commune (463) dont il s'agit, comme dans les trois exemples dont il vient d'être question, il existe de plus une détermination générale de cette valeur $(463)''$ de la quantité arbitraire n, telle que, dans tous les cas, cette Série commune présente une génération non-divergente ou plutôt déjà une espèce de génération théorique indéfinie de la fonction à laquelle elle se trouve appliquée. En effet, l'inspection de la loi $(463)'$ de cette Série suffit pour reconnaître qu'en prenant, pour la quantité arbitraire n, des valeurs telles que la quantité $(n+a)$ soit de plus en plus petite, on pourra toujours rendre les coefficiens A_0, A_1, A_2, A_3, etc, jusqu'à l'infini si l'on veut, aussi petits qu'on voudra; et alors, c'est-à dire lorsque la quantité $(n+a)$ approchera de plus en plus de zéro, la mesure génératrice $\frac{x-a}{n+x}$ de cette Série (463) approchera visiblement de plus en plus de l'unité; de sorte que la valeur de la fonction Fx se trouvera ainsi engendrée progressivement par des suites de plus en plus étendues de ces coefficiens A_0, A_1, A_2, A_3, etc., et, à l'infini, par la suite infinie elle-même de ces coefficiens ayant alors pour valeurs des quantités infiniment petites. Cette génération remarquable de toute fonction Fx par des élémens infiniment petits, moyennant laquelle la Technie commence à se rattacher à la Théorie, en présentant déjà l'ébauche d'un véritable mode intermédiaire ou plutôt neutre de production des quantités, cette génération, disons-nous, quoique encore très-peu convenable pour la pratique des calculs, à cause de l'infini dont elle dépend trop explicitement, nous ouvre cependant un champ nouveau, en faisant concevoir le problème d'un système de générations neutres qui soient opérées toujours, non seulement dans l'étendue entière des Séries, mais de plus progressivement dans leurs parties finies successives. Nous réaliserons bientôt ce dernier idéal de la Technie, du moins en tant qu'il dépend de l'algorithme des Séries, en abordant ce qu'il nous reste à dire sur le système de lois qui régissent la Série universelle elle-même (147) et (352), où nous découvrirons la Série commune universelle qui jouit effectivement des belles propriétés problématiques que nous venons de concevoir, et de laquelle la Série commune (463) qui nous occupe actuellement ne forme que le cas le plus simple ou le cas primitif.

Quant à la raison philosophique de ces particularités remarquables que la Série commune simple (463) ou (439)' présente d'une manière distinctive parmi nos quatre schémas de convergence, on n'aura pas manqué de la reconnaître dans ce que nous avons allégué plus haut, à l'occasion de la mesure génératrice (416)' ou (417) de cette Série, concernant la propriété distinctive de sa participation universelle à toutes les fonctions algorithmiques. — Et, quant aux conséquences de ces mêmes particularités, elles serviront pour fixer le sens philosophique des divers usages que les géomètres ont déjà faits de cette Série commune, par exemple, de ceux faits par Euler (dans le Ier Chapitre de la 2de Partie de son Calcul différentiel) pour opérer la transformation des Séries. On comprendra actuellement, entre autres particularités, pourquoi ce géomètre, après y avoir proposé diverses substitutions non-systématiques (*), revient à celles qui rentrent dans la Série commune (463) et les recommande de préférence. On verra également

---

(*) Il est superflu sans doute de faire ici remarquer que celles de ces substitutions d'Euler, pour lesquelles il ne peut découvrir les lois, comme les autres pareilles,

que si l'on veut, suivant Euler, avoir la valeur de sa Suite hypergéométrique ... (464)

$$1 - 2 + 6 - 24 + 120 - 720 + 5040 - \text{etc., etc.},$$

---

sont toutes régies par nos diverses lois des Séries. Par exemple, dans l'article 18 de l'endroit cité, Euler se propose de transformer la Série ... (A)

$$Fx = \mathfrak{A}_1 . x + \mathfrak{A}_2 . x^2 + \mathfrak{A}_3 . x^3 + \text{etc., etc.}$$

en une autre ... (B)

$$Fx = A_1 . y + A_2 . y^2 + A_3 . y^3 + \text{etc., etc.}$$

dont la mesure génératrice y serait une fonction fx déterminée par la relation réciproque ... (C)

$$x = y . e^{ny},$$

e étant la base des logarithmes naturels. Or, en appliquant ici notre loi $(450)'$, on aura ... (D)

$$\psi y = y . e^{ny}, \quad a = 0, \quad \alpha = fa = 0;$$

$$\psi^{(\rho)} = \frac{n^{\rho - 1}}{1^{(\rho - 1)|1}}, \quad \text{et par conséquent} \quad \psi^{(1)} = 1;$$

et cette loi $(450)'$ donnera ... (E)

$$A_\mu = \mathfrak{A}_\mu + \mathfrak{A}_{\mu-1} . (\mu - 1) . \frac{n}{1} +$$

$$+ \mathfrak{A}_{\mu-2} . \left\{ (\mu - 2) . \frac{n^2}{1^{2|1}} + (\mu - 2)^{2|-1} . \frac{\left(\frac{n}{1}\right)^2}{1^{2|1}} \right\}$$

$$+ \mathfrak{A}_{\mu-3} . \left\{ (\mu - 3) . \frac{n^3}{1^{3|1}} + (\mu - 3)^{2|-1} . \frac{n}{1} . \frac{n^2}{1^{2|1}} + (\mu - 3)^{3|-1} . \frac{\left(\frac{n}{1}\right)^3}{1^{3|1}} \right\}$$

. . . .

$$+ \mathfrak{A}_1 . \frac{n^{\mu - 1}}{1^{(\mu - 1)|1}} .$$

Telle serait donc la loi particulière de la Série transformée (B), loi qu'Euler ne peut découvrir.

par le moyen de cette Série commune (463), il n'est nullement nécessaire, comme le fait ce géomètre, de passer successivement par les différens ordres de convergence, en appliquant toujours le même schéma (463), et qu'il suffit d'assigner tout-à-coup une valeur assez petite à la quantité $(n+a)$ qui entre dans ce schéma, pour obtenir immédiatement les résultats que donne son application réitérée. En effet, considérant la Suite proposée (464) comme provenant de la Série ... (464)'

$$Fx = 1 \,.\, x - 1^{2|1} \,.\, x^2 + 1^{3|1} \,.\, x^3 - 1^{4|1} \,.\, x^4 + \text{etc., etc.,}$$

qui la donne lorsque $x = 1$ et qui notoirement correspond à la fonction intégrale $\frac{e^{\frac{1}{x}}}{x} \int e^{-\frac{1}{x}} \,.\, dx$, et employant pour sa transformation ce quatrième schéma (463) ou (439)' dont il s'agit, on aura d'abord, en vertu de (439)'', les valeurs ... (464)''

$$a = 0, \quad \mathfrak{A}_0 = 0, \quad \mathfrak{A}_1 = 1, \quad \mathfrak{A}_2 = -1^{2|1}, \quad \mathfrak{A}_3 = +1^{3|1},$$
$$\mathfrak{A}_4 = -1^{4|1}, \quad \text{etc.,}$$

et faisant ensuite $n = \frac{1}{10}$, ce schéma (439)' donnera, moyennant sa loi (439), une Série transformée qui présente, dans ses vingt-neuf premiers termes, une génération convergente approchée de la quantité qui en forme la valeur; laquelle quantité, pour $x = 1$, est 0,4011 ..., et se trouve déjà plus proche de la véritable valeur 0,4036 ... de la Suite proposée (464) que ne l'est celle que trouve ici Euler par une application répétée deux ou trois fois de la même Série commune (439)' ou (463). Mais, on verra ici sur-tout, par les conséquences des particularités susdites de cette Série commune, qu'en prenant pour n des quantités différentes de plus en plus petites, les Séries transformées résultantes qui sont précisément celles que, par une espèce de bonne aventure, Euler obtient ici moyennant le procédé de répétition, on verra, disons-nous, que ces Séries résultantes donneront progressivement, dans une partie de plus en plus grande de leurs premiers termes, une génération convergente de plus en plus approchée de la valeur de la Série; ce qui constitue une des propriétés caractéristiques du système de générations neutres que nous devons découvrir dans la Série commune universelle dont celle qui nous occupe présentement ne forme que le cas primitif ou le plus simple.

Avant de quitter entièrement la considération de cette Série commune primitive, nous devons encore remarquer que, pour la pratique des calculs, sa loi (439) ou (463)′ peut être mise sous une forme plus convenable: la voici. — En faisant généralement ... (465)

$$(-1)^{m-1}.\mathfrak{A}_m.(n+a)^m = (-1)^{m-1}.\frac{1}{1^{m|1}}.\frac{d^mFa}{da^m}.(n+a)^m = f(m),$$

et, en considérant ainsi la lettre f comme caractéristique d'une fonction de l'indice m, la loi (439) ou (463)′ sera ... (465)′

$$A_\mu = (-1)^{\mu-1}.\left\{f(\mu) - \frac{\mu-1}{1}.f(\mu-1) + \frac{(\mu-1)(\mu-2)}{1.2}.f(\mu-2) - \text{etc.}\right\} =$$
$$= f(1) - \frac{\mu-1}{1}.f(2) + \frac{(\mu-1)(\mu-2)}{1.2}.f(3) - \text{etc.};$$

c'est-à-dire, ... (465)″

$$A_\mu = (-1)^{\mu-1}.\Delta^{\mu-1}f(\mu) = (-1)^{\mu-1}.{}'\Delta^{\mu-1}f(1);$$

les caractéristiques Δ et $'\Delta$ marquant les différences prises respectivement suivant la voie régressive et suivant la voie progressive. Ainsi, formant la suite des quantités ... (465)‴

$$+\mathfrak{A}_1.(n+a) = f(1), \qquad -\mathfrak{A}_2.(n+a)^2 = f(2);$$
$$+\mathfrak{A}_3.(n+a)^3 = f(3), \qquad -\mathfrak{A}_4.(n+a)^4 = f(4),$$

etc., etc.;

et prenant sur elles leurs différences progressives $'\Delta f(1)$, $'\Delta^2 f(1)$, $'\Delta^3 f(1)$, etc., la Série commune générale sera... $(465)^{\text{IV}}$

$$Fx = Fa + f(1).\frac{x-a}{n+x} - {}'\Delta^1 f(1).\left(\frac{x-a}{n+x}\right)^2 + $$

$$+ {}'\Delta^2 f(1).\left(\frac{x-a}{n+x}\right)^3 - {}'\Delta^3 f(1).\left(\frac{x-a}{n+x}\right)^4 + \text{etc., etc.}$$

C'est sous cette forme, commode pour les calculs, que (dans l'endroit cité plus haut) Euler a employé la Série commune primitive (463), du moins un cas particulier de cette Série générale, celui qui a lieu lorsqu'on a simplement $(n+a) = 1$. Et, c'est en opérant la répétition de ce cas particulier, que ce géomètre parvient à quelques autres cas particuliers correspondans à des valeurs plus petites de la quantité générale $(n+a)$, suivant la progression $\frac{1}{1}$, $\frac{1}{3}$, $\frac{1}{7}$, $\frac{1}{15}$, etc. lorsque $(x-a) = 1$. Cette forme $(465)^{\text{IV}}$ a de plus l'avantage théorique de découvrir la manière dont cette Série commune épuise successivement et complètement l'influence que, dans la détermination de la fonction proposée, ont les termes consécutifs $(465)'''$ construits avec les valeurs des différentielles de cette fonction : on voit, en effet, dans cette forme $(465)^{\text{IV}}$, que les termes ultérieurs qu'on néglige dans l'emploi de la Série commune (463), répondent à la considération que les différences de ces ordres supérieurs sont zéro.

Pour terminer ici, dans son état primitif, cette doctrine philosophique de la convergence relative dans la génération technique des fonctions par l'algorithme des Séries, au moyen des quatre Schémas de convergence, nous allons donner au moins un exemple : nous allons le prendre sur la Suite infinie (388), ou plutôt sur la Série (389) dont dépend cette Suite, pour avoir une génération technique convergente de la fonction qui correspond à cette Série. — Nous donnons la préférence à cet exemple, parce que nous y avons déjà fait l'application de la Série commune (380)''', qui ne nous a donné qu'une Série (389)^{v} très-peu convergente, ce qui nécessite un choix plus convenable parmi nos quatre Schémas de convergence; et parce que surtout, par ce choix, nous pouvons ici nous approcher de la nature même de la fonction cherchée et obtenir ainsi une convergence absolue dans sa génération, ce qui montrera comment la convergence relative se rattache à la convergence absolue. — Or, sans entrer dans des détails superflus, nous observerons que, déjà dans le premier ordre de l'application des quatre schémas (453)''', (454)''', (461)''', et (463), l'avant-dernier (461)''' donne ici une Série plus convergente que le dernier (463) qui a été appliqué plus haut (389)'' et qui a donné la Série (389)^{v}; le second (454)''' donne déjà une Série d'une convergence absolue; et le premier (453)''' conduit à la fonction théorique elle-même. Nous nous bornerons donc ici à appliquer les deux premiers schémas (453)''' et (454)'''.

La Série (389) qu'il s'agit ainsi de transformer, est ... (466)

$$Fx = 1 - x - \frac{1}{2}.\frac{1}{1}.x^2 - \frac{1}{3}.\frac{1.3}{1.2}.x^3 - \frac{1}{4}.\frac{1.3.5}{1.2.3}.x^4 - \text{etc., etc.};$$

et, en la confrontant avec la Série élémentaire (430), on aura $a = 0$, et de plus ... (466)'

$$\mathfrak{A}_0 = 1, \quad \mathfrak{A}_1 = -1, \quad \mathfrak{A}_2 = -\frac{1}{2}.\frac{1}{1}, \quad \mathfrak{A}_3 = -\frac{1}{3}.\frac{1.3}{1.2},$$

$$\mathfrak{A}_4 = -\frac{1}{4}.\frac{1.3.5}{1.2.3}, \quad \text{etc., etc.}$$

Or, en y appliquant d'abord le second schéma (454)''', on verra, par sa loi (454)'', que le plus petit nombre qu'on puisse prendre pour k est 2, pour y pouvoir réduire les coefficiens proposés $\mathfrak{A}_1$, $\mathfrak{A}_2$, $\mathfrak{A}_3$, etc. à une suite de quantités décroissantes; et, comme d'ailleurs nous savons déjà que la Série proposée (466) forme une quantité idéale (imaginaire) dans le cas de $x = 1$, dans lequel il s'agit proprement d'évalüer cette Série, nous prendrons ce nombre 2 négativement, pour rendre idéale la mesure génératrice $L(1+kx)$ dans ce schéma $(454)'''$. Ainsi, faisant $a=0$ et $k=-2$, la loi $(454)''$ ou sa détermination numérique $(434)^{\text{IV}}$ et $(443)'$, donnera ... $(466)''$

$$A_1=\frac{1}{2},\quad A_2=\frac{1}{2}\cdot\frac{1}{2^2},\quad A_3=\frac{1}{2.3}\cdot\frac{1}{2^3},\quad A_4=\frac{1}{2.3.4}\cdot\frac{1}{2^4},$$
$$A_5=\frac{1}{2.3.4.5}\cdot\frac{1}{2^5},\quad \text{etc., etc.;}$$

et le schéma $(454)'''$ donnera ainsi, pour la Série proposée (466), la Série équivalente ... $(466)'''$

$$Fx=1+\frac{1}{2}.L(1-2x)+\frac{1}{2}\cdot\frac{1}{2^2}\cdot\Big(L(1-2x)\Big)^2+$$
$$+\frac{1}{2.3}\cdot\frac{1}{2^3}\cdot\Big(L(1-2x)\Big)^3+\frac{1}{2.3.4}\cdot\frac{1}{2^4}\cdot\Big(L(1-2x)\Big)^4+\text{etc., etc.}$$

Cette Série suffit déjà pour faire découvrir immédiatement la fonction correspondante Fx. Mais, supposons qu'on l'ignore et qu'on se borne à vouloir connaître sa valeur dans le cas de $x=1$, pour avoir la valeur de la Suite infinie $(388)'$ que donne la Série proposée (466) lorsque $x=1$. On aura, à cause de $L(-1)=\frac{(2m+1)\pi}{2}.\sqrt{-1}$, où π est le nombre philosophique de la théorie des sinus et m un nombre entier quelconque, y compris zéro, on aura, disons-nous, la valeur ... $(466)^{\text{IV}}$

$$F(1)=\left\{1-\frac{1}{1^{2|1}}\cdot\frac{(2m+1)^2\pi^2}{2^4}+\frac{1}{1^{4|1}}\cdot\frac{(2m+1)^4\pi^4}{2^8}-\text{etc.}\right\}$$
$$+\left\{\frac{(2m+1)\pi}{2^2}-\frac{1}{1^{3|1}}\cdot\frac{(2m+1)^3\pi^3}{2^6}+\frac{1}{1^{5|1}}\cdot\frac{(2m+1)^5\pi^5}{2^{10}}-\text{etc.}\right\}.\sqrt{-1};$$

c'est-à-dire,

$$F(1)=\cos\Big((2m+1).\frac{\pi}{4}\Big)+\sin\Big((2m+1).\frac{\pi}{4}\Big).\sqrt{-1}=\sqrt{-1}.$$

Donc, par l'application du second schéma $(454)'''$, on obtiendrait ici très-rapidement cette valeur idéale $\sqrt{-1}$ pour la Suite infinie (388) dont il est question; valeur que nous n'avons pu reconnaître plus haut (389)^{VII} que très-lentement, par l'application (389)$''$ du quatrième schéma (463) formant la Série commune (380)$'''$. — Si on appliquait maintenant, à la même Série (466), le premier schéma (453)$'''$, en faisant toujours $a = 0$ et $k = -2$, et en faisant de plus $n = 2$, la loi (453)$''$ ou sa détermination numérique (432)^{IV}, donnerait, moyennant les valeurs présentes (466)$'$, les coefficiens nouveaux suivans ... (466)^{V}

$$A_1 = 1, \quad \text{et} \quad A_2 = A_3 = A_4 = A_5 = \text{etc.} = 0;$$

et ce premier schéma (453)$'''$ donnerait ainsi, pour la Série proposée (466), l'expression finie ou la fonction théorique elle-même ... (466)^{VI}

$$Fx = 1 + 1 \cdot \left\{ (1-2x)^{\frac{1}{2}} - 1 \right\} + 0 = (1-2x)^{\frac{1}{2}}.$$

Il est sans doute superflu de faire observer qu'on ne parviendra pas toujours, sur-tout avec la même facilité, à une Série jouissant de la convergence absolue, comme sous la marque (466)$'''$, et encore moins à la fonction théorique elle-même, comme en dernier lieu sous la marque (466)^{VI}. L'exemple que nous venons de donner, doit par là, comme nous nous le sommes proposé, servir seulement pour montrer comment la convergence relative qui est l'objet des quatre schémas présens, se rattache à la convergence absolue (394)$'$, lorsque et selon que leurs mesures génératrices, par la construction répétée (418)$'$, s'approchent de plus en plus de la nature même des fonctions dont ces schémas servent à donner la génération technique convergente. — C'est ici le lieu de remarquer que, pour approcher mieux et plus généralement de la nature des fonctions par le moyen de ces quatre schémas de convergence, il faudrait donner aux trois derniers une généralité absolue, en prenant, pour leurs mesures génératrices respectives, les fonctions suivantes ... (467)

(II) . . . Pour $(454)'''$,

$$\varphi x = \text{Log.}^{(m)}(i+kx) - \text{Log.}^{(m)}(i+ka);$$

(III) . . . Pour $(461)'''$,

$$\varphi x = \text{arc}^{(m)}\left\{\text{tang.} = (i+kx)\right\} - \text{arc}^{(m)}\left\{\text{tang.} = (i+ka)\right\};$$

(IV) . . . Pour (463),

$$\varphi x = (x-a)^r . (x+\xi.\psi o)^{m|\xi.\psi j}, \qquad \text{(Voyez Réfutat. (82));}$$

en marquant par l'exposant m, dans les deux premières (II) et (III), les degrés consécutifs des fonctions auxquelles cet exposant est appliqué, savoir, les logarithmes des logarithmes considérés consécutivement comme nombres, et les arcs des arcs considérés ici consécutivement comme tangentes, et cela pour le cas direct de l'exposant m positif, et pour le cas inverse de cet exposant m négatif. Mais, les lois qui résulteraient pour ces trois schémas plus généraux, deviendraient trop compliquées; et d'ailleurs les quatre schémas simples que nous avons arrêtés, étant amenés à leur forme universelle, comme nous le ferons ci-après, suffisent déjà complètement, en prenant, pour l'exposant n dans le premier $(453)'''$ de ces schémas, non seulement des quantités plus grandes que l'unité, mais aussi des quantités plus petites que l'unité, lesquelles dernières deviennent requises lorsque les fonctions proposées Fx ont des valeurs identiques pour différentes valeurs de x. — Toutefois, les géomètres pourront maintenant obtenir facilement ces schémas les plus généraux, en appliquant aux mesures génératrices présentes (467) nos diverses lois des Séries primitives.

Dans l'exemple précédent, la Série proposée (466) avait déjà la forme de la Série élémentaire (430); de sorte que les quantités $\mathfrak{A}_1$, $\mathfrak{A}_2$, $\mathfrak{A}_3$, etc., constituant les valeurs composées des dérivées différentielles de la fonction cherchée, se trouvaient données immédiatement. Si la Série proposée avait la forme primitive générale ... (468)

$$Fx = M_0 + M_1.(fx-fa) + M_2.(fx-fa)^2 + M_3.(fx-fa)^3 + \text{etc., etc.};$$

on pourrait l'envisager, suivant la considération $(430)^{\text{IV}}$, comme ayant déjà la forme élémentaire, en introduisant une nouvelle variable $X = fx$. Mais, on pourrait aussi ramener immédiatement cette Série (468) à la forme élémentaire ... $(468)'$

$$Fx = \mathfrak{A}_0 + \mathfrak{A}_1.(x-a) + \mathfrak{A}_2.(x-a)^2 + \mathfrak{A}_3.(x-a)^3 + \text{etc., etc.}$$

En effet, faisant $y = (fx - fa)$, la variable x serait fonction de la variable y, et la fonction Fx serait ainsi une certaine fonction $\mathfrak{F}y$ de cette variable auxiliaire y; et, l'on aurait ... $(468)''$

$$M_\mu = \frac{1}{1^{\mu|1}}.\left(\frac{d^\mu \mathfrak{F}y}{dy^\mu}\right)_{(y=0)}, \quad \text{et}$$

$$\mathfrak{A}_\mu = \frac{1}{1^{\mu|1}}.\left(\frac{d^\mu \mathfrak{F}y}{dx^\mu}\right)_{(y=0)};$$

de sorte qu'il suffirait de déduire, de la loi $(459)'$, la dérivée différentielle secondaire générale $\left(\frac{d^\mu \mathfrak{F}y}{dx^\mu}\right)$, pour le cas de $y=0$. Or, faisant généralement ... $(468)'''$

$$f^{(m)} = \frac{1}{1^{m|1}}.\frac{d^m fa}{da^m},$$

cette loi $(459)'$ des différentielles secondaires donnerait ici ... $(468)^{\text{IV}}$

$$\begin{aligned}\mathfrak{A}_\mu = {} & M_\mu.(f^{(1)})^\mu + (\mu-1).M_{\mu-1}.f^{(2)}.(f^{(1)})^{\mu-2} + \\ & + (\mu-2).M_{\mu-2}.\left\{f^{(1)}.f^{(3)} + (\mu-3).\frac{(f^{(2)})^2}{1^{2|1}}\right\}.(f^{(1)})^{\mu-4} \\ & + (\mu-3).M_{\mu-3}.\left\{(f^{(1)})^2.f^{(4)} + (\mu-4).f^{(1)}.f^{(2)}.f^{(3)} + \right. \\ & \qquad \left. + (\mu-4)^{2|-1}.\frac{(f^{(2)})^3}{1^{3|1}}\right\}.(f^{(1)})^{\mu-6}\end{aligned}$$

$$+ (\mu-4).M_{\mu-4}.\left\{(f^{(1)})^3.f^{(5)} + (\mu-5).(f^{(1)})^2.\left(f^{(2)}.f^{(4)} + \frac{(f^{(3)})^2}{1^{2|1}}\right)\right.$$

$$\left. + (\mu-5)^{2|-1}.f^{(1)}.\frac{(f^{(2)})^2}{1^{2|1}}.f^{(3)} + (\mu-5)^{3|-1}.\frac{(f^{(2)})^4}{1^{4|1}}\right\}.(f^{(1)})^{\mu-8}$$

$$+ \text{etc., etc.};$$

et l'on aurait ainsi l'expression générale des coefficiens $\mathfrak{A}_1$, $\mathfrak{A}_2$, $\mathfrak{A}_3$, etc. dans la Série élémentaire $(468)'$ à laquelle se réduit toute Série primitive (468), c'est-à-dire, l'expression générale des valeurs composées des dérivées différentielles, qui entrent dans les quatre schémas de convergence. Enfin, si la Série proposée était sous la forme fondamentale elle-même ... (469)

$$Fx = N_0 + N_1.\varphi x + N_2.(\varphi x)^{2|\xi} + N_3.(\varphi x)^{3|\xi} + \text{etc., etc.};$$

les formules (163) donneraient, pour les valeurs dès différences de la fonction Fx, les expressions finies ... $(469)'$

$$\Delta Fa = N_1.\Delta\varphi a$$
$$\Delta^2 Fa = N_1.\Delta^2\varphi a + N_2.\Delta^2(\varphi a)^{2|\xi}$$
$$\Delta^3 Fa = N_1.\Delta^3\varphi a + N_2.\Delta^3(\varphi a)^{2|\xi} + N_3.\Delta^3(\varphi a)^{3|\xi}$$
$$\text{etc., etc.,}$$

en supposant que a est la valeur de x qui rend $\varphi x = 0$. Et, ayant ces différences, les formules $(39)'$ de la 1ère Section, dont nous présenterons les lois dans notre Méthode d'interpolation, donneront, dans tous les cas, les valeurs correspondantes des différentielles elles-mêmes de la fonction Fx; valeurs qui sont les élémens dans les quatre schémas de convergence dont il s'agit.

Ainsi, nous terminons ici complètement tout ce qui, dans son état primitif, concerne cette grande question philosophique de la convergence relative des Séries, c'est-à-dire, de la convergence dans cette génération technique élémentaire des fonctions entre des limites quelconques de leur variable. — Il est vrai que nous n'avons traité que le cas fondamental, correspondant à une seule variable indépendante; mais, ce que nous venons d'arrêter à l'égard de ce cas fondamental, s'étend immédiatement, sans aucune considération nouvelle, au cas général d'un nombre quelconque de variables indépendantes. Il suffit, en effet, au lieu de considérer la fonction fondamentale Fx d'une seule variable, et sa génération technique (239), à laquelle se rapporte tout ce que nous venons de déduire concernant la convergence relative, il suffit, disons-nous, de considérer la fonction générale (286) d'un nombre quelconque de variables x_1, x_2, x_3, etc., et sa génération technique (287) moyennant un nombre quelconque de variables indépendantes y_1, y_2, y_3, etc., pour étendre immédiatement le cas fondamental que nous venons de traiter au cas général (287), en y prenant, à la place de ces variables indépendantes y_1, y_2, y_3, etc., les fonctions $(418)'$ et $(418)''$ de convergence générale, formées ici moyennant les variables x_1, x_2, x_3, etc. de la fonction générale proposée $F(x_1, x_2, x_3, \ldots x_\omega)$. — On voit que cette extension générale du cas fondamental duquel nous venons d'arrêter les lois, n'exige plus aucune considération philosophique nouvelle; et, comme telle, cette extension n'appartient plus à la Philosophie de la science : ce n'est plus qu'un objet de l'Algorithmie elle-même, et spécialement de la Technie algorithmique.

Nous avons donc définitivement, dans son état primitif, le système philosophique complet des lois qui régissent la génération technique convergente de toute fonction algorithmique, entre des limites quelconques de leurs variables; génération qui se trouve donnée par les seules valeurs des dérivées différentielles des fonctions. Et, c'est là évidemment le but universel de la science, dans la question finale de l'évaluation ou de la mesure numérique des quantités. Ainsi, à cet égard, comme pour toutes les autres branches de la Technie ou de l'Universalité dans la génération des quantités, la science se trouve également achevée. — Il ne reste, pour clore ce système de lois, qu'à voir, vers la fin de ce système, comment il se rattache à la Méthode d'exhaustion algorithmique, qui, comme nous l'avons déjà reconnu plus haut, en passant de la Série élémentaire (409) à la Série composée générale (411)^{v}, constitue, suivant l'exhaustion (36), (36)', etc. déduite dans la première Section, le véritable principe de ce système de lois pour la génération convergente des fonctions; et, pour cette clôture, quelques mots suffiront.

En examinant, dans notre Philosophie de l'Infini, où nous avons donné la Méthode algorithmique d'exhaustion, les formules (63) et '(63) qui présentent les règles générales de cette Méthode, on verra facilement que, pour rattacher cette Méthode d'exhaustion algorithmique à notre question présente de la convergence relative dans la génération technique des fonctions par le moyen des Séries, à laquelle elle sert proprement de principe, les fonctions dénotées par la caractéristique ψ dans les expressions (62)'' de la même Méthode, doivent proprement être les fonctions consécutives dénotées ici par les caractéristiques $f^{(1)}$, $f^{(2)}$, $f^{(3)}$, etc. dans la construction (418)' des mesures génératrices $\varphi_1 x$, $\varphi_2 x$, $\varphi_3 x$, etc. servant pour les différens ordres (415) ou (418) de cette génération technique convergente. Et alors, le même examen des formules générales (63) et '(63) de la Méthode d'exhaustion, fera reconnaître sur-le-champ qu'en employant les fonctions spéciales présentes (418)' et (418)'' pour la construction des mesures Ω dans les formules citées (63) et '(63), ces formules d'exhaustion fourniront le moyen d'avoir, avec chaque ordre isolé $\varphi_1 x$, ou $\varphi_2 x$, ou $\varphi_3 x$, etc. des mesures génératrices consécutives (418)', une génération technique convergente entre des limites quelconques de la variable; de sorte que la Méthode d'exhaustion (63) et '(63) dispense à la vérité de passer aux ordres supérieurs, mais aussi elle ne présente qu'un pur agrégat des élémens dont se composent ces ordres supérieurs de convergence, qui précisément contiennent les lois ou la réunion systématique de ces élémens isolés, comme cela est évident d'ailleurs par le but même que nous nous sommes proposé en abordant plus haut (depuis (409)) la recherche des quatre Schémas de convergence (418)' et (418)''. Telle est donc la vraie relation entre la Méthode d'exhaustion algorithmique (63)' et '(63), et les quatre Schémas de convergence (418)' et (418)'', donnés par les quatre porismes (453)''', (454)''', (461)''', et (463) : la Méthode d'exhaustion ne présente, dans chaque ordre, que les ÉLÉMENS isolés ; et les quatre Schémas de convergence présentent, dans leurs ordres supérieurs, les lois de la réunion SYSTÉMATIQUE de ces élémens. Ainsi, suivant notre classification architectonique de la science, dans la question présente de l'évaluation ou de la mesure des quantités, la Méthode d'exhaustion algorithmique constitue la *Partie élémentaire*, et les Schémas de convergence constituent la *Partie systématique*.

C'est là, dans ces deux Parties constituantes, que se trouve manifestement l'ensemble des moyens que la science possède pour l'évaluation ou la mesure numérique des fonctions, en considérant comme connues les valeurs de leurs dérivées différentielles, qui, comme nous le savons, sont les derniers élémens donnés à la science. — Ainsi, tout procédé particulier qu'on pourrait trouver pour cette évaluation ou mesure numérique des fonctions, rentre nécessairement dans les deux Parties constituantes que nous venons de déduire, et, il devient clair que, pour faire quelque chose d'achevé et de permanent dans la science, il faudra ramener ces procédés particuliers à leurs véritables lois qui composent les deux Parties constituantes dont il est question. — Nous aurions désiré présenter ici un exemple de ces écarts dans la science et de ce retour nécessaire aux véritables lois : nous aurions voulu montrer que le procédé de M. Kramp, pour l'évaluation de l'intégrale déterminée $\int(Fx.dx)$, publié (dans les *Annales de Mathématiques*) en Avril et Juin de cette année (1816), n'est qu'un cas très-particulier de la Méthode d'exhaustion algorithmique; mais, l'espace nous manque ici pour le faire. Nous avons transmis ces idées à M. Arson, qui, suivant nos quatre Schémas de convergence, s'occupe de la détermination définitive de la Méthode d'exhaustion, qu'il doit publier; et nous l'avons prié d'y joindre cet exemple dont nous venons de parler (*). Nous nous bornerons ici à faire remarquer que ce procédé soi-disant nouveau, accompagné de grandes prétentions (**) et

(*) L'auteur de cet ouvrage saisit cette occasion pour exprimer publiquement à M. Arson toute la reconnaissance dont le pénètre son dévouement absolu au bien de la science. La plupart des calculs numériques qui se trouvent dans nos ouvrages, tous les soins pénibles qu'exige leur impression, etc., etc., appartiennent à M. Arson. L'auteur n'ignore pas que ce digne ami de la vérité ne demande point l'approbation du public; mais c'est un devoir de signaler de pareils services, rendus à la science avec le plus noble désintéressement, et dont peut-être il existe peu d'exemples...

(**) Entre autres avantages, M. Kramp prétend, dès le commencement, que « cette méthode donne l'intégrale demandée, . . . avec une précision bien supérieure « à tout ce qu'on pourrait se promettre de l'usage des Suites infinies ». — M. Kramp croirait-il que cette méthode d'approximation, dont il reconnaît lui-même ailleurs l'insuffisance lorsque la fonction différentielle proposée peut avoir des valeurs infinies ou idéales (imaginaires), croirait-il, nous demandons-nous, que cette méthode conduisît à la nature théorique même de la fonction intégrale cherchée? Nous ne pouvons l'admettre, parce que d'autres travaux de ce géomètre paraissent prouver qu'il n'est pas entièrement étranger à toute tendance philosophique dans la science; tandis que l'admission d'une telle opinion exclurait jusqu'au tact du simple mécanisme de la science. Mais alors, en renonçant à la nature elle-même ou à la génération théorique de la fonction intégrale demandée, dans quelle autre génération algorithmique M. Kramp prétend-il trouver l'équivalent de la première, en rejetant les Suites infinies? — Cette simple observation devrait, ce nous semble, suffire aux géomètres pour

qualifié du nom d'une des plus belles et des plus ingénieuses découvertes qui se soient faites dans ces derniers tems, n'est rien autre que le procédé de M. Laplace donné, même sous une forme plus élégante, dans le IXe Livre de sa Mécanique céleste (Tome IV, page 207, formule (P)). Et, en passant, nous allons fixer ici au moins les lois que suivent les résultats de ces recherches de MM. Laplace et Kramp.

Ces Messieurs se proposent, l'un et l'autre, d'évaluer l'intégrale d'une fonction y d'une variable x, de laquelle fonction on ne connaît que les valeurs consécutives ... (470)

$$y^{(0)}, \quad y^{(1)}, \quad y^{(2)}, \quad y^{(3)}, \quad \ldots \quad y^{(\omega)},$$

correspondantes respectivement aux valeurs ... (470)'

$$x^{(0)}, \quad x^{(1)}, \quad x^{(2)}, \quad x^{(3)}, \quad \ldots \quad x^{(\omega)};$$

de la variable x; en supposant que ces dernières valeurs (470)' sont équidistantes, c'est-à-dire qu'on a ... (470)''

$$x^{(1)} - x^{(0)} = x^{(2)} - x^{(1)} = x^{(3)} - x^{(2)} = \ldots = x^{(\omega)} - x^{(\omega-1)} = a.$$

M. le comte Laplace parvient à une formule qui contient les valeurs des différences progressives ... (470)'''

$$\Delta^{\mu} y^{(\omega-1)}, \quad \Delta^{\mu} y^{(\omega-2)}, \quad \Delta^{\mu} y^{(\omega-3)}, \quad \ldots \quad \Delta^{\mu} y^{(0)},$$

prises sur la fonction hypothétique y par rapport à l'accroissement a de la variable x. Et, M. Kramp, ne sortant pas du simple procédé d'interpolation, n'obtient qu'une formule où entrent seulement les valeurs des différences $\Delta^{\mu} y^{(0)}$; mais, en l'évaluant numériquement, il

leur faire reconnaître combien notre réforme philosophique de la science leur devient nécessaire, si, du point où ils se trouvent, ils veulent aller en avant, ou du moins s'ils ne veulent pas tout brouiller et méconnaître le peu même qu'ils ont découvert.

trouve des nombres identiques pour les coefficiens des données correspondantes

$$y^{(0)} \text{ et } y^{(\omega)}, \quad y^{(1)} \text{ et } y^{(\omega-1)}, \quad y^{(2)} \text{ et } y^{(\omega-2)}, \quad \text{etc.}$$

C'est peut-être cet aperçu numérique qui constitue la grande découverte de M. Kramp qu'on a voulu comparer aux découvertes faites dans ce dernier tems. Quoi qu'il en soit, il est clair que, puisque les différences (470)‴ sont formées avec les quantités proposées (470), ou plutôt puisque ces quantités (470) sont ici les seules données du problème, l'expression des lois que suit la détermination de l'intégrale $\int (y \cdot dx)$ dont il est question, doit contenir immédiatement ou explicitement ces données ou ces derniers élémens (470) du problème. Or, c'est essentiellement ce qui manque dans les formules de MM. Laplace et Kramp; et, par conséquent, c'est ce manque essentiel qui laisse leurs formules très-loin des véritables lois qui régissent la détermination dont il s'agit, et qui seules présentent la solution complète du problème que ces Messieurs se sont proposé. — Les géomètres nous sauront donc quelque gré de leur donner ces lois, constituant ici manifestement le but de leurs efforts infructueux. Les voici.

En premier lieu, lorsque les données (470) sont en nombre pair, savoir, lorsque ces données sont ... (471)

$$y^{(0)}, \quad y^{(1)}, \quad y^{(2)}, \quad y^{(3)}, \quad \ldots \quad y^{(2m-1)};$$

construisez les quantités auxiliaires que voici. D'abord, suivant les formules ... (471)′

$$\overset{(2r)}{K}(m) = \overset{(2r)}{K}(m-1) - \left(m - \frac{1}{2}\right)^2 . \overset{(2r-2)}{K}(m-1),$$

$$\overset{(2r)}{P}(m, n) = \overset{(2r)}{K}(m) + \left(n - \frac{1}{2}\right)^2 . \overset{(2r-2)}{P}(m, n),$$

$$\overset{(2r+1)}{P}(m, n) = \left(n - \frac{1}{2}\right) . \overset{(2r)}{P}(m, n),$$

formez successivement les quantités élémentaires ... $(471)''$

$$\begin{array}{lllll}
\overset{(1)}{P}(m,1), & \overset{(3)}{P}(m,1), & \overset{(5)}{P}(m,1), & \ldots & \overset{(2m-1)}{P}(m,1), \\
\overset{(1)}{P}(m,2), & \overset{(3)}{P}(m,2), & \overset{(5)}{P}(m,2), & \ldots & \overset{(2m-1)}{P}(m,2), \\
\overset{(1)}{P}(m,3), & \overset{(3)}{P}(m,3), & \overset{(5)}{P}(m,3), & \ldots & \overset{(2m-1)}{P}(m,3), \\
\ldots & \ldots & \ldots & \ldots & \ldots \\
\overset{(1)}{P}(m,m), & \overset{(3)}{P}(m,m), & \overset{(5)}{P}(m,m), & \ldots & \overset{(2m-1)}{P}(m,m);
\end{array}$$

en observant, pour commencer ces calculs, qu'on a généralement ... $(471)'''$

$$\overset{(0)}{K}(\mu) = 1, \quad \overset{(\rho)}{K}(\mu) = 0 \quad \text{lorsque} \quad \rho > \mu; \quad \text{et}$$

$$\overset{(0)}{P}(\mu, \nu) = 1 \quad \text{lorsque} \quad \nu = \text{ou} < \mu, \quad \text{comme cela a toujours lieu.}$$

Ensuite, avec ces élémens $(471)''$, construisez les quantités auxiliaires ... $(471)^{\text{IV}}$

$$M(m,1), \quad M(m,2), \quad M(m,3), \quad \ldots \quad M(m,m),$$

suivant la formule ... $(471)^{\text{V}}$

$$M(m,n) = \frac{\overset{(1)}{P}(m,n)\cdot\left(m-\frac{1}{2}\right)^{2m-1}}{2m-1} + \frac{\overset{(3)}{P}(m,n)\cdot\left(m-\frac{1}{2}\right)^{2m-3}}{2m-3} + \frac{\overset{(5)}{P}(m,n)\cdot\left(m-\frac{1}{2}\right)^{2m-5}}{2m-5} \ldots + \frac{\overset{(2m-1)}{P}(m,n)\cdot\left(m-\frac{1}{2}\right)}{1}.$$

Et, vous aurez, pour la loi qui régit la détermination de l'intégrale $\int(y.dx)$, correspondante aux données paires (471) et prise entre leurs extrêmes $y^{(0)}$ et $y^{(2m-1)}$, l'expression générale ... $(471)^{\text{VI}}$

$$\int(y.dx) = \frac{2a.M(m,m)}{1^{0|1}.1^{(2m-1)|1}}\cdot\left(y^{(0)} + y^{(2m-1)}\right)$$
$$- \frac{2a.M(m,m-1)}{1^{1|1}.1^{(2m-2)|1}}\cdot\left(y^{(1)} + y^{(2m-2)}\right)$$

$$+\frac{2a\,.\,M(m,\,m-2)}{1^{2|1}\,.\,1^{(2m-3)|1}}\,.\left(y^{(2)}+y^{(2m-3)}\right)$$

$$-\frac{2a\,.\,M(m,\,m-3)}{1^{3|1}\,.\,1^{(2m-4)|1}}\,.\left(y^{(3)}+y^{(2m-4)}\right)$$

. . . .

$$(-1)^{m-1}\,.\,\frac{2a\,.\,M(m,\,1)}{1^{(m-1)|1}\,.\,1^{m|1}}\,.\left(y^{(m-1)}+y^{(m)}\right).$$

En second lieu, lorsque les données (470) sont en nombre impair, savoir, lorsque ces données sont ... (472)

$$y^{(0)},\quad y^{(1)},\quad y^{(2)},\quad y^{(3)},\quad \ldots\quad y^{(2m)};$$

construisez les quantités auxiliaires que voici. D'abord, suivant les formules ... (472)'

$$\overset{(2r)}{Q}(m,0)=\overset{(2r)}{Q}(m-1,\,0)-m^2\,.\,\overset{(2r-2)}{Q}(m-1,\,0),$$
$$\overset{(2r)}{Q}(m,n)=\overset{(2r)}{Q}(m,\,0)+n^2\,.\,\overset{(2r-2)}{Q}(m,n),$$

formez successivement les quantités élémentaires ... (472)''

$$\begin{array}{lllll}
\overset{(0)}{Q}(m,0), & \overset{(2)}{Q}(m,0), & \overset{(4)}{Q}(m,0), & \ldots & \overset{(2m)}{Q}(m,0),\\
\overset{(0)}{Q}(m,1), & \overset{(2)}{Q}(m,1), & \overset{(4)}{Q}(m,1), & \ldots & \overset{(2m)}{Q}(m,1),\\
\overset{(0)}{Q}(m,2), & \overset{(2)}{Q}(m,2), & \overset{(4)}{Q}(m,2), & \ldots & \overset{(2m)}{Q}(m,2),\\
\ldots & \ldots & \ldots & \ldots & \ldots\\
\overset{(0)}{Q}(m,m), & \overset{(2)}{Q}(m,m), & \overset{(4)}{Q}(m,m), & \ldots & \overset{(2m)}{Q}(m,m);
\end{array}$$

en observant, pour commencer ces calculs, qu'on a généralement ... (472)'''

$$\overset{(0)}{Q}(\mu,\nu)=1,\quad \text{et}\quad \overset{(2\rho)}{Q}(\mu,\nu)=0\quad \text{lorsque}\quad \rho>\mu.$$

Ensuite, avec ces élémens $(472)^{II}$, construisez les quantités auxiliaires ... $(472)^{IV}$

$$N(m, 0), \quad N(m, 1), \quad N(m, 2), \quad N(m, 3), \quad \ldots \quad N(m, m),$$

suivant la formule ... $(472)^{V}$

$$N(m, n) = \frac{\overset{(0)}{Q}(m, n) \cdot m^{2m+1}}{2m+1} + \frac{\overset{(2)}{Q}(m, n) \cdot m^{2m-1}}{2m-1} + \frac{\overset{(4)}{Q}(m, n) \cdot m^{2m-3}}{2m-3} + \\ + \frac{\overset{(6)}{Q}(m, n) \cdot m^{2m-5}}{2m-5} \cdots + \frac{\overset{(2m)}{Q}(m, n) \cdot m}{1}.$$

Et, vous aurez, pour la loi qui régit la détermination de l'intégrale $\int(y \cdot dx)$, correspondante aux données impaires (472) et prise entre leurs extrêmes $y^{(0)}$ et $y^{(2m)}$, l'expression générale ... $(472)^{VI}$

$$\begin{aligned} \int(y \cdot dx) = & \frac{2a \cdot N(m, m)}{1^{0|1} \cdot 1^{2m|1}} \cdot \left(y^{(0)} + y^{(2m)}\right) \\ & - \frac{2a \cdot N(m, m-1)}{1^{1|1} \cdot 1^{(2m-1)|1}} \cdot \left(y^{(1)} + y^{(2m-1)}\right) \\ & + \frac{2a \cdot N(m, m-2)}{1^{2|1} \cdot 1^{(2m-2)|1}} \cdot \left(y^{(2)} + y^{(2m-2)}\right) \\ & \cdots\cdots\cdots\cdots\cdots \\ & (-1)^{m-1} \cdot \frac{2a \cdot N(m, 1)}{1^{(m-1)|1} \cdot 1^{(m+1)|1}} \cdot \left(y^{(m-1)} + y^{(m+1)}\right) \\ & (-1)^{m} \cdot \frac{2a \cdot N(m, 0)}{1^{m|1} \cdot 1^{m|1}} \cdot y^{(m)}. \end{aligned}$$

Telles $(471)^{VI}$ et $(472)^{VI}$ sont les deux lois fondamentales que suivent les résultats des recherches de MM. Laplace et Kramp (*). Et, pour

(*) Pour épargner aux géomètres du travail inutile, nous prévenons que M. Arson a calculé et doit publier bientôt un grand nombre de coefficiens numériques constans de ces deux lois fondamentales.

compléter le système de ces lois, il ne manque que d'établir la relation qui se trouve entre les deux lois fondamentales que nous venons de fixer. Or, cette relation consiste en ce que, pour un nombre quelconque $(\omega+1)$ de quantités équidistantes (470), lorsque toutes ne sont pas données, on a toujours l'égalité ... (473)

$$0 = y^{(\lambda)} - \frac{\omega}{1} \cdot y^{(\lambda+1)} + \frac{\omega(\omega-1)}{1.2} \cdot y^{(\lambda+2)}$$
$$- \frac{\omega(\omega-1)(\omega-2)}{1.2.3} \cdot y^{(\lambda+3)} \quad \ldots \quad + (-1)^{\omega} \cdot \frac{\omega^{\omega|-1}}{1^{\omega|1}} \cdot y^{(\lambda+\omega)}.$$

En effet, moyennant cette égalité générale, on passe de la seconde $(472)^{\text{vi}}$ à la première $(471)^{\text{vi}}$ des deux lois fondamentales dont il s'agit, et l'on établit ainsi leur relation réciproque. — Nous abandonnons aux géomètres ces corollaires, et nous leur laissons également le plaisir de démontrer les deux lois fondamentales elles-mêmes : la connaissance de la nature ou de la construction de ces lois leur facilitera actuellement la découverte des véritables principes de cette question et, par suite, de la démonstration de ces lois ; laquelle démonstration est d'ailleurs étrangère à l'objet de l'ouvrage présent, auquel nous allons revenir.

Ayant achevé, dans son état primitif, la doctrine philosophique de la convergence dans la génération technique de toute fonction algorithmique, nous allons, pour arriver à l'état universel de cette doctrine, et sur-tout pour terminer la Philosophie des Séries, qui est l'objet de cet ouvrage, compléter le système des lois $(361)''$ et (364) qui régissent la Série universelle elle-même (147) ou (352) ; complément qui est ce qui nous manque encore pour avoir définitivement le système entier de cette Philosophie des Séries dont il s'agit. — Et, pour nous acheminer méthodiquement vers cette dernière question, nous allons d'abord fixer les lois d'une espèce intermédiaire de Séries, savoir, de celles qui participent encore de la nature de la Série primitive et qui, de plus, participent déjà de la nature de la Série universelle, et qui, par conséquent, forment la transition philosophique de la première à la dernière.

Cette espèce intermédiaire de Séries a lieu lorsque, dans la Série universelle (352), les mesures génératrices consécutives $\varphi_0 x$, $\varphi_1 x$, $\varphi_2 x$, $\varphi_3 x$, etc. sont déjà différentes, ce qui est proprement le caractère de l'universalité dans cet algorithme technique, et lorsque néanmoins les valeurs α_0, α_1, α_2, α_3, etc. de la variable x, dont résultent les relations (354)″, savoir ... (474)

$$\varphi_0(\alpha_0) = 0, \quad \varphi_1(\alpha_1) = 0, \quad \varphi_2(\alpha_2) = 0, \quad \varphi_3(\alpha_3) = 0, \quad \text{etc.} = 0,$$

sont encore toutes égales, ce qui détermine essentiellement l'état primitif dans ce même algorithme technique. — Suivant ces propriétés des mesures génératrices consécutives, leur forme sera évidemment ... (474)′

$$\varphi_0 x = \frac{x-a}{\psi_1 x}, \quad \varphi_1 x = \frac{x-a}{\psi_2 x}, \quad \varphi_2 x = \frac{x-a}{\psi_3 x},$$
$$\varphi_3 x = \frac{x-a}{\psi_4 x}, \quad \text{etc., etc.,}$$

les caractéristiques ψ_1, ψ_2, ψ_3, etc. marquant autant de fonctions différentes; et, par conséquent, la forme générale de cette espèce intermédiaire de Séries, sera ... (475)

$$Fx = A_0 + A_1 \cdot \frac{x-a}{\psi_1 x} + A_2 \cdot \frac{(x-a)^2}{\psi_1 x \cdot \psi_2 x} + A_3 \cdot \frac{(x-a)^3}{\psi_1 x \cdot \psi_2 x \cdot \psi_3 x} +$$
$$+ A_4 \cdot \frac{(x-a)^4}{\psi_1 x \cdot \psi_2 x \cdot \psi_3 x \cdot \psi_4 x} + \text{etc., etc.}$$

C'est donc pour cette forme INTERMÉDIAIRE (*), entre celles de la

(*) Il faut joindre, à la nomenclature résumée dans la note de la page 377, la dénomination de *Série intermédiaire* que nous attachons à la Série présente (475).

Série primitive (166) et de la Série universelle (352), qu'il s'agit d'abord de fixer les lois.

Or, il suffit pour cela d'appliquer ici immédiatement la première des deux lois (361)'' et (364) que nous avons déjà reconnues pour la Série universelle (352). — On aura effectivement, en vertu des relations (354)'', les valeurs ... (475)'

$$\alpha_0 = \alpha_1 = \alpha_2 = \alpha_3 = \text{etc.} = a;$$

et, considérant da comme un accroissement infiniment petit de la quantité a, on pourra supposer

$$\alpha_0 = a, \quad \alpha_1 = a + da, \quad \alpha_2 = a + 2da, \quad \ldots \quad \alpha_\nu = a + \nu da.$$

Ainsi, l'expression générale (361)' donnera ... (475)''

$$\Delta^r F = \left\{ d^r Fx \right\}_{(x=a)} = d^r Fa;$$

et de même, l'expression générale (358)'' donnera ... (475)'''

$$\Delta^r \Phi_\rho = \left\{ d^r \left(\varphi_0 x . \varphi_1 x . \varphi_2 x \ldots \varphi_{\rho-1} x \right) \right\}_{(x=a)} =$$

$$= \left\{ d^r \left(\frac{(x-a)^\rho}{\psi_1 x . \psi_2 x . \psi_3 x \ldots \psi_\rho x} \right) \right\}_{(x=a)} = \left(\text{selon } (380)^{\text{v}} \right) =$$

$$= 1^{r|1} . \frac{d^{(r-\rho)} \left(\psi_1 a . \psi_2 a . \psi_3 a \ldots \psi_\rho a \right)^{-1}}{1^{(r-\rho)|1}} . da^\rho .$$

Et si, pour abréger les expressions, on conçoit les développemens élémentaires ... (475)^{IV}

$$Fx = \mathfrak{A}_0 + \mathfrak{A}_1 . (x-a) + \mathfrak{A}_2 . (x-a)^2 + \mathfrak{A}_3 . (x-a)^3 + \text{etc., etc.}; \quad \text{et}$$

$$\frac{1}{\psi_1 x . \psi_2 x . \psi_3 x \ldots \psi_\rho x} = \overset{(\rho)}{I0} + \overset{(\rho)}{I1} . (x-a) + \overset{(\rho)}{I2} . (x-a)^2 +$$

$$+ \overset{(\rho)}{I3} . (x-a)^3 + \text{etc., etc.};$$

on aura ... $(475)^{v}$

$$\Delta^r F = \mathfrak{A}_r \cdot 1^{r|1} \cdot da^r, \qquad \text{et} \qquad \Delta^r \Phi_\rho = 1^{r|1} \cdot \overset{(\rho)}{I(r-\rho)} \cdot da^r .$$

Donc, substituant ces valeurs dans la première loi universelle $(361)''$ qu'il s'agit ici d'appliquer à la Série intermédiaire (475), on obtiendra, pour cette Série, la loi que voici ... (476)

$$A_\mu = \frac{1}{\overset{(\mu)}{I0}} \cdot \left\{ \mathfrak{A}_\mu - \mathfrak{A}_{\mu-1} \cdot \frac{\overset{(\mu-1)}{I1}}{\overset{(\mu-1)}{I0}} + \right.$$

$$+ \mathfrak{A}_{\mu-2} \cdot \frac{\text{Ш}\left\{ \overset{(\mu-1)}{I(1-\nu 0)} \cdot \overset{(\mu-2)}{I(2-\nu 1)} \right\}}{\overset{(\mu-1)}{I0} \cdot \overset{(\mu-2)}{I0}}$$

$$- \mathfrak{A}_{\mu-3} \cdot \frac{\text{Ш}\left\{ \overset{(\mu-1)}{I(1-\nu 0)} \cdot \overset{(\mu-2)}{I(2-\nu 1)} \cdot \overset{(\mu-3)}{I(3-\nu 2)} \right\}}{\overset{(\mu-1)}{I0} \cdot \overset{(\mu-2)}{I0} \cdot \overset{(\mu-3)}{I0}}$$

. . . .

$$\left. (-1)^{\mu-1} \cdot \mathfrak{A}_1 \cdot \frac{\text{Ш}\left\{ \overset{(\mu-1)}{I(1-\nu 0)} \cdot \overset{(\mu-2)}{I(2-\nu 1)} \cdot \overset{(\mu-3)}{I(3-\nu 2)} \cdots \overset{(1)}{I(\mu-1-\nu(\mu-2))} \right\}}{\overset{(\mu-1)}{I0} \cdot \overset{(\mu-2)}{I0} \cdot \overset{(\mu-3)}{I0} \cdots \overset{(1)}{I0}} \right\};$$

les fonctions schins portant sur la permutation des indices $\nu 0$, $\nu 1$, $\nu 2$, $\nu 3$, etc. dont les valeurs sont

$$\nu 0 = 0, \quad \nu 1 = 1, \quad \nu 2 = 2, \quad \nu 3 = 3, \quad \text{etc.}$$

Et, telle sera manifestement la LOI FONDAMENTALE de la Série intermédiaire (475) dont il est question; loi dont on pourra déduire, moyennant nos différens théorèmes de transition, toutes les autres (initiale, relative, réciproque, etc.) composant le système des lois qui régissent cette même Série. — Pour ce qui concerne les quantités

$\overset{(\rho)}{I0}$, $\overset{(\rho)}{I1}$, $\overset{(\rho)}{I2}$, $\overset{(\rho)}{I3}$, etc. qui entrent dans cette loi fondamentale et qui sont les coefficiens dans le second des développemens élémentaires $(375)^{IV}$, leur détermination, qui se trouve donnée par la loi (283) ou (285), ne présente plus aucune difficulté.

Nous nous bornerons ici à appliquer cette Série intermédiaire (475) à l'extension de nos quatre schémas primitifs de convergence, pour les amener ainsi graduellement à leur forme universelle dont la détermination appartient encore à la Philosophie de la Technie.

Prenant d'abord les trois espèces propres (416) des fonctions de convergence (418)″, on aura visiblement, pour la forme intermédiaire (475), les mesures génératrices que voici ... (477)

$$\text{(I)} \ldots \quad \frac{x-a}{\psi_\omega x} = \left\{ \left(\frac{1+k_\omega . x}{1+k_\omega . a}\right)^{\frac{1}{n_\omega}} - 1 \right\},$$

$$\text{(II)} \ldots \quad \frac{x-a}{\psi_\omega x} = \left\{ L(1+k_\omega . x) - L(1+k_\omega . a) \right\},$$

$$\text{(III)} \ldots \quad \frac{x-a}{\psi_\omega x} = \left\{ \begin{array}{l} + \text{réc.}\{\text{tang.} = (i_\omega + k_\omega . x)\} \\ - \text{réc.}\{\text{tang.} = (i_\omega + k_\omega . a)\} \end{array} \right\},$$

en marquant par l'indice ω des quantités et des caractéristiques différentes; et par conséquent, on aura, pour les fonctions ψx, les expressions générales ... (477)′

$$\text{(I)} \ldots \quad \frac{1}{\psi_\omega x} = \frac{(1+k_\omega . x)^{\frac{1}{n_\omega}} - (1+k_\omega . a)^{\frac{1}{n_\omega}}}{(x-a)} . (1+k_\omega . a)^{-\frac{1}{n_\omega}},$$

$$\text{(II)} \ldots \quad \frac{1}{\psi_\omega x} = \frac{L(1+k_\omega . x) - L(1+k_\omega . a)}{(x-a)},$$

$$\text{(III)} \ldots \quad \frac{1}{\psi_\omega x} = \frac{\left\{ \begin{array}{l} + \text{réc.}\{\text{tang.} = (i_\omega + k_\omega . x)\} \\ - \text{réc.}\{\text{tang.} = (i_\omega + k_\omega . a)\} \end{array} \right\}}{(x-a)}.$$

Or, si l'on considère respectivement les fonctions $\frac{1}{\psi_1 x}$, $\frac{1}{\psi_2 x}$, $\frac{1}{\psi_3 x}$, etc. comme formant autant de nouvelles variables x_1, x_2, x_3, etc. dépendantes de la variable x, et si l'on conçoit leurs développemens ... (477)''

$$x_1 = \frac{1}{\psi_1 x} = a_1 + b_1.(x-a) + c_1.(x-a)^2 + d_1.(x-a)^3 + \text{etc.}$$

$$x_2 = \frac{1}{\psi_2 x} = a_2 + b_2.(x-a) + c_2.(x-a)^2 + d_2.(x-a)^3 + \text{etc.}$$

$$x_3 = \frac{1}{\psi_3 x} = a_3 + b_3.(x-a) + c_3.(x-a)^2 + d_3.(x-a)^3 + \text{etc.}$$

etc., etc.;

on aura, pour les coefficiens du second des deux développemens élémentaires (475)^{IV}, l'expression générale ... (477)'''

$$\overset{(\rho)}{Im} = \frac{1}{1^{m|1}}.\left\{\frac{d^m(x_1.x_2.x_3\ .\ .\ .\ x_\rho)}{dx^m}\right\}_{(x=a)},$$

et la formule (283) ou (285) donnera sur-le-champ la génération de ces coefficiens. Substituant alors, dans la loi présente (476), les valeurs de ces coefficiens $\overset{(\rho)}{I0}$, $\overset{(\rho)}{I1}$, $\overset{(\rho)}{I2}$, etc., prises respectivement pour chacune des trois fonctions générales (477)', on obtiendra les trois lois fondamentales pour les trois schémas intermédiaires de convergence, correspondans aux trois mesures génératrices propres (477). — Nous laissons aux géomètres à opérer ces évaluations et ces substitutions, pour amener graduellement les trois schémas primitifs (453)''', (454)''', et (461)''' à leur forme universelle, sous laquelle la science doit définitivement s'en servir.

Prenant ensuite l'espèce impropre (416)' des fonctions de convergence (418)'', on aura de même visiblement, pour la forme intermédiaire (475), la mesure génératrice ... (478)

$$(\text{IV}) \ldots\ldots \quad \frac{x-a}{\psi_\omega x} = \frac{x-a}{n_\omega + x},$$

en marquant toujours par l'indice ω des quantités différentes n_1, n_2, n_3, etc. et des caractéristiques différentes ψ_1, ψ_2, ψ_3, etc.; et par conséquent, on aura ici, pour les fonctions ψx, l'expression générale ... (478)′

$$(\text{IV}) \ldots \quad \psi_\omega x = (n_\omega + x).$$

Ainsi, les quantités $I\overset{(\rho)}{0}$, $I\overset{(\rho)}{1}$, $I\overset{(\rho)}{2}$, $I\overset{(\rho)}{3}$, etc. formant les coefficiens dans le second des deux développemens élémentaires $(475)^{\text{IV}}$, seront ici simplement ... (478)″

$$I\overset{(\rho)}{m} = \frac{1}{1^{m|1}} \cdot \left\{ \frac{d^m \left((n_1+x)(n_2+x)(n_3+x) \ldots (n_\rho+x) \right)^{-1}}{dx^m} \right\}_{(x=a)} =$$

$$= (-1)^m \cdot \frac{Agr. \left\{ (n_1+a)^{-\alpha_1} \cdot (n_2+a)^{-\alpha_2} \cdot (n_3+a)^{-\alpha_3} \ldots (n_\rho+a)^{-\alpha_\rho} \right\}}{(n_1+a)(n_2+a)(n_3+a) \ldots (n_\rho+a)},$$

la caractéristique $Agr.$ dénotant l'agrégat des termes qui dépendent des valeurs entières, y compris zéro, des indices α_1, α_2, α_3, ... α_ρ déterminés par la condition

$$m = \alpha_1 + \alpha_2 + \alpha_3 \ldots + \alpha_\rho.$$

Donc, si pour abréger les expressions on désigne cet agrégat par $[\rho, m]$, c'est-à-dire, si l'on fait ... (478)‴

$$[\rho, m] = Agr. \left\{ \left(\frac{1}{n_1+a}\right)^{\alpha_1} \cdot \left(\frac{1}{n_2+a}\right)^{\alpha_2} \cdot \left(\frac{1}{n_3+a}\right)^{\alpha_3} \ldots \left(\frac{1}{n_\rho+a}\right)^{\alpha_\rho} \right\},$$

on aura généralement ... $(478)^{\text{IV}}$

$$I\overset{(\rho)}{m} = (-1)^m \cdot \frac{[\rho, m]}{(n_1+a)(n_2+a)(n_3+a) \ldots (n_\rho+a)},$$

et particulièrement ... $(478)^{\text{V}}$

$$\frac{1}{I\overset{(\rho)}{0}} = (n_1+a)(n_2+a)(n_3+a) \ldots (n_\rho+a);$$

et, substituant ces valeurs dans la loi (476), il viendra ici ... (479)

$$A_\mu = (n_1+a)(n_2+a)(n_3+a) \;\ldots\; (n_\mu+a) \times$$
$$\times \Big\{ \mathfrak{A}_\mu + \mathfrak{A}_{\mu-1} . [(\mu-1), 1] +$$
$$+ \mathfrak{A}_{\mu-2} . \text{Ш} \{ [(\mu-1), (1-\nu 0)] . [(\mu-2), (2-\nu 1)] \}$$
$$+ \mathfrak{A}_{\mu-3} . \text{Ш} \{ [(\mu-1), (1-\nu 0)] . [(\mu-2), (2-\nu 1)] . [(\mu-3), (3-\nu 2)] \}$$
$$\cdots\cdots\cdots\cdots\cdots\cdots\cdots\cdots\cdots\cdots$$
$$+ \mathfrak{A}_1 . \text{Ш} \{ [(\mu-1), (1-\nu 0)] . [(\mu-2), (2-\nu 1)] . [(\mu-3), (3-\nu 2)] \ldots [1, (\mu-1-\nu(\mu-2))] \} \Big\},$$

les fonctions schins portant toujours sur la permutation des indices $\nu 0$, $\nu 1$, $\nu 2$, $\nu 3$, etc. dont les valeurs sont les mêmes que dans la loi générale (476), savoir,

$$\nu 0 = 0, \quad \nu 1 = 1, \quad \nu 2 = 2, \quad \nu 3 = 3, \quad \text{etc.}$$

Telle (479) est donc la première expression de la loi fondamentale qui régit la Série intermédiaire engendrée avec les mesures (478), savoir, la Série ... (479)'

$$Fx = Fa + A_1 . \frac{x-a}{n_1+x} + A_2 . \frac{(x-a)^2}{(n_1+x)(n_2+x)} +$$
$$+ A_3 . \frac{(x-a)^3}{(n_1+x)(n_2+x)(n_3+x)} + \text{etc., etc.,}$$

formant la Série commune intermédiaire ou le quatrième schéma intermédiaire de convergence. — Nous allons réduire à sa dernière simplicité l'expression (479) de cette loi fondamentale, pour établir le type d'une réduction pareille qu'il faudra opérer dans les trois autres schémas intermédiaires, correspondans aux mesures génératrices (477), et sur-tout pour arrêter ici définitivement cette Série commune intermédiaire (479)' qui, comme nous l'avons déjà vu plus haut dans son état primitif, rattache la Technie à la Théorie, en présentant une espèce de génération neutre ou du moins l'ébauche de cette génération neutre des quantités, et qui, en cela, est éminemment philosophique.

Si l'on fait ... (480)

$$H_1 = \frac{1}{n_1 + a}, \quad H_2 = \frac{1}{n_2 + a}, \quad H_3 = \frac{1}{n_3 + a}, \quad \text{etc.},$$

et si, suivant la notation employée dans notre Introduction philosophique, on désigne généralement ... (480)'

par $(R_1 \ldots R_\omega)_1$ la somme des quantités R_1, R_2, R_3, ... R_ω,

par $(R_1 \ldots R_\omega)_2$ la somme de leurs produits de deux à deux,

par $(R_1 \ldots R_\omega)_3$ la somme de leurs produits de trois à trois,

etc., et généralement

par $(R_1 \ldots R_\omega)_\rho$ la somme des produits des quantités R_1, R_2, R_3, ... R_ω, combinées de ρ à ρ;

on verra facilement, pour peu qu'on examine les propriétés combinatoires des fonctions schins qui entrent dans la construction de la loi (479), qu'on a ici généralement ... (480)''

$$\text{ש}\left\{[(\mu-1),(1-\nu0)]\right\} = [(\mu-1),1] = (H_1 \ldots H_{\mu-1})_1,$$

$$\text{ש}\left\{[(\mu-1),(1-\nu0)]\cdot[(\mu-2),(2-\nu1)]\right\} = (H_1 \ldots H_{\mu-1})_2,$$

$$\text{ש}\left\{[(\mu-1),(1-\nu0)]\cdot[(\mu-2),(2-\nu1)]\cdot[(\mu-3),(3-\nu2)]\right\} = (H_1 \ldots H_{\mu-1})_3,$$

. . . .

$$\text{ש}\left\{[(\mu-1),(1-\nu0)]\cdot[(\mu-2),(2-\nu1)]\cdot[(\mu-3),(3-\nu2)]\ \ldots\ [1,(\mu-1-\nu(\mu-2))]\right\} =$$
$$= (H_1 \ldots H_{\mu-1})_{\mu-1}.$$

Ainsi, substituant ces valeurs dans la loi (479), on la réduira à la forme ... (480)'''

$$A_\mu = \frac{1}{H_1 . H_2 . H_3 \ . \ . \ . \ H_\mu} \times$$
$$\times \left\{ \mathfrak{A}_\mu + \mathfrak{A}_{\mu-1} . (H_1 \ . \ . \ . \ H_{\mu-1})_1 + \mathfrak{A}_{\mu-2} . (H_1 \ . \ . \ . \ H_{\mu-1})_2 + \right.$$
$$\left. + \mathfrak{A}_{\mu-3} . (H_1 \ . \ . \ . \ H_{\mu-1})_3 \ . \ . \ . \ . \ . \ . + \mathfrak{A}_1 . (H_1 \ . \ . \ . \ H_{\mu-1})_{\mu-1} \right\} .$$

De plus, faisant spécialement ... $(480)^{\text{IV}}$

$$H_1 = \frac{N_1}{n+a}, \quad H_2 = \frac{N_2}{n+a}, \quad H_3 = \frac{N_3}{n+a}, \quad \text{etc.};$$

cette forme $(480)'''$ se réduira définitivement à celle-ci ... (481)

$$A_\mu = \frac{1}{N_1 . N_2 . N_3 \ . \ . \ . \ N_\mu} \times$$
$$\times \left\{ \mathfrak{A}_\mu . (n+a)^\mu + \mathfrak{A}_{\mu-1} . (n+a)^{\mu-1} . (N_1 \ . \ . \ . \ N_{\mu-1})_1 \right.$$
$$+ \mathfrak{A}_{\mu-2} . (n+a)^{\mu-2} . (N_1 \ . \ . \ . \ N_{\mu-1})_2$$
$$+ \mathfrak{A}_{\mu-3} . (n+a)^{\mu-3} . (N_1 \ . \ . \ . \ N_{\mu-1})_3$$
$$. \ . \ . \ . \ . \ . \ . \ . \ . \ . \ . \ . \ . \ . \ . \ . \ . \ .$$
$$\left. + \mathfrak{A}_1 . (n+a) . (N_1 \ . \ . \ . \ N_{\mu-1})_{\mu-1} \right\} .$$

Et, telle est manifestement la forme la plus simple de la loi fondamentale qui régit la Série commune intermédiaire $(479)'$ laquelle, en ayant égard aux valeurs (480) et $(480)^{\text{IV}}$, prend elle-même la forme correspondante que voici ... $(481)'$

$$Fx = Fa + A_1 . \frac{N_1 . (x-a)}{n+a+N_1(x-a)}$$
$$+ A_2 . \frac{N_1 . N_2 . (x-a)^2}{\big(n+a+N_1(x-a)\big)\big(n+a+N_2(x-a)\big)}$$
$$+ A_3 . \frac{N_1 . N_2 . N_3 . (x-a)^3}{\big(n+a+N_1(x-a)\big)\big(n+a+N_2(x-a)\big)\big(n+a+N_3(x-a)\big)}$$
$$+ \text{etc., etc.}$$

Mais, le grand avantage que présente la forme réduite (481) de la loi qui régit ce dernier schéma intermédiaire de convergence (481)′, est de découvrir déjà, par anticipation, les propriétés éminentes de la Série commune universelle, dont nous avons formé le problème plus haut en traitant des propriétés de la Série commune primitive. En effet, d'une part, quels que soient les nombres arbitraires n et N_1, N_2, N_3, etc. qui entrent dans la Série présente (481)′, ses mesures génératrices ou les fonctions dont les quantités A_1, A_2, A_3, etc. forment les coefficiens, sont ou peuvent toujours être rendues plus petites que l'unité; et, de l'autre part, la simple inspection de la loi (481) suffit pour reconnaître qu'on peut toujours prendre ces quantités arbitraires n et N_1, N_2, N_3, etc. de manière que la suite des coefficiens A_1, A_2, A_3, etc. soit convergente ou décroissante dans une étendue quelconque, c'est-à-dire, jusqu'à un coefficient quelconque A_ω, et même de manière que la suite entière de ces coefficiens, jusqu'à l'infini, soit convergente ou décroissante. Car, quelle que soit la suite des quantités données $\mathfrak{A}_1$, $\mathfrak{A}_2$, $\mathfrak{A}_3$, etc., formant les coefficiens dans le développement élémentaire (475)^{IV} de la fonction proposée, savoir, dans ... (481)″

$$Fx = \mathfrak{A}_0 + \mathfrak{A}_1.(x-a) + \mathfrak{A}_2.(x-a)^2 + \mathfrak{A}_3.(x-a)^3 + \text{etc., etc.,}$$

on peut toujours prendre la quantité arbitraire n de manière que, la quantité $(n+a)$ devenant de plus en plus petite, l'expression générale (481), avec des valeurs quelconques prises pour N_1, N_2, N_3, etc., donne, pour les coefficiens A_1, A_2, A_3, etc., des suites de plus en plus étendues de quantités décroissantes, comme nous l'avons déjà remarqué plus haut en examinant les propriétés distinctives de la Série commune primitive (463); et de plus, on peut toujours prendre, pour les nombres arbitraires N_1, N_2, N_3, etc., une suite de quantités tellement croissantes ou variées que, pour toute valeur prise pour n, la même expression générale (481) donne une suite infinie de quantités décroissantes pour les valeurs des coefficiens A_1, A_2, A_3, etc. dont-il s'agit. — Ainsi, cette Série commune intermédiaire jouit déjà effectivement des avantages éminens que nous avons prévus en examinant son état primitif (463); et elle donne par là une solution déjà suffisante du problème que nous avons conçu alors, consistant à avoir un système de générations techniques convergentes qui puissent être opérées toujours, non seulement dans l'étendue entière des Séries, mais de plus progressivement dans leurs parties finies successives.

Ces propriétés supérieures de la Série commune intermédiaire (481)' lui donnent donc déjà une très-grande importance. En effet, quels que soient, dans le développement élémentaire (481)'', les coefficiens donnés $\mathfrak{A}_1$, $\mathfrak{A}_2$, $\mathfrak{A}_3$, etc., ou, ce qui est la même chose, les valeurs données des dérivées différentielles de la fonction proposée Fx, on peut toujours, par le moyen de ce dernier schéma intermédiaire de convergence, obtenir une génération technique convergente de la valeur générale de cette fonction proposée. Et, cette nécessaire convergence générale, soit dans la Série entière par l'influence de la suite croissante ou variée des quantités prises pour les nombres arbitraires N_1, N_2, N_3, etc., soit dans des parties de plus en plus étendues de cette Série par l'influence des quantités de plus en plus petites prises pour le nombre arbitraire $(n+a)$, cette nécessaire convergence, disons-nous, présente de plus les critériums suffisans pour la possibilité même de la génération de toute fonction. Les voici.

Ayant pris des quantités quelconques réelles pour les nombres arbitraires N_1, N_2, N_3, etc., la Série (481)' se trouvant convergente ou non-convergente dans son étendue entière, si l'on prend la quantité arbitraire $(n+a)$ de plus en plus petite, on obtiendra toujours du moins des parties de plus en plus étendues de cette Série, qui seront convergentes; et alors, on aura les critériums suivans. — En premier lieu, si la valeur cherchée de la fonction proposée Fx est une quantité réelle, des quantités différentes et purement réelles prises pour ce nombre arbitraire $(n+a)$ donneront des résultats identiques (dans leurs premiers chiffres); et elles donneraient des résultats différens, si cette valeur cherchée n'était pas réelle. En second lieu, des quantités différentes idéales ou dépendantes de $\sqrt{-1}$, de la forme

$$K(\cos i + \sin i . \sqrt{-1}) \quad \text{ou simplement} \quad K.\sqrt{-1},$$

étant prises pour le même nombre arbitraire $(n+a)$, donneront des résultats identiques (dans leurs premiers chiffres), si la valeur cherchée de la fonction proposée Fx est réelle ou du moins idéale (dépendante de $\sqrt{-1}$); et elles, comme les quantités réelles dans le premier cas, donneraient des résultats différens, si cette valeur cherchée n'était ni réelle ni même idéale, c'est-à-dire, si elle était absurde. Enfin, des quantités différentes étant prises successivement pour les nombres arbitraires N_1, N_2, N_3, etc., les résultats doivent évidemment suivre ces mêmes règles que nous venons de fixer pour les deux cas précédens. (*)

Ayant fixé l'importance de la Série commune intermédiaire (481)',

---

(*) Il faut ici remarquer en passant que les critériums présens pour la possibilité de la génération de toute fonction, donnent, en même tems, l'idée ou la conception exacte d'une *quantité absurde*. Car, d'après ces critériums, on trouve, pour une telle quantité, des valeurs réelles ou idéales QUELCONQUES, c'est-à-dire que la quantité absurde est celle qui est ABSOLUMENT INDÉTERMINÉE. — Il ne faut pas confondre cette indétermination ABSOLUE, qui est le caractère des quantités absurdes, avec l'indétermination purement RELATIVE, telle que l'est, par exemple, l'indétermination des quantités x et y liées par la relation

$$0 = ax + by + c.$$

Ces quantités x et y ne sont ici indéterminées que relativement à d'autres quantités, et non absolument; car, entre elles, chacune de ces quantités se trouve réellement déterminée par l'autre.

telle qu'elle résulte de sa loi fondamentale (481), nous allons maintenant transformer l'expression de cette loi en une autre très-propre à la pratique des calculs; comme nous l'avons fait plus haut pour la Série commune primitive (463), en transformant l'expression (463)' de sa loi fondamentale en une autre (465)'' plus convenable aux calculs. D'ailleurs, ces deux expressions (463)' et (465)'' appartenant à la Série commune primitive (463), ne sont que des cas particuliers des deux expressions générales correspondantes, qui appartiennent ici à la Série commune intermédiaire (481)' et dont nous allons déduire la dernière.

Comme sous la marque (465), faisons généralement ... (482)

$$\mathfrak{A}_m \cdot (n+a)^m = \frac{1}{1^{m|1}} \cdot \frac{d^m Fa}{da^m} \cdot (n+a)^m = (-1)^{m-1} \cdot f(m);$$

et, en considérant ainsi toujours la lettre f comme caractéristique d'une fonction de l'indice m, l'expression fondamentale (481) deviendra ... (482)'

$$A_\mu = \frac{(-1)^{\mu-1}}{N_1 . N_2 . N_3 \ldots N_\mu} . \Big\{ f(\mu) - (N_1 \ldots N_{\mu-1})_1 . f(\mu-1) + \\ + (N_1 \ldots N_{\mu-1})_2 . f(\mu-2) - (N_1 \ldots N_{\mu-1})_3 . f(\mu-3) \ldots \\ \ldots + (-1)^{\mu-1} . (N_1 \ldots N_{\mu-1})_{\mu-1} . f(1) \Big\}.$$

Or, suivant la construction constante des sommes deltas, exposée sous la marque (38) dans la première Section, si l'on conçoit, pour la construction variable de ces sommes, la loi simple que voici ... (482)''

$$\nabla^{\varpi+1} f(m) = \nabla^{\varpi} f(m) - N_{\varpi+1} . \nabla^{\varpi} f(m-1);$$

on aura ... (482)'''

$$\nabla^{\varpi} f(m) = f(m) - (N_1 \ldots N_\varpi)_1 . f(m-1) + (N_1 \ldots N_\varpi)_2 . f(m-2) \\ - (N_1 \ldots N_\varpi)_3 . f(m-3) \ldots\ldots + (-1)^{\varpi} . (N_1 \ldots N_\varpi)_\varpi . f(m-\varpi).$$

Car, substituant, dans le second membre de cette loi présente $(482)''$, les valeurs de $\nabla^{\varpi} f(m)$ et de $\nabla^{\varpi} f(m-1)$ données par l'expression problématique $(482)'''$, et observant qu'en vertu de la théorie de la combinaison des quantités, on a généralement ... $(482)^{\text{IV}}$

$$(N_1 \ldots N_{\varpi})_{\rho} + N_{\varpi+1} . (N_1 \ldots N_{\varpi})_{\rho-1} = (N_1 \ldots N_{\varpi+1})_{\rho} ;$$

il viendra ... $(482)^{\text{V}}$

$$\nabla^{\varpi+1} f(m) = f(m) - (N_1 \ldots N_{\varpi+1})_1 . f(m-1) + (N_1 \ldots N_{\varpi+1})_2 . f(m-2)$$
$$- (N_1 \ldots N_{\varpi+1})_3 . f(m-3) \ldots + (-1)^{\varpi+1} . (N_1 \ldots N_{\varpi+1})_{\varpi+1} . f(m-(\varpi+1)) ;$$

expression qui est identique avec la formule $(482)'''$ dont il est question. Donc, si l'on prend ici, comme sous la marque $(465)'''$, la suite des quantités ... $(482)^{\text{VI}}$

$$f(1) = + \mathfrak{A}_1 . (n+a), \qquad f(2) = - \mathfrak{A}_2 . (n+a)^2$$
$$f(3) = + \mathfrak{A}_3 . (n+a)^3, \qquad f(4) = - \mathfrak{A}_4 . (n+a)^4$$
$$f(5) = + \mathfrak{A}_5 . (n+a)^5, \qquad f(6) = - \mathfrak{A}_6 . (n+a)^6$$

etc., etc ;

et si, suivant la loi $(482)''$, on construit successivement les différens ordres des sommes deltas que voici ... $(482)^{\text{VII}}$

1er. ordre,	2d. ordre,
$\nabla f(2) = f(2) - N_1 . f(1)$	$\nabla^2 f(3) = \nabla f(3) - N_2 . \nabla f(2)$
$\nabla f(3) = f(3) - N_1 . f(2)$	$\nabla^2 f(4) = \nabla f(4) - N_2 . \nabla f(3)$
$\nabla f(4) = f(4) - N_1 . f(3)$	$\nabla^2 f(5) = \nabla f(5) - N_2 . \nabla f(4)$
$\nabla f(5) = f(5) - N_1 . f(4)$	$\nabla^2 f(6) = \nabla f(6) - N_2 . \nabla f(5)$
etc., etc. ;	etc., etc. ;

3me. ordre,	4me. ordre,
$\nabla^3 f(4) = \nabla^2 f(4) - N_3 . \nabla^2 f(3)$	$\nabla^4 f(5) = \nabla^3 f(5) - N_4 . \nabla^3 f(4)$
$\nabla^3 f(5) = \nabla^2 f(5) - N_3 . \nabla^2 f(4)$	$\nabla^4 f(6) = \nabla^3 f(6) - N_4 . \nabla^3 f(5)$
$\nabla^3 f(6) = \nabla^2 f(6) - N_3 . \nabla^2 f(5)$	$\nabla^4 f(7) = \nabla^3 f(7) - N_4 . \nabla^3 f(6)$
$\nabla^3 f(7) = \nabla^2 f(7) - N_3 . \nabla^2 f(6)$	$\nabla^4 f(8) = \nabla^3 f(8) - N_4 . \nabla^3 f(7)$
etc., etc. ;	etc., etc ;

et ainsi de suite tous les ordres consécutifs; l'expression (482)' de la loi qui régit la Série (481) sera tout simplement ... (483)

$$A_\mu = (-1)^{\mu-1} \cdot \frac{\nabla^{\mu-1} f(\mu)}{N_1 . N_2 . N_3 \ . \ . \ . \ N_\mu};$$

et, par conséquent, cette Série commune intermédiaire elle-même deviendra ... (483)'

$$\begin{aligned} Fx = Fa &+ f(1) . \frac{x-a}{n+a+N_1(x-a)} \\ &- \nabla f(2) . \frac{(x-a)^2}{(n+a+N_1(x-a))\,(n+a+N_2(x-a))} \\ &+ \nabla^2 f(3) . \frac{(x-a)^3}{(n+a+N_1(x-a))\,(n+a+N_2(x-a))\,(n+a+N_3(x-a))} \\ &- \text{etc., etc.} \end{aligned}$$

C'est là, pour la pratique des calculs, la forme la plus convenable de ce quatrième schéma intermédiaire de convergence. — Mais, il faut remarquer que l'expression présente (483) des coefficiens de cette Série, n'est que médiate ou relative, en tant que les termes successifs n'y sont donnés que médiatement, les uns moyennant les autres, suivant leur construction (482)^{VII}; tandis que l'expression (481), qui constitue proprement la loi fondamentale de cette Série, est immédiate ou absolue, parce qu'elle donne, par elle-même, tous ses termes composans. Et, c'est précisément dans cet état absolu de l'expression fondamentale (481) que nous avons pu découvrir les propriétés supérieures et distinctives de cette Série commune intermédiaire. Aussi, les géomètres et nommément Euler (dans la 2de. Partie de son Calcul différentiel, Chap. VIII, n°. 213) ont-ils déjà connu la Série (481)' dont il s'agit, et même le procédé médiat (482)^{VII} de calculer successivement ses coefficiens (483), car c'est à ce procédé que se réduisent proprement les formules d'Euler, quand on y rejette tout ce qui s'y trouve de superflu ou d'inutile (*); mais, ignorant la loi fondamentale elle-même (481) de cette Série, les géomètres n'ont pu reconnaître ses propriétés supérieures et sa grande importance que nous avons fixées plus haut.

Arbogast (dans son Calcul des dérivations, n°. 348), en suivant à la lettre le procédé d'Euler que nous venons de citer, transforme la Série ... (484)

$$A + Bx + Cx^2 + Dx^3 + Ex^4 + \text{etc., etc.,}$$

en une autre de cette forme ... (484)′

$$a + \frac{bx}{\beta + \gamma x + \delta x^2 + \text{etc.}} + \frac{cx^2}{(\beta + \gamma x + \delta x^2 + \text{etc.})(\beta' + \gamma' x + \delta' x^2 + \text{etc.})} +$$
$$+ \frac{dx^3}{(\beta + \gamma x + \delta x^2 + \text{etc.})(\beta' + \gamma' x + \delta' x^2 + \text{etc.})(\beta'' + \gamma'' x + \delta'' x^2 + \text{etc.})} + \text{etc., etc.;}$$

et il prétend, pour distinguer son travail, que les polynomes qui forment les facteurs des dénominateurs dans cette Série transformée, peuvent être, non seulement des binomes, comme dans Euler ou dans la Série (481)′, mais de plus des polynomes quelconques. Cela n'est pas vrai généralement, comme nous l'avons déjà reconnu plus haut, sous la marque (440)^{v}, à l'occasion de la Série commune primitive. — Pour pouvoir employer généralement la Série transformée d'Arbogast (484)′, il faut nécessairement que les polynomes formant les facteurs des dénominateurs, soient ou binomes ou infinitinomes; et, dans le premier cas, cette Série d'Arbogast rentre dans notre Série commune intermédiaire (481)′, et dans le second cas, elle rentre dans notre Série intermédiaire générale (475). — Ce qui a occasionné cette erreur d'Arbogast, c'est qu'Euler (dans le n°. 214 du Chap. cité), suivant tou-

(*) Telle que l'est, dans ces formules d'Euler, la prétendue différence des quantités α, α', α'', etc. qui entrent dans les dénominateurs.

jours le même procédé, a effectivement opéré, du moins pour le cas de $x = 1$, la transformation suivante ... (484)''

$$A + Bx + Cx^2 + Dx^3 + Ex^4 + \text{etc., etc.} =$$

$$= \frac{\mathfrak{A} + \mathfrak{B}.x}{\alpha + \beta x + \gamma x^2} + \frac{\mathfrak{A}'.x^2 + \mathfrak{B}'.x^3}{(\alpha + \beta x + \gamma x^2)(\alpha' + \beta' x + \gamma' x^2)} +$$

$$+ \frac{\mathfrak{A}''.x^4 + \mathfrak{B}''.x^5}{(\alpha + \beta x + \gamma x^2)(\alpha' + \beta' x + \gamma' x^2)(\alpha'' + \beta'' x + \gamma'' x^2)} + \text{etc., etc.,}$$

dans laquelle lés facteurs des dénominateurs sont des trinomes : Arbogast, qui n'avait pas bien approfondi la métaphysique des Séries, comme déjà nous avons eu occasion de le remarquer, a méconnu la forme distinctive de cette transformation (484)'' dont nous parlerons bientôt, et il l'a bonnement confondue avec la sienne (484)'. — Bien plus, en suivant à la lettre, comme nous l'avons déjà dit, le procédé d'Euler qui se réduit en principe à notre procédé précédent (482)^{vii}, Arbogast, en laissant d'ailleurs non-développés les différens produits successifs, et par conséquent en laissant non-achevé ce même procédé purement médiat, prétend encore avoir donné la loi elle-même de cette Série (484)'. Et, c'est avec cette prétendue loi d'Arbogast que récemment les géomètres (et nommément les géomètres français) ont voulu balancer nos travaux! Il nous semble qu'ils comprendront actuellement que la véritable loi de la Série d'Arbogast (484)' se trouve, en particulier, pour le binome, dans notre loi fondamentale (481) de la Série commune intermédiaire (481)', et en général, pour des polynomes quelconques, dans notre loi fondamentale (476) de la Série intermédiaire générale (475). — Mais, revenons à notre objet et, en dépit des géomètres, continuons à fixer les lois de leur science.

Nous avons dit que les lois, absolue (463)' et relative (465)'', de la Série commune primitive, ne sont que des cas particuliers des lois correspondantes, absolue (481) et relative (483), de la Série commune intermédiaire. On peut actuellement s'en assurer avec facilité. En effet, faisant ... (485)

$$N_1 = N_2 = N_3 = N_4 = \text{etc.} = 1,$$

la Série intermédiaire (481)′ se réduit immédiatement à son état primitif (463); et pareillement ses lois (481) et (483) se réduisent alors à leur état primitif (463)′ et (465)″, comme nous allons le voir. Pour ces valeurs (485), on a notoirement, d'une part, ... (485)′

$$(N_1 \ldots N_{\mu-1})_{\varpi} = \frac{(\mu-1)^{\varpi|-1}}{1^{\varpi|1}};$$

et de l'autre part, ... (485)″

$$\nabla^{\varpi+1} f(m) = \nabla^{\varpi} f(m) - \nabla^{\varpi} f(m-1) = \Delta^{\varpi+1} f(m) = {}'\Delta^{\varpi+1} f(m-\varpi-1),$$

en désignant encore par Δ et $'\Delta$ les différences prises respectivement suivant la voie régressive et suivant la voie progressive. Et, substituant d'une part les valeurs (485)′ dans la loi absolue (481), cette loi se réduira immédiatement à son état primitif (463)′; et substituant de l'autre part les valeurs (485)″ dans la loi relative (483), cette seconde loi se réduira de même immédiatement à son état primitif (465)″.

Ayant ici achevé l'extension que nous avons voulu donner aux quatre schémas de convergence, en les portant graduellement à leur forme universelle, comme nous venons de le faire moyennant leurs mesures génératrices variables (477) et (478), il ne nous reste qu'à faire remarquer que tout ce que nous avons dit plus haut, en traitant de ces schémas dans leur état primitif, concernant leur choix et leur combinaison, pour obtenir le maximum de convergence, en s'approchant de plus en plus, par la combinaison de leurs mesures génératrices consécutives, de la nature même de la fonction proposée dont ces schémas indiquent la génération, que tout cela, disons-nous, doit être étendu à ces quatre porismes pris sous leur forme intermédiaire présente (477) et (478), sous laquelle la science doit définitivement s'en servir. — Mais, il faut remarquer qu'en employant ainsi généralement, comme schémas de convergence, les quatre Séries intermédiaires engendrées avec les mesures variables (477) et (478), il faut, lorsque, suivant le procédé $(430)^{v}$, $(430)^{vi}$, $(430)^{vii}$, etc., on passe d'un ordre de convergence à un ordre supérieur, d'après la construction consécutive $(418)'$, il faut alors, disons-nous, considérer à chaque fois les quantités arbitraires i_{ω}, k_{ω}, et n_{ω} qui entrent dans ces mesures génératrices (477) et (478), comme étant respectivement les mêmes dans un même ordre de convergence, c'est-à-dire qu'il faut alors ramener ces quatre Séries intermédiaires à leur forme primitive (418); parce que les lois de ces quatre Séries intermédiaires, comme nous l'avons vu spécialement dans la loi (481) de la dernière de ces Séries, impliquent les coefficiens $\mathfrak{A}_1$, $\mathfrak{A}_2$, $\mathfrak{A}_3$, etc. du développement élémentaire (430) de la fonction proposée, et que, pour suivre le procédé susdit de répétition $(430)^{v}$, $(430)^{vi}$, $(430)^{vii}$, etc., il faut à chaque fois ramener à cette forme élémentaire (430) les Séries des ordres consécutifs (418). Il s'ensuit qu'à proprement parler, les quatre Séries intermédiaires, engendrées avec les mesures variables (477) et (478), ne sont pas, dans leur généralité, de véritables SCHÉMAS; car, pour leur donner ce caractère ou cette fonction, qui est de servir de règle aux répétitions $(430)^{v}$, $(430)^{vi}$, $(430)^{vii}$, etc., il faut les prendre dans le cas particulier où elles se réduisent à leur état primitif $(453)'''$, $(454)'''$, $(461)'''$, et (463). Et, il s'ensuit, en même tems, que ces quatre Séries intermédiaires dont il est question, ne sont que les COMPLÉMENS des véritables schémas de convergence $(453)'''$, $(454)'''$, $(461)'''$, et (463); en tant que la forme générale de leurs mesures variables (477) et (478) ne peut subsister dans les ordres antérieurs $(430)^{v}$, $(430)^{vii}$, etc., et que cependant cette forme générale devient souvent nécessaire dans le dernier ordre de convergence auquel on s'arrête définitivement. — Or, c'est avec ce complément nécessaire ou avec cette généralisation (477) et (478) des fonctions élémentaires de convergence (418)'', donnant une forme plus générale au dernier ordre de convergence auquel on s'arrête successivement, en y comprenant même le premier ordre auquel on peut s'arrêter également, c'est avec ce complément ou avec cette généralisation, disons-nous, que les véritables quatre Schémas simples (453)''', (454)''', (461)''', et (463), étant amenés ainsi en quelque sorte déjà à leur forme universelle, SUFFISENT COMPLÈTEMENT pour la génération convergente de toute fonction algorithmique (*). Et, c'est ce système complet de génération technique de toute fonction, par le moyen de Séries convergentes, qui était notoirement un des plus grands et des plus importans problèmes de la science. La Philosophie seule pouvait le résoudre.

Nous terminons ici tout ce qui appartient philosophiquement à la Série intermédiaire générale (475), de laquelle nous venons de déduire

---

(*) Pour distinguer ces quatre Schémas de convergence, on pourrait les indiquer simplement suivant leur ordre numérique, savoir, le *premier* (453)''', le *second* (454)''', le *troisième* (461)''', et le *quatrième* ou *dernier* (463). Mais, vu d'autres raisons, on pourrait aussi les distinguer par les noms de leurs fonctions génératrices dominantes, savoir, le schéma *radical* (453)''', le schéma *logarithmique* (454)''', le schéma *périodique* (461)''', et le schéma *commun* (463).

On pourrait encore embrasser ces quatre schémas par une seule forme générale, en prenant, pour la mesure génératrice, la fonction

$$\varphi x = \left\{ P.\left(\frac{1+kx}{1+ka}\right)^{\frac{1}{n}} - 1 \right\}.\left\{ Q.L\left(\frac{1+kx}{1+ka}\right) - 1 \right\} \times$$
$$\times \left\{ R.\,\text{réc.}\left(\text{tang.} = (i+kx)\right) - \alpha \right\}.\left\{ S.\frac{x}{n+x} - \frac{a}{n+a} \right\};$$

les quantités P, Q, R, et S étant des constantes arbitraires, qui, en les faisant alternativement égales à zéro et à l'unité, donneraient toutes les combinaisons des mesures génératrices des quatre schémas dont il s'agit.

les quatre schémas intermédiaires correspondans; et nous pouvons, pour terminer entièrement cette Philosophie des Séries, procéder à compléter le système des lois qui régissent la Série universelle elle-même (147) ou (352), comme nous nous sommes proposé de le faire avant d'aborder la Série intermédiaire (475). Nous allons le faire immédiatement après quelques réflexions que nous suggère ici la forme (484)$''$ de la Série transformée d'Euler, que nous avons eu occasion d'alléguer en traitant du dernier schéma intermédiaire (481)$'$ et (483)$'$.

Cette forme (484)$''$, savoir ... (486)

$$Fx = \left(\frac{\mathfrak{A}}{x^2}+\frac{\mathfrak{B}}{x}\right)\cdot\frac{x^2}{\alpha+\beta x+\gamma x^2} + \left(\frac{\mathfrak{A}'}{x^2}+\frac{\mathfrak{B}'}{x}\right)\cdot\frac{x^4}{(\alpha+\beta x+\gamma x^2)(\alpha'+\beta' x+\gamma' x^2)} +$$
$$+ \left(\frac{\mathfrak{A}''}{x^2}+\frac{\mathfrak{B}''}{x}\right)\cdot\frac{x^6}{(\alpha+\beta x+\gamma x^2)(\alpha'+\beta' x+\gamma' x^2)(\alpha''+\beta'' x+\gamma'' x^2)} + \text{etc., etc.},$$

n'est rien autre qu'un développement incomplet de la fonction correspondante Fx, en tant qu'il implique encore la variable x dans ses coefficiens qui sont ici visiblement les quantités ... (486)$'$

$$\left(\frac{\mathfrak{A}}{x^2}+\frac{\mathfrak{B}}{x}\right),\quad \left(\frac{\mathfrak{A}'}{x^2}+\frac{\mathfrak{B}'}{x}\right),\quad \left(\frac{\mathfrak{A}''}{x^2}+\frac{\mathfrak{B}''}{x}\right),\quad \text{etc.}$$

Nous avons déjà signalé, dans la première Section, ces développemens INCOMPLETS des fonctions, à l'occasion des expressions (20) et (21); et, en observant qu'on peut toujours, dans la fonction proposée Fx, laisser comme constantes telles parties qu'on veut, on conçoit facilement que les différentes formes de ces développemens incomplets sont absolument arbitraires, et par conséquent, qu'elles ne sauroient être soumises à des lois, parce qu'elles n'ont rien de nécessaire tant que les mesures génératrices de tels développemens ne sont pas contraires à leur condition négative générale, alléguée plus haut (pages 373 et 374) pour la détermination des fonctions (416) et (416)$'$. Toutefois, lorsque ces mesures sont contraires à cette condition négative générale, c'est-à-dire, lorsqu'avec des valeurs différentes prises pour la variable x, ces mesures génératrices donnent une même valeur m, comme c'est le cas dans la Série présente (486), où les mesures génératrices

$$\frac{x^2}{\alpha+\beta x+\gamma x^2}, \quad \frac{x^2}{\alpha'+\beta' x+\gamma' x^2}, \quad \frac{x^2}{\alpha''+\beta'' x+\gamma'' x^2}, \quad \text{etc.}$$

peuvent donner respectivement une même valeur m avec deux valeurs différentes prises pour la variable x; lorsque cela a lieu, disons-nous, l'introduction de la variable dans les coefficiens de la Série devient nécessaire, parce que, sans cela, ces développemens seroient défectueux, comme nous en avons déjà prévenu les géomètres dans la note de la page 104 de la Réfutation de Lagrange. Et alors, ces développemens incomplets nécessaires suivent des lois déterminées, dont voici la forme la plus simple. — Désignons généralement par z les valeurs identiques que donnent certaines fonctions $f(x)_\omega$ avec ω valeurs différentes de x, c'est-à-dire, faisons ... (487)

$$f(x)_\omega = z,$$

et prenons la quantité générale z ou cette fonction $f(x)_\omega$ pour la mesure génératrice de la Série. La forme la plus simple de génération de toute fonction Fx, moyennant cette mesure z, sera généralement ... (487)'

$$\begin{aligned}
Fx = &\left(A_0^{(1)}.\psi_1 x + A_0^{(2)}.\psi_2 x + A_0^{(3)}.\psi_3 x \;\ldots + A_0^{(\omega)}.\psi_\omega x\right) \\
+ &\left(A_1^{(1)}.\psi_1 x + A_1^{(2)}.\psi_2 x + A_1^{(3)}.\psi_3 x \;\ldots + A_1^{(\omega)}.\psi_\omega x\right).z \\
+ &\left(A_2^{(1)}.\psi_1 x + A_2^{(2)}.\psi_2 x + A_2^{(3)}.\psi_3 x \;\ldots + A_2^{(\omega)}.\psi_\omega x\right).z^2 \\
+ &\left(A_3^{(1)}.\psi_1 x + A_3^{(2)}.\psi_2 x + A_3^{(3)}.\psi_3 x \;\ldots + A_3^{(\omega)}.\psi_\omega x\right).z^3 \\
+ &\text{ etc., etc.;}
\end{aligned}$$

en dénotant ici, par les caractéristiques ψ_1, ψ_2, ψ_3, ... ψ_ω, autant de fonctions arbitraires différentes. — C'est de cette forme générale la plus simple, que la forme de la Série d'Euler (486), dont il s'agit, n'est qu'un cas particulier, savoir, lorsque ... (487)''

$$z = f(x)_\omega = \frac{x^2}{\alpha + \beta x + \gamma x^2}, \quad \text{et} \quad \psi_1 x = \frac{1}{x^2}, \quad \psi_2 x = \frac{1}{x};$$

en considérant cette Série d'Euler (486) dans son état primitif, ou réciproquement en portant notre Série générale (487)' à sa forme universelle moyennant des mesures successives différentes z_1, z_2, z_3, etc. — On voit que, si l'on appliquait à cette forme générale (487)' la Loi suprême elle-même (64)' et (64), on obtiendrait immédiatement et avec facilité la loi que suivent les coefficiens de cette Série. Mais, comme cette forme de génération technique rentre manifestement dans l'algorithme distinct et précis (147) des Séries, sa loi doit être dérivée de la Loi fondamentale (148)' de cet algorithme. — Nous donnerons la déduction de cette forme (487)' de génération technique, ainsi que sa loi, dans un autre ouvrage où nous aurons spécialement besoin de cette sorte de développemens incomplets nécessaires des fonctions.

A cette occasion, nous devons faire mention d'une foule d'autres générations techniques qui paraissent suivre immédiatement la Loi suprême elle-même (64)' et (64), et qui cependant se réduisent à la considération simple de l'algorithme distinct (147) des Séries. — Ces générations techniques accessoires, leur réduction à l'algorithme des Séries, et les lois qui résultent de cette réduction, comme purement accessoires, appartiennent déjà à la science et nommément à la Technie elle-même, et non à la Philosophie des Mathématiques qui s'occupe exclusivement des principes de ces sciences. Une seule de ces générations, celle qui donne, pour des fonctions $F(\sin x, \cos x)$ construites avec les fonctions périodiques $\sin x$ et $\cos x$, des développemens procédant par rapport aux mêmes fonctions périodiques prises sur les multiples mx de la variable, ou réciproquement, se rattache encore à la Philosophie; en tant que la réduction de ces développemens à l'algorithme des Séries se trouve fondée immédiatement sur le principe philosophique qui donne lieu à l'existence de ces fonctions transcendantes, et qui, comme nous l'avons appris dans la déduction architectonique de ces fonctions, consiste dans la liaison nécessaire des deux algorithmes primitifs opposés, de la graduation et de la sommation. Nous exposerons également cette réduction philosophique dans un autre ouvrage où nous traiterons plus spécialement des fonctions périodiques de tous les ordres, telles que nous les avons découvertes déjà dans l'Introduction à la Philosophie des Mathématiques, sous les marques (53), (54), etc. (pages 191 et suiv.), et telles qu'elles le sont définitivement en les portant de plus à leur dernière généralité (*).

Nous aurons ainsi tout ce qui appartient proprement à la Philosophie des Séries; car, toutes les autres circonstances concernant cet algorithme technique, appartiennent spécialement aux différentes bran-

(*) Il faut, dès ce moment, prévenir les géomètres que nos fonctions transcendantes périodiques des ordres supérieurs, exposées dans l'Introduction citée, peuvent être portées à leur dernière généralité, en prenant, dans leur principe, non seulement les racines paires de l'unite, comme sous la marque (53) de cette Introduction philosophique, mais généralement les racines entières quelconques m de l'unité positive et négative. On aura ainsi, à la place de ce principe (53), le principe général

$$\varphi x = e^{x \cdot \{(-1)^n\}^{\frac{1}{m}}};$$

m étant un nombre entier quelconque, formant d'ailleurs l'indice de l'ordre $(m-1)^{\text{ème}}$ de ces fonctions, et n un nombre entier quelconque, impair ou pair, suivant que ces fonctions sont considérées comme elliptiques ou comme hyperboliques, d'après leur analogie avec celles du 1er ordre (lorsque $m=2$) dont les propriétés se retrouvent dans ces sections coniques.

ches théoriques dont elles dépendent. Ainsi, par exemple, la sommation des Séries par l'intégration de leur terme général, ou par leur réduction à des équations différentielles, etc., appartient évidemment à la théorie des différences, comme nous le verrons en traitant la Philosophie de cette branche spéciale; de même, les Séries récurrentes, en les considérant dans leurs équations de relation, se rattachent à la même théorie des différences et de plus à la théorie des équivalences, par l'influence de nos fonctions alephs qui, dans ce cas, reviennent à ces théories, comme nous le montrerons ailleurs plus spécialement, en traitant ces circonstances des Séries récurrentes, et comme nous l'avons déjà laissé entrevoir dans l'Introduction à la Philosophie des Mathématiques (page 145).

Nous allons donc procéder définitivement à compléter le système de lois $(361)''$ et (364) qui régissent la Série universelle elle-même (147) ou (352), pour clore ici cette Philosophie des Séries. — Or, si l'on examine ces deux lois $(361)''$ et (364), dont la première $(361)''$ est donnée moyennant les différences prises sur la fonction proposée Fx, par rapport à des accroissemens variables qui engendrent la suite des quantités α_0, α_1, α_2, α_3, etc. opérant les relations $(354)''$ ou $(362)''$, et dont la seconde (364) est donnée immédiatement par les valeurs consécutives $F(\alpha_0)$, $F(\alpha_1)$, $F(\alpha_2)$, etc. de la fonction proposée Fx, on reconnaîtra, en remarquant que ces données constituent les critériums algorithmiques fondamentaux pour la détermination de cette fonction Fx, comme nous l'avons vu dans la première Section à l'occasion des équations (37), (39), et (42), on reconnaîtra, disons-nous, que ces deux lois $(361)''$ et (364) forment déjà le système FONDAMENTAL complet des lois qui régissent la Série universelle (352). Il ne reste donc, pour avoir le système entier de ces lois, qu'à étendre le système fondamental précédent $(361)''$ et (364), qui repose sur la loi fondamentale $(148)'$ et $(149)'$ des Séries, de laquelle nous avons effectivement déduit la première $(361)''$ de ces deux lois systématiques dont la seconde (364) n'est évidemment qu'une transformation de la première, il ne reste, disons-nous, qu'à étendre ce système fondamental au cas général dans lequel les données ne seront pas simplement les critériums fondamentaux susdits, savoir, les valeurs consécutives ou les différences de la fonction proposée, mais généralement des sommes deltas quelconques (130) ou $(131)'$ prises sur cette fonction proposée Fx. Et, pour cela, il suffit d'appliquer, à la Série universelle (352), l'expression la plus générale (136) de la Loi suprême. — Nous abandonnons ce travail aux géomètres; et, nous en tenant ici au système fondamental $(361)''$ et (364), nous nous bornerons à compléter les circonstances immédiates de ce système fondamental.

Ces circonstances immédiates consistent manifestement dans la détermination des valeurs consécutives ... (488)

$$F(\alpha_0),\quad F(\alpha_1),\quad F(\alpha_2),\quad F(\alpha_3),\quad \text{etc.}$$

de la fonction proposée Fx, correspondantes aux valeurs successives α_0, α_1, α_2, α_3, etc. de la variable x, qui rendent respectivement zéro les mesures consécutives $\varphi_0 x$, $\varphi_1 x$, $\varphi_2 x$, $\varphi_3 x$, etc. de la Série universelle (352), c'est-à-dire, qui établissent les relations ... $(488)'$

$$\varphi_0(\alpha_0) = 0,\quad \varphi_1(\alpha_1) = 0,\quad \varphi_2(\alpha_2) = 0,\quad \varphi_3(\alpha_3) = 0,\quad \text{etc.} = 0.$$

Car, lorsque la fonction Fx dont il s'agit, n'est pas donnée, comme il faut toujours le supposer dans la question de la génération technique des fonctions, la détermination de ses valeurs consécutives (488) ne peut être opérée que par des générations techniques spéciales. — Or, cette détermination ou ces circonstances immédiates (488) du système $(361)''$ et (364) de lois, dépendent à leur tour, d'une manière immédiate, de la Série ÉLÉMENTAIRE UNIVERSELLE dont voici la forme ... (489)

$$\begin{aligned} Fx = A_0 &+ A_1.(x-a_0) + A_2.(x-a_0)(x-a_1) + \\ &+ A_3.(x-a_0)(x-a_1)(x-a_2) \\ &+ A_4.(x-a_0)(x-a_1)(x-a_2)(x-a_3) \\ &+ \text{etc., etc.,} \end{aligned}$$

les quantités a_0, a_1, a_2, a_3, etc. étant quelconques. Car, si l'on fait ... (489)'

$$a_0 = \alpha_0, \quad a_1 = \alpha_1, \quad a_2 = \alpha_2, \quad a_3 = \alpha_3, \quad \text{etc.},$$

cette Série (489) donnera successivement ... (489)''

$$\begin{aligned} F(\alpha_0) &= A_0 \\ F(\alpha_1) &= A_0 + A_1.(\alpha_1-\alpha_0) \\ F(\alpha_2) &= A_0 + A_1.(\alpha_2-\alpha_0) + A_2.(\alpha_2-\alpha_0)(\alpha_2-\alpha_1) \\ F(\alpha_3) &= A_0 + A_1.(\alpha_3-\alpha_0) + A_2.(\alpha_3-\alpha_0)(\alpha_3-\alpha_1) + \\ &\quad + A_3.(\alpha_3-\alpha_0)(\alpha_3-\alpha_1)(\alpha_3-\alpha_2) \\ &\text{etc., etc.;} \end{aligned}$$

déterminations qui forment les circonstances (488) en question. — Il ne reste donc plus qu'à fixer la loi qui régit cette Série élémentaire universelle (489); Série qui d'ailleurs est manifestement le faîte de toute la Philosophie des Séries, en se plaçant ainsi à l'extrémité du système de cette Philosophie, comme la Série ÉLÉMENTAIRE SIMPLE de Taylor, savoir ... (489)'''

$$Fx = A_0 + A_1.(x-a) + A_2.(x-a)^2 + A_3.(x-a)^3 + \text{etc., etc.,}$$

se trouve placée à l'origine de ce même système.

Mais, pour ne pas revenir dans la suite sur les mêmes objets, nous allons ici établir immédiatement une autre loi supérieure, dont nous ferons usage dans nos ouvrages ultérieurs, et dont nous déduirons, comme cas particulier, celle de la Série élémentaire universelle (489), de laquelle il s'agit actuellement.

Soit $\psi(y,z)$ une fonction quelconque des deux quantités y et z, que nous considérerons comme des nombres entiers; et formons, avec les valeurs de cette fonction, les fonctions génératrices Ω_0, Ω_1, Ω_2, Ω_3, etc. de la Loi suprême (64)', de la manière suivante ... (490)

$$\Omega_0 = 1$$
$$\Omega_1 = \big(\psi(1,1)+x\big)$$
$$\Omega_2 = \big(\psi(2,1)+x\big)\big(\psi(2,2)+x\big)$$
$$\Omega_3 = \big(\psi(3,1)+x\big)\big(\psi(3,2)+x\big)\big(\psi(3,3)+x\big)$$
$$\dots\dots\dots\dots\dots$$
$$\Omega_\mu = \big(\psi(\mu,1)+x\big)\big(\psi(\mu,2)+x\big)\big(\psi(\mu,3)+x\big)\dots\big(\psi(\mu,\mu)+x\big).$$

Alors, la génération technique correspondante de toute fonction Fx, sera ici ... (490)'

$$\begin{aligned} Fx = A_0 &+ A_1.\big(\psi(1,1)+x\big) \\ &+ A_2.\big(\psi(2,1)+x\big)\big(\psi(2,2)+x\big) \\ &+ A_3.\big(\psi(3,1)+x\big)\big(\psi(3,2)+x\big)\big(\psi(3,3)+x\big) \\ &+ \text{etc., etc.;} \end{aligned}$$

et c'est de cette génération supérieure que nous allons d'abord fixer la loi par le moyen de la Loi suprême (64), en observant que les déterminations particulières ... (490)''

$$\begin{array}{lllll} \psi(1,1), & \psi(2,1), & \psi(3,1), & \psi(4,1), & \text{etc.,} \\ \psi(2,2), & \psi(3,2), & \psi(4,2), & \psi(5,2), & \text{etc.,} \\ \psi(3,3), & \psi(4,3), & \psi(5,3), & \psi(6,3), & \text{etc.,} \\ \text{etc., etc.;} \end{array}$$

de la fonction hypothétique $\psi(y,z)$, qui entrent dans cette génération spéciale (490)', ne sont ici proprement qu'autant de quantités arbitraires. — Nous prévenons les géomètres que cette génération technique supérieure (490)', dont nous déduirons ici, comme cas particulier, la Série élémentaire universelle (489) en question, nous fournira, dans la suite de nos ouvrages, le principe fondamental des Méthodes d'interpolation.

En considérant toujours les quantités arbitraires (490)'' comme étant les déterminations particulières d'une fonction arbitraire $\psi(y, z)$, faisons ... (491)

$$\begin{aligned}
p(y)_1 &= \psi(y, 1) + \psi(y, 2) + \psi(y, 3) \ldots\ldots + \psi(y, y) \\
p(y)_2 &= \psi^2(y, 1) + \psi^2(y, 2) + \psi^2(y, 3) \ldots\ldots + \psi^2(y, y) \\
p(y)_3 &= \psi^3(y, 1) + \psi^3(y, 2) + \psi^3(y, 3) \ldots\ldots + \psi^3(y, y)
\end{aligned}$$

etc., etc.,

en dénotant ainsi par $p(y)_1$, $p(y)_2$, $p(y)_3$, etc. ces sommes de puissances; et formons, avec ces sommes, les quantités suivantes ... (491)'

$$\begin{aligned}
P(y)_1 &= p(y)_1 \\
P(y)_2 &= \frac{1}{2} \cdot \left\{ p(y)_1 \cdot P(y)_1 - p(y)_2 \right\} \\
P(y)_3 &= \frac{1}{3} \cdot \left\{ p(y)_1 \cdot P(y)_2 - p(y)_2 \cdot P(y)_1 + p(y)_3 \right\} \\
P(y)_4 &= \frac{1}{4} \cdot \left\{ p(y)_1 \cdot P(y)_3 - p(y)_2 \cdot P(y)_2 + p(y)_3 \cdot P(y)_1 - p(y)_4 \right\}
\end{aligned}$$

etc., etc.,

qui seront notoirement les sommes des produits combinatoires des quantités arbitraires $\psi(y, 1)$, $\psi(y, 2)$, $\psi(y, 3)$, ... $\psi(y, y)$, prises d'une à une, de deux à deux, de trois à trois, etc. Alors, les fonctions génératrices (490) de l'expression (490)' seront généralement ... (491)''

$$\begin{aligned}
\Omega_\varpi = x^\varpi &+ P(\varpi)_1 \cdot x^{\varpi-1} + P(\varpi)_2 \cdot x^{\varpi-2} + P(\varpi)_3 \cdot x^{\varpi-3} + \\
&+ P(\varpi)_4 \cdot x^{\varpi-4} \ldots\ldots + P(\varpi)_\varpi \cdot x^0;
\end{aligned}$$

c'est-à-dire que cette expression en question $(490)'$ pourra être mise sous la forme ... $(491)'''$

$$\begin{aligned} Fx = A_0 &+ A_1.\left(x + P(1)_1\right) \\ &+ A_2.\left(x^2 + P(2)_1.x + P(2)_2\right) \\ &+ A_3.\left(x^3 + P(3)_1.x^2 + P(3)_2.x + P(3)_3\right) \\ &+ \text{etc., etc.,} \end{aligned}$$

dans laquelle les quantités $P(1)_1$, $P(2)_1$, $P(3)_1$, etc., $P(2)_2$, $P(3)_2$, $P(4)_2$, etc., etc. sont autant de quantités arbitraires. On voit ainsi que cette génération technique procède par rapport à des polynomes de degrés de plus en plus élevés, mais dans lesquels les coefficiens sont des quantités arbitraires; de sorte que cette génération supérieure dépasse déjà l'algorithme simple des Séries, comme on le voit mieux encore dans sa forme originaire $(490)'$ qui évidemment ne saurait être ramenée à la forme universelle (147) ou (352) de l'algorithme des Séries.

Or, en partant de la formule générale que, dans la Philosophie de l'Infini, nous avons donnée, sous la marque (51), pour les différences régressives $\Delta_{\xi}^{m} fx$, prises sur une fonction quelconque fx par rapport à l'accroissement ξ de sa variable x, si l'on y fait $\zeta = 0$ et $\varphi\xi = \xi$, on trouvera, pour les différences pareilles, prises sur une puissance quelconque x^r, l'expression générale ... (492)

$$\begin{aligned} &\Delta^m (x^r) = \\ &= (-1)^m . 1^{m|1} . \Big\{ \aleph[N_m]^{0-m} . x^r - \frac{r}{1} . \aleph[N_m]^{1-m} . x^{r-1} . \xi + \\ &+ \frac{r^{2|-1}}{1^{2|1}} . \aleph[N_m]^{2-m} . x^{r-2} . \xi^2 - \frac{r^{3|-1}}{1^{3|1}} . \aleph[N_m]^{3-m} . x^{r-3} . \xi^3 + \text{etc.} \Big\}; \end{aligned}$$

dans laquelle, suivant les expressions (48) et $(48)'$ de l'ouvrage cité, on a ici, pour les fonctions alephs, la somme d'élémens

$$N_m = n_0 + n_1 + n_2 + n_3 \ldots + n_m,$$

dont les valeurs sont

$$n_0 = 0, \quad n_1 = 1, \quad n_2 = 2, \quad n_3 = 3, \quad \ldots \quad n_m = m.$$

Nous pouvons même donner ici l'expression générale de cette espèce de fonctions alephs : la voici ... (492)'

$$\aleph[N_m]^{\rho-m} = \aleph[0+1+2+3 \ldots + m]^{\rho-m} =$$

$$= \frac{(-1)^m}{1^{m|1}} \cdot \left\{ 0^\rho - \frac{m}{1} \cdot 1^\rho + \frac{m^{2|-1}}{1^{2|1}} \cdot 2^\rho - \frac{m^{3|-1}}{1^{3|1}} \cdot 3^\rho + \text{etc.} \right\}.$$

Nous verrons dans la suite, en traitant spécialement de nos fonctions alephs, que, lorsqu'on n'embrasse pas tous leurs exposans négatifs, comme c'est ici le cas, on peut avoir, pour ces fonctions, une expression générale dont l'expression présente (492)' est effectivement un cas particulier. — Suivant maintenant la formule (492), si l'on prend, sur l'expression (491)'' de la fonction génératrice Ω_ϖ, les différences régressives par rapport à l'accroissement ξ de la variable x, on obtiendra, pour ces différences, l'expression générale ... (492)''

$$\Delta^m \Omega_\varpi = \Delta^m \left\{ x^\varpi + P(\varpi)_1 \cdot x^{\varpi-1} + P(\varpi)_2 \cdot x^{\varpi-2} \ldots + P(\varpi_\varpi) \cdot x^0 \right\} =$$

$$= (-1)^m \cdot 1^{m|1} \cdot \left(\begin{array}{l} \aleph[N_m]^{0-m} \cdot x^\varpi - \frac{\varpi}{1} \cdot \aleph[N_m]^{1-m} \cdot x^{\varpi-1} \cdot \xi \\ \qquad\qquad + P(\varpi)_1 \cdot \aleph[N_m]^{0-m} \cdot x^{\varpi-1} \\ \quad + \frac{\varpi(\varpi-1)}{1 \cdot 2} \cdot \aleph[N_m]^{2-m} \cdot x^{\varpi-2} \cdot \xi^2 - \text{etc.} \\ \quad - \frac{\varpi-1}{1} \cdot P(\varpi)_1 \cdot \aleph[N_m]^{1-m} \cdot x^{\varpi-2} \cdot \xi + \text{etc.} \\ \quad + P(\varpi)_2 \cdot \aleph[N_m]^{0-m} \cdot x^{\varpi-2} - \text{etc.} \\ \qquad\qquad\qquad + \text{etc.} \end{array} \right).$$

Et, observant que $\aleph[N_m]^{\rho-m} = 0$, toutes les fois que $m > \rho$, on verra facilement que $\Delta^m \Omega_\varpi = 0$, toutes les fois que $m > \varpi$.

Ainsi, en remontant à la Loi suprême (64)′ et (64), de laquelle nous devons déduire la loi de la génération technique supérieure (490)′ ou (491)‴ dont il s'agit, les formules (59) et (61) de cette Loi suprême, donneront ici respectivement ... (493)

$$\Xi_\omega = \frac{\Delta^0 \Omega_0 \,.\, \Delta\Omega_1 \,.\, \Delta^2 \Omega_2 \,.\, \ldots\, \Delta^{\omega-1} \Omega_{\omega-1} \,.\, \Delta^\omega Fx}{\Delta^0 \Omega_0 \,.\, \Delta\Omega_1 \,.\, \Delta^2 \Omega_2 \,.\, \ldots\, \Delta^{\omega-1} \Omega_{\omega-1} \,.\, \Delta^\omega \Omega_\omega} = \frac{\Delta^\omega Fx}{\Delta^\omega \Omega_\omega},$$

$$\Phi(\rho)_\omega = \frac{\Delta^0 \Omega_0 \,.\, \Delta\Omega_1 \,.\, \Delta^2 \Omega_2 \,.\, \ldots\, \Delta^{\omega-1} \Omega_{\omega-1} \,.\, \Delta^\omega \Omega_\rho}{\Delta^0 \Omega_0 \,.\, \Delta\Omega_1 \,.\, \Delta^2 \Omega_2 \,.\, \ldots\, \Delta^{\omega-1} \Omega_{\omega-1} \,.\, \Delta^\omega \Omega_\omega} = \frac{\Delta^\omega \Omega_\rho}{\Delta^\omega \Omega_\omega}.$$

Mais, d'après l'expression générale (492)″ de $\Delta^m \Omega_\varpi$, on a simplement

$$\Delta^\omega \Omega_\omega = (-1)^\omega \,.\, 1^{\omega|1} \,.\, \left\{ (-1)^\omega \,.\, \frac{\omega^{\omega|-1}}{1^{\omega|1}} \,.\, \aleph[N_m]^0 \,.\, x^0 \xi^\omega \right\} = 1^{\omega|1} \,.\, \xi^\omega;$$

donc, les valeurs (493) se réduisent à ... (493)′

$$\Xi_\omega = \frac{\Delta^\omega Fx}{1^{\omega|1} \,.\, \xi^\omega}, \qquad \text{et} \qquad \Phi(\rho)_\omega = \frac{\Delta^\omega \Omega_\rho}{1^{\omega|1} \,.\, \xi^\omega}.$$

Or, suivant la Loi suprême (64), si l'on prend ici zéro pour la valeur arbitraire $\dot{x}$ de la variable x, et si dans $\Phi(\rho)_\omega$ on change ρ en $(\omega + \sigma)$, l'expression générale (492)″ donnera ... (493)″

$$\dot{\Phi}(\omega+\sigma)_\omega = \frac{\Delta^\omega \dot{\Omega}_{(\omega+\sigma)}}{1^{\omega|1} \,.\, \xi^\omega} =$$

$$= (-1)^\sigma \,.\, \Big\{ \aleph[N_\omega]^\sigma \,.\, \xi^\sigma - P(\omega+\sigma)_1 \,.\, \aleph[N_\omega]^{\sigma-1} \,.\, \xi^{\sigma-1} +$$

$$+ P(\omega+\sigma)_2 \,.\, \aleph[N_\omega]^{\sigma-2} \,.\, \xi^{\sigma-2} - P(\omega+\sigma)_3 \,.\, \aleph[N_\omega]^{\sigma-3} \,.\, \xi^{\sigma-3}$$

$$\ldots\ldots + (-1)^\sigma \,.\, P(\omega+\sigma)_\sigma \,.\, \aleph[N_\omega]^0 \,.\, \xi^0 \Big\}.$$

Et, telles seront les valeurs qui, étant substituées dans les formules (63), donneront les quantités ... (493)‴

$$\dot{\Psi}(\mu)_1 = - \dot{\Phi}(\mu+1)_\mu$$
$$\dot{\Psi}(\mu)_2 = - \dot{\Phi}(\mu+2)_\mu - \dot{\Psi}(\mu)_1 . \dot{\Phi}(\mu+2)_{\mu+1}$$
$$\dot{\Psi}(\mu)_3 = - \dot{\Phi}(\mu+3)_\mu - \dot{\Psi}(\mu)_1 . \dot{\Phi}(\mu+3)_{\mu+1} - \dot{\Psi}(\mu)_2 . \dot{\Phi}(\mu+3)_{\mu+2}$$
etc., etc.

Donc, prenant ces dernières quantités $(493)'''$ et la première des deux expressions $(493)'$, la Loi suprême (64) donnera, pour la génération technique supérieure $(490)'$ ou $(491)'''$ dont il est question, la loi spéciale que voici ... (494)

$$A_\mu = \frac{\Delta^\mu F\dot{x}}{1^{\mu|1} . \xi^\mu} + \dot{\Psi}(\mu)_1 . \frac{\Delta^{\mu+1} F\dot{x}}{1^{(\mu+1)|1} . \xi^{\mu+1}} + \dot{\Psi}(\mu)_2 . \frac{\Delta^{\mu+2} F\dot{x}}{1^{(\mu+2)|1} . \xi^{\mu+2}} +$$
$$+ \dot{\Psi}(\mu)_3 . \frac{\Delta^{\mu+3} F\dot{x}}{1^{(\mu+3)|1} . \xi^{\mu+3}} + \text{etc., etc.}$$

Cette loi spéciale se trouve ainsi donnée moyennant les valeurs des différences Δ prises sur la fonction proposée Fx, ou bien, moyennant les coefficiens du développement (164) de cette fonction, savoir ... $(494)'$

$$Fx = F^{(0)} + F^{(1)} . x + F^{(2)} . x(x+\xi) + F^{(3)} . x(x+\xi)(x+2\xi) +$$
$$+ F^{(4)} . x(x+\xi)(x+2\xi)(x+3\xi) + \text{etc., etc.};$$

où l'on a généralement ... $(494)''$

$$F^{(\mu)} = \frac{\Delta^\mu F\dot{x}}{1^{\mu|1} . \xi^\mu} .$$

Mais, pour en venir immédiatement à la première simplicité élémentaire, il faut, dans les expressions précédentes, supposer l'accroissement arbitraire ξ indéfiniment petit, pour avoir les différentielles à la place des différences. Ainsi, la première des deux expressions $(493)'$ sera ... (495)

$$\dot{\mathfrak{x}}_\omega = \frac{d^\omega F\dot{x}}{1^{\omega|1} . dx^\omega} = \mathfrak{A}_\omega ,$$

en désignant généralement par $\mathfrak{A}_\omega$ les coefficiens dans le développement élémentaire ... $(495)'$

$$Fx = \mathfrak{A}_0 + \mathfrak{A}_1 . x + \mathfrak{A}_2 . x^2 + \mathfrak{A}_3 . x^3 + \text{etc., etc.}$$

Et alors, de plus, l'expression $(493)''$ se réduisant à ... $(495)''$

$$\dot{\Phi}(\omega+\sigma)_\omega = P(\omega+\sigma)_\sigma,$$

les formules (63) donneront simplement ... $(495)'''$

$$\begin{aligned}
\dot{\Psi}(\mu)_1 &= - P(\mu+1)_1 \\
\dot{\Psi}(\mu)_2 &= - P(\mu+2)_2 - \dot{\Psi}(\mu)_1 . P(\mu+2)_1 \\
\dot{\Psi}(\mu)_3 &= - P(\mu+3)_3 - \dot{\Psi}(\mu)_1 . P(\mu+3)_2 - \dot{\Psi}(\mu)_2 . P(\mu+3)_1 \\
\dot{\Psi}(\mu)_4 &= - P(\mu+4)_4 - \dot{\Psi}(\mu)_1 . P(\mu+4)_3 - \dot{\Psi}(\mu)_2 . P(\mu+4)_2 \\
&\quad - \dot{\Psi}(\mu)_3 . P(\mu+4)_1
\end{aligned}$$

etc., etc.

Ainsi, l'expression élémentaire primaire de la loi spéciale qui régit la génération technique $(490)'$ ou $(491)'''$, sera ... $(495)^{\text{IV}}$

$$A_\mu = \mathfrak{A}_\mu + \dot{\Psi}(\mu)_1 . \mathfrak{A}_{\mu+1} + \dot{\Psi}(\mu)_2 . \mathfrak{A}_{\mu+2} + \dot{\Psi}(\mu)_3 . \mathfrak{A}_{\mu+3} + \\
+ \dot{\Psi}(\mu)_4 . \mathfrak{A}_{\mu+4} + \text{etc., etc.};$$

les quantités Ψ étant ici données par les formules simples précédentes $(495)'''$.

C'est de cette expression élémentaire $(495)^{\text{IV}}$ que nous nous servirons lorsque nous appliquerons cette loi aux Méthodes d'interpolation, dont elle constitue le principe fondamental, ainsi que nous l'avons déjà annoncé plus haut. Et, c'est de cette même expression primaire $(495)^{\text{IV}}$ que nous allons déduire ici la loi de la Série élémentaire universelle (489), qui est notre dernier objet et qui forme visiblement un cas particulier de la génération technique supérieure $(490)'$ pour laquelle nous venons de fixer les lois.

En effet, si l'on donne aux quantités arbitraires (490)'' les valeurs particulières suivantes ... (496)

$$\psi(1,1) = \psi(2,1) = \psi(3,1) = \psi(4,1) = \text{etc.} = -a_1$$
$$\psi(2,2) = \psi(3,2) = \psi(4,2) = \psi(5,2) = \text{etc.} = -a_2$$
$$\psi(3,3) = \psi(4,3) = \psi(5,3) = \psi(6,3) = \text{etc.} = -a_3$$

etc., et généralement

$$\psi(\nu,\nu) = \psi(\nu+1,\nu) = \psi(\nu+2,\nu) = \psi(\nu+3,\nu) = \text{etc.} = -a_\nu,$$

les quantités a_1, a_2, a_3, etc. étant d'ailleurs quelconques, l'expression générale (490)' prendra la forme particulière ... (496)'

$$\begin{aligned} Fx = A_0 &+ A_1.(x-a_1) \\ &+ A_2.(x-a_1)(x-a_2) \\ &+ A_3.(x-a_1)(x-a_2)(x-a_3) \\ &+ \text{etc., etc.,} \end{aligned}$$

qui est la forme de la Série élémentaire universelle (489) dont il s'agit. — Or, avec ces déterminations particulières (496), les quantités élémentaires $\psi(y,1)$, $\psi(y,2)$, $\psi(y,3)$, ... $\psi(y,y)$ qui entrent dans la construction (491) et (491)' des quantités $P(y)_1$, $P(y)_2$, $P(y)_3$, etc., sont toujours $(-a_1)$, $(-a_2)$, $(-a_3)$, ... $(-a_y)$, quel que soit le nombre ou l'indice y; de sorte que, suivant la notation (480)' des sommes des produits combinatoires, on aura ici généralement ... (496)''

$$P(\mu+\nu)_\rho = (-1)^\rho.(a_1 \ldots a_{\mu+\nu})_\rho;$$

et les formules (495)''' donneront ... (496)'''

$$\dot{\Psi}(\mu)_1 = (a_1 \ldots a_{\mu+1})_1$$
$$\dot{\Psi}(\mu)_2 = (a_1 \ldots a_{\mu+2})_1.\dot{\Psi}(\mu)_1 - (a_1 \ldots a_{\mu+2})_2$$
$$\dot{\Psi}(\mu)_3 = (a_1 \ldots a_{\mu+3})_1.\dot{\Psi}(\mu)_2 - (a_1 \ldots a_{\mu+3})_2.\dot{\Psi}(\mu)_1 + (a_1 \ldots a_{\mu+3})_3$$
$$\dot{\Psi}(\mu)_4 = (a_1 \ldots a_{\mu+4})_1.\dot{\Psi}(\mu)_3 - (a_1 \ldots a_{\mu+4})_2.\dot{\Psi}(\mu)_2 + (a_1 \ldots a_{\mu+4})_3.\dot{\Psi}(\mu)_1 - (a_1 \ldots a_{\mu+4})_4$$

etc., etc.

Ainsi, prenant les quantités a_1, a_2, a_3, etc. pour élémens de nos fonctions alephs $\aleph[N_\omega]^m$, c'est-à-dire, faisant généralement ... $(496)^{\text{IV}}$

$$N_\omega = a_1 + a_2 + a_3 \ \ldots \ + a_\omega,$$

et comparant les formules présentes $(496)'''$ avec l'expression générale de la relation de ces fonctions alephs, telle que nous l'avons donnée, sous la marque $(de)''$, dans l'Introduction à la Philosophie des Mathématiques (page 144), on reconnaîtra que ... $(496)^{\text{V}}$

$$\begin{aligned} \dot{\Psi}(\mu)_1 &= \aleph[N_{\mu+1}]^1 \\ \dot{\Psi}(\mu)_2 &= \aleph[N_{\mu+1}]^2 \\ \dot{\Psi}(\mu)_3 &= \aleph[N_{\mu+1}]^3 \\ &\text{etc., etc.} \end{aligned}$$

Donc, substituant ces valeurs dans l'expression générale précédente $(495)^{\text{IV}}$, il viendra ... $(496)^{\text{VI}}$

$$\begin{aligned} A_\mu = \mathfrak{A}_\mu &+ \mathfrak{A}_{\mu+1} . \aleph[N_{\mu+1}]^1 + \mathfrak{A}_{\mu+2} . \aleph[N_{\mu+1}]^2 + \\ &+ \mathfrak{A}_{\mu+3} . \aleph[N_{\mu+1}]^3 + \mathfrak{A}_{\mu+4} . \aleph[N_{\mu+1}]^4 + \text{etc., etc.}; \end{aligned}$$

et telle sera définitivement la loi très-remarquable de la Série élémentaire universelle $(496)'$, qui était notre dernier objet. — On aura ainsi, pour cette Série considérée généralement, savoir, pour ... (497)

$$\begin{aligned} F(a+x) = A_0 &+ A_1 . (x - a_1) \\ &+ A_2 . (x - a_1)(x - a_2) \\ &+ A_3 . (x - a_1)(x - a_2)(x - a_3) \\ &+ \text{etc., etc.,} \end{aligned}$$

les coefficiens consécutifs suivans ... $(497)'$

$$\begin{aligned} A_0 &= \mathfrak{A}_0 + \mathfrak{A}_1 . \aleph[a_1] + \mathfrak{A}_2 . \aleph[a_1]^2 + \mathfrak{A}_3 . \aleph[a_1]^3 + \text{etc.} \\ A_1 &= \mathfrak{A}_1 + \mathfrak{A}_2 . \aleph[a_1 + a_2] + \mathfrak{A}_3 . \aleph[a_1 + a_2]^2 + \mathfrak{A}_4 . \aleph[a_1 + a_2]^3 + \text{etc.} \\ A_2 &= \mathfrak{A}_2 + \mathfrak{A}_3 . \aleph[a_1 + a_2 + a_3] + \mathfrak{A}_4 . \aleph[a_1 + a_2 + a_3]^2 + \\ &+ \mathfrak{A}_5 . \aleph[a_1 + a_2 + a_3]^3 + \text{etc.} \end{aligned}$$

$$A_3 = \mathfrak{A}_3 + \mathfrak{A}_4 . \aleph[a_1 + a_2 + a_3 + a_4] + \mathfrak{A}_5 . \aleph[a_1 + a_2 + a_3 + a_4]^2 +$$
$$+ \mathfrak{A}_6 . \aleph[a_1 + a_2 + a_3 + a_4]^3 + \text{etc.}$$

etc., etc.;

les quantités $\mathfrak{A}_0$, $\mathfrak{A}_1$, $\mathfrak{A}_2$, $\mathfrak{A}_3$, etc. étant, d'après (495) ou (495)', les coefficiens dans le développement élémentaire primitif de la même fonction $F(a+x)$, savoir, dans ... (497)''

$$F(a+x) = \mathfrak{A}_0 + \mathfrak{A}_1 . x + \mathfrak{A}_2 . x^2 + \mathfrak{A}_3 . x^3 + \text{etc., etc.,}$$

ou généralement ... (497)'''

$$\mathfrak{A}_\mu = \frac{1}{1^{\mu|1}} . \frac{d^\mu Fa}{da^\mu} .$$

Et, ce sont là les circonstances immédiates du système fondamental (361)'' et (364) des lois qui régissent la Série universelle (147) ou (352); système qui forme ainsi la couronne de la Philosophie des Séries. — Nous ne parlerons pas ici de l'utilité immense de cette Série élémentaire universelle (497) (*); mais, pour ne rien omettre d'essentiel, nous devons au moins prévenir qu'étant combinée avec les lois universelles (361)'' et (364), cette Série *coronale* présente le moyen d'arrêter toute Série à tel terme et suivant telle progression qu'on le jugera convenable; ce qui attache manifestement le dernier degré d'importance à l'algorithme technique des Séries dont la Philosophie est l'objet de cet ouvrage.

C'est ici enfin le lieu de donner la dernière extension aux quatre schémas de convergence, en les portant jusqu'à leur forme universelle. — Or, pour peu qu'on examine le premier degré de cette extension,

(*) Par exemple, on en déduit immédiatement toute la Méthode d'interpolation de Newton; et, de plus, on découvre ici, dans la relation des deux Séries élémentaires (497)'' et (497), les véritables principes, et, dans les expressions (497)' des coefficiens, la loi fondamentale elle-même de cette Méthode de Newton.

tel que le présentent les mesures génératrices variables (477) et (478), qui sont un acheminement vers la forme universelle de ces quatre schémas, en les portant déjà à la forme de la Série intermédiaire (475), on verra qu'il suffit de considérer, dans ces mesures génératrices (477) et (478), la quantité a comme étant une quantité variable a_{ω}, ainsi que le sont les autres quantités k_{ω}, i_{ω}, et n_{ω} qui entrent dans la construction de ces mêmes mesures génératrices. On amènera ainsi immédiatement à la forme universelle les quatre schémas intermédiaires correspondans à ces mesures (477) et (478). Et alors, l'application des lois universelles (361)'' et (364), moyennant leurs circonstances (488) déterminées par la Série élémentaire universelle (489) ou (497), donnera les lois de ces quatre schémas universels dont il est question. De plus, tout ce que nous avons dit plus haut concernant la manière dont les quatre schémas intermédiaires, engendrés avec les fonctions (477) et (478), s'attachent aux véritables quatre schémas primitifs (453)''', (454)''', (461)''', et (463), comme n'étant que des complémens nécessaires de ces véritables schémas primitifs, tout cela, disons-nous, s'entend naturellement des quatre schémas universels eux-mêmes.

Mais, il faut remarquer qu'à cause de la complication des lois résultantes, cette dernière extension universelle des schémas de convergence leur ferait perdre la simplicité primitive, qui est une de leurs conditions déterminant la facilité de leur usage. Un seul de ces quatre porismes schématiques, celui qui constitue en même tems la règle des Séries communes, pourrait et doit même, pour la généralité de son usage, être porté jusqu'à sa forme universelle; parce que, comme nous l'avons prévu plus haut à l'occasion de son état primitif (463), ce dernier schéma ou plutôt cette Série commune, étant amenée à sa forme universelle, présente déjà, en toute généralité, cette espèce particulière de génération algorithmique qui participe à la fois de la génération théorique et de la génération technique, et que, par cette raison, nous avons appelée *génération neutre* des quantités. Nous allons donc, en dernier lieu, jeter un coup d'œil philosophique sur la Série commune universelle, pour signaler cette génération neutre des quantités, par laquelle la Technie se rattache définitivement à la Théorie.

En prenant la mesure génératrice (417)' de la Série commune primitive, et, suivant le premier degré de son extension (478), si on la porte à sa forme universelle en faisant varier la quantité a, d'après ce que nous venons de dire, on obtiendra, pour la Série commune universelle, la forme que voici... (498)

$$Fx = A_0 + A_1 \cdot \frac{x-a_1}{n_1+x} + A_2 \cdot \frac{(x-a_1)(x-a_2)}{(n_1+x)(n_2+x)} + \\ + A_3 \cdot \frac{(x-a_1)(x-a_2)(x-a_3)}{(n_1+x)(n_2+x)(n_3+x)} + \text{etc., etc.}$$

Or, nous avons reconnu plus haut que cette Série, prise même dans son état intermédiaire (479)', lorsque les quantités a_1, a_2, a_3, etc. sont encore toutes égales, présente déjà, par l'influence des quantités arbitraires n_1, n_2, n_3, etc., une génération technique convergente pour toute fonction Fx; ainsi que nous l'avons appris par l'examen de la loi fondamentale (481) de cette Série intermédiaire. Ce fait algorithmique très-remarquable et de la plus haute importance, nous l'avons déduit philosophiquement et à priori de la seule considération de ce que la fonction (416)' qui entre dans la construction de la mesure génératrice primitive (417)' des Séries communes, est cette espèce IMPROPRE de fonctions qui sert de transition de l'algorithme fini de la sommation (base de la Technie) à l'algorithme infini de la graduation (base de la Théorie) et qui, par là même, sert de fondement aux deux algorithmes dérivés immédiats, la numération et les facultés, lesquels participent à tous les autres algorithmes par leur propriété de servir de moyen à toute génération algorithmique. Nous allons maintenant voir comment, en dérivant de ce principe philosophique supérieur, les Séries communes peuvent réaliser effectivement une espèce de génération théorique de toute fonction, c'est-à-dire, comment elles constituent la GÉNÉRATION NEUTRE des quantités, ou proprement nous allons voir en quoi consiste cette génération neutre ; et, pour généraliser cette vue, nous nous en tiendrons immédiatement à la Série commune universelle présente (498) qui est la forme la plus générale des Séries communes.

En prenant successivement deux, trois, quatre, etc. termes de cette Série commune universelle (498), et en les réduisant respectivement au même dénominateur, on verra que les résultats successifs auront la forme suivante ... (499)

$$A_0 + A_1 \cdot \frac{x-a_1}{n_1+x} = \frac{q_0+q_1 \cdot x}{p_0+p_1 \cdot x},$$

$$A_0 + A_1 \cdot \frac{x-a_1}{n_1+x} + A_2 \cdot \frac{(x-a_1)(x-a_2)}{(n_1+x)(n_2+x)} = \frac{q_0+q_1 \cdot x+q_2 \cdot x^2}{p_0+p_1 \cdot x+p_2 \cdot x^2},$$

$$A_0 + A_1 \cdot \frac{x-a_1}{n_1+x} + A_2 \cdot \frac{(x-a_1)(x-a_2)}{(n_1+x)(n_2+x)} + A_3 \cdot \frac{(x-a_1)(x-a_2)(x-a_3)}{(n_1+x)(n_2+x)(n_3+x)} =$$

$$= \frac{q_0+q_1 \cdot x+q_2 \cdot x^2+q_3 \cdot x^3}{p_0+p_1 \cdot x+p_2 \cdot x^2+p_3 \cdot x^3},$$

etc., et généralement ... (499)'

$$A_0 + A_1 \cdot \frac{x-a_1}{n_1+x} + A_2 \cdot \frac{(x-a_1)(x-a_2)}{(n_1+x)(n_2+x)} + A_3 \cdot \frac{(x-a_1)(x-a_2)(x-a_3)}{(n_1+x)(n_2+x)(n_3+x)} +$$

$$\ldots\ldots + A_\omega \cdot \frac{(x-a_1)(x-a_2)(x-a_3)\ldots(x-a_\omega)}{(n_1+x)(n_2+x)(n_3+x)\ldots(n_\omega+x)} =$$

$$= \frac{q_0+q_1 \cdot x+q_2 \cdot x^2+q_3 \cdot x^3 \ldots + q_\omega \cdot x^\omega}{p_0+p_1 \cdot x+p_2 \cdot x^2+p_3 \cdot x^3 \ldots + p_\omega \cdot x^\omega}.$$

C'est donc là, sans entrer ici dans d'autres détails, c'est-à-dire, sous la forme ... (500)

$$Fx = \frac{q_0+q_1 \cdot x+q_2 \cdot x^2+q_3 \cdot x^3+q_4 \cdot x^4+\text{etc.}}{p_0+p_1 \cdot x+p_2 \cdot x^2+p_3 \cdot x^3+p_4 \cdot x^4+\text{etc.}},$$

que se trouve réalisée effectivement, pour toute fonction Fx, sa GÉNÉRATION NEUTRE qui participe de la génération théorique et de la génération technique de cette fonction, et qui, pour toutes les quantités en général, est cette génération algorithmique importante qu'il nous restait à reconnaître. — On y voit immédiatement que la forme de cette génération neutre des quantités n'est rien autre que le développement algorithmique du principe philosophique même (416)' qui, par le moyen de la fonction élémentaire primitive (417)', savoir, par ... (500)'

$$\varphi x = \frac{x \mp a}{n + x},$$

engendre effectivement les Séries communes (498) constituant cette génération neutre (500) dont il s'agit; c'est-à-dire que cette forme (500) n'est rien autre que le développement ultérieur et définitif de la fonction impropre (416)' ou (500)' constituant l'algorithme de la reproduction (ici la division) qui, d'après ce que nous avons dit plus haut et rappelé dans l'instant, sert de transition de l'algorithme fini de la sommation, base de la génération technique, à l'algorithme infini de la graduation, base de la génération théorique des quantités. Et de plus, si l'on considère séparément la génération par sommation des polynomes infinis qui forment respectivement le numérateur et le dénominateur dans cette génération neutre (500), on y voit de même immédiatement que les quantités constituant les valeurs de toutes fonctions Fx, ne sont généralement que les rapports ou les quotiens de deux quantités infinies différentes; c'est-à-dire qu'en dénotant par $Q(\infty)_x$ et $P(\infty)_x$ les deux quantités infinies variables ou dépendantes de x, que donnent respectivement le numérateur et le dénominateur dans la génération neutre (500), on a proprement ... (500)''

$$Fx = \frac{Q(\infty)_x}{P(\infty)_x}.$$

Aussi, comme le savent déjà les géomètres, les quantités irrationnelles et transcendantes ne sont-elles, en Arithmétique, que des fractions ayant pour numérateur et pour dénominateur des nombres infinis (*); et, il ne restait qu'à reconnaître, en Algèbre, le principe philosophique de cette nature des quantités, principe que nous découvrons dans la génération neutre présente (500).

Une observation philosophique très-importante qui se présente ici, c'est que l'algorithme des Séries, dans son état élémentaire (234)'' ou (409), formant le porisme de Taylor, ne constitue proprement qu'une pure génération par SOMMATION; comme nous l'avons reconnu théoriquement dans la déduction philosophique (1), (2), ... (5) de ce porisme, donnée dans la première Section. Ce n'est qu'en prenant, pour les mesures génératrices des Séries, des fonctions théoriques qui impliquent déjà la graduation, que cet algorithme des Séries contient ainsi accessoirement la génération par graduation qui ne lui est point propre et qui appartient à ses mesures génératrices. Cependant, dans l'état des Séries communes (498), ce premier algorithme technique prend, dans ses résultats consécutifs (499) et (499)', la forme (500) de la fonction impropre (417)' ou (500)' de reproduction, qui est déjà un acheminement vers la génération par graduation. Ainsi, sous cette forme commune (498), qui constitue la génération neutre (500) des

(*) Que dirait-on d'un professeur aux écoles d'artillerie d'un grand État, si, désirant réfuter la belle détermination philosophique des quantités irrationnelles de différens ordres, qui se trouve dans notre Introduction à la Philosophie des Mathématiques (pages 90 et suiv.) et qui nous a conduits à la Résolution générale des Équations, si, disons-nous, ce professeur avançait que le quotient ou le rapport de deux quantités infinies est une quantité complètement indéterminée? On plaindrait les élèves confiés à un tel professeur. — Et, que faudrait-il faire si cet homme, en découvrant ainsi l'ignorance la plus honteuse, prétendait réfuter la Philosophie elle-même des Mathématiques? Il faudrait avoir pitié d'un tel homme.

quantités, l'algorithme des Séries participe déjà de la génération par GRADUATION, et commence par là à rattacher la Technie à la Théorie. — Cette observation deviendra d'autant plus significative qu'on remarquera en même tems que le second algorithme technique, c'est-à-dire, les Fractions continues, ne consiste déjà généralement que dans cette même génération neutre (500) des quantités; et, par conséquent, que ce second algorithme technique constitue proprement le véritable lien entre la Technie et la Théorie. — Bien plus, les deux autres algorithmes techniques élémentaires et primitifs, les Facultés exponentielles et les Produites continues (Voyez le Tableau architectonique, dans la 1ère. Section, page 173), ne présentent plus qu'une génération technique par graduation, et ne constituent, par conséquent, que des algorithmes techniques IMPROPRES; parce que, comme nous le savons déjà, la sommation, qui est précisément le mode universel de la génération des quantités, est le caractère propre de la Technie, tandis que la graduation, qui est le principe des modes distincts ou individuels dans la génération des quantités, est le caractère propre de la Théorie. Aussi, l'usage de ces deux derniers algorithmes techniques, quoique très-important, est-il déjà, pour ainsi dire, moins universel; comme nous le verrons dans la suite de cette Philosophie de la Technie, lorsqu'il s'agira de ces derniers algorithmes techniques élémentaires. — Ici, pour mieux caractériser la génération neutre (500) que présentent les Séries communes (498) et qui est le véritable objet des Fractions continues, et pour fixer ainsi, dès à présent, ce lien entre la Technie et la Théorie, nous nous bornerons, par anticipation sur la Section suivante de cette Philosophie de la Technie, à dire quelques mots concernant ce second algorithme technique.

Avant tout, il faut savoir que, sous le nom de Fractions continues, constituant le second algorithme technique élémentaire, nous n'entendons ici que cette génération algorithmique spéciale dont nous avons reconnu les principes philosophiques, déjà dans l'Introduction à la Philosophie des Mathématiques, sous la marque (IX), et dont nous avons éclairci la nature dans la première Section de la Philosophie présente, sous les marques (14), (22), etc., et (23). — Les Fractions continues numérales, que nous avons déduites dans la même Introduction philosophique, sous la marque (XXIII), ne sont que des cas singuliers des premières ou plutôt leurs résultats numériques; et elles appartiennent proprement à l'Arithmétique. Et, les transformations des Suites ou des Séries en Fractions continues, en considérant les termes de ces Suites comme provenant des accroissemens que reçoivent successivement les réductions des Fractions continues en fractions ordinaires, comme l'a fait Euler dans son Introduction infinitésimale, ces transformations, disons-nous, ne sont proprement que des Suites ou Séries déguisées; et elles ne présentent point de génération algorithmique DISTINCTE de celle qui est opérée par les Séries. En effet, transformant la Suite ... (501)

$$X = A - B + C - D + E - F + \text{etc., etc.};$$

dans la Fraction continue ... (501)'

$$X = \cfrac{\alpha}{b + \cfrac{\beta}{c + \cfrac{\gamma}{d + \cfrac{\delta}{e + \cfrac{\varepsilon}{f + \text{etc.},}}}}}$$

en laissant b, c, d, e, etc. arbitraires, et en faisant ... (501)''

$$\alpha = Ab$$

$$\beta = \frac{Bbc}{A - B}$$

$$\gamma = \frac{ACcd}{(A - B)(B - C)}$$

$$\delta = \frac{BDde}{(B-C)(C-D)}$$

$$\varepsilon = \frac{CEef}{(C-D)(D-E)}$$

etc., etc.;

on n'obtiendrait point, pour la quantité X, une génération algorithmique nouvelle ou distincte de celle que donne immédiatement la Suite (501). Car, prenant successivement un, deux, trois, etc. termes de cette Fraction continue $(501)'$, et substituant les valeurs $(501)''$ de α, β, γ, etc., il vient... $(501)'''$

$$\frac{a}{b} = A,$$

$$\frac{a}{b + \cfrac{\beta}{c}} = \frac{A}{1 + \cfrac{B}{A-B}} = A - B,$$

$$\frac{a}{b + \cfrac{\beta}{c + \cfrac{\gamma}{d}}} = \frac{A}{1 + \cfrac{\cfrac{B}{A-B}}{1 + \cfrac{AC}{(A-B)(B-C)}}} = A - B + C,$$

etc., etc.;

résultats qui sont identiques avec les termes successifs de la Suite elle-même (501). Ainsi, par exemple, la fameuse Fraction continue de Brouncker, savoir ... $(501)^{\text{IV}}$

$$\frac{1}{1 + \cfrac{1}{2 + \cfrac{9}{2 + \cfrac{25}{2 + \cfrac{49}{2 + \text{etc.}}}}}},$$

qui donne le huitième de la circonférence du cercle ou du nombre philosophique des sinus, et qui est précisément une telle transformation (501) et (501)' de la Suite leibnitzienne ... (501)^{v}

$$1 - \frac{1}{3} + \frac{1}{5} - \frac{1}{7} + \frac{1}{9} - \frac{1}{11} + \text{etc., etc.};$$

cette expression (501)^{iv} de Brouncker, disons-nous, ne présente point une génération nouvelle ou distincte de celle qui est opérée par la Suite leibnitzienne elle-même (501)^{v}. — Il n'en est pas de même des Fractions continues obtenues par le procédé technique (IX) de notre Introduction philosophique, et mises sous la forme universelle (23) dans la première Section de la Philosophie présente de la Technie : dans cet algorithme technique, la génération de la fonction Fx est tout-à-fait différente de celle qui, pour la même fonction, se trouve opérée par l'algorithme des Séries. Par exemple, prenant, d'une part, la Série élémentaire ... (502)

$$Fx = \mathfrak{A}_0 + \mathfrak{A}_1 . x + \mathfrak{A}_2 . x^2 + \mathfrak{A}_3 . x^3 + \text{etc., etc.},$$

et de l'autre part, la Fraction continue élémentaire que, dans la première Section, nous avons déjà alléguée comme exemple, sous la marque (22), savoir ... (502)'

$$Fx = A_0 + \cfrac{x}{A_1 + \cfrac{x}{A_2 + \cfrac{x}{A_3 + \text{etc.}}}},$$

pour laquelle nous y avons trouvé ... (502)''

$$A_0 = Fx$$

$$A_1 = \frac{dx}{dFx}$$

$$A_2 = -\frac{2(dFx)^2}{d^2 Fx}$$

$$A_3 = -\frac{3.(d^2F\dot{x})^2.dx}{dF\dot{x}.\left(3(d^2F\dot{x})^2 - 2dF\dot{x}.d^3F\dot{x}\right)}$$

etc., etc.,

où le point placé sur x marque la valeur zéro de cette variable; et, remplaçant les différentielles composées $\frac{dF\dot{x}}{1.dx}$, $\frac{d^2F\dot{x}}{1.2.dx^2}$, $\frac{d^3F\dot{x}}{1.2.3.dx^3}$, etc. qui entrent dans ces expressions (502)'', par les coefficiens équivalens $\mathfrak{A}_1, \mathfrak{A}_2, \mathfrak{A}_3$, etc. de la Série élémentaire (502), on aura ... (502)'''

$$A_0 = \mathfrak{A}_0$$

$$A_1 = \frac{1}{\mathfrak{A}_1}$$

$$A_2 = -\frac{\mathfrak{A}_1^2}{\mathfrak{A}_2}$$

$$A_3 = -\frac{\mathfrak{A}_2^2}{\mathfrak{A}_1.(\mathfrak{A}_2^2 - \mathfrak{A}_1.\mathfrak{A}_3)}$$

etc., etc.

Or, si l'on prend ici successivement un, deux, trois, etc. termes de cette Fraction continue (502)', en y substituant les valeurs (502)''', il viendra ... (502)^{IV}

$$A_0 + \frac{x}{A_1} = \mathfrak{A}_0 + \mathfrak{A}_1.x,$$

$$A_0 + \cfrac{x}{A_1 + \cfrac{x}{A_2}} = \mathfrak{A}_0 + \frac{\mathfrak{A}_1^2.x}{\mathfrak{A}_1 - \mathfrak{A}_2.x},$$

$$A_0 + \cfrac{x}{A_1 + \cfrac{x}{A_2 + \cfrac{x}{A_3}}} = \mathfrak{A}_0 + \frac{\mathfrak{A}_1.\mathfrak{A}_2.x + (\mathfrak{A}_2^2 - \mathfrak{A}_1.\mathfrak{A}_3).x^2}{\mathfrak{A}_2 - \mathfrak{A}_3.x},$$

etc., etc.;

résultats qui, excepté le premier, ne sont pas identiques avec les termes consécutifs de la Série élémentaire correspondante (502).

Ce sont là ces Fractions continues spéciales (502)', dont la forme universelle est déduite sous la marque (23), savoir ... (503)

$$Fx = A_0 + \cfrac{\varphi_0 x}{A_1 + \cfrac{\varphi_1 x}{A_2 + \cfrac{\varphi_2 x}{A_3 + \cfrac{\varphi_3 x}{A_4 + \text{etc.}}}}},$$

et qui, comme nous venons de le voir, présentent une génération algorithmique DISTINCTE de celle qui est opérée par les Séries, ce sont, disons-nous, ces Fractions continues spéciales, constituant le second algorithme technique élémentaire, sur lesquelles nous nous proposons ici de dire quelques mots pour caractériser la génération neutre (500) à laquelle nous a conduits la doctrine des Séries. — Il faut cependant remarquer que, sans connaître la nature distinctive de ce second algorithme technique, les géomètres s'en sont déjà servis. Euler l'a employé le premier pour l'extraction des racines et pour la résolution des équations du second degré; ce géomètre a même opéré des transformations de l'espèce que voici ... (504)

$$1 - 1.x + 1^{2|1}.x^2 - 1^{3|1}.x^3 + 1^{4|1}.x^4 - \text{etc., etc.} =$$

$$= \cfrac{1}{1 + \cfrac{x}{\frac{1}{1} + \cfrac{x}{1 + \cfrac{x}{\frac{1}{2} + \cfrac{x}{1 + \cfrac{x}{\frac{1}{3} + \cfrac{x}{1 + \text{etc.}}}}}}}}$$

Lagrange, en modifiant le procédé d'Euler, l'a appliqué à l'intégration; et même sa résolution des équations numériques n'est rien autre, si ce n'est qu'il y va immédiatement, par un procédé de tâtonnement, aux Fractions continues numérales. Enfin, Laplace s'est servi du même algorithme technique de ces Fractions continues, par l'entremise d'une équation aux différences du second ordre, qui, comme l'équation ordinaire du second degré, est toujours résoluble par le moyen de cet algorithme. — Mais, comme nous venons de le dire, les géomètres n'ont point connu la nature distinctive de cette génération algorithmique spéciale; et sur-tout, ils n'ont pas reconnu l'universalité de cette génération pour toute fonction quelconque, pareille à l'universalité de la génération opérée par l'algorithme des Séries, également pour toute fonction déterminée ou proposée d'une manière quelconque. Dans notre Introduction à la Philosophie des Mathématiques, cette universalité des Fractions continues, équivalente à celle des Séries, et leur nature distinctive, donnant un caractère propre aux générations respectives qui en résultent, se trouvent établies par la déduction simultanée que nous y avons donnée de ces deux algorithmes techniques, sous les marques (VIII) et (IX): on voit en effet, dans cette déduction philosophique, que ces deux algorithmes, les Séries et les Fractions continues, ne diffèrent en rien quant à l'universalité de leur application, et qu'ils diffèrent, quant à leur nature propre, en ce que, dans la génération qui en résulte respectivement pour la fonction proposée, la relation entre cette fonction ou ses réduites et ses mesures génératrices se trouve entièrement opposée. Aussi, sont-ce là les deux propriétés principales, savoir, l'UNIVERSALITÉ et la NATURE DISTINCTIVE, que nous attachons à ces Fractions continues (23) ou (503), en les constituant SECOND ALGORITHME TECHNIQUE ÉLÉMENTAIRE. Et, précisément en vertu de la découverte de ces deux propriétés constituantes, notre Philosophie des Mathématiques a le droit d'assigner provisoirement la dénomination et la notation qui, dans ce nouvel état des

Fractions continues (503), deviennent nécessaires pour les quantités A_1, A_2, A_3, etc. formant les dénominateurs consécutifs dans cet algorithme et répondant manifestement aux coefficiens consécutifs dans l'algorithme des Séries. Nous prendrons, pour cette fin, la lettre hébraïque ℶ que nous joindrons à gauche de la fonction Fx développée ainsi en Fraction continue, comme Hindenbourg a joint la lettre gothique f à droite de la fonction pour désigner les coefficiens dans les développemens en Séries; et nous appellerons *Caph* du nom de la lettre ℶ, ces quantités spéciales formant les dénominateurs consécutifs dans nos Fractions continues. Ainsi, la forme universelle de ce second algorithme technique sera dénotée de la manière suivante ... (505)

$$Fx = ℶF_0 + \cfrac{\varphi_0 x}{ℶF_1 + \cfrac{\varphi_1 x}{ℶF_2 + \cfrac{\varphi_2 x}{ℶF_3 + \text{etc.}}}};$$

ou bien même, en négligeant et en sous-entendant seulement la caractéristique F, lorsque cela n'entraînera pas d'équivoque, cette forme sera dénotée simplement de la manière que voici ... (505)'

$$Fx = ℶ_0 + \cfrac{\varphi_0 x}{ℶ_1 + \cfrac{\varphi_1 x}{ℶ_2 + \cfrac{\varphi_2 x}{ℶ_3 + \text{etc.}}}}$$

Or, pour en venir à notre question actuelle, qui est de caractériser mieux la génération algorithmique neutre (500) que présentent les Séries communes (498), observons d'abord que cette génération neutre est le véritable objet des Fractions continues. En effet, en ne considérant ici que leur forme élémentaire (502)', savoir ... (506)

$$Fx = ℶ_0 + \cfrac{x}{ℶ_1 + \cfrac{x}{ℶ_2 + \cfrac{x}{ℶ_3 + \text{etc.}}}},$$

si l'on prend successivement un, deux, trois, quatre, etc. termes de cette Fraction continue, et si on les réduit respectivement au même dénominateur, on verra que les résultats auront la forme suivante ... (506)′

$$\beth_0 + \frac{x}{\beth_1} = \frac{q_0 + q_1 . x}{p_0},$$

$$\beth_0 + \cfrac{x}{\beth_1 + \cfrac{x}{\beth_2}} = \frac{q_0 + q_1 . x}{p_0 + p_1 . x},$$

$$\beth_0 + \cfrac{x}{\beth_1 + \cfrac{x}{\beth_2 + \cfrac{x}{\beth_3}}} = \frac{q_0 + q_1 . x + q_2 . x^2}{p_0 + p_1 . x},$$

$$\beth_0 + \cfrac{x}{\beth_1 + \cfrac{x}{\beth_2 + \cfrac{x}{\beth_3 + \cfrac{x}{\beth_4}}}} = \frac{q_0 + q_1 . x + q_2 . x^2}{p_0 + p_1 . x + p_2 . x^2},$$

etc.; et en général ... (506)″

$$\beth_0 + \cfrac{x}{\beth_1 + \cfrac{x}{\beth_2 + \cfrac{x}{\beth_3 \ldots + \cfrac{x}{\beth_{2\omega-1}}}}} = \frac{q_0 + q_1 . x + q_2 . x^2 \; . \; . \; . + q_\omega . x^\omega}{p_0 + p_1 . x + p_2 . x^2 \; . \; . \; . + p_{\omega-1} . x^{\omega-1}},$$

$$\beth_0 + \cfrac{x}{\beth_1 + \cfrac{x}{\beth_2 + \cfrac{x}{\beth_3 \ldots + \cfrac{x}{\beth_{2\omega}}}}} = \frac{q_0 + q_1 . x + q_2 . x^2 \; . \; . \; . + q_\omega . x^\omega}{p_0 + p_1 . x + p_2 . x^2 \; . \; . \; . + p_\omega . x^\omega};$$

qui est précisément la forme de la génération neutre (500) dont il est question. Ainsi, cette génération neutre des quantités, qui rattache la Technie à la Théorie, est évidemment l'unique et le véritable objet de nos Fractions continues (503), constituant le second algorithme technique élémentaire; et les Séries communes (498) ne sont, dans leurs résultats (499), qu'une anticipation sur ce second algorithme technique. Et réciproquement, tout ce que nous avons reconnu concernant la grande importance des Séries communes, comme étant propres à opérer une génération convergente de toute fonction, et comme présentant par là les critériums de la possibilité même de la génération d'une fonction, s'applique immédiatement à ce second algorithme technique, aux Fractions continues, vers lesquelles ces Séries communes sont un acheminement, et desquelles précisément elles tirent ainsi toute leur importance.

C'est donc proprement dans ce mode spécial de génération technique, dans nos Fractions continues (505)' ou (506), que se trouve l'essence et le véritable caractère de la génération algorithmique neutre (500) dont il est question. Et, pour compléter, dès ce moment, tout ce qui peut être nécessaire pour l'emploi de cette importante génération neutre des quantités, nous allons encore, par anticipation sur la Section suivante de cette Philosophie de la Technie, donner la loi fondamentale qui régit ce nouvel algorithme technique constituant les Fractions continues, sous leur forme primitive générale que voici ... (507)

$$Fx = \supset_0 + \cfrac{\varphi x}{\supset_1 + \cfrac{\varphi x}{\supset_2 + \cfrac{\varphi x}{\supset_3 + \text{etc.}}}} ;$$

la mesure génératrice φx étant une fonction arbitraire.

D'abord, concevez auxiliairement le développement primitif général (166) de la fonction proposée Fx, savoir, ... (508)

$$Fx = A_0 + A_1 . \varphi x + A_2 . (\varphi x)^2 + A_3 . (\varphi x)^3 + \text{etc., etc.}$$

Ensuite, avec les coefficiens A_1, A_2, A_3, etc. de cette Série primitive, ou proprement avec les quantités différentielles (166)'' ou (420) formant ces coefficiens, construisez successivement les quantités nouvelles ... (508)'

$$B_3 = A_2 . A_2 - A_1 . A_3, \qquad C_4 = B_3 . A_3 - A_2 . B_4,$$
$$B_4 = A_2 . A_3 - A_1 . A_4, \qquad C_5 = B_3 . A_4 - A_2 . B_5,$$
$$B_5 = A_2 . A_4 - A_1 . A_5, \qquad C_6 = B_3 . A_5 - A_2 . B_6,$$
$$\cdots\cdots \qquad \cdots\cdots$$
$$B_\mu = A_2 . A_{\mu-1} - A_1 . A_\mu; \qquad C_\mu = B_3 . A_{\mu-1} - A_2 . B_\mu;$$

$$D_5 = C_4 . B_4 - B_3 . C_5, \qquad E_6 = D_5 . C_5 - C_4 . D_6,$$
$$D_6 = C_4 . B_5 - B_3 . C_6, \qquad E_7 = D_5 . C_6 - C_4 . D_7,$$
$$D_7 = C_4 . B_6 - B_3 . C_7, \qquad E_8 = D_5 . C_7 - C_4 . D_8,$$
$$\cdots\cdots \qquad \cdots\cdots$$
$$D_\mu = C_4 . B_{\mu-1} - B_3 . C_\mu; \qquad E_\mu = D_5 . C_{\mu-1} - C_4 . D_\mu;$$

$$F_7 = E_6 . D_6 - D_5 . E_7, \qquad G_8 = F_7 . E_7 - E_6 . F_8,$$
$$F_8 = E_6 . D_7 - D_5 . E_8, \qquad G_9 = F_7 . E_8 - E_6 . F_9,$$
$$\cdots\cdots \qquad \cdots\cdots$$
$$F_\mu = E_6 . D_{\mu-1} - D_5 . E_\mu; \qquad G_\mu = F_7 . E_{\mu-1} - E_6 . F_\mu;$$

etc., etc.

Et, vous aurez, pour la loi que suit la détermination des caphs de la Fraction continue générale (507), les expressions singulières ... (509)

$$\beth_0 = A_0, \qquad \beth_1 = \frac{1}{A_1};$$

et de plus, les expressions générales ... $(509)'$

$$\text{כ}_1 \times \text{כ}_2 = \frac{(-1) \cdot A_1}{A_2},$$

$$\text{כ}_2 \times \text{כ}_3 = \frac{A_1 \cdot A_2}{B_3},$$

$$\text{כ}_3 \times \text{כ}_4 = \frac{A_2 \cdot B_3}{C_4},$$

$$\text{כ}_4 \times \text{כ}_5 = \frac{B_3 \cdot C_4}{D_5},$$

$$\text{כ}_5 \times \text{כ}_6 = \frac{C_4 \cdot D_5}{E_6},$$

$$\text{כ}_6 \times \text{כ}_7 = \frac{D_5 \cdot E_6}{F_7},$$

etc., etc.

On doit remarquer que puisque, par les lois $(166)''$ ou (420), on a toujours l'expression générale A_μ des quantités A_1, A_2, A_3, etc. formant les coefficiens dans le développement auxiliaire (508) de la fonction proposée Fx, on aura, en même tems, par les formules $(508)'$, les expressions générales B_μ, C_μ, D_μ, etc. des quantités dénotées par les caractéristiques B, C, D, etc., qui entrent dans la loi fondamentale présente $(509)'$. On doit aussi remarquer qu'en vertu de cette loi primitive $(509)'$ des Fractions continues (507), les quantités formant les caphs dans cet algorithme, sont intimément liées deux à deux; et que c'est là leur caractère distinctif, qui précisément donne lieu à l'expression générale de ces quantités.

Pour indiquer la déduction de cette loi, nous nous bornerons ici à dire qu'elle dérive immédiatement du procédé métaphysique même qui, dans notre Introduction philosophique, sous la marque déjà citée (IX), nous a conduits à reconnaître l'universalité de ces Fractions continues et à les constituer second algorithme technique. — On pourrait aussi dériver cette loi primitive (509) et $(509)'$ des équations $(13)'$ qui, dans la première Section de cette Philosophie de la Technie, nous ont servi à reconnaître la possibilité de cet algorithme. Et, prenant ainsi, pour origine de cette déduction, les équations générales (13), on obtiendrait la loi fondamentale elle-même de ces Fractions continues, c'est-à-dire, la loi qui régit leur forme fondamentale (14), savoir ... (510)

$$Fx = \beth_0 + \cfrac{\varphi x}{\beth_1 + \cfrac{\varphi(x+\xi)}{\beth_2 + \cfrac{\varphi(x+2\xi)}{\beth_3 + \cfrac{\varphi(x+3\xi)}{\beth_4 + \text{etc.}}}}}$$

Enfin, considérant ici la variable x comme indice d'un système arbitraire de fonctions différentes, ainsi que nous l'avons fait sous les marques (353), (354), etc. pour passer de la forme fondamentale des Séries à leur forme universelle, on obtiendrait également, par cette considération des généralités du second ordre, la loi universelle de ces Fractions continues, c'est-à-dire, la loi qui régit leur forme universelle (23) ou (503), savoir ... (510)'

$$Fx = \beth_0 + \cfrac{\varphi_0 x}{\beth_1 + \cfrac{\varphi_1 x}{\beth_2 + \cfrac{\varphi_2 x}{\beth_3 + \cfrac{\varphi_3 x}{\beth_4 + \text{etc.}}}}}$$

Nous donnerons le système complet de ces diverses lois de nos Fractions continues, dans la Section suivante de cette Philosophie de la Technie. — Ici, où il n'est question que de caractériser et de rendre praticable la génération neutre (500) des quantités, qui est le véritable objet de ces Fractions continues et qui se trouve déjà donnée, par anticipation, moyennant les Séries communes (498), la loi primitive (509) et (509)' suffit complètement.

Il est en effet facile de voir que, par le moyen de cette loi (509) et (509)$'$, on obtiendra, avec promptitude, la génération technique (507) de toute fonction Fx, constituant les principes ou les moyens d'une telle génération neutre (500) de cette fonction. Et de plus, on comprendra qu'en prenant, pour la Série auxiliaire (508), le développement élémentaire (430) de la fonction Fx, ou tout au plus l'un des quatre schémas primitifs de convergence (453)$'''$, (454)$'''$, (461)$'''$, (463), et spécialement le dernier (463) formant la Série commune, on obtiendra, par ce porisme présent (507), une génération telle que ses réductions consécutives, correspondantes aux réductions particulières (506)$'$ et (506)$''$, donneront toujours des résultats convergens vers la valeur de la fonction proposée Fx. — Ainsi, à cet égard, la génération technique que présentent les Fractions continues (507), arrive au but de la génération neutre (500) plus directement que ne le font les Séries communes (498), dans lesquelles la détermination plus ou moins convenable des quantités arbitraires n_1, n_2, n_3, etc., rend leurs réductions consécutives (499) et (499)$'$ plus ou moins convergentes vers la valeur de la fonction cherchée Fx. Mais, en revanche, cette détermination arbitraire des quantités n_1, n_2, n_3, etc. qui entrent dans les Séries communes (498), donne à ces Séries un avantage supérieur, consistant en ce que, par une détermination convenable de ces quantités arbitraires n_1, n_2, n_3, etc., on peut obtenir le maximum possible de convergence dans la génération neutre (500) de toute fonction; comme nous le verrons dans la suite, en donnant la solution de ce grand et dernier problème de la Technie.

Quant aux réductions consécutives générales de la Fraction continue (507), qui correspondent aux réductions particulières (506)$'$ et (506)$''$ de la Fraction continue élémentaire (506), et qu'il faut opérer pour avoir successivement les valeurs de plus en plus approchées de la fonction cherchée Fx, il est clair que, dans cette opération, il faut suivre la loi connue pour les réductions pareilles des Fractions continues numérales; loi que, dans notre Introduction philosophique, sous la marque (XXVIII), nous avons ramenée à ses véritables principes et adaptée à la forme nouvelle de nos Fractions continues. Cette loi de réduction, en la portant immédiatement à l'état universel, et en amenant ses résultats à la forme des réductions (506)′ et (506)″ dont il s'agit, est la suivante. — Ayant la Fraction continue universelle (505) ou (505)′, savoir ... (511)

$$Fx = \beth_0 + \cfrac{\varphi_0 x}{\beth_1 + \cfrac{\varphi_1 x}{\beth_2 + \cfrac{\varphi_2 x}{\beth_3 + \text{etc.},}}}$$

construisez, avec les caphs de cette Fraction, les médiateurs que voici ... (511)′

$$\begin{aligned}
P_0 &= 1 \\
P_1 &= \beth_1 . P_0 \\
P_2 &= \beth_2 . P_1 + \varphi_1 x . P_0 \\
P_3 &= \beth_3 . P_2 + \varphi_2 x . P_1 \\
P_4 &= \beth_4 . P_3 + \varphi_3 x . P_2 \\
&\text{etc., etc.;}
\end{aligned}$$

et vous aurez, pour les réductions consécutives de la Fraction continue (511), la loi ... (511)″

$$Fx = \beth_0 + \frac{\varphi_0 x}{P_0 . P_1} - \frac{\varphi_0 x . \varphi_1 x}{P_1 . P_2} + \frac{\varphi_0 x . \varphi_1 x . \varphi_2 x}{P_2 . P_3}$$
$$- \frac{\varphi_0 x . \varphi_1 x . \varphi_2 x . \varphi_3 x}{P_3 . P_4} + \text{etc., etc.},$$

qui présente un développement incomplet en Série de la fonction correspondante Fx. En effet, ajoutant successivement les termes de ce développement incomplet et ramenant les résultats au même dénominateur, on obtiendra les réductions consécutives correspondantes aux réductions particulières $(506)'$ et $(506)''$ en question, qui présentent la forme (500) de la génération neutre. — De plus, ces résultats consécutifs suivront, à leur tour, une autre loi très-simple que voici.

Comme sous la marque $(511)'$, construisez, avec les caphs de la même Fraction continue (511), les nouveaux médiateurs ... $(511)'''$

$$
\begin{aligned}
&Q_0 = \text{כ}_0\\
&Q_1 = \text{כ}_1 . Q_0 + \varphi_0 x\\
&Q_2 = \text{כ}_2 . Q_1 + \varphi_1 x . Q_0\\
&Q_3 = \text{כ}_3 . Q_2 + \varphi_2 x . Q_1\\
&Q_4 = \text{כ}_4 . Q_3 + \varphi_3 x . Q_2\\
&\text{etc., etc.;}
\end{aligned}
$$

et, combinant ces médiateurs avec les précédens $(511)'$, vous verrez facilement que l'on a en général ... $(511)^{\text{IV}}$

$$Q_\mu . P_{\mu-1} - Q_{\mu-1} . P_\mu = (-1)^{\mu-1} . \varphi_0 x . \varphi_1 x . \varphi_2 x \ \ldots \ \varphi_{\mu-1} x .$$

Car, si l'on substitue, dans cette égalité hypothétique $(511)^{\text{IV}}$, les valeurs générales

$$
\begin{aligned}
P_\mu &= \text{כ}_\mu . P_{\mu-1} + \varphi_{\mu-1} x . P_{\mu-2} ,\\
Q_\mu &= \text{כ}_\mu . Q_{\mu-1} + \varphi_{\mu-1} x . Q_{\mu-2} ;
\end{aligned}
$$

il viendrait

$$Q_\mu . P_{\mu-1} - Q_{\mu-1} . P_\mu = -\left(Q_{\mu-1} . P_{\mu-2} - Q_{\mu-2} . P_{\mu-1}\right) . \varphi_{\mu-1} x ;$$

et, comparant ce résultat avec le second membre de cette même égalité hypothétique $(511)^{\text{IV}}$, on aurait

$$Q_{\mu-1} . P_{\mu-2} - Q_{\mu-2} . P_{\mu-1} = (-1)^{\mu-2} . \varphi_0 x . \varphi_1 x . \varphi_2 x \ \ldots \ \varphi_{\mu-2} x ,$$

qui est encore la même forme générale $(511)^{\text{IV}}$; de sorte que, si cette relation $(511)^{\text{IV}}$ a lieu pour un seul cas, comme cela arrive effectivement pour $\mu = 1$, elle aura lieu pour tous les cas suivans. — Or, en divisant par $P_{\mu-1} . P_\mu$ cette relation générale $(511)^{\text{IV}}$, on a ... $(511)^{\text{V}}$

$$\frac{Q_\mu}{P_\mu} - \frac{Q_{\mu-1}}{P_{\mu-1}} = (-1)^{\mu-1} . \frac{\varphi_0 x . \varphi_1 x . \varphi_2 x \ \ldots \ \varphi_{\mu-1} x}{P_{\mu-1} . P_\mu} ;$$

égalité dont le second membre est évidemment le terme général de la Série (511)'' que nous avons obtenue pour le développement incomplet de la fonction correspondante à la Fraction continue proposée (511), et dont le premier membre est la différence régressive prise sur la quantité $\frac{P_\mu}{Q_\mu}$ considérée comme fonction de l'indice μ. Donc, prenant l'intégrale de ces deux membres de l'égalité (511)^{v}, et observant que le premier terme de la Série (511)'' est $\supset_0 = \frac{Q_0}{P_0}$, on aura manifestement, pour les sommes des termes successifs de cette même Série, la loi générale très-simple ... (511)^{vi}

$$\text{Premier terme} \ldots\ldots = \frac{Q_0}{P_0}$$

$$\text{La somme de deux termes} = \frac{Q_1}{P_1}$$

$$\ldots\ldots \text{trois} \ldots\ldots = \frac{Q_2}{P_2}$$

$$\ldots\ldots \text{quatre} \ldots\ldots = \frac{Q_3}{P_3}$$

etc.; et en général

$$\text{La somme de } (\mu+1) \text{ termes} = \frac{Q_\mu}{P_\mu}.$$

Et, de cette manière, par la construction très-facile des médiateurs (511)' et (511)''', on obtiendra visiblement les réductions consécutives correspondantes aux réductions particulières (506)' et (506)'' en question, qui présentent la forme de la génération neutre (500) dont il s'agit. — D'ailleurs, ces réductions (511)'' et (511)^{vi} des Fractions continues en fractions ordinaires, sont déjà connues, comme nous l'avons dit plus haut : nous ne les avons reproduites ici, pour servir à nos nouvelles Fractions continues (511) ou (507), qui constituent le moyen de cette génération neutre des quantités, qu'afin de ramener ces réductions à leurs véritables principes, comme nous l'avons fait dans l'Introduction philosophique, sous la marque (XXVIII), pour la première $(511)''$ de ces réductions, dont la seconde $(511)^{\text{vi}}$ n'est ici manifestement qu'un corollaire.

Mais, par ce procédé $(511)^{\text{vi}}$, on n'obtiendrait que les réductions consécutives isolées, correspondantes aux réductions particulières également isolées $(506)'$ et $(506)''$; et l'on n'aurait pas encore la loi que suivent ces différens résultats ou réductions, et qui seule, en présentant leur expression générale, peut donner définitivement la génération neutre de la fonction Fx, sous la forme générale (500) dont il est proprement question. Il nous reste donc à connaître cette importante loi qui achève la solution de la question que nous nous sommes proposée de déterminer la génération neutre des quantités. — La voici.

Il est clair que cette loi consiste dans l'expression générale $\frac{Q_\mu}{P_\mu}$ de la somme de la Série réduite $(511)''$, et par conséquent dans l'expression générale des médiateurs $(511)'$ et $(511)'''$ formant successivement les dénominateurs P_μ et les numérateurs Q_μ de cette somme $\frac{Q_\mu}{P_\mu}$. Or, la relation générale de ces médiateurs est respectivement ... (512)

$$P_\mu = \supset_\mu . P_{\mu-1} + \varphi_{\mu-1}x . P_{\mu-2},$$
$$Q_\mu = \supset_\mu . Q_{\mu-1} + \varphi_{\mu-1}x . Q_{\mu-2};$$

de sorte que, si l'on conçoit une fonction $f(\mu)$ de l'indice μ, qui serait donnée par l'équation aux différences finies du second ordre ... $(512)'$

$$f(\mu) = \supset_\mu . f(\mu-1) + \varphi_{\mu-1}x . f(\mu-2),$$

les deux déterminations particulières de cette fonction $f(\mu)$, correspondantes à ... $(512)''$

$$f(0) = P_0 = 1, \quad f(1) = P_1 = \supset_1, \quad \text{et}$$
$$f(0) = Q_0 = \supset_0, \quad f(1) = Q_1 = \supset_1 . \supset_0 + \varphi_0 x,$$

seraient les deux expressions générales des médiateurs P_μ et Q_μ dont il s'agit. — Il faudrait donc, pour avoir ces deux expressions générales et, par conséquent, la dernière loi qu'il reste encore à connaître, intégrer généralement cette équation aux différences $(512)'$, dans laquelle les coefficiens $\supset_\mu$ et $\varphi_{\mu-1}x$ sont des fonctions de la variable μ. — Nous donnerons dans la suite, non seulement l'intégration de ces équations du second ordre, mais en général l'intégration des équations aux différences finies d'un ordre quelconque, leurs coefficiens étant des fonctions quelconques de la variable ; et nous verrons que l'une des formes théoriques de la fonction inconnue ou cherchée $f(\mu)$ est généralement ... $(512)'''$

$$f(\mu) = M_1 . m_1^\mu + M_2 . m_2^\mu + M_3 . m_3^\mu + \text{etc.} ;$$

les quantités M_1, M_2, M_3, etc. et m_1, m_2, m_3, etc. étant indépendantes de la variable μ, et étant nécessairement fonctions des autres quantités qui entrent dans les coefficiens des équations proposées. Ainsi, dans le cas présent $(512)'$, ces quantités M_1, M_2, etc. et m_1, m_2, etc. seraient fonctions de x; et, pour avoir l'expression des médiateurs P_μ et Q_μ, propre à représenter la génération neutre (500), il faudrait, dans leur expression commune $(512)'''$, développer les quantités M_1, M_2, etc. et m_1, m_2, etc. par rapport aux puissances progressives de cette quantité x, ou généralement, pour pouvoir employer le porisme général (507), par rapport aux puissances progressives d'une fonction arbitraire φx. — Mais, précisément cette circonstance ou cette forme nécessaire des fonctions P_μ et Q_μ, lorsqu'on n'emploie que la Fraction continue primitive (507), dans laquelle on a ... $(512)^{\text{IV}}$

$$\varphi_0 x = \varphi_1 x = \varphi_2 x = \varphi_3 x = \text{etc.} = \varphi x,$$

rend intégrable l'équation $(512)'$ par un procédé spécial ; et par conséquent, dans l'ouvrage présent où, pour établir la génération neutre des quantités, nous n'avons besoin que de cette Fraction continue primitive (507), nous pouvons nous en tenir à ce procédé spécial de l'intégration générale de l'équation (512)' dont il s'agit ici.

Avant tout, pour traiter la question actuelle dans sa plus grande simplicité, observons que, dans la loi (509)' de la Fraction continue générale (507), les caphs sont successivement liés deux à deux, et que, comme nous l'avons déjà remarqué, c'est là le caractère distinctif de ces quantités. Il faudrait donc, pour avoir généralement la plus grande simplicité, ne considérer ces quantités caphs que dans leur liaison consécutive; et cela est réellement possible. En effet, divisant successivement les numérateurs et les dénominateurs de la Fraction continue (507) par leurs caphs respectifs, cette Fraction prend la forme ... (513)

$$Fx = \text{כ}_0 + \cfrac{\frac{1}{\text{כ}_1}\cdot\varphi x}{1 + \cfrac{\frac{1}{\text{כ}_1 . \text{כ}_2}\cdot\varphi x}{1 + \cfrac{\frac{1}{\text{כ}_2 . \text{כ}_3}\cdot\varphi x}{1 + \cfrac{\frac{1}{\text{כ}_3 . \text{כ}_4}\cdot\varphi x}{1 + \text{etc.}}}}},$$

où l'on voit qu'à l'exception des deux premiers caphs כ_0 et כ_1, qui précisément sont singuliers dans la loi (509) et (509)', tous les autres caphs entrent combinés ou liés deux à deux dans cette génération technique supérieure. Ainsi, les quantités ... (513)'

$$\frac{1}{\text{כ}_1 . \text{כ}_2},\quad \frac{1}{\text{כ}_2 . \text{כ}_3},\quad \frac{1}{\text{כ}_3 . \text{כ}_4},\quad \frac{1}{\text{כ}_4 . \text{כ}_5},\quad \text{etc.},$$

formant les coefficiens de la mesure génératrice φx et, avec elle, les numérateurs dans la Fraction continue (513), tiennent évidemment aux principes mêmes de cette génération technique; et par conséquent, elles exigent également une considération toute spéciale. Pour les distinguer des quantités simples כ_1, כ_2, כ_3, etc., formant les dénominateurs dans la même Fraction continue (507), nous les désignerons par la lettre arabe correspondante ق, savoir ... (513)''

$$\text{ق}_2 = \frac{1}{\text{כ}_1 . \text{כ}_2}, \quad \text{ق}_3 = \frac{1}{\text{כ}_2 . \text{כ}_3}, \quad \text{ق}_4 = \frac{1}{\text{כ}_3 . \text{כ}_4}, \quad \text{etc.};$$

$$\text{et par analogie,} \quad \text{ق}_1 = \frac{1}{1 . \text{כ}_1}, \quad \text{et même} \quad \text{ق}_0 = \text{כ}_0 ;$$

et nous nommerons les uns *caphs-dénominateurs* et les autres *caphs-numérateurs*, ou bien aussi *caphs-hébraïques* et *caphs-arabes*. — Cette distinction est d'ailleurs nécessaire pour la forme même des Fractions continues, afin de pouvoir y établir arbitrairement l'unité aux numérateurs ou aux dénominateurs. — De cette manière, la Fraction continue générale (507) prendra la forme équivalente ... (514)

$$Fx = \text{ق}_0 + \cfrac{\text{ق}_1 . \varphi x}{1 + \cfrac{\text{ق}_2 . \varphi x}{1 + \cfrac{\text{ق}_3 . \varphi x}{1 + \cfrac{\text{ق}_4 . \varphi x}{1 + \text{etc.}}}}};$$

et sa loi (509) et (509)' la forme correspondante ... (514)'

$$\text{ق}_0 = A_0, \quad \text{ق}_1 = A_1, \quad \text{et}$$

$$\text{ق}_2 = \frac{A_2}{(-1) . A_1}, \quad \text{ق}_3 = \frac{B_3}{A_1 . A_2}, \quad \text{ق}_4 = \frac{C_4}{A_2 . B_3},$$

$$\text{ق}_5 = \frac{D_5}{B_3 . C_4}, \quad \text{ق}_6 = \frac{E_6}{C_4 . D_5}, \quad \text{etc.};$$

les quantités dénotées par les caractéristiques A, B, C, D, etc. étant les mêmes que dans les expressions (509) et (509)'.

Or, pour en venir à notre question de l'intégration de l'équation (512)' donnant la loi définitive de la génération neutre des quantités, qui est notre dernier objet, observons que, suivant la forme nouvelle (514), les médiateurs $(511)'$ et $(511)'''$, en les adaptant à cette Fraction continue primitive (514), prendront la forme ... (515)

$$\begin{array}{ll}
P_0 = 1 & Q_0 = \text{ت}_0 \\
P_1 = P_0 & Q_1 = Q_0 + \text{ت}_1 . \varphi x \\
P_2 = P_1 + \text{ت}_2 . \varphi x . P_0 & Q_2 = Q_1 + \text{ت}_2 . \varphi x . Q_0 \\
P_3 = P_2 + \text{ت}_3 . \varphi x . P_1 & Q_3 = Q_2 + \text{ت}_3 . \varphi x . Q_1 \\
\cdots\cdots\cdots & \cdots\cdots\cdots \\
P_\mu = P_{\mu-1} + \text{ت}_\mu . \varphi x . P_{\mu-2}, & Q_\mu = Q_{\mu-1} + \text{ت}_\mu . \varphi x . Q_{\mu-2} .
\end{array}$$

Et par conséquent, l'équation générale $(512)'$, qui donne la fonction $f(\mu)$ dont les deux déterminations particulières $(512)''$ constituent les expressions générales de ces médiateurs P_μ et Q_μ, prendra la forme ... $(515)'$

$$f(\mu) = f(\mu-1) + \text{ت}_\mu . \varphi x . f(\mu-2).$$

C'est cette équation que nous allons intégrer généralement par le procédé spécial que nous avons mentionné plus haut.

Pour peu qu'on examine la formation consécutive des médiateurs (515), on reconnaîtra que, par rapport à la fonction génératrice φx, ils ont la forme générale ... (516)

$$\frac{Q_{2\mu}}{P_{2\mu}} = \frac{Q_{2\mu}^{(0)} + Q_{2\mu}^{(1)}.\varphi x + Q_{2\mu}^{(2)}.(\varphi x)^2 + Q_{2\mu}^{(3)}.(\varphi x)^3 \;\ldots\ldots + Q_{2\mu}^{(\mu)}.(\varphi x)^\mu}{P_{2\mu}^{(0)} + P_{2\mu}^{(1)}.\varphi x + P_{2\mu}^{(2)}.(\varphi x)^2 + P_{2\mu}^{(3)}.(\varphi x)^3 \;\ldots\ldots + P_{2\mu}^{(\mu)}.(\varphi x)^\mu},$$

$$\frac{Q_{2\mu+1}}{P_{2\mu+1}} = \frac{Q_{2\mu+1}^{(0)} + Q_{2\mu+1}^{(1)}.\varphi x + Q_{2\mu+1}^{(2)}.(\varphi x)^2 \;\ldots\ldots + Q_{2\mu+1}^{(\mu+1)}.(\varphi x)^{\mu+1}}{P_{2\mu+1}^{(0)} + P_{2\mu+1}^{(1)}.\varphi x + P_{2\mu+1}^{(2)}.(\varphi x)^2 \;\ldots\ldots + P_{2\mu+1}^{(\mu)}.(\varphi x)^\mu};$$

où l'on voit que les réductions consécutives ... $(516)'$

$$\frac{Q_0}{P_0}, \quad \frac{Q_1}{P_1}, \quad \frac{Q_2}{P_2}, \quad \frac{Q_3}{P_3}, \quad \ldots\ldots \quad \frac{Q_{2\mu}}{P_{2\mu}}, \quad \frac{Q_{2\mu+1}}{P_{2\mu+1}},$$

donnant les différens ordres ou les PROGRÈS de la génération neutre en question, sont alternativement complètes, lorsque l'indice est 2μ ou pair, et incomplètes, lorsque l'indice est $(2\mu+1)$ ou impair. — Les réductions complètes, dans lesquelles la plus haute puissance de la fonction génératrice φx est la même au numérateur et au dénominateur, comme dans la génération neutre (499) et (499)′ opérée par les Séries communes, constituent les VÉRITABLES PROGRÈS de la génération neutre d'une quantité ou d'une fonction; et par conséquent, elles doivent demeurer identiques, quelle que soit la modification que peut recevoir cette fonction, en l'augmentant, par l'addition ou par la multiplication, moyennant des quantités constantes. Les réductions incomplètes au contraire, dans lesquelles la plus haute puissance de la fonction génératrice φx n'est pas la même au numérateur et au dénominateur, ne constituent proprement, comme on le voit dans les réductions consécutives (506)′ et (506)″ des Fractions continues élémentaires, qu'une TRANSITION entre les véritables progrès que nous venons de signaler dans la génération neutre d'une quantité ou d'une fonction : elles dépassent la valeur de cette fonction, parce qu'elles donnent des quantités infinies lorsque la valeur de la mesure génératrice φx est infinie; et elles doivent différer selon les différentes modifications susdites de la fonction engendrée. — Cette circonstance de résultats complets et incomplets, que nous venons de reconnaître, exige une distinction entre ces résultats ou réductions (516)′, et de plus une considération spéciale des réductions $\frac{Q_{2\mu}}{P_{2\mu}}$ à indices pairs, formant les résultats complets et constituant les véritables progrès de la génération neutre. Nous allons donc déduire, de l'équation générale (515)′, deux équations particulières correspondantes respectivement aux fonctions $f(2\mu)$ à indices pairs et aux fonctions $f(2\mu+1)$ à indices impairs; et il suffira de s'attacher spécialement à l'intégration ou à la détermination des premières $f(2\mu)$. Nous déduirons de plus, de la même équation (515)′, la relation générale entre ces fonctions distinctes à indices pairs et à indices impairs, qui servira pour détermi-ner les dernières moyennant les premières.

Substituant successivement 2μ et $(2\mu+1)$ à la place de l'indice μ dans l'équation générale $(515)'$, on aura les deux équations ... (517)

$$f(2\mu) = f(2\mu-1) + \text{ق}_{2\mu}\,.\,\varphi x\,.\,f(2\mu-2)\,,$$
$$f(2\mu+1) = f(2\mu) + \text{ق}_{2\mu+1}\,.\,\varphi x\,.\,f(2\mu-1)\,,$$

qui donneront ... $(517)'$

$$f(2\mu+1) = \left\{1 + \text{ق}_{2\mu+1}\,.\,\varphi x\right\}.f(2\mu) - \text{ق}_{2\mu}\,.\,\text{ق}_{2\mu+1}\,.\,(\varphi x)^2\,.\,f(2\mu-2)\,,$$

$$f(2\mu) = \left\{1 + \text{ق}_{2\mu}\,.\,\varphi x\right\}.f(2\mu-1) - \text{ق}_{2\mu}\,.\,\text{ق}_{2\mu-1}\,.\,(\varphi x)^2\,.\,f(2\mu-3)\,;$$

relations qui serviront déjà pour déterminer les fonctions à indices impairs moyennant celles à indices pairs, et réciproquement. Et, substituant respectivement, dans la première et dans la seconde des équations (517), les valeurs de $f(2\mu-1)$ et de $f(2\mu)$, que donnent ces relations $(517)'$, on obtiendra les deux équations ... $(517)''$

$$f(2\mu+2) = \left\{1 + \varphi x\,.\left(\text{ق}_{2\mu+1} + \text{ق}_{2\mu+2}\right)\right\}.f(2\mu) - (\varphi x)^2\,.\,\text{ق}_{2\mu}\,.\,\text{ق}_{2\mu+1}\,.\,f(2\mu-2)\,,$$

$$f(2\mu+1) = \left\{1 + \varphi x\,.\left(\text{ق}_{2\mu} + \text{ق}_{2\mu+1}\right)\right\}.f(2\mu-1) - (\varphi x)^2\,.\,\text{ق}_{2\mu}\,.\,\text{ق}_{2\mu-1}\,.\,f(2\mu-3)\,,$$

qui serviront séparément à la détermination des fonctions à indices pairs et de celles à indices impairs. — Quoique nous ayons reconnu que, pour les principes de la question que nous traitons, il suffit de donner la détermination des premières de ces fonctions, comme étant les véritables progrès de la génération neutre dont il s'agit, nous donnerons ici à la fois la détermination des unes et des autres; parce que, dans certains cas, il peut arriver, par des circonstances purement algorithmiques, que la détermination des dernières devienne plus facile que celle des premières. D'ailleurs, cette généralité complète la solution de notre question.

Suivant la forme (516) de ces fonctions, on a généralement ... (518)

$$f(2\mu) = \overset{(0)}{f}(2\mu) + \overset{(1)}{f}(2\mu).\varphi x + \overset{(2)}{f}(2\mu).(\varphi x)^2 + \overset{(3)}{f}(2\mu).(\varphi x)^3 + \text{etc.}$$

$$f(2\mu+1) = \overset{(0)}{f}(2\mu+1) + \overset{(1)}{f}(2\mu+1).\varphi x + \overset{(2)}{f}(2\mu+1).(\varphi x)^2 + \overset{(3)}{f}(2\mu+1).(\varphi x)^3 + \text{etc.},$$

en désignant par $\overset{(0)}{f}(2\mu)$, $\overset{(1)}{f}(2\mu)$, $\overset{(2)}{f}(2\mu)$, etc. et $\overset{(0)}{f}(2\mu+1)$, $\overset{(1)}{f}(2\mu+1)$, $\overset{(2)}{f}(2\mu+1)$, etc. les coefficiens du développement de ces fonctions. Or, en observant que la fonction génératrice φx est ici une quantité variable ou indéterminée, si l'on substitue les développemens (518) dans les équations $(517)''$, et si l'on considère séparément les coefficiens des mêmes puissances $(\varphi x)^{\varpi}$ de cette mesure génératrice, on aura, en vertu du cas le plus simple de notre Canon algorithmique, ou bien, ce qui est la même chose, en vertu de ce qu'on appelle Méthode des coefficiens indéterminés, les relations générales ... $(518)'$

$$\overset{(\varpi)}{f}(2\mu+2) = \overset{(\varpi)}{f}(2\mu) + \left(\text{ق}_{2\mu+1} + \text{ق}_{2\mu+2}\right).\overset{(\varpi-1)}{f}(2\mu) - \text{ق}_{2\mu}.\text{ق}_{2\mu+1}.\overset{(\varpi-2)}{f}(2\mu-2),$$

$$\overset{(\varpi)}{f}(2\mu+1) = \overset{(\varpi)}{f}(2\mu-1) + \left(\text{ق}_{2\mu} + \text{ق}_{2\mu+1}\right).\overset{(\varpi-1)}{f}(2\mu-1) - \text{ق}_{2\mu}.\text{ق}_{2\mu-1}.\overset{(\varpi-2)}{f}(2\mu-3).$$

Et, puisque ... $(518)''$

$$\overset{(\varpi)}{f}(2\mu+2) - \overset{(\varpi)}{f}(2\mu) = \Delta\overset{(\varpi)}{f}(2\mu+2),$$

$$\overset{(\varpi)}{f}(2\mu+1) - \overset{(\varpi)}{f}(2\mu-1) = \Delta\overset{(\varpi)}{f}(2\mu+1),$$

Δ dénotant la différence régressive prise par rapport à la variable μ; les relations précédentes (518)' donnent immédiatement les expressions générales ... (519)

$$\overset{(\varpi)}{f}(2\mu+2) = \Sigma\left\{\begin{array}{l} + \left(\text{ق}_{2\mu+1} + \text{ق}_{2\mu+2}\right).\overset{(\varpi-1)}{f}(2\mu) \\ - \text{ق}_{2\mu}.\text{ق}_{2\mu+1}.\overset{(\varpi-2)}{f}(2\mu-2) \end{array}\right\},$$

$$\overset{(\varpi)}{f}(2\mu+1) = \Sigma\left\{\begin{array}{l} + \left(\text{ق}_{2\mu} + \text{ق}_{2\mu+1}\right).\overset{(\varpi-1)}{f}(2\mu-1) \\ - \text{ق}_{2\mu}.\text{ق}_{2\mu-1}.\overset{(\varpi-1)}{f}(2\mu-3) \end{array}\right\},$$

Σ dénotant l'intégrale finie régressive, prise par rapport à la même variable μ, ou la somme des termes correspondans à toutes les valeurs entières de cet indice μ, en observant que, depuis $\varpi = 2$, on a généralement, en vertu de la forme (516), les valeurs ... (519)'

$$\overset{(\varpi)}{f}(2) = 0, \quad \text{et} \quad \overset{(\varpi)}{f}(1) = 0.$$

Ainsi, pourvu que l'on connaisse les deux fonctions antérieures

$$\overset{(\varpi-1)}{f}(2\mu) \quad \text{et} \quad \overset{(\varpi-2)}{f}(2\mu), \qquad \overset{(\varpi-1)}{f}(2\mu+1) \quad \text{et} \quad \overset{(\varpi-2)}{f}(2\mu+1),$$

et originairement les deux fonctions initiales ... (519)''

$$\overset{(1)}{f}(2\mu) \quad \text{et} \quad \overset{(0)}{f}(2\mu), \qquad \overset{(1)}{f}(2\mu+1) \quad \text{et} \quad \overset{(0)}{f}(2\mu+1),$$

les expressions (519) donneront successivement les fonctions ultérieures

$$\overset{(2)}{f}(2\mu), \quad \overset{(3)}{f}(2\mu), \quad \overset{(4)}{f}(2\mu), \quad \overset{(5)}{f}(2\mu), \quad \text{etc.},$$
$$\overset{(2)}{f}(2\mu+1), \quad \overset{(3)}{f}(2\mu+1), \quad \overset{(4)}{f}(2\mu+1), \quad \overset{(5)}{f}(2\mu+1), \quad \text{etc.};$$

et la question se trouvera résolue. — Or, pour peu qu'on examine de nouveau la formation consécutive des médiateurs (515), on reconnaîtra d'abord, pour les coefficiens $f^{(0)}$ de la puissance zéro, que l'on a généralement, pour les médiateurs P formant les dénominateurs, la valeur ... (519)'''

$$\overset{(0)}{f}(2\mu) = \overset{(0)}{f}(2\mu+1) = 1,$$

et pour les médiateurs Q formant les numérateurs, la valeur ... (519)^{IV}

$$\overset{(0)}{f}(2\mu) = \overset{(0)}{f}(2\mu+1) = \text{ت}_0;$$

et ensuite, pour les coefficiens $f^{(1)}$ de la première puissance, que l'on a, pour les premiers P de ces médiateurs, les valeurs ... (519)^{V}

$$\overset{(1)}{f}(1) = 0$$
$$\overset{(1)}{f}(2) = \text{ت}_2$$
$$\overset{(1)}{f}(3) = \text{ت}_2 + \text{ت}_3$$
$$\cdots\cdots\cdots$$
$$\overset{(1)}{f}(p) = \text{ت}_2 + \text{ت}_3 + \text{ت}_4 \ \ldots\ + \text{ت}_p = \Sigma(\text{ت}_p),$$

l'intégrale régressive Σ étant ici prise depuis $p = 2$, et de plus, pour les seconds Q de ces médiateurs, les valeurs ... (519)^{VI}

$$\overset{(1)}{f}(1) = \text{ت}_1$$
$$\overset{(1)}{f}(2) = \text{ت}_1 + \text{ت}_0.\text{ت}_2$$
$$\overset{(1)}{f}(3) = \text{ت}_1 + \text{ت}_0.\text{ت}_2 + \text{ت}_0.\text{ت}_3$$
$$\cdots\cdots\cdots$$
$$\overset{(1)}{f}(q) = \text{ت}_1 + \text{ت}_0.\left\{\text{ت}_2 + \text{ت}_3 + \text{ت}_4 \ \ldots\ \text{ت}_q\right\} = \text{ت}_1 + \text{ت}_0.\Sigma(\text{ت}_q),$$

l'intégrale régressive Σ étant prise également depuis $q = 2$. Donc, connaissant ainsi les fonctions initiales (519)'', les expressions générales (519) donneront, comme nous l'avons dit, la solution définitive de notre question présente, en donnant tous les coefficiens ultérieurs pour les polynomes (518), formant les numérateurs et les dénominateurs dans les réductions (516) que nous nous sommes proposé de déterminer pour avoir les degrés consécutifs ou les progrès de la génération neutre des quantités.

Il faut remarquer que, puisqu'il suffit de n'avoir l'intégration que d'une seule des équations $(517)''$, comme nous l'avons dit plus haut, car les formules $(517)'$ servent alors à donner immédiatement l'autre de ces intégrations, il suffira également de ne s'attacher qu'à une seule des expressions générales (519), car ces mêmes formules $(517)'$ donneront les résultats de l'autre de ces expressions. En effet, substituant dans ces formules $(517)'$ les développemens généraux (518), et se réglant sur la considération qui nous a conduits aux relations générales $(518)'$, on obtiendra, pour les coefficiens de ces développemens (518), les relations correspondantes ... (520)

$$\overset{(\varpi)}{f}(2\mu+1) = \overset{(\varpi)}{f}(2\mu) + \text{ق}_{2\mu+1}.\overset{(\varpi-1)}{f}(2\mu) - \text{ق}_{2\mu}.\text{ق}_{2\mu+1}.\overset{(\varpi-2)}{f}(2\mu-2),$$
$$\overset{(\varpi)}{f}(2\mu) = \overset{(\varpi)}{f}(2\mu-1) + \text{ق}_{2\mu}.\overset{(\varpi-1)}{f}(2\mu-1) - \text{ق}_{2\mu}.\text{ق}_{2\mu-1}.\overset{(\varpi-2)}{f}(2\mu-3),$$

qui donneront toujours et immédiatement les coefficiens à indices impairs moyennant ceux à indices pairs, et réciproquement.

Il faut encore remarquer que, puisque les quantités constantes ق_0 et ق_1 ne sont que contingentes et accessoires, en tant qu'elles servent, l'une ق_0 à modifier ou à augmenter la fonction proposée Fx par l'addition, et l'autre ق_1 à modifier ou à augmenter cette fonction par la multiplication, et que, pour cela précisément, ces deux quantités ق_0 et ق_1 paraissent comme singulières dans la loi $(514)'$ ou (509) des Fractions continues, il faut remarquer, disons-nous, qu'il n'est pas absolument nécessaire de déterminer, par le procédé d'intégration $(519)^{\text{IV}}$, $(519)^{\text{VI}}$, et (519), les numérateurs purement contingens dans les réductions (516) dont il s'agit. Ce procédé d'intégration (519) ne doit être suivi nécessairement que pour la détermination des dénominateurs dans ces réductions (516); dénominateurs qui, comme indépendans de ces quantités contingentes et accessoires ث$_0$ et ث$_1$, sont ici les parties constituantes fondamentales de notre question. Aussi, ces dénominateurs étant connus, peut-on avoir très-facilement les numérateurs correspondans par la considération suivante.

Puisque les réductions (516) donnent les degrés consécutifs ou les progrès de la génération neutre de la fonction proposée Fx, dont nous avons conçu auxiliairement le développement primitif général (508), savoir ... (521)

$$Fx = A_0 + A_1 . \varphi x + A_2 . (\varphi x)^2 + A_3 . (\varphi x)^3 + \text{etc., etc.};$$

les relations respectives ... (521)′

$$Fx = A_0 + A_1 . \varphi x + A_2 . (\varphi x)^2 + A_3 . (\varphi x)^3 + \text{etc.} =$$

$$= \frac{Q^{(0)}_{2\mu} + Q^{(1)}_{2\mu} . \varphi x + Q^{(2)}_{2\mu} . (\varphi x)^2 + Q^{(3)}_{2\mu} . (\varphi x)^3 \; \ldots\ldots + Q^{(\mu)}_{2\mu} . (\varphi x)^\mu}{P^{(0)}_{2\mu} + P^{(1)}_{2\mu} . \varphi x + P^{(2)}_{2\mu} . (\varphi x)^2 + P^{(3)}_{2\mu} . (\varphi x)^3 \; \ldots\ldots + P^{(\mu)}_{2\mu} . (\varphi x)^\mu},$$

$$Fx = A_0 + A_1 . \varphi x + A_2 . (\varphi x)^2 + A_3 . (\varphi x)^3 + \text{etc.} =$$

$$= \frac{Q^{(0)}_{2\mu+1} + Q^{(1)}_{2\mu+1} . \varphi x + Q^{(2)}_{2\mu+1} . (\varphi x)^2 \; \ldots\ldots + Q^{(\mu+1)}_{2\mu+1} . (\varphi x)^{\mu+1}}{P^{(0)}_{2\mu+1} + P^{(1)}_{2\mu+1} . \varphi x + P^{(2)}_{2\mu+1} . (\varphi x)^2 \; \ldots\ldots + P^{(\mu)}_{2\mu+1} . (\varphi x)^\mu},$$

seront d'autant plus vraies que l'indice μ sera un nombre plus grand, c'est-à-dire, d'autant plus vraies que le degré de cette génération neutre sera plus élevé. Mais généralement, pour toute valeur de cet indice μ, ces relations (521)′ doivent être les plus proches possible de la vérité; et pour cela, en considérant que la fonction génératrice φx est variable ou indéterminée, il faut que l'on ait généralement, pour la première de ces relations, les valeurs ... (521)″

$$Q^{(0)}_{2\mu} = A_0 . P^{(0)}_{2\mu}$$

$$Q^{(1)}_{2\mu} = A_1 . P^{(0)}_{2\mu} + A_0 . P^{(1)}_{2\mu}$$

$$Q^{(2)}_{2\mu} = A_2 . P^{(0)}_{2\mu} + A_1 . P^{(1)}_{2\mu} + A_0 . P^{(2)}_{2\mu}$$

$$Q^{(3)}_{2\mu} = A_3 . P^{(0)}_{2\mu} + A_2 . P^{(1)}_{2\mu} + A_1 . P^{(2)}_{2\mu} + A_0 . P^{(3)}_{2\mu}$$

. . . .

$$Q^{(\mu)}_{2\mu} = A_\mu . P^{(0)}_{2\mu} + A_{\mu-1} . P^{(1)}_{2\mu} + A_{\mu-2} . P^{(2)}_{2\mu} \; \ldots\ldots \; + A_0 . P^{(\mu)}_{2\mu} \, ;$$

et pour la seconde de ces relations $(521)'$, les valeurs ... $(521)'''$

$$Q^{(0)}_{2\mu+1} = A_0 . P^{(0)}_{2\mu+1}$$

$$Q^{(1)}_{2\mu+1} = A_1 . P^{(0)}_{2\mu+1} + A_0 . P^{(1)}_{2\mu+1}$$

$$Q^{(2)}_{2\mu+1} = A_2 . P^{(0)}_{2\mu+1} + A_1 . P^{(1)}_{2\mu+1} + A_0 . P^{(2)}_{2\mu+1}$$

$$Q^{(3)}_{2\mu+1} = A_3 . P^{(0)}_{2\mu+1} + A_2 . P^{(1)}_{2\mu+1} + A_1 . P^{(2)}_{2\mu+1} + A_0 . P^{(3)}_{2\mu+1}$$

. . . .

$$Q^{(\mu+1)}_{2\mu+1} = A_{\mu+1} . P^{(0)}_{2\mu+1} + A_\mu . P^{(1)}_{2\mu+1} + A_{\mu-1} . P^{(2)}_{2\mu+1} \; \ldots\ldots \; + A_1 . P^{(\mu)}_{2\mu+1} .$$

Ainsi, connaissant les coefficiens $P^{(0)}_{2\mu}$, $P^{(1)}_{2\mu}$, $P^{(2)}_{2\mu}$, etc. et $P^{(0)}_{2\mu+1}$, $P^{(1)}_{2\mu+1}$, $P^{(2)}_{2\mu+1}$, etc. des polynomes formant les dénominateurs dans les réductions (516) ou $(521)'$, les expressions présentes $(521)''$ et $(521)'''$ feront connaître immédiatement les coefficiens des polynomes formant les numérateurs dans ces mêmes réductions (516) ou $(521)'$ que nous nous sommes proposé de déterminer.

On n'aura pas manqué de remarquer que l'intégration $(515)'$ et (519) que nous venons d'opérer, constitue proprement la sommation générale (*) des Fractions continues, sous leur forme primitive (514).

(*) Lorsque l'expression générale des caphs, soit numérateurs ت$_\mu$, soit dénominateurs כ$_\mu$, répond à tout indice μ, pair ou impair, les relations (519), ou originairement les équations $(517)''$, serviront de même que lorsque cette expression générale des caphs se trouve donnée séparément pour les indices μ pairs et pour les indices μ

— Ainsi, la génération neutre (521)' d'une fonction Fx, revient évidemment aux trois points suivans. — 1°. La génération technique (508) de cette fonction, moyennant l'un de nos quatre schémas de convergence, ou du moins moyennant le dernier (463) de ces schémas, constituant la Série commune primitive, qui, par une détermination convenable de l'arbitraire n, suffira toujours pour donner aux résultats la forme la plus convenable. — 2°. La génération technique supérieure (507) ou (514) de la même fonction, moyennant la génération antérieure (508), en suivant ici la loi fondamentale (509) et (509)' ou (514)' qui, par les expressions générales (508)', conduira toujours à la loi des caphs dans cette génération supérieure. — 3°. Enfin, la sommation de cette dernière génération technique (507) ou (514), moyennant l'intégration (515)' et (519) qui conduira définitivement à la forme (516) ou (521)' de la génération neutre dont il est question.

---

impairs. Mais, lorsque cette expression générale des caphs ne se trouve donnée que pour les indices respectifs

$$n\mu, \quad (n\mu+1), \quad (n\mu+2), \quad (n\mu+3), \quad \ldots \quad (n\mu+(n-1)),$$

n étant un nombre entier plus grand que 2, il faut, suivant le procédé qui nous a conduits de l'équation générale (515)' aux deux équations particulières (517)'', déduire de cette équation générale (515)' autant d'équations particulières analogues à (517)'', qu'il y a d'unités dans le nombre n. De cette manière, les coefficiens dans ces n équations particulières pourront toujours être exprimés généralement; et, avec des relations analogues à (519), on parviendra, par le même procédé, à l'intégration de ces équations particulières. Ainsi, pour tous les cas, la question de la réduction des Fractions continues à la forme de la génération neutre, se trouve résolue. — Il faut remarquer que, pour le cas des Fractions continues périodiques, les coefficiens dans les équations particulières susdites deviennent des quantités constantes; et ces équations peuvent alors s'intégrer facilement par le moyen de nos fonctions alephs, comme nous en avons déjà présenté un exemple dans notre Introduction philosophique (page 156), en y intégrant ainsi les médiateurs (du): nous donnerons ailleurs la solution de cette question spéciale concernant les Fractions continues périodiques.

— Nous ne nous arrêterons pas ici aux détails algorithmiques de ces opérations respectives, lesquels n'appartiennent plus à la Philosophie présente ; mais, nous devons ajouter quelques mots sur la sommation des Fractions continues dans le cas où leurs valeurs sont des quantités idéales (imaginaires), parce que nous y aurons un complément nécessaire pour notre question actuelle de la génération neutre des quantités.

Suivant ce que nous avons observé concernant l'identité entre la génération neutre (499) opérée par les Séries communes (498), et la génération neutre (506)′ opérée par les Fractions continues (506), il est clair, d'après ce que nous avons reconnu plus haut sur les critériums de la possibilité même de la génération des quantités, à l'occasion de la loi fondamentale (481) de la Série commune intermédiaire (479)′ ou (481)′, il est clair, disons-nous, que, dans le cas où la valeur d'une Fraction continue est idéale (imaginaire), ses réductions consécutives (516)′, lorsqu'elles sont réelles (non imaginaires), ne présentent point une suite de quantités convergentes vers une même quantité déterminée constituant la valeur en question, parce que cette valeur, comme idéale, est absolument indéterminée par le moyen de quantités réelles. Mais, des combinaisons convenables, prises sur les termes de ces réductions (516)′, peuvent toujours donner une suite de quantités convergentes vers des quantités déterminées, et peuvent par là conduire à la détermination de la valeur idéale dont il s'agit; comme nous allons le voir.

Reprenons la Fraction continue générale (514) et arrêtons-la au $m^{\text{ème}}$. terme, savoir ... (522)

$$Fx = \text{ق}_0 + \cfrac{\text{ق}_1 . \varphi x}{1 + \cfrac{\text{ق}_2 . \varphi x}{1 + \cfrac{\text{ق}_3 . \varphi x}{1 + \ldots \ldots + \cfrac{\text{ق}_m . \varphi x}{1 + X(m+1)}}}},$$

en dénotant par $X(m+1)$ le reste de sa valeur, c'est-à-dire, en posant ... (522)'

$$X(m+1) = \cfrac{\text{ق}_{m+1}\,.\,\varphi x}{1 + \cfrac{\text{ق}_{m+2}\,.\,\varphi x}{1 + \cfrac{\text{ق}_{m+3}\,.\,\varphi x}{1 + \text{etc.}}}}$$

Alors, suivant les réductions (516)', nous aurons ... (523)

$$Fx = \frac{Q_{m+1}}{P_{m+1}} = \frac{Q_m + Q_{m-1}\,.\,X(m+1)}{P_m + P_{m-1}\,.\,X(m+1)}\;;$$

et, pour avoir la valeur de Fx, il ne restera qu'à connaître la quantité $X(m+1)$. — Nous remarquerons ici en passant que cette expression (523) nous offre le moyen de calculer les réductions (516)' de toute Fraction continue (514), séparément par des parties quelconques (522), (522)', etc. de cette Fraction, ce qui diminue le nombre de chiffres qu'on aurait en poursuivant directement le calcul de ces réductions (516)' moyennant les médiateurs fondamentaux (515); mais, revenons à notre question. — En distinguant dans la Fraction continue complémentaire (522)' les véritables progrès de la génération neutre, correspondans aux nombres pairs de ses termes, faisons successivement ... (524)

$$X(m+1) = \cfrac{\text{ق}_{m+1}\,.\,\varphi x}{1 + \cfrac{\text{ق}_{m+2}\,.\,\varphi x}{1 + X(m+3)}},$$

$$X(m+3) = \cfrac{\text{ق}_{m+3}\,.\,\varphi x}{1 + \cfrac{\text{ق}_{m+4}\,.\,\varphi x}{1 + X(m+5)}},$$

$$X(m+5) = \cfrac{\text{ق}_{m+5}\,.\,\varphi x}{1 + \cfrac{\text{ق}_{m+6}\,.\,\varphi x}{1 + X(m+7)}},$$

etc., etc.

Et, appliquant à chacune de ces Fractions continues consécutives le procédé d'intégration $(515)'$ et (519), on obtiendra leurs expressions générales respectives correspondantes à (516), savoir ... $(524)'$

$$X(m+1) = \frac{Q(m+1)_{2\mu}}{P(m+1)_{2\mu}} = \frac{Q(m+1)_{2\mu+1}}{P(m+1)_{2\mu+1}},$$

$$X(m+3) = \frac{Q(m+3)_{2\mu}}{P(m+3)_{2\mu}} = \frac{Q(m+3)_{2\mu+1}}{P(m+3)_{2\mu+1}},$$

$$X(m+5) = \frac{Q(m+5)_{2\mu}}{P(m+5)_{2\mu}} = \frac{Q(m+5)_{2\mu+1}}{P(m+5)_{2\mu+1}},$$

etc., etc. ;

les quantités désignées par les caractéristiques P et Q étant fonctions de l'indice μ dans le nombre 2μ ou $(2\mu+1)$ des termes successifs des Fractions partielles (524). — On conçoit qu'en partant généralement d'un terme quelconque n de la Fraction continue proposée (514), savoir, de ... $(524)''$

$$X(n) = \cfrac{\text{ق}_n . \varphi x}{1 + \cfrac{\text{ق}_{n+1} . \varphi x}{1 + \cfrac{\text{ق}_{n+2} . \varphi x}{1 + \cfrac{\text{ق}_{n+3} . \varphi x}{1 + \text{etc.}}}}},$$

le procédé d'intégration $(515)'$ et (519) donnera tout-à-coup ou généralement toutes les sommes partielles $(524)'$ et même la somme totale (516) de cette Fraction continue proposée (514). — Quoi qu'il en soit, ayant ces sommes partielles $(524)'$, dans lesquelles nous ne considérerons que celles données par les fonctions P et Q correspondantes à l'indice pair 2μ, comme étant les véritables progrès consécutifs de la génération neutre, concevons une suite de quantités indéterminées ... (525)

$$M_1, \quad M_3, \quad M_5, \quad M_7, \quad \text{etc.},$$

et établissons la relation ... (525)'

$$o = M_1 \cdot \frac{Q(m+1)_{2\mu}}{P(m+1)_{2\mu}} + M_3 \cdot \frac{Q(m+3)_{2\mu}}{P(m+3)_{2\mu}} + M_5 \cdot \frac{Q(m+5)_{2\mu}}{P(m+5)_{2\mu}} + \\ + M_7 \cdot \frac{Q(m+7)_{2\mu}}{P(m+7)_{2\mu}} + \text{etc.}$$

Cette relation pourra toujours avoir lieu moyennant des quantités M_1, M_3, M_5, etc. réelles et telles que, lorsque l'indice μ est indéfiniment grand, ces quantités réelles M_1, M_3, etc. demeurent constantes. Car, prenant de cette équation hypothétique (525)' les différentielles consécutives par rapport à la variable μ, les quantités M_1, M_3, M_5, etc. étant considérées comme constantes, on aura le système d'équations ... (525)''

$$o = M_1 \cdot \frac{Q(m+1)_{2\mu}}{P(m+1)_{2\mu}} + M_3 \cdot \frac{Q(m+3)_{2\mu}}{P(m+3)_{2\mu}} + M_5 \cdot \frac{Q(m+5)_{2\mu}}{P(m+5)_{2\mu}} + \text{etc.}$$

$$o = \left\{ M_1 \cdot d\frac{Q(m+1)_{2\mu}}{P(m+1)_{2\mu}} + M_3 \cdot d\frac{Q(m+3)_{2\mu}}{P(m+3)_{2\mu}} + \text{etc.} \right\} \cdot \frac{1}{d\mu}$$

$$o = \left\{ M_1 \cdot d^2\frac{Q(m+1)_{2\mu}}{P(m+1)_{2\mu}} + M_3 \cdot d^2\frac{Q(m+3)_{2\mu}}{P(m+3)_{2\mu}} + \text{etc.} \right\} \cdot \frac{1}{d\mu^2}$$

$$o = \left\{ M_1 \cdot d^3\frac{Q(m+1)_{2\mu}}{P(m+1)_{2\mu}} + M_3 \cdot d^3\frac{Q(m+3)_{2\mu}}{P(m+3)_{2\mu}} + \text{etc.} \right\} \cdot \frac{1}{d\mu^3}$$

etc., etc.,

qui suffira pour la détermination de ces quantités réelles M_1, M_3, M_5, etc. Nous aurons donc, pour la relation des quantités inconnues (524), l'équation fondamentale ... (526)

$$o = M_1 \cdot X(m+1) + M_3 \cdot X(m+3) + M_5 \cdot X(m+5) + \text{etc.},$$

dans laquelle les coefficiens M_1, M_3, M_5, etc. seront à la vérité fonctions de l'indice μ et pourront être variables, mais tels cependant que, lorsque cet indice μ deviendra de plus en plus grand, ces quantités ou coefficiens M_1, M_3, M_5, etc. s'approcheront de plus en plus de leurs véritables valeurs correspondantes à la valeur infinie de l'indice μ.

Maintenant, les égalités (524) donnent de plus le système d'équations ... (527)

$$X(m+1) = \frac{\text{ق}_{m+1} \cdot \varphi x \cdot (1 + X(m+3))}{1 + \text{ق}_{m+2} \cdot \varphi x + X(m+3)}$$

$$X(m+3) = \frac{\text{ق}_{m+3} \cdot \varphi x \cdot (1 + X(m+5))}{1 + \text{ق}_{m+4} \cdot \varphi x + X(m+5)},$$

$$X(m+5) = \frac{\text{ق}_{m+5} \cdot \varphi x \cdot (1 + X(m+7))}{1 + \text{ق}_{m+6} \cdot \varphi x + X(m+7)}$$

etc., etc.

Donc, substituant les valeurs présentes de $X(m+3)$, $X(m+5)$, etc., d'une part, dans l'équation (526), et de l'autre, dans la première des équations présentes (527), on obtiendra deux équations entre la première $X(m+1)$ et la dernière $X(m+\omega)$ de ces quantités inconnues (524); et, éliminant entre ces deux équations la dernière $X(m+\omega)$ de ces inconnues (524), on aura une résultante pour la détermination de la quantité $X(m+1)$, laquelle, étant substituée dans l'expression (523), donnera la valeur demandée de Fx. Et, cette détermination sera évidemment d'autant plus exacte, que l'on aura déterminé plus exactement les quantités M_1, M_3, M_5, etc. dans l'équation (526), en donnant une valeur de plus en plus grande à l'indice μ dont ces quantités sont fonctions en vertu des équations (525)''.

Quant au nombre des quantités $X(m+1)$, $X(m+3)$, $X(m+5)$, etc. qu'il faudra employer pour cette détermination, il dépend manifestement de la nature des quantités auxiliaires M_1, M_3, M_5, etc. données par les équations (525)''. Il faut, en effet, que le nombre de ces quantités indéterminées M_1, M_3, M_5, etc., et par conséquent celui des quantités inconnues $X(m+1)$, $X(m+3)$, $X(m+5)$, etc., soit tel que les équations (525)'' puissent donner, pour les quantités M_1, M_3, M_5, etc., des fonctions telles que, lorsque cet indice μ devient de plus en plus grand, les fonctions M_1, M_3, M_5, etc. deviennent de plus en plus constantes. — Voici, pour ce nombre différent, les équations résultantes successives.

Lorsqu'on n'a besoin que des deux premières quantités inconnues $X(m+1)$ et $X(m+3)$, on a les deux équations ... (528)

$$o = M_1 . X(m+1) + M_3 . X(m+3) ,$$

$$X(m+1) = \frac{\text{ت}_{m+1} . \varphi x . (1 + X(m+3))}{1 + \text{ت}_{m+2} . \varphi x + X(m+3)} ;$$

et, éliminant $X(m+3)$, on aura, pour résultante, l'équation du second degré ... (528)'

$$o = (X(m+1))^2 - \left\{ \text{ت}_{m+1} . \varphi x + \frac{M_3}{M_1} . (1 + \text{ت}_{m+2} . \varphi x) \right\} . X(m+1)$$
$$+ \frac{M_3}{M_1} . \text{ت}_{m+1} . \varphi x .$$

Lorsqu'il faut employer les trois quantités inconnues $X(m+1)$, $X(m+3)$ et $X(m+5)$, on a les trois équations ... (529)

$$o = M_1 . X(m+1) + M_3 . X(m+3) + M_5 . X(m+5) ,$$

$$X(m+1) = \frac{\text{ت}_{m+1} . \varphi x . (1 + X(m+3))}{1 + \text{ت}_{m+2} . \varphi x + X(m+3)} ,$$

$$X(m+3) = \frac{\text{ت}_{m+3} . \varphi x . (1 + X(m+5))}{1 + \text{ت}_{m+4} . \varphi x + X(m+5)} ;$$

et, éliminant $X(m+1)$ et $X(m+5)$, on aura, pour résultante, l'équation du troisième degré ... (529)'

$$o = A . (X(m+3))^3 + B . (X(m+3))^2 + C . X(m+3) + D ,$$

les coefficiens étant ... (529)''

$$A = M_3,$$

$$B = M_1 . \text{ق}_{m+1} . \varphi x + M_3 . \Big(1 + \varphi x . \big(\text{ق}_{m+2} - \text{ق}_{m+3}\big)\Big)$$
$$- M_5 . \big(1 + \text{ق}_{m+4} . \varphi x\big),$$

$$C = M_1 . \text{ق}_{m+1} . \varphi x . \big(1 - \text{ق}_{m+3} . \varphi x\big)$$
$$- M_3 . \text{ق}_{m+3} . \varphi x . \big(1 + \text{ق}_{m+2} . \varphi x\big)$$
$$+ M_5 . \Big(\text{ق}_{m+3} . \varphi x - \big(1 + \text{ق}_{m+2} . \varphi x\big)\big(1 + \text{ق}_{m+4} . \varphi x\big)\Big),$$

$$D = - \text{ق}_{m+3} . \varphi x . \Big(M_1 . \text{ق}_{m+1} . \varphi x - M_5 . \big(1 + \text{ق}_{m+2} . \varphi x\big)\Big);$$

équation qui donnera la valeur de $X(m+3)$, avec laquelle on aura immédiatement celle de $X(m+1)$ par la seconde des équations (529).

Et, ainsi de suite, on obtiendra successivement des résultantes de degrés de plus en plus élevés, qui donneront la valeur de l'inconnue principale $X(m+1)$ pour l'expression (523) dont il est question. — On voit par là que cette quantité $X(m+1)$ aura des valeurs multiples, provenant des différentes racines de la résultante correspondante, et que, de cette manière, l'expression (523) donnera de même des valeurs multiples, réelles ou idéales, pour la quantité cherchée Fx; ce qui précisément constitue la condition du nombre des quantités inconnues (524) qu'il faut employer pour arriver, par les équations (525)'', à des quantités (525) propres à former l'équation (526).

Avant de quitter cette question (523), (524), etc. de la détermination des valeurs idéales et multiples des Fractions continues, nous devons faire mention d'un procédé qu'on peut en déduire pour ajouter encore une correction aux valeurs calculées directement par les réductions (516) ou (521)', lorsque d'ailleurs la valeur de la Fraction continue proposée est simple et réelle. — En considérant que les Fractions continues partielles (524), dépouillées de leurs premiers numérateurs respectifs, savoir ... (530)

$$\cfrac{1}{1+\cfrac{\text{ق}_{m+2}.\varphi x}{1+\cfrac{\text{ق}_{m+3}.\varphi x}{1+\cfrac{\text{ق}_{m+4}.\varphi x}{1+\text{etc.}}}}},\qquad \cfrac{1}{1+\cfrac{\text{ق}_{m+4}.\varphi x}{1+\cfrac{\text{ق}_{m+5}.\varphi x}{1+\cfrac{\text{ق}_{m+6}.\varphi x}{1+\text{etc.}}}}},$$

$$\cfrac{1}{1+\cfrac{\text{ق}_{m+6}.\varphi x}{1+\cfrac{\text{ق}_{m+7}.\varphi x}{1+\cfrac{\text{ق}_{m+8}.\varphi x}{1+\text{etc.}}}}},\qquad \text{etc., etc.,}$$

sont sensiblement égales, lorsque leurs caphs respectifs ... (530)′

$$\begin{array}{lllll}
\text{ق}_{m+2}, & \text{ق}_{m+3}, & \text{ق}_{m+4}, & \text{ق}_{m+5}, & \text{etc.,} \\
\text{ق}_{m+4}, & \text{ق}_{m+5}, & \text{ق}_{m+6}, & \text{ق}_{m+7}, & \text{etc.,} \\
\text{ق}_{m+6}, & \text{ق}_{m+7}, & \text{ق}_{m+8}, & \text{ق}_{m+9}, & \text{etc.,} \\
\text{etc., etc.,} & & & &
\end{array}$$

qui d'ailleurs suivent la même loi, sont déjà des nombres tels que leurs différences relatives, dans les colonnes verticales de l'arrangement présent (530)′, se trouvent peu sensibles, comme cela arrive toujours pour les caphs très-éloignés de l'origine de la Fraction continue proposée (*); on peut supposer sensiblement ... (530)″

$$\begin{aligned}
X(m+1) &= N.\text{ق}_{m+1}.\varphi x \\
X(m+3) &= N.\text{ق}_{m+3}.\varphi x \\
X(m+5) &= N.\text{ق}_{m+5}.\varphi x \\
&\text{etc., etc.,}
\end{aligned}$$

(*) Il faut ici se rappeler ce qui a été dit dans la Note précédente (pages 561 et 562) concernant les périodes des caphs, plus ou moins étendues, suivant lesquelles il faudrait disposer les Fractions continues partielles (524) et tout ce qui en dépend dans la question présente (523), (524), etc.

en désignant par N cette valeur sensiblement égale des Fractions continues (530). Donc, multipliant ces équations $(530)''$ respectivement par les quantités indéterminées M_1, M_3, M_5, etc., et déterminant ces quantités par la relation ... $(530)'''$

$$0 = M_1 . \text{ق}_{m+1} + M_3 . \text{ق}_{m+3} + M_5 . \text{ق}_{m+5} + \text{etc.},$$

on aura l'équation ... $(530)^{\text{IV}}$

$$0 = M_1 . X(m+1) + M_3 . X(m+3) + M_5 . X(m+5) + \text{etc.},$$

qui répondra manifestement à l'équation fondamentale susdite (526). Et, ayant ainsi très-facilement, par l'équation $(530)'''$, les valeurs des quantités M_1, M_3, M_5, etc., les équations résultantes successives $(528)'$, ou $(529)'$, ou etc. feront connaître la quantité $X(m+1)$ qui sera la correction qu'on pourra appliquer, dans l'expression (523), aux médiateurs calculés directement par les réductions (516) ou $(521)'$. — Mais, cette considération de la correction $X(m+1)$, opérée par le moyen de l'équation inexacte $(530)'''$, est ici purement accessoire : on ne doit pas la confondre avec la considération principale de la détermination de cette quantité $X(m+1)$, opérée par le procédé fondamental et exact (524), (525), etc., lorsque les valeurs des Fractions continues sont idéales ou multiples; détermination qui présente manifestement le complément nécessaire pour notre question de la génération neutre $(521)'$ des quantités.

Nous avons donc actuellement tout ce qui sert à caractériser la nature et à rendre praticable l'application de cette génération neutre $(521)'$ ou (500) des quantités ou des fonctions algorithmiques, vers laquelle nous a conduits notre Philosophie des Séries par la découverte de la nature spéciale des Séries communes (498). — Il ne nous reste qu'à faire remarquer, pour les résultats numériques de cette génération neutre des quantités, qu'ayant obtenu, pour une fonction donnée, un tel résultat numérique, savoir, les nombres formant les numérateurs et les dénominateurs dans les réductions (516), c'est-à-dire, les médiateurs correspondans ... (531)

$$Q_{2\mu} \text{ et } P_{2\mu}, \qquad Q_{2\mu+1} \text{ et } P_{2\mu+1},$$

les formules (515) donneront respectivement les deux médiateurs suivans ... (531)'

$$Q_{2\mu+2} \text{ et } P_{2\mu+2}, \qquad Q_{2\mu+3} \text{ et } P_{2\mu+3};$$

et ces quantités (531) et (531)', déterminées pour un grand indice μ, serviront ensuite, moyennant les formules (518)' ou (523), à la détermination ultérieure de la même génération neutre (516) ou (521)', sans qu'il soit nécessaire de recommencer ce travail à chaque fois, lorsqu'on voudra obtenir des déterminations numériques de plus en plus parfaites. Cet avantage, dont ne jouissent pas les Séries, parce que, pour une fonction proposée, on peut toujours trouver des Séries différentes de plus en plus convergentes, donne déjà une espèce de caractère absolu à cette génération neutre des quantités, et la constitue véritable instrument de toutes les déterminations numériques; lorsque sur-tout, par l'emploi des Fractions continues numérales, on opère, moyennant cette génération neutre, la génération numérique absolue, comme nous allons l'apprendre pour couronner la doctrine de la génération neutre des quantités.

Ayant obtenu, par les procédés que nous venons d'exposer, la génération neutre (521)' d'une fonction quelconque Fx, savoir ... (532)

$$Fx = \frac{Q_{2\mu}}{P_{2\mu}}, \quad \text{et} \quad Fx = \frac{Q_{2\mu+1}}{P_{2\mu+1}},$$

expressions dont la première donne les véritables progrès de cette génération supérieure, et la seconde les transitions entre ces véritables progrès, on obtiendra la génération numérique absolue des valeurs de Fx par le moyen suivant. — Concevez la Fraction continue numérale (Introd. à la Phil. des Math., (XXIII), page 241.), savoir ... (532)'

$$Fx = \supset_0 + \cfrac{1}{\supset_1 + \cfrac{1}{\supset_2 + \cfrac{1}{\supset_3 + \cfrac{1}{\supset_4 + \text{etc.}}}}}$$

dont les caphs-dénominateurs seraient tous des nombres entiers; et vous aurez notoirement la GÉNÉRATION NUMÉRIQUE ABSOLUE de la quantité Fx. Il ne reste donc qu'à connaître la loi que suit la génération des nombres entiers qui forment ici successivement les caphs-dénominateurs; et c'est cette loi que nous allons apprendre.

Pour distinguer les médiateurs donnant les réductions consécutives de ces Fractions continues numérales (532)′, nous les désignerons par les caractéristiques allemandes $\mathfrak{P}$ et $\mathfrak{Q}$; et nous aurons ainsi, en vertu des formules (511)′ et (511)‴, leur génération suivante ... (532)″

$$\begin{array}{ll}
\mathfrak{P}_0 = 1 & \mathfrak{Q}_0 = \supset_0 \\
\mathfrak{P}_1 = \supset_1 . \mathfrak{P}_0 & \mathfrak{Q}_1 = \supset_1 . \mathfrak{Q}_0 + 1 \\
\mathfrak{P}_2 = \supset_2 . \mathfrak{P}_1 + \mathfrak{P}_0 & \mathfrak{Q}_2 = \supset_2 . \mathfrak{Q}_1 + \mathfrak{Q}_0 \\
\mathfrak{P}_3 = \supset_3 . \mathfrak{P}_2 + \mathfrak{P}_1 & \mathfrak{Q}_3 = \supset_3 . \mathfrak{Q}_2 + \mathfrak{Q}_1 \\
\text{etc., etc.,} & \text{etc., etc.;}
\end{array}$$

en observant qu'en vertu de la continuité de cette génération, on a aussi ... (532)‴

$$\mathfrak{P}_{-1} = 0, \quad \mathfrak{P}_{-2} = 1, \qquad \text{et} \qquad \mathfrak{Q}_{-1} = 1, \quad \mathfrak{Q}_{-2} = 0.$$

Or, en considérant encore la fonction proposée Fx comme indéterminée, on a d'abord, pour la loi encore indéterminée que suivent les nombres entiers formant les caphs dans la génération numérique absolue (532)′, l'expression générale ... (532)^{IV}

$$\supset_n = \frac{\mathfrak{P}_{n-2} . Fx - \mathfrak{Q}_{n-2}}{\mathfrak{Q}_{n-1} - \mathfrak{P}_{n-1} . Fx};$$

en ne prenant, dans cette expression ou valeur, que les nombres entiers les plus proches de cette valeur générale. — Pour la déduction de cette loi, observons que si, avec cette valeur complète $(532)^{\mathrm{IV}}$, on construit les deux médiateurs $\mathfrak{P}_n$ et $\mathfrak{Q}_n$, il vient ... $(532)^{\mathrm{V}}$

$$\frac{\mathfrak{Q}_n}{\mathfrak{P}_n} = \frac{\supset_n . \mathfrak{Q}_{n-1} + \mathfrak{Q}_{n-2}}{\supset_n . \mathfrak{P}_{n-1} + \mathfrak{P}_{n-2}} = Fx\,;$$

comme cela doit être. — Maintenant, substituons dans l'expression $(532)^{\mathrm{IV}}$ la détermination de la fonction Fx, opérée moyennant sa génération neutre (532); et nous aurons ... $(532)^{\mathrm{VI}}$

$$\supset_n = \frac{\mathfrak{P}_{n-2} . Q_{2\mu} - \mathfrak{Q}_{n-2} . P_{2\mu}}{\mathfrak{Q}_{n-1} . P_{2\mu} - \mathfrak{P}_{n-1} . Q_{2\mu}}, \quad \text{et}$$

$$\supset_n = \frac{\mathfrak{P}_{n-2} . Q_{2\mu+1} - \mathfrak{Q}_{n-2} . P_{2\mu+1}}{\mathfrak{Q}_{n-1} . P_{2\mu+1} - \mathfrak{P}_{n-1} . Q_{2\mu+1}}\,;$$

en observant simplement de prendre, dans les expressions générales (532) ou $(521)'$ de $P_{2\mu}$, $Q_{2\mu}$, et $P_{2\mu+1}$, $Q_{2\mu+1}$, l'indice μ assez grand pour que, dans les deux expressions présentes $(532)^{\mathrm{VI}}$, les deux valeurs résultant pour $\supset_n$, donnent chacune le même nombre entier.

Telle $(532)^{\mathrm{VI}}$ est donc la loi déterminée de la génération numérique absolue $(532)'$ de toute quantité Fx; et c'est à cette loi qu'il faudra définitivement ramener toutes les déterminations numériques des quantités. — Il faut observer, pour l'usage de cette loi, qu'il n'est pas nécessaire de fixer successivement et séparément les caphs $\supset_0$, $\supset_1$, $\supset_2$, $\supset_3$, etc. par les formules mêmes $(532)^{\mathrm{VI}}$: ces formules ne doivent, dans cette détermination, servir, en quelque sorte, que pour le départ; car, ayant obtenu, par les expressions générales (532) ou $(521)'$, des valeurs numériques pour $P_{2\mu}$, $Q_{2\mu}$, et $P_{2\mu+1}$, $Q_{2\mu+1}$, correspondantes à un grand indice μ, et ayant substitué ces valeurs dans les formules $(532)^{\mathrm{VI}}$, il suffira de développer les fractions numériques résultantes en Fractions continues numérales, par le procédé ordinaire de la division alternative des numérateurs et des dénominateurs, aussi longtems que les deux fractions $(532)^{\mathrm{VI}}$ donneront des caphs identiques.

On déterminera ensuite, avec ces caphs identiques obtenus ainsi par la méthode ordinaire, les médiateurs (532)″ pour avoir les derniers $\mathfrak{P}_{n-2}$, $\mathfrak{P}_{n-1}$, et $\mathfrak{Q}_{n-2}$, $\mathfrak{Q}_{n-1}$ qui serviront à la détermination ultérieure des mêmes formules (532)^{vi}. — Quel que soit au reste l'usage de cette loi (532)^{vi}, il est clair que, donnant toujours la valeur exacte du dernier caph $\beth_n$, elle présente le procédé par lequel, comme nous venons de le dire, on devra opérer la détermination numérique définitive des quantités, pour obtenir les élémens absolus $\beth_0$, $\beth_1$, $\beth_2$, $\beth_3$, etc. de cette détermination, et sur-tout pour laisser, dans l'expression (532)^{vi} du dernier $\beth_n$ de ces élémens, le moyen de continuer à l'indéfini cette détermination absolue. Et, comme telle, cette loi (532)^{vi} de la génération numérique absolue (532)′ de toute quantité Fx, forme manifestement la couronne de la doctrine concernant la génération neutre des quantités.

Voici un exemple de cette génération technique toujours convergente que donnent les Fractions continues, constituant le second algorithme technique élémentaire et ayant pour objet la GÉNÉRATION NEUTRE des quantités, laquelle nous venons de signaler aux géomètres et dont nous tirerons dans la suite les résultats les plus importans pour leur science. — Nous prendrons cet exemple sur la Suite hypergéométrique (464), savoir ... (533)

$$1 - 2 + 6 - 24 + 120 - 720 + 5040 - \text{etc., etc.},$$

qui est très-divergente; ou plutôt sur la Série générale correspondante (464)′, savoir ... (533)′

$$Fx = 1 . x - 1^{2|1} . x^2 + 1^{3|1} . x^3 - 1^{4|1} . x^4 + 1^{5|1} . x^5 - \text{etc., etc.},$$

pour avoir la génération neutre de la fonction Fx correspondante à cette Série, laquelle fonction, comme nous l'avons déjà dit (*), est la

(*) Pour s'en assurer, il suffit de déterminer, par le moyen de notre loi (459)′ des différentielles secondaires, l'expression générale des différentielles de tous les ordres

fonction intégrale $\frac{e^{\frac{1}{x}}}{x}.\int e^{-\frac{1}{x}}.dx$, dont nous tirerons l'intégrale $\int e^{-\frac{1}{x}}.dx$. — Nous choisissons cet exemple pour pouvoir confronter les résultats que nous obtiendrons avec ceux qu'Euler aurait pu obtenir s'il avait eu l'idée de la génération neutre des quantités, et si, en conséquence, il avait réduit sa Fraction continue (504) à la forme propre (521)' de cette génération algorithmique supérieure. — Or, en prenant simple-

---

de la fonction exponentielle $e^{-\frac{1}{x}}$ dont il est question, et de prendre l'expression particulière correspondante à $\mu = -1$, qui donne l'intégrale de cette fonction. Pour le faire, changeons ici, dans la fonction en question, x en y, pour avoir la fonction $e^{-\frac{1}{y}}$; et faisant $x = \frac{1}{y}$, nous aurons ... (A)

$$Fx = e^{-x}, \qquad x = \psi y = \frac{1}{y}; \qquad \text{et par conséquent,}$$

$$\frac{d^\rho Fx}{dx^\rho} = (-1)^\rho . e^{-x}, \qquad \text{et} \qquad \psi^{(\rho)} = (-1)^\rho . \frac{1}{y^{1+\rho}}.$$

La loi (459)' donnera alors ... (B)

$$\frac{d^\mu e^{-\frac{1}{y}}}{dy^\mu} = \frac{e^{-\frac{1}{y}}}{y^{2\mu}} . \left\{ 1 - \mu^{2|-1} . y + \mu^{3|-1} . \frac{\mu - 1}{1^{2|1}} . y^2 \right.$$
$$\left. - \mu^{4|-1} . \frac{(\mu - 1)^{2|-1}}{1^{3|1}} . y^3 + \mu^{5|-1} . \frac{(\mu - 1)^{3|-1}}{1^{4|1}} . y^4 - \text{etc., etc.} \right\}.$$

Ainsi, changeant de nouveau y en x, et prenant le cas particulier où $\mu = -1$, il viendra ... (C)

$$\int e^{-\frac{1}{x}} . dx = x . e^{-\frac{1}{x}} . \left\{ 1 . x - 1^{2|1} . x^2 + 1^{3|1} . x^3 - 1^{4|1} . x^4 + \text{etc., etc.} \right\}.$$

Les géomètres ne manqueront pas de remarquer ce procédé nouveau et en quelque sorte universel d'intégration des fonctions, que présente ainsi notre loi (459)' des différentielles secondaires. — Toutes les méthodes connues d'intégration peuvent y être ramenées, et n'en sont, pour ainsi dire, que des cas particuliers.

ment, pour la Série auxiliaire (508), la Série élémentaire proposée elle-même (533)′, on aura ... (533)″

$$A_0 = 0, \quad A_1 = 1, \quad A_2 = -1^{2|1}, \quad A_3 = +1^{3|1}, \quad A_4 = -1^{4|1},$$

etc.; et en général $A_\mu = (-1)^{\mu-1} . 1^{\mu|1}$, depuis $\mu = 1$.

Alors, les formules (508)′ donneront ... (533)‴

$$B_\mu = (-1)^\mu . 1^{(\mu-1)|1} . (\mu-2)$$

$$C_\mu = (-1)^\mu . 1^{2|1} . 1^{(\mu-1)|1} . (\mu-3)$$

$$D_\mu = (-1)^\mu . (1^{2|1})^2 . 1^{(\mu-2)|1} . (\mu-3)(\mu-4)$$

$$E_\mu = (-1)^{\mu-1} . (1^{2|1})^3 . 1^{3|1} . 1^{(\mu-2)|1} . (\mu-4)(\mu-5)$$

$$F_\mu = (-1)^{\mu-1} . (1^{2|1})^6 . (1^{3|1})^2 . 1^{(\mu-3)|1} . (\mu-4)(\mu-5)(\mu-6)$$

etc., etc.;

quantités dont la loi est manifeste par leur construction consécutive elle-même (508)′. Et, substituant ces quantités (533)‴ dans les formules (509) et (509)′, il viendra ... (533)^{IV}

$\beth_0 = 0, \quad \beth_1 = 1;$ et de plus

$$\beth_1 \times \beth_2 = \frac{1}{2}, \qquad \beth_2 \times \beth_3 = \frac{1}{1},$$

$$\beth_3 \times \beth_4 = \frac{1}{3}, \qquad \beth_4 \times \beth_5 = \frac{1}{2},$$

$$\beth_5 \times \beth_6 = \frac{1}{4}, \qquad \beth_6 \times \beth_7 = \frac{1}{3},$$

$$\beth_7 \times \beth_8 = \frac{1}{5}, \qquad \beth_8 \times \beth_9 = \frac{1}{4},$$

etc., etc.;

d'où l'on tire ... (533)^{V}

$$\beth_0 = 0, \quad \beth_1 = 1, \quad \beth_2 = \frac{1}{1.2},$$

$$\beth_3 = 2, \quad \beth_4 = \frac{1}{2.3},$$

$$\beth_5 = 3, \qquad \beth_6 = \frac{1}{3.4},$$

$$\beth_7 = 4, \qquad \beth_8 = \frac{1}{4.5},$$

$$\text{etc.}, \qquad \text{etc.}$$

Ainsi, la Fraction continue donnant la génération neutre de la fonction Fx correspondante à la Série proposée (533)′, sera ... (534)

$$\frac{e^{\frac{1}{x}}}{x}.\int e^{-\frac{1}{x}}.dx = 1.x - 1^{2|1}.x^2 + 1^{3|1}.x^3 - 1^{4|1}.x^4 + \text{etc., etc.} =$$

$$= \cfrac{x}{1 + \cfrac{x}{\cfrac{1}{1.2} + \cfrac{x}{2 + \cfrac{x}{\cfrac{1}{2.3} + \cfrac{x}{3 + \text{etc.}}}}}}$$

Et, par conséquent, en faisant $x = 1$, on aura, pour la valeur de la Suite hypergéométrique proposée (533), la génération numérique convergente ... (534)′

$$\left\{1 - 2 + 6 - 24 + 120 - 720 + 5040 - \text{etc.}\right\} =$$

$$= \cfrac{1}{1 + \cfrac{1}{\cfrac{1}{1.2} + \cfrac{1}{2 + \cfrac{1}{\cfrac{1}{2.3} + \cfrac{1}{3 + \text{etc.}}}}}};$$

et, en multipliant par $x.e^{-\frac{1}{x}}$ les deux membres de (534), on aura, pour l'intégrale $\int e^{-\frac{1}{x}}.dx$, la génération technique supérieure ... ... (534)″

$$\int e^{-\frac{1}{x}}.dx = \text{const.} + \cfrac{x^2.e^{-\frac{1}{x}}}{1 + \cfrac{x}{\frac{1}{1.2} + \cfrac{x}{2 + \cfrac{x}{\frac{1}{2.3} + \cfrac{x}{3 + \text{etc.}}}}}}$$

Pour réduire maintenant cette génération technique à la forme propre (521)′ de la génération neutre dont il s'agit, mettons la Fraction continue (534) sous la forme (514) de caphs-numérateurs. Pour cela, comparant les expressions (513)″ et (533)^{IV}, nous aurons ... (535)

$$\text{ق}_0 = 0, \quad \text{ق}_1 = 1; \quad \text{et} \quad \text{ق}_2 = 2, \quad \text{ق}_3 = 1,$$
$$\text{ق}_4 = 3, \quad \text{ق}_5 = 2,$$
$$\text{ق}_6 = 4, \quad \text{ق}_7 = 3,$$
$$\dots\dots\dots\dots$$
$$\text{ق}_{2\mu} = (\mu + 1), \quad \text{ق}_{2\mu+1} = \mu;$$

et la Fraction continue (534) prendra la forme ... (535)′

$$Fx = \cfrac{x}{1 + \cfrac{2x}{1 + \cfrac{x}{1 + \cfrac{3x}{1 + \cfrac{2x}{1 + \cfrac{4x}{1 + \cfrac{3x}{1 + \text{etc.}}}}}}}}$$

Or, en ne nous attachant d'abord qu'à la détermination des dénominateurs dans les réductions correspondant ici aux réductions générales (516), les formules (519), en y substituant les valeurs générales (535) des caphs-numérateurs, donneront, pour cette détermination, les expressions générales ... (535)″

$$P^{(\varpi)}_{2\mu+2} = \Sigma\left\{2(\mu+1).P^{(\varpi-1)}_{2\mu} - \mu(\mu+1).P^{(\varpi-2)}_{2\mu-2}\right\},$$

$$P^{(\varpi)}_{2\mu+1} = \Sigma\left\{(2\mu+1).P^{(\varpi-1)}_{2\mu-1} - (\mu-1)(\mu+1).P^{(\varpi-2)}_{2\mu-3}\right\};$$

et les formules $(519)'''$ et $(519)^{v}$, en y substituant également les valeurs générales (535), donneront les fonctions initiales ... $(535)'''$

$$P^{(0)}_{2\mu} = 1, \quad P^{(0)}_{2\mu+1} = 1; \quad \text{et}$$

$$P^{(1)}_{2\mu} = \mu(\mu+1), \quad P^{(1)}_{2\mu+1} = \mu(\mu+2).$$

Donc, en mettant, dans les expressions $(535)''$, ces valeurs initiales $(535)'''$, et ensuite les valeurs ultérieures qu'on aura obtenues successivement, ces expressions générales $(535)''$ donneront ... $(535)^{IV}$

1°. Pour $\varpi = 2$:

$$P^{(2)}_{2\mu+2} = \Sigma\left\{(2\mu+1).\mu^{2|1}\right\} = \frac{(\mu+1)^{2|-1}.(\mu+2)^{2|-1}}{1^{2|1}},$$

$$P^{(2)}_{2\mu+1} = \Sigma\left\{2.(\mu-1)^{3|1}\right\} = \frac{\mu^{2|-1}.(\mu+2)^{2|-1}}{1^{2|1}};$$

2°. Pour $\varpi = 3$:

$$P^{(3)}_{2\mu+2} = \Sigma\left\{\mu.\mu^{2|-1}.(\mu+1)^{2|-1}\right\} = \frac{(\mu+1)^{3|-1}.(\mu+2)^{3|-1}}{1^{3|1}},$$

$$P^{(3)}_{2\mu+1} = \Sigma\left\{\frac{(2\mu-1).(\mu-1)^{2|-1}.(\mu+1)^{2|-1}}{2}\right\} = \frac{\mu^{3|-1}.(\mu+2)^{3|-1}}{1^{3|1}};$$

3°. Pour $\varpi = 4$:

$$P^{(4)}_{2\mu+2} = \Sigma\left\{\frac{(2\mu-1).\mu^{3|-1}.(\mu+1)^{3|-1}}{6}\right\} = \frac{(\mu+1)^{4|-1}.(\mu+2)^{4|-1}}{1^{4|1}},$$

$$P^{(4)}_{2\mu+1} = \Sigma\left\{\frac{(\mu-1).(\mu-1)^{3|-1}.(\mu+1)^{3|-1}}{3}\right\} = \frac{\mu^{4|-1}.(\mu+2)^{4|-1}}{1^{4|1}};$$

etc., et généralement ... $(535)^{\text{v}}$

$$P^{(\varpi)}_{2\mu+2} = \frac{(\mu+1)^{\varpi|-1}.(\mu+2)^{\varpi|-1}}{1^{\varpi|1}};$$

$$P^{(\varpi)}_{2\mu+1} = \frac{\mu^{\varpi|-1}.(\mu+2)^{\varpi|-1}}{1^{\varpi|1}};$$

car, si l'on met dans les formules $(535)''$ les valeurs que donnent ces expressions générales $(535)^{\text{v}}$, il viendra généralement ... $(535)^{\text{vi}}$

$$P^{(\varpi)}_{2\mu+2} = \Sigma\left\{\frac{(2\mu+3-\varpi).\mu^{(\varpi-1)|-1}.(\mu+1)^{(\varpi-1)|-1}}{1^{(\varpi-1)|1}}\right\} =$$
$$= \frac{(\mu+1)^{\varpi|-1}.(\mu+2)^{\varpi|-1}}{1^{\varpi|1}},$$

$$P^{(\varpi)}_{2\mu+1} = \Sigma\left\{\frac{(2\mu+2-\varpi).(\mu-1)^{(\varpi-1)|-1}.(\mu+1)^{(\varpi-1)|-1}}{1^{(\varpi-1)|1}}\right\} =$$
$$= \frac{\mu^{\varpi|-1}.(\mu+2)^{\varpi|-1}}{1^{\varpi|1}}.$$

Ainsi, les dénominateurs dans la génération neutre (516) ou $(521)'$ seront ici respectivement ... (536)

$$P_{2\mu} = 1 + \frac{\mu}{1}.(\mu+1).x + \frac{\mu^{2|-1}}{1^{2|1}}.(\mu+1)^{2|-1}.x^2 +$$
$$+ \frac{\mu^{3|-1}}{1^{3|1}}.(\mu+1)^{3|-1}.x^3 + \frac{\mu^{4|-1}}{1^{4|1}}.(\mu+1)^{4|-1}.x^4 + \text{etc.}$$

$$P_{2\mu+1} = 1 + \frac{\mu}{1}.(\mu+2).x + \frac{\mu^{2|-1}}{1^{2|1}}.(\mu+2)^{2|-1}.x^2 +$$
$$+ \frac{\mu^{3|-1}}{1^{3|1}}.(\mu+2)^{3|-1}.x^3 + \frac{\mu^{4|-1}}{1^{4|1}}.(\mu+2)^{4|-1}.x^4 + \text{etc.}$$

Il aurait suffi de déterminer une seule de ces deux expressions générales (536) des dénominateurs appartenant ici aux deux réductions

(516), et spécialement la première qui, comme nous l'avons reconnu plus haut, correspond à la réduction complète ou aux véritables progrès dans cette génération neutre; car, les formules $(517)'$ ou (520) auraient immédiatement donné l'autre de ces deux expressions générales (536). En effet, substituant dans les formules (520) les valeurs (535), on aurait, pour les coefficiens de ces deux dénominateurs (536), les relations générales ... (537)

$$P_{2\mu+1}^{(\varpi)} = P_{2\mu}^{(\varpi)} + \mu \,.\, P_{2\mu}^{(\varpi-1)} - \mu(\mu+1) \,.\, P_{2\mu-2}^{(\varpi-2)},$$

$$P_{2\mu}^{(\varpi)} = P_{2\mu-1}^{(\varpi)} + (\mu+1) \,.\, P_{2\mu-1}^{(\varpi-1)} - (\mu+1)(\mu-1) \,.\, P_{2\mu-3}^{(\varpi-2)};$$

qui donnent réciproquement l'une ou l'autre des deux expressions générales $(535)^{\text{v}}$ de ces coefficiens.

Quoi qu'il en soit de ces déterminations, connaissant ces coefficiens $(535)^{\text{v}}$ des dénominateurs $P_{2\mu}$ et $P_{2\mu+1}$ dans la génération neutre (516) ou $(521)'$, les formules $(521)''$ et $(521)'''$, en y mettant d'ailleurs les valeurs $(533)''$ du développement auxiliaire (508), donneront actuellement, pour les coefficiens des numérateurs $Q_{2\mu}$ et $Q_{2\mu+1}$ dans la même génération neutre (516) ou $(521)'$, les expressions générales ... (538)

$$Q_{2\mu}^{(\varpi)} = (-1)^{\varpi-1} \,.\, \Big\{ 1^{\varpi|1} - 1^{(\varpi-1)|1} \,.\, \frac{\mu}{1} \,.\, (\mu+1) + 1^{(\varpi-2)|1} \,.\, \frac{\mu^{2|-1}}{1^{2|1}} \,.\, (\mu+1)^{2|-1}$$
$$- 1^{(\varpi-3)|1} \,.\, \frac{\mu^{3|-1}}{1^{3|1}} \,.\, (\mu+1)^{3|-1} \;\ldots\ldots + (-1)^{\varpi-1} \,.\, 1^{1|1} \,.\, \frac{\mu^{(\varpi-1)|-1}}{1^{(\varpi-1)|1}} \,.\, (\mu+1)^{(\varpi-1)|-1} \Big\}$$

$$Q_{2\mu+1}^{(\varpi)} = (-1)^{\varpi-1} \,.\, \Big\{ 1^{\varpi|1} - 1^{(\varpi-1)|1} \,.\, \frac{\mu}{1} \,.\, (\mu+2) + 1^{(\varpi-2)|1} \,.\, \frac{\mu^{2|-1}}{1^{2|1}} \,.\, (\mu+2)^{2|-1}$$
$$- 1^{(\varpi-3)|1} \,.\, \frac{\mu^{3|-1}}{1^{3|1}} \,.\, (\mu+2)^{3|-1} \;\ldots\ldots + (-1)^{\varpi-1} \,.\, 1^{1|1} \,.\, \frac{\mu^{(\varpi-1)|-1}}{1^{(\varpi-1)|1}} \,.\, (\mu+2)^{(\varpi-1)|-1} \Big\}.$$

Et par conséquent, les deux numérateurs $Q_{2\mu}$ et $Q_{2\mu+1}$ appartenant ici aux réductions (516) et correspondant aux deux dénominateurs (536), seront . . . (538)

$$Q_{2\mu} = x - \left(1^{2|1} - 1^{1|1}.\frac{\mu}{1}.(\mu+1)\right).x^2 +$$

$$+ \left(1^{3|1} - 1^{2|1}.\frac{\mu}{1}.(\mu+1) + 1^{1|1}.\frac{\mu^{2|-1}}{1^{2|1}}.(\mu+1)^{2|-1}\right).x^3$$

$$- \left(1^{4|1} - 1^{3|1}.\frac{\mu}{1}.(\mu+1) + 1^{2|1}.\frac{\mu^{2|-1}}{1^{2|1}}.(\mu+1)^{2|-1} - 1^{1|1}.\frac{\mu^{3|-1}}{1^{3|1}}.(\mu+1)^{3|-1}\right).x^4$$

. . . .

$$(-1)^{\mu-1}.\left(1^{\mu|1} - 1^{(\mu-1)|1}.\frac{\mu}{1}.(\mu+1) + 1^{(\mu-2)|1}.\frac{\mu^{2|-1}}{1^{2|1}}.(\mu+1)^{2|-1} \ \ldots\right.$$

$$\left.\ldots\ldots (-1)^{\mu-1}.1^{1|1}.\frac{\mu^{(\mu-1)|-1}}{1^{(\mu-1)|1}}.(\mu+1)^{(\mu-1)|-1}\right).x^{\mu},$$

$$Q_{2\mu+1} = x - \left(1^{2|1} - 1^{1|1}.\frac{\mu}{1}.(\mu+2)\right).x^2$$

$$+ \left(1^{3|1} - 1^{2|1}.\frac{\mu}{1}.(\mu+2) + 1^{1|1}.\frac{\mu^{2|-1}}{1^{2|1}}.(\mu+2)^{2|-1}\right).x^3$$

$$- \left(1^{4|1} - 1^{3|1}.\frac{\mu}{1}.(\mu+2) + 1^{2|1}.\frac{\mu^{2|-1}}{1^{2|1}}.(\mu+2)^{2|-1} - 1^{1|1}.\frac{\mu^{3|-1}}{1^{3|1}}.(\mu+2)^{3|-1}\right).x^4$$

. . . .

$$(-1)^{\mu}.\left(1^{(\mu+1)|1} - 1^{\mu|1}.\frac{\mu}{1}.(\mu+2) + 1^{(\mu-1)|1}.\frac{\mu^{2|-1}}{1^{2|1}}.(\mu+2)^{2|-1} \ \ldots\right.$$

$$\left.\ldots\ldots (-1)^{\mu}.1^{1|1}.\frac{\mu^{\mu|-1}}{1^{\mu|1}}.(\mu+2)^{\mu|-1}\right).x^{\mu+1};$$

Ainsi, dans les expressions générales (536) et (538) se trouve définitivement la solution de la question que nous nous sommes proposée pour exemple, savoir, d'obtenir la génération neutre de la fonction intégrale correspondante à la Série (533)'. En effet, nous aurons, pour cette fonction, la génération neutre déterminée ... (539)

$$\frac{e^{\frac{1}{x}}}{x}.\int e^{-\frac{1}{x}}.dx = 1.x - 1^{2|1}.x^2 + 1^{3|1}.x^3 - 1^{4|1}.x^4 + \text{etc., etc.} =$$
$$= \frac{Q_{2\mu}}{P_{2\mu}} = \frac{Q_{2\mu+1}}{P_{2\mu+1}};$$

et par conséquent ... (539)'

$$\int e^{-\frac{1}{x}}.dx = \text{const.} + \frac{Q_{2\mu}}{P_{2\mu}}.xe^{-\frac{1}{x}}, \quad \text{et}$$
$$\int e^{-\frac{1}{x}}.dx = \text{const.} + \frac{Q_{2\mu+1}}{P_{2\mu+1}}.xe^{-\frac{1}{x}};$$

expressions qui, pour toute valeur de x, seront d'autant plus vraies que le nombre μ de l'indice sera plus grand. De plus, les premières de ces expressions, celles qui répondent à l'indice pair 2μ, seront les véritables progrès de cette génération neutre; et les secondes, celles qui répondent à l'indice impair $(2\mu+1)$, et qui dépassent la vraie valeur, seront les transitions entre ces véritables progrès correspondans à l'indice pair 2μ. — Pour désigner ces progrès consécutifs dans la génération neutre des quantités, dont nous aurons souvent occasion de faire usage, nous dénoterons cette espèce d'égalité imparfaite par les signes ... (540)

≋, et ⁞⁞ ;

le premier ≋ pour les véritables progrès correspondans aux indices pairs 2μ, et le second ⁞⁞ pour leurs transitions correspondantes aux indices impairs $(2\mu+1)$. — Ainsi, dans l'exemple présent, en faisant successivement $\mu = 1$, $\mu = 2$, $\mu = 3$, etc., nous aurons, pour l'intégrale (539)', en y négligeant la constante arbitraire, les progrès de sa génération neutre que voici ... (541)

$$\int e^{-\frac{1}{x}}.dx \approx \frac{x^2}{1+2x}.e^{-\frac{1}{x}},$$

$$\int e^{-\frac{1}{x}}.dx \parallel \frac{x^2+x^3}{1+3x}.e^{-\frac{1}{x}},$$

$$\int e^{-\frac{1}{x}}.dx \approx \frac{x^2+4x^3}{1+6x+6x^2}.e^{-\frac{1}{x}},$$

$$\int e^{-\frac{1}{x}}.dx \parallel \frac{x^2+6x^3+2x^4}{1+8x+12x^2}.e^{-\frac{1}{x}},$$

$$\int e^{-\frac{1}{x}}.dx \approx \frac{x^2+10x^3+18x^4}{1+12x+36x^2+24x^3}.e^{-\frac{1}{x}},$$

$$\int e^{-\frac{1}{x}}.dx \parallel \frac{x^2+13x^3+36x^4+6x^5}{1+15x+60x^2+60x^3}.e^{-\frac{1}{x}},$$

$$\int e^{-\frac{1}{x}}.dx \approx \frac{x^2+18x^3+86x^4+96x^5}{1+20x+120x^2+240x^3+120x^4}.e^{-\frac{1}{x}},$$

$$\int e^{-\frac{1}{x}}.dx \parallel \frac{x^2+22x^3+138x^4+240x^5+24x^6}{1+24x+180x^2+480x^3+360x^4}.e^{-\frac{1}{x}},$$

$$\int e^{-\frac{1}{x}}.dx \approx \frac{x^2+28x^3+246x^4+756x^5+600x^6}{1+30x+300x^2+1200x^3+1800x^4+720x^5}.e^{-\frac{1}{x}},$$

etc., etc.

M. Arson, suivant les formules (536) et (538)', a calculé les deux de ces progrès consécutifs qui correspondent à $\mu = 25$; et il a obtenu les résultats que voici : d'abord, pour le véritable progrès ... (541)'

$$\int e^{-\frac{1}{x}}.dx \approx \frac{Q_{50}^{(1)}.x + Q_{50}^{(2)}.x^2 + Q_{50}^{(3)}.x^3 \;\ldots\ldots + Q_{50}^{(25)}.x^{25}}{P_{50}^{(0)} + P_{50}^{(1)}.x + P_{50}^{(2)}.x^2 \;\ldots\ldots + P_{50}^{(25)}.x^{25}}.xe^{-\frac{1}{x}},$$

les valeurs des coefficiens étant

$$1 = P_{50}^{(0)}$$

$$650 = P_{50}^{(1)}$$

$$195\,000 = P_{50}^{(2)}$$

$$35\,880\,000 = P_{50}^{(3)}$$

$$4\,538\,820\,000 = P_{50}^{(4)}$$

$$419\,386\,968\,000 = P_{50}^{(5)}$$

$$29\,357\,087\,760\,000 = P_{50}^{(6)}$$

$$1\,593\,670\,478\,400\,000 = P_{50}^{(7)}$$

$$68\,129\,412\,951\,600\,000 = P_{50}^{(8)}$$

$$2\,316\,400\,040\,354\,400\,000 = P_{50}^{(9)}$$

$$63\,006\,081\,097\,639\,680\,000 = P_{50}^{(10)}$$

$$1\,374\,678\,133\,039\,411\,200\,000 = P_{50}^{(11)}$$

$$24\,056\,867\,328\,189\,696\,000\,000 = P_{50}^{(12)}$$

$$336\,796\,142\,594\,655\,744\,000\,000 = P_{50}^{(13)}$$

$$3\,752\,871\,303\,197\,592\,576\,000\,000 = P_{50}^{(14)}$$

$$33\,025\,267\,468\,138\,814\,668\,800\,000 = P_{50}^{(15)}$$

$$227\,048\,713\,843\,454\,350\,848\,000\,000 = P_{50}^{(16)}$$

$$1\,202\,022\,602\,700\,640\,680\,960\,000\,000 = P_{50}^{(17)}$$

$$4\,808\,090\,410\,802\,562\,723\,840\,000\,000 = P_{50}^{(18)}$$

$$14\,171\,213\,842\,365\,448\,028\,160\,000\,000 = P_{50}^{(19)}$$

$$29\,759\,549\,068\,967\,440\,859\,136\,000\,000 = P_{50}^{(20)}$$

$$42\,513\,641\,527\,096\,344\,084\,480\,000\,000 = P_{50}^{(21)}$$

$$38\,648\,765\,024\,633\,040\,076\,800\,000\,000 = P_{50}^{(22)}$$

$$20\,164\,573\,056\,330\,281\,779\,200\,000\,000 = P_{50}^{(23)}$$

$$5\,041\,143\,264\,082\,570\,444\,800\,000\,000 = P_{50}^{(24)}$$

$$403\,291\,461\,126\,605\,635\,584\,000\,000 = P_{50}^{(25)},$$

$$1 = Q_{50}^{(1)}$$

$$648 = Q_{50}^{(2)}$$

$$193\,706 = Q_{50}^{(3)}$$

$$35\,493\,876 = Q_{50}^{(4)}$$

$$4\,468\,214\,520 = Q_{50}^{(5)}$$

$$410\,520\,005\,280 = Q_{50}^{(6)}$$

$$28\,544\,708\,561\,040 = Q_{50}^{(7)}$$

$$1\,537\,367\,861\,443\,680 = Q_{50}^{(8)}$$

$$65\,108\,669\,015\,882\,880 = Q_{50}^{(9)}$$

$$2\,189\,045\,898\,906\,163\,200 = Q_{50}^{(10)}$$

$$58\,747\,051\,792\,487\,116\,800 = Q_{50}^{(11)}$$

$$1\,261\,101\,311\,572\,722\,278\,400 = Q_{50}^{(12)}$$

$$21\,637\,114\,608\,902\,020\,300\,800 = Q_{50}^{(13)}$$

$$295\,654\,231\,098\,562\,284\,748\,800 = Q_{50}^{(14)}$$

$$3\,196\,809\,280\,310\,802\,444\,288\,000 = Q_{50}^{(15)}$$

$$27\,091\,948\,131\,164\,243\,238\,912\,000 = Q_{50}^{(16)}$$

$$177\,573\,444\,547\,823\,642\,013\,696\,000 = Q_{50}^{(17)}$$

$$884\,135\,592\,057\,223\,480\,246\,272\,000 = Q_{50}^{(18)}$$

$$3\,263\,967\,519\,301\,227\,009\,503\,232\,000 = Q_{50}^{(19)}$$

$$8\,644\,309\,409\,271\,683\,439\,452\,160\,000 = Q_{50}^{(20)}$$

$$15\,682\,722\,629\,170\,269\,246\,013\,440\,000 = Q_{50}^{(21)}$$

$$18\,217\,303\,578\,165\,999\,435\,448\,320\,000 = Q_{50}^{(22)}$$

$$12\,185\,586\,129\,171\,222\,752\,624\,640\,000 = Q_{50}^{(23)}$$

$$3\,889\,980\,166\,061\,613\,800\,816\,640\,000 = Q_{50}^{(24)}$$

$$387\,780\,251\,083\,274\,649\,600\,000\,000 = Q_{50}^{(25)}\;;$$

et pour la transition ... $(541)''$

$$\int e^{-\frac{1}{x}}.dx \;\wr\!\wr\!\wr\; \frac{Q_{51}^{(1)}.x + Q_{51}^{(2)}.x^2 + Q_{51}^{(3)}.x^3 \;\ldots\ldots\; + Q_{51}^{(26)}.x^{26}}{P_{51}^{(0)} + P_{51}^{(1)}.x + P_{51}^{(2)}.x^2 \;\ldots\ldots\; + P_{51}^{(25)}.x^{25}}.xe^{-\frac{1}{x}},$$

les valeurs des coefficiens étant

$$1 = P_{51}^{(0)}$$

$$675 = P_{51}^{(1)}$$

$$210\,600 = P_{51}^{(2)}$$

$$40\,365\,000 = P_{51}^{(3)}$$

$$5\,328\,180\,000 = P_{51}^{(4)}$$

$$514\,702\,188\,000 = P_{51}^{(5)}$$

$$37\,744\,827\,120\,000 = P_{51}^{(6)}$$

$$2\,151\,455\,145\,840\,000 = P_{51}^{(7)}$$

$$96\,815\,481\,562\,800\,000 = P_{51}^{(8)}$$

$$3\,474\,600\,060\,531\,600\,000 = P_{51}^{(9)}$$

$$100\,068\,481\,743\,310\,080\,000 = P_{51}^{(10)}$$

$$2\,319\,769\,349\,504\,006\,400\,000 = P_{51}^{(11)}$$

$$43\,302\,361\,190\,741\,452\,800\,000 = P_{51}^{(12)}$$

$$649\,535\,417\,861\,121\,792\,000\,000 = P_{51}^{(13)}$$

$$7\,794\,425\,014\,333\,461\,504\,000\,000 = P_{51}^{(14)}$$

$$74\,306\,851\,803\,312\,333\,004\,800\,000 = P_{51}^{(15)}$$

$$557\,301\,388\,524\,842\,497\,536\,000\,000 = P_{51}^{(16)}$$

$$3\,245\,461\,027\,291\,729\,838\,592\,000\,000 = P_{51}^{(17)}$$
$$14\,424\,271\,232\,407\,688\,171\,520\,000\,000 = P_{51}^{(18)}$$
$$47\,827\,846\,717\,983\,387\,095\,040\,000\,000 = P_{51}^{(19)}$$
$$114\,786\,832\,123\,160\,129\,028\,096\,000\,000 = P_{51}^{(20)}$$
$$191\,311\,386\,871\,933\,548\,380\,160\,000\,000 = P_{51}^{(21)}$$
$$208\,703\,331\,133\,018\,416\,414\,720\,000\,000 = P_{51}^{(22)}$$
$$136\,110\,868\,130\,229\,402\,009\,600\,000\,000 = P_{51}^{(23)}$$
$$45\,370\,289\,376\,743\,134\,003\,200\,000\,000 = P_{51}^{(24)}$$
$$5\,444\,434\,725\,209\,176\,080\,384\,000\,000 = P_{51}^{(25)},$$

$$1 = Q_{51}^{(1)}$$
$$673 = Q_{51}^{(2)}$$
$$209\,256 = Q_{51}^{(3)}$$
$$39\,947\,826 = Q_{51}^{(4)}$$
$$5\,248\,697\,520 = Q_{51}^{(5)}$$
$$504\,283\,043\,880 = Q_{51}^{(6)}$$
$$36\,746\,447\,855\,040 = Q_{51}^{(7)}$$
$$2\,078\,930\,523\,937\,680 = Q_{51}^{(8)}$$
$$92\,727\,298\,734\,698\,880 = Q_{51}^{(9)}$$
$$3\,293\,030\,075\,592\,643\,200 = Q_{51}^{(10)}$$
$$93\,652\,723\,682\,325\,964\,800 = Q_{51}^{(11)}$$
$$2\,138\,389\,806\,341\,743\,718\,400 = Q_{51}^{(12)}$$
$$39\,190\,083\,067\,062\,363\,340\,800 = Q_{51}^{(13)}$$
$$574\,804\,403\,292\,577\,967\,308\,800 = Q_{51}^{(14)}$$

$$6\,709\,413\,614\,183\,215\,423\,488\,000 = Q_{51}^{(15)}$$
$$61\,796\,550\,990\,936\,036\,667\,392\,000 = Q_{51}^{(16)}$$
$$443\,784\,298\,892\,768\,296\,759\,296\,000 = Q_{51}^{(17)}$$
$$2\,445\,036\,714\,535\,406\,175\,055\,872\,000 = Q_{51}^{(18)}$$
$$10\,112\,903\,963\,145\,903\,605\,317\,632\,000 = Q_{51}^{(19)}$$
$$30\,491\,051\,438\,871\,583\,075\,676\,160\,000 = Q_{51}^{(20)}$$
$$64\,336\,786\,706\,054\,174\,616\,944\,640\,000 = Q_{51}^{(21)}$$
$$89\,561\,809\,414\,607\,151\,822\,520\,320\,000 = Q_{51}^{(22)}$$
$$75\,083\,372\,180\,965\,038\,947\,696\,640\,000 = Q_{51}^{(23)}$$
$$32\,350\,159\,185\,501\,504\,531\,824\,640\,000 = Q_{51}^{(24)}$$
$$5\,041\,143\,264\,082\,570\,444\,800\,000\,000 = Q_{51}^{(25)}$$
$$15\,511\,210\,043\,330\,985\,984\,000\,000 = Q_{51}^{(26)}\ .$$

En faisant $x = 1$, qui est le cas où cette intégrale $(539)'$, étant multipliée par le nombre philosophique e, donne la Suite hypergéométrique proposée (533), les formules $(541)'$ et $(541)''$ donnent, pour cette intégrale définie, prise depuis $x = 0$, les valeurs respectives ... $(541)'''$

$$\left\{\int e^{-\frac{1}{x}} . dx\right\}_{(x=1)} = (0,4036526129\ \ldots) . \frac{1}{e}\ ,$$
$$\left\{\int e^{-\frac{1}{x}} . dx\right\}_{(x=1)} = (0,4036526648\ \ldots) . \frac{1}{e}\ .$$

Ainsi, les sept décimales qui sont identiques dans le premier facteur de ces deux valeurs, dont l'une doit être plus petite et l'autre plus grande que la véritable, sont exactes. On aura donc déjà, pour la Suite hypergéométrique proposée (533), la valeur ... $(541)^{\text{IV}}$

$$\left\{1 - 2 + 6 - 24 + 120 - 720 + 5040 - \text{etc.}\right\} =$$
$$= 0,40365263\ \ldots .$$

En faisant $x = \frac{1}{2}$, ces mêmes résultats généraux $(541)'$ et $(541)''$ de M. Arson donnent, pour l'intégrale $(539)'$ définie, prise depuis $x = 0$, les valeurs respectives ... $(541)^{\text{v}}$

$$\left\{\int e^{-\frac{1}{x}} . dx\right\}_{\left(x=\frac{1}{2}\right)} = (0,27734276197 \ldots) . \frac{1}{2e^2},$$

$$\left\{\int e^{-\frac{1}{x}} . dx\right\}_{\left(x=\frac{1}{2}\right)} = (0,27734276248 \ldots) . \frac{1}{2e^2};$$

de sorte que, pour ce cas de $x = \frac{1}{2}$, la Série proposée $(533)'$ reçoit la valeur ... $(541)^{\text{vi}}$

$$\left\{1 . \frac{1}{2} - 1^{2|1} . \frac{1}{2^2} + 1^{3|1} . \frac{1}{2^3} - 1^{4|1} . \frac{1}{2^4} + \text{etc., etc.}\right\} =$$
$$= 0,2773427662 \ldots .$$

De plus, ayant ainsi, dans les dénominateurs et dans les numérateurs des formules $(541)'$ et $(541)''$, les valeurs générales des médiateurs P_{50}, P_{51}, et Q_{50}, Q_{51}, on peut maintenant, par les formules (515), en y mettant les valeurs (535) des caphs-numérateurs, c'est-à-dire, par les formules ... $(541)^{\text{vii}}$

$$P_{2\mu} = P_{2\mu-1} + (\mu+1)x . P_{2\mu-2}, \quad \text{et} \quad Q_{2\mu} = Q_{2\mu-1} + (\mu+1)x . Q_{2\mu-2},$$
$$P_{2\mu+1} = P_{2\mu} + \mu x . P_{2\mu-1}, \qquad Q_{2\mu+1} = Q_{2\mu} + \mu x . Q_{2\mu-1},$$

on peut, disons-nous, obtenir des valeurs générales pour les médiateurs suivans P_{52}, P_{53}, et Q_{52}, Q_{53}; et alors, ayant les médiateurs successifs

1°. à indices pairs, P_{50}, P_{52}, et Q_{50}, Q_{52},

2°. à indices impairs, P_{51}, P_{53}, et Q_{51}, Q_{53},

les formules $(518)'$ ou (520), en y substituant également les valeurs générales (535) des caphs-numérateurs, serviront pour calculer les dénominateurs et les numérateurs ultérieurs, séparément à indices pairs pour les véritables progrès, et à indices impairs pour les transitions entre ces véritables progrès de la génération neutre; sans qu'il soit nécessaire de recommencer ce travail, comme nous l'avons observé généralement sous les marques (531) et (531)'. — Enfin, moyennant la formule (523), on pourra poursuivre ce travail, en calculant des portions ultérieures quelconques (522)' de la Fraction continue principale (535)'; et, lorsqu'il ne s'agira que de résultats numériques, on pourra définitivement y appliquer la correction (530)''' et (530)^{IV}. Pour compléter cet exemple, M. Arson a ainsi continué son travail, du moins pour le cas de $x = 1$, qui répond à l'intégrale définie (541)''' et à la Suite hypergéométrique proposée (533). — Voici ses résultats.

En faisant $x = 1$, les formules (541)' et (541)'' donnent respectivement... (542)

$$Q_{50} = 63\,363\,966\,089\,691\,604\,226\,432\,003\,631,$$
$$P_{50} = 156\,976\,479\,403\,800\,014\,958\,377\,703\,651,$$
$$Q_{51} = 309\,950\,680\,571\,221\,314\,979\,941\,446\,756,$$
$$P_{51} = 767\,864\,819\,264\,509\,587\,686\,056\,384\,276;$$

et la formule générale (523), en y faisant $m = 51$, donne... (542)'

$$F(1) = \frac{Q_{51} + Q_{50} . X(52)}{P_{51} + P_{50} . X(52)},$$

la quantité $X(52)$, correspondante à la Fraction continue ultérieure (522)', étant ici... (542)''

$$X(52) = \cfrac{\vartheta_{52}}{1 + \cfrac{\vartheta_{53}}{1 + \cfrac{\vartheta_{54}}{1 + \cfrac{\vartheta_{55}}{1 + \text{etc.}}}}} = \cfrac{27}{1 + \cfrac{26}{1 + \cfrac{28}{1 + \cfrac{27}{1 + \text{etc.}}}}}$$

Désignant par $P(52)_m$ et $Q(52)_m$ les médiateurs correspondans à cette Fraction continue ultérieure (542)'', comme nous l'avons fait pour les expressions (524)', etc., et calculant ces médiateurs jusqu'à l'indice $m = 30$, on trouvera... (542)'''

$$Q(52)_{29} = 424\,064\,061\,204\,518\,791\,408\,095\,,$$
$$P(52)_{29} = 77\,834\,141\,681\,936\,142\,037\,551\,,$$
$$Q(52)_{30} = 2\,597\,179\,476\,612\,286\,505\,056\,095\,,$$
$$P(52)_{30} = 486\,984\,151\,950\,869\,035\,435\,951\,;$$

de sorte qu'on aura ... (542)^{IV}

$$X(52) \mathrel{::::} \frac{Q(52)_{29}}{P(52)_{29}} = 5,448\ \ldots\,, \quad \text{et } (*)$$
$$X(52) \mathrel{::::} \frac{Q(52)_{30}}{P(52)_{30}} = 5,333\ \ldots\,,$$

valeurs dont l'une est plus grande et l'autre plus petite que la véritable. Substituant donc successivement ces deux valeurs dans l'expression (542)$'$, il viendra respectivement ... (542)^{V}

$$F(1) = \left\{\int e^{-\frac{1}{x}}.dx\right\}_{(x=1)} \mathrel{::::} \left(0,403\,652\,637\,544\ \ldots\right).\frac{1}{e}\,,$$
$$F(1) = \left\{\int e^{-\frac{1}{x}}.dx\right\}_{(x=1)} \mathrel{::::} \left(0,403\,652\,637\,820\ \ldots\right).\frac{1}{e}\,;$$

et l'on aura ainsi déjà les dix décimales ... (542)^{VI}

$$0,403\,652\,637\,6\ \ldots$$

pour la valeur de la Suite hypergéométrique (533) ou (541)^{IV}. — Maintenant, la formule (523) donne de nouveau, pour la quantité $X(52)$ ou (542)$''$, l'expression ... (543)

$$X(52) = \frac{Q(52)_{30} + Q(52)_{29}.X(82)}{P(52)_{30} + P(52)_{29}.X(82)}\,,$$

(*) Quand on ne voudra pas distinguer, dans les progrès de la génération neutre, les véritables progrès et leurs transitions, on pourra se servir indistinctement du signe $::::$, comme signe d'une égalité imparfaite, pour dénoter en général ces progrès de génération neutre.

la quantité $X(82)$, correspondante à la Fraction continue ultérieure $(522)'$, étant ici ... $(543)'$

$$X(82) = \cfrac{ق̈_{82}}{1 + \cfrac{ق̈_{83}}{1 + \cfrac{ق̈_{84}}{1 + \cfrac{ق̈_{85}}{1 + \text{etc.}}}}} = \cfrac{42}{1 + \cfrac{41}{1 + \cfrac{43}{1 + \cfrac{42}{1 + \text{etc.}}}}}$$

Et, désignant de nouveau par $P(82)_m$ et $Q(82)_m$ les médiateurs correspondans à cette Fraction continue ultérieure $(543)'$, et calculant ces médiateurs jusqu'à l'indice $m = 40$, on trouvera ... $(543)''$

$$Q(82)_{39} = 98\,291\,983\,878\,839\,457\,696\,633\,424\,829\,384\,700\,,$$
$$P(82)_{39} = 14\,596\,569\,431\,655\,381\,023\,993\,737\,522\,297\,321\,,$$
$$Q(82)_{40} = 740\,770\,203\,123\,889\,781\,675\,408\,910\,139\,064\,700\,,$$
$$P(82)_{40} = 111\,580\,256\,298\,267\,263\,371\,527\,148\,026\,819\,721\,;$$

de sorte qu'on aura ... $(543)'''$

$$X(82) \approx \frac{Q(82)_{39}}{P(82)_{39}} = 6,733\ \ldots, \quad \text{et}$$
$$X(82) \approx \frac{Q(82)_{40}}{P(82)_{40}} = 6,638\ \ldots,$$

valeurs dont l'une est de nouveau plus grande et l'autre plus petite que la véritable. Ainsi, substituant successivement ces deux valeurs dans l'expression (543), il viendra respectivement ... $(543)^{\text{IV}}$

$$X(52) \approx 5,392857\ \ldots, \quad \text{et} \quad X(52) \approx 5,392449\ \ldots;$$

et substituant ensuite celles-ci dans la formule originaire $(542)'$, on obtiendra définitivement ... $(543)^{\text{V}}$

$$F(1) = \left\{\int e^{-\frac{1}{x}}.dx\right\}_{(x=1)} \approx \left(0,403\,652\,637\,676\,34\ \ldots\right).\frac{1}{e}\,,$$

$$F(1) = \left\{\int e^{-\frac{1}{x}}.dx\right\}_{(x=1)} \approx \left(0,403\,652\,637\,677\,32\ \ldots\right).\frac{1}{e}\,;$$

et l'on aura ainsi les treize décimales exactes ... $(543)^{\text{vi}}$

$$0{,}403\,652\,637\,6768\ldots$$

pour la valeur de la Suite hypergéométrique proposée (533). — Enfin, pour appliquer la correction $(530)'''$ et $(530)^{\text{iv}}$, observons que la formule (523) donne, pour la dernière quantité $X(82)$, l'expression ... (544)

$$X(82) = \frac{Q(82)_{40} + Q(82)_{39}.X(122)}{P(82)_{40} + P(82)_{39}.X(122)},$$

la quantité $X(122)$, correspondante à la Fraction continue ultérieure $(522)'$, étant ici ... $(544)'$

$$X(122) = \cfrac{ש_{122}}{1 + \cfrac{ש_{123}}{1 + \cfrac{ש_{124}}{1 + \cfrac{ש_{125}}{1 + \text{etc.}}}}} = \cfrac{62}{1 + \cfrac{61}{1 + \cfrac{63}{1 + \cfrac{62}{1 + \text{etc.}}}}}$$

C'est cette quantité $X(122)$ qu'il faut déterminer approximativement par la correction $(530)'''$ et spécialement par l'équation du second degré $(528)'$, en observant que, pour cette équation du second degré, l'équation approchée $(530)'''$ donne ... (545)

$$\frac{M_3}{M_1} = -\frac{ש_{m+1}}{ש_{m+3}};$$

de sorte que cette équation de correction $(528)'$ est alors définitivement ... $(545)'$

$$0 = ש_{m+3}.(X(m+1))^2 + ש_{m+1}.\left\{1 + (ש_{m+2} - ש_{m+3}).\varphi x\right\}.X(m+1)$$
$$- (ש_{m+1})^2.\varphi x.$$

Et, pour avoir une seconde valeur de $X(m+1)$, afin de pouvoir comparer les résultats identiques, il suffit d'observer que ... $(545)''$

$$X(m+1) = \frac{ש_{m+1}}{1 + X(m+2)},$$

et que, par suite des mêmes principes, la quantité auxiliaire $X(m+2)$ se trouve de nouveau donnée par l'équation pareille du second degré ... (545)'''

$$0 = \text{ق}_{m+4}\cdot\big(X(m+2)\big)^2 + \text{ق}_{m+2}\cdot\Big\{1 + \big(\text{ق}_{m+3} - \text{ق}_{m+4}\big)\cdot\varphi x\Big\}\cdot X(m+2) - \big(\text{ق}_{m+2}\big)^2\cdot\varphi x.$$

Or, dans le cas présent (544)', on a $m = 121$, $\varphi x = 1$, et par conséquent ... (546)

$$0 = \text{ق}_{124}\cdot\big(X(122)\big)^2 + \text{ق}_{122}\cdot\big(1 + \text{ق}_{123} - \text{ق}_{124}\big)\cdot X(122) - \big(\text{ق}_{122}\big)^2,$$

et de plus ... (546)'

$$X(122) = \frac{\text{ق}_{122}}{1 + X(123)}, \quad \text{et}$$

$$0 = \text{ق}_{125}\cdot\big(X(123)\big)^2 + \text{ق}_{123}\cdot\big(1 + \text{ق}_{124} - \text{ق}_{125}\big)\cdot X(123) - \big(\text{ق}_{123}\big)^2.$$

Donc, puisque

$$\text{ق}_{122} = 62, \quad \text{ق}_{123} = 61, \quad \text{ق}_{124} = 63, \quad \text{et} \quad \text{ق}_{125} = 62;$$

l'équation (546) donne immédiatement

$$X(122) = 8,31881\ldots,$$

et les expressions (546)' donnent

$$X(123) = 6,82536\ldots, \quad \text{et} \quad X(122) = 7,92295\ldots$$

Ainsi, ces deux valeurs.... (546)''

$$X(122) \approx 8,31881\ldots, \quad \text{et} \quad X(122) \approx 7,92295\ldots,$$

dont l'une est plus grande et l'autre plus petite que la véritable, offrent la correction demandée pour l'expression finale (544). — Substituant donc ces deux valeurs (546)'' dans cette expression finale (544), il viendra respectivement ... (546)'''

$$X(82) \approx 6,68841\ldots, \quad \text{et} \quad X(82) \approx 6,68725\ldots$$

Substituant ensuite ces deux valeurs $(546)'''$ dans l'expression antérieure (543), il viendra de nouveau respectivement ... $(546)^{\text{IV}}$

$$X(52) = 5,392\,666\,96\ldots, \quad \text{et} \quad X(52) = 5,392\,661\,97\ldots$$

Et, substituant enfin ces deux dernières valeurs $(546)^{\text{IV}}$ dans l'expression originaire $(542)'$, il viendra définitivement ... $(546)^{\text{V}}$

$$\left\{\int e^{-\frac{1}{x}}.dx\right\}_{(x=1)} = \left(0,403\,652\,637\,676\,799\,0\ldots\right).\frac{1}{e},$$

$$\left\{\int e^{-\frac{1}{x}}.dx\right\}_{(x=1)} = \left(0,403\,652\,637\,676\,811\,0\ldots\right).\frac{1}{e};$$

de sorte qu'on aura, pour la Suite hypergéométrique proposée (533), la valeur ... $(546)^{\text{VI}}$

$$\left\{1-2+6-24+120-720+5040-\text{etc., etc.}\right\} = \\ = 0,403\,652\,637\,676\,805\ldots$$

dont les quinze décimales sont exactes, la dernière du moins avec une grande probabilité. — Euler, qui a traité cette même Série hypergéométrique de Wallis $(533)'$, que nous avons prise pour exemple, du moins la Série (504) qui résulte lorsqu'on retranche de l'unité notre Série $(533)'$, a obtenu, pour le cas de $x=1$, la valeur ... $(546)^{\text{VII}}$

$$0,596\,347\,362\,123\ldots$$

(Voyez son Mémoire *De seriebus divergentibus*, dans le tome V des Nouveaux Commentaires de Pétersbourg); laquelle valeur, étant retranchée de l'unité, donne ... $(546)^{\text{VIII}}$

$$0,403\,652\,637\,876\ldots,$$

où l'on voit, par la comparaison avec $(546)^{\text{VI}}$, qu'il n'y a que neuf décimales exactes, quoiqu'on ait prétendu (dans le Sommaire historique du V tome cité de ces Commentaires de Pétersbourg) que toutes les décimales sont exactes (*). Euler a obtenu ce résultat (546)^{vii} par la réduction consécutive (511)^{vi} de sa Fraction continue (504), en y tenant compte d'une correction qui n'est visiblement qu'un corollaire très-particulier de notre correction générale (530)$'''$ et (530)^{iv} ou originairement de notre théorie générale (524), (525), etc. concernant la détermination des valeurs idéales et multiples des Fractions continues.

Enfin, pour éclaircir l'usage de la loi (532)^{vi} que suit la génération numérique absolue des quantités, nous allons l'appliquer aussi à la même quantité (546)^{vi}, en prenant, pour les progrès P et Q de sa génération neutre, les déterminations successives (541), (542), et (546)^{v}. — D'abord, les deux dernières des formules (541), en y faisant $x = 1$, donnent ... (547)

$$\left\{\int e^{-\frac{1}{x}}.dx\right\}_{(x=1)} = \frac{425}{1045}.\frac{1}{e} = \frac{Q_9}{P_9}.\frac{1}{e},$$

$$\left\{\int e^{-\frac{1}{x}}.dx\right\}_{(x=1)} = \frac{1631}{4051}.\frac{1}{e} = \frac{Q_{10}}{P_{10}}.\frac{1}{e}.$$

Substituant ces valeurs des médiateurs P_9, Q_9, et P_{10}, Q_{10} dans la loi (532)^{vi}, et faisant $n = 0$, il viendra ... (547)$'$

$$\supset_0 = \frac{425}{1045}, \quad \text{et} \quad \supset_0 = \frac{1631}{4051}.$$

Et, suivant ce que nous avons dit de l'usage de cette loi (532)^{vi}, si on développe ces deux valeurs (547)$'$ en Fractions continues numérales,

---

(*) Dans les deux éditions (de 1755 et 1787) des *Institut. Calculi differentialis* d'Euler, cette valeur (546)^{viii} se trouve reproduite encore plus inexactement dans le n°. 10 du 1er. Chapitre de la 2de. Partie: on y lit 0,4036524077, et Euler ajoute « *ubi ne ultima quidem nota a vero aberrat* ». Nous croyons devoir prévenir les géomètres de cette erreur, d'autant plus que déjà M. Lacroix l'a copiée dans son *Traité des Différences et des Séries* (édition de 1800, n°. 1047, page 332) où il répète que ce nombre 0,4036524077 est « exact jusqu'au dernier chiffre ».

aussi long-tems qu'elles donneront les mêmes caphs, il viendra ... (547)''

$$\frac{425}{1045} = 0 + \cfrac{1}{2 + \cfrac{1}{2 + \cfrac{1}{5 + \text{etc.}}}}, \qquad \frac{1631}{4051} = 0 + \cfrac{1}{2 + \cfrac{1}{2 + \cfrac{1}{14 + \text{etc.}}}}$$

Donc, on aura déjà, pour la génération numérique absolue (532)' qu'il s'agit ici d'appliquer, les trois premiers caphs, savoir ... (547)'''

$$\beth_0 = 0, \quad \beth_1 = 2, \quad \beth_2 = 2;$$

lesquels donneront, par les formules (532)'', les médiateurs correspondans ... (547)^{IV}

$$\mathfrak{Q}_0 = 0, \quad \mathfrak{Q}_1 = 1, \quad \mathfrak{Q}_2 = 2; \quad \text{et}$$
$$\mathfrak{P}_0 = 1, \quad \mathfrak{P}_1 = 2, \quad \mathfrak{P}_2 = 5.$$

Et alors, la loi (532)^{VI} donnera, pour le caph ultérieur $\beth_3$, les deux valeurs ... (548)

$$\beth_3 = \frac{2 \cdot Q_{2\mu} - 1 \cdot P_{2\mu}}{2 \cdot P_{2\mu} - 5 \cdot Q_{2\mu}}, \quad \text{et}$$
$$\beth_3 = \frac{2 \cdot Q_{2\mu+1} - 1 \cdot P_{2\mu+1}}{2 \cdot P_{2\mu+1} - 5 \cdot Q_{2\mu+1}}.$$

Faisons maintenant $\mu = 25$; et, substituant les valeurs (542) de P_{50}, Q_{50}, et de P_{51}, Q_{51}, ou plutôt leurs valeurs réduites (541)''', savoir ... (548)'

$$\frac{Q_{50}}{P_{50}} = \frac{40365261}{100000000}, \quad \text{et} \quad \frac{Q_{51}}{P_{51}} = \frac{40365266}{100000000},$$

les deux expressions (548) donneront ... (548)''

$$\beth_3 = \frac{19269478}{1826305}, \quad \text{et} \quad \beth_3 = \frac{19269468}{1826330};$$

et développant ces deux quantités, comme sous la marque (547)'', en Fractions continues numérales, aussi long-tems qu'elles donneront les mêmes caphs, il viendra ... (548)'''

$$\supset_3 = 10 + \cfrac{1}{1 + \cfrac{1}{1 + \cfrac{1}{4 + \cfrac{1}{2 + \cfrac{1}{1 + \text{etc.}}}}}}, \quad \text{et}$$

$$\supset_3 = 10 + \cfrac{1}{1 + \cfrac{1}{1 + \cfrac{1}{4 + \cfrac{1}{2 + \cfrac{1}{2 + \text{etc.}}}}}};$$

de sorte qu'on aura, pour la génération numérique absolue $(532)'$ dont il s'agit, les caphs ultérieurs ... $(548)^{\text{IV}}$

$$\supset_3 = 10, \quad \supset_4 = 1, \quad \supset_5 = 1, \quad \supset_6 = 4, \quad \supset_7 = 2;$$

lesquels donneront, par les formules $(532)''$, les médiateurs correspondans ... $(548)^{\text{v}}$

$$\mathfrak{Q}_3 = 21, \quad \mathfrak{Q}_4 = 23, \quad \mathfrak{Q}_5 = 44, \quad \mathfrak{Q}_6 = 199, \quad \mathfrak{Q}_7 = 442,$$
$$\mathfrak{P}_3 = 52, \quad \mathfrak{P}_4 = 57, \quad \mathfrak{P}_5 = 109, \quad \mathfrak{P}_6 = 493, \quad \mathfrak{P}_7 = 1095.$$

Et alors, la loi $(532)^{\text{VI}}$ donnera de nouveau, pour le caph ultérieur $\supset_8$, les deux expressions ... (549)

$$\supset_8 = \frac{493 \cdot Q_{2\mu} - 199 \cdot P_{2\mu}}{442 \cdot P_{2\mu} - 1095 \cdot Q_{2\mu}}, \quad \text{et}$$
$$\supset_8 = \frac{493 \cdot Q_{2\mu+1} - 199 \cdot P_{2\mu+1}}{442 \cdot P_{2\mu+1} - 1095 \cdot Q_{2\mu+1}}.$$

Substituons enfin, à la place de $\frac{Q_{2\mu}}{P_{2\mu}}$ et $\frac{Q_{2\mu+1}}{P_{2\mu+1}}$, les deux dernières déterminations $(546)^{\text{v}}$, savoir ... $(549)'$

$$\frac{Q_{2\mu}}{P_{2\mu}} = \frac{403652637676799}{1000000000000000},$$

$$\frac{Q_{2\mu+1}}{P_{2\mu+1}} = \frac{403652637676811}{1000000000000000},$$

et nous aurons ... (549)''

$$\beth_8 = \frac{750374661907}{361743905095}, \quad \text{et}$$

$$\beth_8 = \frac{750374667823}{361743891955};$$

quantités qui, étant développées en Fractions continues numérales, aussi long-tems qu'elles donneront des caphs identiques, seront ... (549)'''

$$\beth_8 = 2 + \cfrac{1}{13 + \cfrac{1}{2 + \cfrac{1}{4 + \cfrac{1}{1 + \cfrac{1}{33 + \text{etc.}}}}}}, \quad \text{et}$$

$$\beth_8 = 2 + \cfrac{1}{13 + \cfrac{1}{2 + \cfrac{1}{4 + \cfrac{1}{1 + \cfrac{1}{31 + \text{etc.}}}}}};$$

de sorte qu'on aura les caphs ultérieurs ... (549)^{IV}

$$\beth_8 = 2, \quad \beth_9 = 13, \quad \beth_{10} = 2, \quad \beth_{11} = 4, \quad \beth_{12} = 1, \quad \beth_{13} = 32,$$

lesquels donnent, par les formules (532)'', les médiateurs correspondans ... (549)^{V}

$$\mathfrak{Q}_8 = 1083, \quad \mathfrak{Q}_9 = 14521, \quad \mathfrak{Q}_{10} = 30125,$$
$$\mathfrak{Q}_{11} = 135021, \quad \mathfrak{Q}_{12} = 165146, \quad \mathfrak{Q}_{13} = 5419693, \quad \text{et}$$

$$\mathfrak{P}_8 = 2683, \quad \mathfrak{P}_9 = 35974, \quad \mathfrak{P}_{10} = 74631,$$
$$\mathfrak{P}_{11} = 334498, \quad \mathfrak{P}_{12} = 409129, \quad \mathfrak{P}_{13} = 13426626.$$

Ainsi, en réunissant les caphs successifs $(547)'''$, $(548)^{IV}$, et $(549)^{IV}$, on aura, pour la valeur de l'intégrale en question (547), la génération numérique absolue ... (550)

$$e.\left\{\int e^{-\frac{1}{x}}.dx\right\}_{(x=1)}=$$

$$=\cfrac{1}{2+\cfrac{1}{3+\cfrac{1}{10+\cfrac{1}{1+\cfrac{1}{1+\cfrac{1}{4+\cfrac{1}{2+\cfrac{1}{2+\cfrac{1}{13+\cfrac{1}{2+\cfrac{1}{4+\cfrac{1}{1+\cfrac{1}{32+\cfrac{1}{\beth_{14}}}}}}}}}}}}}};$$

le dernier caph, en vertu de la loi $(532)^{VI}$, en y substituant les derniers des médiateurs $(549)^{V}$, étant ... $(550)'$

$$\beth_{14}=\frac{409129.Q_{2\mu}-165146.P_{2\mu}}{5419693.P_{2\mu}-13426626.Q_{2\mu}},\quad \text{et}$$

$$\beth_{14}=\frac{409129.Q_{2\mu+1}-165146.P_{2\mu+1}}{5419693.P_{2\mu+1}-13426626.P_{2\mu+1}};$$

valeurs que, sans recommencer ce travail, on pourra développer ultérieurement, en prenant, pour l'indice μ, des nombres plus grands encore, et en obtenant ainsi, par la génération neutre $(539)'$ ou par ses formules (536) et $(538)'$, des déterminations ultérieures des quantités composantes $P_{2\mu}$, $Q_{2\mu}$ et $P_{2\mu+1}$, $Q_{2\mu+1}$. Et, réunissant également les médiateurs successifs $(547)^{IV}$, $(548)^{V}$, et $(549)^{V}$, qui donnent les réductions consécutives de cette Fraction continue numérale (550), on aura, pour ces réductions et, par conséquent, pour la valeur de la Suite hypergéométrique proposée (533), les progrès absolus ... (551)

$$\frac{0}{1},\ \frac{1}{2},\ \frac{2}{5},\ \frac{21}{52},\ \frac{23}{57},\ \frac{44}{109},\ \frac{199}{493},\ \frac{442}{1095},$$
$$\frac{1083}{2683},\ \frac{14521}{35974},\ \frac{30125}{74631},\ \frac{135021}{334498},\ \frac{165146}{409129},$$
$$\frac{5419693}{13426626},\ \text{etc., etc.}$$

Il est sans doute superflu de faire remarquer qu'on aurait obtenu immédiatement la Fraction continue numérale (550), en mettant sur-le-champ, dans la loi $(532)^{\text{VI}}$, pour $n = 0$, la dernière détermination $(549)'$; et que c'est pour indiquer la continuation successive de ce travail, que nous y avons procédé par les déterminations successives $(547)'$, $(548)''$ et $(549)''$. D'ailleurs, ce procédé successif a même l'avantage de n'entraîner, dans les calculs, que le moins de chiffres nécessaires pour ces déterminations consécutives.

Pour terminer cet exemple de la génération neutre des quantités, confrontons les résultats que nous venons d'obtenir, avec ceux que, par les mêmes procédés, on obtiendrait si, au lieu d'employer la Fraction continue (534) ou $(535)'$, on se servait de celle d'Euler (504) qui, en donnant la génération de $(1 - Fx)$, Fx étant la fonction proposée $(533)'$, correspond à la même fonction intégrale $(534)''$ ou $(539)'$. — Cette Fraction continue (504), mise sous la forme (514) de caphs-numérateurs, est ... (552)

$$(1 - Fx) = \cfrac{1}{1 + \cfrac{x}{1 + \cfrac{x}{1 + \cfrac{2x}{1 + \cfrac{2x}{1 + \cfrac{3x}{1 + \cfrac{3x}{1 + \text{etc.}}}}}}}}\ ;$$

forme sous laquelle proprement Euler l'a obtenue par son procédé de transformation des Séries en Fractions continues. On a donc ... $(552)'$

ق$_0 = 0$, ق$_1 = 1$; et pour tous les caphs suivans,

ق$_{2\mu} = \mu$, ق$_{2\mu+1} = \mu$.

Et, les formules (519), en y substituant ces valeurs, donneront, pour la détermination des dénominateurs dans la génération neutre correspondant ici à (516) ou $(521)'$, les expressions générales ... $(552)''$

$$P^{(\varpi)}_{2\mu+2} = \Sigma\left\{(2\mu+1).P^{(\varpi-1)}_{2\mu} - \mu^2.P^{(\varpi-2)}_{2\mu-2}\right\},$$

$$P^{(\varpi)}_{2\mu+1} = \Sigma\left\{2\mu.P^{(\varpi-1)}_{2\mu-1} - \mu(\mu-1).P^{(\varpi-2)}_{2\mu-3}\right\};$$

et les formules $(519)'''$ et $(519)^{\text{v}}$ donneront pareillement, pour les fonctions initiales $P^{(0)}_\nu$ et $P^{(1)}_\nu$, les valeurs ... $(552)'''$

$$P^{(0)}_{2\mu} = 1, \quad P^{(0)}_{2\mu+1} = 1; \quad \text{et}$$

$$P^{(1)}_{2\mu} = \mu^2, \quad P^{(1)}_{2\mu+1} = \mu(\mu+1).$$

Or, si, dans la première des expressions générales $(535)''$, appartenant à notre Fraction continue $(535)'$, on met $(\mu-1)$ à la place de μ, il vient ... $(552)^{\text{IV}}$

$$P^{(\varpi)}_{2\mu} = \Sigma\left\{2\mu.P^{(\varpi-1)}_{2\mu-2} - \mu(\mu-1).P^{(\varpi-2)}_{2\mu-4}\right\};$$

les valeurs initiales correspondantes $(535)'''$ pour les indices pairs étant ... $(552)^{\text{v}}$

$$P^{(0)}_{2\mu} = 1, \quad \text{et} \quad P^{(1)}_{2\mu} = \mu(\mu+1).$$

Donc, vu l'identité entre ces formules $(552)^{\text{IV}}$ et $(552)^{\text{v}}$, et les secondes des expressions précédentes $(552)''$ et $(552)'''$, on reconnaîtra que l'expression générale de $P_{2\mu}$ que nous avons obtenue, sous la marque (536), pour les dénominateurs à indices pairs, dans les réductions

(516) de la Fraction continue (535)', est identiquement l'expression générale de $P_{2\mu+1}$, pour les dénominateurs à indices impairs, dans les mêmes réductions (516) de la Fraction continue présente (552). Et, quant aux numérateurs, vu leur formation générale (521)'' et (521)''', on reconnaîtra également que, lorsqu'on ramenera les résultats appartenant à la Fraction continue (552), qui donne la valeur de $(1-Fx)$, à la forme de ceux appartenant à la Fraction continue (535)', qui donne la valeur de Fx, les numérateurs se trouveront nécessairement identiques, parce que leurs élémens composans sont identiques. Ainsi, quelque différentes que soient en apparence les deux Fractions continues (535)' et (552), correspondantes à la même fonction Fx, les véritables progrès de la génération neutre, qui résultent respectivement de ces deux Fractions continues, sont identiques; et ces Fractions ne diffèrent qu'en ce que les transitions qui en résultent pareillement pour ces véritables progrès de la génération neutre, sont différentes. — Dans l'exemple que nous venons de traiter, nous avons appliqué nos lois à la Fraction continue (534) ou (535)', parce qu'elle donne directement la fonction intégrale Fx dont il s'agit dans la Série proposée (533)'; et parce que sur-tout, par la comparaison de ses résultats avec ceux de la Fraction continue (552), qu'on obtiendrait avec la même facilité par la loi (509), (509)', ou (514)', nous avons pu, en même tems, donner un exemple de l'identité qui se trouve entre les véritables progrès de la génération neutre, qui résultent respectivement de Fractions continues différentes mais correspondantes à la même fonction, comme nous l'avons reconnu plus haut généralement.

Nous nous bornons ici à ce seul exemple, parce qu'il suffit complètement pour éclaircir les lois que nous avons fixées pour la génération neutre dont il s'agit. — Nous n'ajouterons plus que quelques mots concernant l'histoire de cette génération algorithmique supérieure.

D'abord, pour ce qui concerne l'esprit, l'essence intime ou philosophique de cette génération neutre, nous observerons que les géomètres n'en ont pas encore l'idée. — Il est vrai qu'ayant obtenu, par différens procédés, les développemens de quelques fonctions en Fractions continues, qu'on obtiendra actuellement avec la plus grande facilité par les véritables lois (508), (509) et (509)' ou (514)' de cette génération technique spéciale, les géomètres, en réduisant ces Fractions continues en des fractions ordinaires, sont déjà arrivés à des résultats ayant la forme de la génération neutre en question; mais ces résultats, que nous reconnaissons aujourd'hui être le véritable objet de cette génération algorithmique, n'avaient, aux yeux des géomètres, qu'une importance secondaire. Ainsi par exemple, Lagrange, en reproduisant après Lambert, dans les Mémoires de Berlin pour l'année 1776, la Fraction continue du binome $(1+x)^m$, réduit ses termes successifs en fractions ordinaires, et n'accuse nullement l'importance principale de ces derniers résultats; importance qu'il attache manifestement tout entière à la Fraction continue elle-même. Aussi Lacroix, en reproduisant à son tour cette Fraction continue et d'autres pareilles, dans le deuxième tome de son *Traité du Calcul différentiel etc.*, se méprend-il entièrement sur le véritable point de la question, comme le prouve la Note qu'il y a jointe (page 431 de l'édition de 1814), où il dit: « On peut changer de plusieurs manières la forme « de ces fractions continues, et les réduire, SI L'ON VEUT (*), en fractions ordinaires ». — Mais, ce qui donne une preuve irrécusable de

(*) Cette indifférence est d'autant plus décisive que, bien avant Lagrange, d'autres géomètres ont constamment opéré de pareilles réductions en fractions ordinaires, et que même Lambert a déjà obtenu, dans son beau Mémoire *Sur quelques propriétés des quantités transcendentes etc.* (Mémoires de Berlin, A. 1761), l'expression générale (§. 24) des réductions pareilles de sa Fraction continue (§. 7) donnant la tangente moyennant l'arc.

ce que les géomètres n'ont pas encore l'idée philosophique ou même une idée suffisante de la génération neutre, c'est le travail de Trembley, intitulé *Recherches sur les Fractions continues* et inséré parmi les Mémoires de Berlin, pour les années 1794 et 1795, où ce géomètre, à son insu, se sert clairement de la génération neutre, considérée comme moyen, pour arriver aux Fractions continues, considérées comme but. Aussi, comme on le conçoit actuellement, ce pervertissement des idées met ce géomètre dans l'impossibilité absolue de démontrer AUCUN de ses résultats (*) : il n'arrive ainsi à des lois connues que par le moyen logique insuffisant de l'induction; et il ne saurait absolument y arriver avec une certitude supérieure, parce que, pour la déduction rigoureuse de ces divers résultats, il faut, comme nous le savons actuellement, suivre la voie tout opposée, laquelle conduit 1°. à la génération technique inférieure (508) qui donne les élémens, 2°. à la génération technique supérieure (507) opérée par la loi (509) et (509)', qui est proprement le moyen, et enfin 3°. à l'intégration (515)', (519) et (521)' qui est définitivement le véritable but de cette génération algorithmique.

Ensuite, pour ce qui concerne l'algorithme technique des Fractions continues, qui, comme nous venons de le dire, est le moyen propre de cette génération neutre dont il s'agit, nous avons déjà remarqué

(*) Nous parlons ici proprement de la seconde moitié de ce Mémoire de M. Trembley, laquelle commence avec le §. 27 inclusivement (page 125). — La première moitié, qui présente l'évaluation de quelques Fractions continues traitées par Euler dans ses *Opuscula analytica* (T. I. p. 85—120), repose sur des principes tout-à-fait contraires, parce que cette évaluation s'y trouve opérée précisément par la réduction des Fractions continues en fractions ordinaires, c'est-à-dire, par la génération neutre. Et, cette contradiction dans les principes, ou du moins cette non-fixité dans les principes, confirme encore la preuve que nous tirons ici de la seconde moitié susdite de ce Mémoire de M. Trembley.

plus haut que les deux propriétés constituantes de cet algorithme, savoir, son universalité et sa nature distinctive, ne sont pas connues des géomètres. — Nous allons le prouver. — En premier lieu, l'universalité absolue de ce second algorithme technique, pareille à celle de l'algorithme des Séries, est inconnue aux géomètres, parce qu'au lieu de ramener à cet algorithme supérieur, aux Fractions continues, toutes leurs déterminations numériques des quantités, soit pour l'évaluation des fonctions et de leurs intégrales, soit pour la résolution des équations et pour leur intégration, comme cela devrait se faire, ils s'en tiennent partout à l'usage presque exclusif des Séries, lesquelles forment encore le seul algorithme technique dont ils connaissent l'universalité. Bien plus, là où les Séries sont insuffisantes ou du moins peu commodes, à cause de leur divergence, et où les Fractions continues donneraient avec facilité les résultats demandés, les géomètres, au lieu d'essayer au moins cet algorithme supérieur, ne cessent de tourner et retourner l'usage des Séries, qu'ils croient éviter et qu'ils ne font que masquer par des considérations accessoires. Un exemple très-récent suffira pour document de cette preuve : c'est la méthode dont nous avons déjà parlé plus haut, que M. Kramp a proposée, dans les *Annales de Mathématiques* (n^{os}. d'Avril et de Juin de 1816), pour l'évaluation des intégrales des fonctions. En donnant les lois $(471)^{VI}$ et $(472)^{VI}$ pour ce procédé étrange (*), nous en avons indiqué l'esprit,

---

(*) M. Arson a appliqué la loi $(472)^{VI}$ au calcul de l'intégrale $(539)'$ ou $(541)'''$; et, prenant successivement quinze et dix-sept données $y^{(0)}$, $y^{(1)}$, $y^{(2)}$, etc., ce qui est déjà un long travail, il n'a pu obtenir que trois ou quatre décimales. — Voici ses résultats.

D'abord, pour quinze données $y^{(0)}$, $y^{(1)}$, $y^{(2)}$, etc., c'est-à-dire, pour $m=7$, la loi $(472)^{VI}$ donne ... (A)

$$\begin{aligned} 2\,501\,928\,000 . \int (y . dx) = & \quad 631\,693\,279 . (y^{(0)} + y^{(14)}) . a \\ + & \quad 4\,976\,908\,048 . (y^{(1)} + y^{(13)}) . a \end{aligned}$$

consistant dans un cas singulier de la méthode d'exhaustion algorithmique, et par conséquent (Voyez (410) et suite) dans l'usage le plus élémentaire ou, pour ainsi dire, le plus grossier de l'algorithme des Séries. Nous ne parlons pas de l'accueil pompeux qu'on a fait à cette méthode, mais nous insistons sur les prétentions de M. Kramp lui-même qui, en terminant son premier Mémoire (N°. d'Avril, page 302), dit expressément « Toute fonction intégrale ... doit donc être com- « prise DÉSORMAIS dans la classe des quantités entièrement connues ».

$$
\begin{aligned}
&- \; 5\,395\,044\,599 . (y^{(2)} + y^{(12)}) . a \\
&+ \; 24\,510\,099\,488 . (y^{(3)} + y^{(11)}) . a \\
&- \; 46\,375\,653\,541 . (y^{(4)} + y^{(10)}) . a \\
&+ \; 88\,410\,851\,312 . (y^{(5)} + y^{(9)}) . a \\
&- \; 117\,615\,892\,611 . (y^{(6)} + y^{(8)}) . a \\
&+ \; 136\,741\,069\,248 . (y^{(7)}) . a .
\end{aligned}
$$

Ensuite, pour dix-sept données $y^{(0)}$, $y^{(1)}$, $y^{(2)}$, etc., c'est-à-dire, pour $m = 8$, cette même loi $(472)^{VI}$ donne ... (B)

$$
\begin{aligned}
488\,462\,349\,375 . \int (y . dx) = &\quad 120\,348\,894\,184 . (y^{(0)} + y^{(16)}) . a \\
&+ \; 1\,021\,012\,852\,736 . (y^{(1)} + y^{(15)}) . a \\
&- \; 1\,437\,849\,077\,760 . (y^{(2)} + y^{(14)}) . a \\
&+ \; 6\,657\,694\,842\,880 . (y^{(3)} + y^{(13)}) . a \\
&- \; 15\,435\,988\,860\,160 . (y^{(4)} + y^{(12)}) . a \\
&+ \; 33\,420\,711\,149\,568 . (y^{(5)} + y^{(11)}) . a \\
&- \; 54\,452\,275\,263\,488 . (y^{(6)} + y^{(10)}) . a \\
&+ \; 74\,951\,000\,145\,920 . (y^{(7)} + y^{(9)}) . a \\
&- \; 81\,873\,911\,777\,760 . (y^{(8)}) . a .
\end{aligned}
$$

Or, pour le cas où $y = e^{-\frac{1}{x}}$, et où l'on veut avoir la valeur de l'intégrale depuis

— En second lieu, pour la nature distinctive de l'algorithme technique supérieur dont il s'agit, il suffira, pour prouver qu'elle était également inconnue aux géomètres, d'alléguer la confusion qui, dans leurs idées, règne encore entre les Fractions continues de l'espèce (501)' qui sont de pures transformations des Séries, et les Fractions continues de l'espèce (502)' ou (504) qui ne sont point identiques avec les Séries et qui constituent proprement ce second algorithme technique. C'est Euler qui a opéré ces pures transformations (501)' des Séries en Fractions continues, déjà dans son Introduction infinitésimale, comme nous l'avons dit plus haut, et ensuite dans le deuxième tome de ses Opus-

---

$x = 0$ jusqu'à $x = 1$, on a respectivement :

$$\text{Pour (A)}, \quad a = \frac{1}{14}, \quad \text{et}$$

$$y^{(0)} = e^{-\frac{14}{0}}, \quad y^{(1)} = e^{-\frac{14}{1}}, \quad y^{(2)} = e^{-\frac{14}{2}}, \quad y^{(3)} = e^{-\frac{14}{3}}, \quad \ldots \quad y^{(14)} = e^{-\frac{14}{14}};$$

$$\text{Et, pour (B)}, \quad a = \frac{1}{16}, \quad \text{et}$$

$$y^{(0)} = e^{-\frac{16}{0}}, \quad y^{(1)} = e^{-\frac{16}{1}}, \quad y^{(2)} = e^{-\frac{16}{2}}, \quad y^{(3)} = e^{-\frac{16}{3}}, \quad \ldots \quad y^{(16)} = e^{-\frac{16}{16}}.$$

Et, avec ces quantités, M. Arson obtient, par ses formules (A) et (B), les valeurs respectives

$$\int e^{-\frac{1}{x}}.dx = (0,40357966829\ \ldots).\frac{1}{e},$$

$$\int e^{-\frac{1}{x}}.dx = (0,40366371 58\ \ldots\ldots).\frac{1}{e};$$

où l'on voit qu'on peut à peine compter sur trois ou quatre décimales. — Cette grande imperfection de ce procédé provient de ce qu'on y néglige la considération des différentielles de la fonction proposée; et c'est en cela que ce procédé est vraiment ÉTRANGE. On ne doit s'en servir que lorsqu'on n'a pas la fonction elle-même y, et qu'on a seulement ses valeurs successives $y^{(0)}$, $y^{(1)}$, $y^{(2)}$, $y^{(3)}$, etc.

culés analytiques où il attache une grande importance à cette insignifiante transformation, comme on le voit, dans le titre même de cette dissertation, par les mots « *ubi simul hæc Theoria non mediocriter* « *amplificatur* ». Et cependant, c'est le même géomètre qui a obtenu le premier de véritables Fractions continues distinctives des Séries, de l'espèce (504). Mais, ce qui prouve irréfragablement cette confusion des idées des géomètres à l'égard des Fractions continues, c'est le travail long et soutenu d'Euler sur l'insignifiante Fraction de Brouncker (501)^{IV}, et sur-tout son irrésolution à l'égard de cette Fraction continue lors même qu'il parvint enfin à reconnaître qu'elle n'était qu'une transformation de la Série leibnitzienne ou grégorienne (501)^{V} (Voyez *Appendix, de fractione continua Brouncheriana*, dans le Mémoire d'Euler *De transformatione seriei divergentis etc.*, inséré parmi ceux de Pétersbourg, pour l'année 1784). Cette confusion est enfin prouvée avec évidence par le même Euler lorsque, dans son Mémoire intitulé *Speculationes super form. integr. etc.; ubi simul egregiæ observationes circa fractiones continuas occurrunt* (Mém. de Pétersbourg, A. 1782, 2e partie), ayant obtenu une véritable Fraction continue de l'espèce (504), donnant la circonférence du cercle, il la compare avec celle de Brouncker et distingue expressément sa plus grande convergence, sans rien dire ou plutôt sans se douter de la raison de cette convergence supérieure.

Ce sont là ces deux points, concernant d'abord l'essence de la génération neutre et ensuite son moyen dans les Fractions continues, qui, joints à celui concernant le développement auxiliaire (508), constituent les vrais points fondamentaux auxquels se réduit définitivement la question de cette génération algorithmique spéciale, telle qu'elle résulte aujourd'hui de la doctrine philosophique précédente. Et, de cette manière, ce que nous venons de dire sur l'histoire des deux premiers de ces trois points fondamentaux, joint à ce que nous avons dit plus haut (Tabl. architect. (226)) sur l'histoire du troisième de ces points, suffit complètement pour l'établissement définitif de cette doctrine. — Cependant, nous trouvant ici engagés dans ces déductions historiques, nous allons fixer rapidement encore quelques points accessoires, concernant les progrès préparatoires de cette doctrine dans les Fractions continues où elle était concentrée jusqu'à ce jour. — Les voici.

I. L'esprit ou l'usage implicite des Fractions continues remonte à la plus haute antiquité, aussi loin que remonte l'idée des quantités incommensurables. Ainsi, par exemple, la détermination continue du rapport entre la diagonale et le côté du quarré, est manifestement fondée sur l'esprit des Fractions continues. Nous pourrions également alléguer plusieurs exemples algorithmiques : nous nous bornerons ici à celui que fournit la 2ᵉ proposition du 7ᵉ livre d'Euclide.

II. L'usage explicite des Fractions continues commence avec les modernes, et notoirement avec Brouncker, Huyghens (*) et Wallis. — Mais, cet usage explicite se réduisait alors principalement à des considérations particulières ou arithmétiques.

III. L'usage général ou algébrique des Fractions continues commence proprement avec Euler et Lambert. — Le premier de ces géomètres y arrive par deux procédés : l'un indirect, moyennant la sommation de certaines Fractions continues, depuis son Mémoire *De fractionibus continuis* (*Commentar. Acad. Petropolitanæ*; T. IX); l'autre direct, par la transformation ou plutôt par la réduction des Séries en Fractions continues, depuis son Mémoire *De Seriebus divergentibus*

(*) Dans son ouvrage posthume *Descriptio Automati Planetarii*, Huyghens, après avoir réduit à $\frac{7}{206}$ le rapport des révolutions de la Terre et de Saturne, par le moyen ordinaire de la division alternative et continue, dit expressément « *nihil aliud est divisio nostra continua quam substractio illa Euclidea* (P. 1. L. 7) ».

(*Novi Commentar. Acad. Petropolitanæ;* T. V). Le second de ces géomètres, Lambert, arrive au même algorithme général par le procédé des anciens de la division consécutive opérée sur les restes des divisions antérieures, dans ses *Beytraege z. Mathem. und Geomet.* et dans son Mémoire *Sur quelques propriétés des quantités transcendentes*, etc. (Mémoires de Berlin, A. 1761).

IV. Parmi ces trois procédés, le second d'Euler, savoir, le direct, a le plus approché de notre loi fondamentale (509) et (509)' ou (514)' de cet algorithme technique. Et, nous devons ici rendre justice au génie de ce géomètre, qui lui a fait pressentir toute l'importance de ce procédé. En effet, reproduisant ce même procédé direct dans son Mémoire *De transformatione seriei divergentis etc.*, cité plus haut (*Nova Acta Acad. Petropolitanæ;* T. II), il dit expressément : « *Hæc* « *transformatio eo magis est notatu digna, quod tutissimam ac for-* « *tasse unicam nobis viam aperit, valorem seriei divergentis vero* « *proxime saltem determinandi* ».

V. Depuis Euler et Lambert, les géomètres n'ont fait que reproduire les procédés respectifs des deux premiers. — Ainsi, par exemple, Lagrange qui s'est beaucoup occupé de Fractions continues (*), n'a fait que reproduire les procédés d'Euler et de Lambert. Dans son Mémoire *Sur la résolution des équations numériques* (Mémoires de Berlin, A. 1767), la méthode qui fait l'objet du 3e §. et que Lagrange qualifie du nom de *nouvelle*, n'est rien autre qu'une application aux équations du procédé direct d'Euler. Dans le Mémoire *Sur l'usage des fractions continues dans le Calcul intégral* (Mémoires de Berlin, A. 1776), Lagrange reproduit encore le même procédé direct d'Euler; et ce qu'il y met d'amplification, n'est qu'un pur tâtonnement. Enfin, dans son

(*) Ce géomètre a fini par en retordre et pervertir le sens (Voyez le cinquième Cahier du *Journal de l'Ecole polytechnique*, pages 111—114).

Mémoire intitulé *Recherches sur la manière de former des tables des planètes, etc.* (Mémoires de Paris, A. 1772, 1ère partie), Lagrange, pour arriver à sa *fraction génératrice*, transforme la Série proposée en Fraction continue, suivant l'esprit du procédé de Lambert.

VI. Quant aux résultats obtenus par cet usage général ou algébrique des Fractions continues, ce sont encore Euler et Lambert qui sont arrivés aux principaux de ces résultats. — Mais, il faut ici distinguer ceux qui dépendent des Fractions continues générales (505) de ceux qui dépendent particulièrement des Fractions continues numérales (532).

VII. Parmi les résultats généraux (505), il faut remarquer les exponentielles, le binome, les transcendentes logarithmiques et circulaires, les intégrales principales, et même l'intégration des équations différentielles et spécialement de celles qui reviennent à l'équation de Riccati. Tous ces résultats appartiennent à Euler et à Lambert (Voyez *Commentar. Acad. Petropol.*, T. IX et XI; *Novi Commentar.*, T. V; *Acta Acad. Petrop.*, A. 1779, pars 1, et A. 1782, pars 2; *Nova Acta*, T. II; *Opuscula analytica*; etc.; *Lambert's Beytraege etc.*; Mémoires de Berlin, A. 1761, etc.). Depuis, on n'a fait que reproduire ces résultats; et c'est ici l'apropos de citer, pour exemple, la belle Fraction continue qui donne l'intégrale $\int e^{-tt}.dt$ ou $\int \frac{e^{-\frac{1}{2xx}}}{xx}.dx$, obtenue par Euler dans son Mémoire *De seriebus divergentibus* cité plus haut (*Novi Commentar. Acad. Petrop.*, T. V. p. 236), et que M. le comte Laplace reproduit dans son *Traité de Mécanique céleste* (Tome IV, Livre X, page 255) sans rien dire de son prédécesseur (*).

(*) Il faut remarquer que cette Fraction continue reproduite par M. Laplace après Euler, est le point principal de toute la partie algorithmique du travail de M. le comte sur les *Réfractions astronomiques*, dans l'hypothèse physique adoptée par ce géomètre

VIII. Parmi les résultats particuliers dépendans des Fractions continues numérales, il faut remarquer sur-tout les Fractions continues périodiques qui donnent la génération numérique absolue des racines quarrées et, par une simple conséquence, les racines des équations du second degré. C'est encore à Euler que nous devons ces beaux résultats dont les principes furent posés dans son Mémoire *De usu novi algorithmi in solvendo problemate Pelliano* (*Novi Comment. Acad. Petrop.* T. XI.). — Il est extrêmement remarquable que Lagrange, ayant connu ces principes d'Euler et ayant ainsi résolu les équations du second degré (Mémoires de Berlin, A. 1768), s'attribue ce travail et, dans son Mémoire de l'Académie de Berlin (n° 43), comme dans son *Traité de la résolution des équations numériques* (§. 59), dit clairement, en substance, qu'on n'a rien fait à cet égard avant lui. Il nous semble que lorsqu'on savait déjà que toute Fraction continue périodique peut être ramenée à une équation du second degré, comme Lagrange en convient lui-même, et lorsqu'on savait de plus que la racine quarrée d'un nombre entier se réduit toujours en une telle Fraction continue périodique, comme il en convient également, le

---

(Voyez pages 262 et 263 de l'ouvrage cité). Il faut aussi remarquer que c'est uniquement par le moyen de cette hypothèse gratuite et très-insuffisante que M. Laplace résout cette grande et difficile question; de sorte que, si l'on observe de plus que même l'équation différentielle de ce problème n'appartient pas à ce géomètre, mais bien à Euler et à Kramp (Voyez le Mémoire d'Euler *Sur la réfraction de la lumière en passant par l'atmosphère, etc.*, parmi ceux de Berlin, de l'année 1754; et l'ouvrage de Kramp intitulé *Analyse des réfractions astronomiques et terrestres*, An VII), on verra avec surprise que, dans ce travail tant vanté, M. le comte Laplace n'a obtenu aucun, absolument aucun résultat nouveau et permanent. — Nous donnerons bientôt la solution rigoureuse de cette question, en laissant, dans toute sa généralité, la fonction de la loi que suit la densité des couches atmosphériques, c'est-à-dire, sans introduire aucune hypothèse physique.

reste, c'est-à-dire, la réduction pareille des racines des équations du second degré, était une conséquence tellement directe et simple que, pour ménager sa gloire, le géomètre qui aurait tiré cette conséquence, n'aurait pas dû seulement en faire mention. Autrement, nous ne voyons pas pourquoi M. Ivory, qui a aussi donné une *Rule for reducing a square root to a continued fraction* (*Transact. of the Soc. of Edinburgh*, Vol. V. P. 3), ne pourrait, avec le même droit (*), revendiquer à lui seul tous ces résultats. — Quant à la démonstration des principes de cette question, quiconque aura médité, dans le Mémoire d'Euler que nous venons de citer, les mots « *Nullus numerorum* A, B, « C, D, etc. *ipso* v *major prodire potest* » et ensuite ceux-ci « *Cum* « *fuerit perventum ad indicem* = 2v, *sequentes iterum prodeunt* a,

(*) Ce droit de M. Ivory serait d'autant plus fondé qu'on voudrait croire que sa règle est préférable. En effet, l'exposé historique de cette règle de M. Ivory se trouve terminé par ces mots « This rule is the more worthy of notice, that it proceeds by « certain definite arithmetical operations; wheras the method of M. de Lagrange « determines the numbers μ, μ', μ'', etc. (כ_0, כ_1, כ_2, etc.) by appreciating the « value of certain expressions to the nearest unit, or by a process that is in some « measure tentative, and therefore not strictly analytical ».

Mais, c'est à tort qu'on donnerait cette supériorité au procédé de M. Ivory sur la méthode de M. Lagrange, en considérant cette dernière comme une espèce de tâtonnement. Ces deux règles conduisent l'une et l'autre aux nombres כ_0, כ_1, כ_2, etc. par l'opération arithmétique de la division; et, à cet égard, elles ne diffèrent qu'en ce que, dans l'une (celle de Lagrange), on néglige les restes de ces divisions arithmétiques, et que, dans l'autre (celle d'Ivory), on se sert de ces restes pour la formation des nombres ultérieurs. — D'ailleurs, cette méthode de M. Ivory n'est aussi qu'un développement de la méthode d'Euler exposée dans le Mémoire cité (§§. 9—17), ou plutôt une combinaison de cette première méthode d'Euler avec celle qu'il a donnée postérieurement dans son Mémoire *De resolutione irrationalium per fractiones continuas*, etc. (*Novi Comment. Acad. Petrop.* T. XVIII), où il se sert précisément de ces restes des divisions arithmétiques.

b, c, etc. », comprendra qu'ils contiennent, non seulement le sens complet de cette démonstration, mais de plus les principes dont se sert Lagrange.

Ce géomètre, Lagrange, prétend même (à l'endroit cité de son *Traité de la résolut. des équat. numér.*) que le théorème d'Euler, c'est-à-dire, la transformation de la racine quarrée de tout nombre en Fraction continue périodique, « ne peut être démontré que par le « moyen des principes qu'il a établis ». C'est une présomption qui ne peut être excusée que par l'ignorance philosophique de ce grand géomètre (*); car, pour peu qu'il eût pénétré dans l'esprit philosophique de sa science, il aurait reconnu ou du moins pressenti qu'il n'existe aucune proposition des Mathématiques qui ne puisse être démontrée par DIFFÉRENS principes : telle est, en effet, la fécondité ou la variété

(*) C'est une rareté finale dans ce Monde, que la rencontre, dans un même individu, de l'esprit mathématique (faculté de l'intuition à priori) et de l'esprit philosophique (faculté de la conception à priori), dont la réunion constitue proprement le génie mathématique. — En étudiant anthropologiquement l'histoire des progrès des Mathématiques, on se trouve, par l'apparente difficulté de la réunion de ces deux facultés, presque entraîné dans la conclusion erronée qu'elles s'excluent mutuellement; et personne mieux que Lagrange ne saurait induire dans cette erreur. On ne peut, en effet, lui contester un esprit mathématique très-supérieur; et cependant, partout où il a voulu toucher aux principes de sa science, il a non seulement échoué dans ses efforts, mais de plus il a perverti le vrai sens de ces principes. Nous en avons déjà montré un exemple frappant dans son étrange production de la *Théorie des fonctions analytiques*, qui n'était destinée à rien moins qu'à extirper chez les géomètres l'idée de l'infini, ce principe fondamental de toute leur science. — Veut-on un autre exemple également frappant dans les Mathématiques appliquées? Qu'on lise, dans cette même *Théorie* (au commencement de son application à la mécanique), ces mots remarquables « Ainsi on peut regarder la mécanique comme une géométrie à quatre « dimensions », le tems étant sa quatrième dimension; et l'on saura quelle était l'idée philosophique que Lagrange avait de la Mécanique.

de la certitude intuitive qui accompagne les vérités mathématiques. Les prétendus principes de Lagrange, qui, comme nous venons de le dire, ne sont ici qu'un développement des principes d'Euler, non seulement ne sont pas uniques pour pouvoir déduire le théorème dont il s'agit, mais ils n'ont même pas l'avantage d'être les principes absolus de ce théorème; car, malgré la variété de principes que nous venons de signaler pour les vérités mathématiques, il existe cependant, pour chaque proposition, certains principes absolus qui établissent l'essence philosophique de cette proposition. — Voici la preuve de ce que nous venons d'avancer.

Prenant la loi (532)^{IV} de la génération numérique absolue (532)$'$ de toute fonction algorithmique Fx, et appliquant cette loi à la fonction spéciale $\sqrt{x}$ ou à la racine quarrée du nombre x, nous aurons ... (553)

$$\mathfrak{Z}_n = \frac{\mathfrak{P}_{n-2}.\sqrt{x} - \mathfrak{Q}_{n-2}}{\mathfrak{Q}_{n-1} - \mathfrak{P}_{n-1}.\sqrt{x}}.$$

Multiplions le numérateur et le dénominateur de cette fraction par $(\mathfrak{Q}_{n-1} + \mathfrak{P}_{n-1}.\sqrt{x})$, il viendra ... (553)$'$

$$\mathfrak{Z}_n = \frac{x.\mathfrak{P}_{n-1}.\mathfrak{P}_{n-2} - \mathfrak{Q}_{n-1}.\mathfrak{Q}_{n-2} + (\mathfrak{Q}_{n-1}.\mathfrak{P}_{n-2} - \mathfrak{Q}_{n-2}.\mathfrak{P}_{n-1}).\sqrt{x}}{(\mathfrak{Q}_{n-1})^2 - (\mathfrak{P}_{n-1})^2.x};$$

et puisque, en vertu de (511)^{IV}, on a ici ... (553)$''$

$$(\mathfrak{Q}_{n-1}.\mathfrak{P}_{n-2} - \mathfrak{Q}_{n-2}.\mathfrak{P}_{n-1}) = (-1)^{n-2} = (-1)^n,$$

on aura ... (553)$'''$

$$\mathfrak{Z}_n = \frac{x.\mathfrak{P}_{n-1}.\mathfrak{P}_{n-2} - \mathfrak{Q}_{n-1}.\mathfrak{Q}_{n-2} + (-1)^n.\sqrt{x}}{(\mathfrak{Q}_{n-1})^2 - (\mathfrak{P}_{n-1})^2.x}.$$

Or, par suite des réductions (511)^{VI}, on a aussi ... (553)^{IV}

$$\frac{\mathfrak{Q}_{n-2}}{\mathfrak{P}_{n-2}} = \sqrt{x}, \quad \frac{\mathfrak{Q}_{n-1}}{\mathfrak{P}_{n-1}} = \sqrt{x}, \quad \text{etc.};$$

et ces relations seront d'autant plus vraies que l'indice n sera plus grand, et elles seront rigoureusement vraies lorsque cet indice n sera infini. Donc, puisque ces relations (553)^{IV} donnent ... (553)^{V}

$$\mathfrak{Q}_{n-1} = \mathfrak{P}_{n-1} . \sqrt{x} \,, \quad \mathfrak{Q}_{n-2} = \mathfrak{P}_{n-2} . \sqrt{x} \,; \quad \text{et}$$
$$(\mathfrak{Q}_{n-1})^2 - (\mathfrak{P}_{n-1})^2 . x = 0 \,,$$
$$\mathfrak{Q}_{n-1} . \mathfrak{Q}_{n-2} - x . \mathfrak{P}_{n-1} . \mathfrak{P}_{n-2} = 0 \,;$$

les quantités ... (553)^{VI}

$$(\mathfrak{Q}_{n-1})^2 - (\mathfrak{P}_{n-1})^2 . x = a \,, \quad \text{et}$$
$$\mathfrak{Q}_{n-1} . \mathfrak{Q}_{n-2} - x . \mathfrak{P}_{n-1} . \mathfrak{P}_{n-2} = b \,,$$

seront toujours des nombres entiers finis; c'est-à-dire que, dans toute la suite des indices n, ces nombres a et b ne pourront passer des limites finies A et B. On aura donc toujours ... (553)^{VII}

$$\text{כ}_n = \frac{-b + (-1)^n . \sqrt{x}}{a} \,;$$

les nombres entiers a et b ne pouvant jamais passer des limites finies A et B. Donc, tout au plus après toutes les combinaisons des nombres entiers a et b compris par les limites A et B, l'expression (553)^{VII} de כ_n deviendra nécessairement la même qu'elle l'a déjà été auparavant. Donc alors, la valeur rigoureuse de כ_n deviendra la même que celle d'un caph précédent, et le développement ultérieur de ce כ_n sera nécessairement le même que celui du caph identique précédent; c'est-à-dire que la Fraction continue (532)$'$ sera périodique. — Voilà, ce nous semble à notre tour, sinon des principes uniques pour déduire le théorème concernant la transformation en Fraction continue périodique de la racine quarrée de tout nombre, du moins, contre l'opinion de Lagrange, des principes différens de ceux établis par ce géomètre, et même, ce nous semble de plus, les PRINCIPES ABSOLUS de cette question. On y voit sur-tout, par les transformations possibles (553)$'$ et

$(553)''$ de l'expression fondamentale (553), comment cette fonction spéciale $\sqrt{x}$ jouit EXCLUSIVEMENT (*) de l'avantage d'une réduction en Fraction continue périodique. On y voit, en même tems, que l'expression $(553)'''$ ou $(553)^{\text{vii}}$ offre la méthode directe et la plus simple pour cette génération numérique absolue $(532)'$ des racines quarrées; d'autant plus qu'il n'y entre, comme nombres auxiliaires, que les médiateurs $\mathfrak{P}$ et $\mathfrak{Q}$, donnés par les formules $(532)''$ et $(532)'''$, qui eux-mêmes sont nécessaires pour la réduction en fraction ordinaire de la Fraction continue absolue $(532)'$. — Pour peu qu'on ait approfondi ces principes, on comprendra avec facilité qu'ils s'étendent généralement à la fonction ... (554)

$$\frac{\xi + \sqrt{x}}{\zeta},$$

ζ, ξ, et x étant des nombres entiers, c'est-à-dire que ces principes s'étendent généralement aux quantités (554) formant les racines des équations du second degré; car, le point principal, dont dépend la propriété exclusive susdite de la périodicité dans cette génération numérique absolue $(532)'$, consiste manifestement dans la possibilité des transformations $(553)'$ et $(553)''$ de l'expression fondamentale (553), possibilité qui à son tour vient exclusivement de la nature spéciale de la fonction $\sqrt{x}$, qui est ainsi le nœud de la question et que, pour relever son travail, Lagrange se plaît à ne considérer que comme un cas particulier de cette question. Nous laissons aux géomètres à opérer

---

(*) Néanmoins, en suivant à peu près les mêmes principes, on peut, pour toute fonction, arriver, sinon spécialement à des Fractions continues périodiques, qui appartiennent exclusivement aux racines des équations du second degré, mais généralement à des Fractions continues numérales $(532)'$ donnant la génération numérique absolue des quantités. — Nous parlerons ailleurs plus amplement de cette nouvelle doctrine.

cette extension très-facile de nos principes philosophiques, et nous nous bornerons ici à leur présenter la formule résultante ... (554)'

$$\gimel_n = \frac{x.\mathfrak{P}_{n-1}.\mathfrak{P}_{n-2} - (\zeta.\mathfrak{Q}_{n-1} - \xi.\mathfrak{P}_{n-1})(\zeta.\mathfrak{Q}_{n-2} - \xi.\mathfrak{P}_{n-2}) + (-1)^n.\sqrt{x.\zeta^2}}{(\zeta.\mathfrak{Q}_{n-1} - \xi.\mathfrak{P}_{n-1})^2 - (\mathfrak{P}_{n-1})^2.x},$$

qui, en y prenant constamment pour $\sqrt{x.\zeta^2}$ le nombre entier le plus proche, offre visiblement la méthode directe et la plus simple pour la réduction en Fraction continue périodique de la fonction (554) et par conséquent des quantités formant les racines des équations du second degré; d'autant plus qu'encore ici les quantités auxiliaires $\mathfrak{P}$ et $\mathfrak{Q}$ sont les médiateurs (532)'' qui donnent les réductions en fractions ordinaires ou en génération neutre de cette génération numérique absolue (*). — Mais, revenons à nos points historiques.

IX. Pour ce qui concerne la réduction des Fractions continues à la forme de la génération neutre qui en est le véritable objet, il faut distinguer les trois degrés consécutifs de cette réduction, traités plus haut sous les marques (511)'', (511)^{VI}, et (516) ou (521)'. — Or, c'est le second degré (511)^{VI} qui a été connu le premier. Wallis, en présentant la Fraction continue de Brouncker (*Arithmetica Infinitorum; prop.* 191), donna immédiatement cette règle (511)^{VI} de réduction des Fractions continues en fractions ordinaires. Elle demeura peu connue, ou du moins elle fut peu appréciée; car, Daniel Bernoulli, en la reproduisant plus de cent ans après, dans son Mémoire intitulé *Disquisitiones ul-*

(*) Nous ne parlons pas ici de la réduction GÉNÉRALE des Fractions continues périodiques en fractions ordinaires ou en génération neutre; réduction qui suit les lois que nous avons signalées dans la Note des pages 561 et 562, où nous avons vu qu'elle dépend de nos fonctions alephs qui donnent alors l'intégration de l'équation correspondante du second ordre (515)'. Nous avons déjà promis, dans la Note citée, que nous donnerions ailleurs la solution de cette question, suivant les principes nouveaux des fonctions alephs.

teriores de indole fractionum continuarum (*Novi Comment. Acad. Petrop.* T. XX, 2^d^ Mémoire du même auteur), dit avec admiration « *Præstantissimum utique est hoc compendium, simul autem satis ob-* « *vium, ut mihi vix persuadere possim, a nemine adhuc fuisse ante* « *me animadversum* »; et cela même trente ans après qu'Euler eut déjà reproduit cette règle de Wallis dans son Mémoire *De fractionibus continuis*, cité plus haut.

X. Quant à l'algorithme spécial que présentent les médiateurs $(511)'$ et $(511)'''$ dont dépend le second degré $(511)^{vi}$ de réduction, c'est Euler qui l'a fixé le premier dans son Mémoire intitulé *Specimen algorithmi singularis* (*Novi Comment. Acad. Petrop.* T. IX). Kramp, dont nous prenons la dénomination de *médiateur*, s'en est occupé depuis dans le tome I des *Nova Acta Acad. Moguntinæ*, dans son *Arithmétique universelle* et dans le tome I des *Annales de Mathématiques*. D'autres géomètres, Lagrange, Gauss, Pezzi, . . . s'en sont aussi occupés; mais, les principes de cet algorithme ont été posés complètement dans le Mémoire d'Euler que nous venons de citer. — Il faut ici remarquer que Lagrange, en reproduisant, même incomplètement, dans ses *Additions* à l'Algèbre d'Euler, ces purs résultats (*Specimen algorithmi singularis*; etc., etc.) concernant les médiateurs, dont dépend manifestement la théorie des Fractions continues numérales, dit « que cette théorie, envisagée du côté arithmétique, n'avait « pas encore été (avant lui) cultivée autant qu'elle le méritait »; et, pour de plus amples détails, ce géomètre renvoie à ses Mémoires des années 1767 et 1768 (parmi ceux de l'Académie de Berlin). — Récemment, M. Pezzi, dans son Mémoire *Sopra la legge di transformazione di una frazione continua indefinita qualunque in una frazione vulgare*, etc. (*Memorie della Società italiana*, T. XI), a reproduit, à la vérité avec quelque modification, la loi que suit le développement de chaque médiateur, en disant « *lo sviluppo attuale de' termini di queste*

« *frazioni, non è ancora stato dato da' Geometri, a mia cogni-* « *zione* » ; et plus récemment encore, dans une Note du Tome I des *Annales de Mathématiques* que nous venons de citer, on a reproduit (pages 262—264) cette loi d'Euler, telle qu'elle fut donnée par ce géomètre dans son Mémoire susdit (Voyez §. 8 de ce Mémoire *Specimen algorithmi singularis*).

XI. Le premier degré $(511)''$ de réduction des Fractions continues en fractions ordinaires, fut tiré (et l'est encore aujourd'hui) du second degré $(511)^{\text{VI}}$, par une simple induction, en prenant successivement les différences des fractions réduites. C'est dans le beau Mémoire d'Euler *De fractionibus continuis*, cité déjà plusieurs fois, que fut ainsi établi ce premier degré de réduction, qui opère la transformation des Fractions continues en Séries. — Dans l'Introduction à la Philosophie des Mathématiques, où ce premier degré $(511)''$ a été déduit rigoureusement (XXVIII) et indépendamment du second degré $(511)^{\text{VI}}$, lequel dernier n'en est qu'une conséquence ultérieure, on a rétabli l'ordre dans ces degrés consécutifs de réduction des Fractions continues, en procédant directement à la transformation $(511)''$ des Fractions continues en Séries, et en laissant opérer la sommation consécutive de cette Série, pour arriver au second degré $(511)^{\text{VI}}$, comme on l'a fait dans l'ouvrage présent.

XII. Enfin, le dernier degré (516) ou $(521)'$ de réduction des Fractions continues à la forme propre de la génération neutre, dépendant manifestement de l'intégration de l'équation du second ordre $(515)'$, n'a pu être traité que dans le cas où les coefficiens de cette équation sont ou peuvent être constans; et, dans ce cas simple, qui n'embrasse que les Fractions continues périodiques, la première intégration, du moins pour le cas le plus simple, a été donnée par Daniel Bernoulli dans son Mémoire intitulé *Adversaria analytica miscellanea de fractionibus continuis* (*Novi Comment. Acad. Petrop.* T. XX; 1er Mémoire de cet auteur). On l'a reproduite récemment dans le tome I des *Recueils de l'Académie du Gard.*

Ce sont là les points accessoires, concernant les progrès préparatoires de la doctrine sur la génération neutre des quantités; et, en les joignant aux trois points fondamentaux que nous avons fixés plus haut, nous aurons ainsi un aperçu du développement de cette branche de l'Algorithmie. — Dans cet aperçu historique, nous nous sommes appliqués sur-tout à fixer, avec l'exactitude de la diplomatique, les divers points principaux de la doctrine dont il s'agit. Nous traiterons la même question, avec une rigueur systématique, dans notre Histoire philosophique des Mathématiques. — Ici, le premier point de vue nous suffira provisoirement, d'autant plus qu'il devient urgent de fixer, avec une pareille exactitude, les travaux des hommes supérieurs qui ont réellement augmenté nos connaissances; parce que l'on commence déjà, avec raison, à n'attacher de prix aux hommes et aux peuples que selon le degré dans lequel ils ont contribué, directement ou indirectement, aux progrès de la vérité qu'on pressent enfin être le grand but de l'humanité.

En terminant ici cet aperçu historique de la génération neutre des quantités, il ne sera pas hors de propos de fixer également les points principaux que, dans cette partie de la science, nous revendiquons à la Philosophie des Mathématiques. — Ce sont: d'abord, pour la Métaphysique de l'Algorithmie, les principes philosophiques de la formation ou de la génération des Fractions continues, que nous avons déduits dans l'Introduction philosophique, sous la marque (IX), principes par lesquels se trouvent établis péremptoirement les deux propriétés constituantes de cet algorithme technique supérieur, savoir, 1°. son universalité, et 2°. sa nature distinctive; et ensuite, pour l'Algorithmie elle-même, les trois points principaux que nous avons déjà indiqués plus haut, savoir, 1°. la loi fondamentale (166)'' ou (420) de la génération technique inférieure et auxiliaire (508), 2°. la loi fondamentale (509) et (509)', ou (514)' de la génération technique supérieure (507) ou (514), et 3°. l'intégration (515)', (519) et (521)', qui donne définitivement la forme propre de la génération neutre. — Ce sont là manifestement les vrais points auxquels se réduit toute la doctrine de cette génération algorithmique supérieure.

Ainsi, cette génération neutre des quantités, qui est l'objet propre de nos Fractions continues et qui, dans les réductions (499) et (500), est déjà donnée par la Série commune universelle (498), se trouve suffisamment déterminée et éclaircie, pour que, dès à-présent, les géomètres puissent en pressentir toute l'importance; sur-tout en observant que c'est précisément dans cette génération neutre (500) des fonctions que se trouve le lien philosophique entre la Théorie et la Technie de leur science, ou, ce qui est la même chose, entre ses deux algorithmes primitifs fondamentaux, savoir, entre la sommation, base de la Technie et principe de l'universalité dans la génération des quantités, et la graduation, base de la Théorie et principe des modes distincts ou individuels dans la même génération algorithmique. — Nous avons déjà dit que nous tirerions, de cette nouvelle considération philosophique, les résultats les plus importans pour la science des géomètres; et, pour légitimer ici le terme auquel nous nous arrêtons dans cette Philosophie des Séries, qui, par ses résultats (498), (499) et (500), nous a amenés à cette considération nouvelle de la génération neutre des quantités, nous allons au moins laisser entrevoir le procédé supérieur qui doit ultérieurement et définitivement conduire à ces importans résultats que nous promettons encore.

Pour peu qu'on examine la Série commune universelle (498), qui nous a fait découvrir cette génération algorithmique neutre (500) dont il est question, on concevra facilement que, puisque cette Série, par l'influence des quantités indéterminées n_1, n_2, n_3, etc., peut donner une génération convergente pour toute fonction algorithmique, ainsi que nous l'avons déjà remarqué plus haut, et puisque le maximum de cette convergence, dans le progrès de ses termes successifs, constitue manifestement les degrés consécutifs d'anticipation sur la génération théorique ou sur la nature elle-même des fonctions, on concevra, disons-nous, que le NOEUD DE L'ALGORITHMIE ou le point fondamental de toute la science du géomètre, consiste dans la détermination la plus convenable ou plutôt dans la détermination absolue de ces quantités indéterminées n_1, n_2, n_3, etc. qui entrent, comme élémens, dans la Série commune universelle (498); et cela, pour arriver, par les réductions correspondantes (499) et (499)' les plus convergentes, à la GÉNÉRATION NEUTRE ABSOLUE des fonctions, avec laquelle on peut parvenir jusqu'à la génération théorique ou à la nature elle-même des fonctions algorithmiques, et atteindre ainsi au dernier but de la science. Il faut en effet remarquer que les réductions (499) et (499)' de la Série commune universelle (498), formant les progrès consécutifs de la génération neutre de toute fonction Fx, sont encore indéterminées et diffèrent par là des réductions (506)' et (506)'' des Fractions continues (506), formant également des progrès consécutifs de la génération neutre de cette fonction Fx et n'étant manifestement que de purs PROGRÈS RELATIFS de cette génération neutre; de sorte qu'en déterminant, de la manière la plus convenable ou plutôt absolument, les élémens arbitraires n_1, n_2, n_3, etc. qui entrent dans les Séries communes (498) et qui précisément laissent indéterminées leurs réductions (499) et (499)', on peut obtenir, dans ces réductions, les véritables PROGRÈS ABSOLUS de la génération neutre des quantités, lesquels doivent définitivement conduire à leur génération théorique universelle. — Pour mieux établir cette différence entre la génération neutre relative et la génération neutre absolue, ou plutôt entre leurs progrès respectifs, reprenons la Série commune universelle (498), savoir ... (555)

$$Fx = A_0 + A_1 \cdot \frac{x - a_1}{n_1 + x} + A_2 \cdot \frac{(x - a_1)(x - a_2)}{(n_1 + x)(n_2 + x)} +$$
$$+ A_3 \cdot \frac{(x - a_1)(x - a_2)(x - a_3)}{(n_1 + x)(n_2 + x)(n_3 + x)} + \text{etc., etc.},$$

et examinons un moment les progrès généraux que cette Série présente pour la génération neutre des quantités. — Pour faciliter cet examen, considérons les quantités arbitraires a_1, a_2, a_3, etc. comme étant égales entre elles, et désignons leur valeur par a. La Série commune universelle (555) se réduira à la forme de la Série commune intermédiaire (479)', savoir ... (555)'

$$Fx = Fa + A_1 \cdot \frac{x - a}{n_1 + x} + A_2 \cdot \frac{(x - a)^2}{(n_1 + x)(n_2 + x)} +$$
$$+ A_3 \cdot \frac{(x - a)^3}{(n_1 + x)(n_2 + x)(n_3 + x)} + \text{etc., etc.}$$

La loi (479) de cette Série intermédiaire donne ... (555)''

$$A_1 = \mathfrak{A}_1 \cdot (n_1 + a),$$
$$A_2 = \mathfrak{A}_2 \cdot (n_1 + a)(n_2 + a) + \mathfrak{A}_1 \cdot (n_2 + a),$$
$$\text{etc., etc.};$$

les quantités $\mathfrak{A}_1$, $\mathfrak{A}_2$, etc. étant les coefficiens dans le développement élémentaire ... (555)'''

$$Fx = \mathfrak{A}_0 + \mathfrak{A}_1 \cdot (x - a) + \mathfrak{A}_2 \cdot (x - a)^2 + \mathfrak{A}_3 \cdot (x - a)^3 + \text{etc., etc.},$$

ou bien les différentielles composées ... (555)^{IV}

$$\mathfrak{A}_1 = \frac{1}{1} \cdot \frac{dFa}{da}, \quad \mathfrak{A}_2 = \frac{1}{1.2} \cdot \frac{d^2 Fa}{da^2}, \quad \text{etc.}$$

Ainsi, substituant les valeurs (555)'' à la place des coefficiens dans la Série intermédiaire (555)', et prenant successivement deux, trois, quatre, etc. termes de cette Série, on obtiendra, pour les PROGRÈS GÉNÉRAUX de la génération neutre de toute fonction Fx, les expressions consécutives suivantes ... (556)

$$Fx = Fa + \frac{\mathfrak{A}_1 . (n_1 + a)(x - a)}{n_1 + x},$$

$$Fx = Fa + \frac{\left\{\begin{array}{l} \mathfrak{A}_1 . \left((n_1 + x)(n_2 + x) - (x - a)^2\right) \\ + \mathfrak{A}_2 . (n_1 + a)(n_2 + a)(x - a) \end{array}\right\} . (x - a)}{(n_1 + x)(n_2 + x)},$$

etc., etc.;

ou bien, en développant les produits, ... (556)'

$$Fx = Fa + \frac{- \mathfrak{A}_1 . (n_1 + a) a + \mathfrak{A}_1 . (n_1 + a) x}{n_1 + x},$$

$$Fx = Fa + \frac{\left\{\begin{array}{l} + \left\{\mathfrak{A}_1 . (a^2 - n_1 n_2) a + \mathfrak{A}_2 (n_1 + a)(n_2 + a) a^2\right\} \\ + \left\{\mathfrak{A}_1 . \left((n_1 - a)(n_2 - a) - 4a^2\right) - 2\mathfrak{A}_2 . (n_1 + a)(n_2 + a) a\right\} . x \\ + \left\{\mathfrak{A}_1 . (n_1 + n_2 + 2a) + \mathfrak{A}_2 . (n_1 + a)(n_2 + a)\right\} . x^2 \end{array}\right\}}{n_1 n_2 + (n_1 + n_2) x + x^2},$$

etc., etc., (*).

Or, dans ces expressions, l'on voit que les élémens arbitraires n_1, n_2, n_3, etc. laissent généralement indéterminés les progrès de la génération neutre des quantités; et de là vient qu'il peut exister une infinité d'espèces différentes de ces progrès de la génération neutre d'une même quantité ou fonction Fx. Ces diverses espèces ne diffèrent que par la détermination différente de ces élémens arbitraires n_1, n_2, n_3, etc.; et l'on conçoit que, quelle que soit une espèce particulière don-

(*) Nous prévenons ici que, dans ces expressions des progrès de la génération neutre, les élémens n_1, n_2, n_3, etc. entrent toujours d'une manière symétrique; ce qui, pour la suite, sera de la plus haute importance.

née de ces progrès de génération neutre, on peut toujours, dans les expressions générales présentes (556) ou (556)', déterminer les élémens n_1, n_2, n_3, etc. de manière à ce que ces expressions représentent cette espèce particulière donnée. Ainsi, par exemple, ayant les progrès consécutifs (541) de la génération neutre de la fonction intégrale (533)', savoir ... (556)''

$$\frac{e^{\frac{1}{x}}}{x}.\int e^{-\frac{1}{x}}.dx \approx \frac{x}{1+2x} = \frac{\frac{1}{2}.x}{\frac{1}{2}+x},$$

$$\frac{e^{\frac{1}{x}}}{x}.\int e^{-\frac{1}{x}}.dx \approx \frac{x+4x^2}{1+6x+6x^2} = \frac{\frac{1}{6}.x+\frac{2}{3}.x^2}{\frac{1}{6}+x+x^2},$$

etc., etc.,

qui proviennent de la réduction de la génération technique supérieure (534) ou (535)' de cette fonction à la forme de fraction ordinaire, c'est-à-dire, à la forme de l'algorithme primitif neutre de la reproduction (régressive ou division), ayant ainsi, disons-nous, cette espèce donnée de progrès de génération neutre, on peut, dans les expressions générales (556) ou (556)', par la simple comparaison des dénominateurs correspondans, déterminer successivement les élémens n_1, n_2, n_3, etc. de manière à ce que ces expressions représentent respectivement l'espèce donnée (556)'' des progrès en question. En effet, faisant $a = 0$, le développement élémentaire (533)' ou (534) de la fonction intégrale dont il s'agit, donne ici

$$\mathfrak{A}_1 = 1, \quad \mathfrak{A}_2 = -1^{2|1}, \quad \mathfrak{A}_3 = +1^{3|1}, \quad \text{etc., etc.};$$

et, considérant de plus comme zéro la constante arbitraire Fa, la comparaison successive des dénominateurs des expressions (556)' et (556)'' donnera les résultats identiques suivans. En premier lieu, comparant les dénominateurs des deux premières de ces expressions, on aura $n_1 = \frac{1}{2}$; et, substituant cette quantité ainsi que la valeur $\mathfrak{A}_1 = 1$, dans le numérateur de la première des expressions générales (556)', on retrouvera le numérateur de la première des expressions données (556)''. En second lieu, comparant de nouveau les dénominateurs des deux secondes de ces expressions, on aura $n_1 n_2 = \frac{1}{6}$, $(n_1 + n_2) = 1$; et, substituant ces quantités ainsi que les valeurs $\mathfrak{A}_1 = 1$ et $\mathfrak{A}_2 = -2$, dans le numérateur de la seconde des expressions générales (556)', on retrouvera encore le numérateur de la seconde des expressions données (556)''. Et, ainsi de suite, il en arrivera de même pour toutes les expressions ultérieures. — On voit donc ici, et on le conçoit même généralement et à priori, que, quelle que soit l'espèce particulière donnée des progrès consécutifs de la génération neutre d'une fonction, cette espèce ne sera toujours qu'un cas particulier des expressions générales (556) ou (556)', correspondant à des déterminations consécutives particulières des élémens arbitraires n_1, n_2, n_3, etc. qui entrent dans ces expressions générales et originairement dans la Série commune universelle (498). Et par conséquent, on conçoit de plus, également à priori, comme nous l'avons déjà remarqué plus haut, qu'il peut exister une infinité d'espèces particulières de ces progrès de la génération neutre des quantités, correspondantes à l'infinité des déterminations différentes que peuvent recevoir les élémens arbitraires n_1, n_2, n_3, etc. dans les expressions générales (556) ou (556)'. — Mais, parmi ces diverses espèces, les unes doivent s'approcher plus que les autres de la véritable nature de la fonction engendrée, suivant que leurs différentielles consécutives, qui, comme nous le savons déjà, sont les véritables critériums algorithmiques, s'approchent TOUTES plus ou moins des différentielles consécutives de la fonction en question; et l'on conçoit enfin que, parmi ces diverses espèces de progrès de la génération neutre des quantités, il doit y en avoir une qui, pour chaque fonction, s'approche le plus de la véritable nature de cette fonction engendrée. C'est cette espèce supérieure de progrès de la génération neutre de toute fonction, qui constitue manifestement les PROGRÈS ABSOLUS de cette génération; et toutes les autres espèces, telle que l'est, par exemple, celle (516) ou (521)' que donnent les Fractions continues, qui à la vérité s'approche à certains égards de l'espèce absolue, par des raisons que nous déduirons ailleurs, mais qui n'est point cette espèce absolue en question, parce qu'elle suit encore les lois de la génération technique, et non déjà les lois de la génération théorique elle-même des fonctions, toutes ces autres espèces, disons-nous, ne forment que des PROGRÈS RELATIFS de la génération neutre des quantités.

On conçoit actuellement que la détermination de ces progrès absolus de la génération neutre de toute fonction, avec lesquels, comme nous l'avons déjà annoncé, on peut parvenir jusqu'à la génération théorique ou à la nature elle-même des fonctions algorithmiques, et atteindre ainsi au dernier but de la science, dépend manifestement de la détermination la plus convenable ou plutôt de la DÉTERMINATION ABSOLUE des élémens n_1, n_2, n_3, etc. qui entrent dans les expressions générales (556) ou (556)' des progrès de cette génération neutre, et originairement dans la Série commune universelle (555) ou (498) qui nous a conduits à ce point de vue supérieur des spéculations algorithmiques. — C'est donc cette détermination absolue des élémens n_1, n_2, n_3, etc. qu'il faudra connaître généralement, pour pouvoir s'approcher du terme de la science; et c'est aussi cette détermination absolue et le procédé de parvenir, avec une telle génération neutre absolue, à la génération théorique ou à la nature même de toute fonction, proposée d'une manière quelconque, que nous promettons de donner aux géomètres, comme dernier fruit de notre Philosophie des Mathématiques. — Mais, pour légitimer ici le terme auquel nous nous arrêtons dans l'ouvrage présent, observons que, pour arriver à la solution de cette grande et dernière question, il faut déjà pour ainsi dire sortir de la Technie et rentrer dans le domaine de la Théorie; parce que, comme nous l'avons remarqué à la suite des deux exemples (395)^{IV} et (396)^{V} de la convergence absolue des Séries, à laquelle se rattache manifestement ce maximum de convergence qui est l'objet de la question présente, on ne saurait arriver à la convergence absolue et, par conséquent, au maximum dont il s'agit, qu'en connaissant déjà, d'une manière directe ou indirecte, la nature elle-même des fonctions cherchées, laquelle est notoirement l'objet propre et général de la Théorie. Il faudra donc, pour arriver à la détermination absolue dont il est question, suivre une marche ou une méthode tout-à-fait nouvelle, qui puisse toujours conduire, directement ou indirectement, à la connaissance de la nature théorique elle-même des fonctions; et c'est pourquoi cette absolue et dernière détermination algorithmique se trouve déjà placée au-delà de la sphère de l'ouvrage présent, qui, n'ayant pour objet que les Lois des Séries, se borne à la détermination préparatoire de la pure génération technique des quantités. — Observons enfin que cette marche ou méthode nouvelle, qu'il faudra suivre pour arriver à la détermination absolue des quantités, et qui constitue manifestement l'IDÉAL DES MATHÉMATIQUES, est complètement inconnue dans l'état actuel de la science, où l'on n'en trouve même pas encore le simple problème. Et par conséquent, considérons, dès à-présent, cette marche ou méthode suprême comme une RÉFORME NÉCESSAIRE de la science. — Quant à la nature de cette méthode, les géomètres auront sans doute déjà pressenti que le procédé, exposé sous les marques (142), (143), ... (146) à la fin de la première Section de cette Philosophie de la Technie, qui présente l'application immédiate de notre Loi suprême, et qui s'y trouve qualifié simplement du nom de Loi fondamentale de l'application universelle des Mathématiques à la Physique, que ce procédé, disons-nous, constitue en principe cette MÉTHODE SUPRÊME qui doit opérer, d'une manière complète, cette réforme définitive de la science dont nous venons de reconnaître la nécessité. Aussi, dès aujourd'hui, donnons-nous aux géomètres à venir, pour gage de la confiance qu'ils devront avoir dans notre Philosophie des Mathématiques, la nécessité future inévitable de ramener toutes leurs recherches à cette grande Méthode (142), (143), etc. présentant l'application immédiate de notre Loi suprême des Mathématiques.

Mais, bornons-nous ici au véritable objet de cette seconde Section de la Philosophie de la Technie, aux Lois des Séries, dont nous venons de légitimer le terme ; et, en résumant le système complet de ces lois, tel que nous l'avons établi dans cette seconde Section, arrêtons l'irrécusable vérité que toutes les formes que reçoit cet important algorithme, constituant la base principale des Mathématiques modernes (*), se trouvent n'être que des CAS TRÈS-PARTICULIERS de cette Loi

(*) C'est un point de l'histoire philosophique des Mathématiques de fixer le caractère de chaque époque ou période de la science ; et c'est ainsi que nous savons que le caractère propre des Mathématiques modernes, depuis Leibnitz et Newton, consiste principalement dans cette génération TECHNIQUE UNIVERSELLE des quantités qui est opérée par la pure sommation moyennant l'algorithme des Séries. — Tout ce que donne le Calcul différentiel, ce grand instrument de la période moderne des Mathématiques, ne sert en effet que pour arriver à cette génération algorithmique par sommation indéfinie, que nous venons de signaler : car, le très-petit nombre d'intégrations théoriques qu'on a pu obtenir, mérite à peine d'être mentionné ; et l'unique moyen des géomètres modernes, pour arriver dans tous les cas à la connaissance des quantités, consiste notoirement dans l'emploi, direct ou indirect, de cet algorithme des Séries.

La nouvelle période des Mathématiques, qui se présente aujourd'hui, doit com-

suprême des Mathématiques que nous revendiquons à la Philosophie et de laquelle seule nous avons réellement déduit, dans l'ouvrage présent, toutes ces diverses formes des Séries. — En effet, faisons ce résumé.

Pour ce qui concerne, en premier lieu, la forme primitive des Séries, sous laquelle seule ce grand algorithme était connu des géomètres, nous avons d'abord, pour l'état direct (166) ou (309)′, déduit, de notre Loi suprême, la véritable loi fondamentale (166)″ ou (420) qui était encore inconnue; et de plus, nous avons assigné les différens théorèmes moyennant lesquels même les lois ou expressions imparfaites qui étaient connues, deviennent de simples cas particuliers de notre loi fondamentale (166)″ ou (420). Ainsi, le théorème (170) ramène à cette loi fondamentale, comme cas particuliers, les expressions initiales de Paoli (171); les théorèmes (195)′ y ramènent de la même manière l'expression relative de Burmann (193)′ ou (193)″; et les théorèmes (222)″ y ramènent également, comme cas particuliers, les expressions contingentes (210)′ ou (215) de Kramp ou d'Arbogast (*). Ensuite, pour l'état indirect (239) ou (309) de la forme primitive des

---

mencer avec la génération neutre des quantités; mais non purement avec la génération neutre relative, telle que l'est celle (521)′ qui est opérée par les Fractions continues, et qui ne saurait encore être considérée que comme une transition à cette nouvelle période: elle doit commencer essentiellement avec la génération NEUTRE ABSOLUE, opérée par la détermination absolue des élémens n_1, n_2, n_3, etc. dans les expressions (556) ou originairement dans les Séries communes (555) ou (498) qui rattachent ainsi absolument la Technie à la Théorie. Et, cette nouvelle période des Mathématiques doit finir avec la génération THÉORIQUE UNIVERSELLE des quantités, opérée par la Méthode suprême (142), (143), etc., qui réalise définitivement le principe absolu des Mathématiques.

(*) Si l'on entend, par l'*absolu*, les derniers élémens de toute génération, ce qui est le sens logique dans la signification de ce mot, le tableau architectonique (226), qui présente le système de ces lois primitives des Séries, est logiquement vrai. Mais,

Séries, nous avons également donné, sous les marques (238)', (263)', et définitivement (450)', la véritable loi fondamentale absolue de cet état indirect des Séries primitives ; et de plus, nous avons exposé l'important système de théorèmes (452) qui lient, comme cas particulier, cette loi fondamentale indirecte (449)' avec la loi fondamentale directe (420) ou (166)'', et par conséquent, avec la Loi suprême elle-même ; système de théorèmes (452) qui, par là même, rattache à cette Loi suprême toute l'Analyse combinatoire dont l'usage était fondé précisément sur la dépendance de ces lois réciproques (449)' et (420). Et, partant après de cette loi fondamentale indirecte (238)', nous en avons déduit, non seulement le petit nombre de résultats fragmentaires obtenus par Kramp et Arbogast, mais le système entier et complet (287) de cette génération technique indirecte, composé de la loi absolue (288), de la loi relative (289), de la loi contingente (291), et même

---

si l'on veut entendre, par l'*absolu*, l'indépendance de tout autre principe, ce qui est proprement le sens transcendantal ou philosophique dans la même signification, il faut substituer à ce tableau (226) le tableau architectonique suivant :

Série primitive (166)
$Fx = A_0 + A_1.\varphi x + A_2.(\varphi x)^2 + \text{etc.}$
- Expression *initiale*. = Porisme de Paoli (171).
- Expressions *finales* :
  - Expression *contingente*. = Porisme de Kramp ou d'Arbogast ; (210)' ou (215).
  - Expressions *nécessaires* ;
    - *relative*. = Porisme de Burmann ; (193)' ou (193)''.
    - *absolue*. = Loi fondamentale ; (166)'' ou (420).

On voit ici quelle est la véritable relation philosophique entre ces diverses lois ; et l'on voit sur-tout que, même pour ce cas simple des Séries primitives directes (166), la véritable loi absolue (166)'' ou (420) était encore inconnue aux géomètres.

de la loi artificielle des dérivations (295). — Pour ce qui concerne, en second lieu, la forme fondamentale (148)', la forme intermédiaire (475), et la forme universelle (147) ou (352) des Séries, dont les géomètres n'avaient encore aucune idée précise, nous avons déduit, immédiatement de notre Loi suprême, toutes les diverses lois (149)'', (160), (361)'', (364), (476), (497)', etc. qui régissent ces formes supérieures; et nous avons ainsi ouvert, par l'emploi immédiat de cette Loi suprême, le vaste champ de recherches nouvelles et définitives pour la génération technique des fonctions. — Et, quant aux différens théorèmes que nous venons de citer et dont nous nous sommes servis dans ces diverses déductions, ils ont été également fondés ou sur la Loi suprême elle-même, ou sur notre loi fondamentale du Calcul différentiel, laquelle, comme nous l'avons déjà remarqué plus haut (pages 14 et 15), se trouve impliquée dans cette Loi suprême.

Ainsi, en nous bornant ici à remonter aux principes, sans nous attacher ni à l'infinie importance de cette Philosophie des Séries, ni à ses innombrables conséquences, nous établirons la vérité irrécusable que toutes les formes de ce grand algorithme des Séries, la gloire des Mathématiques modernes, ne sont que des cas très-particuliers de notre Loi suprême des Mathématiques. Et, par conséquent, la suprématie de cette grande loi, QUI A ÉTÉ DONNÉE AUX MATHÉMATIQUES PAR LA PHILOSOPHIE, ne saurait plus raisonnablement demeurer en doute. Et, de plus, l'UNIVERSALITÉ ABSOLUE (objet de la Technie) qui se trouve introduite dans la science par cette Loi suprême, doit être considérée, sinon déjà comme une réforme définitive, du moins comme une PRÉPARATION A LA RÉFORME DES MATHÉMATIQUES.

FIN DE LA SECONDE SECTION.

SUPPLÉMENT

SUPPLÉMENT

Aux deux premières Sections de cette Philosophie de la Technie.

DANS les équations (130) et (131) qui présentent les conditions générales pour la possibilité de la Loi suprème, nous n'avons considéré que le principe philosophique (128) de la formation de ces équations moyennant l'équation fondamentale (129). Dans leur considération logique, ces équations (130) et (131) se trouvent incomplètes, parce que les sommes deltas (128) d'une fonction fx, savoir, les sommes consécutives ... (557)

$$\nabla^0 fx, \quad \nabla fx, \quad \nabla^2 fx, \quad \nabla^3 fx, \quad \text{etc.}$$

ne suffisent pas généralement toutes seules pour la détermination des valeurs consécutives ... (557)′

$$fx, \quad f(x+\xi), \quad f(x+2\xi), \quad f(x+3\xi), \quad \text{etc.}$$

de cette fonction; lesquelles dernières (557)′ sont proprement les critériums (philosophiques secondaires) de la détermination de cette fonction fx, comme nous l'avons reconnu à l'occasion des équations (42). Les sommes deltas (557) ne suffisent pour la détermination des valeurs consécutives (557)′ que lorsque, dans la construction (128) de ces sommes, le nombre ω de termes additionnels ne surpasse pas l'unité. Mais, en général, avec toute valeur de ce nombre ω, il faut, pour la détermination des valeurs consécutives (557)′, avoir le système suivant de sommes deltas ... (557)″

$$\begin{array}{lllll}
\nabla^0 fx, & \nabla^0 f(x+\xi), & \nabla^0 f(x+2\xi), & \ldots\ldots & \nabla^0 f(x+(\omega-1)\xi),\\
\nabla fx, & \nabla f(x+\xi), & \nabla f(x+2\xi), & \ldots\ldots & \nabla f(x+(\omega-1)\xi),\\
\nabla^2 fx, & \nabla^2 f(x+\xi), & \nabla^2 f(x+2\xi), & \ldots\ldots & \nabla^2 f(x+(\omega-1)\xi),\\
\nabla^3 fx, & \nabla^3 f(x+\xi), & \nabla^3 f(x+2\xi), & \ldots\ldots & \nabla^3 f(x+(\omega-1)\xi),
\end{array}$$

etc., etc.

Ainsi, voulant considérer généralement, comme on doit le faire ici, le nombre ω de termes additionnels dans la construction (128) des sommes deltas présentes, il faut compléter les équations (130) ou (131) dont il s'agit, en considérant chacune de ces équations, savoir ... $(557)'''$

$$\nabla^\mu Fx = A_0.\nabla^\mu\Omega_0 x + A_1.\nabla^\mu\Omega_1 x + A_2.\nabla^\mu\Omega_2 x + A_3.\nabla^\mu\Omega_3 x + \text{etc.},$$

comme étant le type ou le schéma de ω équations différentes correspondantes aux ω valeurs $\dot{x}$, $(\dot{x}+\xi)$, $(\dot{x}+2\xi)$, ... $(\dot{x}+(\omega-1)\xi)$ de la variable x, savoir ... $(557)^{\text{IV}}$

$$\begin{aligned}
\nabla^\mu F\dot{x} &= A_0.\nabla^\mu\Omega_0\dot{x} + A_1.\nabla^\mu\Omega_1\dot{x} + A_2.\nabla^\mu\Omega_2\dot{x} + A_3.\nabla^\mu\Omega_3\dot{x} + \text{etc.}\\
\nabla^\mu F(\dot{x}+\xi) &= A_0.\nabla^\mu\Omega_0(\dot{x}+\xi) + A_1.\nabla^\mu\Omega_1(\dot{x}+\xi) + A_2.\nabla^\mu\Omega_2(\dot{x}+\xi) + \text{etc.}\\
\nabla^\mu F(\dot{x}+2\xi) &= A_0.\nabla^\mu\Omega_0(\dot{x}+2\xi) + A_1.\nabla^\mu\Omega_1(\dot{x}+2\xi) + A_2.\nabla^\mu\Omega_2(\dot{x}+2\xi) + \text{etc.}\\
&\ldots\ldots\ldots\ldots\ldots\ldots\ldots\ldots\ldots\ldots\\
\nabla^\mu F(\dot{x}+(\omega-1)\xi) &= A_0.\nabla^\mu\Omega_0(\dot{x}+(\omega-1)\xi) + A_1.\nabla^\mu\Omega_1(\dot{x}+(\omega-1)\xi) + \text{etc.}
\end{aligned}$$

Alors, pour avoir la formule générale (136) de toutes les expressions possibles de la Loi suprême (137), ce seront ces équations (130) ou (131) ainsi complétées $(557)'''$ et $(557)^{\text{IV}}$ qu'il faudra ramener à la forme des équations fondamentales (123), en prenant ... $(557)^{\text{V}}$

$$\begin{array}{lll}
\nabla^m F\dot{x} & \text{à la place de} & \Delta^{\omega m} F\dot{x},\\
\nabla^m F(\dot{x}+\xi) & \ldots\ldots & \Delta^{\omega m+1} F\dot{x},\\
\nabla^m F(\dot{x}+2\xi) & \ldots\ldots & \Delta^{\omega m+2} F\dot{x},\\
\ldots\ldots & \ldots\ldots & \ldots\ldots\\
\nabla^m F(\dot{x}+(\omega-1)\xi) & \ldots & \Delta^{\omega m+\omega-1} F\dot{x};
\end{array}$$

et de plus généralement ... $(557)^{\text{VI}}$

$$\nabla^{m}\Omega_{\rho}\dot{x} \quad \text{à la place de} \quad \Delta^{\omega m}\Omega_{\rho}\dot{x},$$
$$\nabla^{m}\Omega_{\rho}(\dot{x}+\xi) \;\ldots\ldots\; \Delta^{\omega m+1}\Omega_{\rho}\dot{x},$$
$$\nabla^{m}\Omega_{\rho}(\dot{x}+2\xi) \;\ldots\ldots\; \Delta^{\omega m+2}\Omega_{\rho}\dot{x},$$
$$\ldots\ldots\ldots\ldots\ldots\ldots$$
$$\nabla^{m}\Omega_{\rho}(\dot{x}+(\omega-1)\xi) \;\ldots\; \Delta^{\omega m+\omega-1}\Omega_{\rho}\dot{x};$$

m étant un exposant quelconque. Et par conséquent, substituant ces valeurs $(557)^{\text{V}}$ et $(557)^{\text{VI}}$ dans l'expression fondamentale (64) et spécialement dans les expressions auxiliaires (59) et (61), on obtiendra immédiatement, comme sous les marques (132), (133), etc., la formule générale complète (136) dont il est question. — Il est sans doute superflu de faire remarquer que, par suite de cette indétermination du système d'équations (130) ou (131) que nous venons de compléter, les expressions (132), (133), et (134) ne sont exactes que lorsque le nombre susdit ω ne surpasse pas l'unité. Suivant ce que nous venons de prescrire, il faut remplacer ces expressions incomplètes (132), (133), et (134) par celles que donnent les expressions fondamentales (59) et (61), lorsqu'on y substitue les valeurs complètes présentes $(557)^{\text{V}}$ et $(557)^{\text{VI}}$. Et, c'est ainsi que les expressions (135) et (136) présenteront la formule complète en question pour toutes les expressions possibles de la Loi suprême (137).

Cette même imperfection logique se trouve encore dans le système d'équations (39), provenant de la même manière des équations fondamentales (37) et formant les relations générales des critériums pour la possibilité de la détermination des fonctions. — Il faut également compléter ces équations générales (39), en considérant chacune de ces équations, savoir ... (558)

$$\nabla^{\mu}F\dot{x} = \nabla^{\mu}\dot{z}^{0}.Z_{0} + \nabla^{\mu}\dot{z}.Z_{1}.\frac{\xi}{1} + \nabla^{\mu}\dot{z}^{2}.Z_{2}.\frac{\xi^{2}}{1.2} + \text{etc.},$$

comme étant le type ou le schéma des ω équations différentes ... (558)′

$$\nabla^{\mu} F\dot{x} = \nabla^{\mu}\dot{z}^{0}.\Xi_0 + \nabla^{\mu}\dot{z}.\Xi_1.\frac{\xi}{1} + \nabla^{\mu}\dot{z}^{2}.\Xi_2.\frac{\xi^2}{1.2} + \text{etc.}$$

$$\nabla^{\mu} F(\dot{x}+\xi) = \nabla^{\mu}(\dot{z}+1)^{0}.\Xi_0 + \nabla^{\mu}(\dot{z}+1).\Xi_1.\frac{\xi}{1} + \nabla^{\mu}(\dot{z}+1)^{2}.\Xi_2.\frac{\xi^2}{1.2} + \text{etc.}$$

$$\nabla^{\mu} F(\dot{x}+2\xi) = \nabla^{\mu}(\dot{z}+2)^{0}.\Xi_0 + \nabla^{\mu}(\dot{z}+2).\Xi_1.\frac{\xi}{1} + \nabla^{\mu}(\dot{z}+2)^{2}.\Xi_2.\frac{\xi^2}{1.2} + \text{etc.}$$

. . . .

$$\nabla^{\mu} F(\dot{x}+(\omega-1)\xi) = \nabla^{\mu}(\dot{z}+\omega-1)^{0}.\Xi_0 + \nabla^{\mu}(\dot{z}+\omega-1).\Xi_1.\frac{\xi}{1} + \text{etc.}$$

Et, par suite de ce complètement, les expressions résultantes (39)′, qui ne sont exactes que lorsque $\omega = 1$, prendront la forme générale ... (558)″

$$\begin{aligned}\Xi_{\mu} = {} & A_{\mu}^{(0)}.F\dot{x} + A_{\mu}^{(1)}.F(\dot{x}+\xi) + A_{\mu}^{(2)}.F(\dot{x}+2\xi) \;\ldots + A_{\mu}^{(\omega-1)}.F(\dot{x}+(\omega-1)\xi) \\ & + B_{\mu}^{(0)}.\nabla F\dot{x} + B_{\mu}^{(1)}.\nabla F(\dot{x}+\xi) + B_{\mu}^{(2)}.\nabla F(\dot{x}+2\xi) \;\ldots + B_{\mu}^{(\omega-1)}.\nabla F(\dot{x}+(\omega-1)\xi) \\ & + C_{\mu}^{(0)}.\nabla^2 F\dot{x} + C_{\mu}^{(1)}.\nabla^2 F(\dot{x}+\xi) + C_{\mu}^{(2)}.\nabla^2 F(\dot{x}+2\xi) \;\ldots + C_{\mu}^{(\omega-1)}.\nabla^2 F(\dot{x}+(\omega-1)\xi) \\ & + D_{\mu}^{(0)}.\nabla^3 F\dot{x} + D_{\mu}^{(1)}.\nabla^3 F(\dot{x}+\xi) + D_{\mu}^{(2)}.\nabla^3 F(\dot{x}+2\xi) \;\ldots + D_{\mu}^{(\omega-1)}.\nabla^3 F(\dot{x}+(\omega-1)\xi) \\ & + \text{etc., etc.};\end{aligned}$$

forme à laquelle correspond l'expression (41)′ dans laquelle nous avons déjà tenu compte de cette détermination logique complète.

Enfin, dans la seconde Section de cette Philosophie de la Technie, les équations (374), provenant encore de la même manière des équations élémentaires (369) et formant les conditions systématiques pour la détermination de la valeur des Séries, sont également incomplètes et doivent de même être complétées en considérant chacune de ces équations, savoir ... (559)

$$\nabla^{\mu}\mathfrak{A}_x = A_0.\nabla^{\mu}a_x^{(0)} + A_1.\nabla^{\mu}a_x^{(1)} + A_2.\nabla^{\mu}a_x^{(2)} + A_3.\nabla^{\mu}a_x^{(3)} + \text{etc.},$$

comme étant le type ou le schéma des ω équations différentes ... (559)'

$$\nabla^{\mu}\mathfrak{A}_0 = A_0.\nabla^{\mu}a_0^{(0)} + A_1.\nabla^{\mu}a_0^{(1)} + A_2.\nabla^{\mu}a_0^{(2)} + A_3.\nabla^{\mu}a_0^{(3)} + \text{etc.}$$

$$\nabla^{\mu}\mathfrak{A}_1 = A_0.\nabla^{\mu}a_1^{(0)} + A_1.\nabla^{\mu}a_1^{(1)} + A_2.\nabla^{\mu}a_1^{(2)} + A_3.\nabla^{\mu}a_1^{(3)} + \text{etc.}$$

$$\nabla^{\mu}\mathfrak{A}_2 = A_0.\nabla^{\mu}a_2^{(0)} + A_1.\nabla^{\mu}a_2^{(1)} + A_2.\nabla^{\mu}a_2^{(2)} + A_3.\nabla^{\mu}a_2^{(3)} + \text{etc.}$$

. . . .

$$\nabla^{\mu}\mathfrak{A}_{\omega-1} = A_0.\nabla^{\mu}a_{\omega-1}^{(0)} + A_1.\nabla^{\mu}a_{\omega-1}^{(1)} + A_2.\nabla^{\mu}a_{\omega-1}^{(2)} + A_3.\nabla^{\mu}a_{\omega-1}^{(3)} + \text{etc.}$$

Et alors, les expressions résultantes (375), qui ne sont exactes que pour $\omega = 1$, prendront la forme générale ... (559)''

$$\begin{aligned} A_{\mu} = {} & M_{\mu}^{(0)_0}.\nabla^0\mathfrak{A}_0 + M_{\mu}^{(0)_1}.\nabla^0\mathfrak{A}_1 + M_{\mu}^{(0)_2}.\nabla^0\mathfrak{A}_2 \;\ldots + M_{\mu}^{(0)_{\omega-1}}.\nabla^0\mathfrak{A}_{\omega-1} \\ & + M_{\mu}^{(1)_0}.\nabla\mathfrak{A}_0 + M_{\mu}^{(1)_1}.\nabla\mathfrak{A}_1 + M_{\mu}^{(1)_2}.\nabla\mathfrak{A}_2 \;\ldots + M_{\mu}^{(1)_{\omega-1}}.\nabla\mathfrak{A}_{\omega-1} \\ & + M_{\mu}^{(2)_0}.\nabla^2\mathfrak{A}_0 + M_{\mu}^{(2)_1}.\nabla^2\mathfrak{A}_1 + M_{\mu}^{(2)_2}.\nabla^2\mathfrak{A}_2 \;\ldots + M_{\mu}^{(2)_{\omega-1}}.\nabla^2\mathfrak{A}_{\omega-1} \\ & + M_{\mu}^{(3)_0}.\nabla^3\mathfrak{A}_0 + M_{\mu}^{(3)_1}.\nabla^3\mathfrak{A}_1 + M_{\mu}^{(3)_2}.\nabla^3\mathfrak{A}_2 \;\ldots + M_{\mu}^{(3)_{\omega-1}}.\nabla^3\mathfrak{A}_{\omega-1} \\ & + \text{etc., etc.;} \end{aligned}$$

forme dont nous donnerons les lois dans notre Canon algorithmique, auquel appartient proprement la détermination de ce système universel de transformation des Séries.

NOTE.

Nous devions joindre ici une note, annoncée à l'occasion de l'expression (245), *concernant le principe* (bh) *de notre Introduction philosophique* (*page* 116). *Mais, l'étendue à laquelle s'est accru l'ouvrage présent, nous oblige de renvoyer ailleurs ce que nous avions à dire. — Nous devons cependant ajouter quelques mots à la note de la page* 105, *dans laquelle, à l'occasion du résumé philosophique* (226) *des découvertes faites sur les lois des Séries, nous avons témoigné le regret de l'impossibilité où nous croyions être de citer des noms français. Nous reconnaissons actuellement, d'après ce que nous avons dit dans la note de la page* 118, *où nous avons prouvé avec évidence que le théorème* $(51)_3$ *de Lagrange, qui n'est au reste que le cas le plus particulier de notre Problème universel* (51), *revient dans le fond au porisme de Burmann, et qu'il n'a absolument aucune autre valeur, nous reconnaissons d'après cette preuve, disons-nous, que, dans ce résumé philosophique* (226) *des découvertes en question, on pourrait remplacer le nom de Burmann par celui de Lagrange. — Cette espèce de rectification présentera d'ailleurs le grand avantage historique de laisser voir d'une manière très-claire, parmi ces découvertes* (226) *qui ne portent même encore que sur les lois des simples Séries primitives, la place précise qu'occupe ce fameux théorème de Lagrange, revendiqué par l'Institut de France comme étant ce en quoi ce Corps savant á contribué aux progrès de ce grand algorithme des*

Séries, qui constitue notoirement l'essence des Mathématiques modernes. — De telles remarques historiques deviennent extrêmement urgentes dans l'état étrange auquel on a insensiblement amené la haute profession de rechercher la vérité ; et, en conséquence, nous prenons ici l'engagement de faire de pareilles revues à la fin de chacune des différentes branches de la science dont nous traiterons la philosophie. Nous aurons la douleur de remarquer que de grands Corps savans, qui prétendent et annoncent officiellement qu'ils tiennent le sceptre des Mathématiques, et qui égarent ainsi leurs nations respectives et les isolent, en les entraînant dans des présomptions outrageantes à l'égard des autres nations, sont précisément ceux qui n'ont fait rien, ou PRESQUE RIEN, *pour les progrès fondamentaux de la vérité.*

En complétant ici les diverses Notes historiques qui se trouvent dans cet ouvrage, il convient d'ajouter un fait documental à la Note de la page 617, *où nous parlons du génie mathématique de Lagrange. Ce fait, qui laissera voir la nécessité de substituer, dans les jugemens des hommes, des déterminations scientifiques à la place de déterminations populaires, consiste dans les paroles solennelles prononcées, sur la tombe de Lagrange, par son illustre collègue, M. le comte Laplace* (*Voyez le* Moniteur *du* 14 *Avril* 1813). *Les voici :*

« *Parmi les inventeurs qui ont le plus reculé les bornes de nos*
« *connaissances, Newton et Lagrange me paraissent avoir pos-*
« *sédé au plus haut point ce tact heureux qui, faisant discerner*
« *dans les objets les principes généraux qu'ils recèlent, constitue*
« *le véritable génie des sciences dont le but est la découverte de*

« ces principes. Ce tact, joint à une rare élégance dans l'expo-
« sition des théories les plus abstraites, caractérise M. de La-
« grange. »

A propos de ces paroles, nous devons, pour en faire mieux ressortir l'esprit, rappeler également le discours de M. le comte Lacépède, prononcé à la même occasion. Voici, dans ce discours, ce qui a trait au tact caractéristique signalé par M. Laplace.

« Créant, pour ainsi dire, une science nouvelle, par l'application
« aux diverses parties de la géométrie et de la mécanique, d'une
« grande et belle conception (la Théorie des fonctions?) qui sub-
« stituait des principes évidens et des démonstrations rigoureuses
« à des hypothèses gratuites, ou à des considérations moins exac-
« tes, Lagrange fut proclamé par les savans les plus dignes de le
« juger, l'heureux émule de Leibnitz et de Newton. »

. . . .

« Ah! lorsque auprès de son cercueil, nous jetons les yeux sur
« ces couronnes académiques, sur cette pourpre sénatoriale, sur
« cette palme de l'honneur, sur ce premier symbole d'un ordre
« illustre, sur ces témoignages des sentimens du plus grand des
« souverains, de celui dont l'estime est un si grand éloge, avec
« quel intérêt nous cherchons, parmi ces trophées, cet ouvrage
« du génie et d'une longue méditation, cette Théorie des fonctions
« analytiques, qui brillerait comme un grand bienfait, au milieu
« de ces nobles récompenses! »

Nous ne savons pas pourquoi, dans cette occasion solennelle, M. le comte Lacépède ne rappelle pas que cette Théorie des fonctions analytiques a obtenu UNANIMEMENT *le premier des fameux prix décennaux, et qu'à l'exemple de l'école polytechnique, on n'enseignait plus que cette Théorie dans toutes les écoles du vaste Empire français. — Hélas! tout a changé! On n'admire plus la Théorie des fonctions analytiques; on ne l'enseigne plus dans les écoles; et nous pouvons assurer à M. Lacépède qu'aucun géomètre n'oserait même plus citer cette « grande et belle conception ». — Quelles vicissitudes dans les choses humaines! C'est tout comme la pourpre sénatoriale! — Il faut cependant remarquer que ce « brillant et grand bienfait » fut ainsi érigé en trophée par M. le comte Lacépède, près d'un an après l'existence d'une Réfutation scientifique de cette Théorie des fonctions analytiques. On serait tenté de croire que, regrettant la perte d'un si grand bienfait, M. le comte eût voulu le faire prévaloir contre la vérité. Pour nous, quoique nous ayons quelques preuves authentiques, nous nous bornerons à croire que M. le comte Lacépède se voyait trop au-dessus d'une telle Réfutation, pour être obligé d'en tenir compte au Public.*

ERRATA.

Page 8, ligne	14,	$\Delta\dot{\Omega}_\rho = \Omega^{(1)}$, *lisez*, $\Delta\dot{\Omega}_\rho = \Omega_\rho^{(1)}$,
43,	7,	$\left(\frac{d^\lambda \Theta}{dz^\lambda}\right) =$ *lisez*, $\left(\frac{d^\lambda \dot{\Theta}}{dz^\lambda}\right) =$
46,	2,	$\left(\frac{d^m \Theta^n}{dz^m}\right)$ *lisez*, $\left(\frac{d^m \dot{\Theta}^n}{dz^m}\right)$
51,	8,	$d^r[\Theta^{-r}$ *lisez*, $d^r[\dot{\Theta}^{-r}$
66,	21,	$\left(\frac{d^{p3} \Theta}{dz^{p3}}\right)$ *lisez*, $\left(\frac{d^{p3} \dot{\Theta}}{dz^{p3}}\right)$
191,	8,	$[0,3].y_2^2$ *lisez*, $[0,3].y_2^3$
192,	6,	$A(0,3).y_3^2$ *lisez*, $A(0,3).y_2^3$
253,	17,	$1^{(\mu 1 - \ \|1}$ *lisez*, $1^{(\mu 1 - 1)\|1}$
267,	14,	$F \ \mathfrak{f}(m-2)$ *lisez*, $F^{r1}\mathfrak{f}(m-2)$
idem,	18,	théorème de Kramp, *lisez* théorème d'Euler modifié par Kramp,
268,	2,	ce théorème donne celui d'Euler. *lisez*, ce théorème prend la forme primitive de celui d'Euler.
382,	9,	*multipliez par* $dx^{\mu-2}$
idem,	10,	*idem* $dx^{\mu-3}$
idem,	12,	*idem* dx
390,	2,	S_{r2} *lisez*, $\dot{S}_{r2}$
486,	9,	$K\binom{(2\rho)}{(\mu)} = 0$, *dans quelques exemplaires la lettre* ρ *ne paraît pas.*
435,	17,	$\Psi^{(\rho)}_{(\mu-\rho+1,\mu)}$ *idem.*
520,	16,	$P(\varpi_\varpi)$ *lisez*, $P(\varpi)_\varpi$

ADDITION

ADDITION

A l'Errata de la 1ère. *Section.*

Page 151, ligne 4, $N_x =$ *lisez*, $N(\mu)_x =$
Page 167, lignes 4, 6, 10, et 12, *changez le positif en négatif.*

www.ingramcontent.com/pod-product-compliance
Lightning Source LLC
Chambersburg PA
CBHW031448210326
41599CB00016B/2149
9782016205563